Arbeitsblätter zur Baukonstruktion
Lehrstuhl für Baukonstruktion und Entwerfen RWTH Aachen

Döring, Wolfgang
Arbeitsblätter zur Baukonstruktion
7. Auflage Aachen
Wissenschaftsverlag Mainz in Aachen, 1998

ISBN 3-89653-698-2

Wissenschaftsverlag Mainz in Aachen
Süsterfeldstraße 83
52072 Aachen
Telefon 0241-23948 / 873434
Telefax 0241-875577

Herstellung: Druckerei Mainz GmbH
Süsterfeldstraße 83
52072 Aachen
Telefon 0241-873434
Telefax 0241-875577

Gedruckt auf chlorfrei gebleichtem Papier

Impressum

Herausgeber	Universitätsprofessor Wolfgang Döring, Dipl.-Ing. Architekt Lehrstuhl für Baukonstruktion + Entwerfen der Rheinisch - Westfälischen Technischen Hochschule Aachen Schinkelstraße 1 - Reiffmuseum 52056 Aachen Telefon: 0241 - 803894 Telefax: 0241 - 8888315 Internet: www.architektur.rwth-aachen.de
Aktualisierung 06/98	Dirk Lüderwaldt, Dipl.-Ing. Architekt
Verantwortlich für die Kapitel	
Ordnungssysteme	Dirk Lüderwaldt, Dipl.-Ing. Architekt
Bauwerksgefüge	Dirk Lüderwaldt, Dipl.-Ing. Architekt
Erdreich	Ulla Cornelius, Dipl.-Ing. Architektin Dirk Lüderwaldt, Dipl.-Ing. Architekt Martin Sting, Dipl.-Ing. Architekt
Mauerwerk	Susanne Becker, Dipl.-Ing. Architektin
Beton	Martin Sting, Dipl.-Ing. Architekt
Holzbau	Hans-Jürgen Meschke, Dr.-Ing. Architekt
Stahlbau	Hans-Jürgen Meschke, Dr.-Ing. Architekt
Fassaden	Franz Stadler, Dipl.-Ing. Architekt
Dach	Olaf Allstedt, Dipl.-Ing. Architekt Roland Lelke, Dipl.-Ing. Architekt
Treppen	Ulla Cornelius, Dipl.-Ing. Architektin
Aufzüge + Fahrtreppen	Georg Giebeler, Dipl.-Ing. Architekt
Garagen + Technik	Georg Giebeler, Dipl.-Ing. Architekt
Fenster	Brigitte Meier, Dipl.-Ing. Architektin
Türen	Jörg Ziolkowski, Dipl.-Ing. Architekt
Bauzeichnungen	Brigitte Meier, Dipl.-Ing. Architektin
Mitarbeiter	Roland Burlaga René Clasen Marius Dittrich Nathalie Ness
Döring, Wolfgang Arbeitsblätter zur Baukonstruktion	7. Auflage Aachen Wissenschaftsverlag Mainz in Aachen, 1998

Nachschlagewerke

Bildwörterbuch der Architektur	Köpf, Hans Verlag Körner, 2. Auflage 1985, 38,- DM
Vorlesungen zur Geschichte der neuen Architektur	Posener, Julius arch+ Sammelkassette, 58,- DM
Die Kunst der Architekturgestaltung	Ching, Francis D.K. Bauverlag, Wiesbaden/Berlin 1983, 58,- DM
Lexikon der Weltarchitektur	Pevsner, Honour, Fleming Prestel Verlag, München 1987, 178,- DM
Konstruktion und Form	Döring, Wolfgang Kohlhammer Verlag, Stuttgart 1995, 49,- DM
dtv Atlas zur Baukunst, 1+2	Deutscher Taschenbuch Verlag, 15,80 DM / Band
Lesebuch für Baumeister Äußerungen über Architektur und Städtebau	Hrsg. Fritz Schumacher Bauwelt Fundamente, Friedr. Vieweg + Sohn, Braunschweig und Wiesbaden 1977
Geschichte der Architektur des 19. und 20. Jahrhunderts, 1+2	Leonardo Benevolo Deutscher Taschenbuch Verlag, 39,80 DM
Elementare Gestaltungsprinzipien in der Architektur	Franco Fonatti Buch- und Kunstverlag, Wien 1987
Geschichte der abstrakten Kunst von 1900 bis 1960	Cor Blok Du Mont Verlag, Köln

Baukonstruktion

Mauerwerksatlas	Belz, Gösele, u.a. Inst. für intern. Architektur-Dokumentation 1980, ca. 94,- DM
Dachatlas, geneigte Dächer	Schunck, Finke, u.a. Inst. für intern. Architektur-Dokumentation 1991, ca. 115,- DM
Atlas Flache Dächer	U. Busse, Waubke, u.a. Inst. für intern. Architektur-Dokumentation 1992, ca. 115,- DM
Stahlbau-Atlas	Hart, Henn, u.a. Verl. Architektur + Baudetail, München, ca. 94,- DM
Holzbau-Atlas	Götz, Hoor, u.a. Studienausgabe, Inst. für intern. Architektur-Dokumentation 1978, ca. 30,- DM
Holzbau-Atlas 2	Natterer, Herzog, u.a. Studienausgabe, Inst. für intern. Architektur-Dokumentation 1978, ca. 115,- DM
Beton-Atlas	Hrsg. Verband der Deutschen Zementindustrie Beton Verlag, Düsseldorf 1980
Baukonstruktion	Heinrich Schmitt, Andreas Heene Friedr. Vieweg + Sohn, Braunschweig und Wiesbaden 1996
Baukonstruktion	Dierks, Schneider, Wormuth Werner Verlag, Düsseldorf 1997

Industrieveröffentlichungen

Stahl	Deutscher Stahlbauverband DTSV, Ebertplatz 1, 50668 Köln Industrieverband zur Förderung des Bauens mit Stahlblech e.V. Kaiserswerther Str. 137, 40474 Düsseldor
	Informationsstelle Edelstahl Rostfrei Postfach 2807, Düsseldorf
Aluminium	Aluminium-Zentrale e.V. Königsallee 30, 40212 Düsseldorf
	Verband für die Oberflächenveredelung von Aluminium e.V. Marientorgraben 13, 90402 Nürnberg
	Technische Entwicklungs- und Beratungsstelle des Bundesverbandes Metall Köpenicker Str. 148, 10997 Berlin
Zink	Zinkberatung e.V. Friedrich-Ebert Str. 37-39, 40210 Düsseldorf
Holz	Arbeitsgemeinschaft Holz e.V. Füllenbachstr. 6, 40474 Düsseldorf
Glas	Bundesverband Flachglas Gotenring 17, 50679 Köln
Ziegel	Bundesverband der deutschen Ziegelindustrie e.V. Schaumburg-Lippe Str. 4, 53113 Bonn
Kalksandstein	Kalksandstein-Information GmbH + Co. KG Entenfangweg 15, 30419 Hannover
Beton	Bundesverband der deutschen Zementindustrie e.V. Pferdmengesstr. 7, 50968 Köln

Die Veröffentlichungen können schriftlich bei den genannten Adressen angefordert werden.

Zeitschriften (Abo.-Preise für Studenten)

Bauwelt	Bertelsmann Verlag, Jahres-Abo. 228,- DM
Detail	Institut für Intern.Arch.Dok., München, Jahres-Abo. 130,- DM
Domus	Jahres-Abo. 270,– DM
Werk, Bauen, Wohnen	Verlegergemeinschaft, W.B.W. Zürich, Jahres-Abo. 110,- DM
Baumeister	Jahres-Abo. 145,- DM
arch+	arch+ Verlag, Aachen, Jahres-Abo. 63,- DM
L'Architecture d'aujourd'hui	Jahres-Abo. ca 150,- DM
Techniques & Architecture	Jahres-Abo. ca 200,- DM
El Croquis	Einzelheft ca. 60,- DM

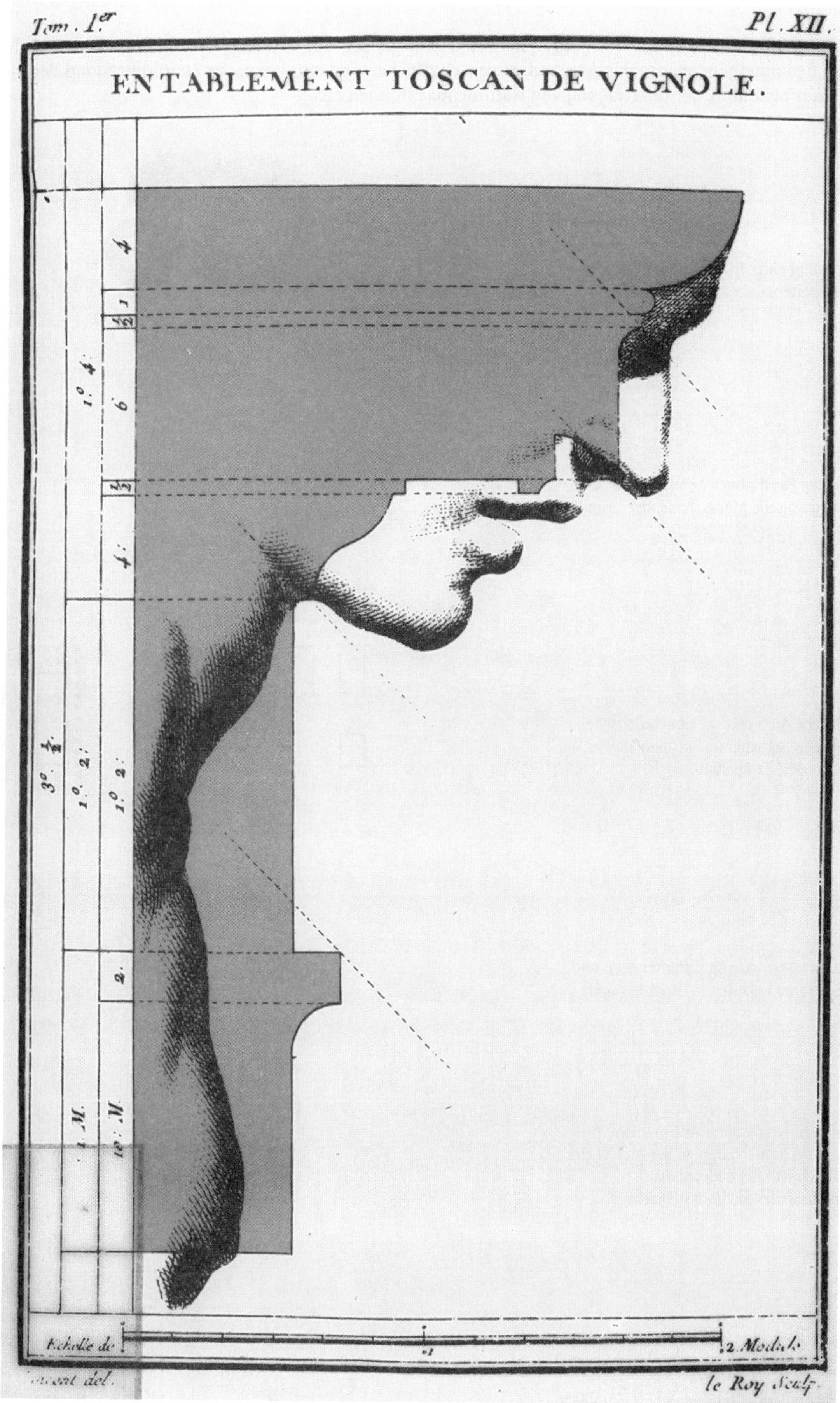

J. F. Blondel Cours d'architecture, 1970

Ordnungssysteme

Beispiele

Jeder Planung, jedem Bauwerk liegt ein Ordnungssystem zugrunde. Dieses läßt sich ableiten aus funktionalen Anforderungen, technologischen Bedingungen, philosophischen und wissenschaftlichen Erkenntnissen, der Zugrundelegung der menschlichen Anatomie und Wahrnehmung, der Übertragung von Naturbeobachtungen etc.

"gewachsene" Ordnung einer frühzeitlichen Wohnburg in Sardinien aus gestapelten, unbearbeiteten Steinen

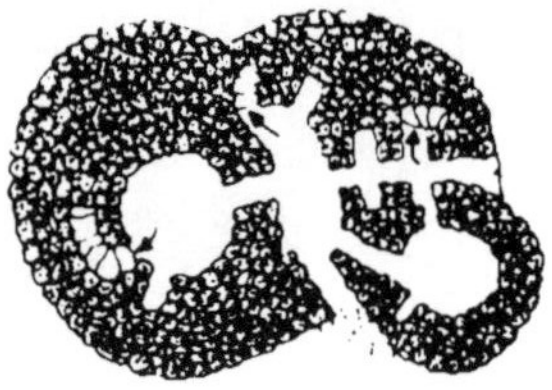

von der menschlichen Faust abgeleitetes Quadrat als Grundstein für altägtypische Maßsysteme, der Grundlage ägyptischer Bauten

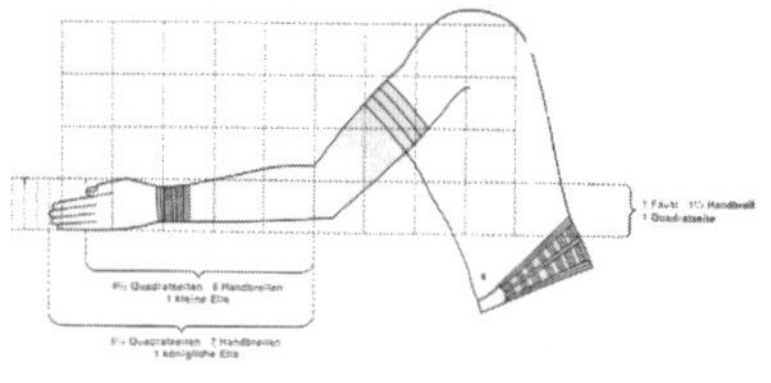

das für die griechische Architektur charakteristische "Viereck", die damit einhergehende Rechtwinkligkeit als Ordnungsprinzip für den Tempelbau

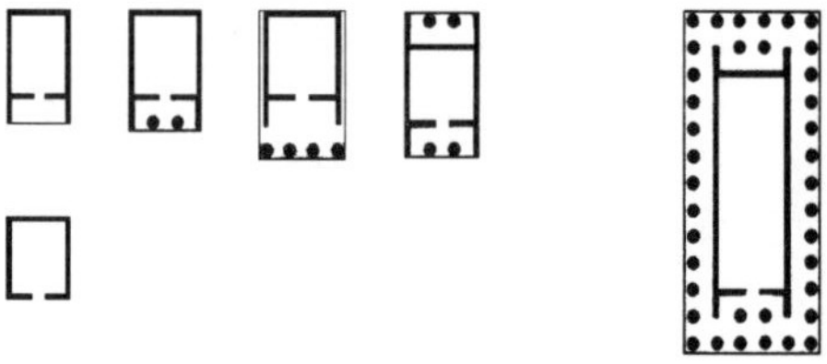

Zusammenhang von konstruktiven Erfordernissen und geometrischen Gesetzmäßigkeiten in Grundriss und Aufriss in der Gotik

der "Idealmensch" der Renaissance als Grundlage für "harmonische" Maßzusammenhänge in der Architektur, hier durch einen in einen Kirchengrundriss eingeschriebenen Menschen sichtbar gemacht

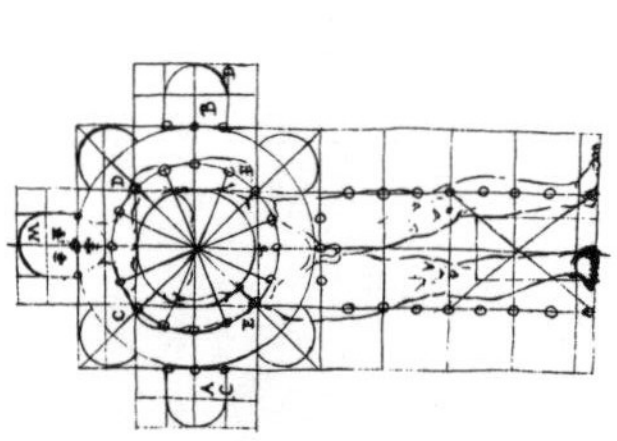

der von Le Corbusier entwickelte Modulor als Grundlage für harmonische, gleichwohl "funktionale" Maße

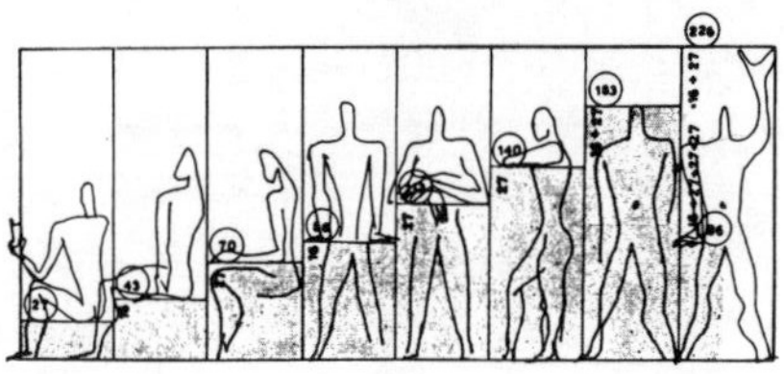

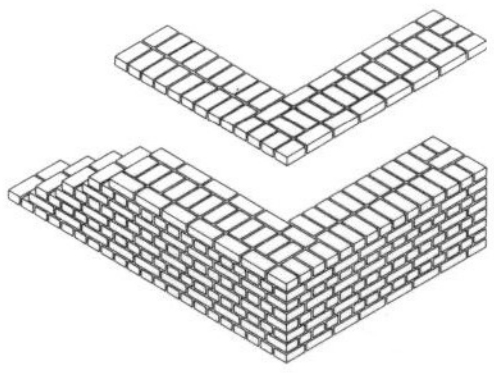

kleinste Bauteile (Module), wie zum Beispiel in immer gleicher Größe hergestellte Mauerziegel als Grundlage für die innere Ordnung und Struktur eines Gebäudes

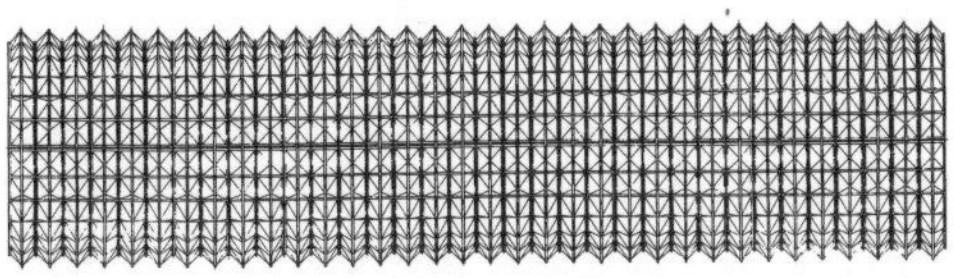

Raster als Grundlage des industrialisierten Bauens, der Vorfertigung von Rohbau und Ausbauteilen

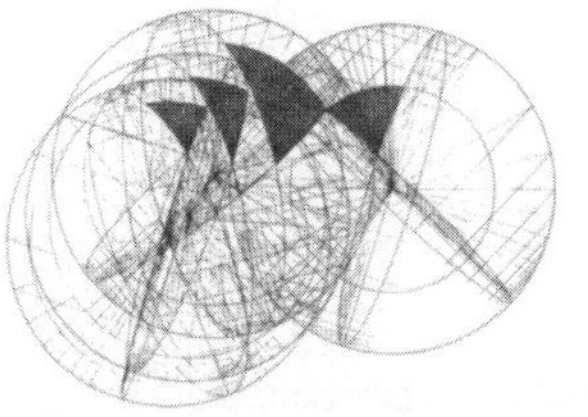

geometrische Operationen zur Findung von Ordnungsprinzipien für die Architektur, hier am Beispiel für das Opernhaus von Sydney

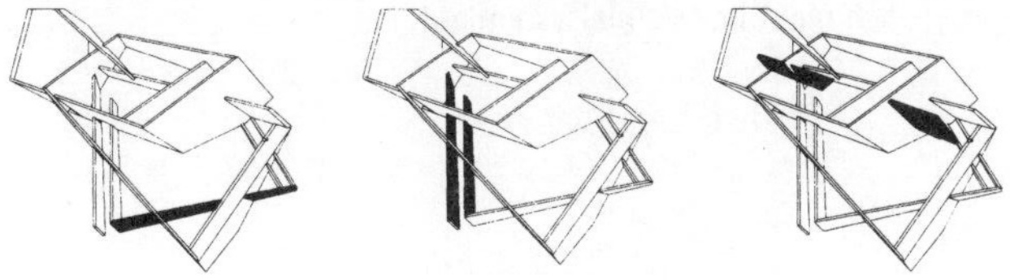

dynamische Formen und Kräftefelder als Grundlage für architektonische Kompositionen

wissenschaftliche Beobachtung von Naturerscheinungen und Bauprinzipien der Natur als Grundlage für Konstruktion und Gestalt

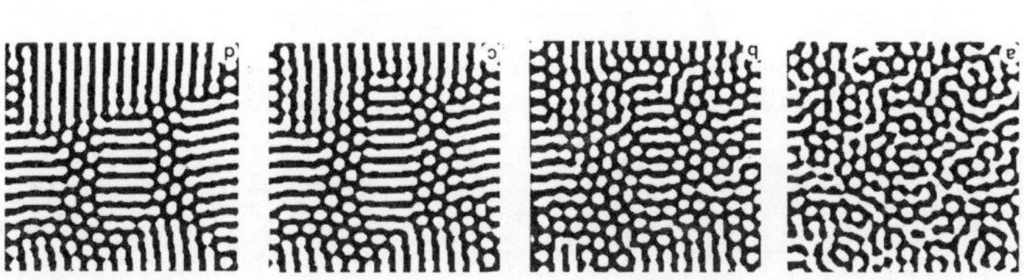

mathematische Beobachtungen, z.B. mit Hilfe des Computers generierte Muster als Grundlage für bauliche Form- und Strukturfindung

so unterschiedlich die Ordnungsprinzipien auch sind, für alle gilt, daß die ihnen innewohnenden Gesetzmäßigkeiten formaler und technischer Art erforscht, erkannt und im Entwurf beachtet werden müssen, um zu einem stimmigen Ergebnis zu kommen.

Grundlage für die Abstimmung von Größenverhältnissen sind Maßsysteme, ursprünglich direkt vom menschlichen Körper abgeleitet, dann "objektiviert" durch geeichte Grundmaße.

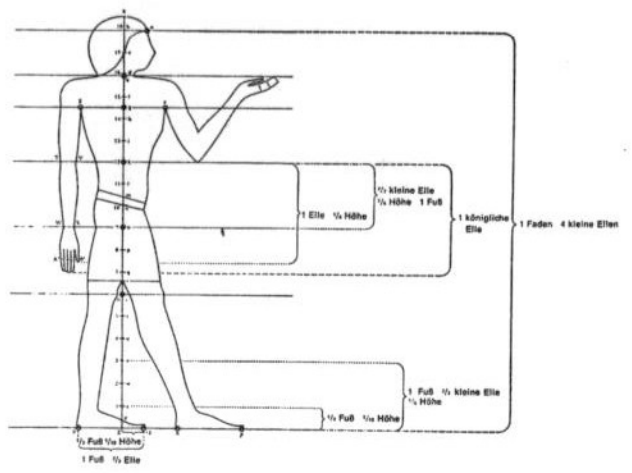

unmittelbar auf den Menschen bezogene Maßesysteme z.B. Elle, Fuß

noch heute ist im anglo-amerikanischen Raum das auf den Fuß bezogene Maßsystem weitverbreitet, allerdings soweit objektiviert, daß "alle Füße gleich sind" und, allerdings recht aufwendig, in das metrische System umgerechnet werden kann.

auf Bauteile, Produktionsbedingungen bezogene Maße, z.B. alte Ziegelmaße

Ausgangsmaß für die Bestimmung zweckmäßiger Ziegelsteinmaße war ursprünglich die Spannweite der Hand. Zur Herstellung eines Mauerverbandes war es notwendig, daß die Ziegellänge immer das doppelte der Breite plus Stoßfuge betrug. Alte Steinformate, wie z.B. das Reichsformat, das badische Format u.ä. berücksichtigten dies, gingen jedoch nicht im Dezimalsystem auf.

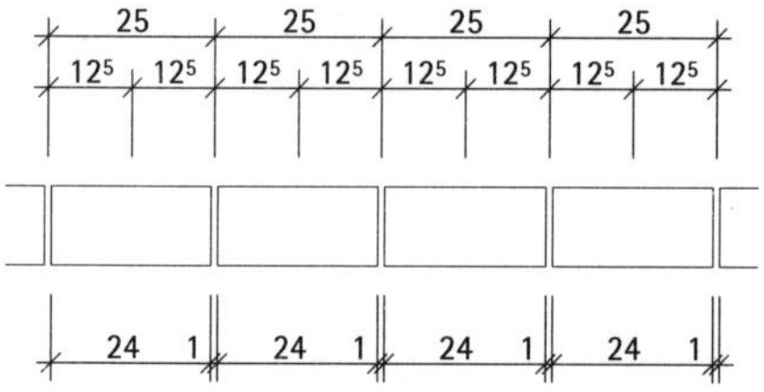

oktametrisches System

das oktametrische wurde Ende der dreißiger Jahre als Maßsystem entwickelt und bildet heute die Grundlage für das Bauen mit Ziegelsteinen, festgelegt in der DIN 105.

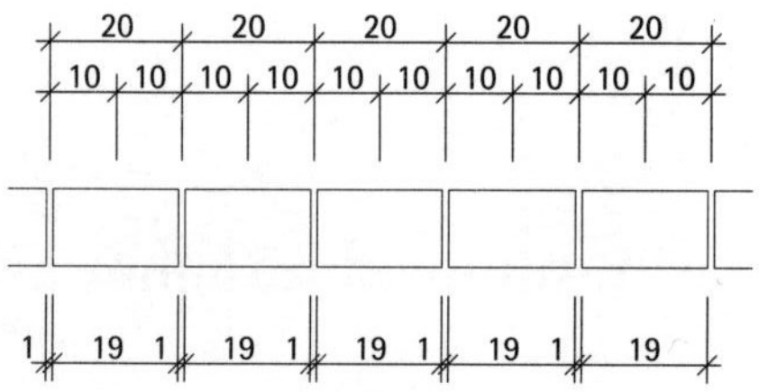

dezimetrisches System

das dezimetrische System, eingeführt im Zuge der französischen Revolution, bildet heute weltweit die Grundlage für die Maßkoordination und bildet heute weltweit die Grundlage für Maßordnungen, Modulordnungen etc.

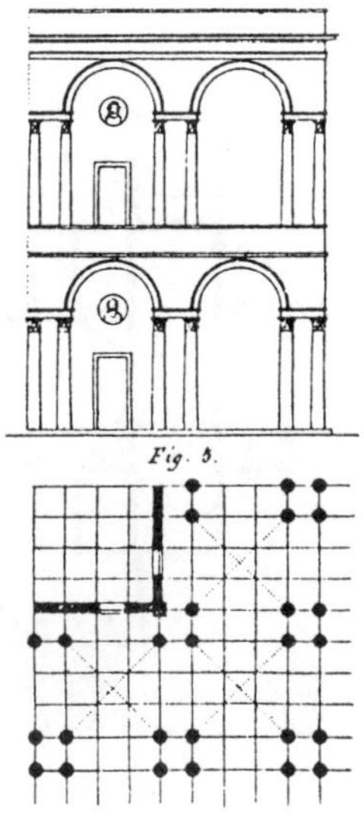

„Combinations Verticales"
nach J.N.L. Durand, 1805

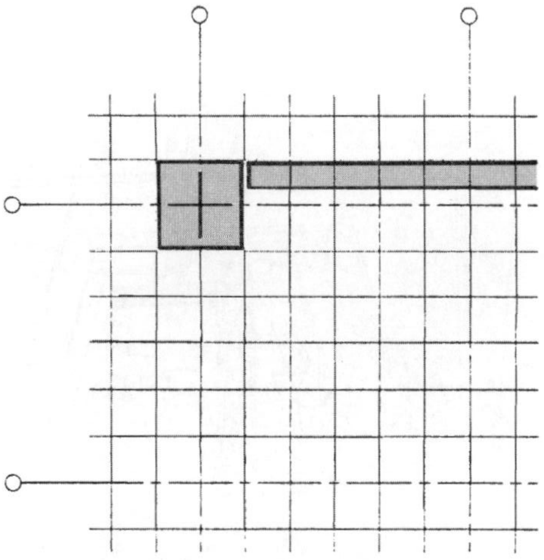

Tragende Elemente liegen auf der Achse, raumbildende Elemente an der Achse

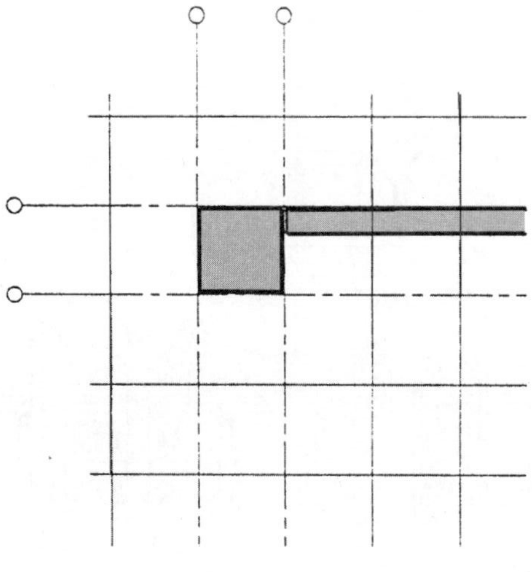

Raumbildende und tragende Elemente liegen an der Achse

Modulordnungen auf der Grundlage eines einheitlichen Maßsystems bilden die Basis für die maßliche Abstimmung von vorgefertigten Bauelementen. Auszug aus DIN 18000:

1. Anwendungsbereich

Diese Norm gilt für die Planung und Ausführung von Bauwerken sowie für die Planung und Herstellung von Bauteilen und Bauhalbzeugen.

2. Zweck

Die Modulordnung ist Hilfsmittel für die Abstimmung der Maße im Bauwesen.

3. Geometrische Festlegungen

3.1 Koordinationssystem
Ein Koordinationssystem besteht aus rechtwinklig zueinander angeordneten Ebenen, deren Abstände Koordinationsmaße sind.
Dem Koordinationssystem werden die Koordinationsräume von Bauwerken, Bauteilen und Räumen mittels festgelgter Bezugsarten - Grenzbezug, Achsbezug, Randlage, Mittellage - zugeordnet.
3.2 Koordinationsraum
Koordinationsraum ist eine in 3 Dimensionen von Koordinationsebenen begrenzter Raum.
3.3 Koordinationsmaß
Koordinationsmaß ist das Abstandsmaß der Koordinationsebenen. Es ist in der Regel ein Vielfaches eines Moduls. Vom Koordinationsmaß werden die Nennmaße (Sollmaße) abgeleitet.

4. Maßliche Festlegungen

4.1 Moduln
Die Moduln dieser Norm sind Längeneinheiten, die als genormte Größen zur Bildung von abgestimmten Koordinationsmaßen dienen.
4.2 Grundmodul
Der Grundmodul ist die kleinste Einheit der Modulordnung. Sein Wert ist M=100 mm.
4.3 Multimoduln
Die Multimoduln sind ausgewählte Vielfache des Grundmoduls. Multimoduln sind:
3 M = 300 mm
6 M = 600 mm
12 M = 1200 mm
4.4 Vorzugszahlen
Vorzugszahlen sind die begrenzten Folgen der Vielfachen der Moduln. Aus ihnen sollen die Koordinationsmaße vorzugsweise gebildet werden.
Vorzugszahlen sind:
1,2,3 bis 30 mal M
1,2,3, bis 20 mal 3 M
1,2,3, bis 20 mal 6 M
1,2,3 usw. mal 12 M
4.5 Ergänzungsmaße
Ergänzungsmaße sind genormte Maße kleiner als M, ihre Werte, die sich zu M ergänzen sollen, sind:
25 mm
50mm
75 mm

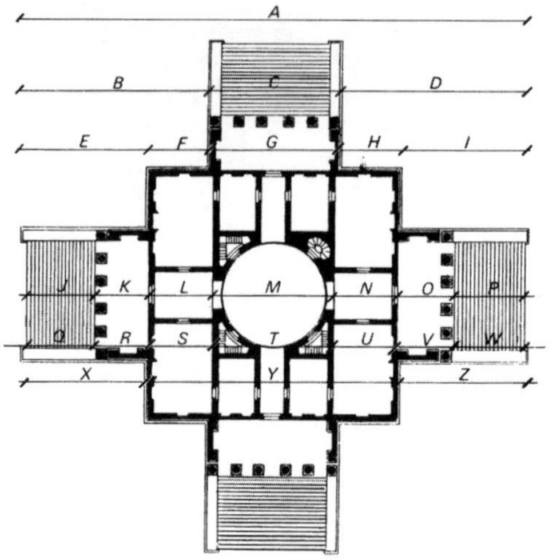

Proportion:

Größenverhältnis der betrachteten Teile eines Bezugssystems untereinander, also, bezogen auf Architektur, der Bauteile zueinander.

Maßstab:

Verhältnis des betrachteten Systems zu einem anderen, also des Bauwerks zu seiner vorgefundenen oder erwarteten Umgebung, zu den Menschen, die das Gebäude betrachten oder sich in diesem Gebäude bewegen und es nutzen.

Wahrgenommene Größe und wirkliche Größe:

Eine Komposition aus Raumformen entwickelt eine eigene Maßstäblichkeit, die auf die Größenwahrnehmung Einfluß nimmt.
Zwei Entwürfe von Palladio für die gleiche Fassade zeigen bei gleicher absoluter Größe des Gebäudes eine unterschiedliche Maßstäblichkeit. Die Proportionen der Architektur, d.h. die Beziehung der Teile zueinander, bestimmt somit die Größe, die das Auge wahrnimmt.

Holz

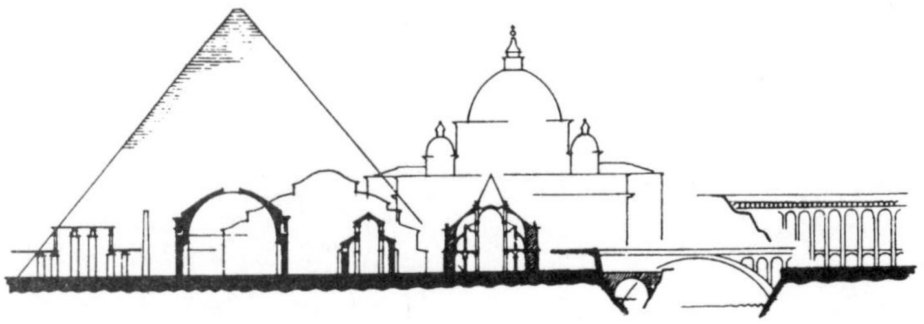

Stein

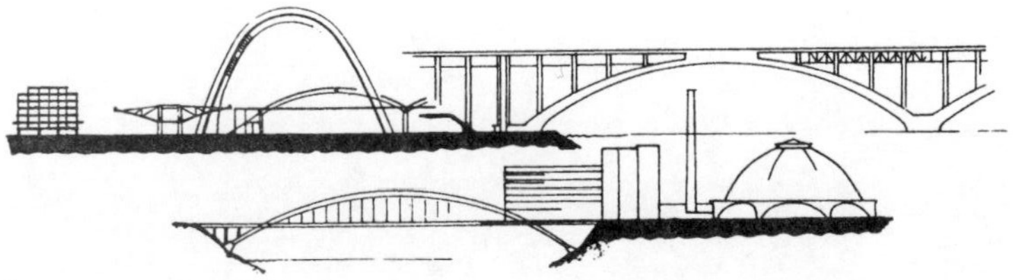

Beton

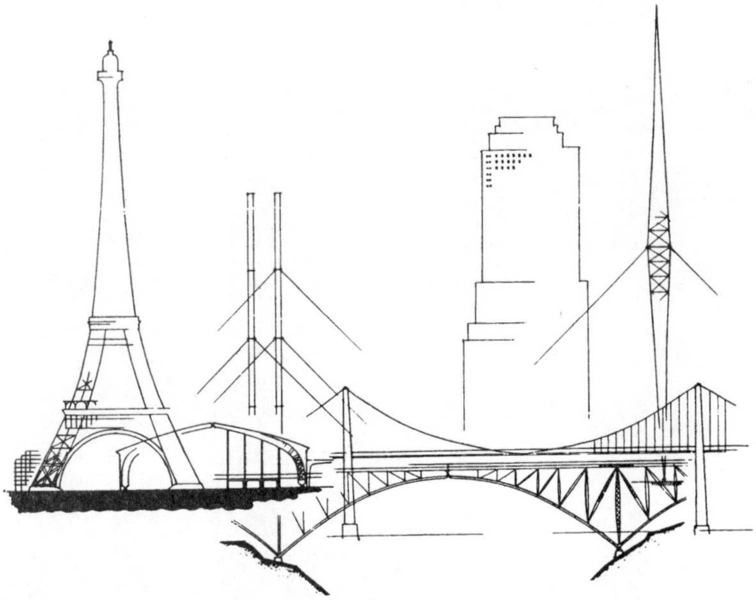

Stahl

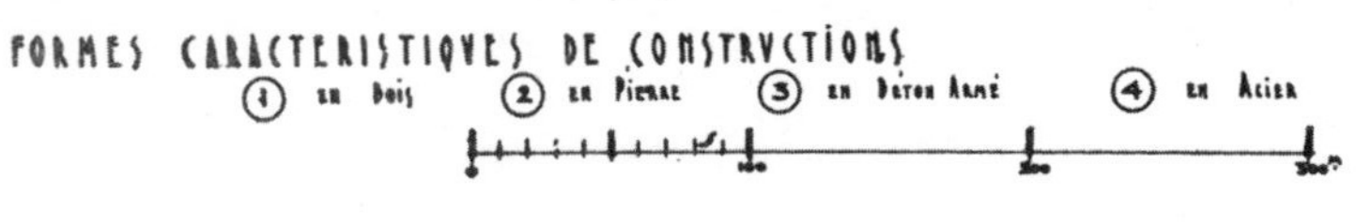

In Bezug auf die Auswirkungen der Konstruktion auf die Maßstäblichkeit spricht man auch vom "konstruktiven Raum", der jeweils eigene Maßstäbe hervorbringt.
Je nachdem, mit welchem Material man baut, ob in Holz, Stein, Beton oder Stahl, verändert sich der mögliche konstruktive Raum. Jedes Material gelangt an seine Raumgrenzen, an die das nächste, tragfähigere Material seine Räume anschließt.

Rokko Housing, Tadao Ando

aufbauend auf dem entwickelten Ordnungs- und Maßsystem muß in Wechselwirkung von Funktion, physikalischen Anforderungen, dem verwendeten Material, der gewünschten Gebäudeerscheinung, dem Kostenrahmen etc. ein sinnvolles Gebäudegefüge entwickelt werden.

Massivbauweise

die Raumbildung geschieht vollständig durch die tragenden Teile, indem alle trennenden Teile tragen

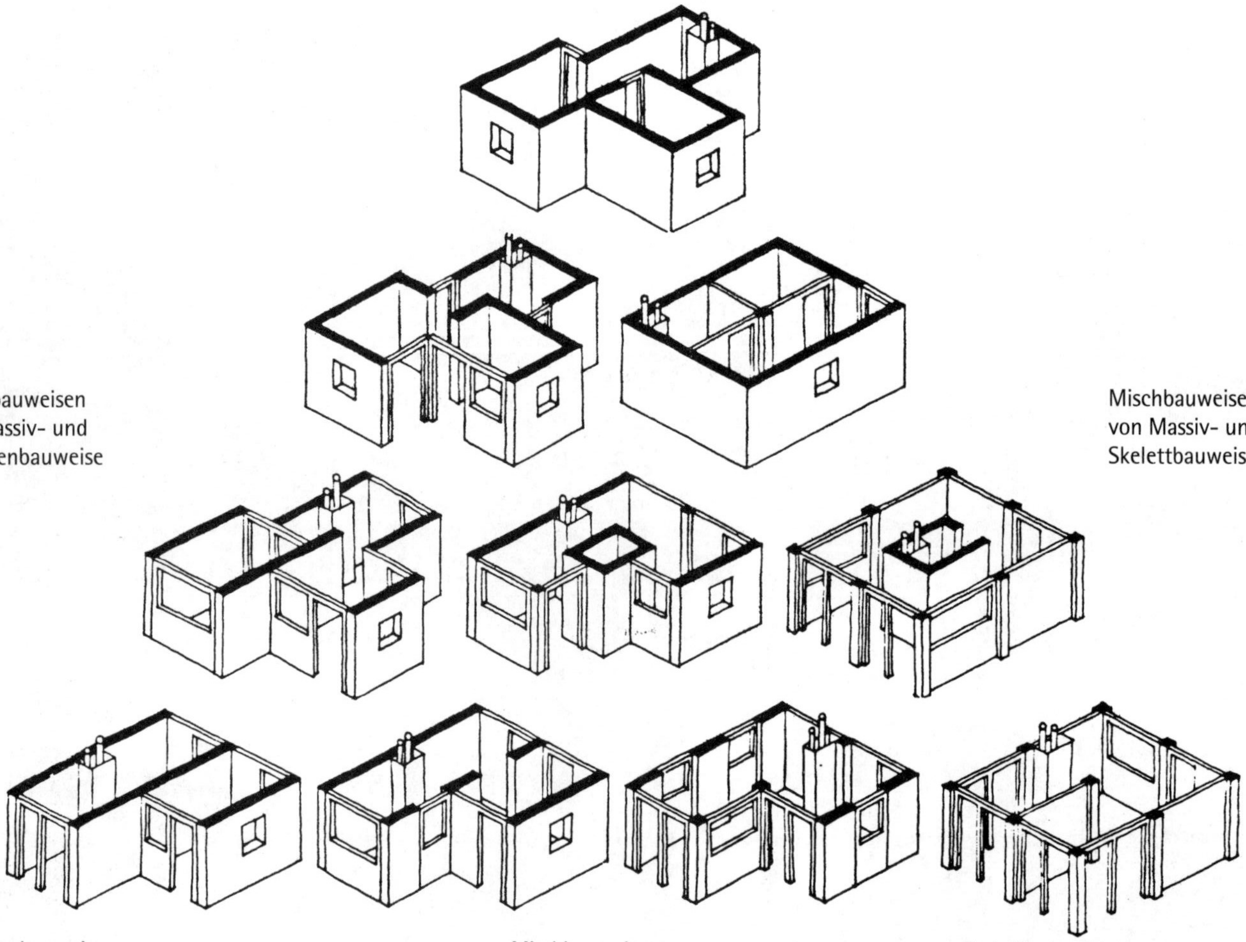

Mischbauweisen von Massiv- und Schottenbauweise

Mischbauweisen von Massiv- und Skelettbauweise

Schottenbauweise

die Raumbildung geschieht teilweise durch die tragenden Teile, indem nur in einer Richtung getragen wird

Mischbauweisen von Schotten- und Skelettbauweise

Skelettbauweise

die Raumbildung geschieht äußerst schwach durch die tragenden Teile aus dem entwickelten Gebäudegefüge ergeben sich Primär- und Sekundärsysteme, der Rohbau- und Ausbauanteil.

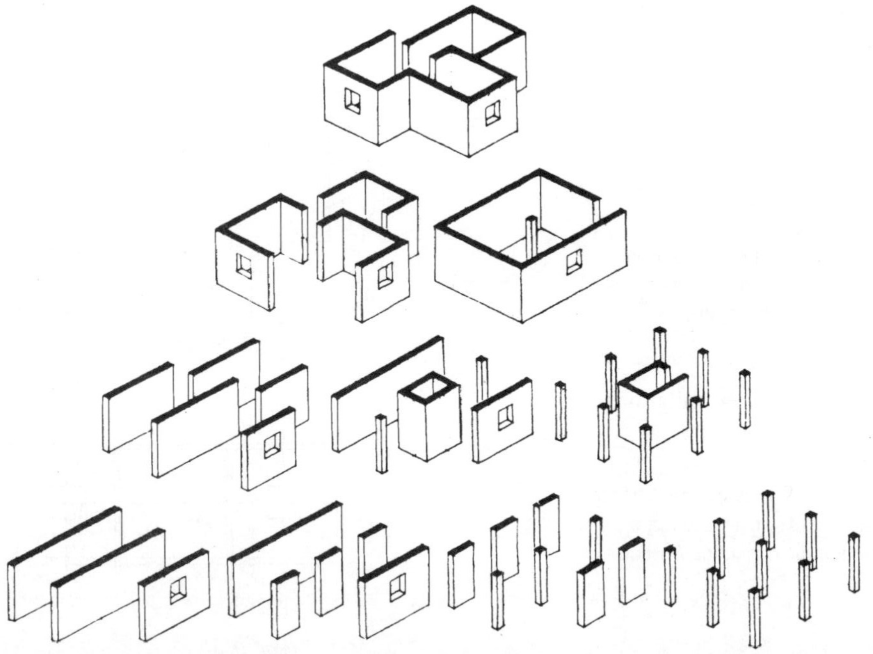

Rohbau

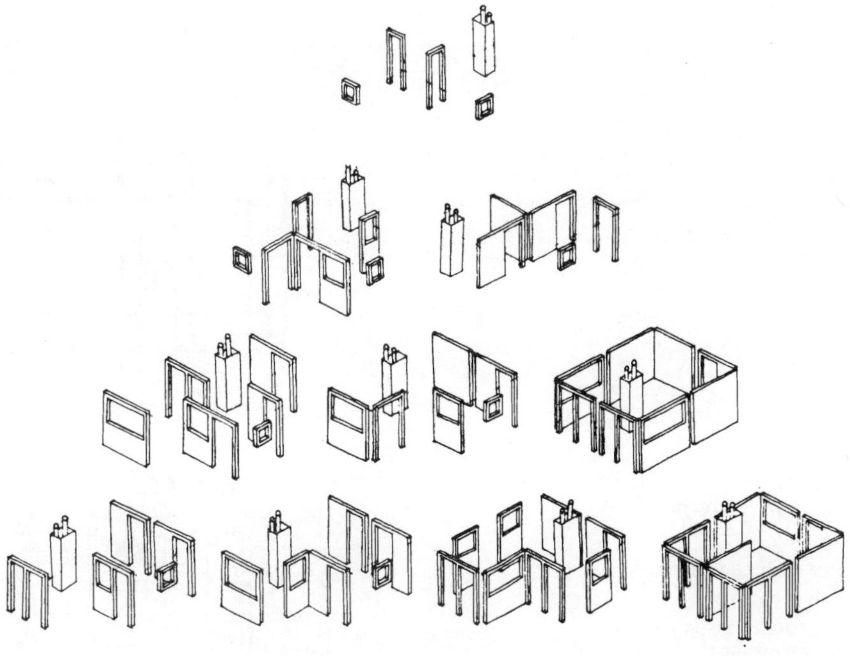

Ausbau

entsprechend der Verschiebung vom homogenen Bauwerksgefüge zum Gefüge mit einem sehr hohen Ausbauanteil bekommt die Organisation, die Abstimmung dieser Systeme aufeinander zunehmende Bedeutung. Dies geschieht in der Regel unter der Zugrundelegung eines oder der Überlagerung verschiedener Raster auf der Grundlage der Modulordnung.

Linienraster/ Bandraster

Bei nur einem Rastersystem ergibt sich das Problem der Überlagerung von Primär- und Sekundärsystemen. Es entstehen unterschiedlich große Fassadenfelder (Eckkonflikt) oder Konstruktionsfelder im Innenausbau, Probleme bei der Führung von Leitungen (Träger- und Stützensystem kreuzt sich mit Rohrführungen).

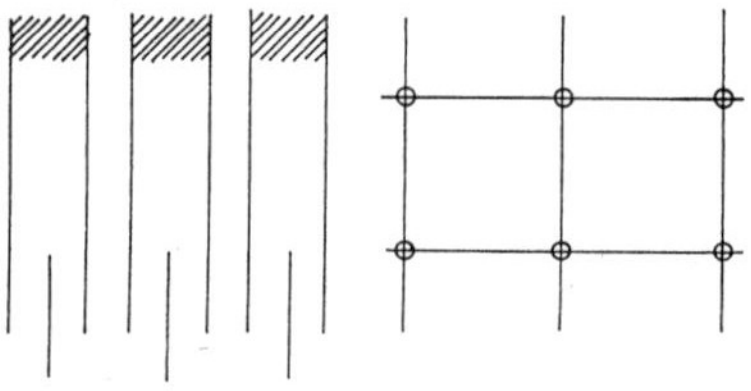

Trennung Konstruktions-, Ausbau-, Installationsraster

Durch die Trennung von Konstruktionsraster und Ausbau- bzw. Installationsraster lassen sich komplizierte Knoten vermeiden, außerdem entstehen gleichmäßige Ausbau- und Fassadenteilungen.

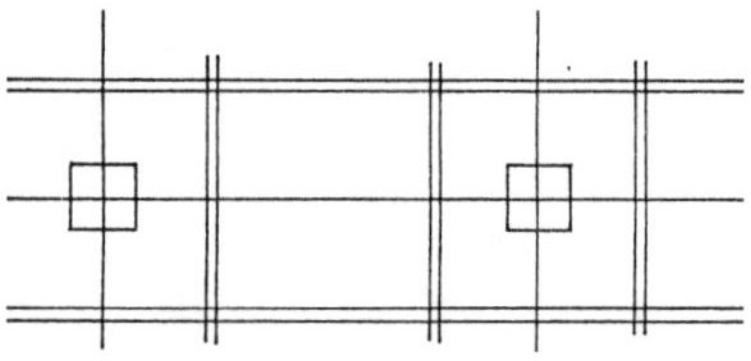

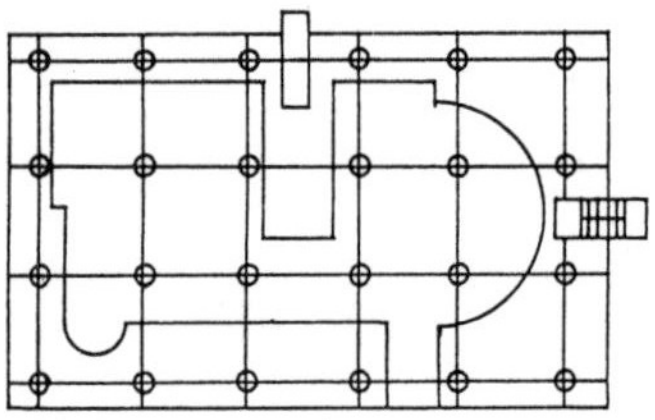

"Freiheit des Grundrisses"

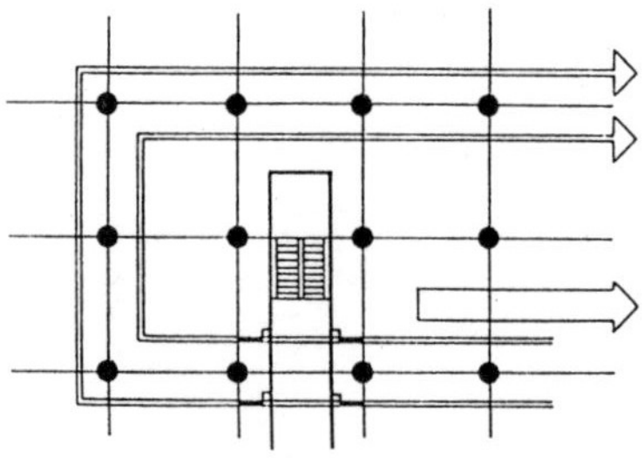

Gebäudeecke

Kombination / Überlagerung von Rastern

Durch die Verwendung mehrerer Raster und deren Überlagerungen lassen sich auch komplexe Gebäudeausstattungen gut aufeinander abstimmen, so daß die Ausbaugewerke relativ unabhängig voneinander errichtet werden können. Auch nachträgliche Installationen könnenrelativ einfach durchgeführt werden.

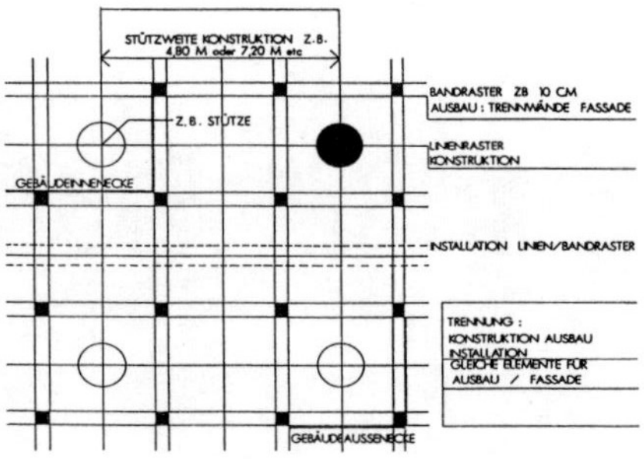

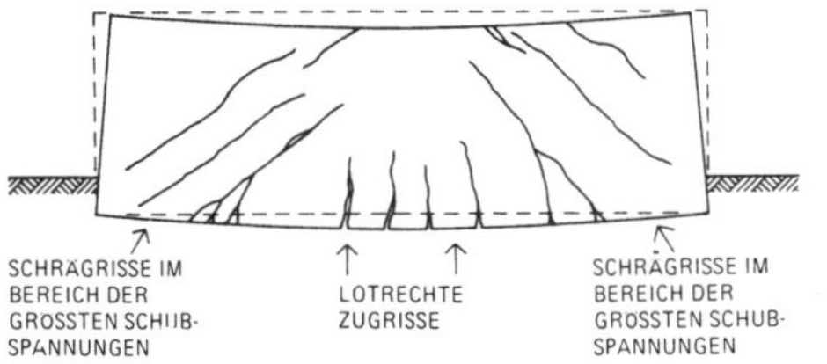

**Baukörper größerer Ausdehnung sind je nach Ausbildung unterschiedlichen Setzungen unterworfen und ohne entsprechende Vorkehrungen gefährdet.
Durch verschiedene Maßnahmen lassen sich Schäden vermeiden:**

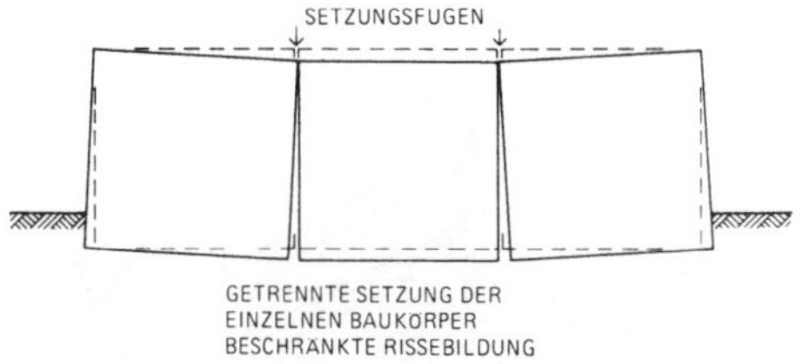

Unterteilung des Baukörpers durch Bauteilfugen, je nach Bodenverhältnissen, Konstruktion und gestalterischen Anforderungen mindestens alle 30 bis 50 Meter.

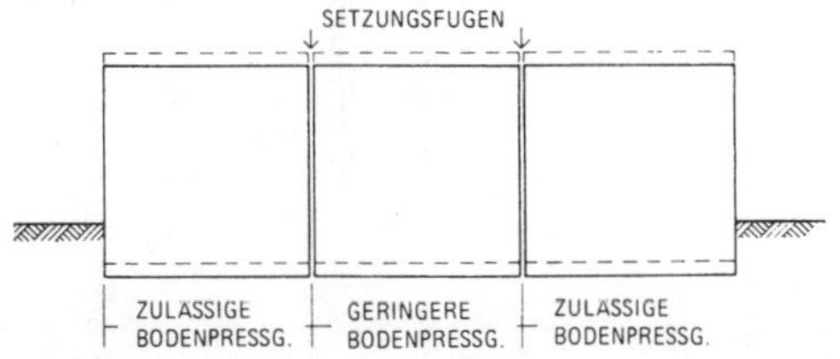

Unterschiedliche, auf die Bauteilabschnitte abgestimmte Fundamentausbildungen wirken Setzungsunterschieden entgegen.

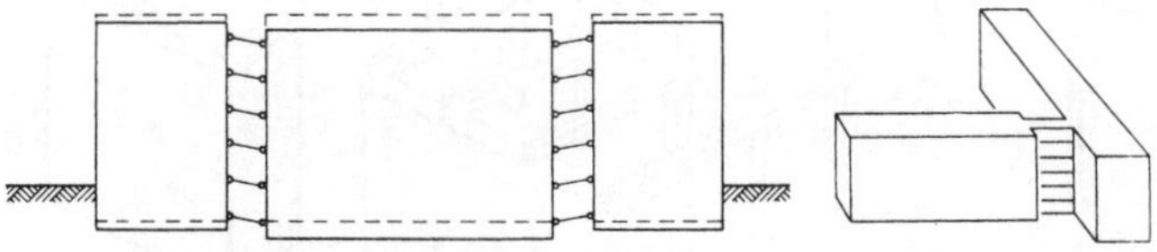

UNABHÄNGIGE SETZUNG DER EINZELNEN BAUKÖRPER

Einfügung von Verbindungsbauwerken wie Treppenhäuser, Brücken u.s.w.

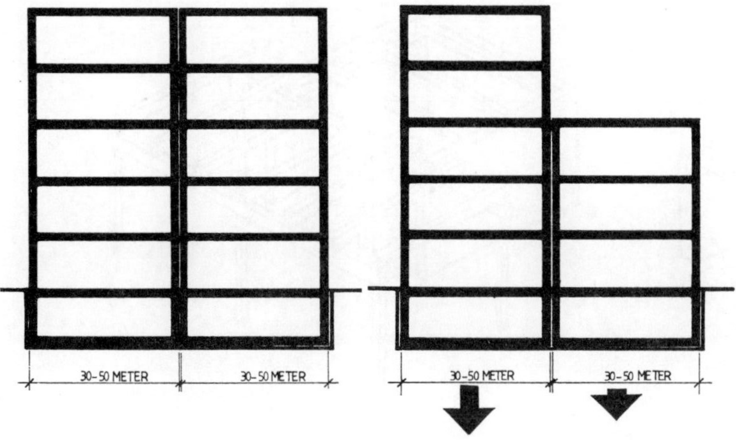

Gebäudefugen müssen immer durch das gesamte Gebäude, d.h. auch durch Dachhaut, Kellerwände und Bodenplatte geführt werden. Stützen werden in diesen Bereichen geteilt (Auswirkungen auf die Fassade), Deckenplatten unterbrochen (Deckenspannrichtung). Aufgrund der komplizierten und anfälligen Ausführungen von Fugen im Dach und Kellerbereich sollte die Zahl der Gebäudefugen durch geschickte Baukörperanordnung minimiert werden.

Bauwerksgefüge

Die Baustruktur entscheidet prizipiell über die konstruktive Bedeutung einzelner Bauteile. Decke und Wand kommt zum Beispiel abhängig vom Bauwerksgefüge eine unterschiedliche Funktion zu. Öffnungen im Massivbau müssen anders ausgebildet werden als im Skelettbau, Wände werden konstruktiv oder "frei" von konstruktiven Notwendigkeiten eingesetzt.

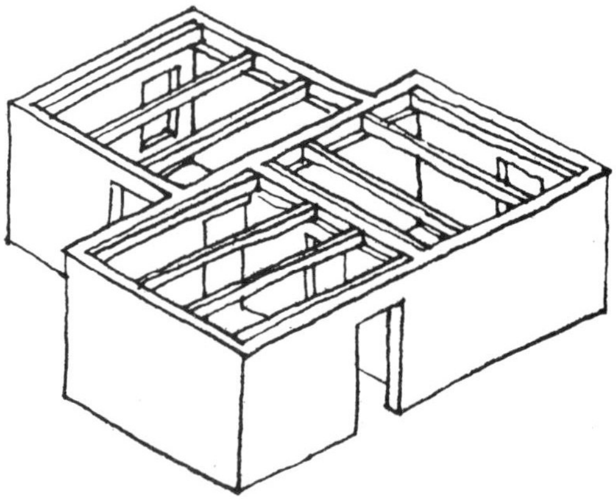

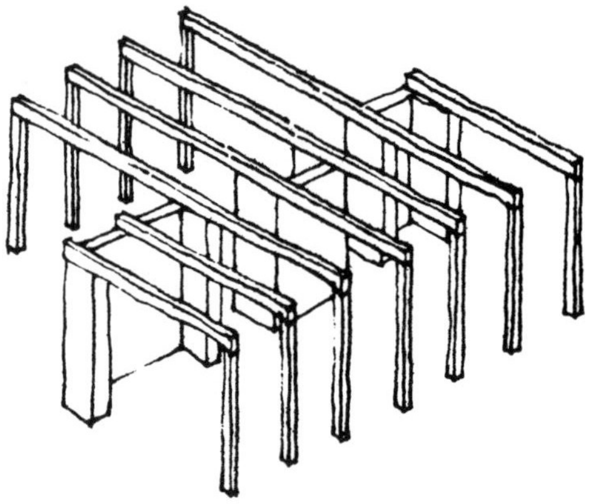

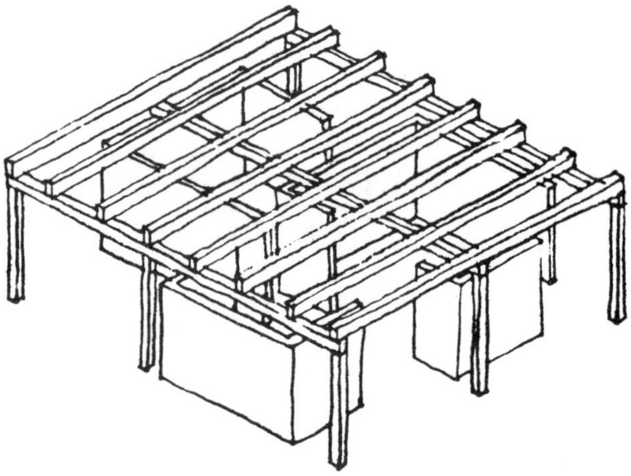

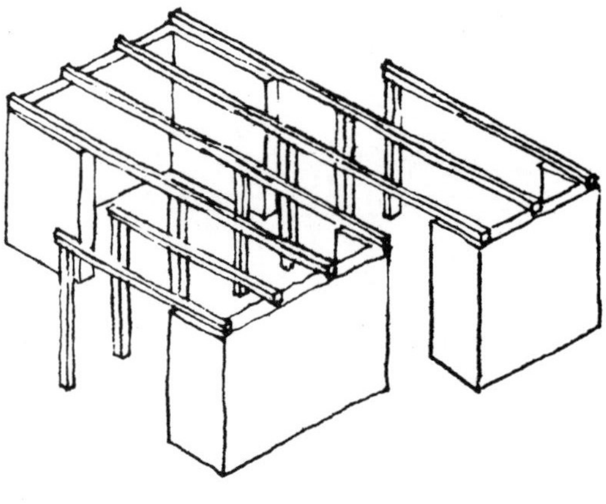

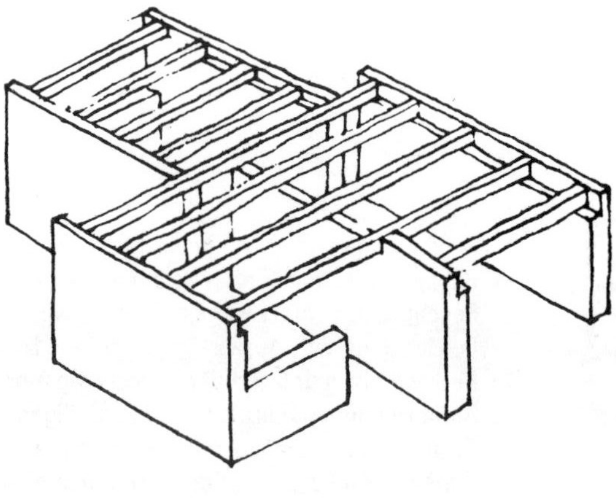

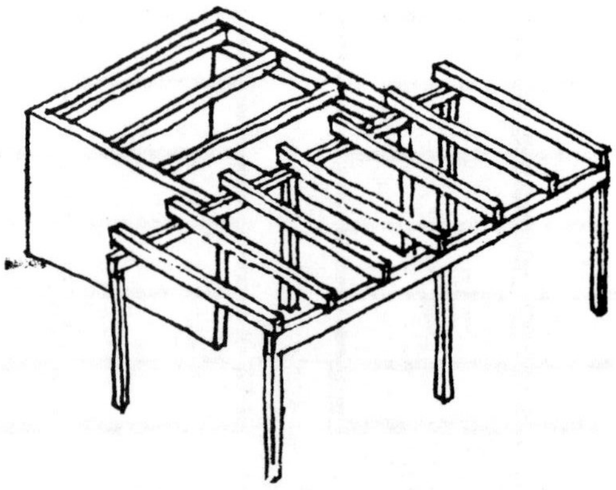

Den einzelnen Konstruktionssystemen lassen sich tendenziell, Ausnahmen bestätigen auch hier die Regel, bestimmte Deckensysteme zuordnen.

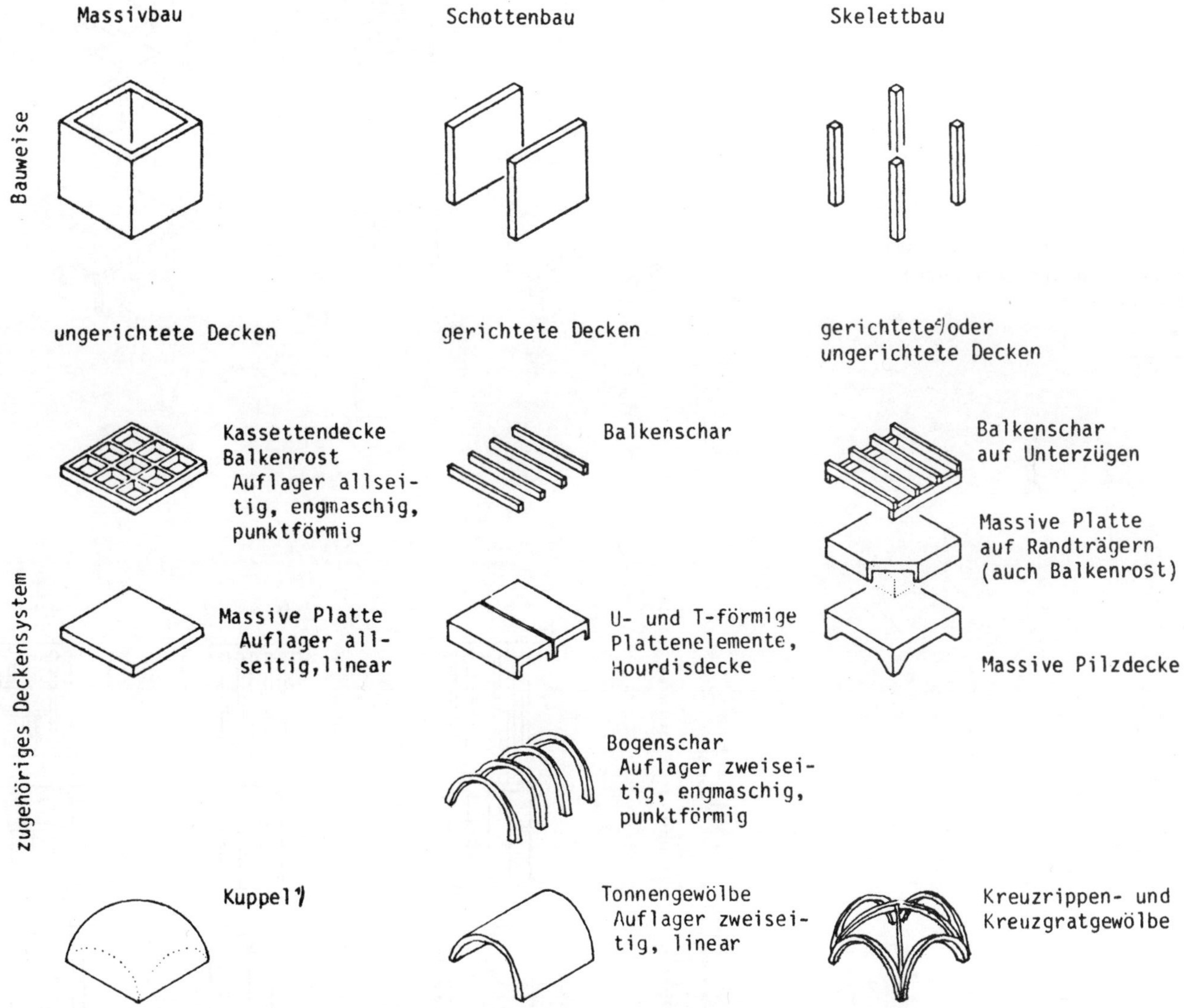

¹) Die Verbindung von Kuppel und Quadrat führt zum Stutz-, Pendentiv- oder Trompengewölbe.

²) Ein gerichtetes System bedingt die Einführung von Unterzügen. Meist ist in diesem Fall auch die Stützenstellung gerichtet.

Bauwerksgefüge

Überragende Bedeutung für die Entscheidung über das letztendlich zu wählende Konstruktionssystem stellen die Möglichkeiten dar, die das jeweilige System für die Herstellung von vertikalen Raumbeziehungen eröffnet. Insbesondere für die Anordnung großzügiger, das ganze Gebäude durchdringender Treppenanlagen oder für die Anordnung von Oberlichtern kann diese Frage die Wahl des Konstruktionssystems entscheidend bestimmen.

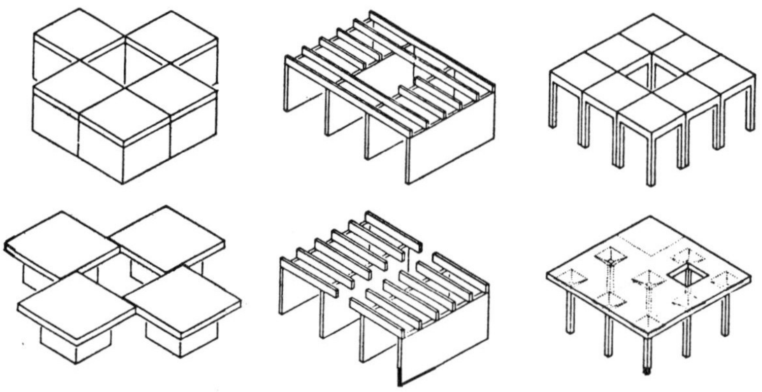

Konstruktiv sinnvolle, "richtige" Anordnung von Deckenöffnungen bei unterschiedlichen Konstruktionssystemen

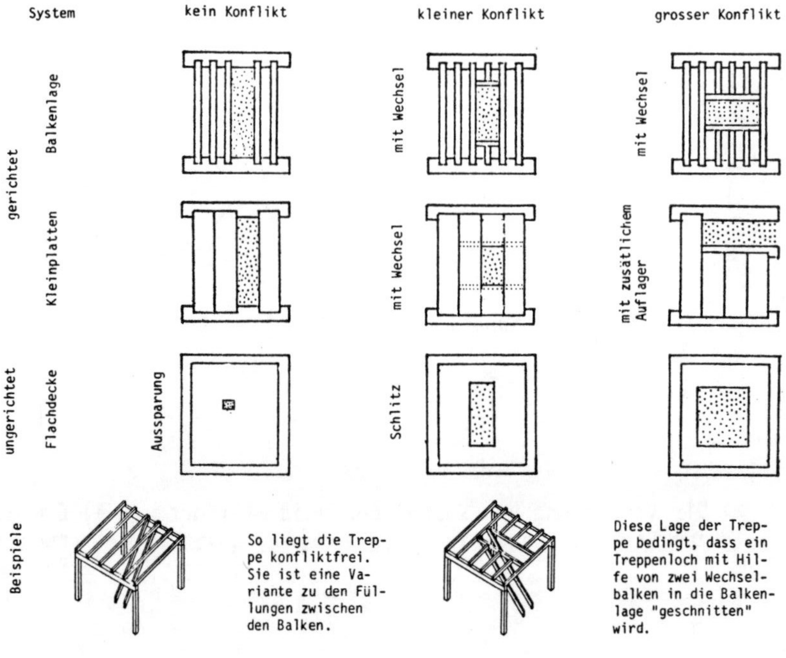

Anordnung von Treppen in Abhängigkeit vom Konstruktionsgefüge

Genau wie die Möglichkeiten für vertikale Raumbeziehungen von dem Konstruktionssystem abhängig sind, trifft dies auf die horizontalen Raumverbindungen zu.

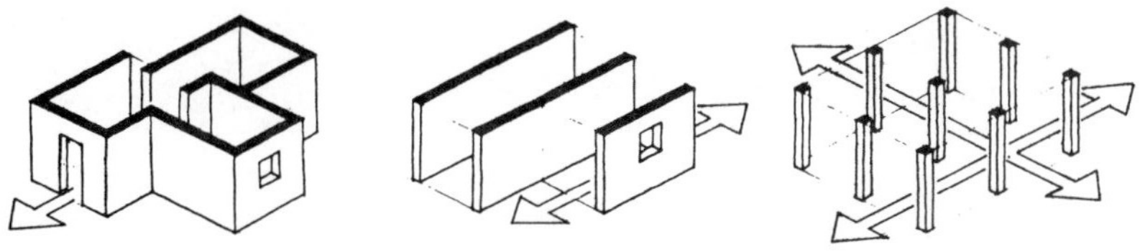

Der Massivbau erlaubt tendenziell nur wenige kleine Lücken eher vertikaler Ausrichtung, die Schottenbauweise erzeugt eine starke Ausrichtung, der Skeletbau eröffnet die größtmögliche Freiheit für horizontale Verknüpfungen aller Art (Bewegung, Sicht, Lichteinfall etc.).

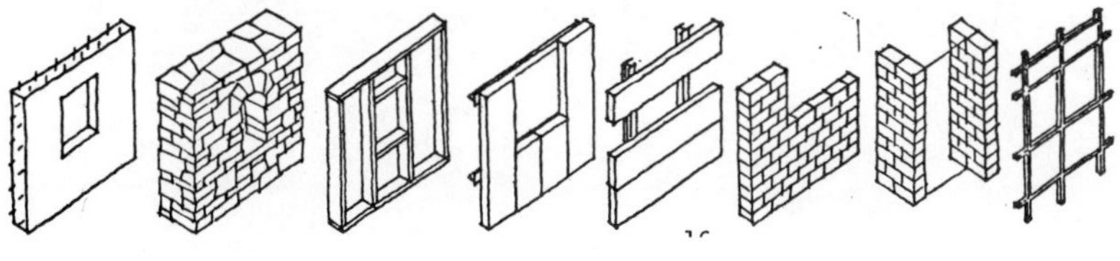

Öffnungsausbildung und Anordnung in Abhängigkeit von der Gebäudestruktur und Material

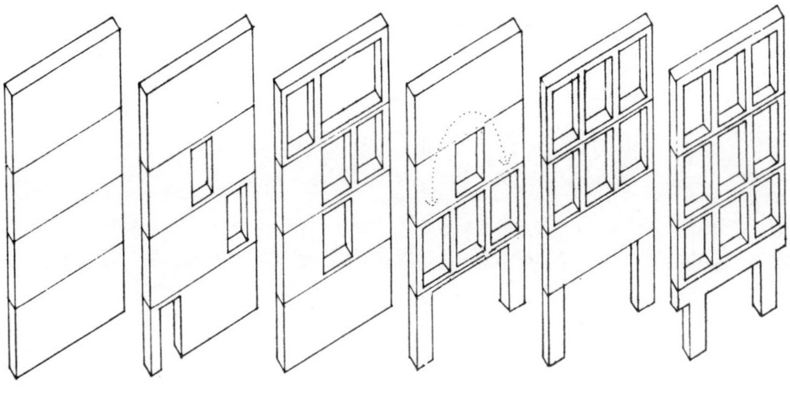

Auswirkungen der Baustruktur auf die Erscheinung im Geschoßbau.

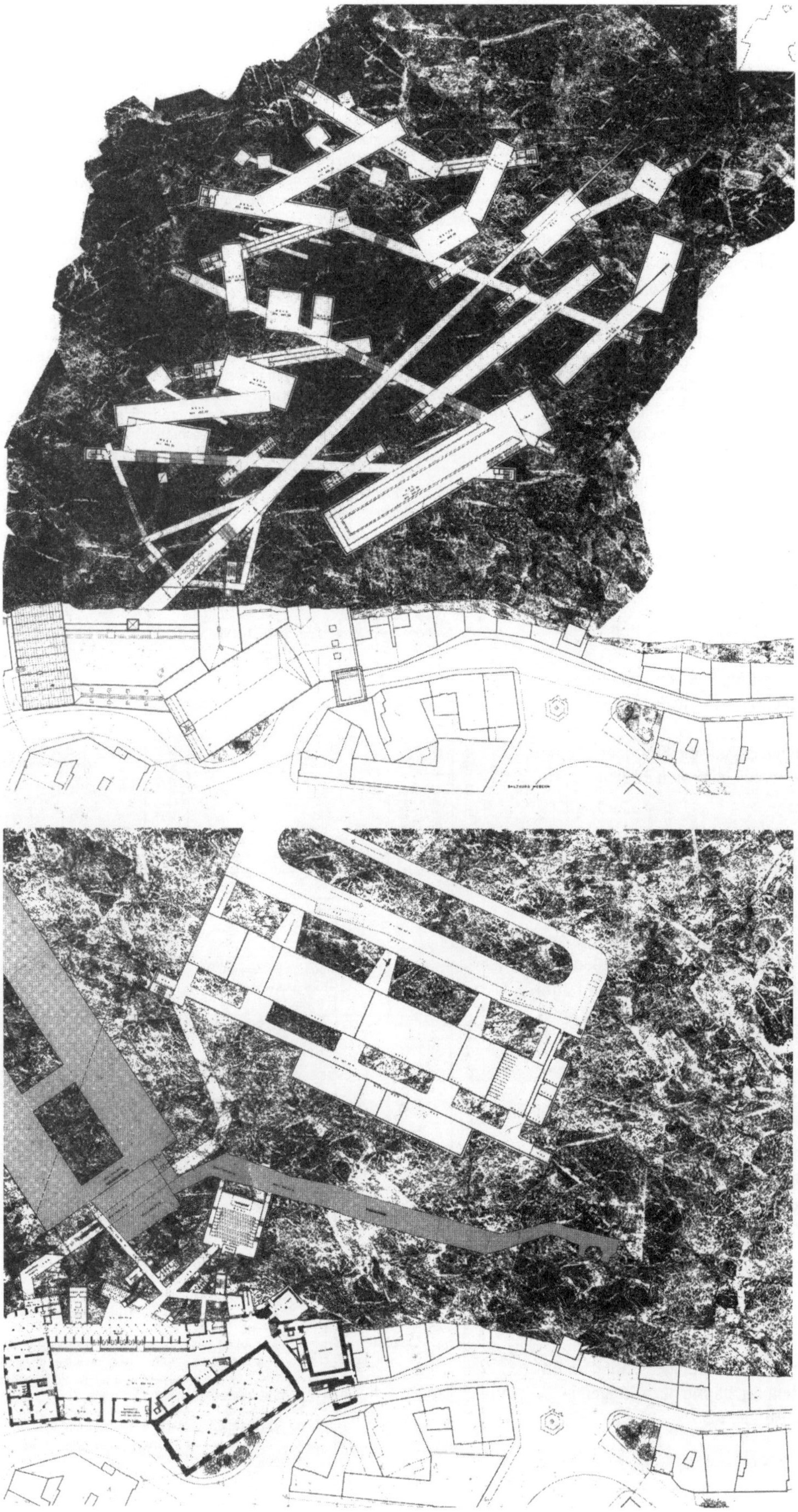

Museum in Salzburg, Salzburg, Architekt: Jean Nouvel, 1989

Allgemeines

"Man beginnt oben zu entwerfen, aber unten zu bauen." Nach Entwicklung des grundsätzlichen Entwurfskonzeptes muß so früh wie möglich mit der Überprüfung der erdbau- und gründungstechnischen Zusammenhänge begonnen werden, da diese große Auswirkungen auf die Erscheinung des Gebäudes bzw. die Baukostenentwicklung haben können.
In diesem Zusammenhang muß dann der Aufwand für die notwendigen Erdbaumaßnahmen im Verhältnis zum Gesamtaufwand bewertet werden, wie groß z.B. der Aufwand ist für Bodenverdichtung, Gründung, Baugrubensicherung, Wasserhaltung, Dichtung, Grundwasserumleitungen, Sicherung bestehender Infrastruktureinrichtungen, Bodenaustausch bei Kontamination und wie ggf. durch Änderungen am Entwurf diese Kosten optimiert werden können, z.B. durch Anordnung oberirdischer Abstellflächen statt Kellerräumen, geringere Raumhöhen der Untergeschosse, Ausrichtung abgestimmt auf Grundwasserfluß u.ä.
Dazu empfiehlt sich eine frühzeitige, umfassende Erkundung der Boden- und Gründungsverhältnisse in Abstimmung mit dem Statiker durch
- Grundstücksbegehung
- Grabungen, Schürfungen, Sondierungen, Bohrungen
- geologische Karten
- vorhandene Pläne, z.B der umgebenden Bebauung
- vorhandene Bodengutachten, z.B. für die Errichtung von Nachbargebäuden
- Erstellung eines gesonderten, auf die Besonderheiten des geplanten Gebäudes abgestimmten Bodengutachtens

1. Bodenarten

Die für Gründungen wichtigen Eigenschaften der Böden hängen im wesentlichen von der Korngröße und Kornverteilung des Materials ab und können durch Grabung, Schürfung, Bohrung ermittelt werden. Die Korngrößenverteilung bestimmt beispielsweise, wieweit ein Boden wasserdurchlässig ist, ob der Wassergehalt auf die Tragfähigkeit einen wesentlichen Einfluß hat oder ob die Lagerungsdichte maßgebend ist. Man unterscheidet:

Bindige Böden:

Feinkörnige Böden binden zusammen und können bei hohem Tongehalt felsartig sein (wasserundurchlässig).

Nichtbindige Böden:

Loses, rolliges wasserdurchlässiges Gebinde. Hohlräume bleiben offen (Sand, Kies).

Fels:

Feste Formation mit großer Belastbarkeit oder bei Klüften, Spalten oder schrägen Schichten mit geringer Belastbarkeit.

Gemischte Böden:

Mischung von bindigen und nichtbindigen Böden, in Abhängigkeit der Kornverteilung, häufig auch "angereichert" durch Bauschutt, Abfälle u.ä.

Die DIN 18196 definiert die Bodenklassen im Detail, Angaben dazu müssen in den Ausschreibungsunterlagen enthalten sein, ggf. sind detaillierte Angaben zu den zu entsorgenden Schadstoffen zu machen.

Zur Beurteilung des Aufwandes und der Kosten für Erdarbeiten – also auch für den Aushub von Baugruben – wird der Boden hinsichtlich der Lösbarkeit in 7 Bodenklassen eingeteilt:

Klasse 1: Mutterboden[1])

Klasse 2: Fließende Bodenarten
Bodenarten von flüssiger bis breiiger Konsistenz, die das Wasser schwer abgeben

Klasse 3: Leicht lösbare Bodenarten
organische Bodenarten mit geringem Wassergehalt, z. B. fester Torf
nichtbindige bis schwachbindige Sande, Kiese und Sand-Kies-Gemische mit bis zu 15% Beimengungen an Schluff und Ton und mit höchstens 30% Steinen von über 63 mm Korngröße bis zu 0,01 m^3 Rauminhalt

Klasse 4: Mittelschwer lösbare Bodenarten
Gemische von Sand, Kies, Schluff und Ton mit einem Anteil von mehr als 15% Korngröße kleiner als 0,06 mm. Bindige Bodenarten von leichter bis mittlerer Plastizität, die bis zu 30% Steine von über 63 mm Korngröße bis zu 0,01 m^3 Rauminhalt enthalten.

Klasse 5: Schwer lösbare Bodenarten
Bodenarten nach Klasse 3 und 4, jedoch mit mehr als 30% Steinen von über 63 mm Korngröße bis zu 0,01 m^3 Rauminhalt. Nichtbindige und bindige Bodenarten mit höchstens 30% Steinen von über 0,01 m^3 bis 0,1 m^3 Rauminhalt. Ausgeprägt plastische Tone, die je nach Wassergehalt weich bis fest sind.

Klasse 6: Leicht lösbarer Fels und vergleichbare Bodenarten
Felsarten, die einen inneren, mineralisch gebundenen Zusammenhalt haben, jedoch stark klüftig, brüchig, bröckelig, schiefrig, weich und verwittert sind, sowie vergleichbare verfestigte nichtbindige und bindige Bodenarten
Nichtbindige und bindige Bodenarten mit mehr als 30% Steinen von über 0,01 m^3 bis 0,1 m^3 Rauminhalt

Klasse 7: Schwer lösbarer Fels
Felsarten, die einen inneren, mineralisch gebundenen Zusammenhalt und hohe Gefügefestigkeit haben und die nur wenig klüftig oder verwittert sind. Festgelagerter, unverwitterter Tonschiefer, Nagelfluhschichten, Schlackenhalden. Steine von über 0,1 m^3 Rauminhalt.

Definition der Bodenklassen nach DIN 18196

Hauptgruppen	Korngrößenanteile in Gew.-% ≤ 0,06 mm	Korngrößenanteile in Gew.-% > 2 mm	Gruppen		Kurzzeichen Gruppensymbol	Erkennungsmerkmale	Beispiele
Grobkörnige Böden	≤ 5	> 40	Kies	enggestufte Kiese	GE	steile Körnungslinie infolge Vorherrschens eines Korngrößenbereichs	
				weitgestufte Kies-Sand-Gemische	GW	über mehrere Korngrößenbereiche kontinuierlich verlaufende Körnungslinie	Fluß- u. Strandkies, Terrassenschotter, Moränenkies
				intermittierend gestufte Kies-Sand-Gemische	GI	treppenartig verlaufende Körnungslinie infolge Fehlens eines oder mehrerer Korngrößenbereiche	vulkanische Schlack und Asche
		≤ 40	Sand	enggestufte Sande	SE	steile Körnungslinie infolge Vorherrschens eines Korngrößenbereichs	Dünen- und Flugsand, Talsand (Berliner Sand), Beckensand, Tertiärsand
				weitgestufte Sand-Kies-Gemische	SW	über mehrere Korngrößenbereiche kontinuierlich verlaufende Körnungslinie	Moränensand
				intermittierend gestufte Sand-Kies-Gemische	SI	treppenartig verlaufende Körnungslinie infolge Fehlens eines oder mehrerer Korngrößenbereiche	Terrassensand, Strandsand
Gemischtkörnige Böden	5 bis 40	> 40	Kies-Schluff-Gemische	≤ 0,06 mm 5 bis 15 Gew.-%	GU	weit oder intermittierend gestufte Körnungslinie, Feinkornanteil ist schluffig	Verwitterungskies, Hangschutt, lehmiger Kies, Geschiebelehm
				≤ 0,06 mm 15 bis 40 Gew.-%	GŪ		
			Kies-Ton-Gemische	≤ 0,06 mm 5 bis 15 Gew.-%	GT	weit oder intermittierend gestufte Körnungslinie, Feinkornanteil ist tonig	
				≤ 0,06 mm 15 bis 40 Gew.-%	GT̄		
		≤ 40	Sand-Schluff-Gemische	≤ 0,06 mm 5 bis 15 Gew.-%	SU	weit oder intermittierend gestufte Körnungslinie, Feinkornanteil ist schluffig	Flottsand
				≤ 0,06 mm 15 bis 40 Gew.-%	SŪ		Auelehm, Sandlöß
			Sand-Ton-Gemische	≤ 0,06 mm 5 bis 15 Gew.-%	ST	weit oder intermittierend gestufte Körnungslinie, Feinkornanteil ist tonig	lehmiger Sand, Schleichsand
				≤ 0,06 mm 15 bis 40 Gew.-%	ST̄		Geschiebelehm, Geschiebemergel

Beispiel für Bodenklassifizierung nach DIN 18196

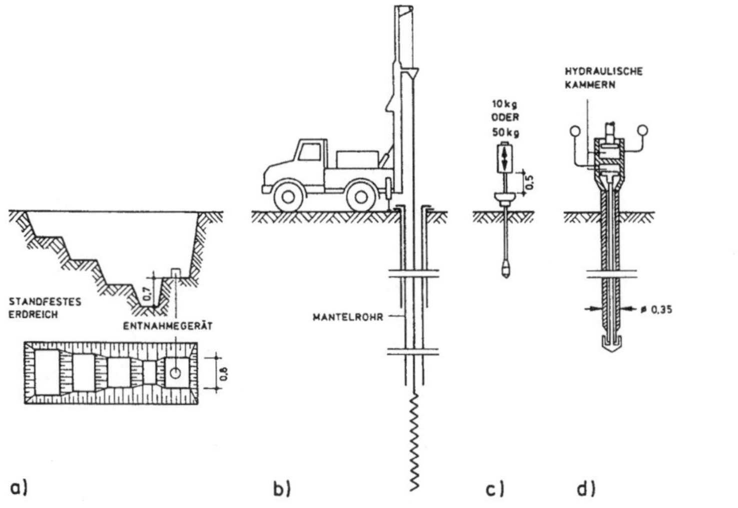

Verfahren zum Aufschließen des Baugrundes
a) Schürfgrube c) Rammsonde
b) Bohrung d) Drucksonde

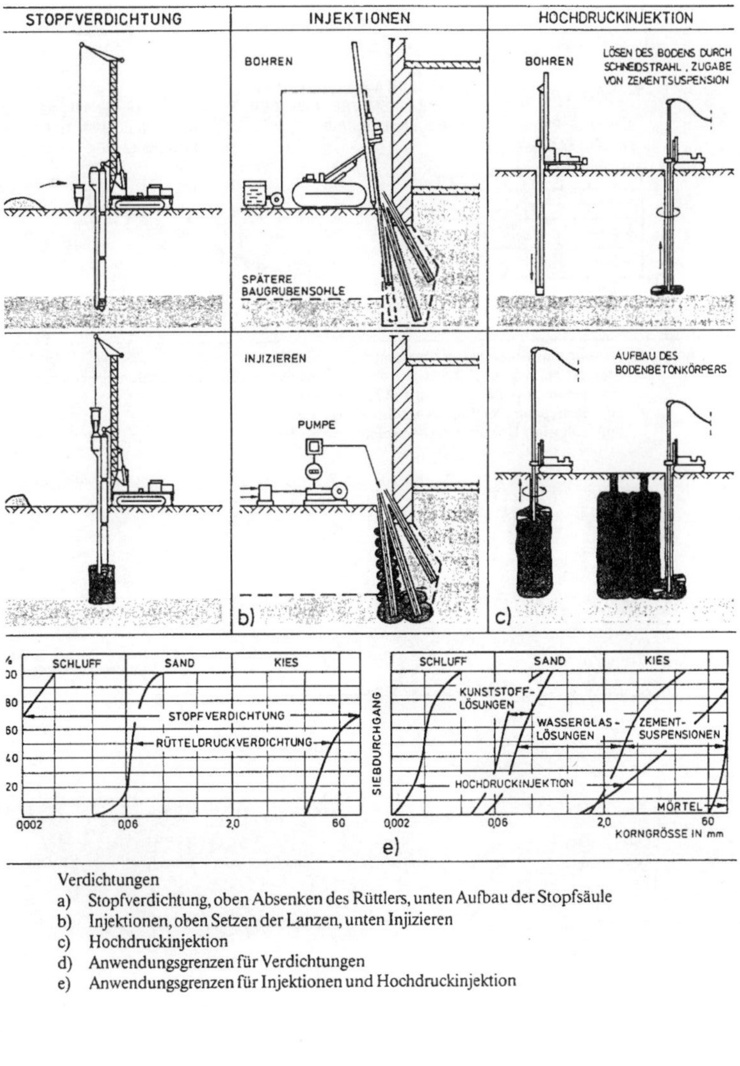

Verdichtungen
a) Stopfverdichtung, oben Absenken des Rüttlers, unten Aufbau der Stopfsäule
b) Injektionen, oben Setzen der Lanzen, unten Injizieren
c) Hochdruckinjektion
d) Anwendungsgrenzen für Verdichtungen
e) Anwendungsgrenzen für Injektionen und Hochdruckinjektion

2. Baugrunderkundung / Baugrunduntersuchung

Folgende Möglichkeiten liegen zur Baugrunduntersuchung vor :

1. Geologische Karten
2. Baugrundkarten
3. Bodenproben

Bodenproben werden entnommen in Form von:

Schürfungen:

Gruben / Schächten bis 4 m Tiefe. Verlauf der Bodenschichten ist gut erkennbar. Der Nachteil besteht in der begrenzten Aushubtiefe, dem großen Platzbedarf, hohen Kosten und Schwierigkeiten bei hohem Grundwasserstand.

Bohrungen:

Schnell und billig für große Tiefe . Das Bohrgut kommt allerdings im allgemeinen nur gestört zutage. Die Bohrung wird mit einem Mantelrohr durch Drehen in den Boden getrieben.

Sondierungen:

1. Rammsondierung durch Einschlagen eines Stabes mit kegelförmiger Spitze. Durch die Zahl der erforderlichen Schläge kann auf die Lagerungsdichte geschlossen werden.

2. Drucksondierung durch Eindrücken eines Stabes mit kegelförmiger Spitze. Der Widerstand des Bodens wird gemessen.

3. Flügelsondierung dient zur Bestimmung der Scherfestigkeit bei Rutschzonen oder Gleitflächen durch Drehen und Abscheren der Sonde.

Der Baugrund muß auf folgende Faktoren untersucht werden:

1. Festigkeit
2. Grundwasser, niedrigster & höchster Stand
3. Altlasten etc.

Bodenverbesserung:

1. Bodenaustausch
2. Verdichtung
3. Injektion
4. Hochdruckinjektion

3. Gründungen :

1. Einzelfundament : Punktförmig
2. Streifenfundament : Linienförmig
3. Plattenfundament : Flächig
4. Kelleraußenwände : inkl. querstehende Wände, Kellerdecke und Fundament
5. Frostschürze : Linienförmig, umlaufend (frosttiefe Gründung z.B. bei nicht unterkellerten Gebäuden)
6. Pfahlgründungen : Rammpfähle, Bohrpfähle, Rüttelpfähle; Pfahlkopfbalken und Pfahlrostplatten

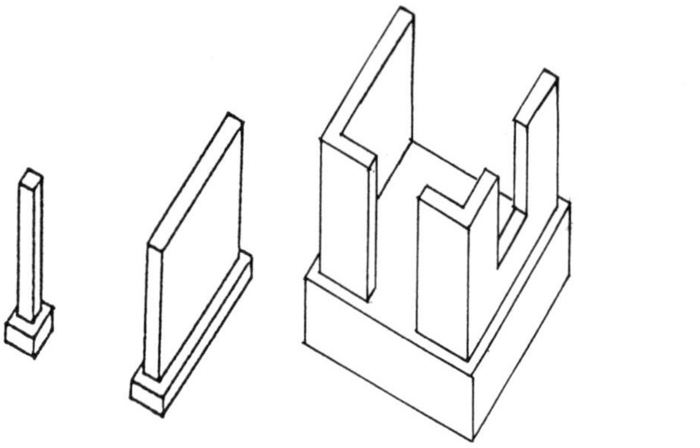

Standsicherheit von Gründungen

Die Bodenpressung muß begrenzt werden, um unzulässige Setzungen zu vermeiden und um eine ausreichende Sicherheit gegen Grundbruch zu gewährleisten.
Die von einem Fundament in den Baugrund eingeleitete Last breitet sich in die Tiefe aus. Dabei kommt es zu Überlagerungen von Bodenpressungen aus benachbarten Fundamenten.

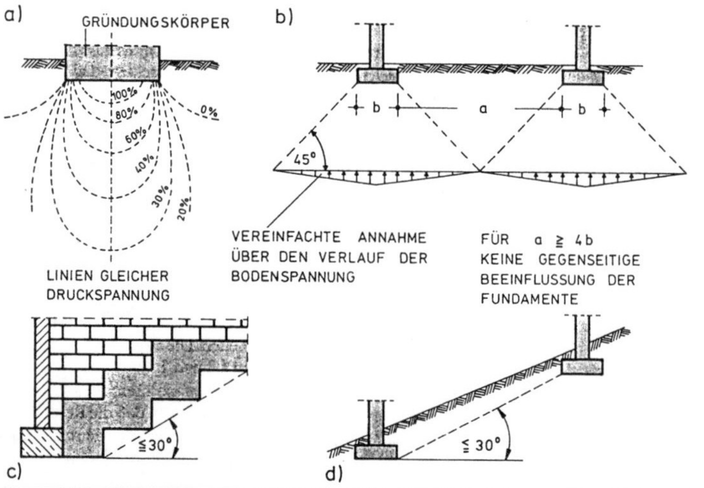

Abb. C.16 Ausbreitung der Lasten im Baugrund
a) „Druckzwiebel", Flächen gleicher Druckspannungen in einem gleichförmigen Baugrund
b) gegenseitige Beeinflussung von Fundamenten
c) Abtreppung bei Wechsel der Gründungstiefe
d) zulässiger Höhenversatz ohne besondere Maßnahmen

Grundbruch :

Ein Grundbruch kann durch Gleiten des Erdkörpers unter einem flach gegründeten Fundament eintreten. Auflast und eine biegesteife Sohlplatte im Keller wirken dem entgegen.

Böschungsbruch :

Abrutschen einer Böschung. Ursache ist z.B. ein Böschungswinkel, der für den betreffenden Boden zu steil ist.

Geländebruch :

Abrutschen eines großen Erdkörpers einschließlich des ganzen Baukörpers.

Auftrieb :

Auf Baukörper, die im Grundwasser stehen, wirkt ein Auftrieb entsprechend der verdrängten Wassermenge. Ausreichende Auflast oder Rückververankerung im Erdreich sind vorzusehen.

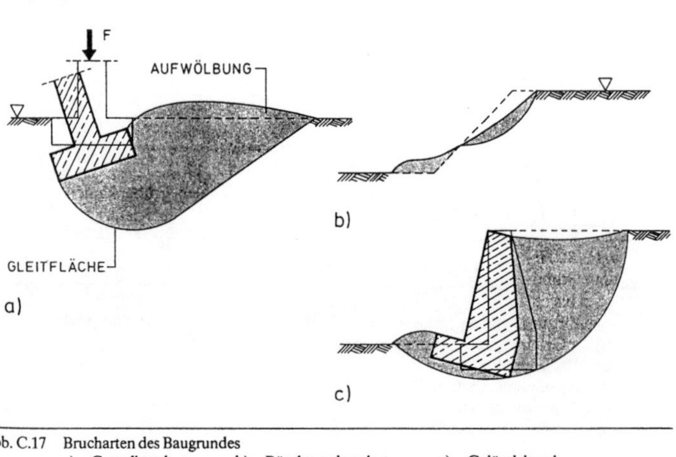

Abb. C.17 Brucharten des Baugrundes
a) Grundbruch b) Böschungsbruch c) Geländebruch

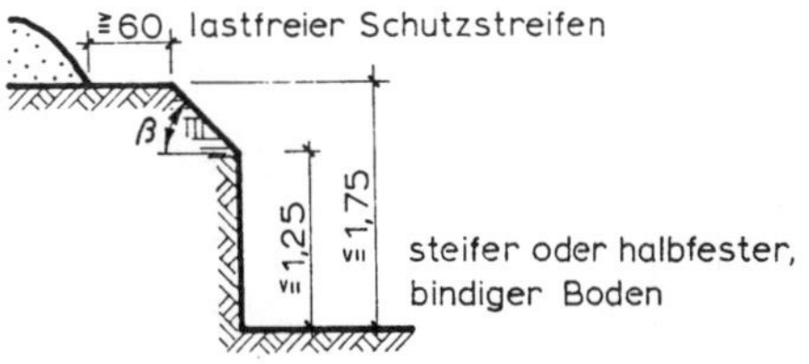

Baugrube ohne Verbau mit abgeböschten Kanten in standfestem gewachsenem Boden (DIN 4124)

1 lastfreier Schutzstreifen
2 steifer oder halbfester, bindiger Boden

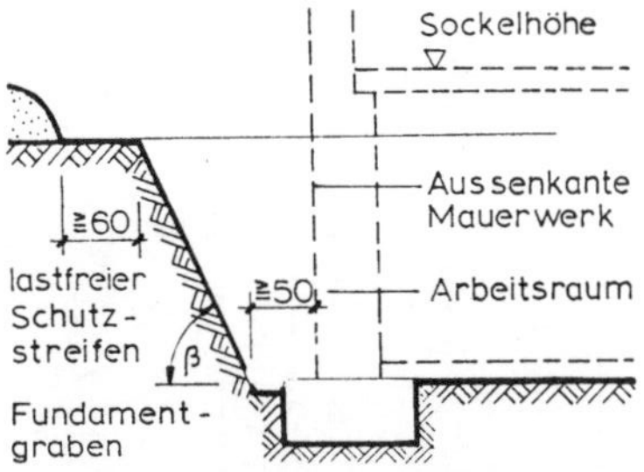

Schnitt durch abgeböschte Baugrube und Fundamentgraben

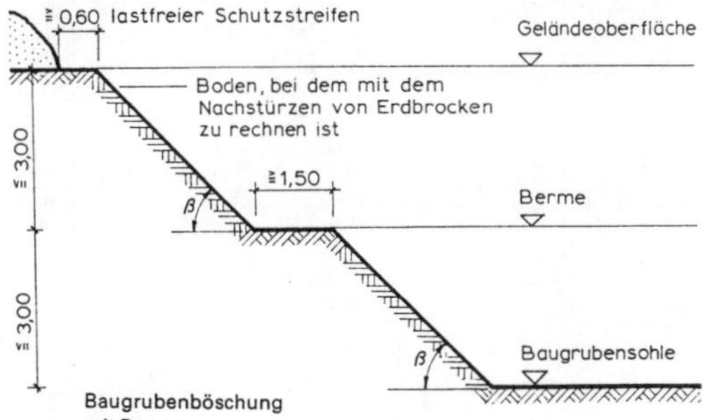

Baugrubenböschung mit Berme

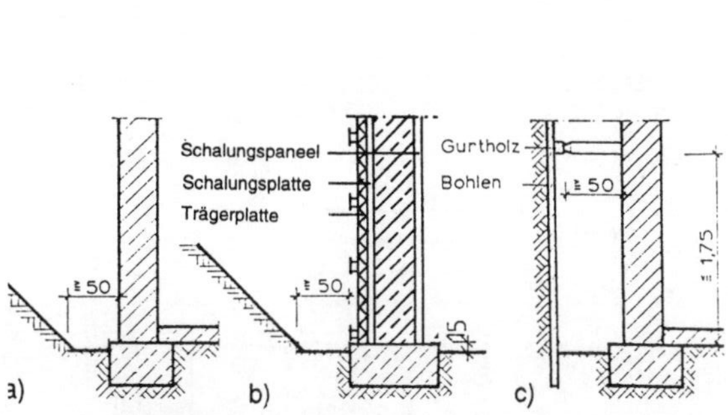

Arbeitsraum
a) abgeböschte Baugrube, Bauwerk ohne Schalung
b) Bauwerk mit Schalungen (z.B. Holz, Stahl, Alu)
c) Baugrube mit Verbau

4. Baugruben

Man unterscheidet nicht verbaute und verbaute Baugruben.

Nicht verbaute Baugruben :

Wenn die Grundstücksgröße es zuläßt, wird in der Regel abgeböscht und nicht verbaut. Die zulässige Neigung der Böschung ist im wesentlichen abhängig von der Bodenart, der Böschungshöhe und der Standdauer. Durch den Einfluß von Niederschlägen, Trockenheit und Frost kann sich die Böschung ändern, so daß bei längerer Standzeit der Baustelle dies durch einen entsprechend flacheren Böschungswinkel berücksichtigt werden muß .

Verbaute Baugruben :

Baugruben, die eine größere Tiefe als 1,25 m haben und nicht abgeböscht werden, müssen verbaut werden.

5. Unterfangungen

Wenn Neubauten unterhalb der Gründungssohle unmittelbar bei benachbarten Altbauten gegründet werden sollen, sind die Altbaufundamente zuvor zu unterfangen. Zur Abstützung kommen Spundwände, Schlitzwände, Bohrpfahlwände oder chemische Baugrundverfestigungen in Frage.
Neben dem Nachweis der Grundbruch- und Standsicherheit sind auch Setzungen des Altbaus infolge von Drucküberlagerungen oder etwaigen Grundwasserabsenkungen zu berücksichtigen.
Ohne Abstützung darf kein Fundament auf ganze Länge bis zur Sohle freigelegt werden. Mindestens 50 cm über Fundamentsohle muß eine Berme von 2 m Breite verbleiben, von der aus unter 30° weiter abgeböscht werden kann.
Zur Unterfangung wird die Fundament-sohle abschnittsweise freigeschachtet, über 1,25 m Tiefe verbaut und ein Beton- oder Mauerwerkspfeiler auf der neuen Gründungssohle erstellt. Die Länge eines Unterfangabschnittes soll nicht über 1,25 m, der Abstand zum nächstfolgenden mindestens das 1,5-fache der Ausschachtungstiefe betragen. Um das Nachsetzen unterfangener Fundamente gering zu halten, sind die einzelnen Pfeiler mittels hydraulischer Pressen oder durch Keile gegen die alte Fundamentsohle zu verspannen. Dann erst wird die Anschlußfuge mit Beton verpreßt; nach Erhärtung des Betons wird die hydraulische Presse entfernt und die verbliebene Aussparung ausgefüllt.

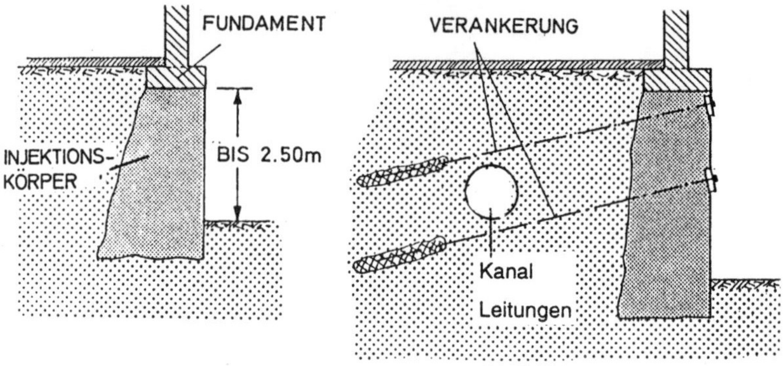

Unterfangung von Fundamenten durch Injektionskörper

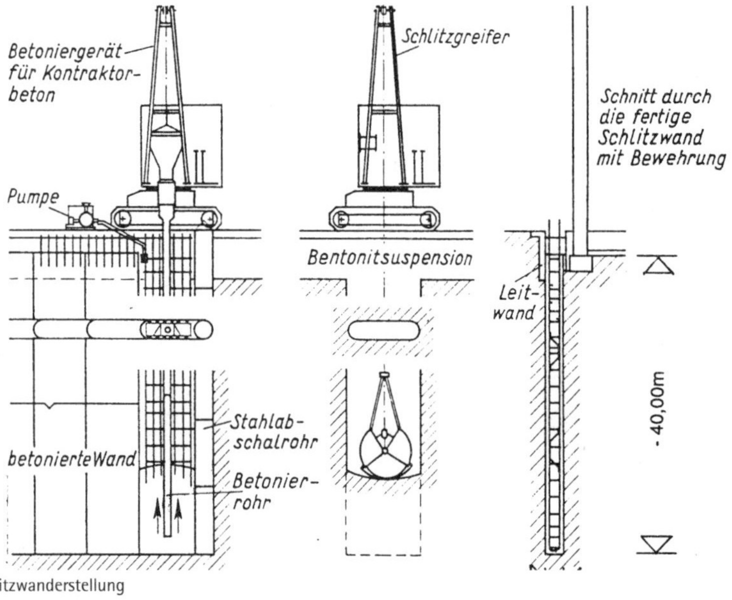

Schlitzwanderstellung

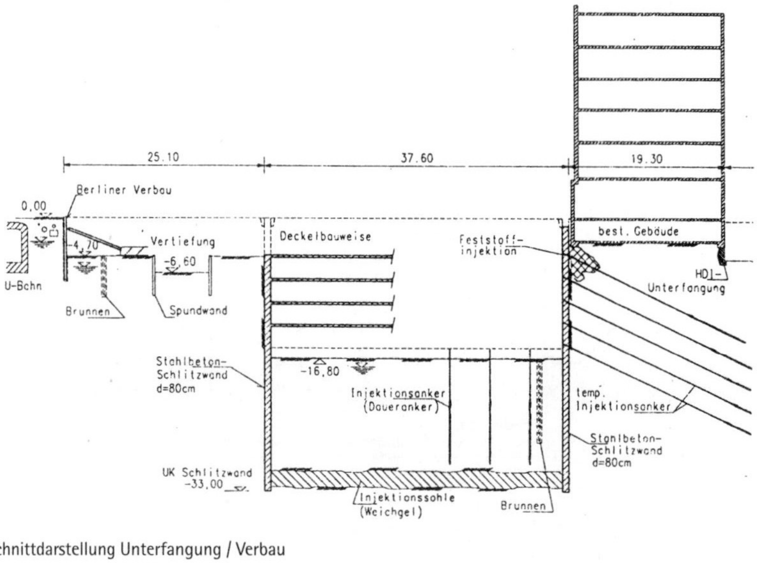

Schnittdarstellung Unterfangung / Verbau

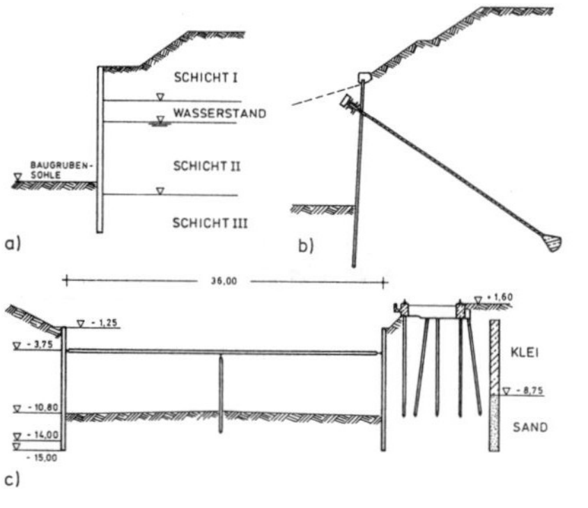

b. C.22 Spundwände
a) einfache Spundwand
b) rückverankerte Spundwand
c) sich gegenseitig stützende Wände

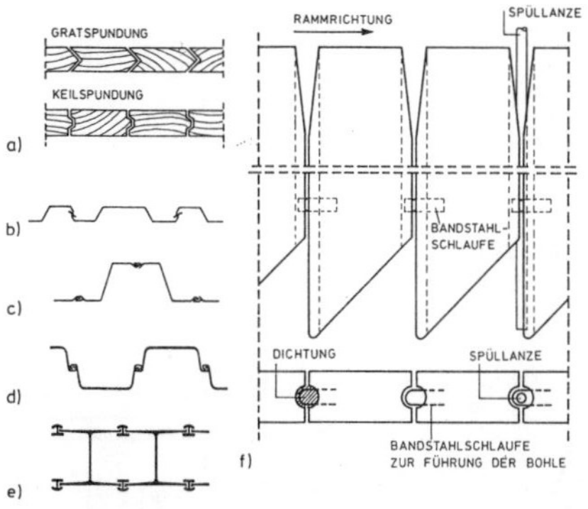

Spundbohlen
a) Holz
b) Kanaldielen
c) Wand aus Z-Profilen
d) Wand aus U-Profilen
e) Kastenspundwand
f) Stahlbeton

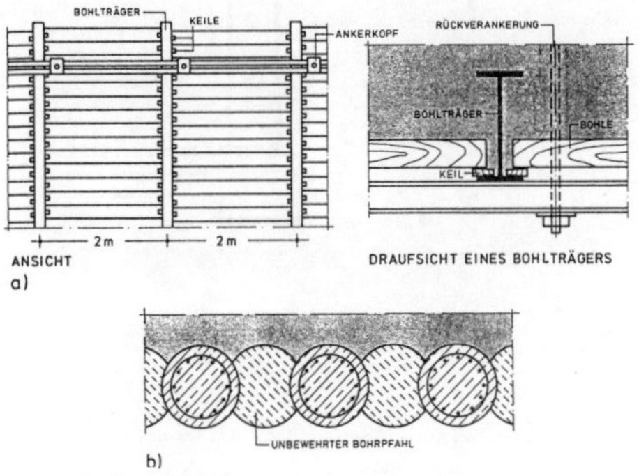

a) Trägerbohlwand
b) Bohrpfahlwand

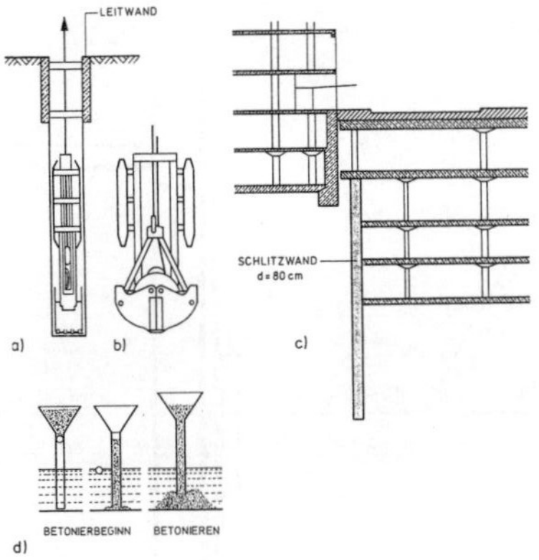

Schlitzwand
a) Aushub einer Schlitzwand
b) Schlitzwandgreifer
c) Schlitzwand am Karlsplatz in München
d) Contractor-Beton

6. Stützwände

Stützwände verhindern bei Geländesprüngen das Abrutschen des höherliegenden Geländes, des Geländebruchs. Im Hochbau benötigt man Stützwände als Baugrubenverbau, wenn die Baugrube nicht abgeböscht werden kann.

Spundwände

Spundwände bestehen aus eng geschlagenden Bohlen, die längs der Ränder miteinander verbunden sind. Sie sind dadurch relativ wasserdicht, so daß sich ein auf beiden Seiten der Spundwand unterschiedlicher Wasserstand halten läßt. Spundbohlen gibt es in Holz, Stahl & Stahlbeton.

Trägerbohlwand

Eine Trägerbohlwand besteht aus einer Reihe von einzeln eingerammten Stahlträgern, zwischen denen Holzbohlen eingelegt werden. Besonders bewährt hat sich der sogenannte Berliner Verbau. Von Vorteil ist neben der Wirtschaftlichkeit v.a. die Anpassungsfähigkeit an die örtlichen Gegebenheiten und die einfache und zuverlässige Herstellung. Nachteilig ist, daß sie eine größere Elastizität im Vergleich zur Pfahlwand oder Schlitzwand hat und demzufolge nachgiebiger ist, so daß es bei unmittelbarer Nachbarbebauung zu leichten Setzungsschäden an den bestehenden Gebäuden kommen kann.

Bohrpfahlwand

Eine Bohrpfahlwand entsteht durch so dichtes Setzen von Pfählen, daß sie sich teilweise überschneiden. Bohrpfahlwände sind sehr steif und deshalb deformationsarm.

Schlitzwand

Beim Schlitzwandverfahren wird zwischen zwei vorher betonierten Leitwänden mit Hilfe eines Grabengreifers ein Schlitz von der Tiefe der späteren Wand ausgehoben. Der Schlitz wird während des Aushubs mit einer thixotropen Flüssigkeit (Betonit-Suspension) stets bis zum Rand gefüllt. Die Flüssigkeit hat etwa die gleiche Dichte wie der Boden, so daß sie die Betonwände stützt und ihr Einfallen verhindert .

8. Abdichtungen

Nach DIN 18195 wird unterschieden in Abdichtungen gegen Bodenfeuchtigkeit,
nicht drückendes Wasser und
drückendes Wasser.

Feuchtigkeit aus der Atmosphäre

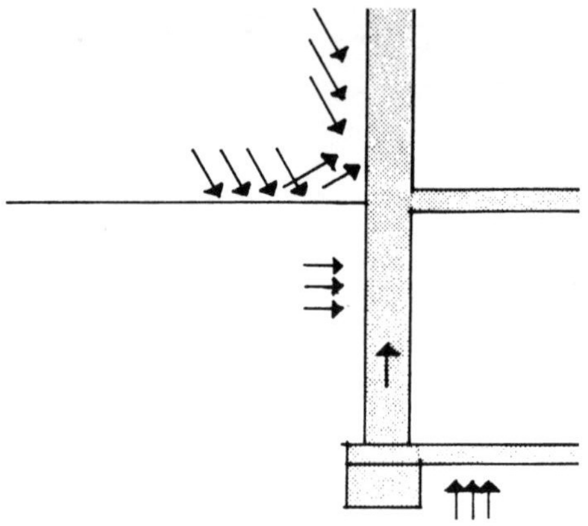

Bodenfeuchtigkeit

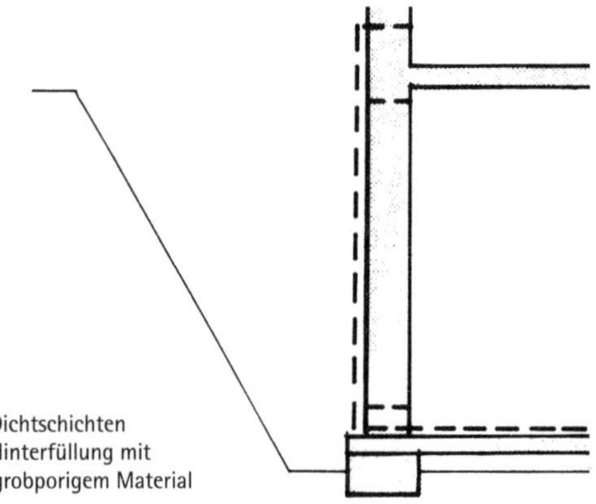

- Dichtschichten
- Hinterfüllung mit grobporigem Material

Nicht drückendes Wasser (Sickerwasser)

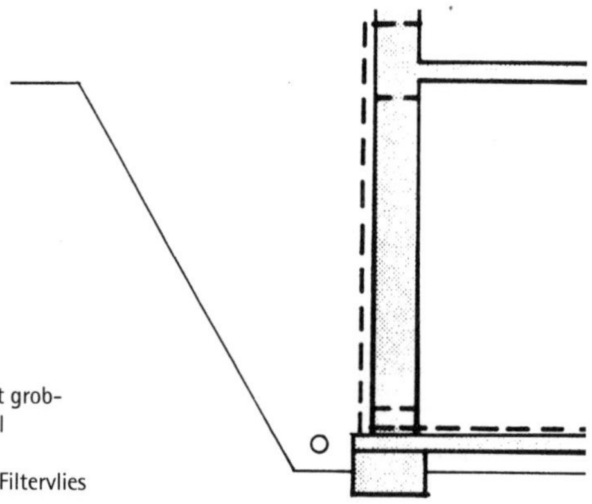

- Dichtschichten
- Hinterfüllung mit grobporigem Material
- Drainage
- ggf. Filterplatte/ Filtervlies

Drückendes Wasser (Grundwasser) Bindiger Boden

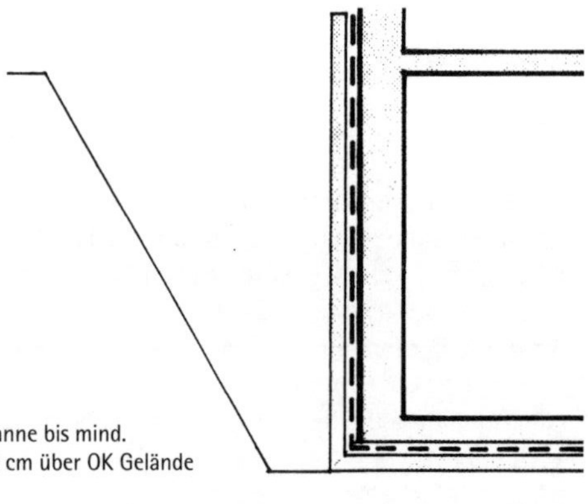

- Wanne bis mind. 30 cm über OK Gelände

Drückendes Wasser (Grundwasser) Nicht bindiger Boden

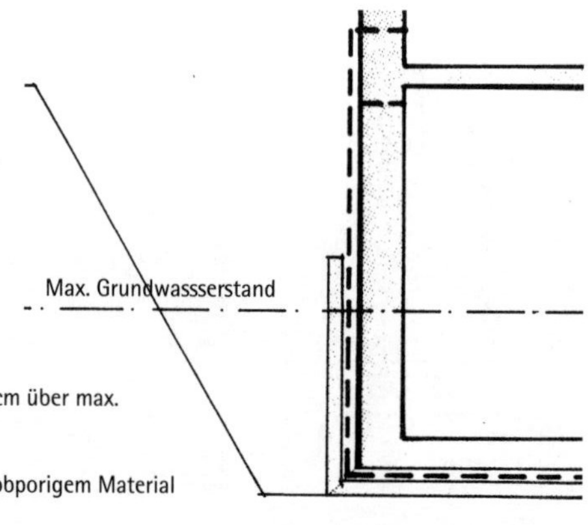

- Wanne bis mind. 30 cm über max. Grundwasserstand
- Dichtschichten
- Hinterfüllung mit grobporigem Material

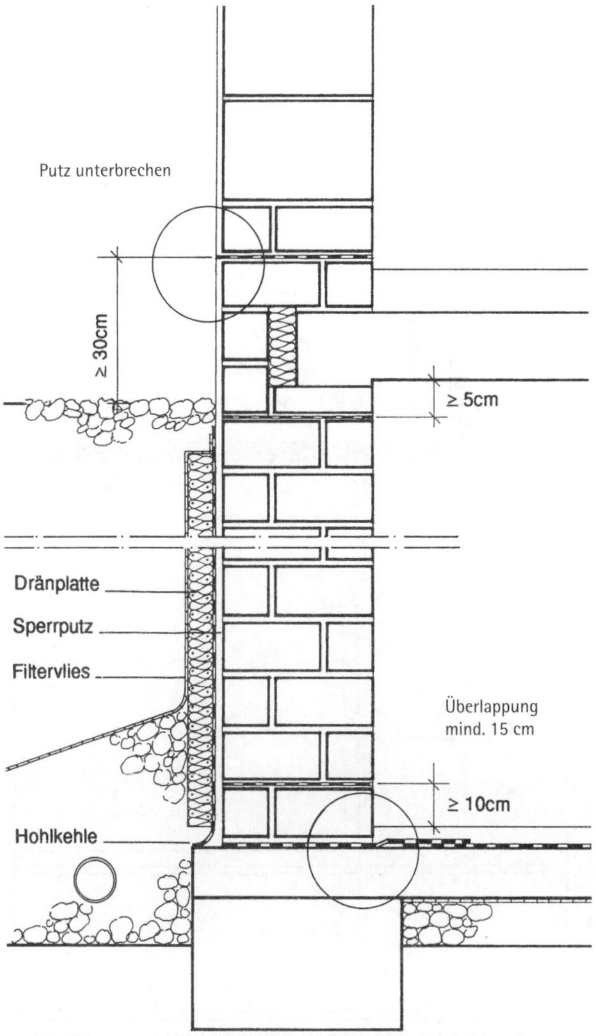

Waagerechte Abdichtungen

(in gemauerten Kellerwänden):

1. obere Abdichtung ≥ 30cm über OK Gelände
2. Abdichtung mind. 5cm oder eine Steinschicht unterhalb der Kellerdecke, wenn die Kellerdecke nicht oberhalb der waagerechten Abdichtung liegt
3. Abdichtung ≥ 10cm über OKFF (Keller)
   Waagerechte Abdichtungen in Wänden aus mind. einer Lage besandeter Bitumendachpappe nach DIN 52120.

Senkrechte Abdichtungen

Senkrechte Abdichtungen sind vom Fundamentansatz bis zur oberen waagerechten Abdichtung zu führen.
- Sperrputz
- Abdichtung mit Bitumenanstrich (kann oberhalb des Geländes entfallen):
  Voranstrich kalt, darauf entweder 3 Kaltanstriche oder 2 Heißanstriche
  oder
- Abdichtung mit Bitumenbahnen:
  Voranstrich, darauf Bitumenbahn-2-lagig, verklebt

Schutzschicht je nach Art der Hinterfüllung und der gewählten Abdichtung vorsehen. Bei der Verwendung von Dränplatten, Filtervlies bis OK Dränplatte führen.

Abdichtung Kellerbodenplatte

Abdichtung tiefliegender Fußböden gegen aufsteigende Feutigkeit mit
- Bitumenbahn

oder
- Kunststoff-Dichtungsbahnen

Überlappung (mind. 15cm) mit der waagerechten Abdichtung unter Kellermauerwerk.

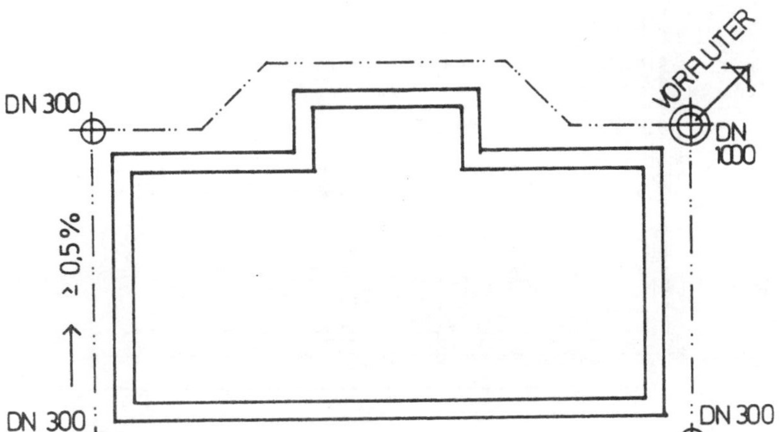

Drainage

Schutz baulicher Anlagen nach DIN 4095.
Bei Gefahr von vorübergehender Stauwasserbildung (bindiger Boden/Hanglage) sollte eine Drainage vorgesehen werden.

Die Dränleitung (i. d. R. Ø 10cm) ist entlang der Außenfundamente mit >0,5cm ‰ Gefälle zu verlegen.
Der Rohrscheitel darf OK Rohbodenplatte nicht überschreiten.
Der Rohrgraben darf nicht tiefer als Fundamentsohle geführt werden. Ggf. sind die Fundamente zu vertiefen.
Die das Dränrohr umgebende Kiespackung ist durch eine Filterschicht (Vlies) vor Verschlammung zu schützen.

Spülrohre (mind. DN 300) sind nach mind. 50 cm bzw. 90° Richtungswechsel anzuordnen.
Der Übergabe-/ Sammelschacht soll mind. in Nennweite DN 1000 ausgeführt werden.

Wasserdichte Wannen

Bei der Ausführung von wasserdruckhaltenden Abdichtungen ist DIN 18195 zu beachten.
Die wasserundurchlässige Konstruktion muß eine geschlossene Wanne bilden.

- Bei nichtbindigem Boden muß die Wanne mind. 30cm über den höchsten Grundwasserstand geführt werden und oberhalb der Wanne eine Abdichtung gegen nicht drückendes Wasser vorgenommen werden.
- Bei bindigem Boden soll die Wanne mind. 30cm über Geländeoberfläche geführt werden.

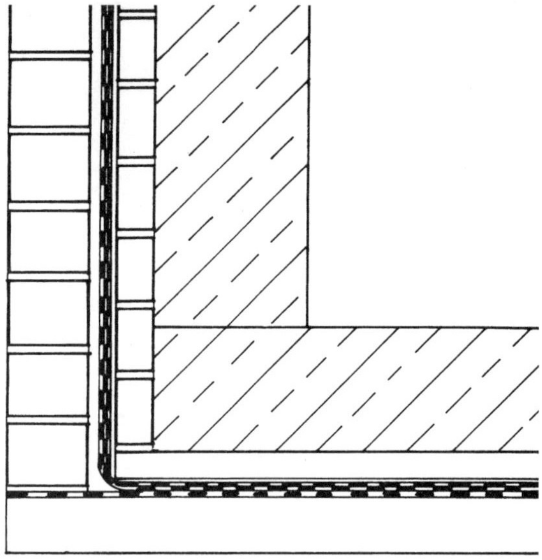

Schwarze Wanne

Außenabdichtung gegen von außen drückendes Wasser nach DIN 18195, T6.

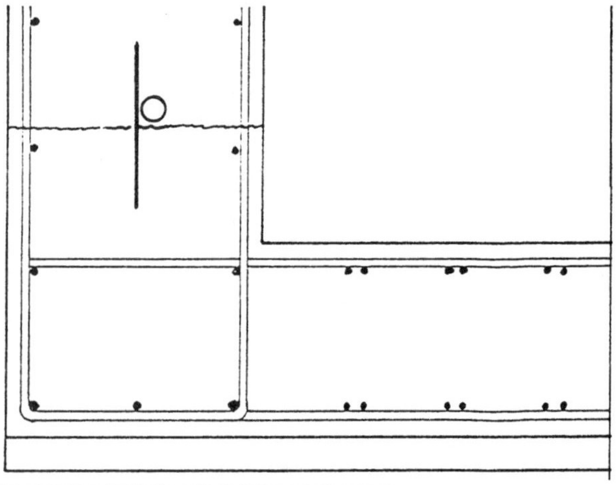

Fugenband an der Außenseite in Schalung eingebaut
(falls Wandsockel nicht möglich)

Weiße Wannne

Abdichtung gegen von außen drückendes Wasser (anerkannte Regeln der Technik).

Betonbauteile übernehmen abdichtende Funktion - wasserundurchlässiger Beton nach DIN 1045.

Voraussetzungen:

- Wasserangriffsfläche gering halten; d.h., einfache Formen wählen, Vor- und Rücksprünge vermeiden
- möglichst ebene Bausohle mit durchgehender Flächengründung
- Rohrdurchführungen minimieren
- stark gegliederte Baukörper bzw. Baukörper mit unterschiedlicher Auflast durch Fugen in möglichst rechtekkigen Teilflächen trennen
- Dehnfugen wasserundurchlässig abdichten

Konstruktionselemente

- Sauberkeitsschicht mind. 5 cm
- Stahlbetonsohle mind. 25 cm
- Stahlbetonwände mind. 30 cm

Arbeitsfugen zwischen Sohle und Wand

- mit mittig liegenden Fugenblechen, zur Hälfte in Wandsockel einbetoniert (Bewehrungsfreiheit)
- mit außen liegenden Fugenbändern

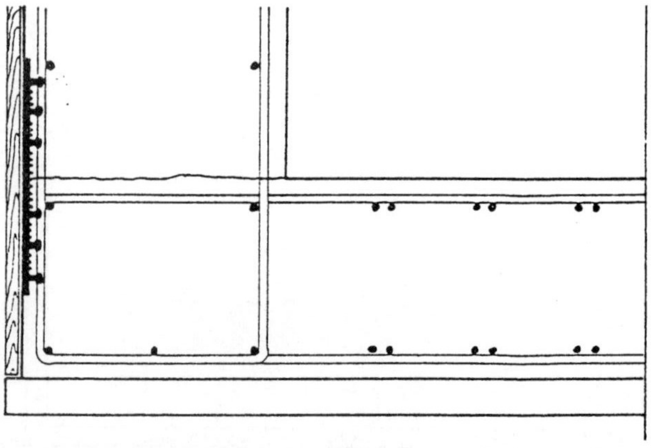

Fugenband an der Außenseite in Schalung eingebaut
(falls Wandsockel nicht möglich)

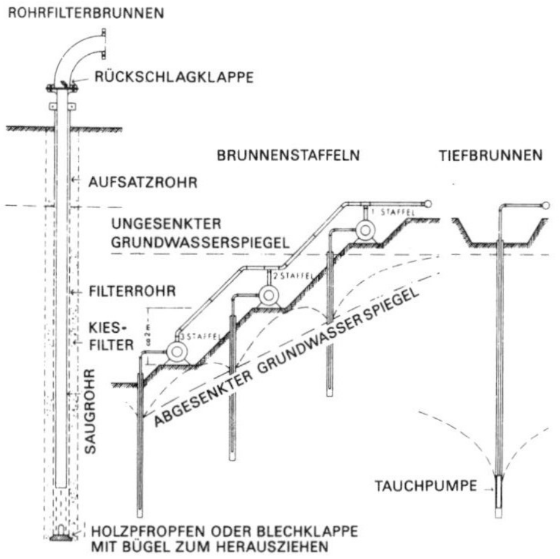

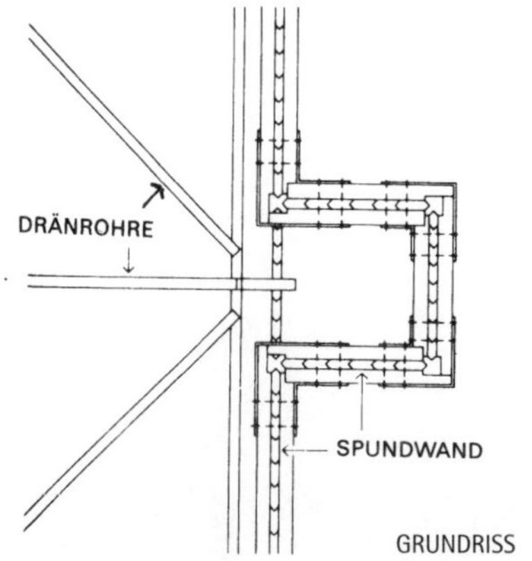

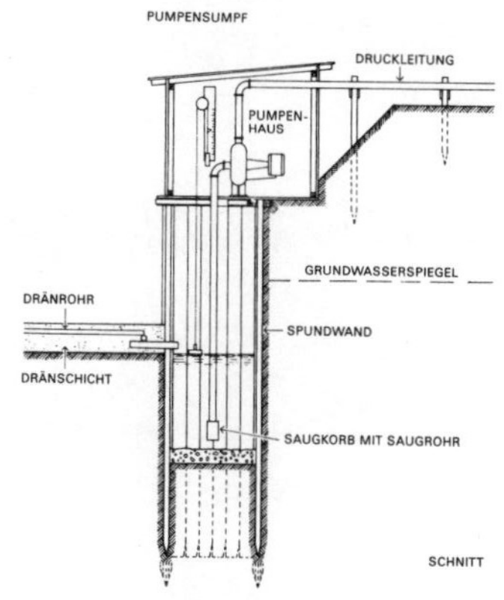

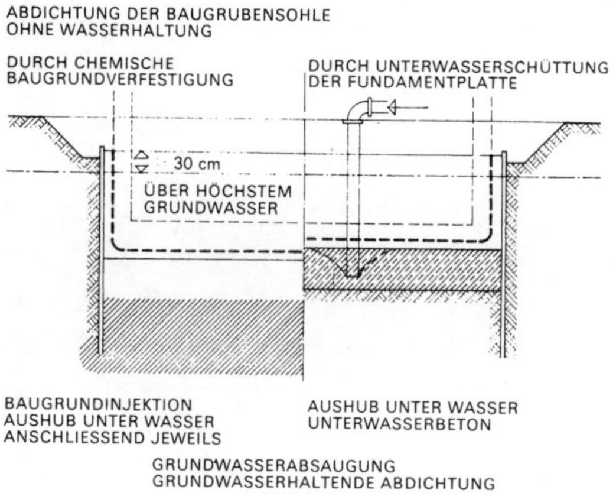

Wasserhaltung

Eine Baugrube, deren Sohle unterhalb des Grundwasserspiegels liegt, muß trockengelegt und von Wasser freigehalten werden. Es gibt dazu Verfahren der Wasserhaltung und der Abdichtung.

Offene Wasserhaltung :

Verlegung einer Dränage, Anlegen von Pumpensümpfen (Gruben mit Kiesfüllung), Absaugung des nachfliessenden Wassers (Motorpumpe).

Grundwasserabsenkung :

Rohrfilterbrunnen entsprechend dem Wasserandrang um die Baugrube niederzubringen, Grundwasserspiegel 30-50cm unter Gründungssohle senken.

Tiefbrunnenabsenkung :

Bei großen Absenkungstiefen.

Vakuumbrunnen :

Für Feinsand- oder Schluffböden.

Elektro-Osmose-Verfahren :

Für sehr feinporige Böden.

Abdichtung der Grubenwände :

Wasserdichter Verbau (Spundwand, Bohrpfahl oder Schlitzwandverbau).

Abdichtung der Baugrubensohle :

Chemische Baugrubenverfestigung
Gefrierverfahren
Unterwasserbeton

Wohnhaus, Italien, Prof. W. Döring, 1997

ZIEGELMASSE UND VORZUGSGRÖSSEN

	a	b	c	d
		Maße in mm		
Zeile		Länge l	Breite b	Höhe h
1	Dünnformat DF	240	115	52
2	Normalformat NF	240	115	71
3	1½ NF = 2 DF	240	115	113
4	2¼ NF = 3 DF	240	175	113

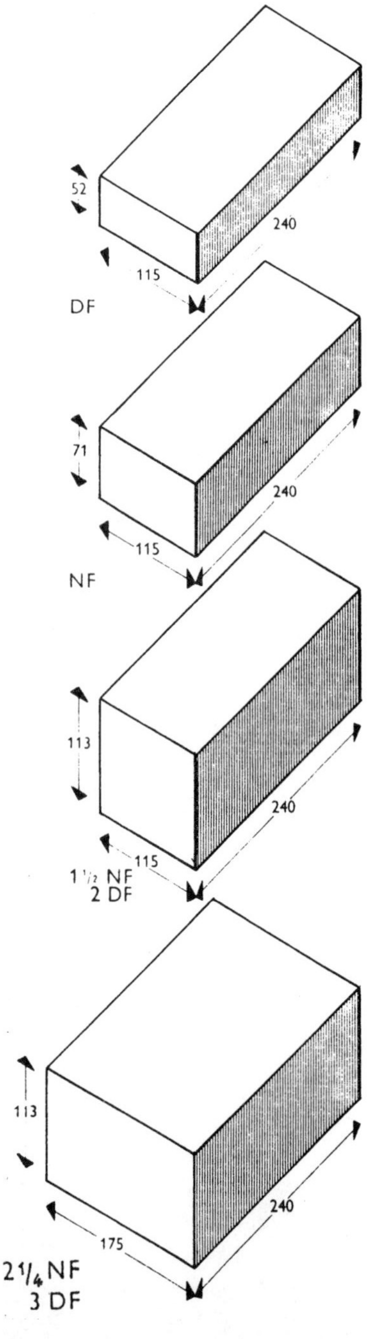

SCHICHTHÖHEN

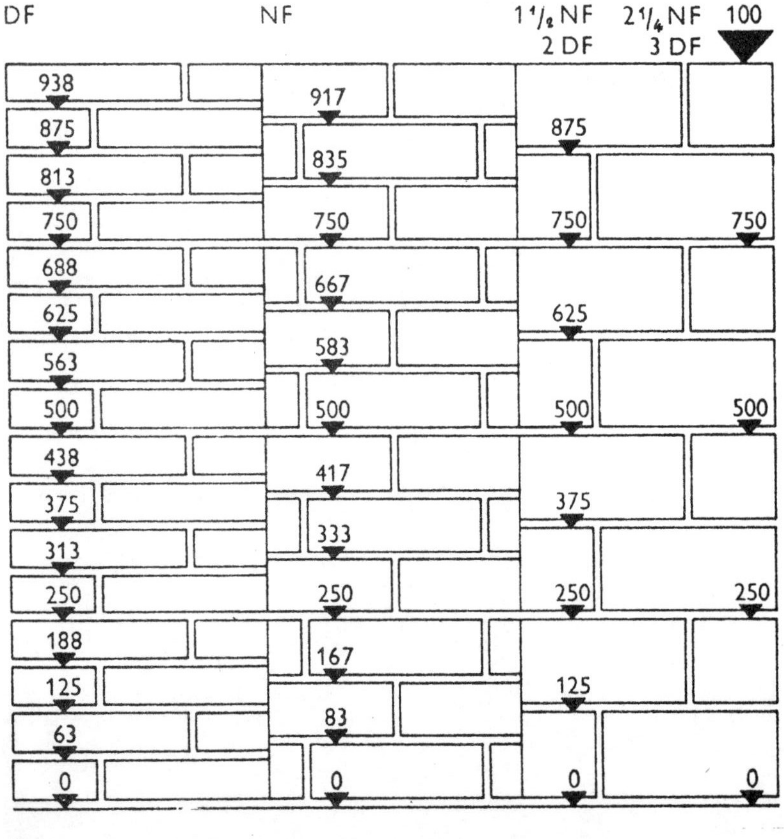

Steine im oktametrischen System

l [cm]	b [cm]	h [cm]	Größen-bezeichnung	Ziegel DIN 105	Leichthochlochziegel DIN 105	Kalksandsteine DIN 106	Hüttensteine DIN 398	Gasbeton-blocksteine DIN 4165	Leichtbeton-Hohlblocksteine DIN 18151	Leichtbeton-vollsteine DIN 18152	Beton-hohlsteine DIN 18153
24	11,5	5,2	DF	X	X	X	X				
24	11,5	7,1	NF	X	X	X	X				
24	11,5	11,3	2 DF	X	X	X	X			X	
24	17,5	11,3	3 DF	X	X	X	X			X	
30	14,5	11,3	3,2 DF	X	X						
30	17,5	11,3	3,75 DF	X	X						
24	24	11,3	4 DF								
30	24	11,3	5 DF	X	X	X	X			X	
24	24	15,5	5,4 DF		X						
24	24	17,5	6 DF		X						
36,5	24	11,5	6 DF		X					X	
30	24	17,5	7,5 DF		X	X	X				
36,5	24	15,5	7,9 DF		X						
24	24	23,8	8 DF		X				X		
49	24	11,5	8 DF					X		X	
36,5	24	17,5	8,9 DF			X	X		X		X
24	36,5	17,5	9 DF						X		X
36,5	17,5	23,8	9 DF			X	X		X		X
24	30	23,8	10 DF		X	X	X				
49	30	11,5	10 DF							X	
36,5	30	17,5	11 DF						X		X
36,5	24	23,8	12 DF		X	X	X		X		X
24	36,5	23,8	12 DF						X		X
49	17,5	23,8	12 DF					X	X		X
49	24	17,5	12 DF						X		X
36,5	30	23,8	15 DF						X		X
49	30	17,5	15 DF						X		X
49	24	23,8	16 DF		X	X		X	X		
49	30	23,8	20 DF		X			X	X		X
61,5	11,5	24	10 DF					X			
	17,5		15 DF					X			
	24		18 DF					X			
	30		25 DF					X			
61,5	30	11,5	12,5 DF					X			

Steine im dezimetrischem Euromodul

l [cm]	b [cm]	h [cm]	Hohlblocksteine aus Beton DIN 18153	Hohlblocksteine aus Leichtbeton DIN 18151
29	9	14	X	X
29	9	15,7	X	X
29	9	19	X	X
29	11,5	19	X	X
29	14	19	X	X
29	19	19	X	X
29	24	19	X	X
49	11,5	23,8	X	X
49	24	23,8	X	X

Ziegel:

Mauerziegel aus gebranntem Ton, Lehm oder tonigen Massen, mit oder ohne Zusatzstoffen.

Frostbeständige Mauerziegel werden **Vormauerziegel** genannt, frostbeständige Mauerziegel mit einer Scherbenrohdichte über1,90 kg/dm3 und einer Druckfestigkeit von über 28 N/mm2 werden als **Klinker** bezeichnet.

Leichthochlochziegel:

Mauerziegel mit verbessertem Wärme- und Schallschutzeigenschaften durch Herabsetztung der Rohdichte mittels Lochung

Kalksandsteine:

Mauersteine aus Kalk und kieselsäurehaltigen Zuschlägen, verdichtet und unter Dampfdruck gehärtet.

Frostbeständige Kalksandsteine werden **KS-Vormauersteine** (25facher Frostwechsel) oder **KS-Verblender** (50facher Frostwechsel) genannt.

Hüttensteine:

Mauersteine aus Hochofenschlacke und mineralischen Bindemitteln, durch Pressen und Rütteln verdichtet und an der Luft oder unter Dampf oder in kohlensäurenhaltigen Abgasen gehärtet.

Gasbetonblocksteine:

Porenbetonsteine aus feinporigem Beton, der aus Zement und oder Kalk und feingemahlenen oder feinkörnigen, kieselsäurehaltigen Stoffen unter Verwendung von porenbildenden Zusätzen hergestellt und in gespanntem Dampf gehärtet wird.

Leichtbetonhohlblocksteine:

Steine aus Leichtbeton mit geschlossenem oder haufwerkporigem Gefüge und vertikalen Hohlkammern, hergestellt aus mineralischen Zuschlägen und hydraulischen Bindemitteln. Leichtbetonhohlblocksteine sind aufgrund ihres Gewichtes großformatig.

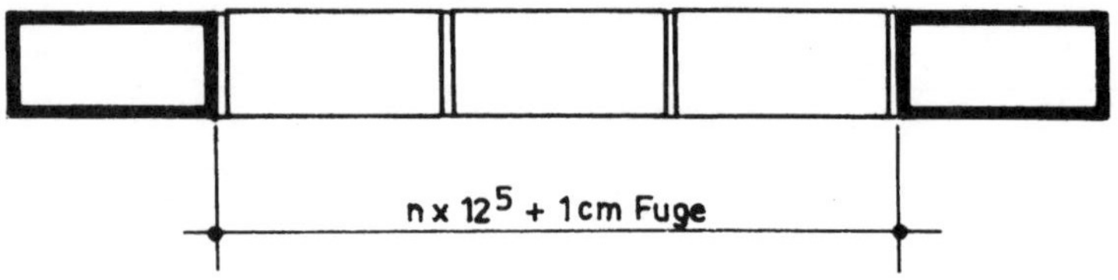

Ö ÖFFNUNGSMASS

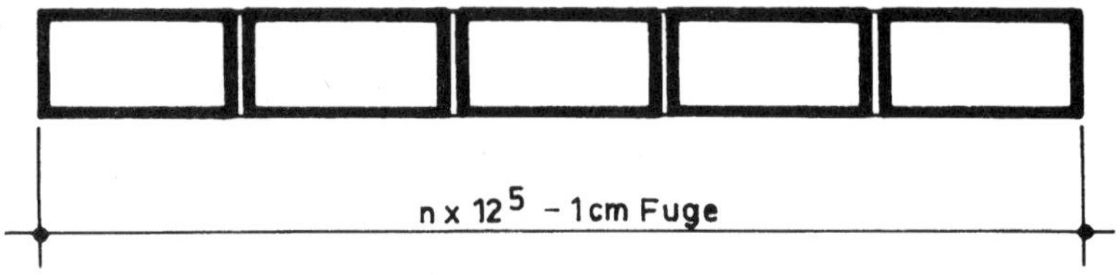

A AUSSENMASS

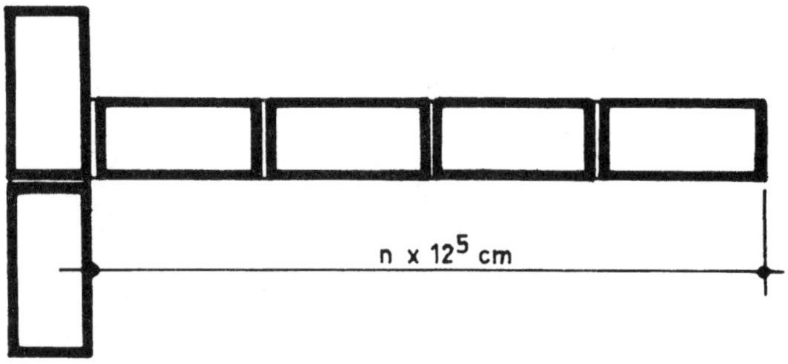

V VORSPRUNGSMASS

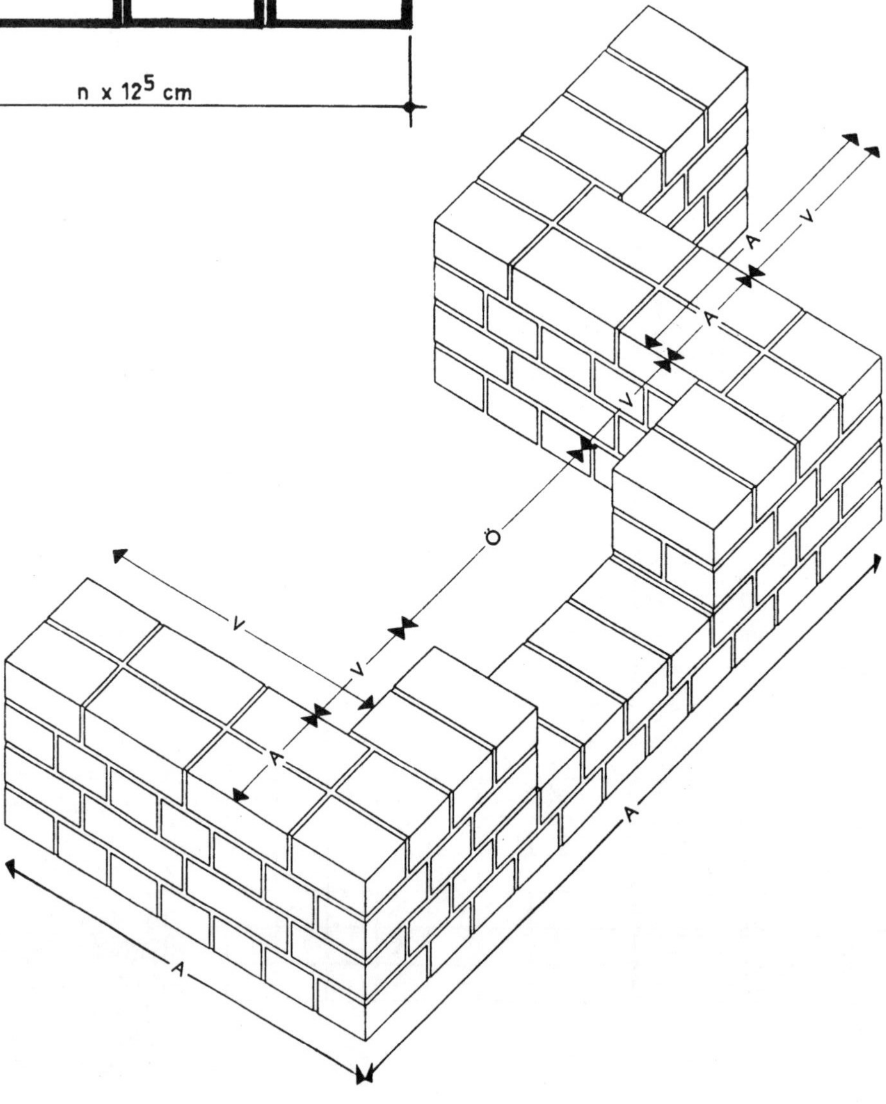

Kreuzverband (NF)

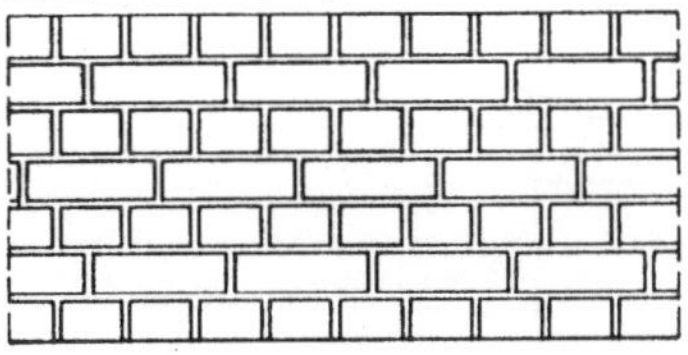

Blockverband (NF)

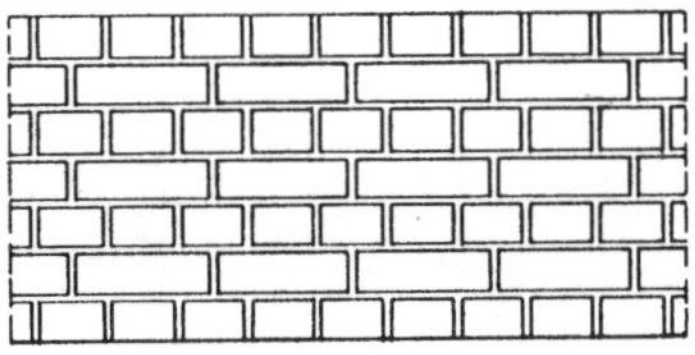

Holländischer Verband (DF)

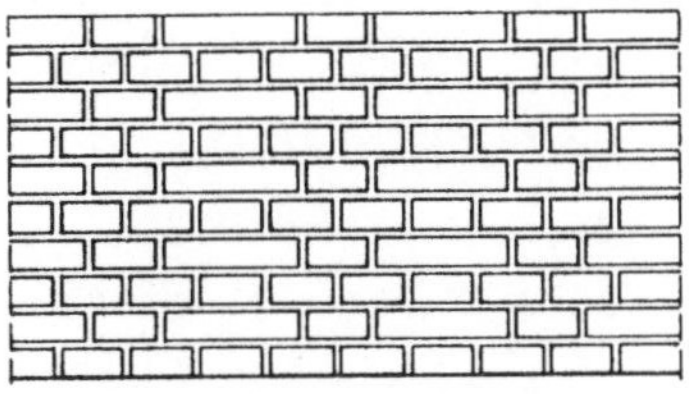

Binderverband (2 DF)

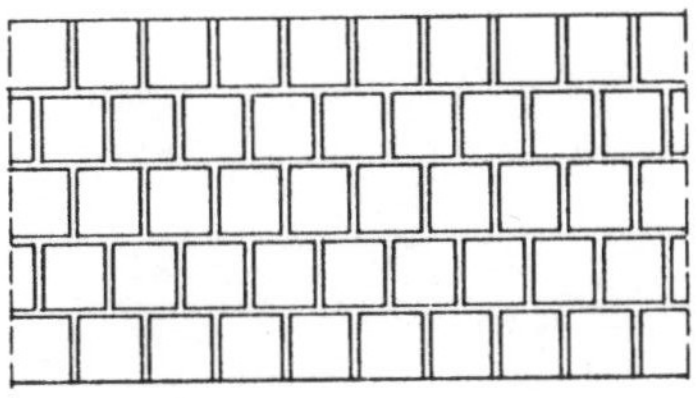

Gotischer Verband mit Läufer-Binder-Schichten

Grundform

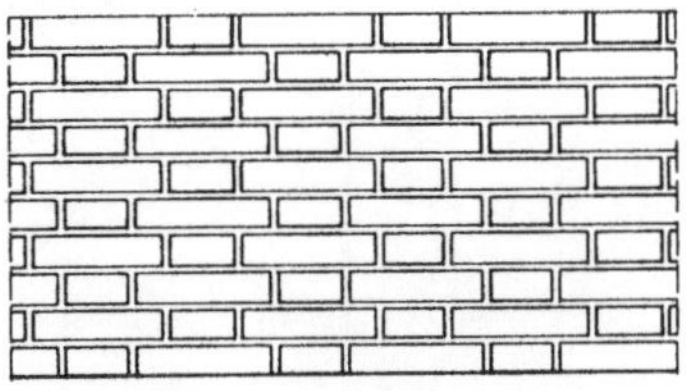

Abwandlung

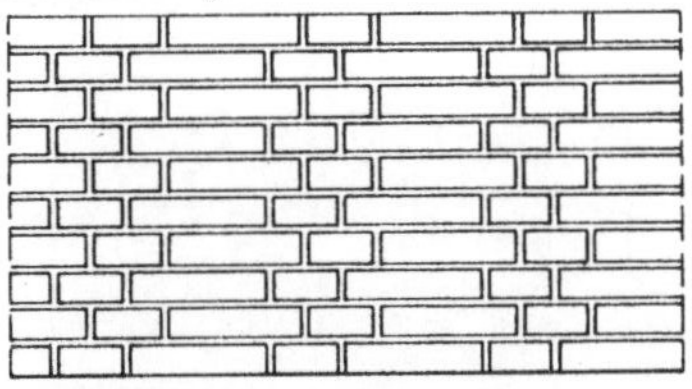

Abwandlung „Zickzack"-Verband

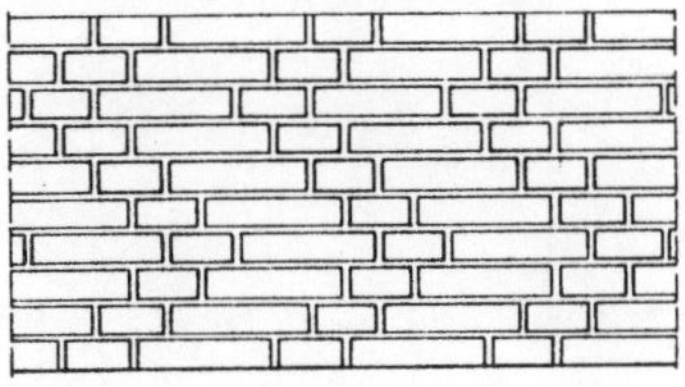

Abwandlung mit Läuferschichten

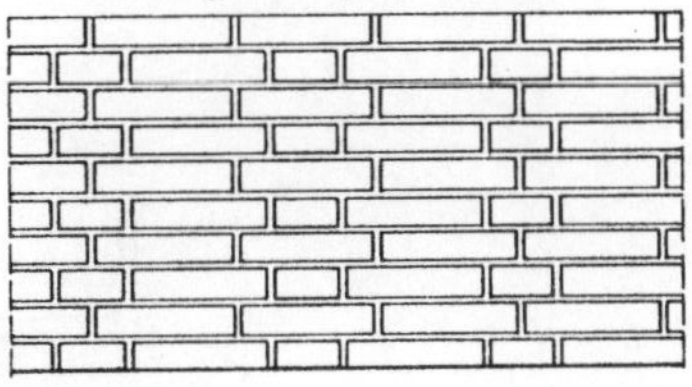

Märkischer Verband mit Läufer-Läufer-Binder-Schichten

Grundform

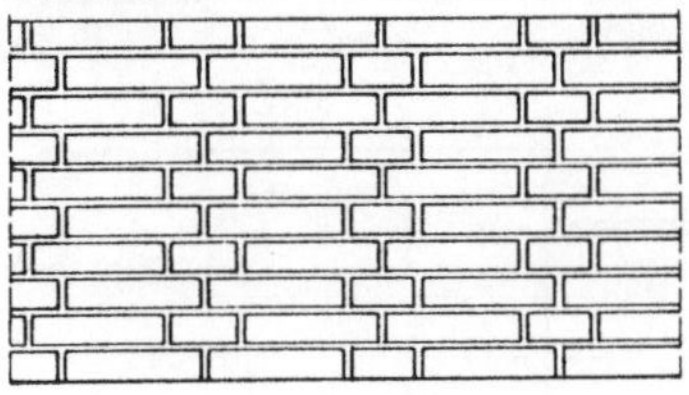

Abwandlung

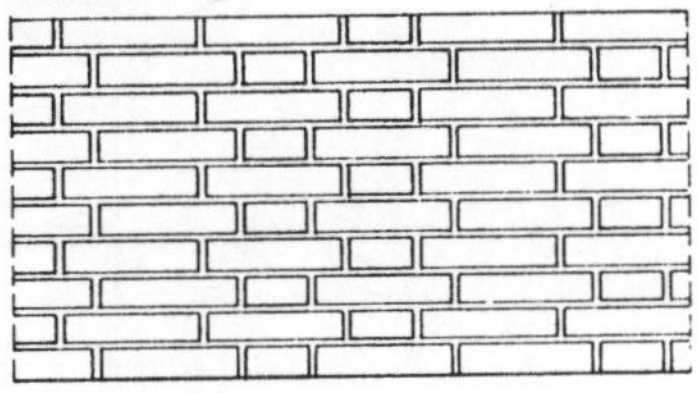

Wichtige Verbandsregeln für Mauerwerk nach DIN 1053:

Fugen

Stoß- und Lagerfugen sind vollfugig zu mauern, soweit nicht die Steinform eine unterbrochene Stoßfuge vorsieht. Die Dicke der Fugen ist so zu wählen, daß das Maß von Fuge und Stein einem Baurichtmaß nach DIN 4172 entspricht. Im allgemeinen sollen die Stoßfugen 1 cm dick sein. Bei gleichzeitiger Verarbeitung verschieden hoher Steine in durchgehender und aussteifender Wand sind die Schichthöhen genau einzuhalten, um das Einbinden zu ermöglichen.

Bei Gewölben sind die Fugen so knapp wie möglich zu halten. Am Gewölberücken dürfen sie nicht dicker als 2 cm werden.

Verband

Es muß im Verband gemauert werden, d. h. die Stoß- und Längsfugen übereinanderliegender Schichten müssen versetzt sein.

Das Überbindemaß muß sein ü > 0.4 h bzw. > 4.5 cm, wobei h die Steinhöhe (Sollmaß) ist.

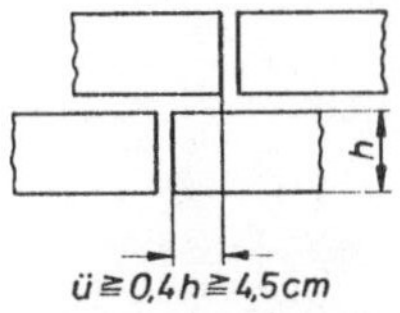

Überbindemaß, bezogen auf die Steinhöhe

Die Steine einer Schicht sollen gleiche Höhe haben. Liegen mehrere Läuferschichten nebeneinander, so darf die Steinhöhe nicht größer als die Steinbreite sein.

$ü_{erf.} \geq$ 4,5 cm bei h $\leq$ 11,3 cm
$\geq$ 6,2 cm bei h $\leq$ 15,5 cm
$\geq$ 7,0 cm bei h $\leq$ 17,5 cm
$\geq$ 9,5 cm bei h $\leq$ 23,8 cm

Die Stoßfuge hat normalerweise eine Dicke von 1 cm.

Verfugen von Sicht- und Verblendmauerwerk (Vertikalschnitt)

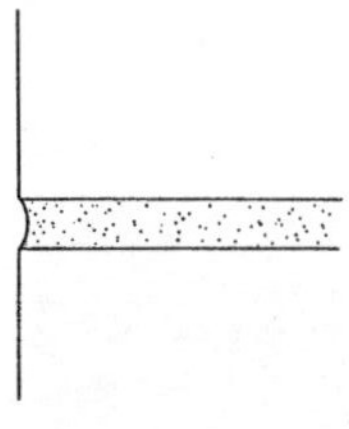

Fugenglattstrich

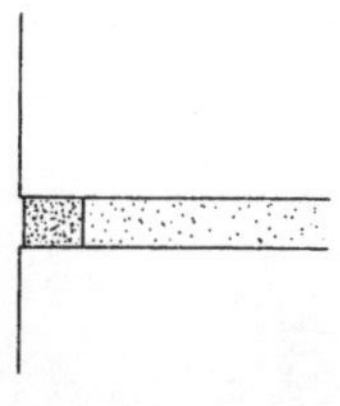

nachträgliche Verfugung

1. Statik, Bauphysik

Beim einschaligen Mauerwerk erfüllt die Außenwand mehrere Anforderungen gleichzeitig

tragende Funktion
Wärmedämmung
Schallschutz
Wetterschutz

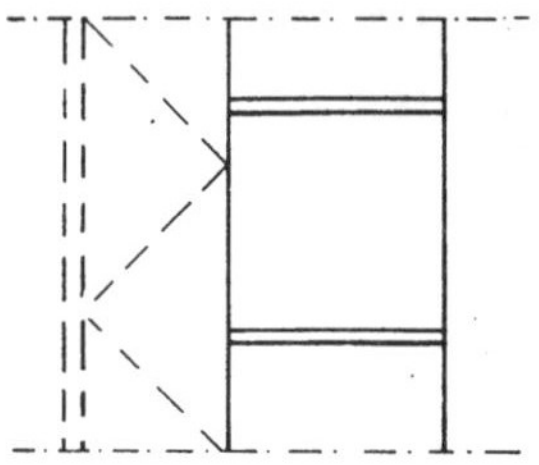

Sollte die Dämmfähigkeit des Materials nicht ausreichen, wird die einschalige Wand verkleidet, z.B. mit einer Thermohaut bestehend aus ca. 12-16cm Dämmung und 2cm Aussenputz.

2. Feuchtigkeit

Einschaliges Mauerwerk nimmt, wenn es nicht durch Verkleidung geschützt ist, das Regenwasser teilweise auf und gibt es dann später wieder durch Verdunstung an die Aussenluft ab.

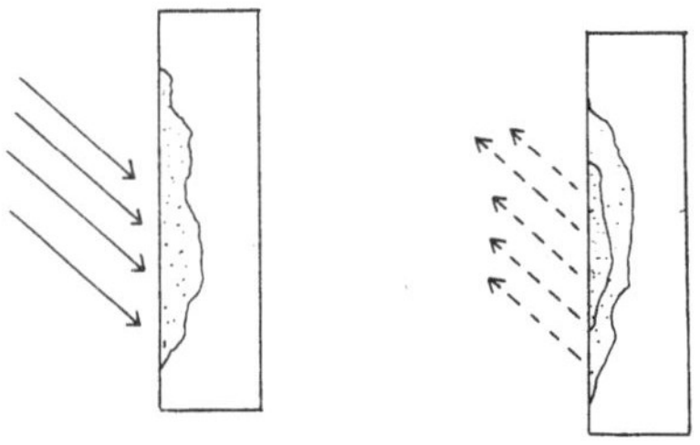

3. Sockel, Keller

Der Sockelbereich muß aufgrund von Spritzwasser besonders geschützt werden.
Der Kellerbereich wird immer einschalig ausgeführt und gegebenenfalls mit einer Dämmung versehen, auf jeden Fall aber mit einer Isolierung gegen Feuchtigkeit mittels Bitumenbahn, Kaltanstrich oder Dichtungsschlämme.

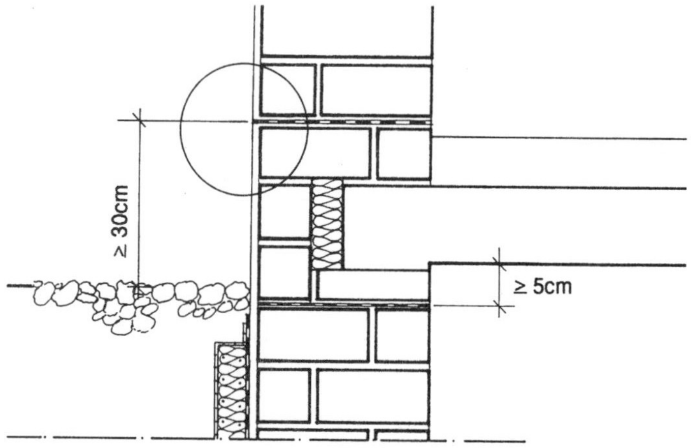

4. Erscheinungsbild

Das einschalige Mauerwerk wird meist verputzt, so daß man bei Anschlüssen von Türen, Fenstern oder Nischen nicht so weitreichend planen muß, wie beim zweischaligen Mauerwerk es sei denn es handelt sich um Sichtmauerwerk.

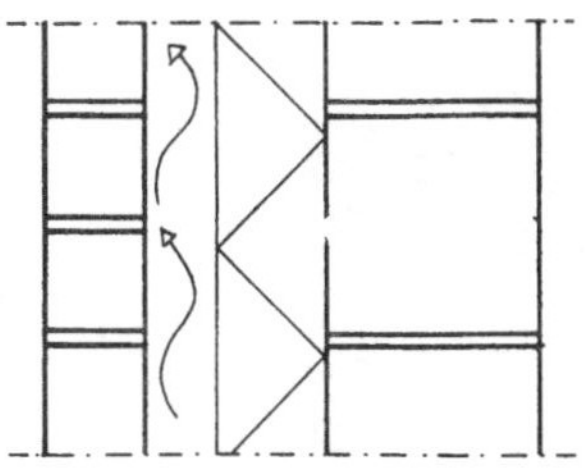

1. Statik, Bauphysik

Beim zweischaligen Mauerwerk erfüllt nur die innere Wand eine tragende Funktion. Die Aussenschale dient als Wetterschutz und wird an der inneren Schale mittels Mauerankern und Winkeln befestigt.
Deshalb gilt
Niemals die Aussenschale statisch mit auskragenden Bauteilen belasten, immer alles an der tragenden Wand befestigen

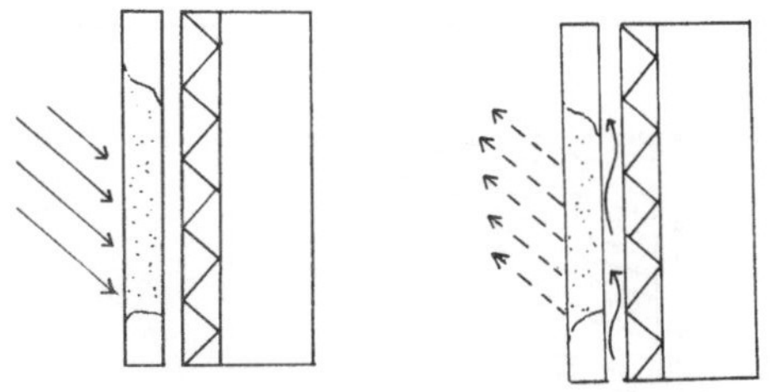

2. Feuchtigkeit

Beim zweischaligen Mauerwerk wird nur die Vormauerschale durchfeuchtet. Diese gibt das Wasser nach aussen durch Verdunstung wieder ab.
Die Wärmedämmung und die Innenschale bleiben dabei trocken. Dringt doch einmal etwas zwischen die Schichten, wird es durch die nach oben zirkulierende Luftschicht abgeführt.

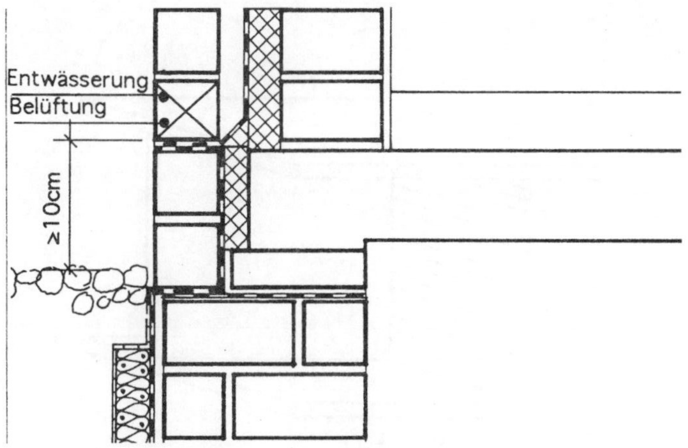

3. Sockel, Keller

Die Dichtungen im Sockelbereich verlaufen sinngemäß gleich : Beim einschaligen Mauerwerk in der Schicht und beim zweischaligen Mauerwerk zwischen den Schichten.

4. Erscheinungsbild

Das zweischalige Mauerwerk ist bei sichtbarem Aussenmauerwerk anspruchsvoll in der Planung Die Gefügeschichten müssen genau beachtet werden, an Tür und Fenster gibt es unterschiedliche Anschlussmöglichkeiten, Stürze und Fugen müssen sorgfältig geplant werden. Das Erscheinungsbild variiert erheblich nach der Auswahl dieser Details.

Auszusteifende Wände nach DIN 1053:

Man unterscheidet bei den auszusteifenden Wänden zwischen ein-, zwei-, drei- und vierseitig gehaltenr Wand:

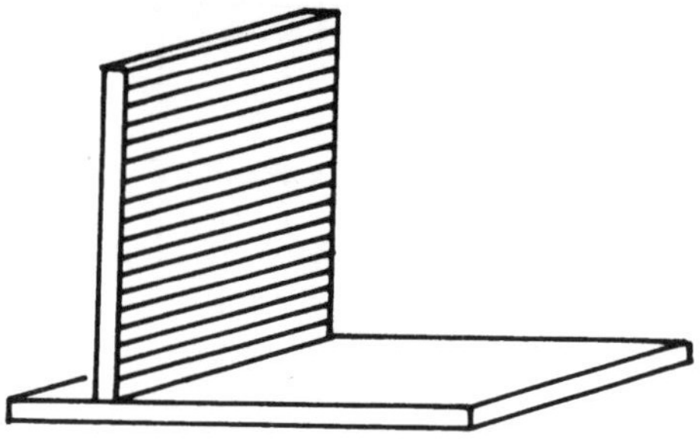

einseitig gehalten: nur unten

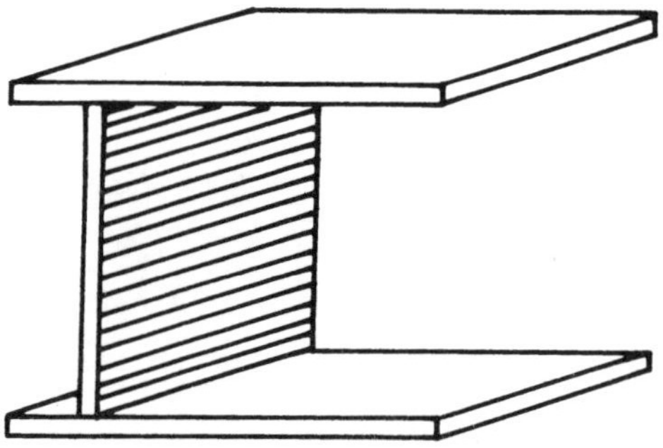

zweiseitig gehalten: oben und unten

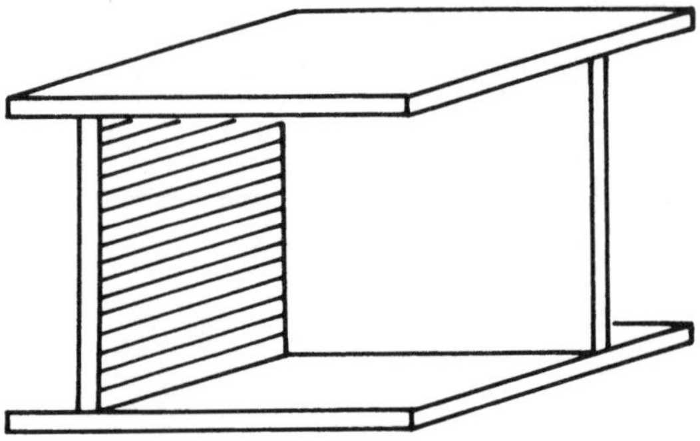

dreiseitig gehalten: oben, unten, und eine Seite

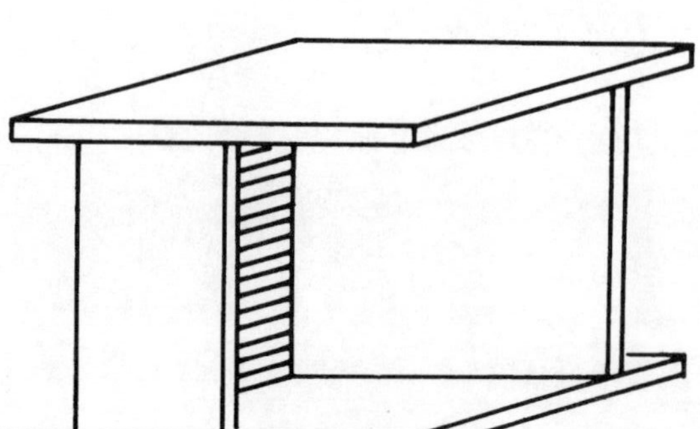

vierseitig gehalten:
oben, unten und an den beiden Seiten

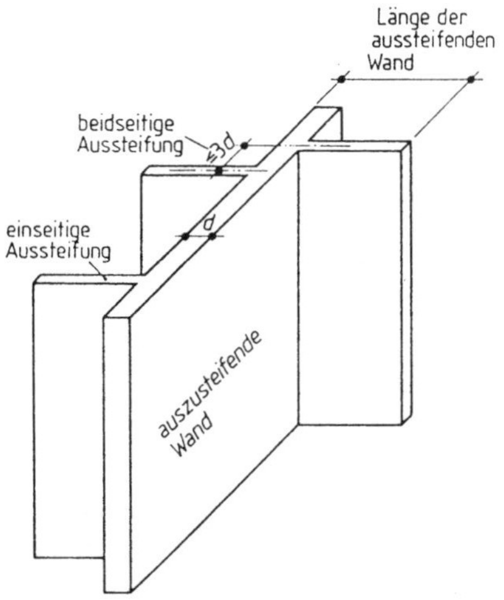

Aussteifende Querwände

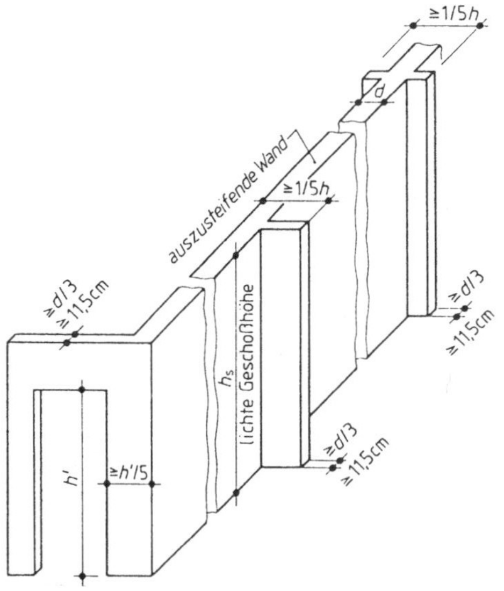

Mindestmaße aussteifender Querwände

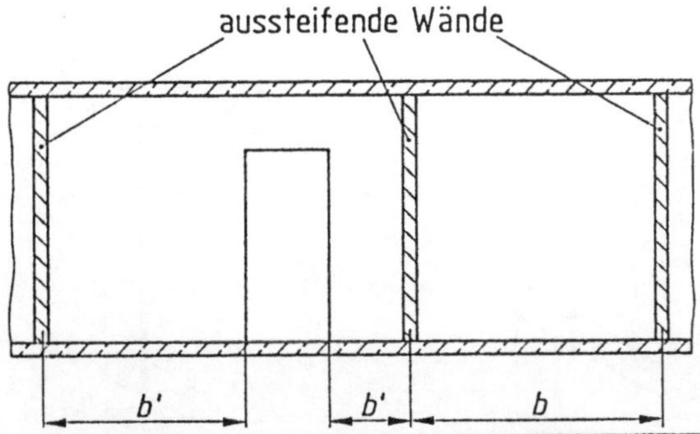

dreiseitig gehaltene Wand						vierseitig gehaltene Wand			
Wanddicke			b'	ß	b	Wanddicke			
240	175	115	m		m	115	175	240	300
			0,65	0,35	2,00				
			0,75	0,40	2,25				
			0,85	0,45	2,50				
			0,95	0,50	2,80				
			1,05	0,55	3,10				
			1,15	0,60	3,40	b≤ 3,45m			
			1,25	0,65	3,80				
			1,40	0,70	4,30				
		b'≤ 1,75m	1,60	0,75	4,80		b≤5,25m		
			1,85	0,80	5,60				
	b'≤2,60m		2,20	0,85	6,60			b≤7,20m	
b'≤3,60m			2,80	0,90	8,40				b≤9,00m

Darstellung der Größen b und b'

Aussteifung tragender Wände nach DIN 1053

Aussteifende Wände sind scheibenartige Bauteile zur Aussteifung des Gebäudes oder zur Knickaussteifung tragender Wände. Sie gelten immer als tragende Wände. Aussteifende Wände müssen mindestens eine wirksame Länge von 1/5 der lichten Geschoßhöhe und eine Dicke von 1/3 der Dicke der auszusteifenden Wand, jedoch mindestens 11,5 cm haben.

Ist die aussteifende Wand durch Öffnungen unterbrochen, muß die Länge des im Bereich der auszusteifenden Wand verbleibenden Wandteils mind. 1/5 der lichten Höhe der Öffnung betragen.

Faktor ß zur Bestimmung der Knicklänge

$$hk = ß \bullet hs$$

von drei- und vierseitig gehaltenen Wänden in Abhängigkeit vom Abstand b der aussteifenden Wände bzw. vom Randabstand b' und der Dicke d der auszusteifenden Wand.

Öffnungen in Wänden:
Haben Wände Öffnungen, deren lichte Höhe größer als 1/4 der Geschoßhöhe, oder deren lichte Breite größer als 1/4 der Wandbreite, oder deren Gesamtfläche größer als 1/10 der Wandfläche ist, so sind die Wandteile zwischen Wandöffnung und aussteifender Wand als dreiseitig gehalten, die Wandteile zwischen Wandöffnungen als zweiseitig gehalten anzusehen.

Freistehende Mauern nach DIN 1053:

Freistehende Mauern haben eine geringe Standfestigkeit und neigen daher zum kippen.
Aussteifungen können, abgesehen von den bereits genannten Mauerwerkspfeilern oder Wänden auch Stahlbetonstützen, Stahlprofile oder Kopfriegel sein.

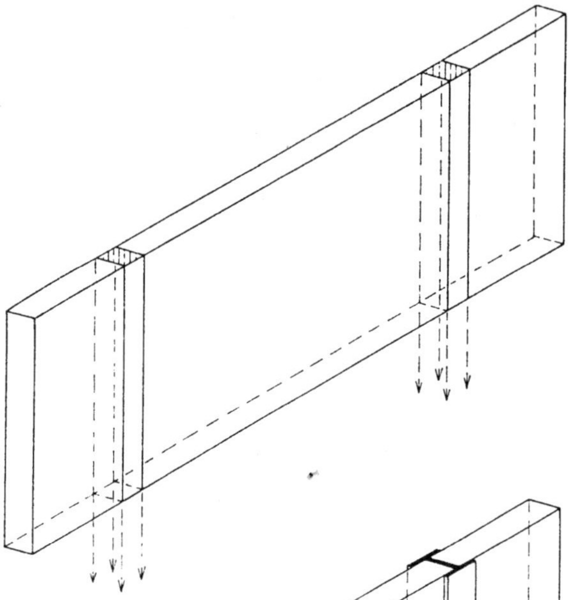

Aussteifung mit Stahlbetonstützen

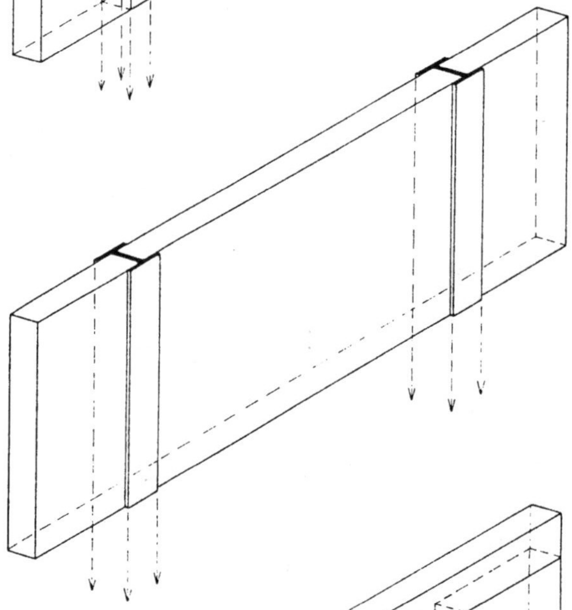

Aussteifung mit Stahlprofilen

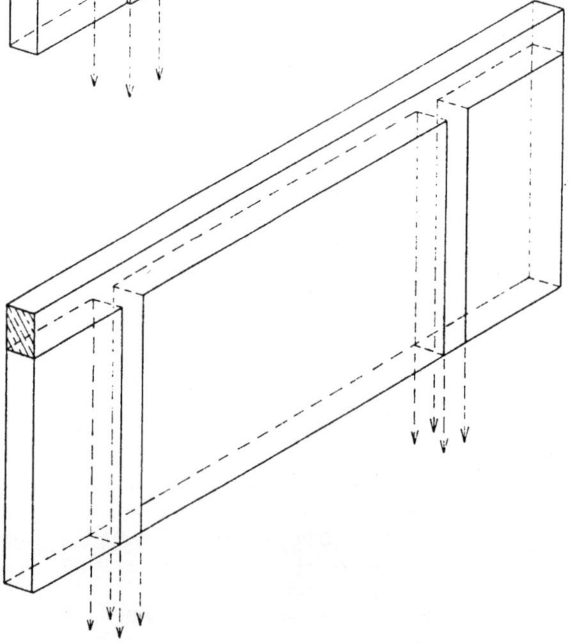

Aussteifung mit Kopfriegeln

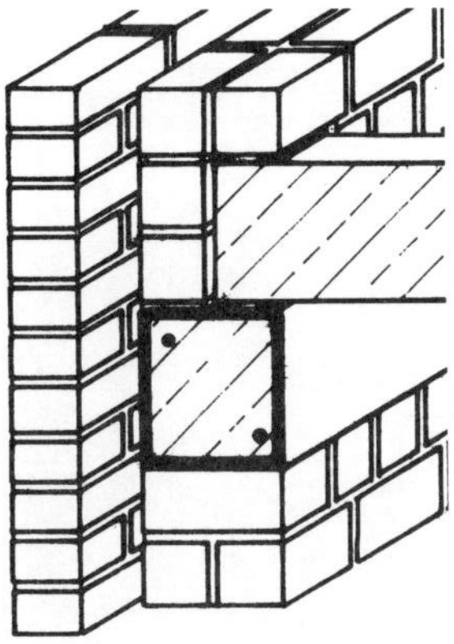

Bild 1
Ringbalken unter Holzbalkendecke

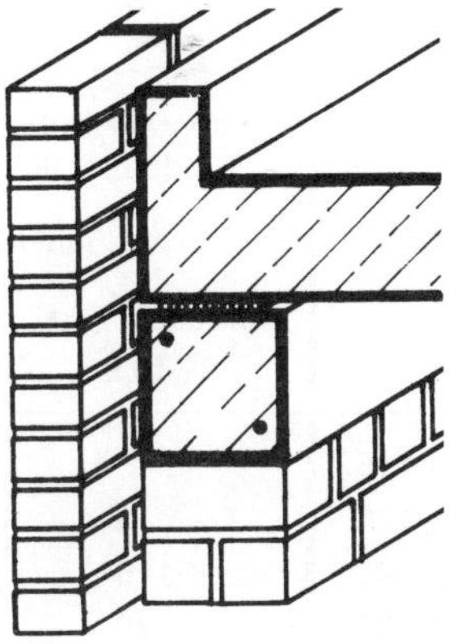

Bild 2
Ringbalken unter Gleitlager

Ringbalken

- sind in Wandebene liegende horizontale Bauteile, die außer Zugkräften auch Biegemomente infolge von rechtwinklig zur Wandebene wirkenden Lasten aufnehmen können.

- werden erforderlich, um bei Decken ohne Scheibenwirkung, z. B. Holzbalkendecken die horizontale Aussteifung sicherzustellen (Bild 1).
- werden erforderlich, wenn unter dem Deckenauflager der Dachdecke Gleitlager angeordnet sind (Bild 2).

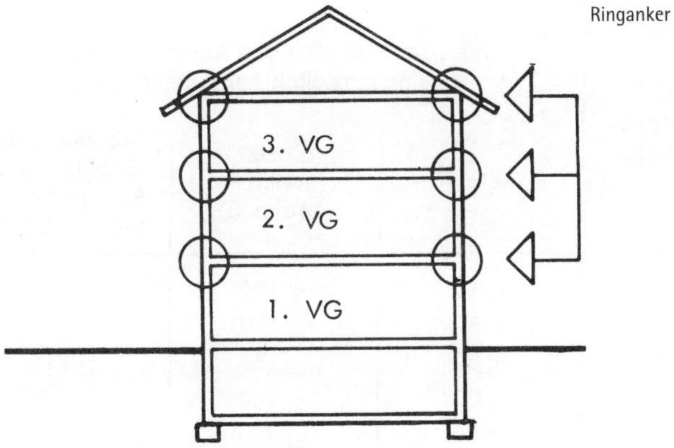

Bild 3
Ringanker bei Bauten mit mehr als zwei Vollgeschossen

Ringanker

- sind in Wandebene liegende horizontale Bauteile zur Aufnahme von Zugkräften, die in den Wänden infolge von äußeren Lasten oder von Verformungsunterschieden entstehen können.

- Darüberhinaus sind in allen Außenwänden und aussteifenden Querwänden Ringanker zu legen:

1. bei Bauten mit mehr als zwei Vollgeschossen (Bild 3).
2. bei Bauten die länger als 18 m sind.
3. bei Bauten mit vielen und besonders großen Öffnungen, bes. dann, wenn die Summe der Öffnungsbreiten 60% der Wandlänge oder bei Fensterbreiten von mehr als 2/3 der Geschoßhöhe 40% der Wandlänge übersteigt.
4. wenn die Baugrundverhältnisse es erfordern.

- Die Ringanker sind in jeder Deckenlage oder unmittelbar darunter anzuordnen Bild 4,5). Sie dürfen aus Stahlbeton, bewehrtem Mauerwerk, Stahl oder Holz ausgebildet werden.

- Die Ringanker sind mit mind. zwei durchlaufenden Rundstählen zu bewehren, z.B. 2 Stäbe ≥ 10 mm ø.

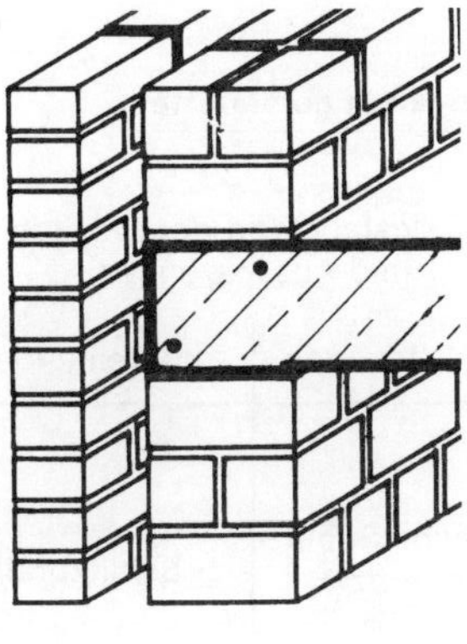

Bild 4
Ringanker in der Massivdecke

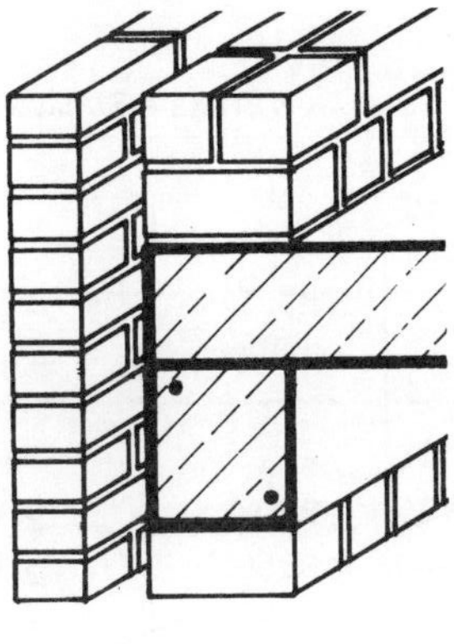

Bild 5
Ringanker unter Massivdecke

Beim einschaligen Mauerwerk ohne aussenliegenden Wärmeschutz gibt es spezielle gedämmte Formsteine für Ringanker oder Deckenauflager.

Ohne Nachweis zulässige Schlitze und Aussparungen in tragenden Wänden nach DIN 1053

1. Horizontale und schräge Schlitze sind nur zulässig in einem Bereich < 0,4 m ober- oder unterhalb der Rohdecke sowie jeweils an einer Wandseite. Sie sind nicht zulässig bei Langlochziegeln.

2. Mindestabstand in Längsrichtung von Öffnungen > 490 mm, vom nächsten Horizontalschlitz zweifache Schlitzlänge.

3. Die Tiefe darf um 10 mm erhöht werden, wenn Werkzeuge verwendet werden, mit denen die Tiefe genau eingehalten werden kann. Bei Verwendung solcher Werkzeuge dürfen auch in Wänden > 240 mm gegenüberliegende Schlitze mit jeweils 10 mm Tiefe ausgeführt werden.

4. Schlitze, die bis maximal 1 m über den Fußboden reichen, dürfen bei Wanddicken ≥ 240 mm bis 80 mm Tiefe und 120 mm Breite ausgeführtwerden.

Wanddicke	Horizontale und schräge Schlitze 1) nachträglich hergestellt – Schlitzlänge: unbeschränkt Tiefe 3)	≤ 1,25 m lang 2) Tiefe
≥ 115	–	–
≥ 175	0	≤ 25
≥ 240	≤ 15	≤ 25
≥ 300	≤ 20	≤ 30
≥ 365	≤ 20	≤ 30

Wanddicke	Vertikale Schlitze und Aussparungen nachträglich hergestellt – Tiefe 4)	Einzelschlitzbreite 5)	Abstand der Schlitze und Aussparungen von Öffnungen
≥ 115	≤ 10	≤ 100	
≥ 175	≤ 30	≤ 100	
≥ 240	≤ 30	≤ 150	≥ 115
≥ 300	≤ 30	≤ 200	
≥ 365	≤ 30	≤ 200	

Vertikale Schlitze und Aussparungen in gemauertem Verband

Wanddicke	Breite 5)	Restwanddicke	Mindestabstand der Schlitze und Aussparungen von Öffnungen	untereinander
≥ 115	–	–		
≥ 175	≤ 260	≥ 115		
≥ 240	≤ 385	≥ 115	≥ 2fache Schlitzbreite bzw. ≥ 365	≥ Schlitzbreite
≥ 300	≤ 385	≥ 175		
≥ 365	≤ 385	≥ 240		

Vertikale Aussparungen nach DIN 1053

Vertikale Schlitze und Aussparungen sind auch dann ohne Nachweis zulässig, wenn die Querschnittsschwächung, bezogen auf 1 m Wandlänge, nicht mehr als 6 % beträgt und die Wand nicht drei- oder vierseitig gehalten gerechnet ist.

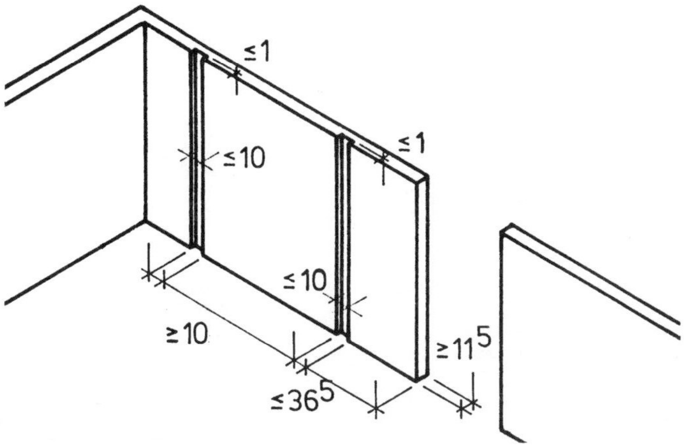

Wanddicke ≥ 11.5 cm

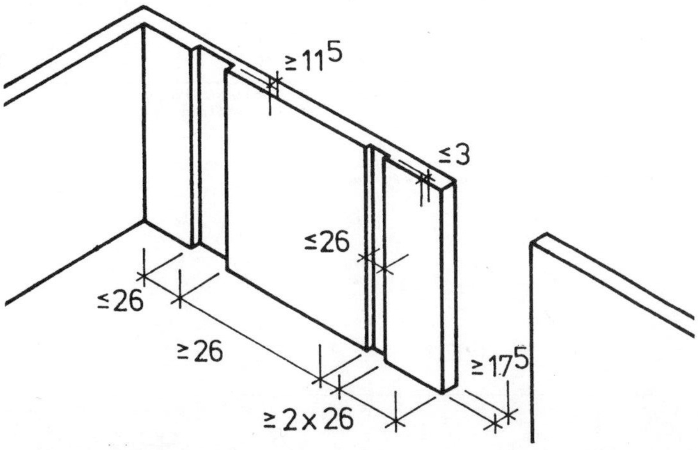

Wanddicke ≥ 17.5 cm

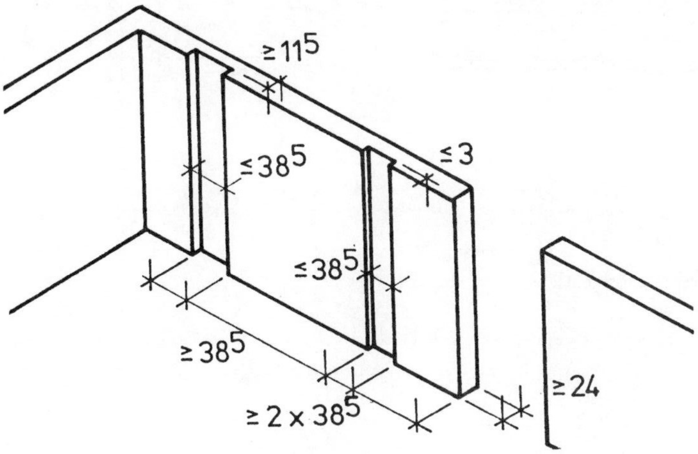

Wanddicke ≥ 24 cm

Waagerechte Aussparungen

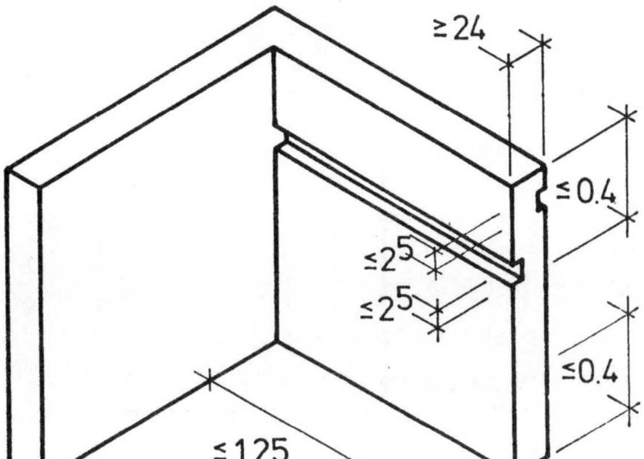

Zulässige waagerechte Aussparungen

Brandwand DIN 4102 TEIL 3

Brandwände sollen Brandabschnitte sicher begrenzen und damit das Übergreifen des Feuers auf andere Gebäude oder Gebäudeabschnitte verhindern.Auch zweischalige Brandwände sind ausführbar.

Brandwände müssen aus nichtbrennbaren Baustoffen bestehen und immer der Klasse F90-A angehören.

Treppenhauswände sind z.B. als Brandwände auszubilden (ab 2 Geschossen).

Tafel 18/19: Brandwände nach DIN 4102 Teil 4

Schemaskizze für Wände mit verputztem Mauerwerk 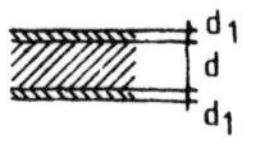	Zulässige Schlankheit h_k/d	Mindestwanddicke d in mm bei ein-schaliger (Ausführung)	zwei-schaliger[3] (Ausführung)
Wände aus KS-Mauerwerk[1] nach DIN 1053 Teil 1 und Teil 2 unter Verwendung von Normalmörtel der Mörtelgruppe II, II a oder III, III a. Steine nach DIN 106 Teil 1 und Teil 1 A 1[2] sowie Teil 2 der	Bemessung nach DIN 1053 Teil 1, Teil 2 [1]		
Rohdichteklasse ≥ 1,8		175[4]	2 × 150[4]
≥ 1,4		240	2 × 175
≥ 0,9		300 (300)	2 × 200 (2 × 175)
= 0,8		300	2 × 240 (2 × 175)

Die ( )-Werte gelten für Wände mit beidseitigem Putz nach DIN 18550 Teil 2 MG PIV oder DIN 18550 Teil 4 Leichtmörtel.

[1]) Exzentrizität e ≤ d/3.
[2]) Auch mit Dünnbettmörtel
[3]) Hinsichtlich des Abstands der beiden Schalen bestehen keine Anforderungen.
[4]) Bei Verwendung von Dünnbettmörtel und Plansteinen.

Bei Gebäuden geringer Höhe ist die Brandwand 0.50m bis unmittelbar unter die Dachhaut zu führen.
Bei sonstigen Gebäuden ist sie entweder 0,30m (0,50m bei weicher Bedachung) über Dach zu führen oder in Höhe der Dachhaut mit einer beidseitig o,50m auskragenden Stahlbetonplatte in F90 abzuschließen.

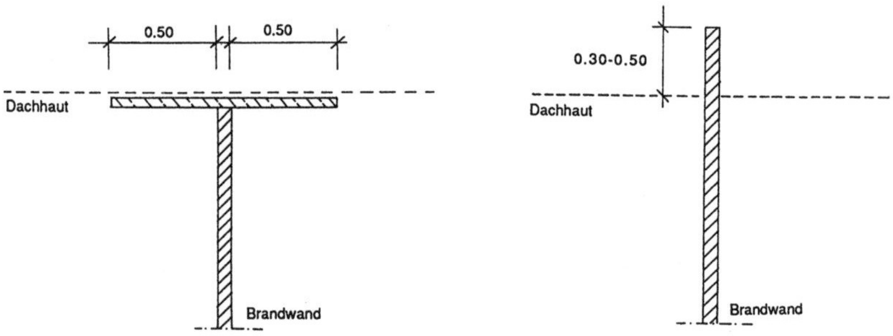

vertikaler Schemaschnitt

Müssen Gebäude und Gebäudeteile, die über Eck zusammenstoßen durch eine Brandwand abgeschlossen oder unterteilt werden, so muß die Wand über die innere Ecke mind.3m hinausragen.

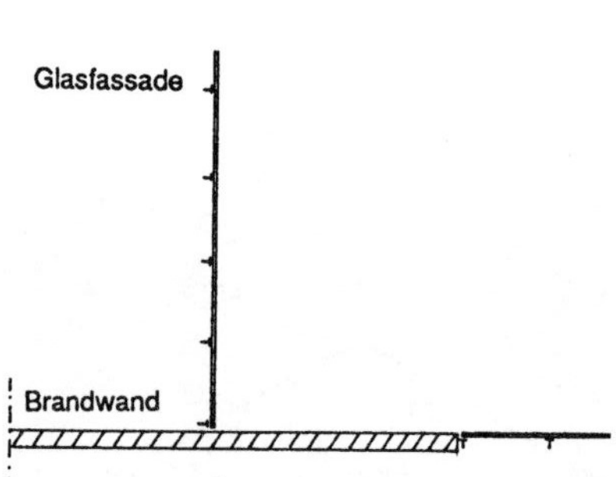

horizontaler Schemaschnitt

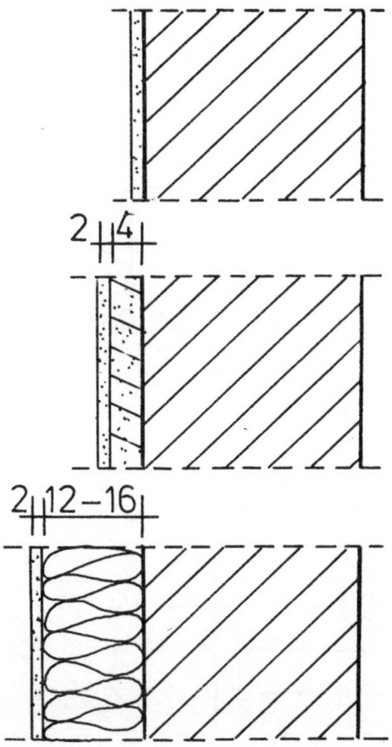

Putzsysteme für einschalige Außenwände

1. mineralischer Außenputz

Eine einschalige Mauerwerkswand, die über ausreichende Dämmfähigkeit aufgrund ihres Materials verfügt (z.B. KLB, Poroton) wird lediglich mit 2 cm Außenputz versehen.

2. Wärmedämmputz

Wärmedämmputz besteht aus einem wärmedämmenden, wasserhemmendem Unterputz (4 cm) und einem darauf abgestimmten, wasserabweisendem Oberputz (2 cm). Unter- und Oberputz sind aus Wektrockenmörtel herzustellen.

3. Wärmedämmverbundsystem

Eine sogenannte Thermohaut besteht aus einer 10-16 cm dicken Wärmedämmung und einem darauf abgestimmten mineralischen Außenputz. Für dieses System werden auch Kunstahrzputze angeboten, die aber weniger stoßfest sind und auf der Oberfläche unangenehm glänzen.

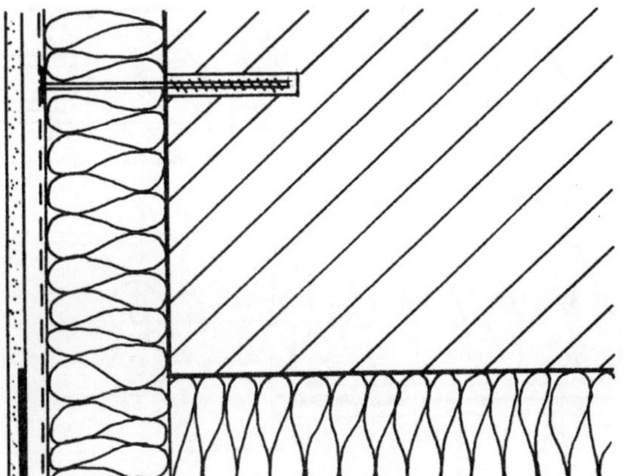

Wärmedämmverbundsystem

- Mechanisch befestigtes Wärmedämmverbundsystem auf der Außenseite mit geschlossener fugenloser Putzoberfläche.
- Einsetzbar auf allen trockenen Untergründen (Alt- und Neubau)
- Für Gebäudehöhen bis 22m
- Stärke: d = 10-16 cm, insgesamt (je nach System) meist d = 12 cm
- Hohe Wärmedämmung
- Senkung des Wärmedurchgangskoeffizienten, dadurch Einhaltung der Wärmeschutzverordnung
- Witterungsbeständig und Schlagregendicht, wasserdampfdurchlässig.

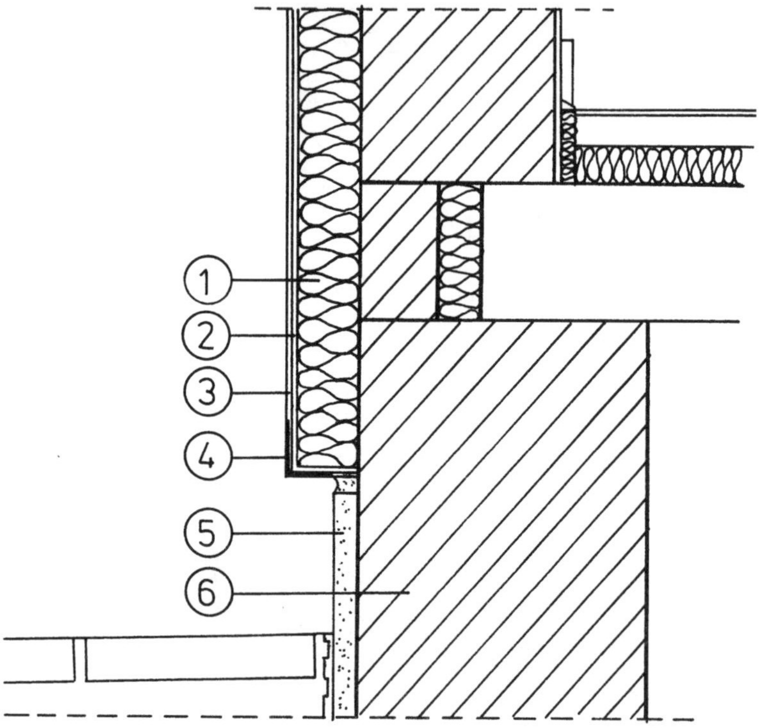

Sockeldetail

1 Ploystyrol-Hartschaumplatte
2 Armierungsputz + Glasfasergewebe
3 Außenputz (z.B. Kratzputz)
4 Putzabschlußprofil
5 Sperrputz
6 Kelleraußenwand

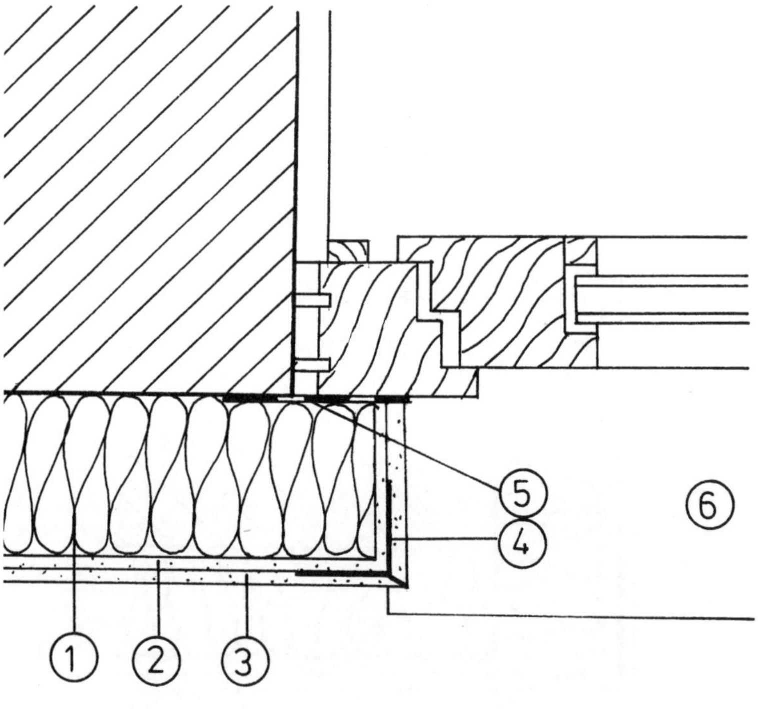

Fensteranschluß

1 Ploystyrol-Hartschaumplatte
2 Armierungsputz + Glasfasergewebe
3 Außenputz (z.B. Kratzputz)
4 Kantenschutzprofil
5 Dichtungsband
6 Fensterbank

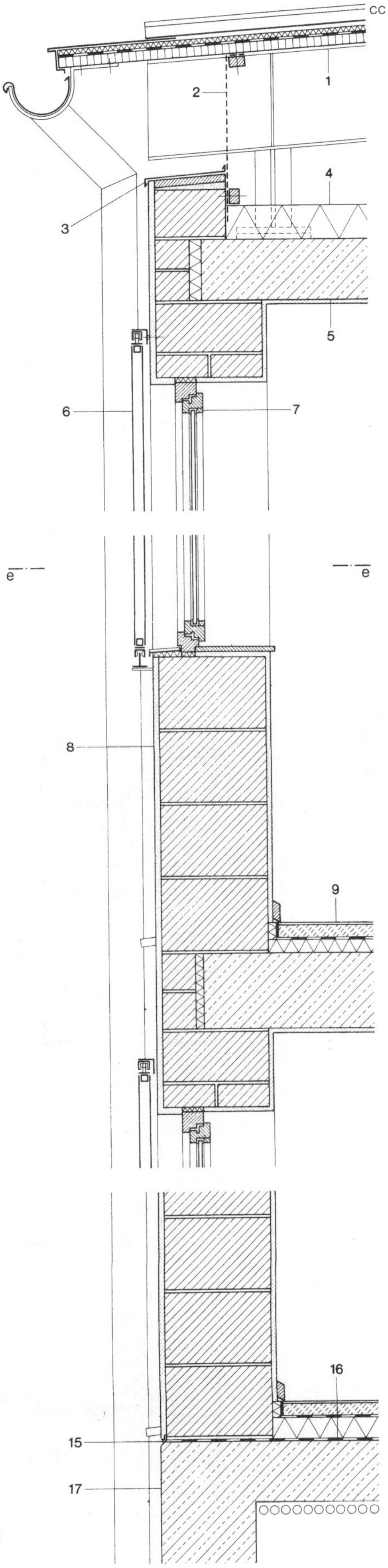

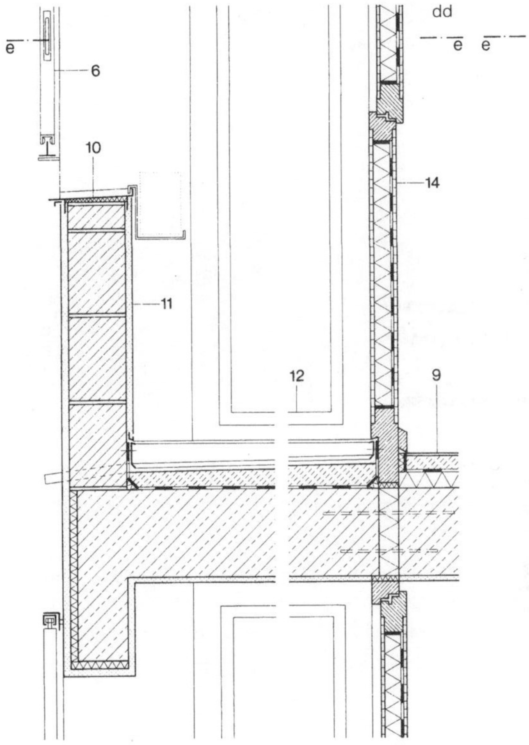

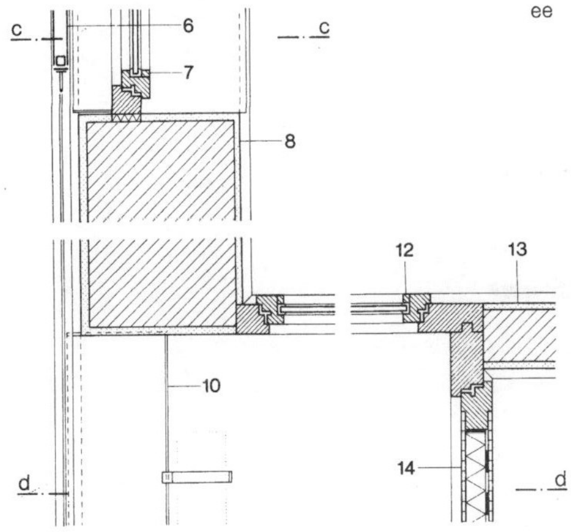

Fassadendetails

cc Vertikalschnitt Traufe, Fenster, Sockel
dd Vertikalschnitt Loggia
ee Horizontalschnitt Fenster, Loggia
01 Dachaufbau:
   Aluminium-Profilblech 1mm
   Schalldämmung 25mm
   Bitumendachbahn
   Furnierschichtholzplatten 40mm
   IPE 330 auf Stahlstützen
02 Vogelschutzgitter
03 Ablaufblech
04 Wärmedämmung 120mm
05 Stahlbetondecke 200mm
06 Lochblech-Schiebeelement im Schienen geführt
07 Holzfensterrahmen mit Isolierverglasung
08 Außenwandaufbau:
   Putz 20mm
   Hochlochziegel-Mauerwerk 360mm
   Putz 15mm
09 Textilbelag auf schwimmedem Estrich verlegt
10 Abdeckblech Brüstung mit Blumenkastenhalterung
11 Hochlochziegel-Mauerwerk 175mm, verputzt
12 Drehflügeltür mit Isolierverglasung
13 Hochlochziegel-Mauerwerk 115mm, verputzt
14 Holz-Paneel-Element, oberer Teil öffenbar
15 Preßschlauch-Abdichtung
16 Bitumenpappe, Feuchtigkeitssperre
17 Sichtbetonsockel, Kanten gefast

nach DIN 1053 "Mauerwerk"

Zweischalige Aussenwände

Abmessungen

1. Die Mindestdicke der Innenschale muß 11,5 cm betragen.

2. Die Aussenschalen müssen mindestens 9 cm dick sein.

3. Die Luftschicht soll min. 6 cm bis max. 15 cm sein, sie darf jedoch auf 4 cm vermindert werden, wenn der Fugenmörtel mindestens an einer Hohlraumseite abgestrichen wird.

4. Bei zweischaligem Mauerwerk mit Luftschicht darf die Decke nur auf der Innenschale aufgelagert werden.

5. Bei Anordnung einer zusätzlichen matten- oder plattenförmigen Wärmedämmschicht auf der Aussenseite der Innenschale darf der lichte Abstand der Mauerwerkschalen 15 cm nicht überschreiten. Die Luftschicht muß in diesem Falle mindestens 4 cm dick sein.

6. Es muß sichergestellt sein, daß die Luftschicht nicht durch Mörtelbrücken aus der Verblendschale eingeengt wird.

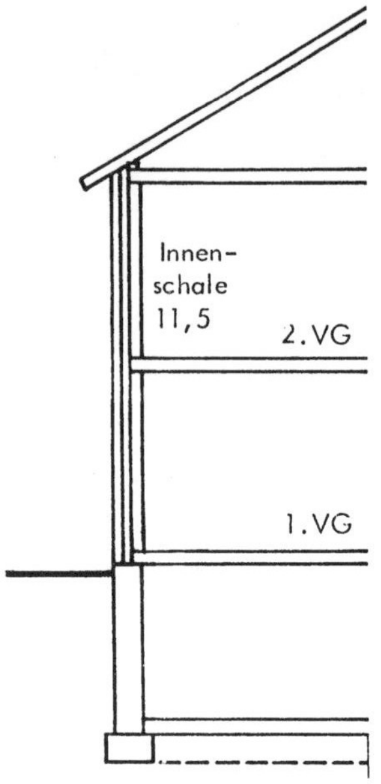

Bild 1 Mindestdicke der Innenschale (Beispiel)

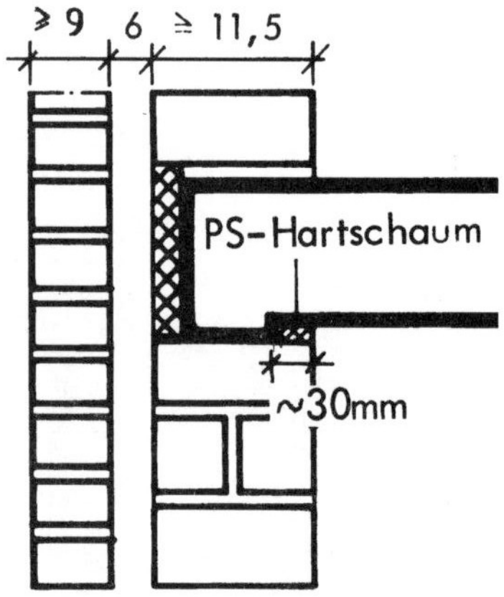

Bild 2 Mauerwerk zweischalig mit Luftschicht

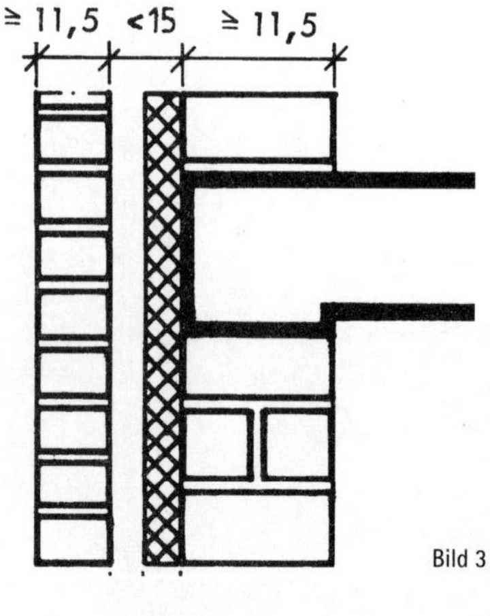

Bild 3 Mauerwerk zweischalig mit Luftschicht und Dämmung

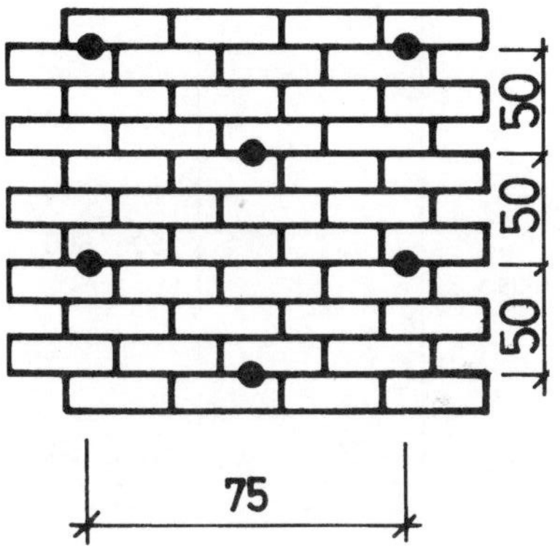

Bild 1
Abstände der Drahtanker

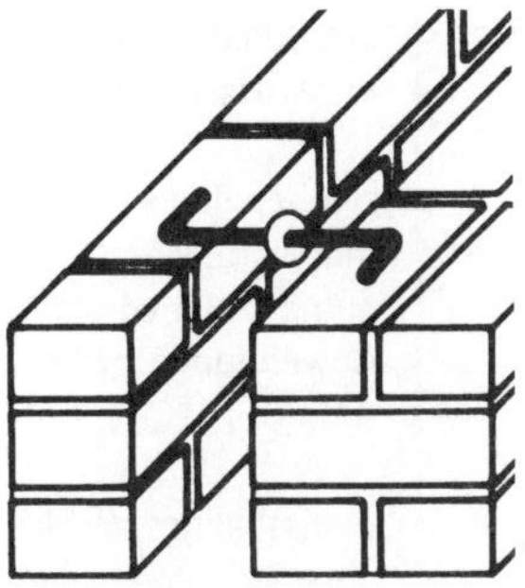

Drahtanker

1. Die Mauerschalen sind auf jeden Quadratmeter durch mindestens 5 Drahtanker aus nichtrosten dem Stahl mit mind. 3 mm Ø zu verbinden (Cr, Ni, Mo . . . Stahl).
2. Der vertikale Drahtanker soll höchstens 50 cm, der waagerechte Abstand 75 cm betragen. (Bild 1)
3. An allen freien Rändern (an Gebäudeecken, Öff nungen, entlang von Dehnungen und an den obe ren Enden von Aussenschalen) sind zusätzlich je Meter Randlänge 3 Drahtanker anzuordnen.
4. Die Drahtanker sind so auszubilden, daß sie keine Feuchtigkeit von der Aussenschale zur Innenschale leiten können (Bild 2).

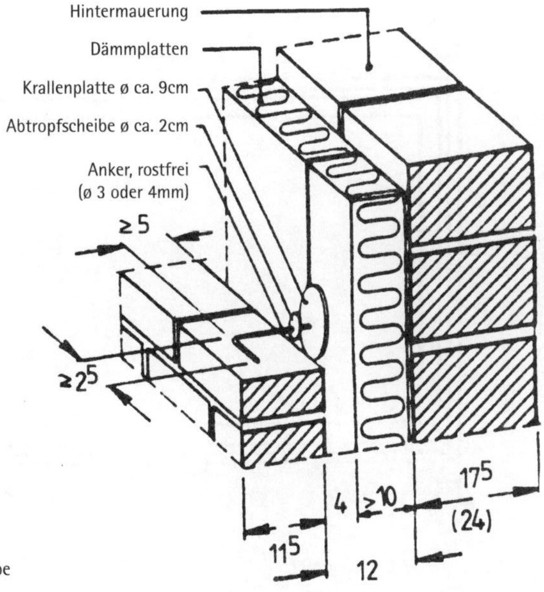

Bild2
Drahtanker mit Kunststoffscheibe

Mindestanzahl und Durchmesser (mm) von Drahtankern je m² Wandfläche

		Drahtanker	
		Mindest-anzahl	Durch-messer
1	mindestens, sofern nicht Zeilen 2 und 3 maßgebend	5	3
2	Wandbereich höher als 12m überGelände oder Abstand der Mauerwerksschalen über 70 bis 120mm	5	4
3	Abstand der Mauerwerksschalen über 120 bis 150mm	7 oder 5	4 oder 5

Verankerung der Dämmplatten und Außenschale

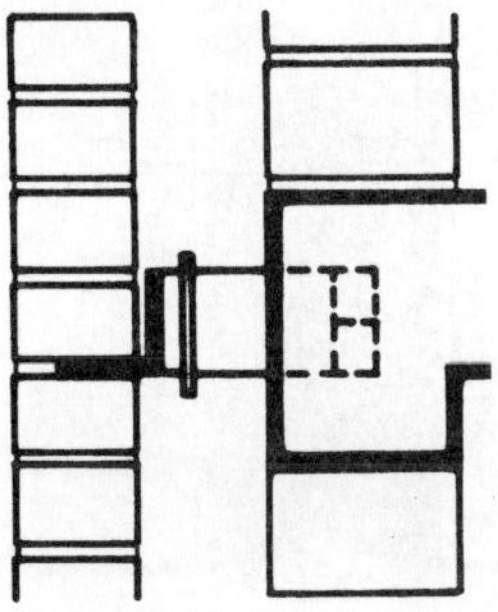

Bild 3
Abfangung mit durchlaufendem, nichtrostendem Stahlwinkel

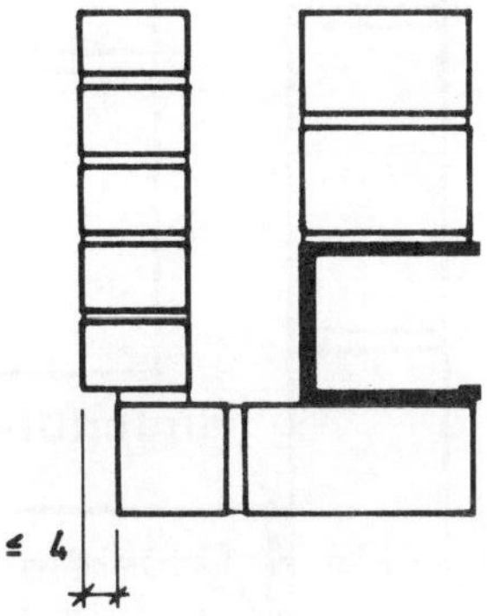

Bild 4
Überstand einer Außenschale mit einer Dicke d = 11,5cm

Auflager der Außenschale

1. Die Aussenschale von 115 mm Dicke muß über die ganze Länge und Breite vollflächig aufgela gert sein. Sie ist mind. alle 12 m abzufangen.
2. Ist die 115 mm dicke Aussenschale nicht höher als 2 Geschosse, bzw. wird sie alle 2 Geschosse abgefangen, so darf sie bis zu einem Drittel ihrer Dicke über ihr Auflager vorstehen.
3. Aussenschalen von weniger als 115 mm Dicke dürfen nicht höher als 20 m über Gelände geführt werden und sind in Höhenabständen von etwa 6 m abzufangen.

Bauteilfugen

In der Außenschale sollen vertikale Dehnungsfugen angeordnet werden. Ihre Abstände richten sich nach der klimatischen Beanspruchung (Temperatur, Feuchtigkeit, usw.), der Art der Baustoffe und der Farbe der äußeren Wandfläche. Darüberhinaus muß die freie Beweglichkeit der Außenschale auch in senkrechter Richtung gewährleistet sein. Die Dehnungsfugen sind mit einem geeigneten Material dauerhaft und dicht zu schließen.

		KS-Mauerwerk	Ziegel-Mauerwerk
1	zweischaliges Verblendmauerwerk mit Luftschicht	600...800	1000...1200
2	zweischaliges Verblendmauerwerk mit Luftschicht und Wärmedämmung	600...800	1000...1200
3	zweischaliges Verblendmauerwerk mit Wärmedämmschüttung als Kerndämmung (z.B. hydrophobiertes Perlit) Anwendung über bauaufsichtliche Zulassung des Instituts für Bautechnik	500...600	500...600
4	zweischaliges Verblendmauerwerk ohne Luftschicht (mit Schalenfuge)	800...1200	1000...1600

Dehnungsfugen, Abstände in cm (n. Reichert)

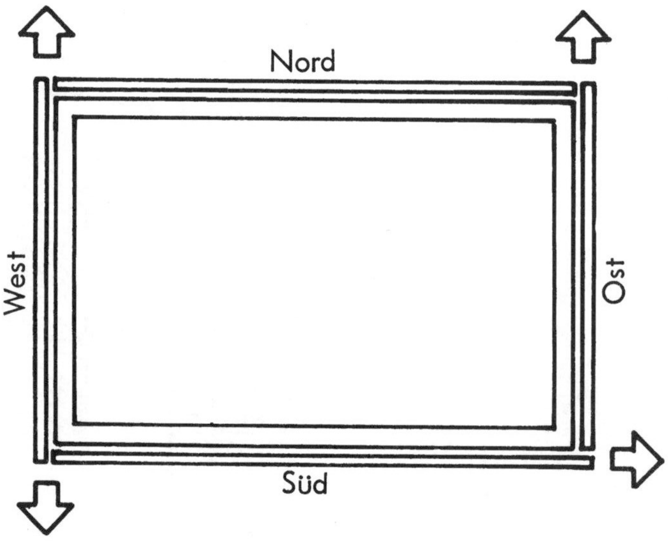

Bild 1 Anordnung der Dehnungsfugen

Anordnung der Bauteilfugen (Bild 1)

a) Westwand vor Nord- und Südwand
b) Südwand vor Ostwand
c) Ostwand vor Nordwand

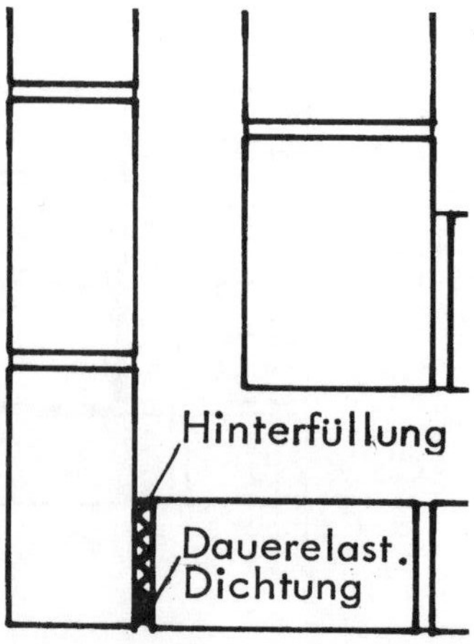

Bild 2 Ausbildung der Dehnungsfugen

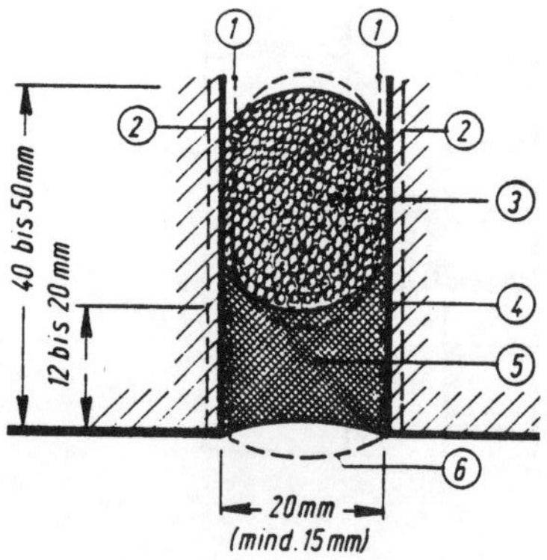

Bild 3 Ausbildung einer Dehnungsfugen

Ausbildung einer Bauteilfuge (Bild 3)

1 Fuge gestaucht
2 Fuge gedehnt
3 Geschlossenzellige Schaumstoffgrundschnur
4 Haftgrundierung
Elastoplastischer Dichtstoff (Fugendichtungsmasse)
6 Dichtstoff gestaucht

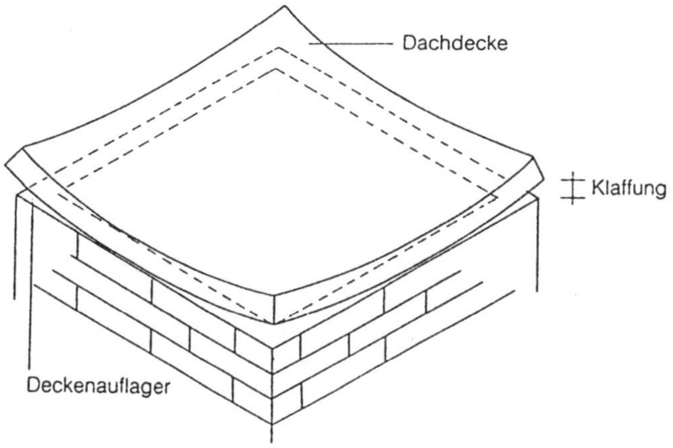

Verformung einer Dachdecke, die an den Ecken nicht gehalten ist.

Bauteilfugen

Wenn Bauteile mit unterschiedlichen Materialeigenschaften, Verformungsrichtungen oder Bauteile mit unterschiedlichen Belastungen aneinandergrenzen, müssen die unterschiedlichen Verformungen schon bei der Planung berücksichtigt werden.
Dies ist z.B. bei Dachdecken aus Stahlbeton mit größeren Spannweiten der Fall.
Die Durchbiegung der Deckenplatte aufgrund von Kriechen oder Schwinden des Materials bewirkt eine Verformung die an den Ecken des Gebäudes nicht gehalten werden kann, da die Wandauflast fehlt.

Betondecke auf Gleitlager
Verblendschale im Attikabereich mit Konsole abgefangen (für Decken mit größeren Spannweiten)

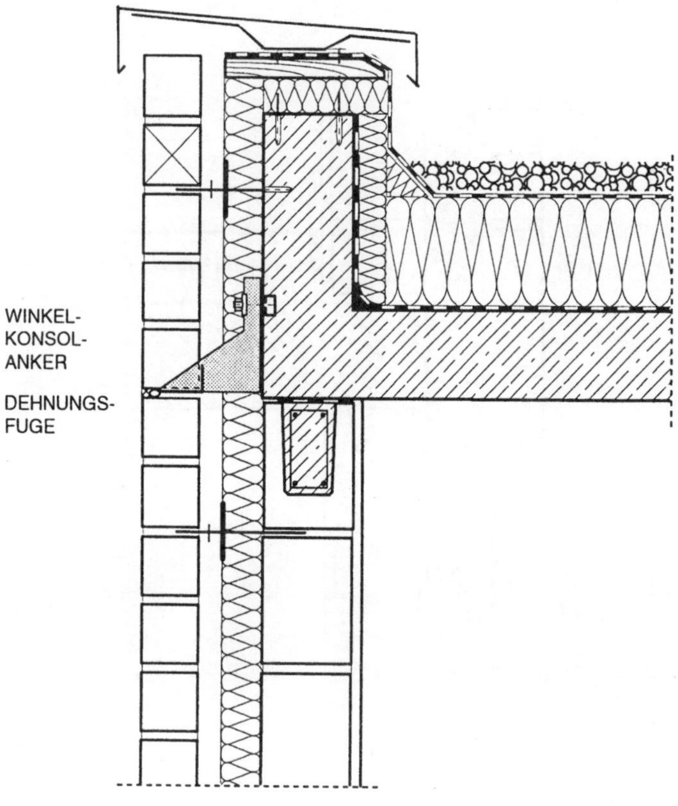

Daher empfiehlt es sich unter der Decke einen Ringbalken mit Gleitlager zu verwenden und die Vormauerschale durch eine horizontale Fuge vom Attikabereich zu trennen.
Dadurch kann die Bewegung aufgenommen werden, ohne Schäden in der Vormauerschale zu hinterlassen.

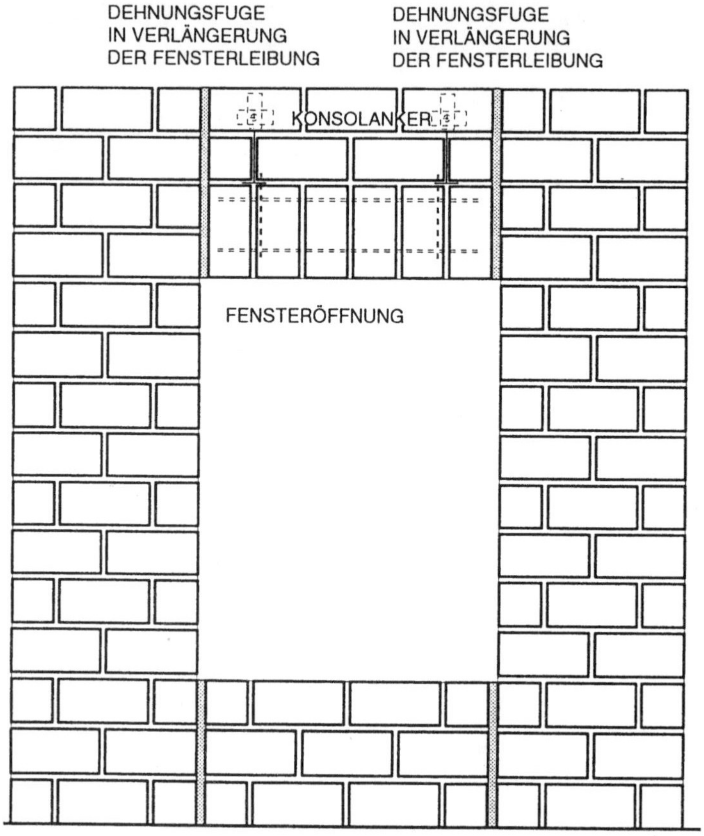

Bauteilfugen an Öffnungen :

Ein weiteres Beispiel für die Notwendigkeit von Dehnungsfugen sind große Fensteröffnungen in der Vormauerschale.
Der verbleibende Anteil an Mauerwerk unterscheidet sich in der Fläche soweit, daß unterschiedliche Dehnungen zu erwarten sind.

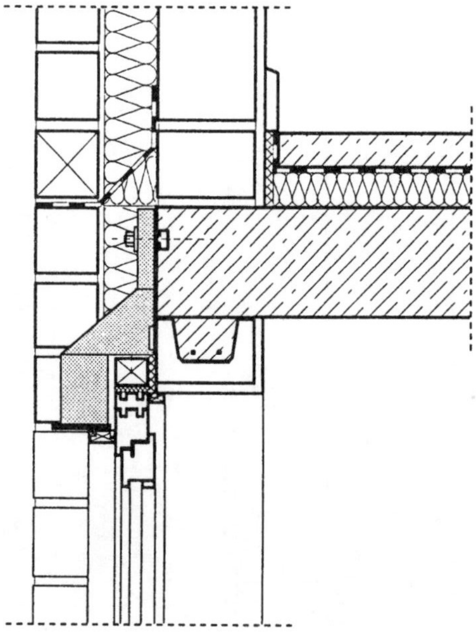

Bei der Lage von Dehnungsfugen an Fenstern ist zu beachten, daß der Sturz in der Vormauerschale nicht seitlich aufgelagert werden kann, sondern rückwärtig in der Betondecke oder durch Spezialdübel an der tragenden Innenschale befestigt werden muß.

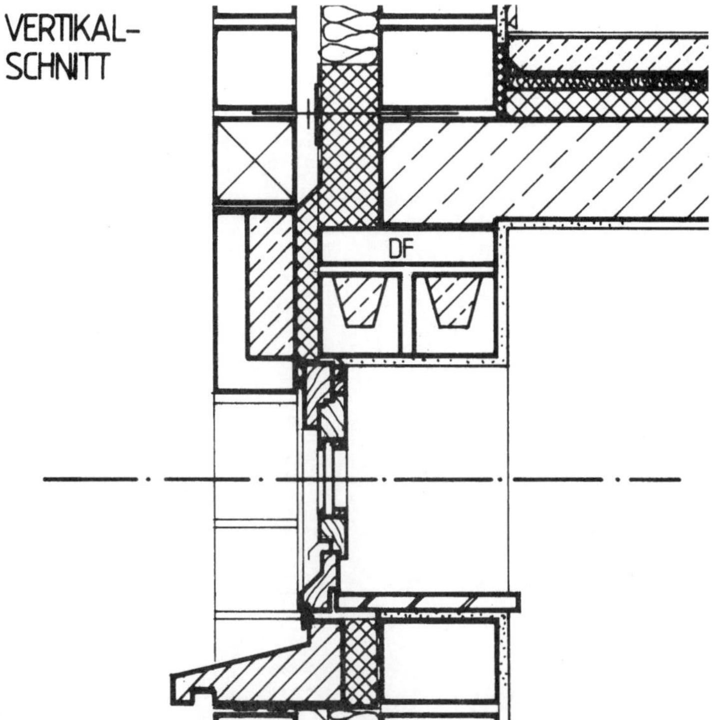

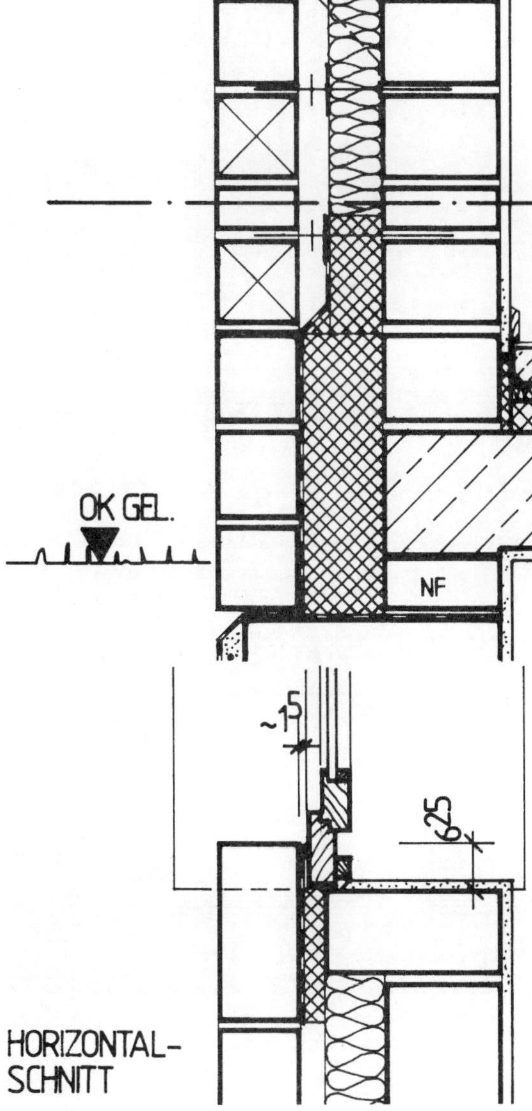

Feuchtigkeitsschutz

1. Die Innenschalen und die Geschoßdecken sind an den Fußpunkten der Zwischenräume der Wandschalen gegen Feuchtigkeit zu schützen.
2. Die Dichtung ist im Bereich des Zwischenraums im Gefälle nach außen zu verlegen, im Bereich der Außenschale horizontal.
3. Auch über Fenster- und Türstürzen ist eine im Gefälle nach außen verlegte Sperrschicht anzubringen.

Luftschicht

1. Die Luftschicht darf 10 cm über Erdgleiche, bzw. Oberkante Abfangkonstruktion beginnen und muß von dort bis zum Dach bzw. bis Unterkante Abfangkonstruktion ohne Unterbrechung hochgeführt werden.
2. Die Außenschalen sind jeweils unten und oben mit Lüftungsöffnungen zu versehen. Das gilt auch für die Brüstungsbereiche der Außenschalen.
3. Die Lüftungsöffnungen sollen auf 20 qm Wandfläche (Fenster und Türen eingerechnet) eine Fläche von etwa 75 qcm haben.

Fensterdetail
Vertikalschnitt • Horizontalschnitt • Ansicht
Maßstab 1:10

Casement details
Vertical section • Horizontal section • Elevation
scale 1:10

1 Bitumenbahn
2 Sichtbeton-Fertigteil
3 Befestigung über Stahlwinkel
Die Fenster sind vor dem Aufmauern auf die Tragwand montiert
4 Lamellenjalousie
5 Fensterprofile innen Aluminium, außen Baubronze

1 bituminous sheeting
2 precast fair-faced concrete element
3 angle fixing piece;
windows set in position in course of bricklaying
4 louvre blind
5 casement section: aluminium internally; architectural bronze externally

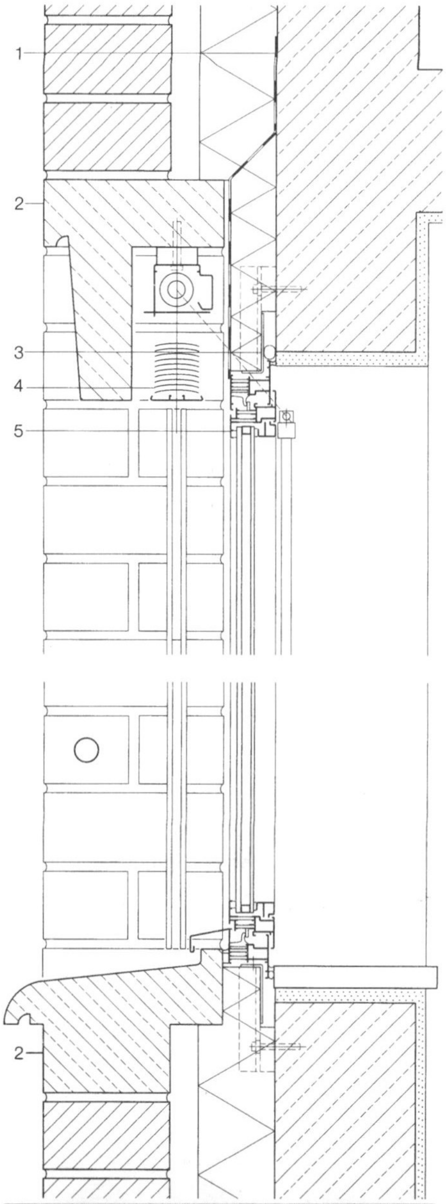

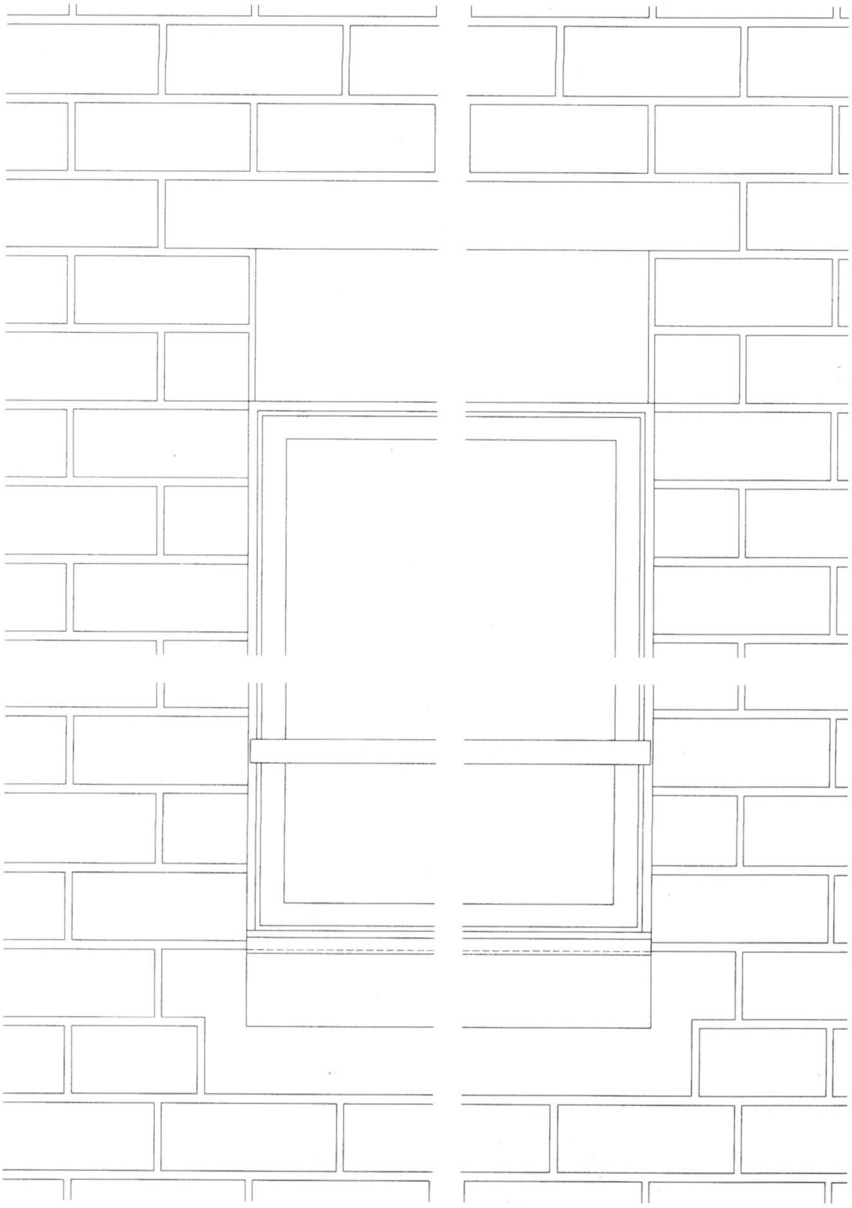

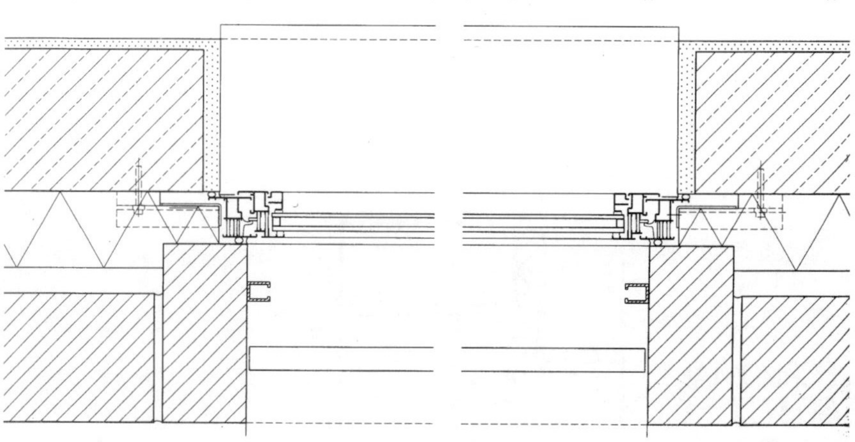

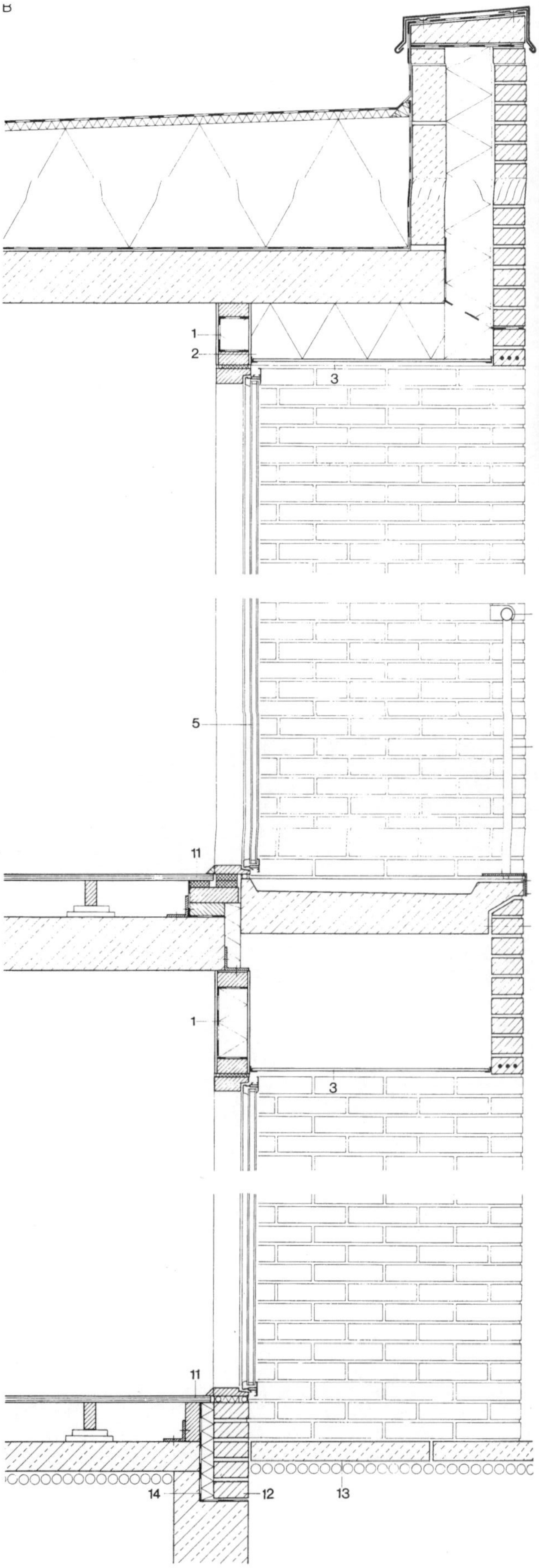
B
1
2
3
5
11
1
3
11
14
12
13

Salk Institute for Biological Studies, La Jolla, Californien, 1959-65, Louis I. Kahn

1. Betoneigenschaften

- Beton ist ein künstliches Gestein. Es wird aus Zement und Zuschlägen unter Zugabe von Wasser hergestellt und erreicht durch erhärten des Zementleims hohe Druckfestigkeit.
- Beton besitzt eine große Variabilität, die man durch die Art und Zusammensetzung des Gemisches den verschiedenen Erfordernissen anpassen kann.
- im Gegensatz zu anderen Bauweisen - z.B. dem Steinbau - sind Betonbauteile mit Hilfe geeigneter Schalungen in beliebiger Form herstellbar.
- Stahlbeton ist ein mit Rundstahl bewehrter Beton (Verbundbaustoff). Er ist Druck- und Zugfest zugleich und deshalb geeignet für biege- und knickbeanspruchte Bauteile, wie z.B. Balken, Decken, Stützen und Wände.
- Beton und Stahl besitzen nahezu den gleichen Ausdehnungskoeffizienten, wobei der Beton die Druckfestigkeit bzw. Druckkräfte und der Stahl die Zugkräfte aufnimmt.
- DIN 1045 gilt für die Herstellung von Beton und Stahlbeton , DIN 1048 für Betonprüfungen.

- Die Konsistenz kennzeichnet die Verformbarkeit und Fließfähigkeit des Frischbetons. Sie bestimmt die Möglichkeit der Verarbeitung und richtet sich nach den Bedingungen auf der Baustelle wie z.B. Bewehrungsführung, Bauteilabmessungen, Verdichtungsmöglichkeiten, Transportmittel etc.
- Konstistenzprüfungen der verschiedenen Konsistenzklassifizierungen K1, K2 und K3 werden anhand des Ausbreitversuches und des Verdichtungsmaßes durchgeführt.

Konsistenzbereich des Frischbetons

Konsistenzbereich	Eigenschaften		Ausbreitmaß a (in cm)	Verdichtungsmaß v (in cm)	mittl. Abstich s (in cm)
	Feinmörtel	Frischbeton			
K1 (steif)	etwas nasser als erdfeucht	noch lose	-	1,45 ... 1,26	13,3...9,2
K2 (plastisch)	weich	schollig bis knapp zusammenhängend	≤ 40	1,25 ... 1,11	8,0 ... 5,2
K3 (weich)	flüssig	schwach fließend	41 ... 50	1,10 ... 1,04	3,6 ... 1,9
F (Fließbeton)[1]	superflüssig	gut fließend	50 ... 60	-	-

[1] Hergestellt durch Zugabe eines Superverflüssigers. Anwendung siehe Richtlinien des DAfStB (Deutscher Ausschuß für Stahlbeton)

- Zahlreiche Betoneigenschaften hängen vom Wasser-Zementgehalt des Betons ab. Der Wasserzementwert (w/z-Wert) ist eine Kenngröße für die Zementleim-Qualität. Der w/z-Wert bestimmt in einer gesetzmäßigen Beziehung die Betonfestigkeit, wohingegen die Kornzusammensetzung keinerlei Einfluß darauf hat.
- bei Betonfestigkeitsprüfungen wird von folgenden Faktoren ausgegangen:
  - vollständige Frischbeton-Verdichtung
  - dichtes Verfüllen aller Hohlräume durch Zementleim
  - vollständige Umhüllung aller Zuschlagkörner durch Zementleim

Die Betondruckfestigkeit nimmt ab, wenn der w/z-Wert infolge größeren Wassergehalts ansteigt (z.B. Fundamente).

Einfluß des w/z-Wert

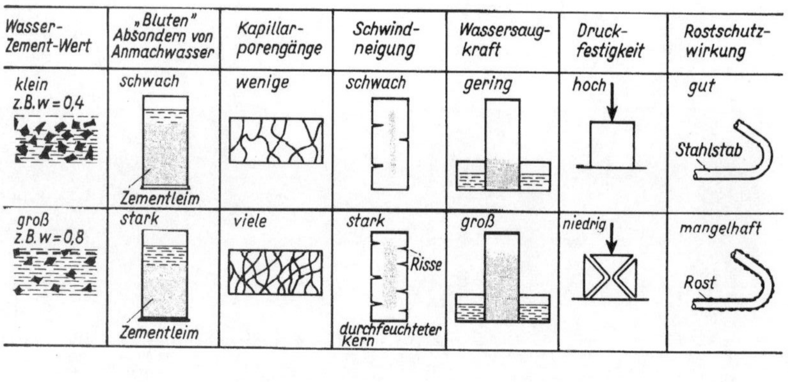

Festigkeitsklassen Beton

Betongruppe	Beton-festigkeits-klasse	Nennfestigkeit β_{wN} in N/mm2 (Mindestwert für die Druckfestigkeit β_{w28} jedes Würfels) [1]	Serienfestigkeit β_{wN} in N/mm2 (Mindestwert für die mittlere Druckfestigkeit β_{w28} jeder Würfelserie)	Herstellung nach	Anwendung
Beton B I	B5	5	8	Rezept oder nach Eignungs-Prüfung vgl. DIN 1045 Abs. 6.5.5	nur für unbewehrten Beton
	B10	10	15		
	B15	15	20		für unbewehrten und für bewehrten Beton
	B25	25	30		
Beton B II	B35	35	40	Eignungs-Prüfung vgl. DIN 1045 Abs. 6.5.5	
	B45	45	50		
	B55	55	60		

[1] Werden für Beton gleicher Zusammensetzung und Herstellung zahlreiche Würfel geprüft, so darf einer von 9 aufeinanderfolgenden Würfeln die Nennfestigkeit um höchstens 20 % unterschreiten. Dabei muß jeder mögliche Mittelwert von 3 aufeinanderfolgenden Würfeln mindestens die Serienfestigkeit haben.

DIN 1045 gliedert Beton in die Betongruppen B I und B II und in die Betonfestigkeitsklassen B5 - B55. Diese müssen bestimmte Anforderungen hinsichtlich der Nenn- und der Serienfestigkeit erfüllen.

- Beton besitzt eine große Wärmespeicherfähigkeit aber eine geringe Wärmedämmfähigkeit.
- Beton besitzt eine gute Luftschalldämmung aber eine sehr schlechte Körperschalldämmung
- Beton mit besonderen Eigenschaften nach DIN 1045:

1. Wasserundurchlässiger Beton
2. Beton mit hohem Frostwiederstand
3. Beton mit hohem Frost- und Tausalzwiederstand
4. Beton mit hohem Wiederstand gegen chemische Angriffe
5. Beton mit hohem Verschleißwiederstand
6. Beton für hohe Gebrauchstemperaturen bis 250° C
7. Beton für Unterwasserschüttungen (Unterwasserbeton)

Gliederung der Betonarten

Gesichtspunkte	Betonarten und -bezeichnungen
Rohdichte	Schwerbeton mit $p > 2{,}8$ kg/dm³, Zuschläge aus Schwerspat, Stahlsand, Stahlschrot u.a. **(Normal-)Beton** mit $p = 2{,}8 \dots 2$ kg/dm³, Zuschläge aus Sand, Kies, Splitt, Hochofenschlacke u.a. **Leichtbeton** mit $p = 2$ kg/dm³, Zuschläge aus Blähschiefer, Blähton, Hüttenbims, Naturbims u.a.
Festigkeit	**Beton B I** mit Festigkeitsklassen B5 ... 25, Herstellung nach vorgegebenen Rezepten **Beton B II** mit Festigkeitsklassen B35 ... 55, ferner Beton mit besonderen Eigenschaften. Hersetllung und Verarbeitung nach besonderen Bedingungen
Herstellungsort	**Transportbeton**, werk- bzw. fahrzeuggemischter Beton, der vom Werk aus als einbaufertiger Frischbeton an die Baustelle transportiert wird **Baustellenbeton**, auf der Baustelle hergestellt und eingebaut. Transport auf drei bis zu 5 km entgernte Nachbarbaustellen möglich
Erhärtungs-zustand	**Frischbeton**, einbau- und verarbeitungsfähiger Beton in noch breiigem Zustand **Festbeton**, erhärteter Beton (festes Gefüge)
Einbringungsort	**Ortbeton** nimmt bereits beim Einbringen seine planmäßige Lage innerhalb des Baukörpers ein **Betonfertigteile** (auch Betonwaren und -werksteine) werden als Festbeton zur Einbaustelle transportiert und dort eingebaut
Bewehrung	**Schlaff bewehrter Beton** (Stahlbeton) enthält Betonstähle zur Aufnahme von Biege-Zug-Spannungen **Spannbeton** enthält vorgespannte hochfeste Stäle, die Druckkräfte in den Beton einleiten und damit dem Entstehen von Biege-Zugspannungen entgegenwirken
Verarbeitung und Eigenschaften	**Betonkonsistenz** (steifer, plastischer, weicher Beton) **Einbauverfahren** (Schütt-, Pump-, Ausguß-, Spritzbeton) **Verdichtung** (Stampf-, Stocher-, Rüttel-, Schock-, Schleuderbeton) **Beständigkeit** (wasserundurchlässiger Beton, frost- und tausalzbeständiger Beton, Beton mit höherem Widerstand gegen chemische Angriffe, mechanische Abnutzung und Hitze) **Oberflächenbeschaffenheit** (Sicht-, Wasch-, Strukturbeton)

2. Betonarten

- Betonarten unterscheiden sich im wesentlichen nach Rohdichte, Herstellungsort, Erhärtungszustand, Einbringungsort, Druckfestigkeit und Tragverhalten. Die Art der Herstellung des Betons wird gezielt für die unterschiedlichen Funktionen bzw Einsatzbereiche abgestimmt. Hohe Tragfähigkeit und gute Schalldämmung erfordern z.B. einen dichten Beton mit Kies oder Splitt, durch den die gewünschte Festigkeitsklasse mit entsprechend hohem Gewicht erzielt wird. Besondere wärmedämmende Eigenschaften ergeben sich durch die Verwendung poriger Zuschläge wie Bims, Blähton oder Blähschiefer.
- Leichtbeton wird überwiegend für wärmedämmende Aufgaben eingesetzt. Die Tragfähigkeit ist im Vergleich zu Normalbeton gering.
- Normalbeton wird in den meisten Fällen eingesetzt. Ganz allgemein wird nach dem Ort der Herstellung oder Verwendung Baustellen-, Transport- und Ortbeton und nach der Konsistenz steifer, plastischer und fließfähiger Beton unterschieden.
- Schwerbeton wird angewendet z.B. für den Strahlenschutz im Reaktorbau, oder bei Sohlplatten, die gegen Aufschwimmen gesichert werden müssen.

3. Schalungssysteme

- Betonschalungen sollen den noch frischen Beton während des Einbringens und Erhärtens in maßgerechter Form halten und die Belastungen aus Betondruck (Schalungsdruck), Eigengewicht, Baustellentransport, Wind und Betonverdichtung sicher aufnehmen.
- Die Schalung verursacht verhältnismäßig hohe Material- und Lohnkosten.

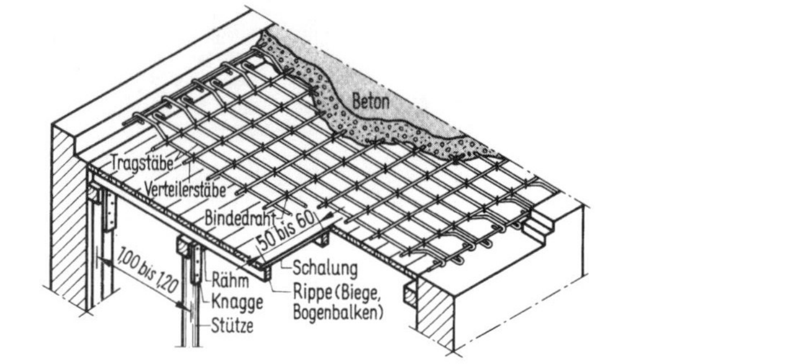

Bei der Auswahl des Schalverfahrens sind dabei von entscheidender Bedeutung:
ein einfacher und arbeitszeitsparender Auf- und Abbau,
Wiederverwendbarkeit,
vielseitige Anwendungsmöglichkeiten,
geringes Gewicht,
Maßgenauigkeit
sowie geringer Wartungs- und Pflegeaufwand.

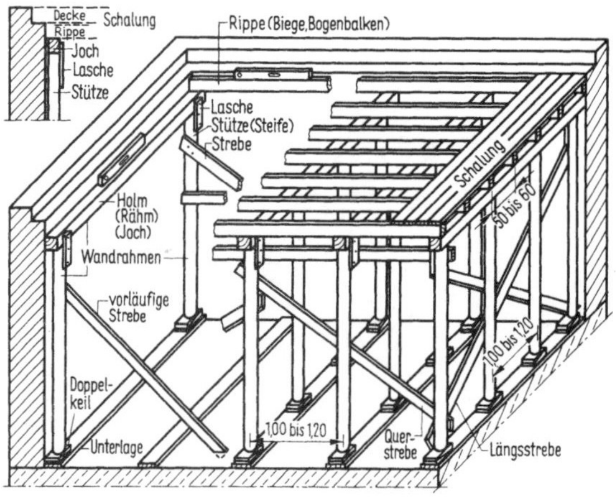

- Bestandteile der Betonschalung sind Schalhaut, Verbindungsmittel sowie Aussteifungs- und Unterstützungselemente.
- Die Schalhaut bestimmt Form und Oberflächenbeschaffenheit der Betonbauteile. Sie kann aus Brettern, Holz- und Holzwerkstoff-, Metall-, Kunststoff- oder Glasplatten bestehen.
- Schalbretter (Tanne/Fichte) für Sichtbeton und zur Herstellung von Schalungstafeln (2,4cm stark / 10,5cm breit / 180 -610 cm lang)
- Schalungsplatten aus Holz nach DIN 18215 (Vollholz- und Mehrlagen-Schalungsplatten) (2,1cm stark / 50cm breit / 150cm lang) mit Kantenschutzprofilen (Standart-Schaltafel)

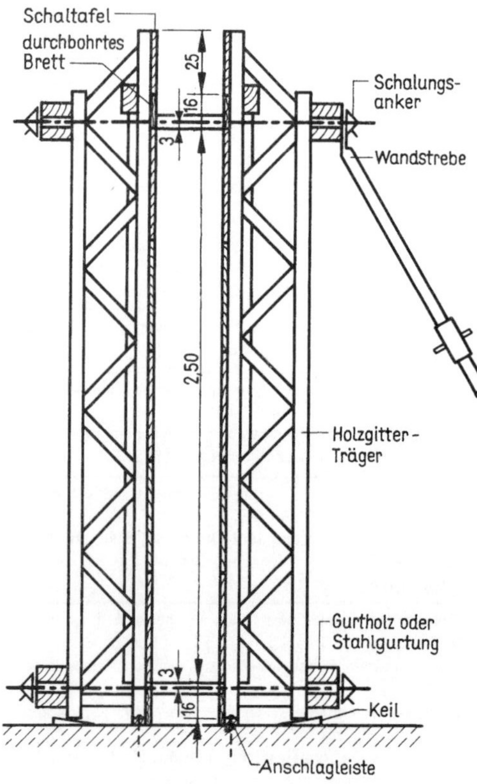

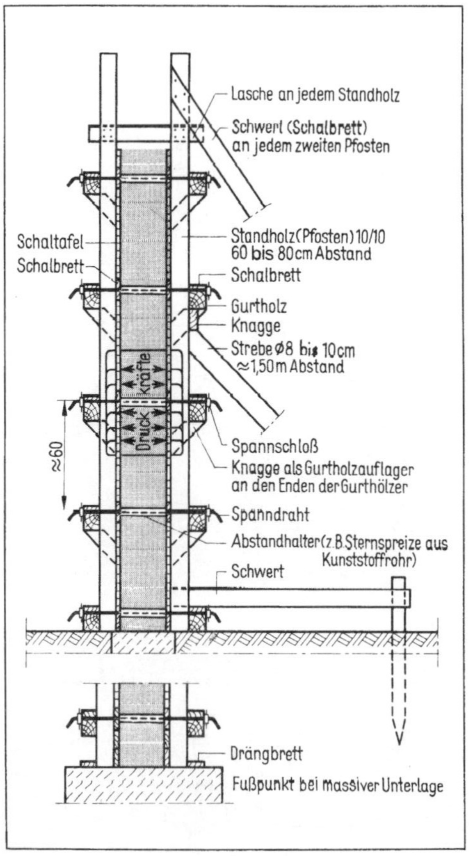

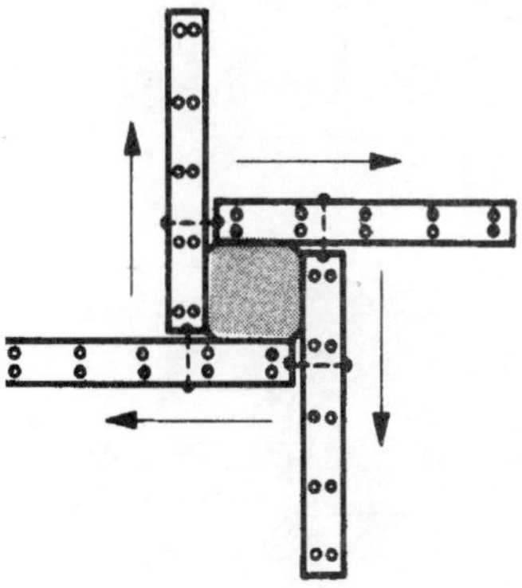

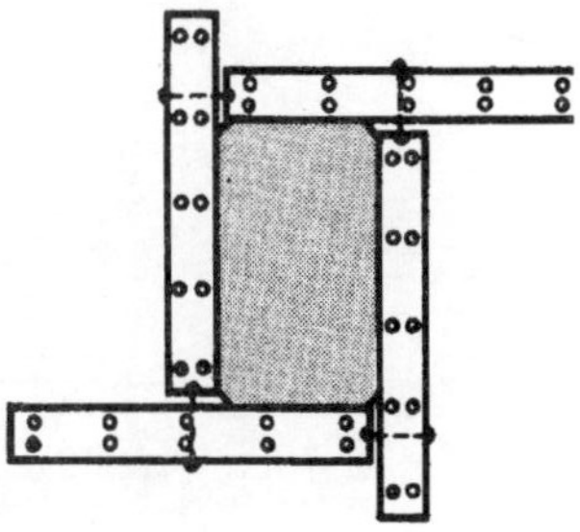

- Großflächen-Schalungsplatten aus Sperrholz nach DIN 68791 (Furnierplatten / Tischlerplatten). Bauteilgroße, fugenlose Sichtflächen (250cm x 120cm oder z.B. 183cm x 530cm, etc.)
- Hartfaserplatten 4mm stark, leicht, elastisch und sehr biegsam für gekrümmte Bauteile
- Metallschalungssysteme wie z.B. von Fa. Peri oder DOKA ermöglichen einen kostengünstigen und zeitsparenden Einsatz. Die Qualität der Schalung (Wiederverwendungsfaktor) hat Auswirkungen auf die Oberflächenqualität
- Unterstützungselemente (Joch, Bogenbalken, Stützen, Steifen) stellen die tragfähigen Teile der Schalungskonstruktionen

Es gibt z.B.:

1 Holzstützen (Rundhölzer)
2 Stahlrohrstützen (höhenverstellbares Mittelrohr)
3 Kanthölzer (8/8cm oder 12/12cm)
4 Holzträger (Gitter- oder Vollholzsiege)
5 stählerne Schalungsträger (stützenloses überspannen)

- Aussteifungskonstruktionen sichern die Betonschalung vor kippen, verziehen oder verschieben. Wände und Säulen werden durch Streben, Ketten und Seile gehalten, Decken und Balken durch Verschwertungen

- Die Unterstützungskonstruktion überträgt den Betondruck auf die Schalungsanker und verhindert das durchbiegen der Schalhaut während des betonierens.

4. Fertigteile

- Stahlbetonfertigteile ermöglichen kurze Bauzeiten und rationale Bauverfahren. Im Großtafelbau fügt man tragfähige Wand- und Deckentafeln zu raumstabilen Zellen, im Skelett- oder Gerippebau bilden Balken und Stützen das Traggerüst des Gebäudes. Die Modulordnung gilt als bevorzugtes Maßsystem im Montagebau.

- Industrielaisierung des Bauens in Form von vorgefertigten Bauelementen.
  - mechanisierte / rationelle Fertigungsmethoden
  - Wegfall witterungs- und baustellenbedingter Behinderungen
  - Leistungssteigerung und kurze Bauzeiten
  - Einsparung von Schalung und Rüstung
  - Eignung für den Winterbau (Trockenmontage)

- Vollmontage: Das Gebäude besteht nur noch aus Fertigteilen
- Teilmontage: Teil der tragenden Bauteile aus Ortbeton, z.B. Stützen in Ortbeton, Balken und Decken aus Fertigteilen

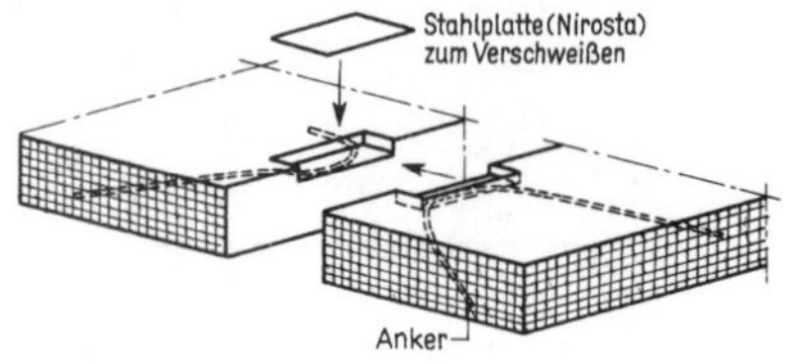

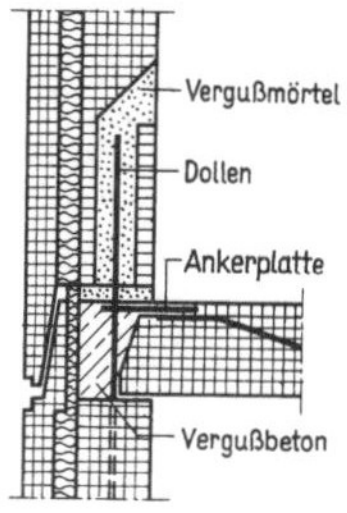

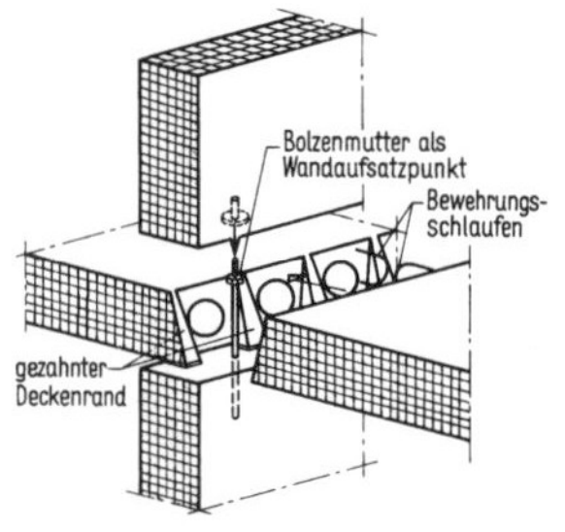

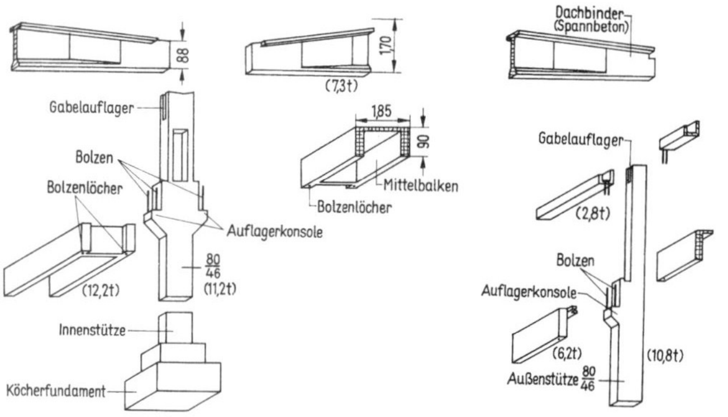

- Skelettbau (Gerippebau)

Die Stabilität einer Skelettkonstruktion aus Fertigteilen erreicht man durch einspannen vorgefertigter Stützen in vorgefertigte Köcherfundamente. Stützenkonsolen und Schlitze dienen als Balkenauflager, gelochte Balkenenden und Konsoldorne als Montagehilfe. Große Räume überbrückt man mit Spannbetonbinderen.

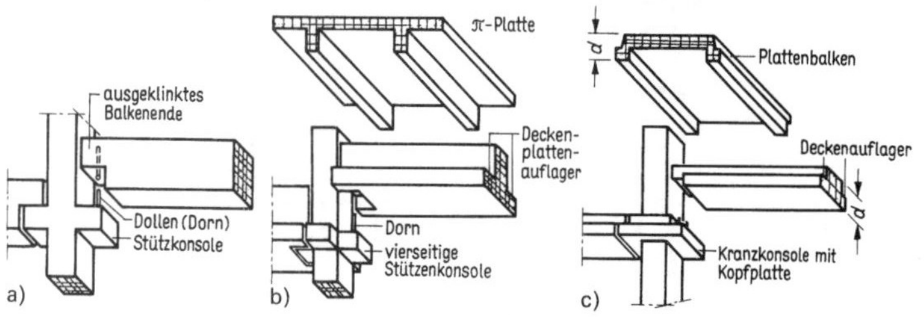

- Großtafelbau

Großtafeln werden als Scheibe parallel, als Platte quer zur Ebene beansprucht. Zugfeste Tafelverbindungen erreicht man durch Schlaufenstöße, bei Wänden auch durch Schrauben und Schweißen. Schubfestigkeit in Tafelebene schafft man durch Randprofilierung, quer zur Tafelebene durch Vergußkammern. Mörtelgelagerte Justierplatten oder verstellbare Schraubvorrichtungen ergeben höhengleiche Auflagerpunkte für Wandtafeln.

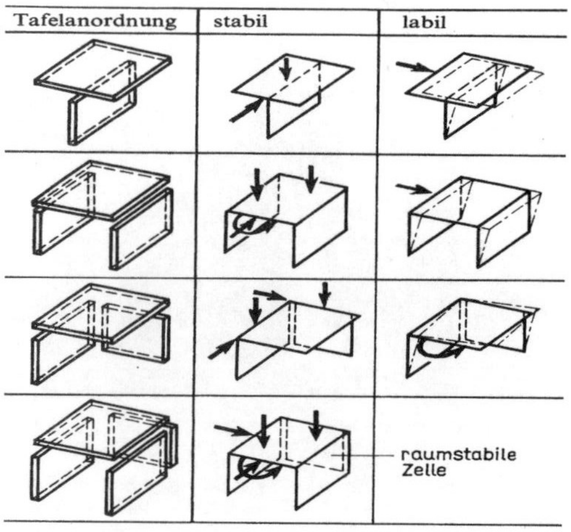

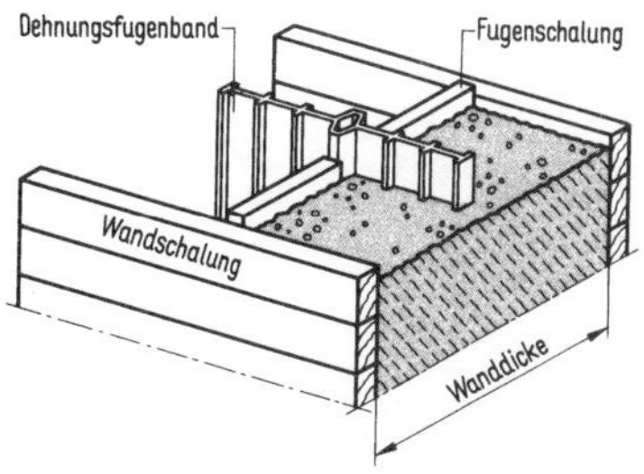

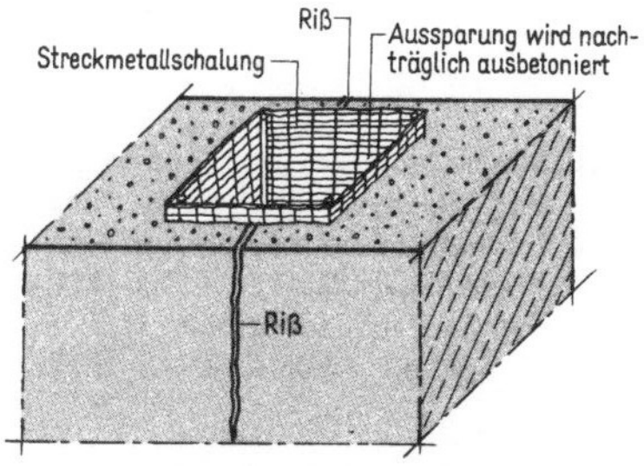

5. Fugenausbildung

Infolge wechselnder Umgebungstemperatur verändern sich die Längen der Bauwerke. Betonteile verformen sich außerdem bei wechselndem Feuchtigkeitsgehalt durch Schwinden und Quellen. Durch Behindern der Längenänderung entstehen erhebliche Materialspannungen und daraus Risse mit Folgeschäden.

- Dehnungsfugen: Dehnungsfugen trennen Gebäudeteile voneinander, vermindern damit die Längenänderungen und geben die Möglichkeit für spannungsfreies verformen. Fugenabstände je nach Material und Konstruktion 10-60m. Die Zwischenräume können mit elastischen Platten oder Dehnungsfugenbändern ausgefüllt werden.

- Setzfugen: Setzfugen sind nur wenige Millimeter dick und trennen Gebäudeteile einschließlich ihrer Fundamente, so daß unterschiedliche Setzungen spannungs- und rißfrei möglich sind. (z.B. bei verschiedenen Bauabschnitten, unterschiedlichen Geschoßzahlen, unregelmäßigem Baugrund).

- Gleitfugen: Gleitfugen aus Folieneinlagen ermöglichen unbehinderte Temperaturdehnungen zwischen massiven Dachdecken und ihren Wandauflagern. Sie verhindern (Schub-) Rißbildungen an den Wänden.

- Arbeitsfugen: Arbeitsfugen entstehen durch unterbrechen der Betonierarbeiten. Kraftschlüssigen Gefügeverbund erreicht man je nach Unterbrechungsdauer durch Abschottung mit Streckmetall, Erstarrungsverzögerer, sowie aufrauhen, säubern und feuchthalten der Anschlußflächen. Arbeitsfugenbänder ermöglichen wasserdichte Arbeitsfugen.

- Fugenverschlüsse: Fugenverschlüsse bieten Schutz gegen Feuchtigkeit, Schmutz und Schadstoffe. Kunststoffprofilbänder werden nachträglich eingebaut und/oder angeklebt.

Für Putzflächen eignen sich Bänder mit seitlichen Putzträgerstreifen. Schlaufen oder Faltprofile bewegen sich fast ohne Eigenspannungen. Wasserdruckdichte Verschlußbänder mit Sperrankern werden vor dem Betonieren in der Schalung befestigt. Weiche Fugenmasse (-kitte) sind streng nach Herstellervorschrift zu verarbeiten. Elastoplastische Massen werden bevorzugt. Bekannt sind Polysulfid-, Silikon-, Acryl- und Polyurethankautschuk.

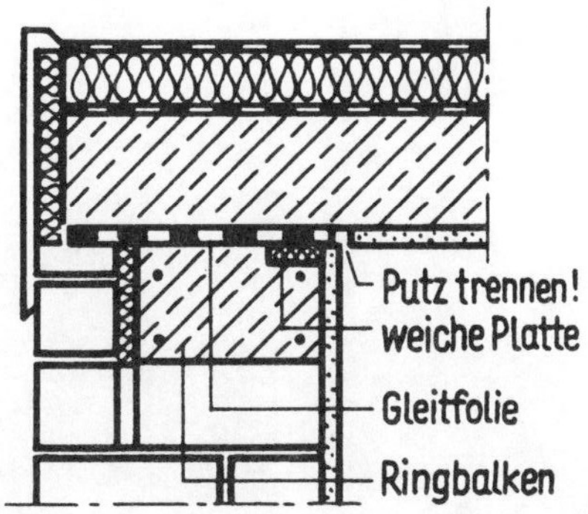

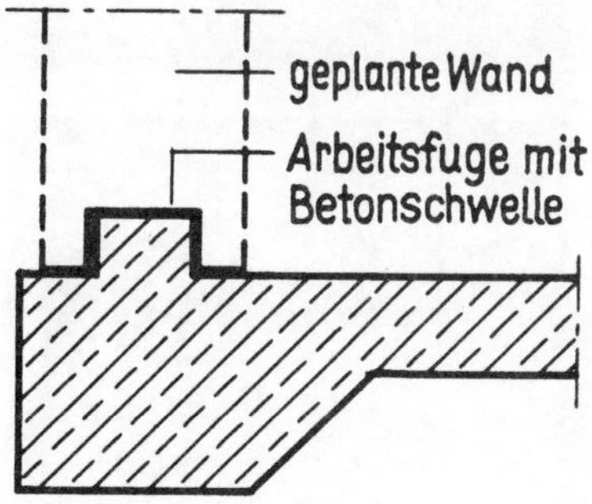

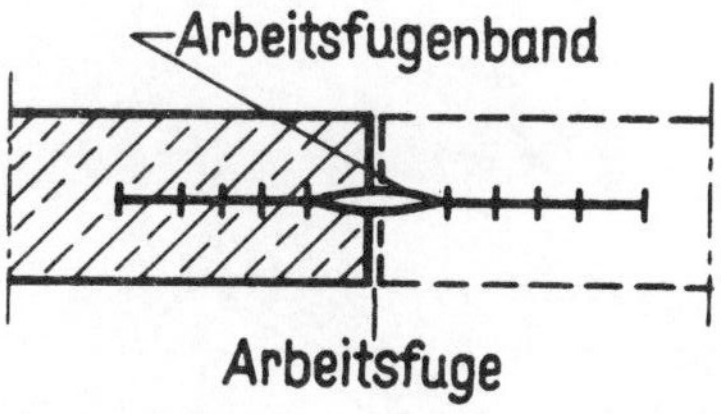

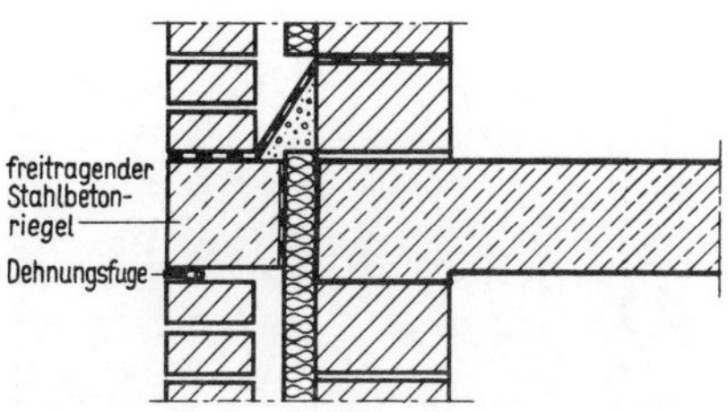

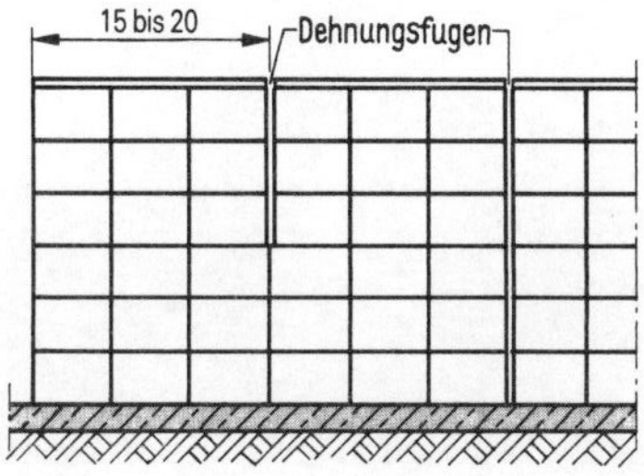

6. Oberflächenanforderungen

- Auswirkung der Schalung
  Beton hat nach dem Erhärten die Eigenschaften und das Aussehen eines Gesteins. Er zeigt an der Oberfläche den Schalungsabdruck. Das kann eine sägerauhe oder eine gespaltete Brettstruktur sein, eine glatte oder eine durch Struktur-Matrizen gestaltete Oberfläche. Die optischen Wirkungen, die mittels Schalungsabdruck auf den Beton erreicht werden können, sind nahezu unbegrenzt.

- eine Betonoberfläche wird durch die verwendete Schalung modelliert. Unterschiedliche Schalungen wie z.B. große Holz-/ Stahl- oder Kunststofftafeln erzeugen eine völlig andere Rasterstruktur als kleinteilige Elemente.

Die Bearbeitungsart von Holz, sägerauh oder gehobelt, die unterschiedlichen Brettspundungen beeinflussen das optische Erscheinungsbild. Zusätzlich zu den materialbedingten Oberflächen können Flächen auch gestaltete Ornamente beinhalten. Nach DIN 18217 unterliegen Sichtbetonoberflächen bestimmten Anforderungen.
Hierbei ist eine besonders sorgfältige Herstellung der Schalung gefordert.
- fluchtgerechte, geschlossene Oberflächen
- gleiche Farbtönung innerhalb einer Fläche
- vermeiden von Betonierstößen
- saubere Arbeitsfugen

Die Oberfläche der Schalung sowie deren Qualität muß in der Ausschreibung genau definiert werden. Eine Musterfläche, die als „Qualitätsmaßstab" unabhängig von dem Gebäude erstellt werden sollte, könnte als Maßstab für alle Beteiligten gelten.

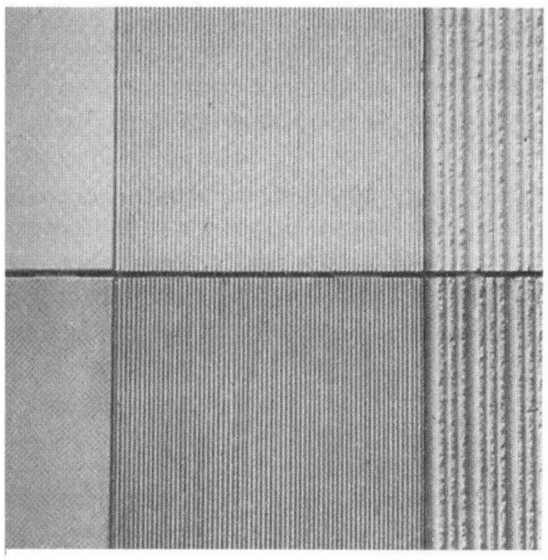
2.2.2

2.2.3

2.2.4

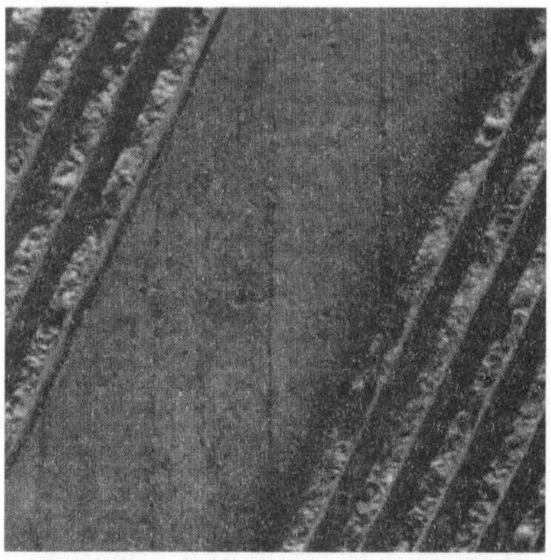
2.2.5

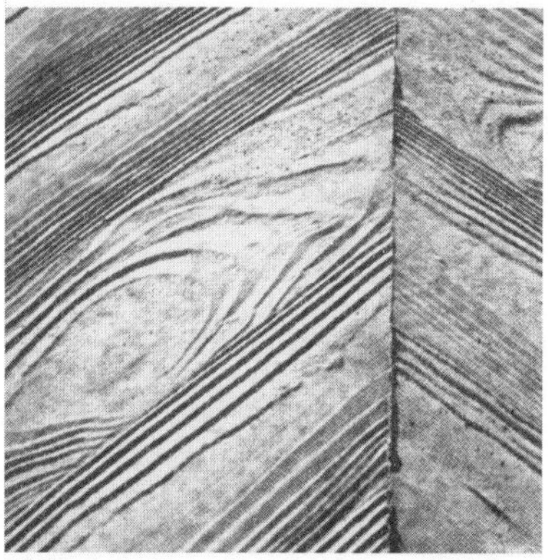
2.2.6

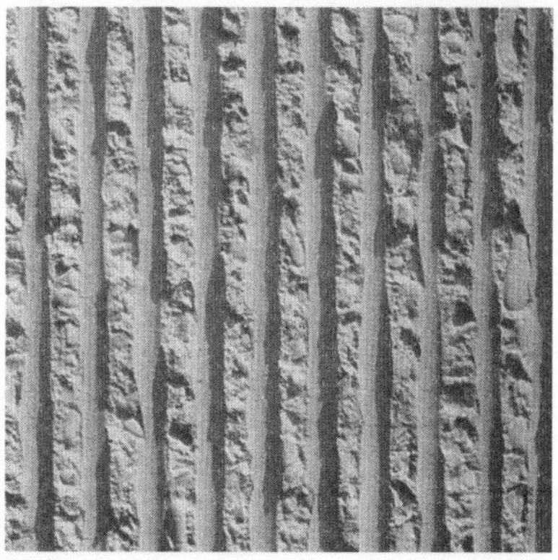
2.2.7

2.2.8

2.2.9

2.2.2 Durchgefärbter Beton mit 2% Eisenoxidgelb sowie weißem und grauem Zement
2.2.3 Glatte Betonoberfläche, Betonplanschalung, grauer Zement
2.2.4 Sägerauhe Brettstruktur, ungehobelte Bretter, grauer Zement
2.2.5 Industrieschalung und sägerauhe Brettstruktur, Portlandölschieferzement
2.2.6 Industrieschalung, Holzstruktur, Reckli-Strukturschalung Nr.2/23 Alster, grauer Zement
2.2.7 Industrieschalung, Steinstruktur, Reckli-Strukturschalung Nr.2/30 Havel, weißer Zement
2.2.8 Bossierte Betonoberfläche, Kalkstein, grauer Zement
2.2.9 Gespitzte Oberfläche, Rheinkies, grauer Zement

7. Oberflächenbehandlung

Bei Bauteilen aus Beton besteht die Möglichkeit sie nachträglich auf der Baustelle am fertigen Bauwek werksteinmäßig zu bearbeiten (DIN 18500). Bei den verschiedenen Möglichkeiten der Bearbeitung wird das sichtbare Zuschlagkorn in unterschiedlichster Größe freigelegt. Die Farbwirkung ist daher sehr verschieden. Kombinationen verschiedener Bearbeitungen sind möglich wie z.B. schleifen und sandstrahlen.

I. - handwerkliche Bearbeitung nach DIN 18500

Durch die handwerklichen, steinmetzmäßigen Bearbeitungsweisen wird die oberste Zementschicht vom Beton abgetragen. Es entsteht eine rauhe aufgehellte Oberfläche, auf der der gebrochene Zuschlag sichtbar wird.

1. Bossieren mit Bossierhammer / Setzeisen
2. Spitzen mit Spitzeisen
3. Stocken mit Stockhammer
4. Scharrieren

II. - mechanische Bearbeitung nach DIN 18500

hauptsächlich bei Fertigteilen wird die mechanische Bearbeitung der Oberflächen angewendet. Herstellung von Strukturen oder von Oberflächen.

- Sägen (Steinsägen / Steingattern)
- Spalten (Spaltsteine / Bossensteine)
- Schleifen
- Feinschleifen
- Polieren

III. - technische Verarbeitung nach DIN 18500

- strahlen mit Sand, Stahlkugeln, Wasser
- Flammstrahlen mit Feuer

IV. - waschen von Betonflächen nach DIN 18500

auswaschen der obersten Betonschicht. Durch die Verwendung eines Verzögerers, der auf die Schalung aufgebracht wird, ist das Auswaschen nach dem Ausschalen von rund 1mm an der Oberfläche möglich.

- auswaschen
- feinwaschen
- absäuren

2.2.14

2.2.15

2.2.16

2.2.17

2.2.18

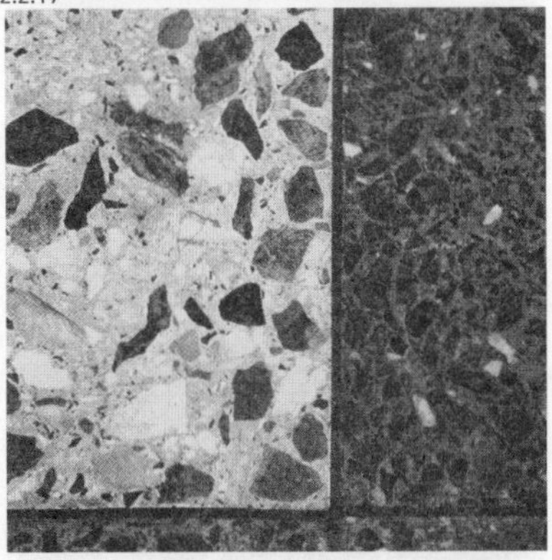

2.2.19

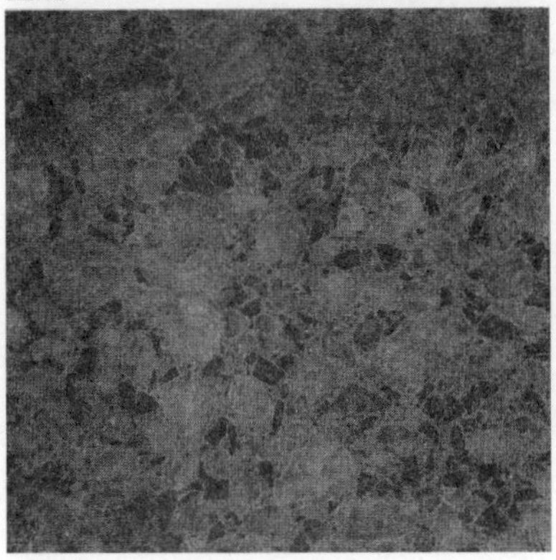

2.2.20

2.2.21

2.2.14 Gestockte Betonoberfläche, farbiger Zuschlag, grauer Zement
2.2.15 Gestockte Betonfläche, heller Zuschlag, Portlandölschieferzement
2.2.16 Scharrierte Befonoberfläche, roter Granit, grauer Zement, 0,3% Eisenoxidbraun
2.2.17 Gesägte Betonoberfläche, eingefärbt, weißer Zement
2.2.18 Gespaltene Befonoberfläche, heller Zuschlag, weißer Zement
2.2.19 Geschliffene Befonoberfläche, heller und dunkler Zuschlag, grauer und weißer Zement
2.2.20 Feingeschliffene Befonoberfläche, heller und dunkler Zuschlag, weißer Zement
2.2.21 Polierte Befonoberfläche, heller und dunkler Zuschlag, weißer Zement

2.2.22

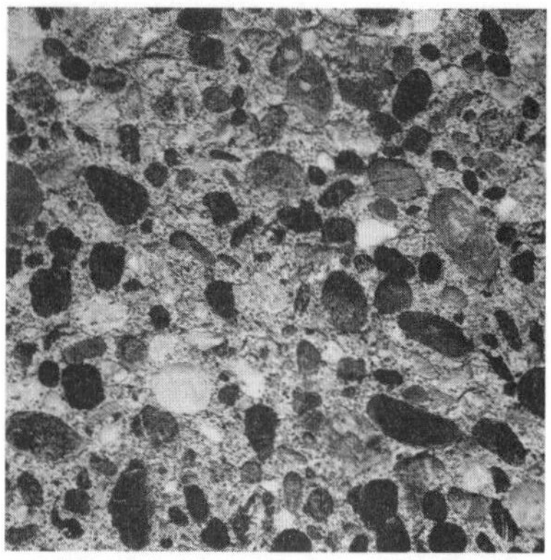
2.2.23

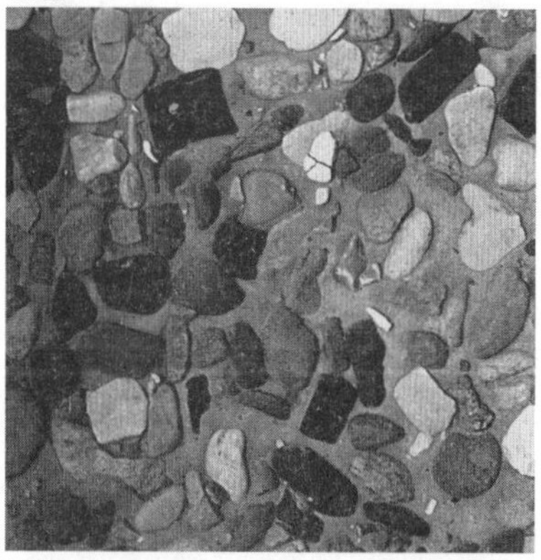
2.2.24

2.2.25

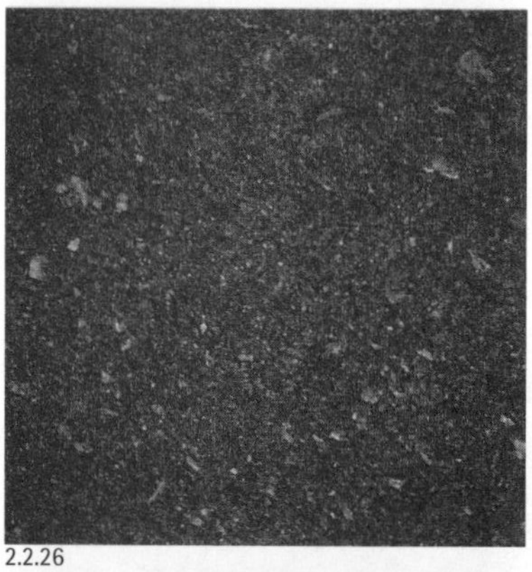
2.2.26

2.2.27

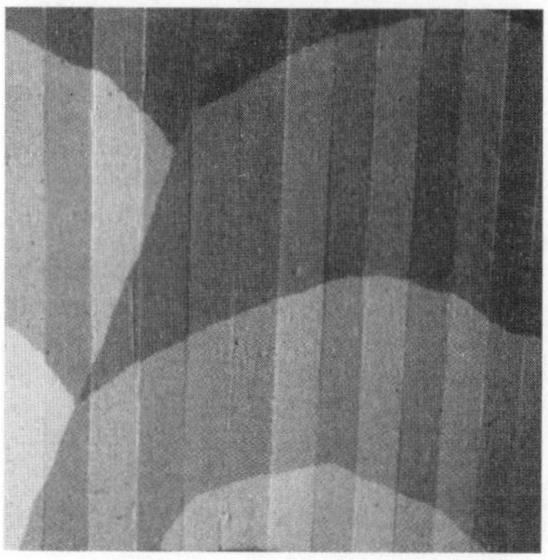
2.2.28

2.2.29

2.2.22 Gestrahlte Betonoberfläche, Singhofener Quarzit 0-16 mm, weißer Zement, 0,2% Eisenoxidgelb
2.2.23 Flammgestrahlte Betonobertläche, Rheinkies 0-16 mm, weißer Zement, 3% Titandioxid
2.2.24 Ausgewaschene Betonoberfläche, Zuschlag mit rundem Korn, grauer Zement
2.2.25 Ausgewaschene Betonoberfläche, Zuschlag mit eckigem Korn, Portlandölschieferzement
2.2.26 Feingewaschene Betonoberfläche, Reinsand, Porphyr 0-16 mm, weißer Zement, 1 % Eisenoxidrot
2.2.27 Abgesäuerte Betonoberfläche, heller Zuschlag, weißer Zement
2.2.28 Betonoberfläche mit deckender Beschichtung, Acrylharzfarbe
2.2.29 Betonoberfläche mit transparenter Lasur, Mineralfarbe

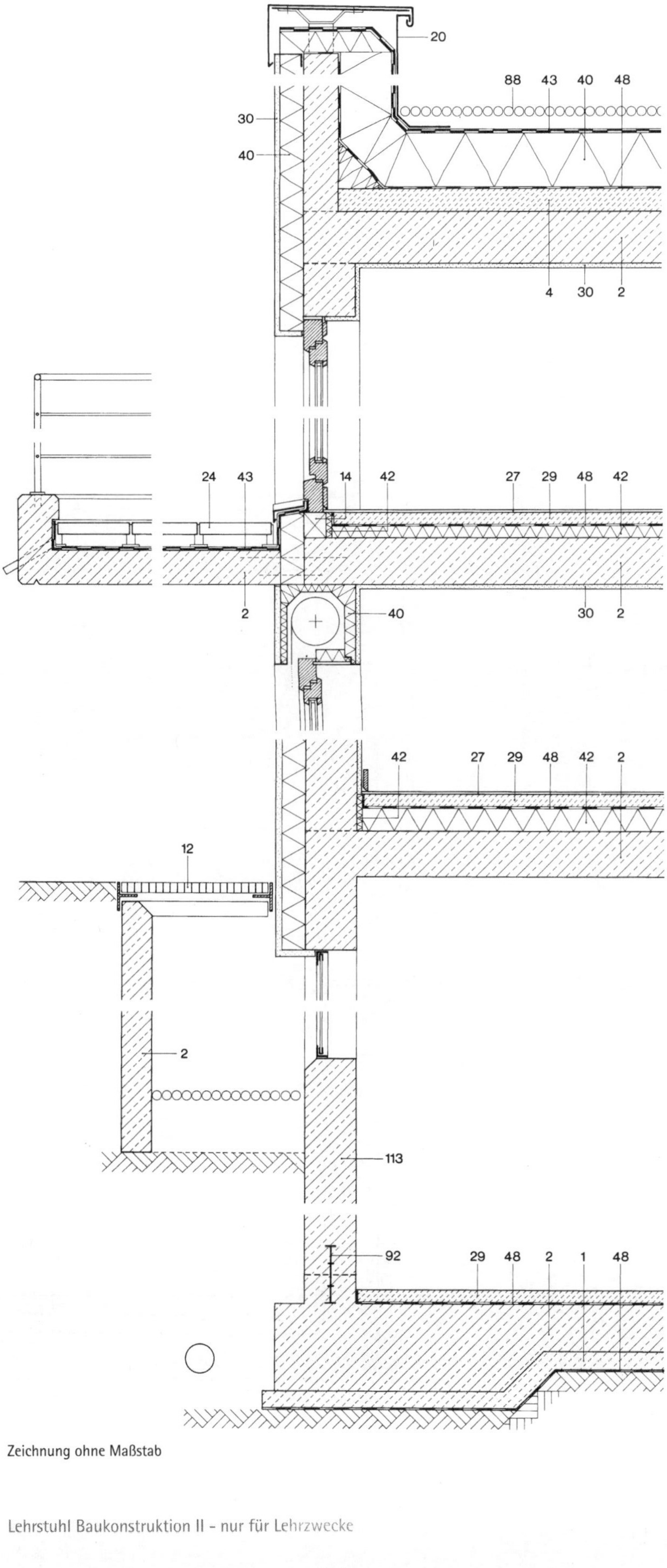

Zeichnung ohne Maßstab

Tragende Außenwand, einschalig, Ortbeton

Die einschalige tragende Wand aus gefüge-dichtem Ortbeton entspricht den heutigen Anforderungen an den Wärmeschutz für Wohnbauten nicht. Aus diesem Grund sind Wärmedämmschichten möglichst auf der kalten Seite der Konstruktion (außen) erforderlich. Diese müssen gegen Witterungseinflüsse (Schlag-regen), mechanische Beschädigung und aus optischen Gründen geschützt bzw. verkleidet werden. Im vorliegenden Fall ist dies ein Putz, der zusammen mit der Wärmedämmschicht ein sog. Ihermohautsystem darstellt.

Der Keller (unbeheizt) ist aus wasserundurchlässigem Beton als »Weiße Wanne« ausgebildet und erfordert deshalb keine zusätzliche Abdichtung. In der Arbeitsfuge zwischen Bodenplatte und Wand ist ein senkrechtes Fugendichtungsband angeordnet. Der Lichtschacht kann als Ortbeton- oder Fertigteilelement ausgeführt werden. Als Ortbetonlösung wird der Lichtschacht durch Anschlußbewehrung, die in die Schalung der Ortbetonwand eingelegt wird, angeschlossen. Bei einem Fertigteilelement erfolgt der Anschluß durch Einbauteile.
In der Wärmedämmung der Außenwand sind Wärmebrücken bei den Anschlüssen der Kellerdecke, der Geschoßdecken (Balkon) sowie der Attikaausbildung (Dachanschluß) zu vermeiden.
Die Stahlbeton-Balkonplattenkonstruktion ist durch den Einbau eines speziellen, wärmegedämmten Bewehrungselements von der Deckenplatte getrennt.

Beim Schutz gegen Feuchtigkeit ist auf sicheren Anschluß der Dichtungsbahnen zwischen den Bauteilen (Balkon/Wand, Dach/Attika) und auf entsprechendes Gefälle sowie Ableitung des Regenwassers zu achten.

Legende

1 Beton
2 Stahlbeton/Ortbeton
3 Fertigteil
4 Leichtbeton
6 Vergußmörtel
12 Stahl
14 Holz/Holzwerkstoff
20 Blechverkleidung/ Blechabdeckung
24 Plattenbelag
27 Kunststoffbelag/ Teppiche

Tragende Außenwand, einschalig, Fertigteil

Die einschalige tragende Wand besteht hier aus Stahlbeton-Fertigteilen. Wie bei Ortbetonkonstruktionen (4.1.A) ist eine zusätzliche Wärmedämmschicht mit einer geeigneten Schutzschicht gegen äußere Einwirkungen erforderlich.

Der Keller (beheizt) besteht aus einer Ortbeton-Bodenplatte und Fertigteil-Wänden mit außenliegenden Dichtungsbahnen. Der vorgestellte Lichtschacht ist im oberen Bereich an die Außenwand angehängt und somit gegen Kippen gesichert. Die Wärmedämmschicht der Wand liegt außen vor der Dichtungsebene und ist deshalb aus geschlossenzelligem, gegen Feuchtigkeit widerstandsfähigem Dämmstoff auszubilden (Perimeterdämmung). Im Balkonbereich wird durch eine konstruktive klare Trennung der Bauteile eine mögliche Wärmebrücke vermieden. Die Balkone liegen auf vorgestellten Wandscheiben auf, die ihrerseits durch Befestigungsanker an der tragenden Konstruktion gegen Kippen gesichert sind. Diese Lösung ist gegenüber der auf der Vorseite gezeigten zu bevorzugen. Da der Putz erst nach der Montage der Fertigteil-Tafeln aufgebracht werden kann, bedarf diese Lösung der Einrüstung der Fassade.

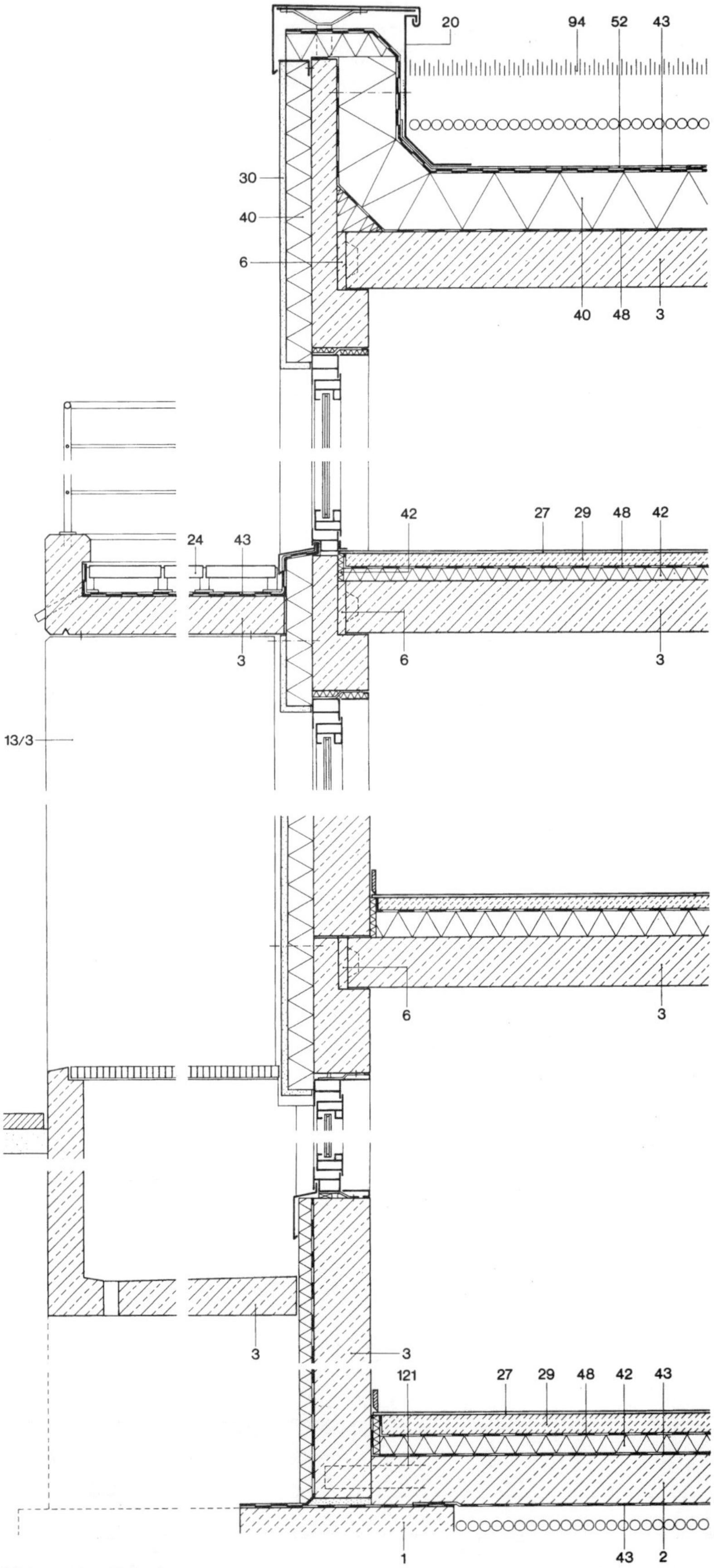

Zeichnung ohne Maßstab

Legende

29 Estrich
30 Putz
40 Wärmedämmung
42 Trittschalldämmung
43 Abdichtung
48 Trennlage/Trennschicht
52 Wurzelschutzbahn
88 Kiesschüttung
92 Fugenblech/Fugenband
94 Dachbegrünung
113 Wand
121 Bewehrung

Tragende Außenwand, zweischalig, Ortbeton

Aus bauphysikalischen, konstruktiven und gestalterischen Gründen werden tragende Außenwände häufig mehrschalig ausgeführt. Hier besteht die tragende Konstruktion aus Ortbeton. Die Vorsatzschale kann aus unterschiedlichen Materialien erstellt werden. Als Beispiel wird eine Trapezblechverkleidung gezeigt. Andere Materialien wie Betonwerksteinpiatten, Natursteinplatten oder Mauerwerk sind als Vorsatzschale möglich. Die Betonsohle des Erdgeschosses liegt direkt auf dem Erdreich auf. Deshalb ist eine verdichtete kapillarbrechende Schicht (Kies) unter der Sohle, eine ausreichende Wärmedämmschicht unter dem schwimmenden Estrich sowie ein sicherer Abschluß der horizontalen und vertikalen Dichtungen erforderlich. Durch die ausreichend weit in das Erdreich geführte äußere Dämmschicht vor dem Streifenfundament wird eine mögliche Wärmebrücke zwischen Bodenplatte und aufgehender Wand wirksam vermindert. Das geschlossenzellige Dämmaterial ist im Sockelbereich durch einen Putz gegen Spritzwasser geschützt. Die vorgehängte leichte Fassade ist zur Verbesserung des Schall-schutzes und der Diffusionsvorgänge hinterlüftet. Im Bereich der Fensteranschlüsse sind die Hohlräume mit Dämmstoff ausgeschäumt (Wärmebrücken). Auf einen lückenlosen Übergang der Wärmedämmung zwischen Wand und Dach ist zu achten.

Tragende Außenwand, zweischalig, Fertigteil

Die tragende Außenwand besteht aus Stahlbeton-Fertigteilen mit mittlerer Wärmedämmschicht ohne Hinterlüftung (Sandwichkonstruktion). Die innere Schale übernimmt die Tragfunktion, die äußere den Witterungsschutz. Durch die Teilung der Wand wird Beton in der architektonischen Gestaltung formal und in seiner Oberflächenstruktur wirksam. Die Wärmedämmung muß vom Sockel bis zum Dach lückenlos durchlaufen. Darauf ist besonders in den Fugenbereichen zwischen den einzelnen Elementen zu achten. Der Trittschallschutz in den Geschoßebenen ist durch einen schwimmenden Estrich sichergestellt. Eine allseitig saubere Trennung des Estrichs von den Außen- und Zwischenwänden ist erforderlich. Die Dachabdichtung des begehbaren Daches muß im Bereich der Attika mindestens 30 cm hochgeführt und sicher verwahrt werden.

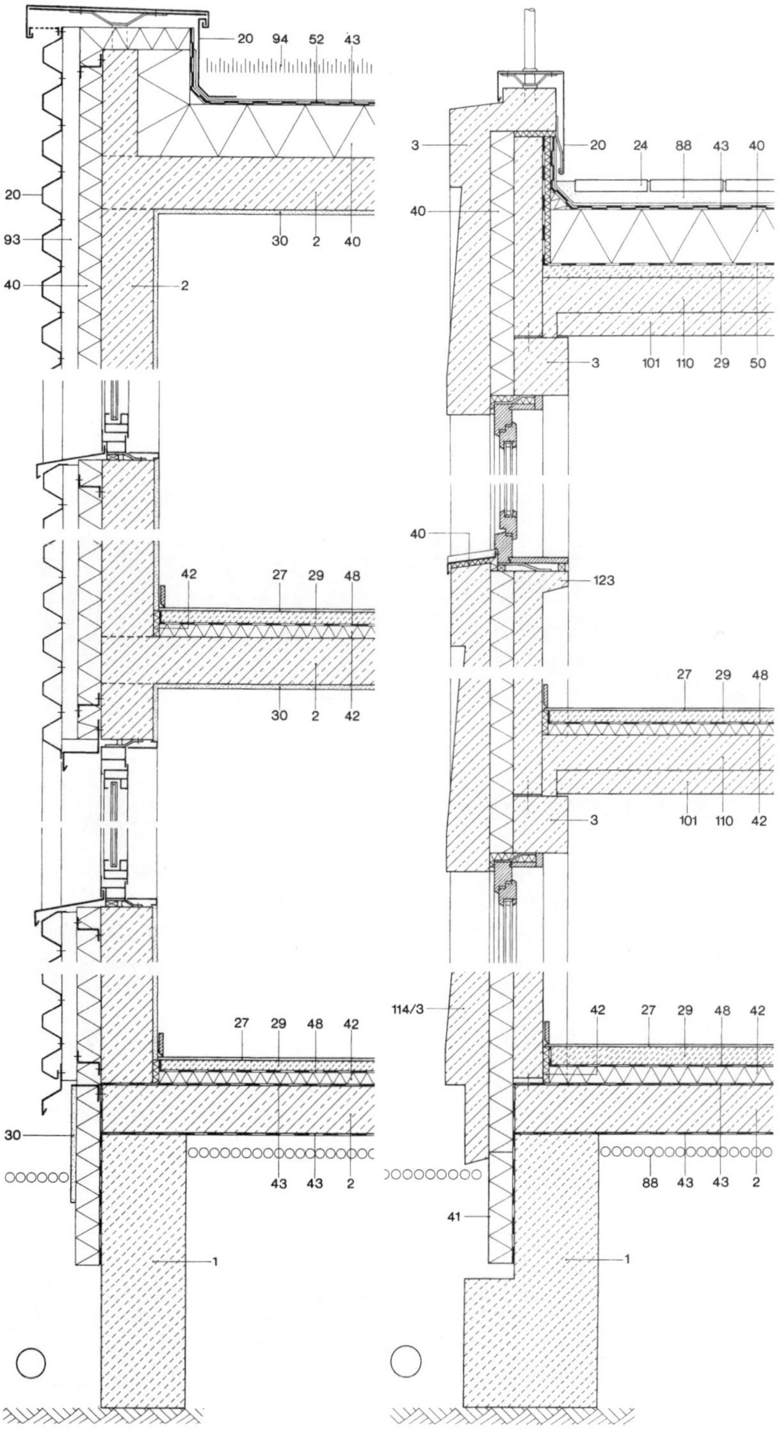

Zeichnung ohne Maßstab

Legende

1 Beton
2 Stahlbeton/Ortbeton
3 Fertigteil
20 Blechverkleidung/ Blechabdeckung
27 Kunststoffbelag/ Teppiche
29 Estrich
30 Putz
40 Wärmedämmung
41 Wärmedämmung geschlossenzellig
42 Trittschalldämmung
43 Abdichtung
48 Trennlage / Trennschicht

Wohnungsbau in Basel, Herzog + de Meuron, 1988

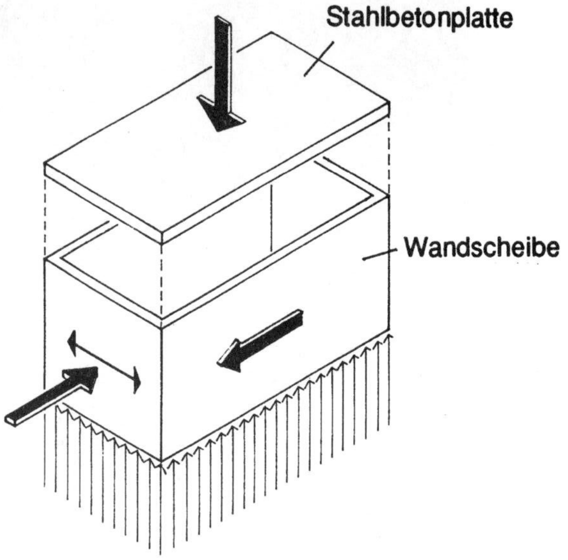

Flächenbau

"V" Die Stahlbetondecke überträgt die Lasten auf die Wände, die sie über Streifenfundamente in den Baugrund abtragen.
"H" Im steifen Verbund mit der Stahlbetondecke widerstehen die Wände oder Wandvorlagen den von allen Seiten angreifenden Horizontalkräften.

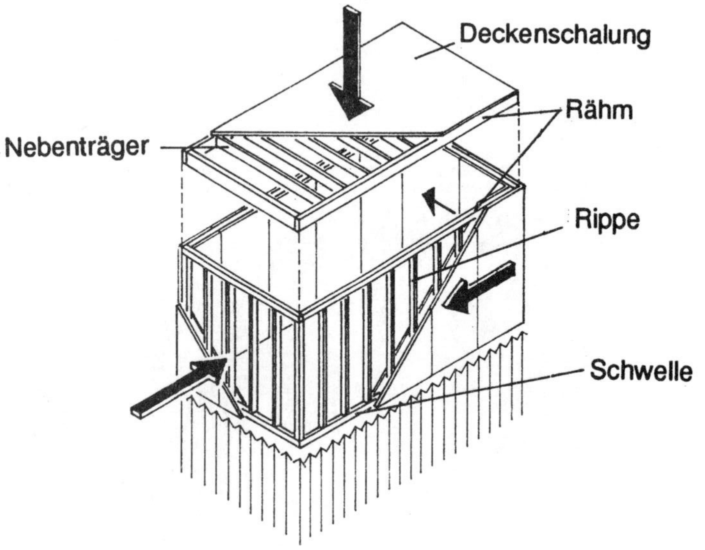

Rippen-Bauart

amerikanisch:
Baloon-Frame und Platform-Frame

"V" Die Lasten gelangen von der Deckenschalung über die Nebenträger auf das Rähm. Engstehende Rippen geben sie an die auf Streifen- oder Punktfundamenten ruhende Schwelle weiter.
"H" Die Decke als starre Scheibe bildet mit den mittels Beplankung ausgesteiften Wänden ein unverschiebliches Geviert.

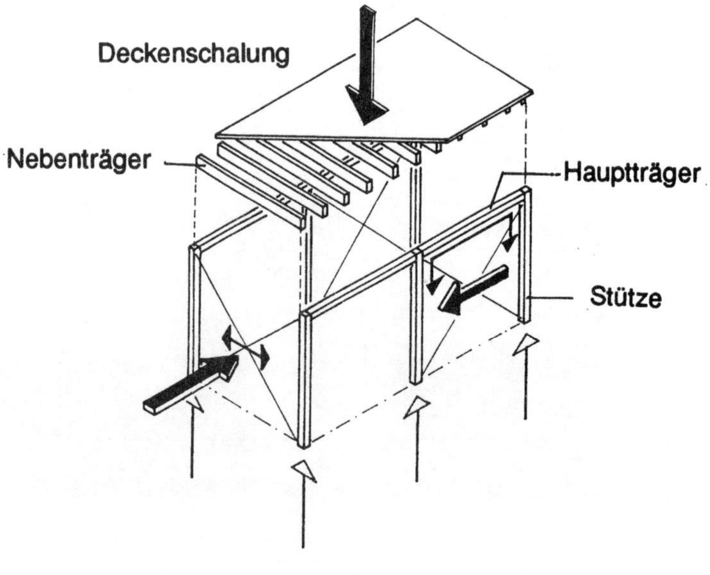

Stütze-Träger-Bauart

"V" Die Deckenschalung überträgt die Lasten auf die Nebenträger, die zwischen den Hauptträgern spannen. Die Hauptträger überbrücken die Stützweiten und belasten die Stützen. Es kommt zur punktweisen Lastübertragung in den Erdboden.
"H" Die Deckenschalung bildet mit den Nebenträgern eine starre horizontale Scheibe.
Wenigstens drei der Auflagerfelder, bestehend aus Stütze und Hauptträger, sind so auszusteifen, daß sie mit der Deckenscheibe ein unverschiebliches Geviert herstellen.

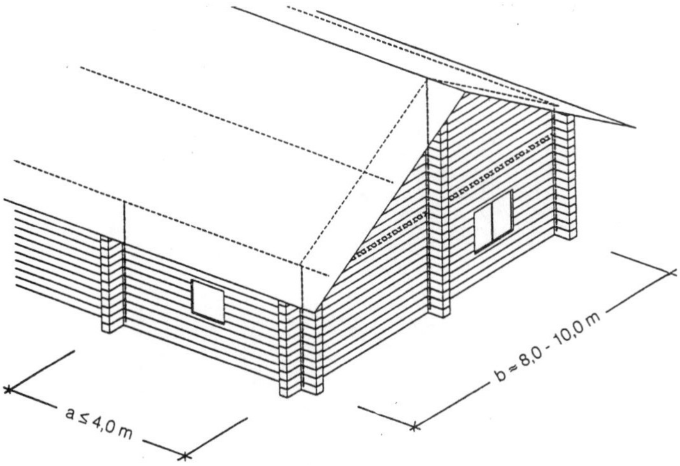

Diese älteste Holzbauweise lässt sich bis 1000 v.Chr. zurückdatieren.

verwendete Holzarten:	Kiefer, Fichte, Lärche, Douglasie
Sortierklasse:	mind. S10
Holzfeuchte:	12-18%
Querschnittstoleranz:	± 1mm
Oberfläche:	gehobelt, Ecken gefast oder scharfkantig
Eckverbindungen:	Verschränkungen, einfache oder versatzte Verkämmungen
Lagerflächen:	Doppelnut- und Federverbindungen mit vorkomprimiertem Dichtungsband aus Schaumstoff pro Wandabschnitt 'a' müssen die Balken zur Gewährung des dauerhaften Kraftschlusses zweifach verspannt werden.

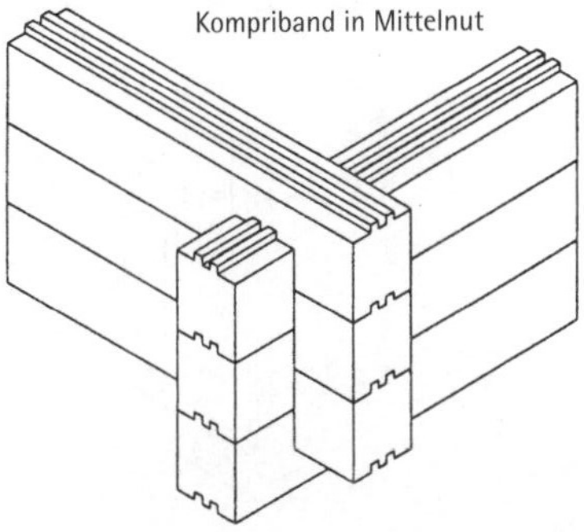

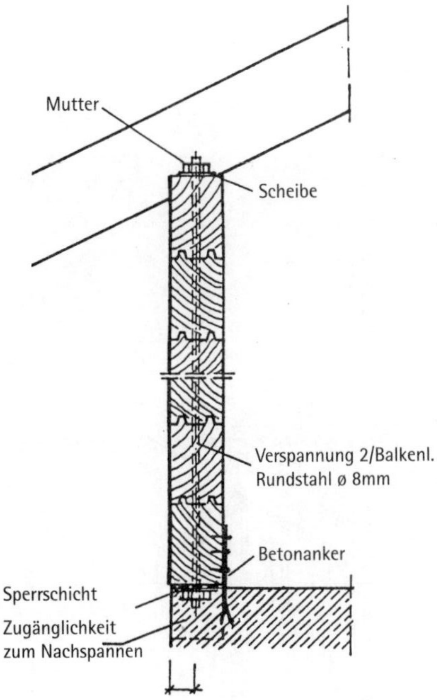

Vollblockwand
Dicke: 9,5-19cm
k-Werte: 1,11-0,61

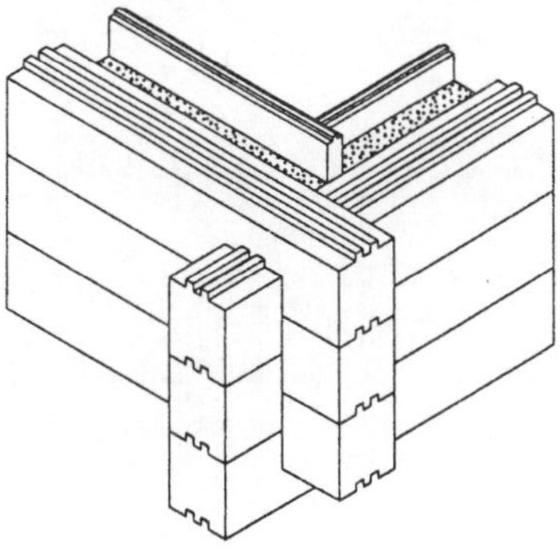

Vollblockwand mit innenseitiger Wärmedämmung
und Schalung aus Profilbrettern, Holzwerkstoff- oder Gipskartonplatten

Vollblockwand	d= 9,5cm
Wärmedämmung	d= 10cm
Schalung	d= 2cm
Gesamt	d= 21,5cm
	k-Wert= 0,28

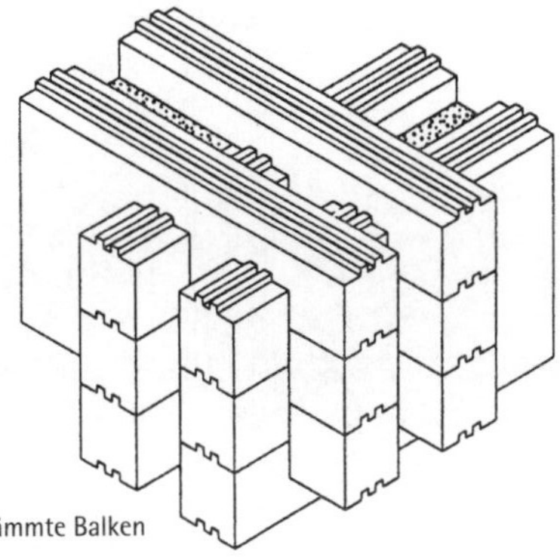

Doppelblockwand mit Kerndämmung
Aufbau: 9,5 +10+9,5=29cm
k-Wert=0,24
Der Zwischenraum ist mit einer Schüttdämmung ausgefüllt. Hervorragender Wärme- und Schallschutz, hohe Wind- und Luftdichtigkeit, Innenwände als Vollblockwände

Die beiden amerikanischen Bauweisen sind seit 1850 verbreitet. Vorbild war der Fachwerkbau, den nordwesteuropäische Einwanderer aus ihrer Heimat mitbrachten.
Aufgrund der
- Verbreitung der Sägemühlen und der Herstllung von einheitlichen Holzquerschnitten
- maschinellen Nagelherstellung
- geringer dimensionierten Hölzern
- einfachen Verzimmerung durch einen Handwerker wurde der 1- und 2- geschossige Hausbau billiger. In Europa wurde ins besondere "Plattformframe" als Rippen- oder Rahmenbau bekannt.

Balloon Frame

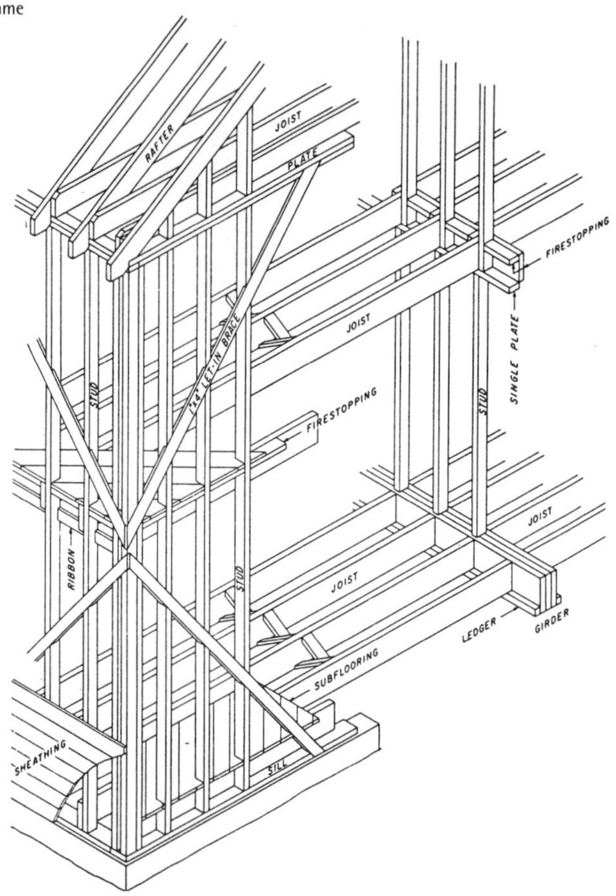

Balloon Frame

- über 2 Geschosse durchgehende Rippen
- seitlicher Anschlag der Deckenbalken
- ineinandergreifen von Wand- und Deckengefüge

Platform Frame

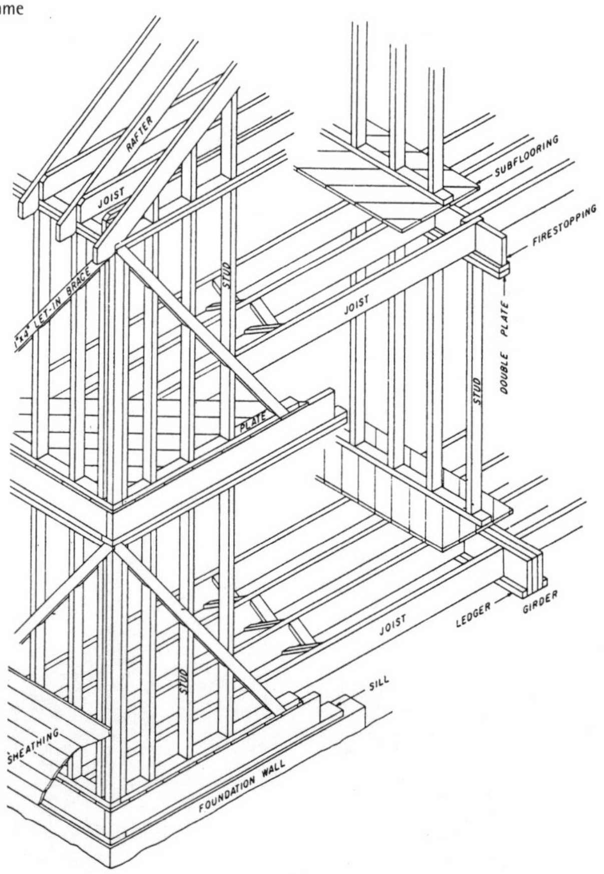

Platform Frame

- geschosshohe Rippen und Fassung durch Rähme
- konstruktive Trennung von Wand und Decke
- geeignet zur Vorfertigung in Tafelbauweise

Der Rippenbau, auch Rahmenbau genannt, basiert auf Fachwerk und dem "Platform Frame"

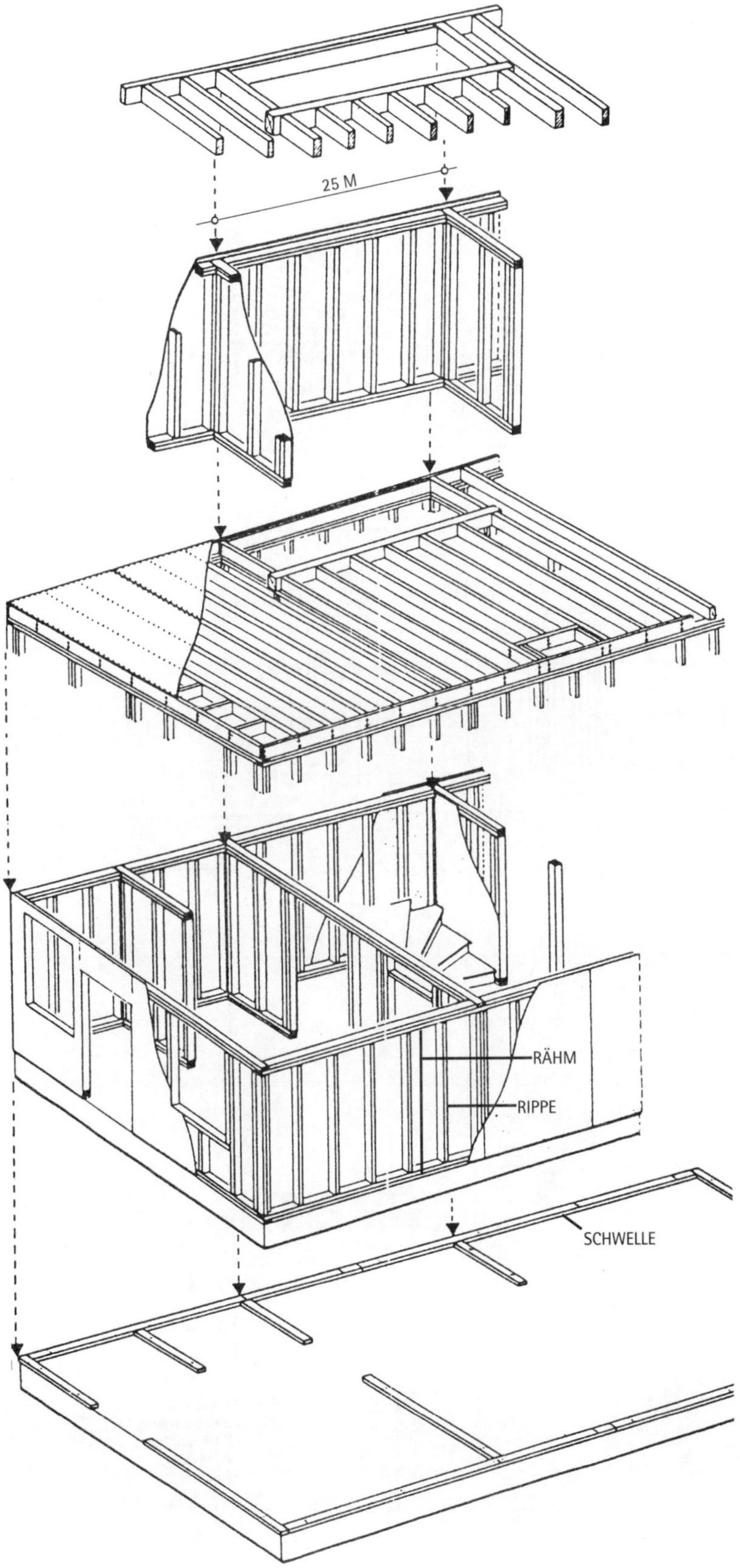

Rippen+Rähme: 4-8/16 cm Vollholz GK II
Rippenabstand 40 - 62,5 cm
Deckenbalken 4 - 6/14-20 cm
Balkenabstand = Rippenabstand

Obergeschoßwände:

wie Erdgeschoß;
Die Beplankung aus Span- oder Sperrholzplatten schafft die erforderliche Windaussteifung der Gefache

Erdgeschoßdecke:

Abbund vor Ort oder Verlegen von vorgefertigten, oberseitig beplankten Elementen. Max. Breite: 2,40 m aufgrund des Transports

Erdgeschoßwände:

- Gefache werden entweder vor Ort zusammengesetzt oder kommen als im Zimmereibetrieb offen oder beplankt gefertigte Elemente auf die Baustelle
Die Vorfertigung beschleunigt die Montagezeit und gestattet eine sorgfältigere Ausführung.

Auf der Bodenplatte verankerte Schwellhölzer

Feuchtigkeitssperre im Kontaktbereich

Bodenplatte aus Stahlbeton:

Grundleitungen und Versogungsstränge sollten darunter in einem Installationsgraben konzentriert werden

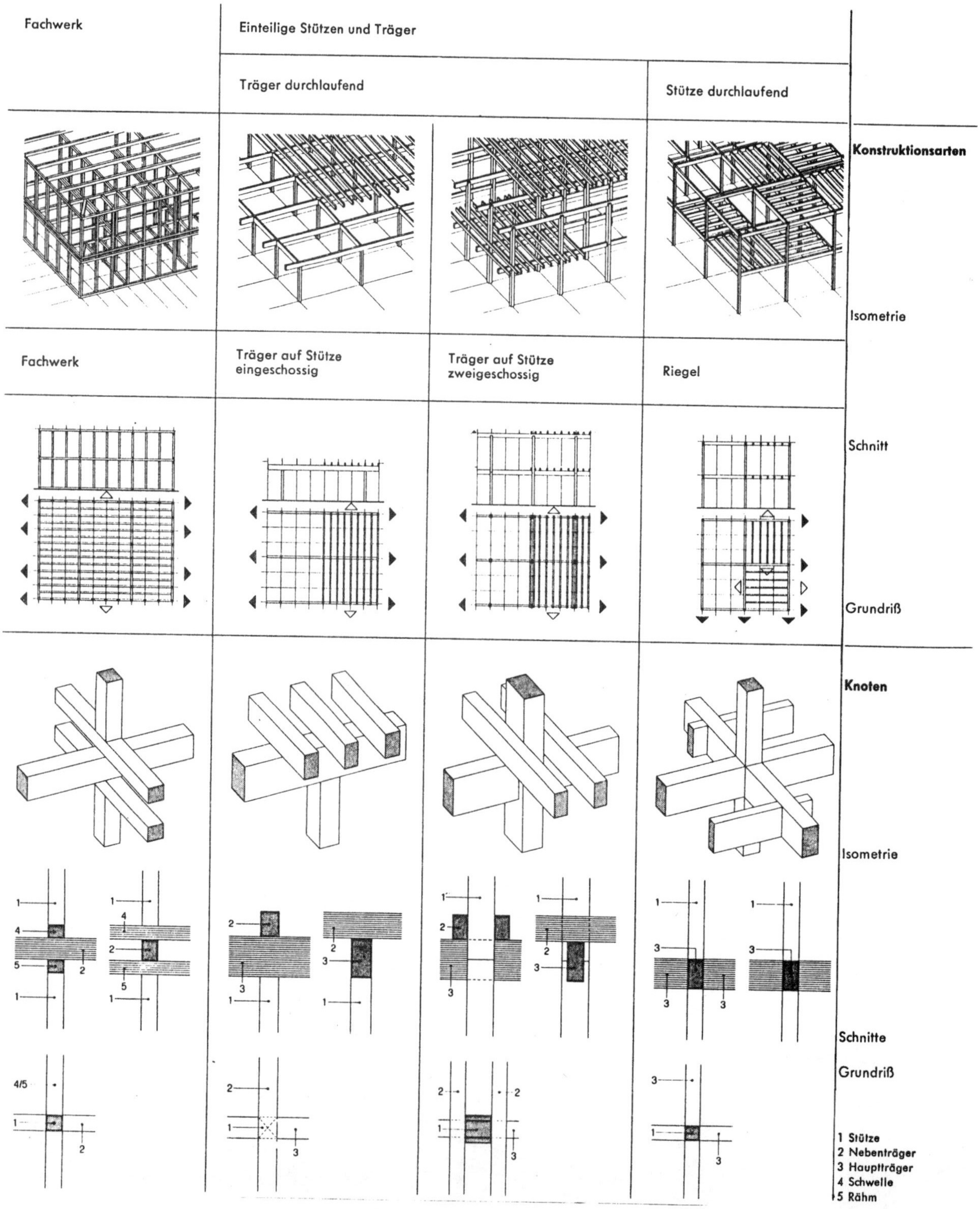
Fachwerk
Einteilige Stützen und Träger
Träger durchlaufend
Stütze durchlaufend
Konstruktionsarten
Isometrie
Fachwerk
Träger auf Stütze eingeschossig
Träger auf Stütze zweigeschossig
Riegel
Schnitt
Grundriß
Knoten
Isometrie
Schnitte
Grundriß
1 Stütze
2 Nebenträger
3 Hauptträger
4 Schwelle
5 Rähm

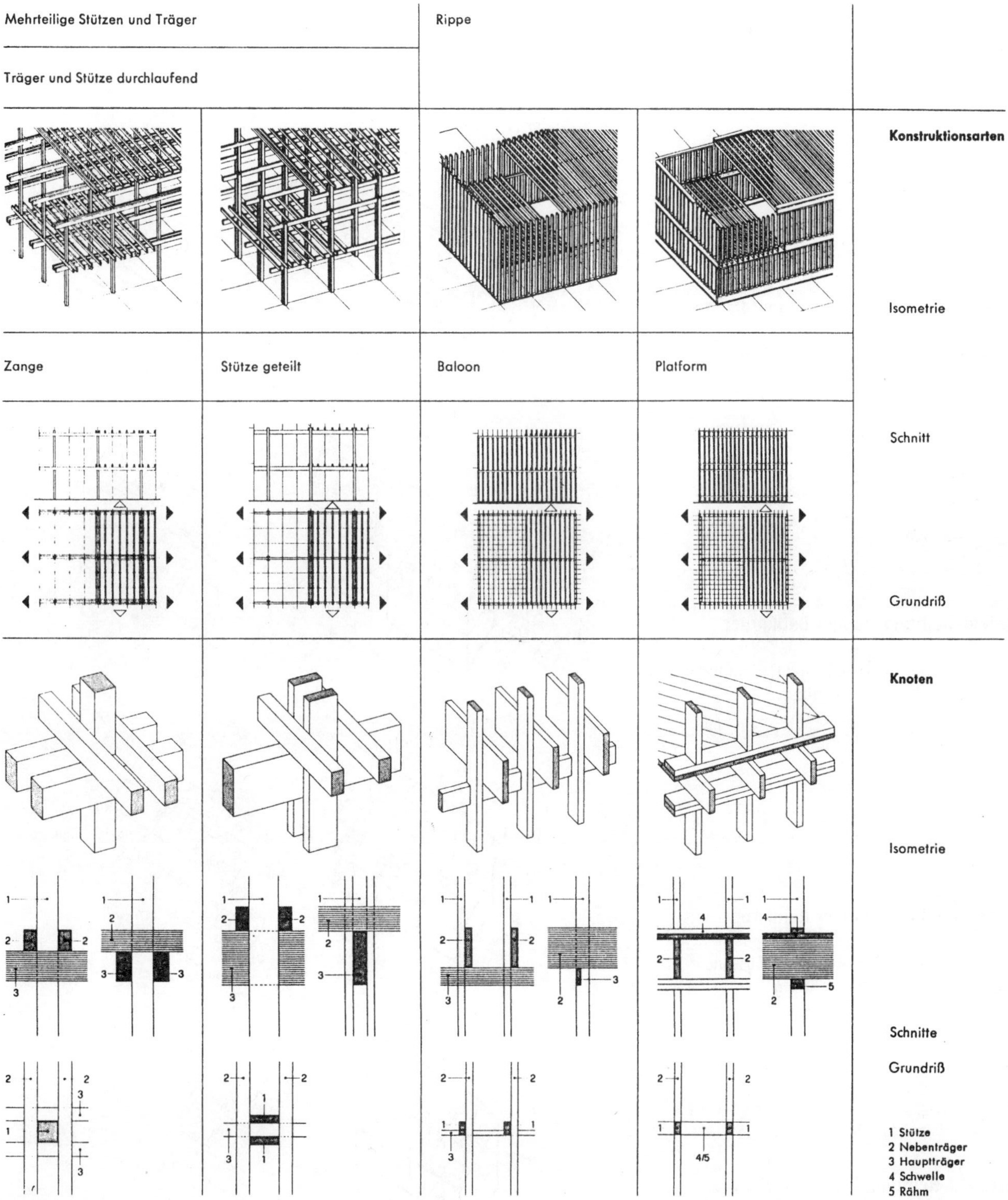
Mehrteilige Stützen und Träger
Träger und Stütze durchlaufend
Rippe
Konstruktionsarten
Isometrie
Zange
Stütze geteilt
Baloon
Platform
Schnitt
Grundriß
Knoten
Isometrie
Schnitte
Grundriß
1 Stütze
2 Nebenträger
3 Hauptträger
4 Schwelle
5 Rähm

Überlegungen zum Entwurf eines zweigeschossigen Wohnhauses in Holzskelettbauweise:

11 Varianten gleicher Grundfläche

Erörterung der Zusammenhänge von Organisation, Form und Konstruktion.

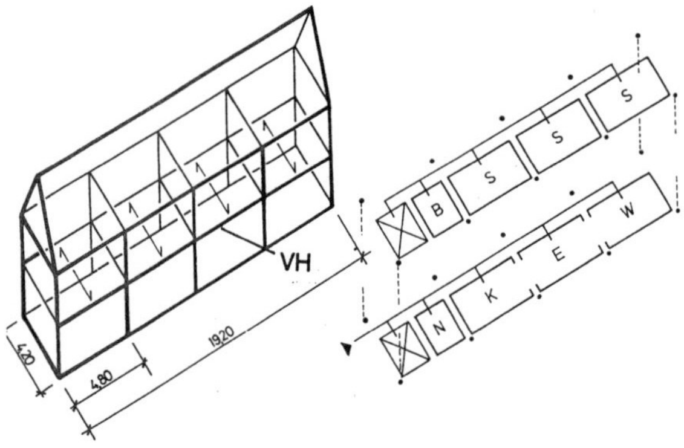

1. Einfeld-Reihung, extrem langer Baukörper

- Raumabfolge mit Parallelerschließung; geringe Raumtiefen
- Hauptträger VH in Längsrichtung

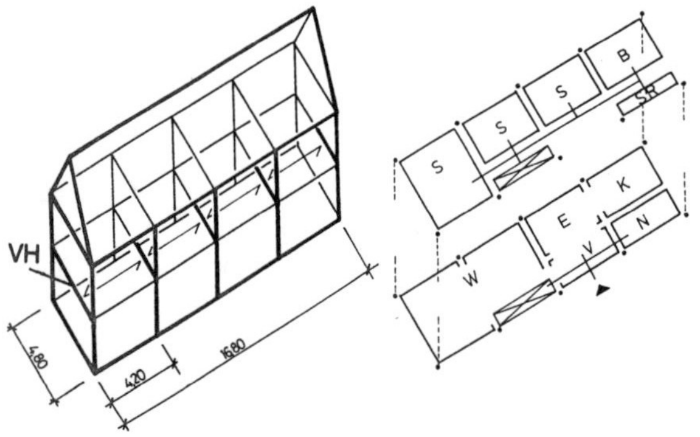

2. Einfeld-Reihung, langer Baukörper

- Verschmelzung von Neben- und Hauptnutzflächen
- Hauptträger VH in Querrichtung

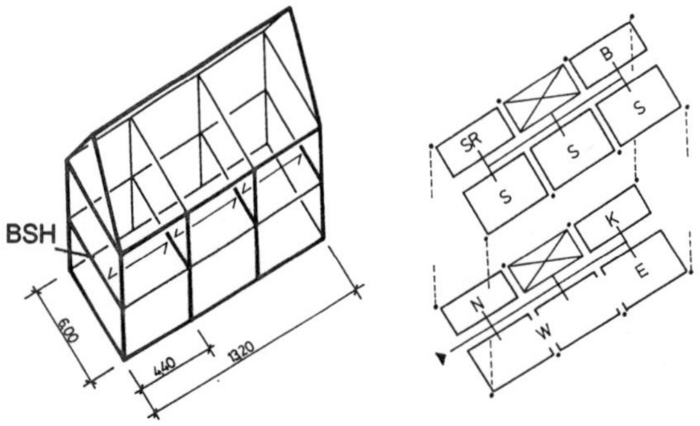

3. Einfeld-Reihung, kurzer Baukörper

- Teilung in Neben- und Hauptnutzungszone
- Hauptträger BSH in Querrichtung

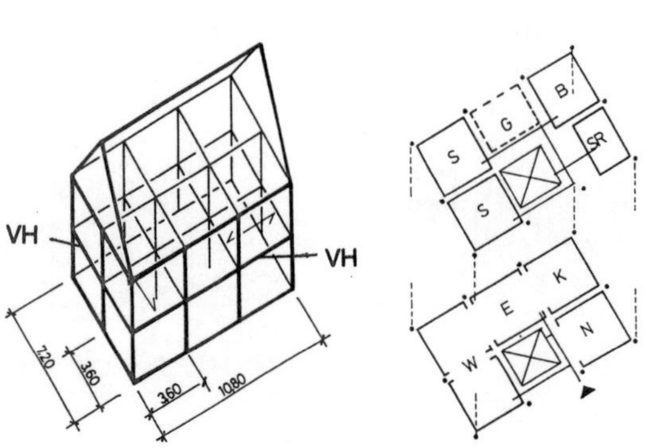

4. Zweifeld-Reihung, breiter Baukörper

- Geringe Erschließungsfläche
- Quadratische Felder, wechselnde Spannrichtung der Hauptträger VH und Nebenträger möglich

Legende der Organigramme:

□ = Treppe
B = Bad
W = Wohnraum
E = Eßraum
K = Küche
SR = Schrankraum
S = Schlafraum / Kinderzimmer
N = Nebenraum
G = Gästezimmer
Naßräume liegen übereinander

Hauptträger:

VH = Vollholzquerschnitte
BSH = Brettschichtholzquerschnitte

Nebenträger:

Vollholzquerschnitte = Spannrichtung

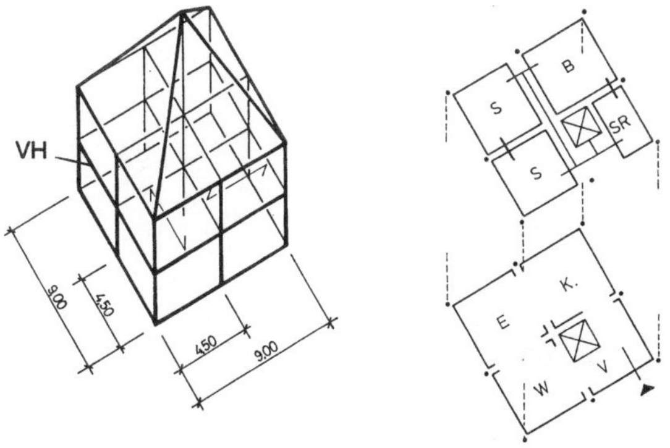

5. Zweifeld-Gruppierung, kompakter, ungerichteter Baukörper

- Konzentrische Raumfolge
- Quadratische Felder, wechselnde Spannrichtung der Haupt- und Nebenträger möglich

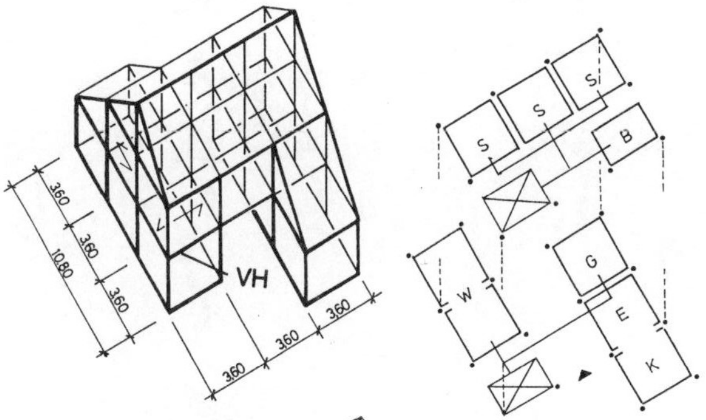

6. Mehrfeld-Gruppierung, Auflösung des Baukörpers

- vorspringende und außenraumbildende Flügel
- Lange Verkehrswege
- Hoher Außenflächen-Anteil
- Quadratisches oder rechteckiges Raster

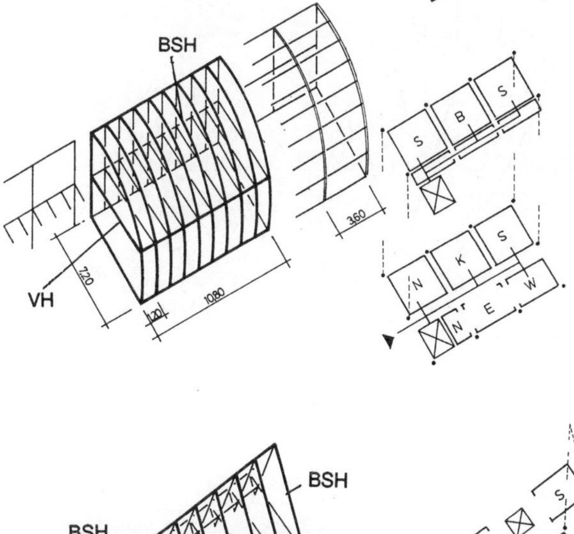

7. Einfeld-Überlagerung, Asymmetrischer Baukörper

- Doppelte Geschoßhöhe über Wohn- und Eßbereich mit Erschließungsbalkon im Obergeschoß
- Überlagerung einer Einfeld-NutzzoneVH mit Bogenbindern BSH

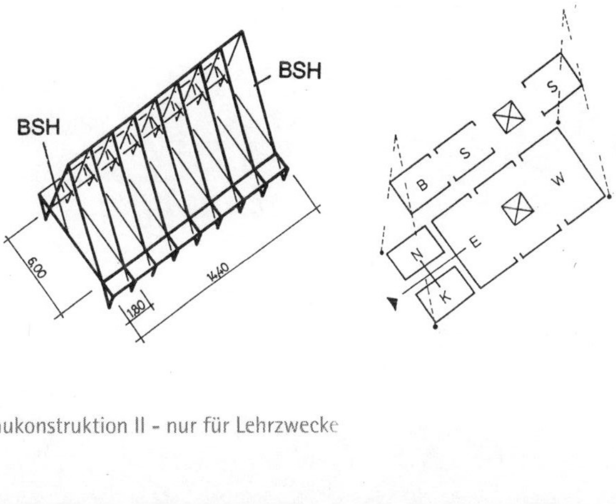

8. Kleinfeld-Reihung, Nur-Dach-Baukörper

- Erdgeschoß-Großraum mit reduzierter Schlafgalerie im OG
- Folge aus Nur-Binder-Gespärren, keine Stützen

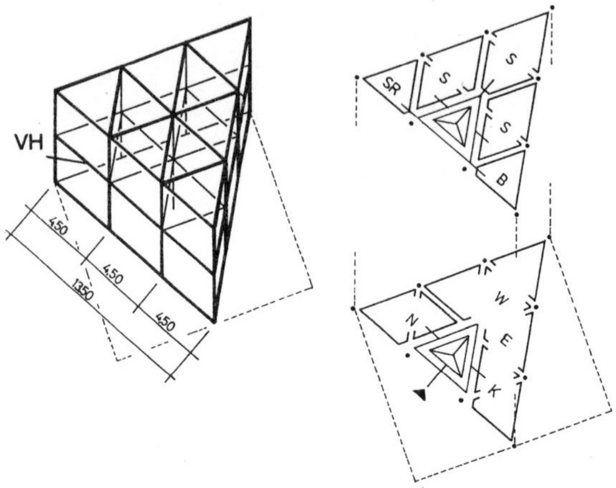

9. Dreiecksfelder, kompakter, ungerichteter Baukörper

- Räume mit rhombenartigen Grundflächen
- Wechselnde Spannrichtungen der Nebenträger VH möglich; keine besondere Windaussteifung der Decken erforderlich

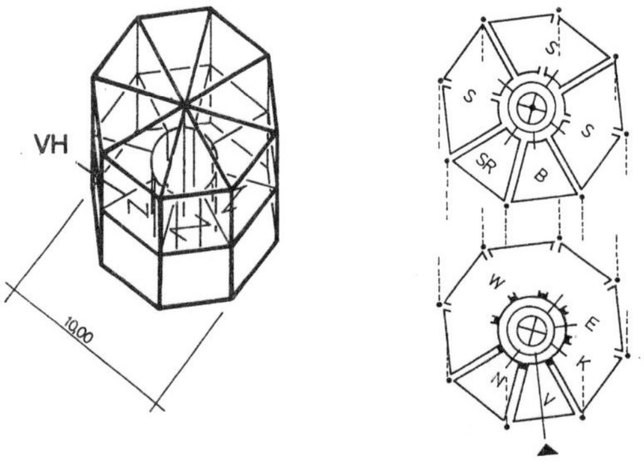

10. Dreiecksfelder, konzentrischer Baukörper

- Konzentrische Raumfolge, zentrale Erschließung
- Hauptträger der Decke in Richtung Mittelpunkt einzeln abgestützt zur Befreiung des Treppenraums; Mittelstütze zur Lastabtragung des Dachtragwerks.

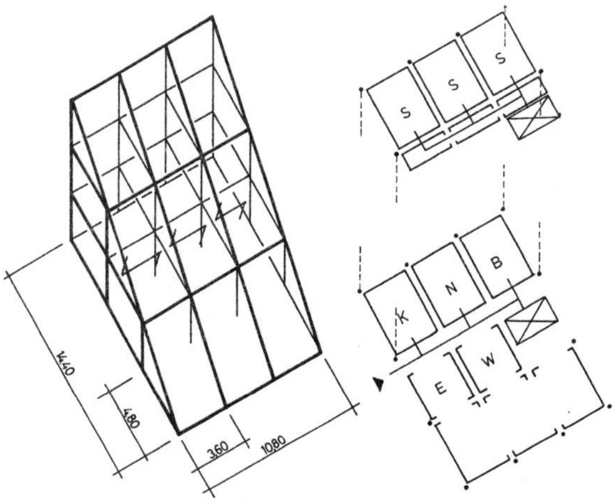

11. Formabhängige Feldaufteilung

- Die Gebäudehülle, z.B. im Falle von Sonnenenergienutzung, bestimmt die Form und das Tragwerk, das entweder auf einem orthogonalen oder polygonalen Stützraster aufbaut

Die Varianten erheben keinen Anspruch auf Ausschließlichkeit, sondern sind als Anregung zur Konzeption weiterer Varianten im Rahmen der Übung "Holzskelettbau" zu verstehen.

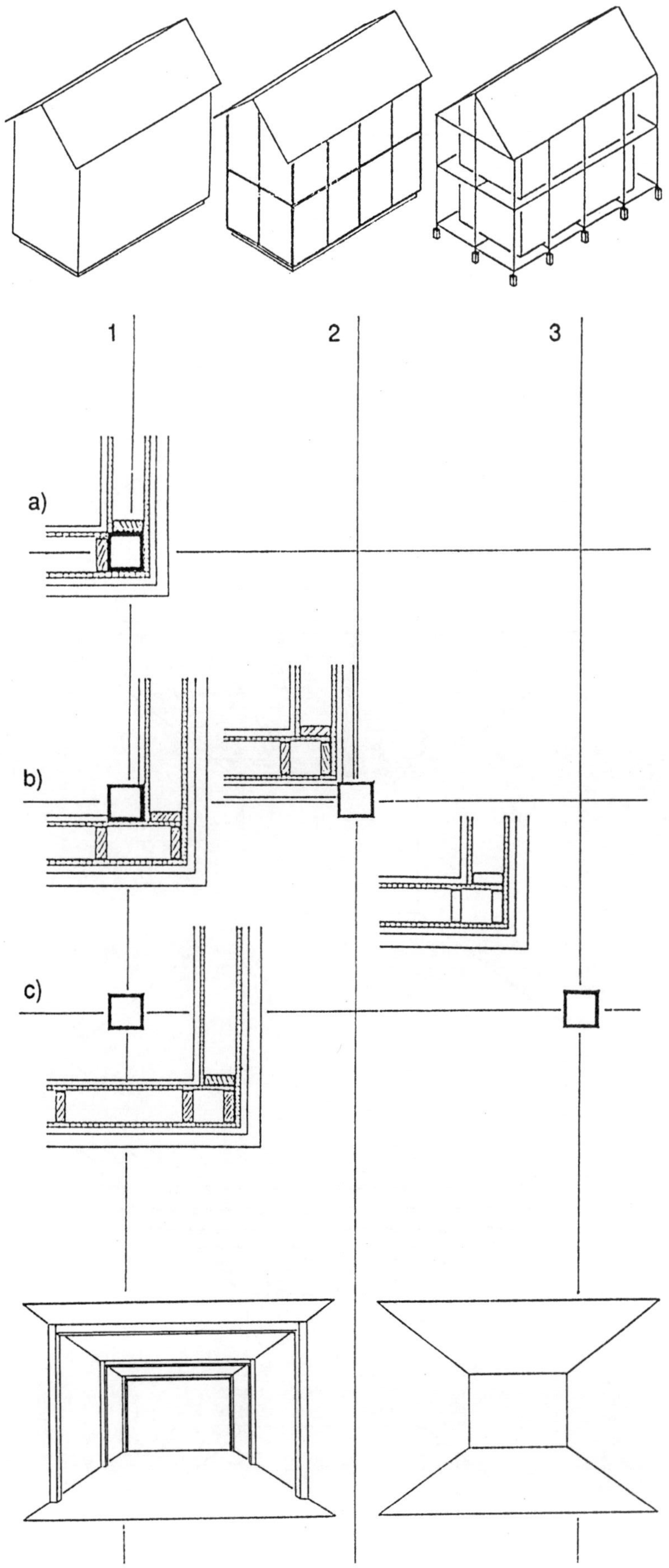

Es gibt im Prinzip drei Möglichkeiten, das Skelett zur inneren oder äußeren Gestaltung heranzuziehen:

1. Innenliegendes Skelett

a) Stütze und Träger sind in den Wandaufbau integriert.
b) das Skelett tritt raumseits vor die Aussenwand.
c) Skelett und Außenwand sind räumlich voneinander gelöst.

2. Feldweise Gliederung der Außenflächen

- das Skelett teilt die äußeren Wandflächen in Gefache, analog zum traditionellen Fachwerkbau.
- die Durchdringung von Tragwerk und Wand bedingt einen erhöhten Dichtungsaufwand.

3. Außenliegendes Skelett

- es liegt mit Abstand zur Außenwandund zwar so, daß sich nutzbare, überdeckte Außenräume ergeben.
- dabei ist zu beachten, daß die Belichtung der Räume nicht übermäßig eingeschränkt wird.
- die Außenwände sind konstruktiv geschützt, jedoch müssen Tragwerk und Umgänge periodisch durch Erneuerung des Anstrichs geschützt werden.

Die Stützen sind in die Raumtrennwände integriert

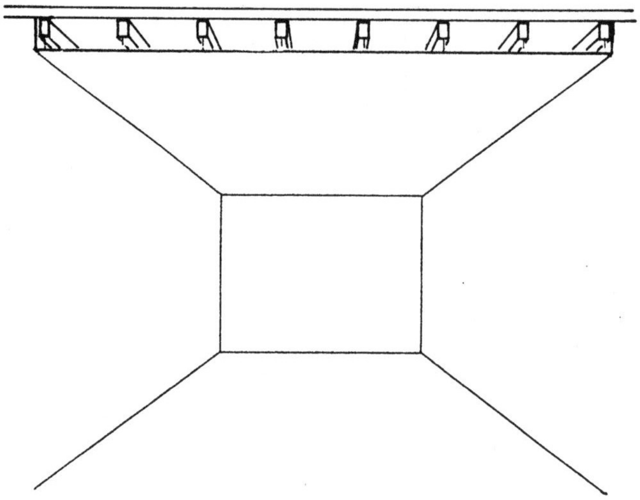

Abgehängte Decke

Bedingung: Die Raumtrennwände sind aufgrund der Stützenquerschnitte > 18 cm dick und werden zum erhöhten Schallschutz herangezogen. Spannrichtung der Haupt- und Nebenträger frei wählbar. Die Deckenbalken sind vollständig bekleidet. Ausschließlich ebene Flächen begrenzen den Raum.

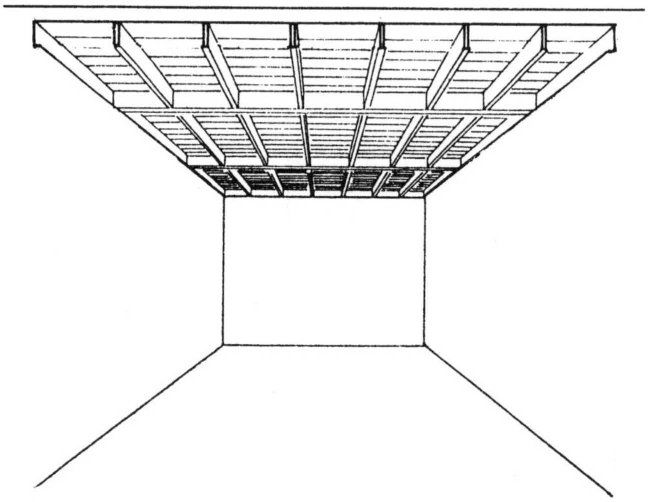

Sichtbare Haupt- und Nebenträger

Spannrichtung: Hauptträger in Querrichtung, Nebenträger in Längsrichtung.
Die Hauptträger dringen in die Trennwände ein, die mit leichtem Versatz an die Nebenträger in Stützachse anschließen.
Es entsteht eine Gliederung in Haupt- und Nebenfelder und die Ablesbarkeit der statischen Abhängigkeiten der Deckenbalken.

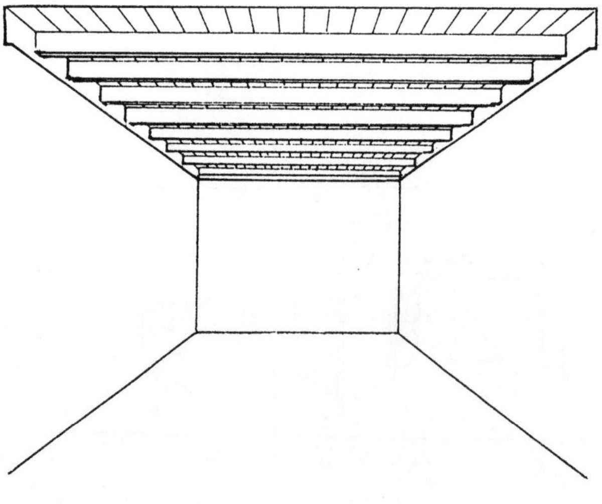

Sichtbare Nebenträger

Spannrichtung: Hauptträger in Längsrichtung, Nebenträger in Querrichtung.
Die Hauptträger liegen scheinbar auf den Raumtrennwänden auf. Durch die Reihung der gleichen Deckenfelder im Verhältnis zur Augenhöhe kommt es zur optischen Verkürzung des Raumes.

Die Stützen treten aus den Raumtrennwänden hervor

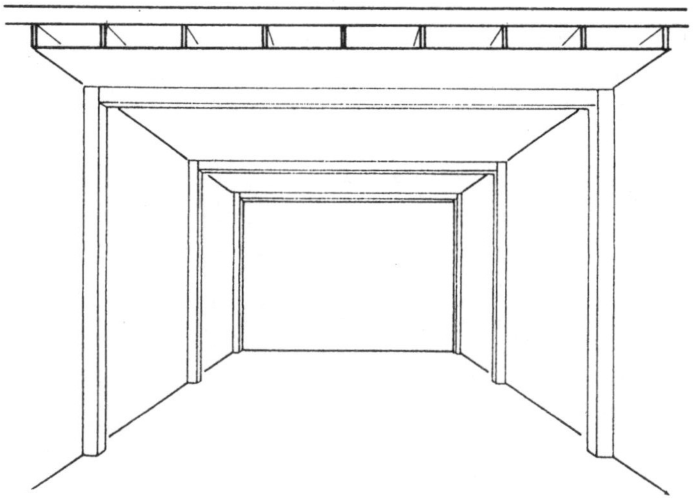

Verkleidete Nebenträger

Die Hauptträger in Querrichtung treten ganz oder teilweise hervor und bilden mit den Stützen scheinbare Rahmen. Es entsteht eine Folge von großflächigen Wand- und Deckenfeldern.

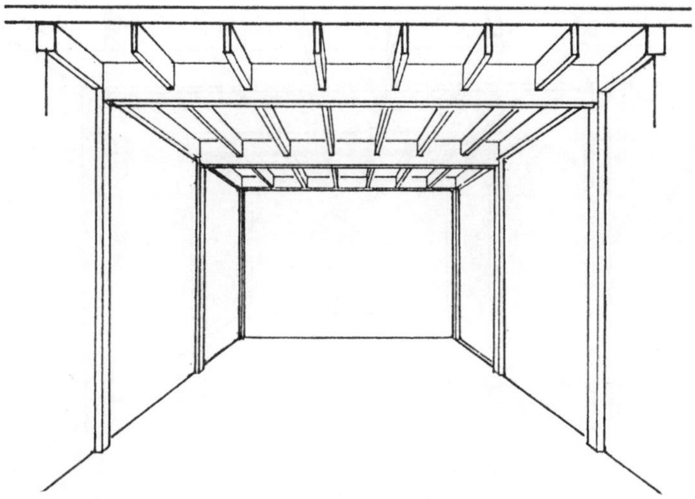

Sichtbare Haupt- und Nebenträger

Sämtliche Elemente des Tragwerks treten im Raum in Erscheinung. Die statische Zuordnung der Tragwerksglieder ist voll ablesbar.

Bedingung: Die Raumtrennwände schließen axial an die Nebenträger an.

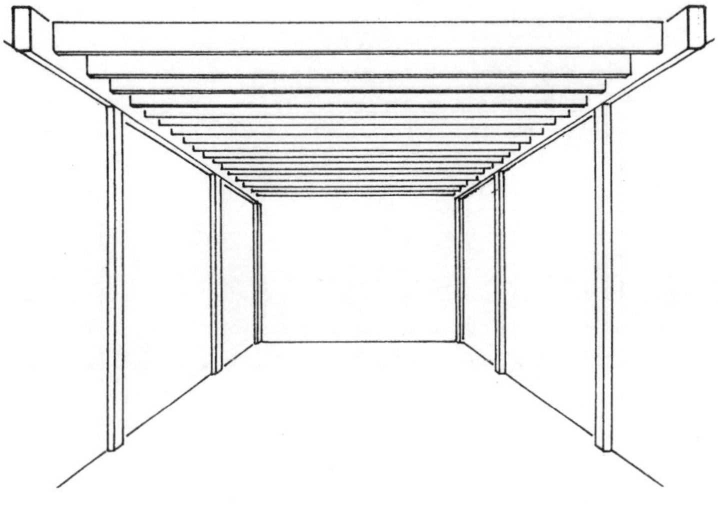

Sichtbare Nebenträger

Bedingung: Die Raumtrennwände schließen axial an die Nebenträger an.

Die Stützen stehen frei vor den Raumtrennwänden

Dabei ist zu beachten,daß sie die Bewegungsflächen im Raum nicht behindern. Stellflächen verbleiben zwischen den Stützen.

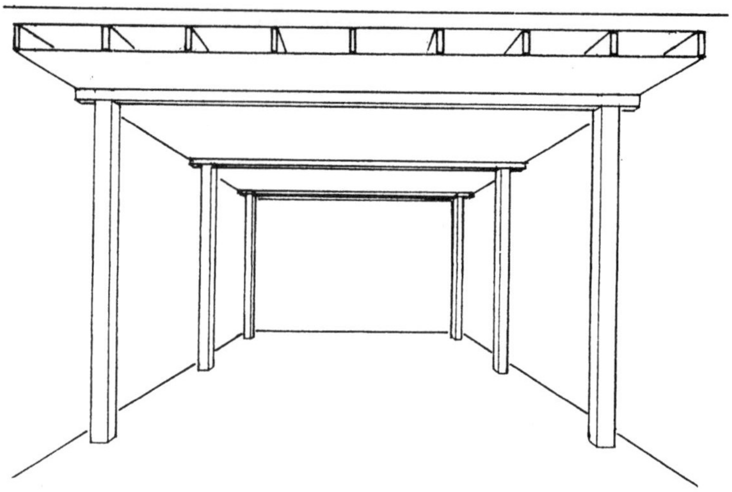

Verkleidete Nebenträger

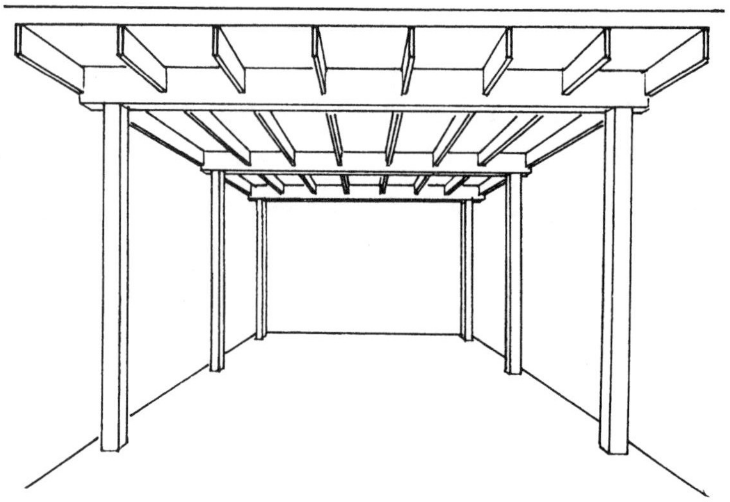

Sichtbare Haupt- und Nebenträger

Bedingung: Die Raumtrennwände schließen axial an die Nebenträger an.

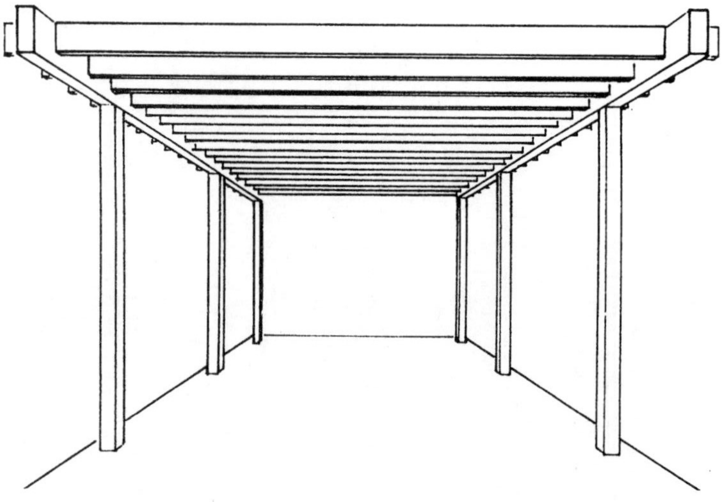

Sichtbare Nebenträger

Die Raumtrennwände stehen in beliebigem Abstand zum Stützenraster.

Gestalterische, topographische und geologische Gründe bestimmen den Anschluß an das Erdreich

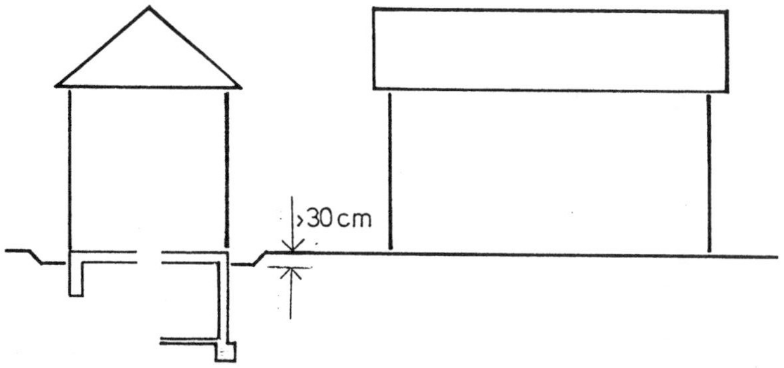

Abgesenkter Sockel

Er wird erst beim Nähertreten sichtbar. Auf Distanz wirkt das Gebäude wie aus dem Boden gewachsen. Das Niveau des Fußbodens ist mit dem des umgebenden Erd-reichs identisch. Es gibt keine Stufen im Türbereich.

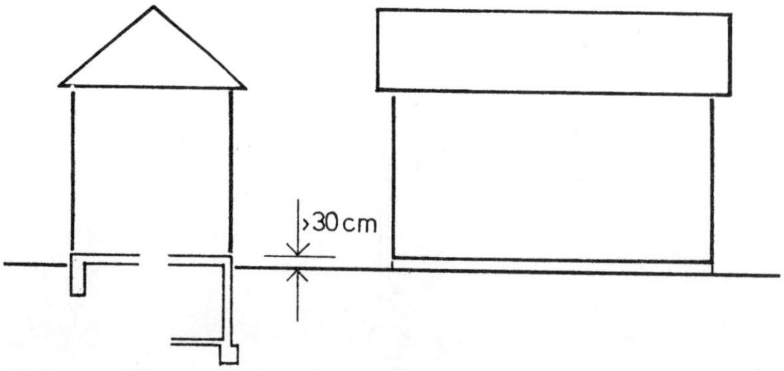

Sichtbarer Sockel

Er stellt eine Zäsur zwischen dem Erdreich und dem Gebäude dar. Entweder treten die Streifenfundamente oder die Kellerwände über dem Erdreich in Erscheinung. Der Höhenunterschied zum Fußboden wird im Türbereich mittels Stufen und Podest überwunden.

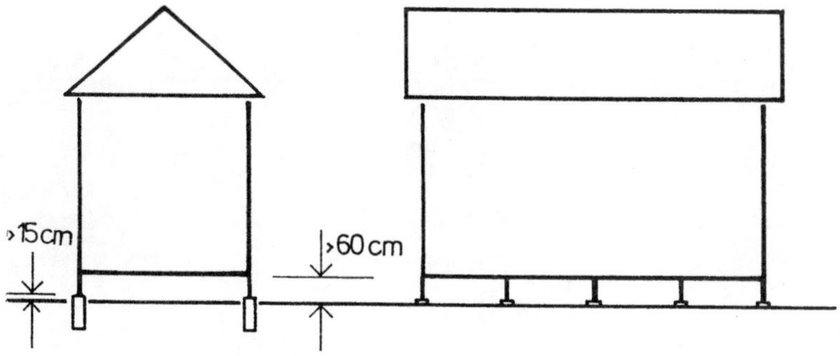

Vom Erdreich gelöst

Das Gebäude hebt sich vom Erdreich ab. Die Stützen sind durch den Erdgeschoßboden verlängert und stehen auf Punktfundamenten. Der Hohlraum soll bekriechbar sein. Treppen führen zu den auskragenden oder aufgestelzten Podesten vor den Türen.

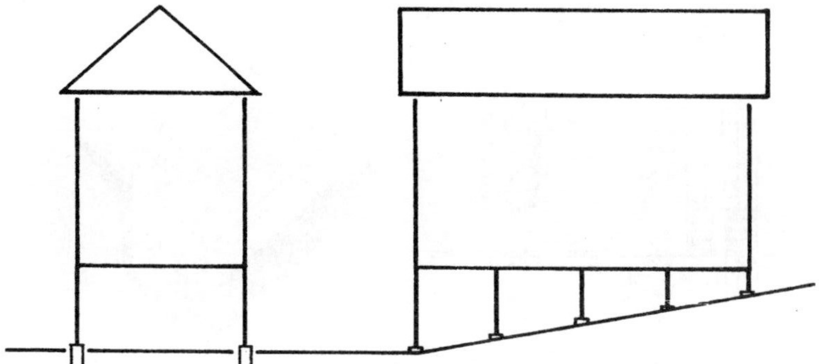

Geschoßhoch aufgeständert

Den historischen Pfahlbauten ähnlich ist das Erdgeschoß ganz oder teilweise durchgänglich. Bei Hang- oder Uferlage ist das Gebäude über einen Steg zugänglich. Auf der Ebene errichtet ergibt sich ein Außenraum für Nebennut-zun-gen und Erschließung.
Die Stützen sind entweder gelenkig gelagert und horizontal miteinander ver,steift oder sie sind eingespannt und entsprechend knicksicher überdimensioniert.

Stütze, Fußpunkte

Anschluß der Stütze:

1 Einspannung bei geteilter Stütze
2 Fußplatte mit Langlöchern zur Justierung
3 Stahlfuß ohne Justierung
4 Stahlfuß ohne Justierung

Je nach auftretenden Kräften
Je nach Ausführung des Fußes

Mit Stabdübeln oder Einpreß-, Einlegdübeln

a Vertikalkräfte: nur konstruktive Fixierung

b. Zug- und Horizontalkräfte: Als Fuß ein Stahlteil mit Fundament verbunden

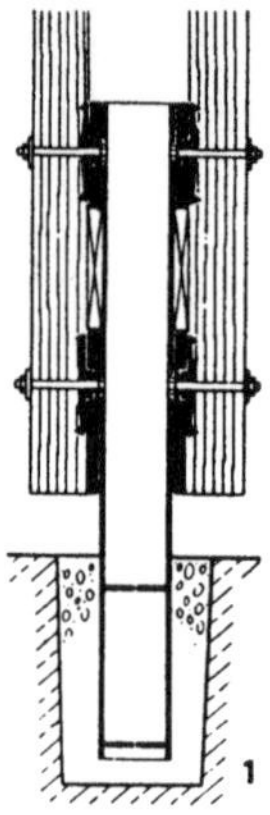
1

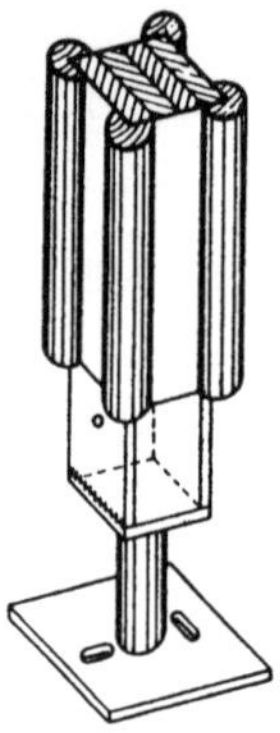
2

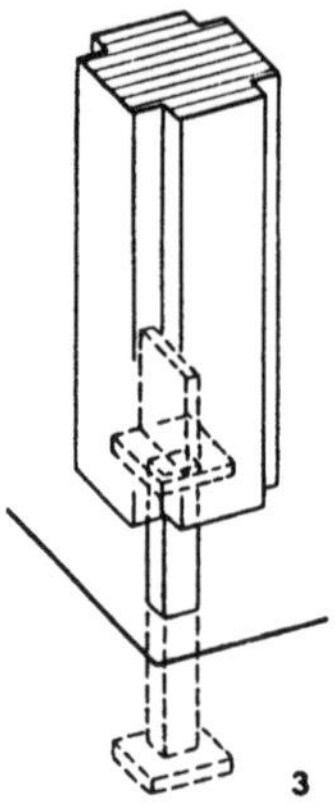
3

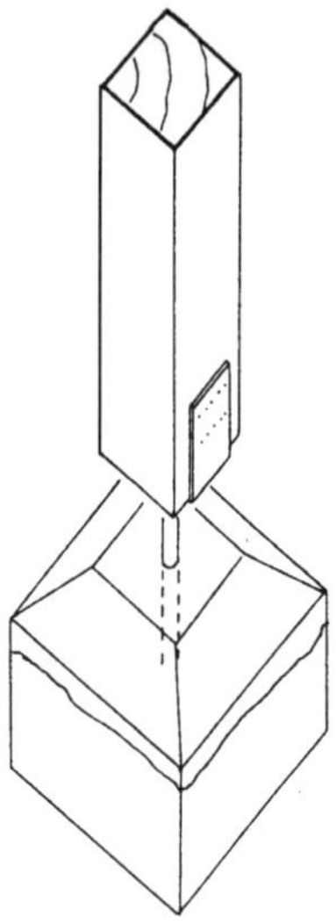
4

Justiermöglichkeit:

5 Höhenjustierung durch Gewindestab, Horizontaljustierung durch Scheiben mit Langlöchern

Durch Keile, Stahlteile mit Langlöchern, in der Höhe verstellbare Schrauben

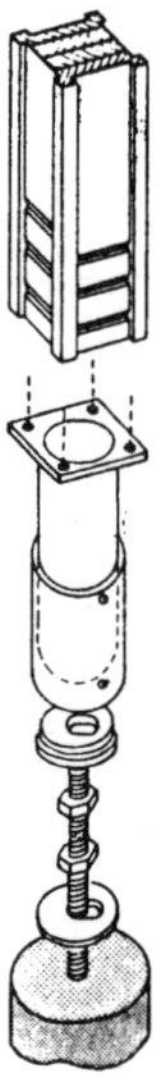
5

Anschluß an Fundament:

6 Außen- und Innenstütze auf Schwellholz
7 Außenstütze auf Schwellholz

a. Stütze unmittelbar auf Unterkonstruktion aufgesetzt und Schwelle zwischen den Stützen stumpf gestoßen

b. Stütze auf durchlaufende Schwelle aufgesetzt und durch Eisenteile mit Fundament verbunden

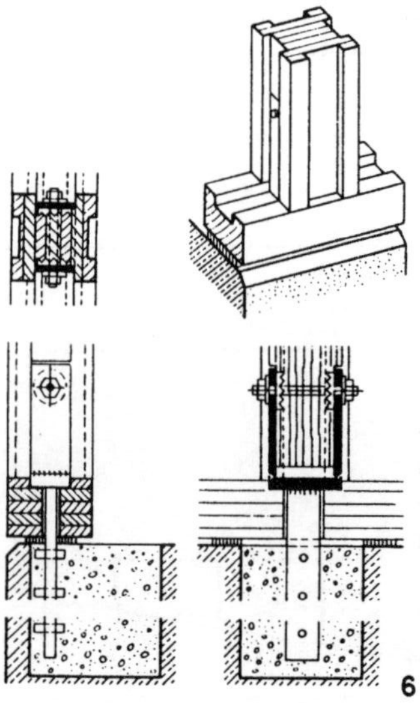
6

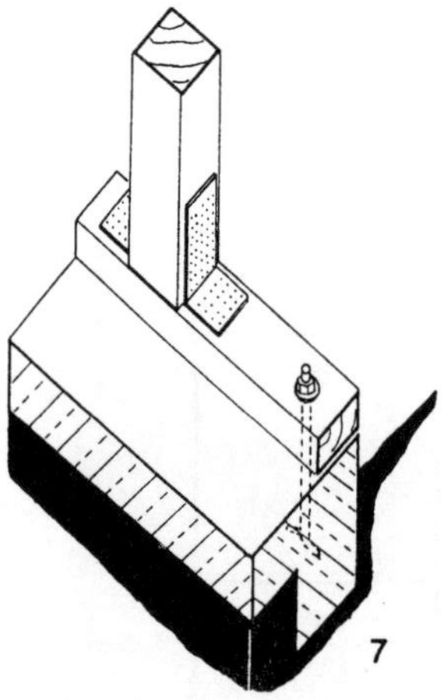
7

Derzeitig verbreitet sind die folgenden Ausbildungen der Anschlüsse Hauptträger-Stütze:

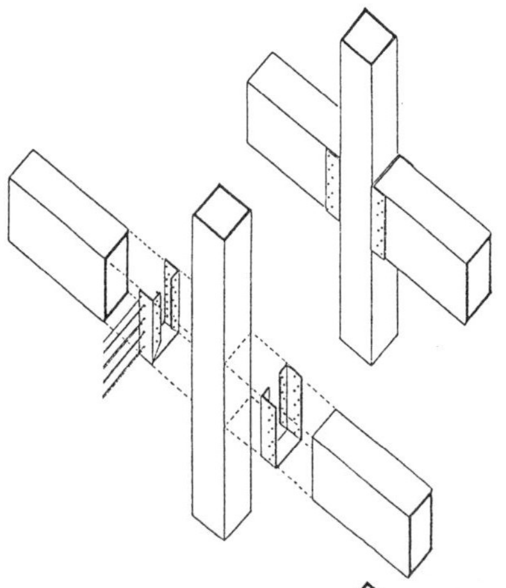

1. Stahlformteile

hier "Balkenschuhe"
- durchlaufende Stütze
- wirtschaftlichste Lösung
- wenig ästhetisch bei freiliegenden Knoten
- bauaufsichtliche Zulassung der Produkte erforderlich

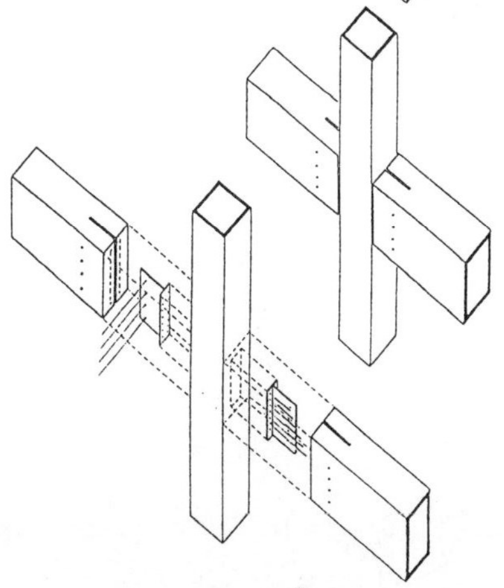

2. T-Profil mit Stabdübeln

- durchlaufende Stütze
- Für den Brandschutz verdeckt liegedes Profil - Stabdübel können hinter die Oberfläche zurücktreten und mit Holzdübeln abgedeckt werden.

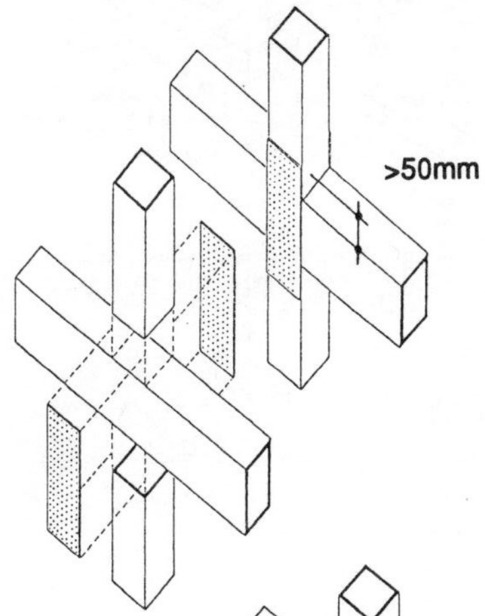

3. Nagelplatten oder vernagelte Stahlbleche

- durchlaufender Träger
- 2mm dickes, verzinktes Stahlblech
- entweder nagel- oder dübelartige Ausstanzungen oder vorgebohrte Lochbleche zur Vernagelung
- Einbindetiefe >50mm
- nur Produkte mit bauaufsichtlicher Zulassung

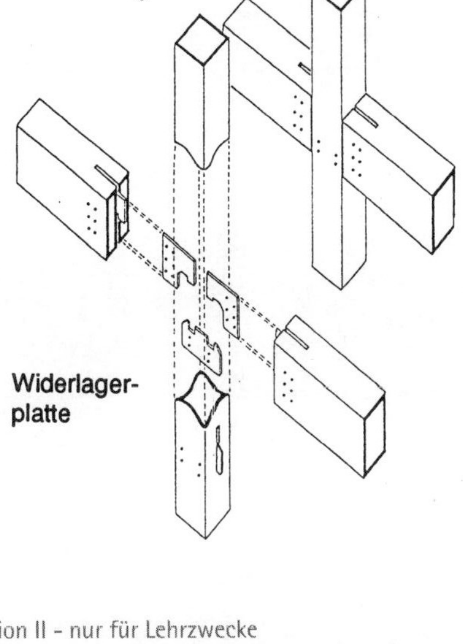

4. Hakenplattenanschluß

- durchlaufende oder gestoßene Stütze
- bei Vorfertigung der Einzelbauteile
- sehr schnelle Montage
- 10-15mm dicke Stahlplatte
- Feuerwiderstandsklasse F30

a)

Träger-/ Stützenanschluß mittels auf Hohlprofile geschweißter Laschen und Verdübelung mit Stabdübeln. Die Vorteile dieser Anschlußart liegen in der geringen optischen Prägung der Verbindungsmittel und der Möglichkeit des verdeckten Stützenstoßes. Die aus den Deckenträgern kommenden Vertikallasten werden durch Verdübelung / Verschraubung des Hohlprofils auf die Stütze übertragen.

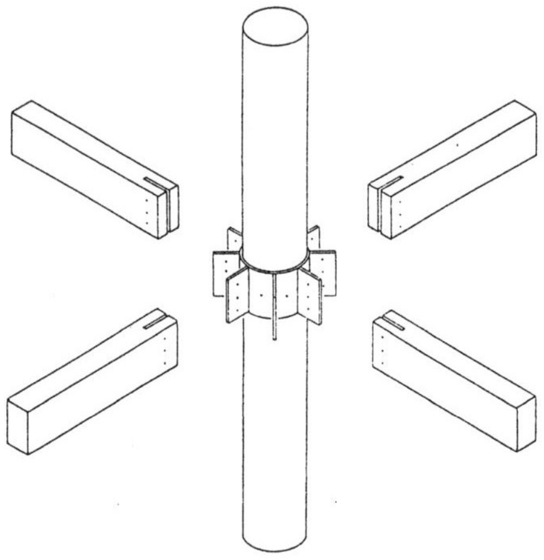

b)

So gut wie keine optische Präsenz bietet diese Anschlußmöglichkeit, bei der die Deckenträger mittels Hakenplatten in die Stützen eingehängt werden. Im Falle eines allseitigen Trägeranschlusses ist der Stützenstoß nicht zu erkennen.

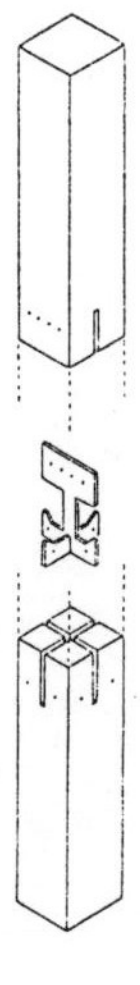

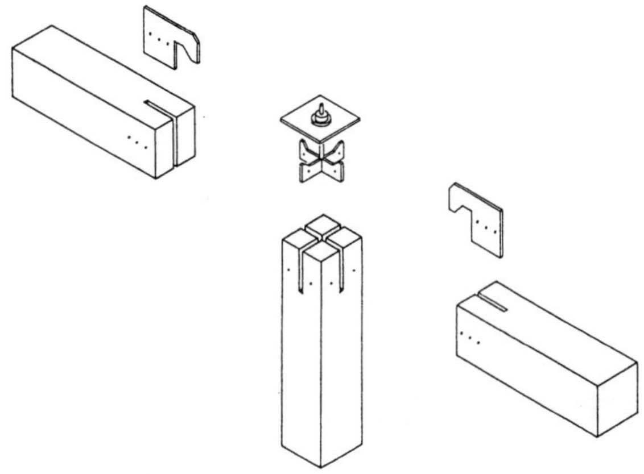

a)

Stützen- Trägeranschluß am Stützenkopf mittels Hakenplatten. Zur Sicherung gegen Abheben wird eine Konterplatte aufgeschraubt.

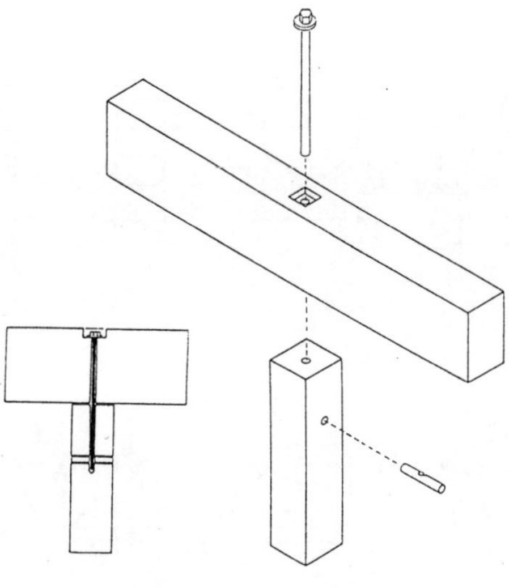

b)

Stützen-Träger- Anschluß mittels Gewindebolzen und Ankerhülse.

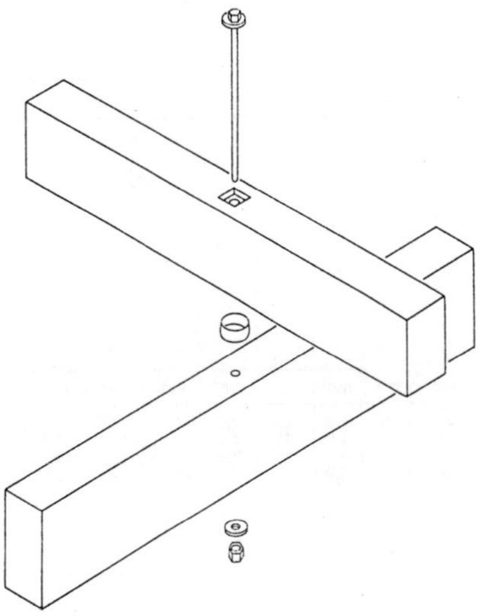

c)

Träger-Träger- Anschluß mittels Gewindebolzen und Dübel.

Sechskant-Holzschraube mit Scheibe

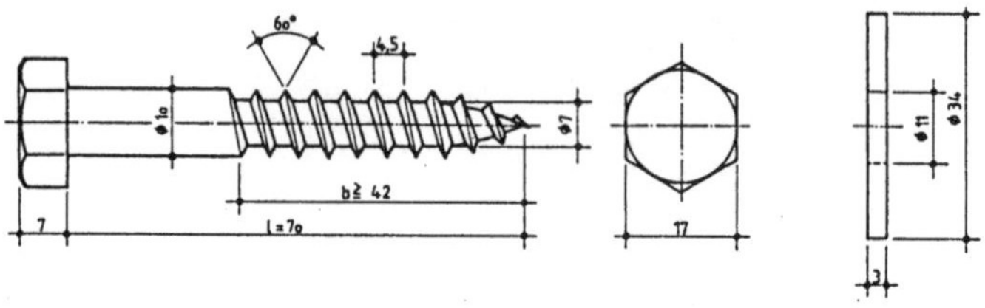

Linsensenk-, Halbrund-, Senk-Holzschrauben mit Schlitz o. Kreuzschlitz

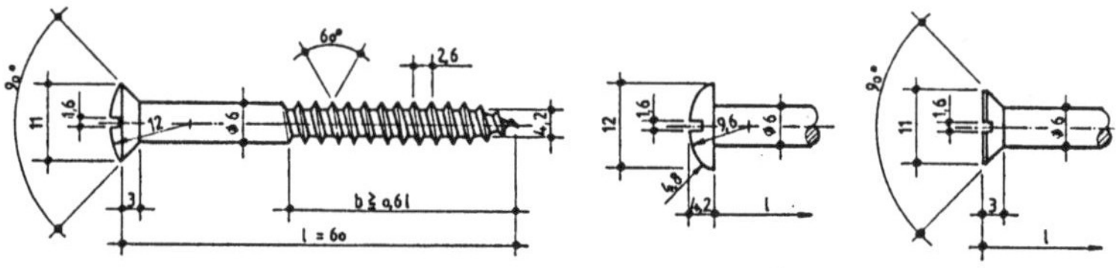

Selbstbohrende Holzschraube (für tragende Teile aus Holz, Holzwerkstoffen und Stahlblech)

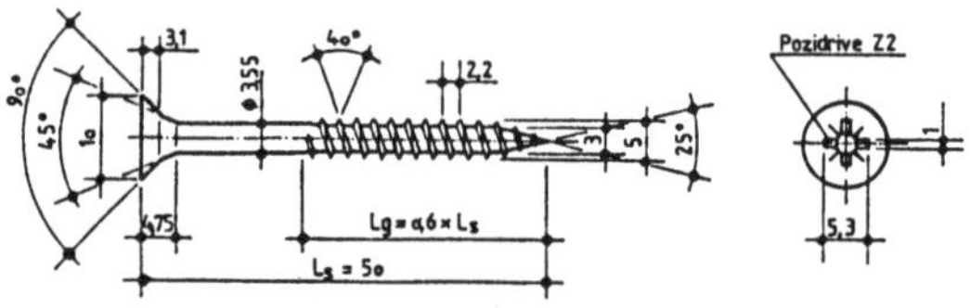

Schraubenbolzen

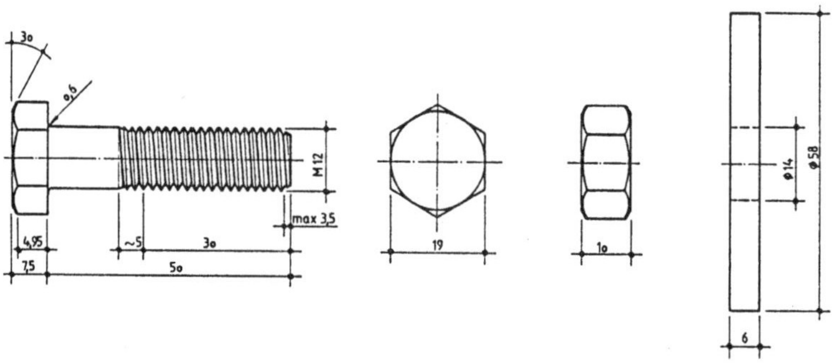

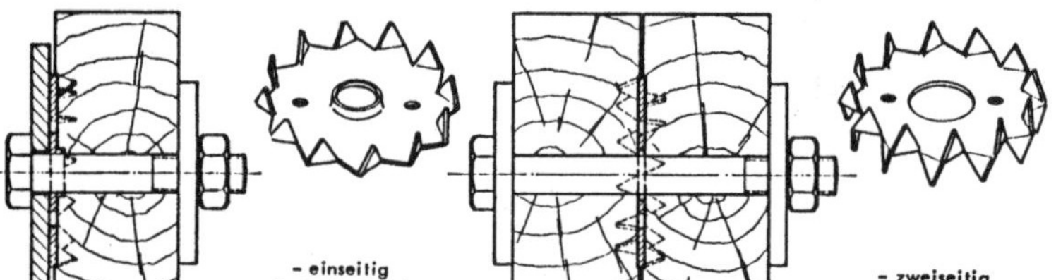

- einseitig für Holz-Stahl-Verbindung

- zweiseitig für Holz-Holz-Verbindung

Einpreßdübel E DIN 1052 T.2

BULLDOG HOLZVERBINDER, einseitig, allgemein bauaufsichtlich zugelassen	BULLDOG HOLZVERBINDER, zweiseitig, nach DIN 1052 amtiich zugelassen	Abmessungen der Dübel: Außendurchmesser d_d mm	Höhe h_d mm	Dicke s mm	Anzahl der Zähne	Dübel-Fehlfläche ΔF cm²	Verbolzung: Sechskantschrauben nach DIN 601 Blatt 1 d_b mm	Runde Scheiben Durchmesser / Dicke d_s mm	Vierkantscheiben Seitenlänge / Dicke mm	Mindestabmessungen der Hölzer bei einer Dübelreihe und Neigung der Kraft- zur Faserrichtung: 0 bis 30° b/a cm	über 30 bis 90° b/a cm	Mindestdübelabstand und -vorholzlänge bei einer Dübelreihe $e_{d\,II}$ cm
50 M 12	50	**50**	10	**1,0**	**12**	**0,9**	**M 12**	58/6	50/6	**10/4 o. 8/6**	**10/4**	**12**
62 M 12	62	**62**	17	**1,2**	**12**	**2,0**	**M 12**	58/6	50/6	**10/4 o. 9/6**	**11/4**	**12**
75 M 16	75	**75**	19	**1,2**	**12**	**2,6**	**M 16**	68/6	60/6	**10/5**	**12/5**	**14**
95 M 16	95	**95**	25	**1,2**	**18**	**4,7**	**M 16**	68/6	60/6	**12/5**	**14/5**	**14**
–	100/100	100/100	15	1,4	28	2,7	M 20	80/8	70/8	13/6	16/6	17
117 M 20	117	**117**	30	**1,5**	**18**	**6,9**	**M 20**	80/8	70/8	**15/8**	**18/8**	**17**
–	130/130	130/130	18	1,5	28	4,5	M 22	92/8	80/8	16/6	19/8	20
–	140	140	31	1,5	21	8,7	M 22	92/8	80/8	17/8	20/10	20
–	165	165	33	1,8	24	11,0	M 24	105/8	95/8	19/8	23/10	23

Bedingt durch die Funktionen Witterungsschutz, Hinterlüftung, Wärmedämmung und Standfestigkeit ähnelt der Aufbau der Außenwand im Holzbau dem des zweischaligen Mauerwerks mit Luftschicht. Es fehlt jedoch die wärmespeichernde Masse der tragenden Innenschale. Außerdem liegt die Wärmedämmung unmittelbar zwischen Außenluft (kalt) und Innenluft (warm), so daß eine zusätzliche Dampfsperrschicht eingebaut werden muß, um einen Tauwasserausfall und eine Durchfeuchtung der Dämmung zu verhindern. Die Außenschale wird entweder vor Ort unter Zuschnitt der handelsüblichen Produkte zusammengesetzt oder in Elementen in der Werkstatt vorgefertigt und auf der Baustelle montiert.

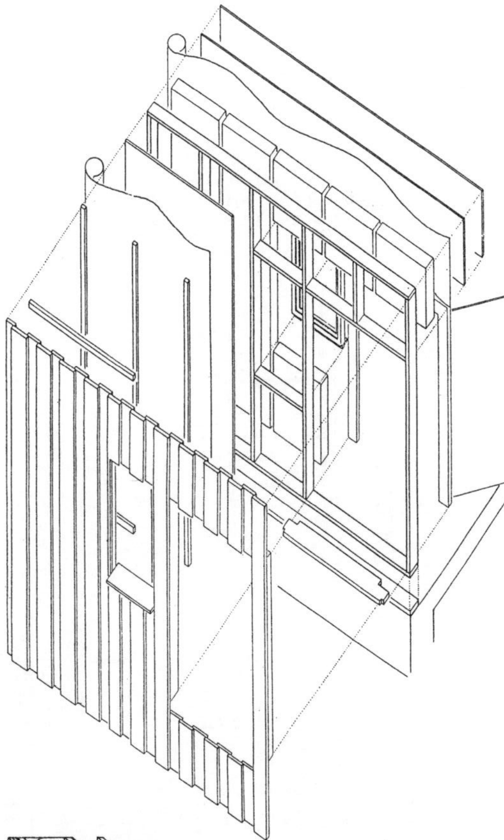

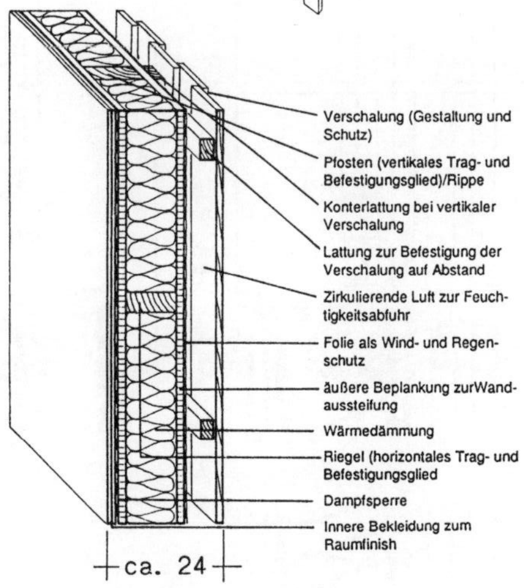

Außenwand Holz

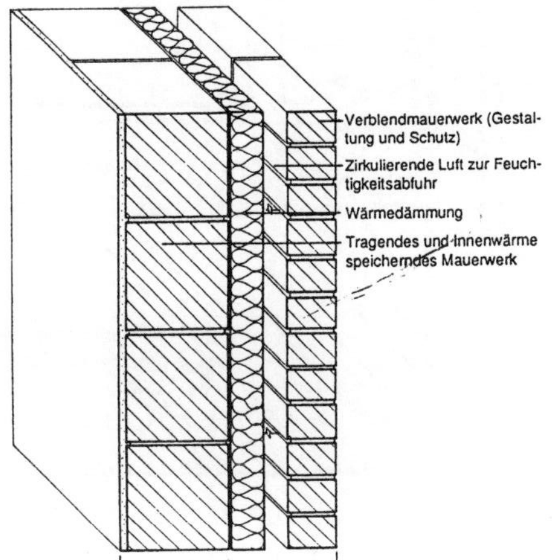

Außenwand Mauerwerk

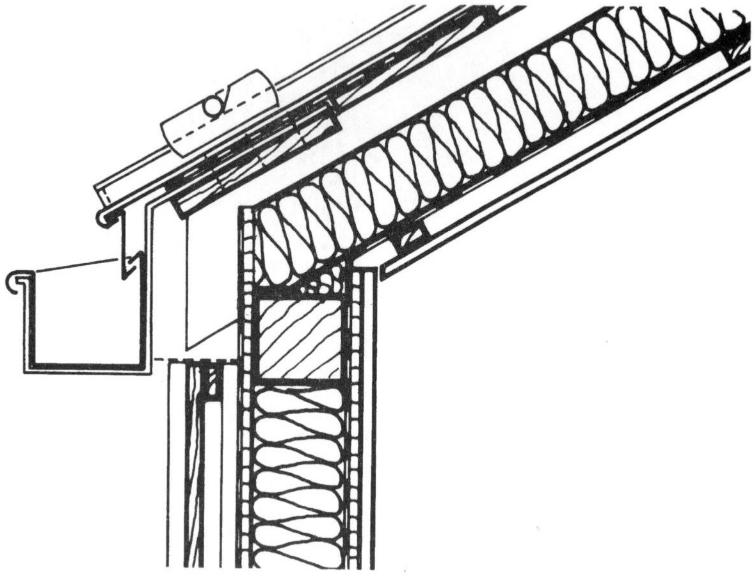

Dachaufbau

- Zinkblecheindeckung
- Dachabdichtung
- Holzschalung 20 mm
- Belüftungsraum
- Mineralfaserdämmung 14 cm
- Dampfbremse
- Gipskartonplatte 12,5 mm

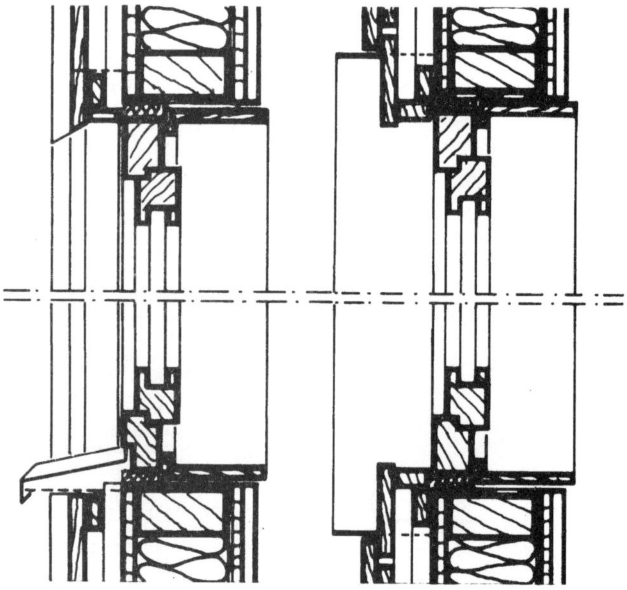

Horizontalschnitt

Wandaufbau

- Deckleiste 24/60
- Boden 24/60
- Lattung 24/48
- Konterlattung 24/48
- Windpappe
- Spanplatte 13 mm V 100 G1, E1
- Mineralfaserdämmung 120 mm
- PE-Folie 0,3 mm (Dampfbremse)
- Spanplatte 13 mm V20, E1
- Gipskartonplatte 12,5 mm

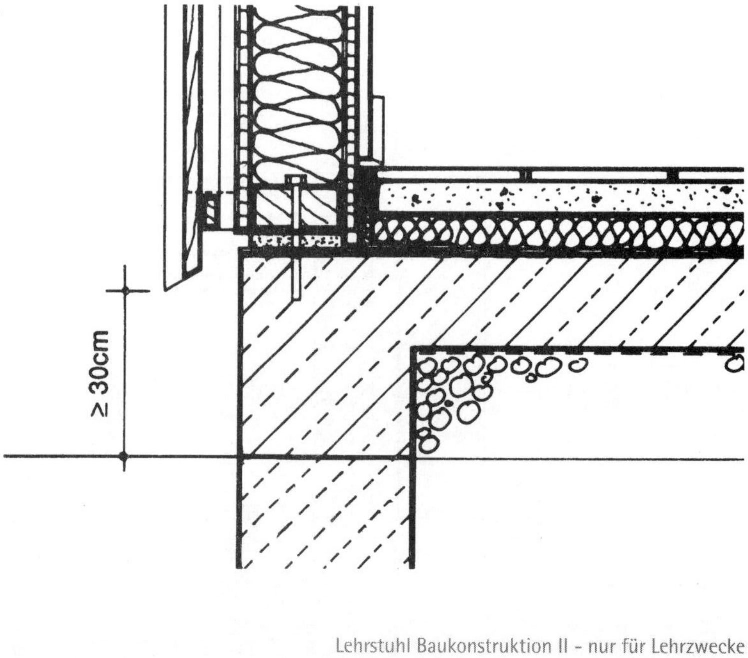

Bodenaufbau

- Keramikbelag 20 mm
- Mörtelbett 40 mm
- Trennfolie
- Wärmedämmplatten 40 mm, druckfest
- Bitumenschweißbahn
- Bitumenvoranstrich
- Stahlbetonplatte 12 cm
- Trennfolie
- Kapillarbrechende Schicht 12 cm

BODEN - DECKEL - SCHALUNG

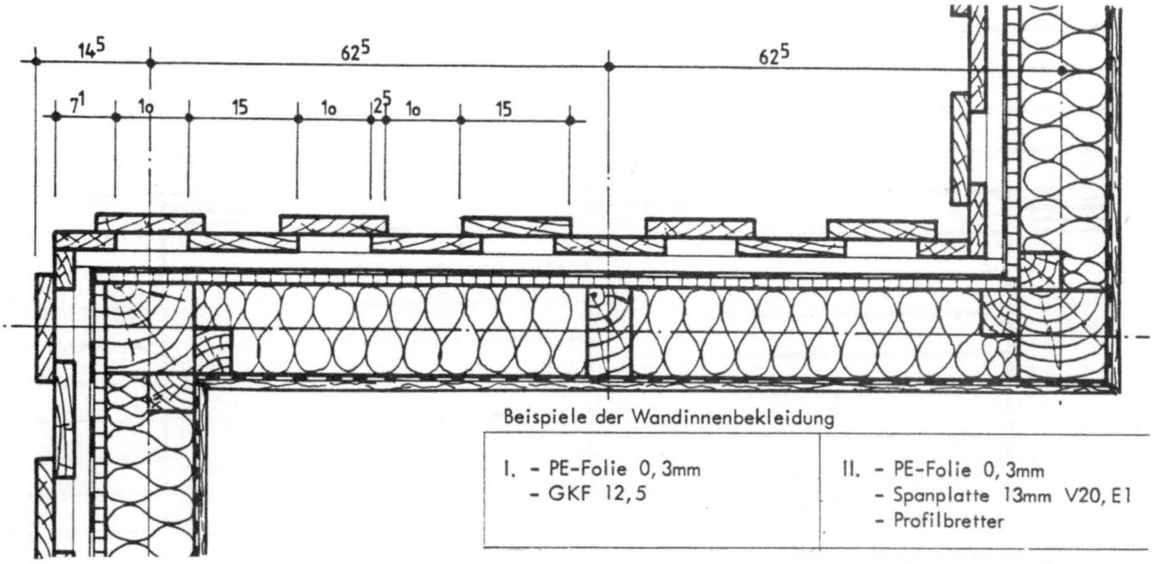

Beispiele der Wandinnenbekleidung

I.	II.
- PE-Folie 0,3mm - GKF 12,5	- PE-Folie 0,3mm - Spanplatte 13mm V20, E1 - Profilbretter

BODEN - DECKEL - SCHALUNG

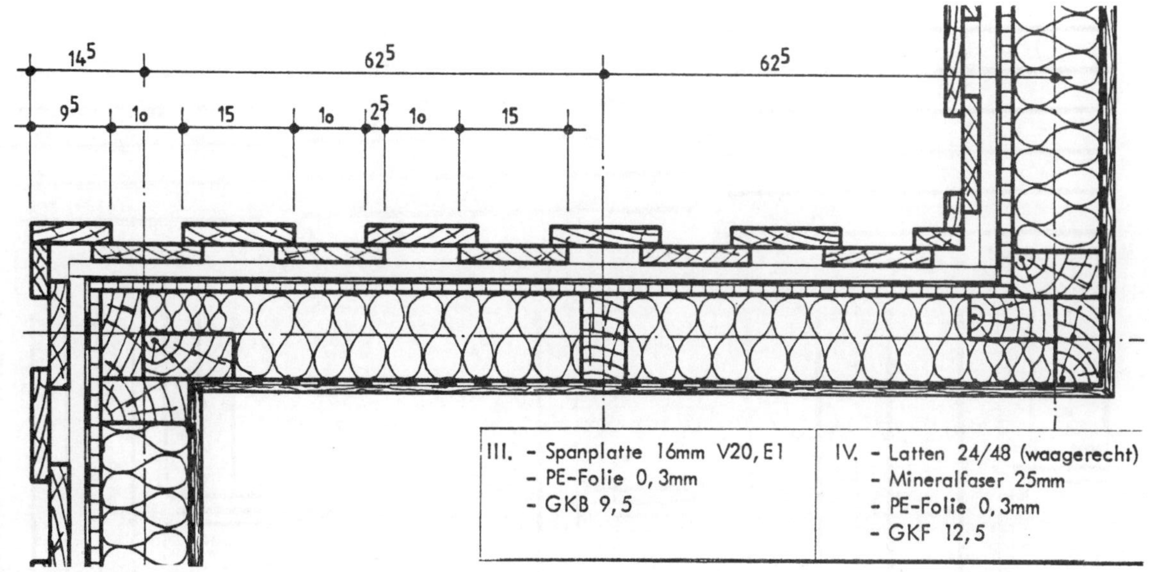

III.	IV.
- Spanplatte 16mm V20, E1 - PE-Folie 0,3mm - GKB 9,5	- Latten 24/48 (waagerecht) - Mineralfaser 25mm - PE-Folie 0,3mm - GKF 12,5

DECKLEISTEN - SCHALUNG

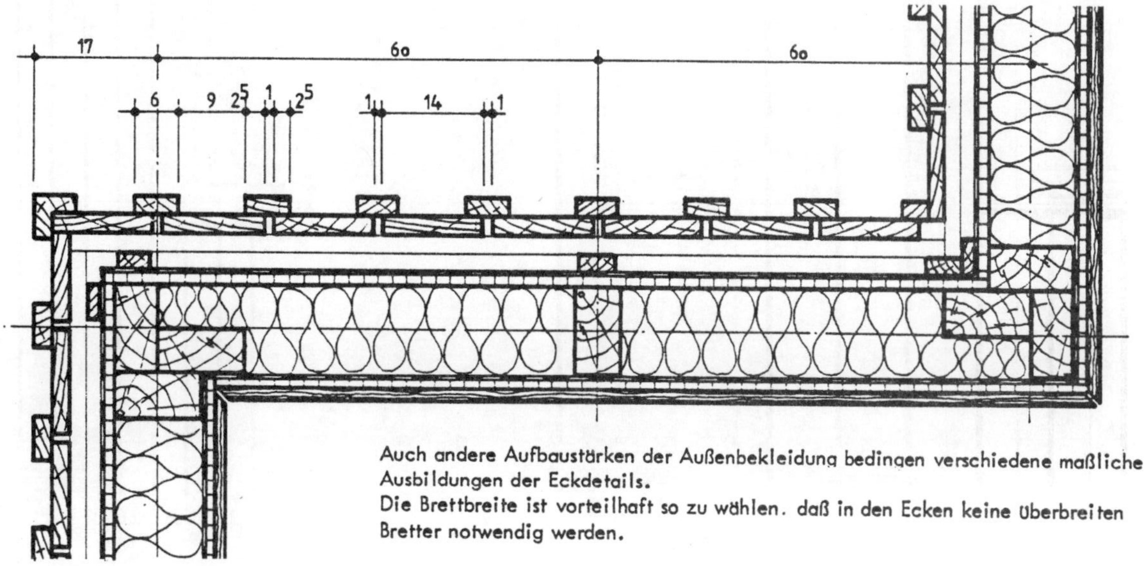

Auch andere Aufbaustärken der Außenbekleidung bedingen verschiedene maßliche Ausbildungen der Eckdetails.
Die Brettbreite ist vorteilhaft so zu wählen, daß in den Ecken keine Überbreiten Bretter notwendig werden.

Stülpschalung

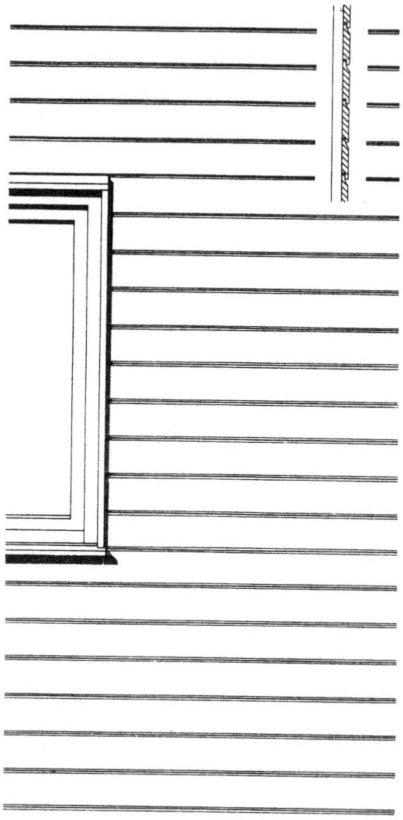

Fasebretter

Wasserschlagschalung

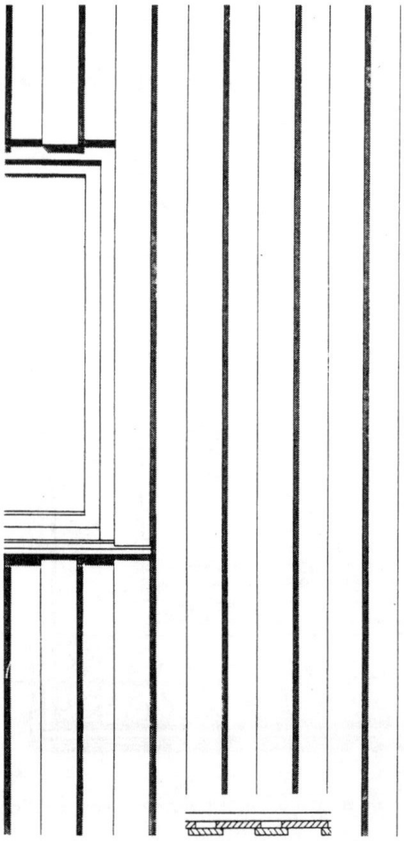

Deckelschalung gleicher Teilung

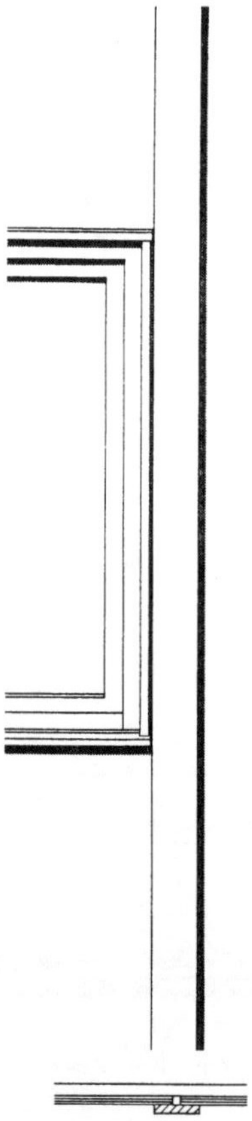

Sperrholzplatten

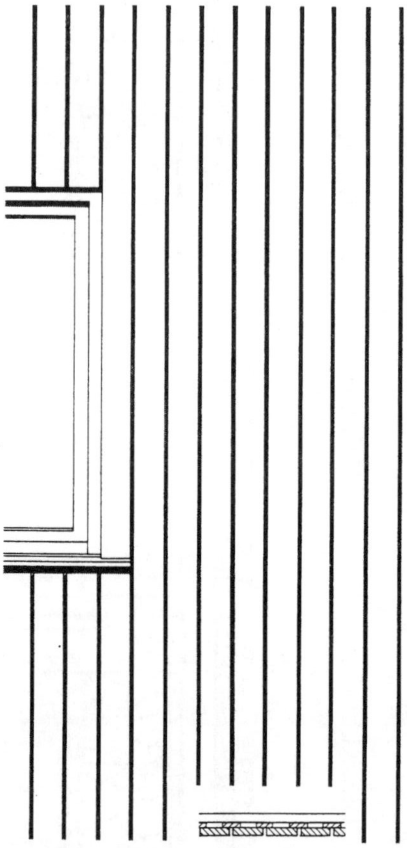

Deckelschalung schmale Fuge

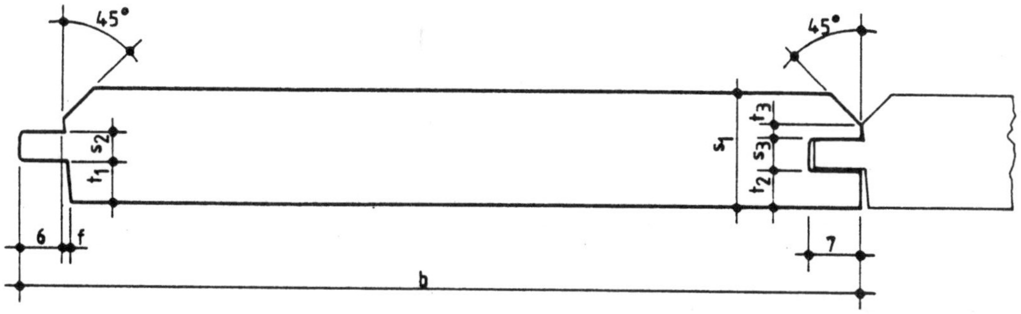

Bezeichnungsbeispiel:

Fasebrett DIN 68122 - 15,5 x 115 x 3000 - Kl II

FASEBRETTER (DIN 68122)

Bezeichnung	Zeichen	europäische Hölzer		nordische Hölzer
Brettdicke	s_1	15,5	19,5	12,5
Federdicke	s_2	4,0	6,0	4,0
Nutbreite	s_3	4,5	6,5	4,5
Dicke unter der Feder	t_1	5,5	6,0	4,0
Dicke unter der Nut	t_2	5,0	5,5	3,5
obere Plattendicke	t_3	2,0	4,0	2,0
Unterfügung	f	0,5	0,5	0,3
Brettbreiten (Profilmaß)		95 / 115		96 / 111
Brettlängen		wie gespundete Bretter		

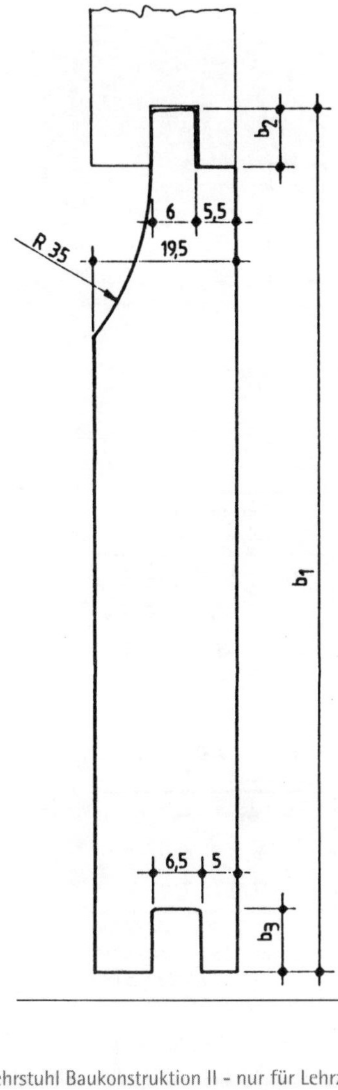

STÜLPSCHALUNGSBRETTER (DIN 68123)

Bezeichnungsbeispiel:

Stülpschalungsbrett DIN 68123 - 115 x 3500 - Fl II

Bezeichnung	Zeichen	europäische Hölzer			nordische Hölzer		
Profilmaß	b_1	115	135	155	111	121	146
Federbreite	b_2	8,0	10,0	10,0	8,0	8,0	10,0
Nuttiefe	b_3	8,5	10,5	10,5	8,5	8,5	10,5
Brettlängen		wie gespundete Bretter					

GESPUNDETE BRETTER (DIN 4072)

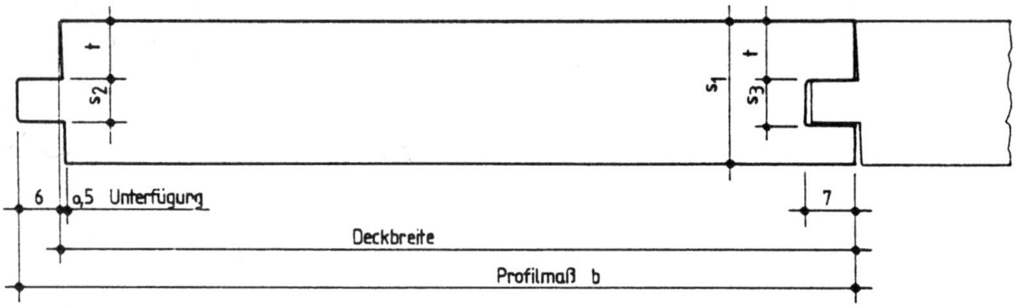

Bezeichnungsbeispiel:

Brett DIN 4072 - 19,5 x 115 x 3000 - Fl II
- Dicke
- Breite
- Länge
- Fichte
- Güteklasse des Holzes

Bezeichnung	Zeichen	europäische (außer nordische) Hölzer				nordische Hölzer		
Brettdicke	s_1	15,5	19,5	25,5	35,5	19,5	22,5	25,5
Federdicke	s_2	4,0	6,0	6,0	8,0	6,0	6,0	6,0
Nutbreite	s_3	4,5	6,5	6,5	8,5	6,5	6,5	6,5
Dicke über Nut und Feder	t	7,0	8,0	11,0	13,0	8,0	10,0	11,0
Brettbreiten	b	95 / 115 / 135 / 155				96 / 111 / 121		
Brettlängen					Stufung			
		von 1500 bis 4500			250	von 1800 bis 6000 Stufung 300		
		über 4500 bis 6000			500			

PROFILBRETTER MIT SCHATTENNUT (DIN 68126)

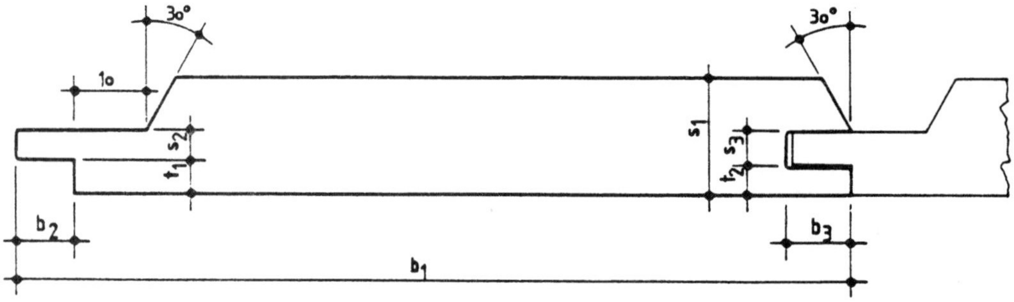

Bezeichnungsbeispiel: Profilbrett DIN 68126 - 15,5 x 115 x 4500 - Fl - A

Sortierung

Bezeichnung	Zeichen	europäische (außer nord.) Hölzer			nordische Hölzer			überseeische Hölzer		
Brettdicke	s_1	12,5	15,5	19,5	12,5	14,0	19,5	9,5	11,0	12,5
Federdicke	s_2	4,0	4,0	6,0	4,0	4,0	6,0	3,0	3,0	4,0
Nutbreite	s_3	4,5	4,5	6,5	4,5	4,5	6,5	3,5	3,5	4,5
Dicke unter der Feder	t_1	4,0	4,5	5,5	4,0	4,5	5,5	3,5	3,5	4,0
Dicke unter der Nut	t_2	3,5	4,0	5,0	3,5	4,0	5,0	3,0	3,0	3,5
Profilmaß	b_1	96	115		71	96	146	69	94	
Federbreite	b_2	8,0	8,0		8,0	8,0	10,0	6,0	6,0	
Nuttiefe	b_3	9,0	9,0		8,5	8,5	10,5	7,0	7,0	
Brettlängen		wie gespundete Bretter						1830/2130/2440/2740 3050/3350/3660/3960 4270/4570/4880/5180 5490/5790/6100		

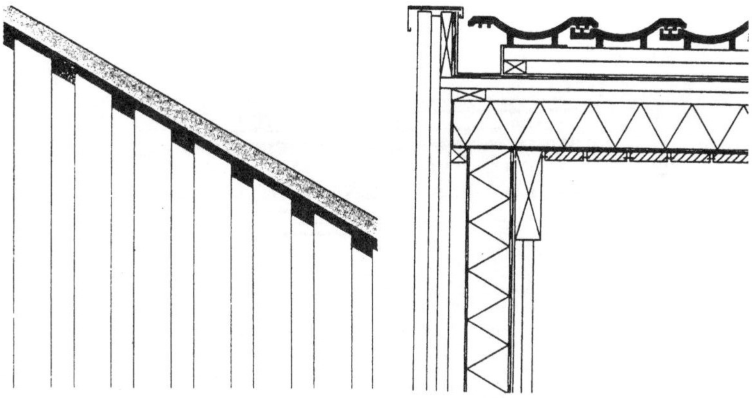

Verdeckter Anschluß

Die Giebelwand dominiert. Blechabdeckung der Schalung und verdeckte Blechnut zwischen Schalung und Dachdeckung.

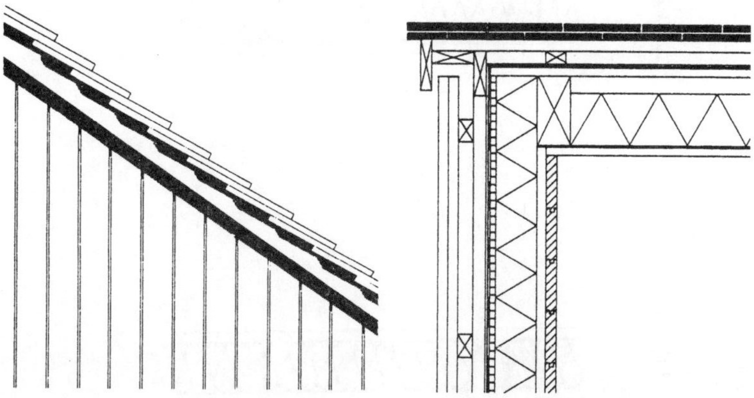

Verzahnter Anschluß

Ein gezahntes Brett vermittelt zwischen der Giebelschalung und der leicht auskragenden Dachdeckung.

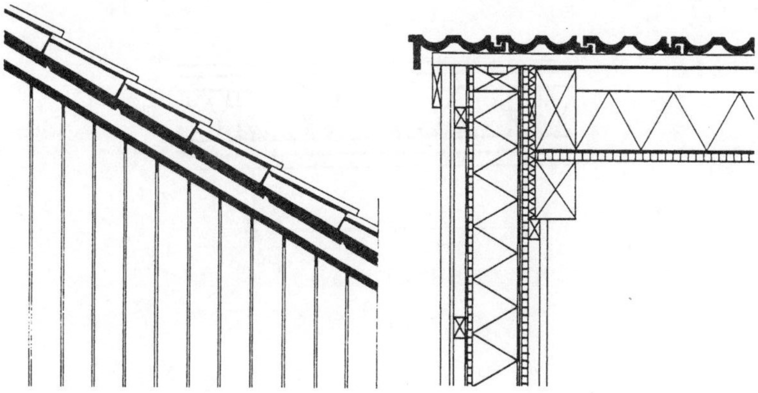

Gedeckter Anschluß

Ortgangziegel übergreifen die Giebelschalung und betonen den Dachrand.

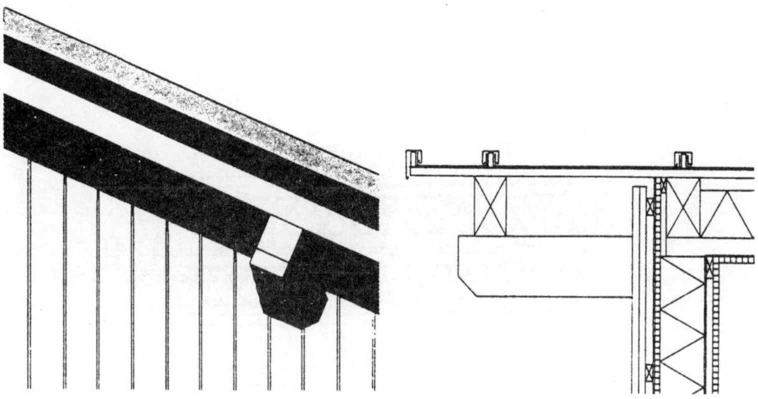

Versetzter Anschluß

Auskragende Dachränder sollten schmal ausgebildet werden, um den Eindruck des schwebenden zu stärken.

Außenwand (hinterlüftet)

Brandschutz: F 30 B
Schallschutz: R'w > 35 dB - R'w > 50 dB je nach
Lärmpegelbereich

R'w = 40 dB
- 19 mm Holzschalung
- 22 mm Luftschicht
- dampfdurchlässige Folie
- 13 mm Holzspanplatten
- 80 mm Mineralfaserplatten
- 13 mm Holzspanplatten
- 9,5 mm Gipskartonplatten

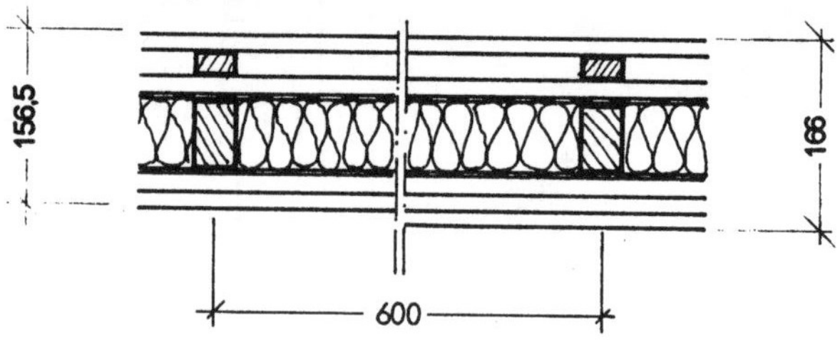

R' w = 45 dB mit 100 mm Mineralfaserplatten,
Dampfbremse u. Querlattung u. s. o.

R'w = 40 dB
- 15 mm Putz
- 25 mm HWL-Platten
- 13 mm Holzspanplatten
- 80 mm Mineralfaserplatten
- Dampfsperre
- 13 mm Holzspanplatten

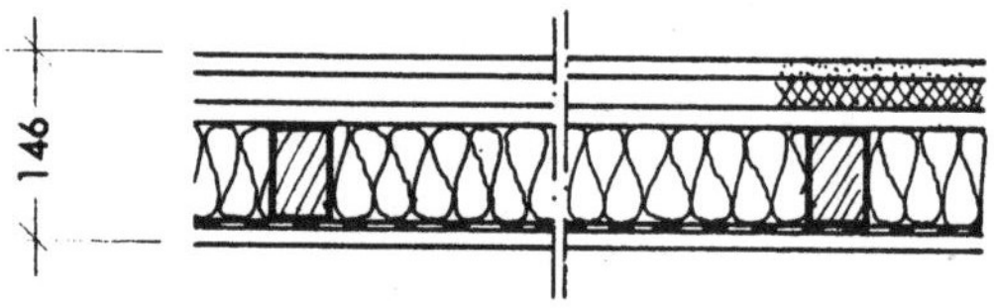

Innenwand

Brandschutz: F 30 B, nicht raumabschließend

Schallschutz: R'w > 35 dB - R'w > 55 dB
je nach Trennfunktion

R'w = 38 dB
- 15 mm GKF o. 16 mm Holzspanplatten
- 80 mm Mineralfaserplatten
- 15 mm GKF o. 16 mm Holzspanplatten

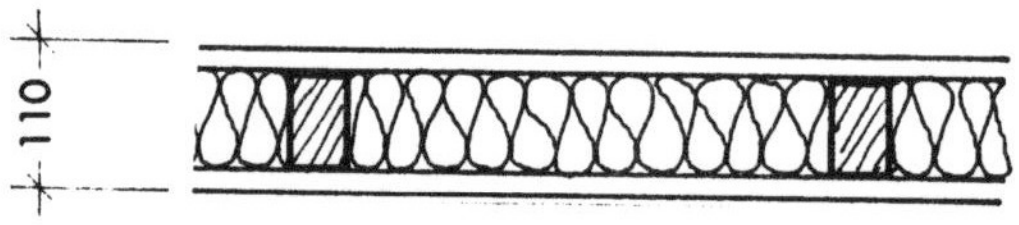

R'w = 48 dB
- 9,5 mm Gipskartonplatten
- 13 mm Holzspanplatten
- 80 mm Mineralfaserplatten
- 13 mm Holzspanplatten
- 9,5 mm Gipskartonplatten

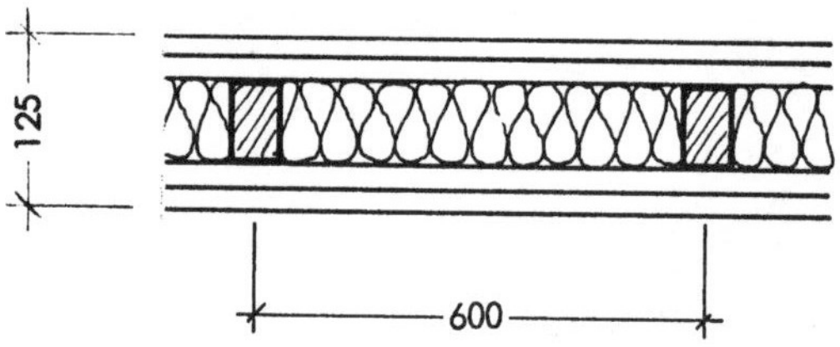

Wohnungstrennwand

Brandschutz: F 30 B, raumabschließend

Schallschutz: Mindestanforderung R'w > 53 dB, erhöht
R'w > 55 dB

R'w = 53 dB
- 12,5 mm GKF
- 60 mm Mineralfaserplatten
- dto.
- 12,5 mm GKF

R'w = 60 dB
- 12,5 mm GKF
- 12,5 mm GKF
- 60 mm Mineralfaserplatten
- dto.
- 12,5 mm GKF
- 12,5 mm GKF

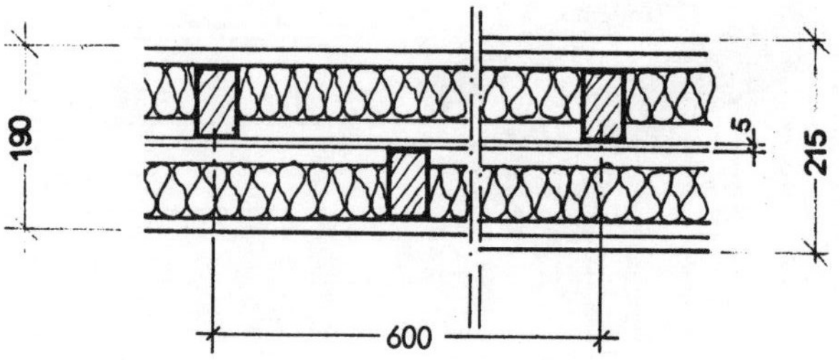

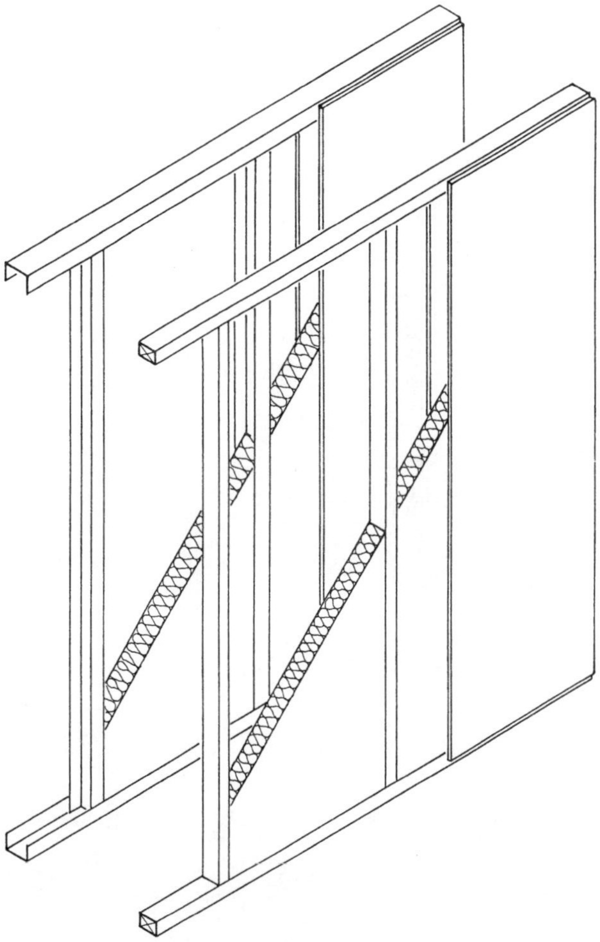

Einfaches Ständerwerk aus Vollholz oder Blechprofilen

Einfache, nicht tragende Innentrennwände mit geringen Schall- und Brandschutzanforderungen.
Die Profile werden vor Ort auf die entsprechende Länge geschnitten und eingebaut.
Zu beachten ist dabei die Trennung der Beplankung von abgehängten Decken oder Decken mit stärkerer Durchbiegung.
Je nach Schall- und Brandschutzanforderungen ändert sich der Wandaufbau. Für Wände ohne Schall- und Brandschutzanforderungen reicht eine einfache Beplankung mit Spanplatten; ab FBO A/B ist eine Beplankung mit Gk Feuerschutzplatten nötig. Der innenliegende Mineralfaserdämmstoff dient zur Erhöhung des Feuerwiderstandes und des Schallschutzes !

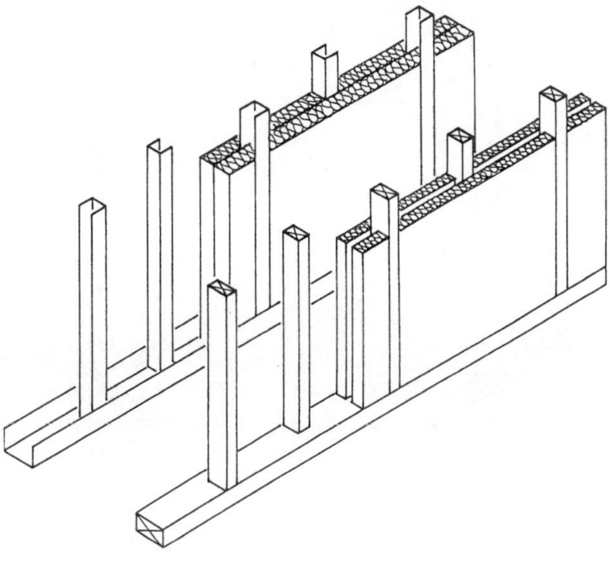

Doppeltes Ständerwerk aus Vollholz oder Blechprofilen

Erhöhung des Schallschutzmaßes durch versetztes Ständerwerk und doppelte Mineralfaserdämmung.
Als schalltechnisch nachteilig erweist sich der gemeinsame Boden- bzw. Deckenriegel. Die Wandkonstruktion kann auf die Fertigdecke aufgestellt werden und bleibt somit veränderbar.

Als Wohnungstrennwand geeignete Innenwand, bestehend aus doppelten, versetzt angeordnetem Ständerwerk mit jeweils eigenem Boden- / Deckenriegel und Trennfugen. Ein Durchführen der Trennfugen durch die Deckenkonstruktion verringert zusätzlich die Schallübertragung im Deckenbereich. In diesem Fall muß das Ständerwerk auf die Rohdecke aufgestellt werden.

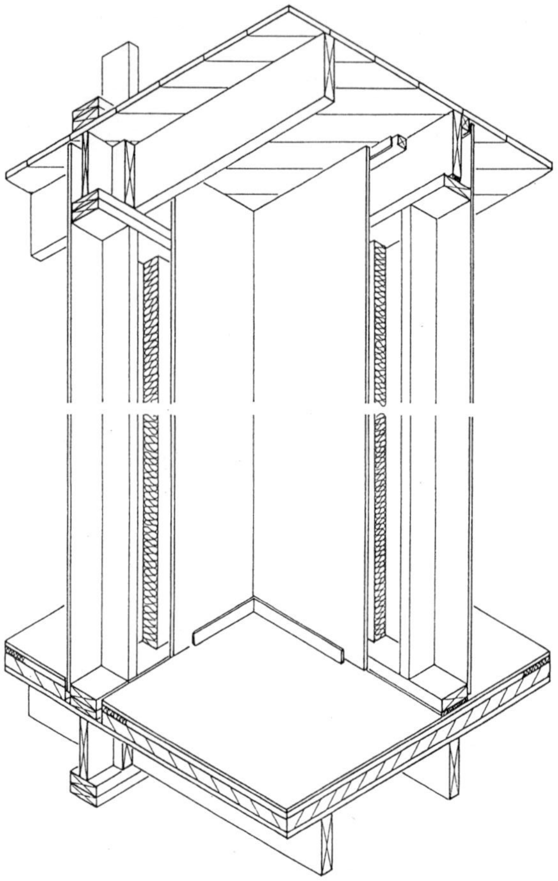

Rippenbau mit tragenden und nicht tragenden Innenwänden

Aufgrund von im Rippenbau verwendeten standardisierten Bauteilen mit Regelabmessungen wird auf eine wandstärkendifferenzierung bei tragenden und nichttragenden Innenwänden verzichtet.
Nichttragende Innenwände werden, mit Dämmstreifen unterlegt, auf die Fertigdecke aufgestellt. Um die Schallübertragung bei tragenden Wänden zu reduzieren, wird der Baudenaufbau im Anschlußbereich leicht zurückgenommen und die so entstehende Fuge mit einer Fußleiste verdeckt. Im Deckenbereich wird die Wandbekleidung aus Feuer- und Schallschutzgründen bis unter die Deckenbeplankung geführt. Eine klare Ablesbarkeit der Deckenkonstruktion ist nicht mehr gegeben, zumal es im Anschlußbereich (Träger / Wandbekleidung) zu Durchdringungen kommt.

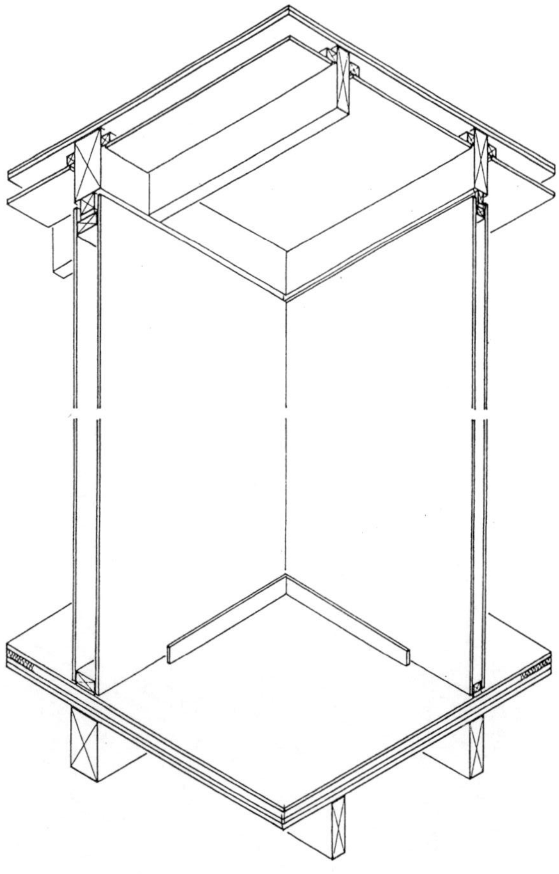

Haupt- und Nebenträgersystem

Die Innenwände sind unter den Deckenträgern angeordnet. Boden- & Deckenriegel sind aufgrund der Deckendurchbiegung und zur Verminderung der Schallübertragung durch Dämmstreifen (Filz o.ä.) von der tragenden bzw. haltenden Konstruktion getrennt. Aus den gleichen Gründen ist die Beplankung in Boden- und Deckenbereich leicht zurückgenommen. Im Bodenbereich wird die entstehende Fuge durch eine Fußleiste abgedeckt, im Deckenbereich tritt sie deutlich hervor und bildet so eine klare Zäsur zwischen den raumumhüllenden Wänden und der Deckenkonstruktion.

freiliegende Deckenbalken

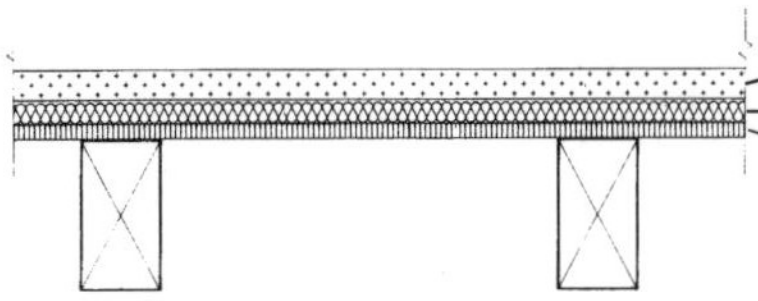

Teppich-belag	Trittschall-schutz TSM dB	Trittschall-schutz L'_{nw} dB	bewertete Luftschall-dämm-Maß R'_w im Holzbau
ohne	-3	66	49
mit	+3	60	

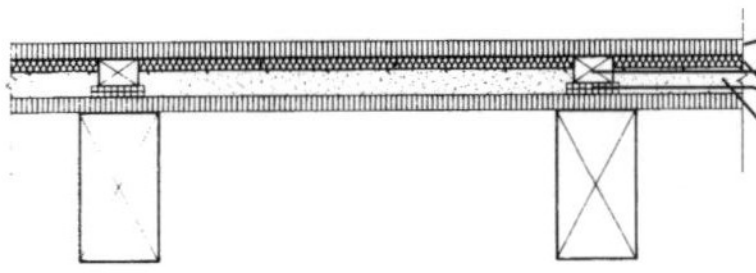

Teppich-belag	Trittschall-schutz TSM dB	Trittschall-schutz L'_{nw} dB	bewertete Luftschall-dämm-Maß R'_w im Holzbau
ohne	+1	62	52
mit	+7	56	

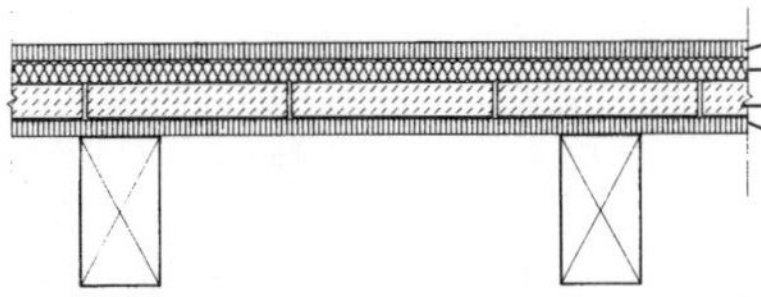

Teppich-belag	Trittschall-schutz TSM dB	Trittschall-schutz L'_{nw} dB	bewertete Luftschall-dämm-Maß R'_w im Holzbau
ohne	+10	53	55
mit	+17	46	

bekleidete Deckenbalken

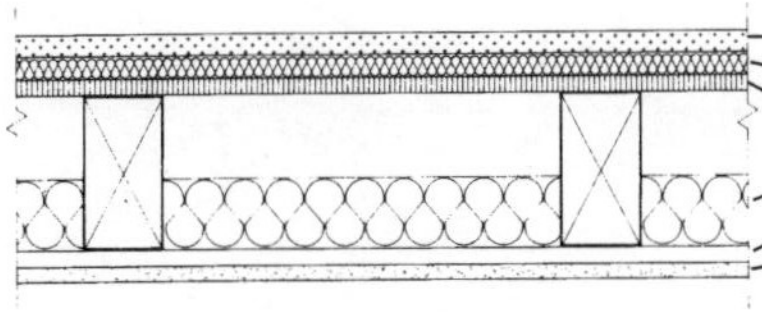

Teppich-belag	Trittschall-schutz TSM dB	Trittschall-schutz L'_{nw} dB	bewertete Luftschall-dämm-Maß R'_w im Holzbau
ohne	+7	56	54
mit	+14	49	

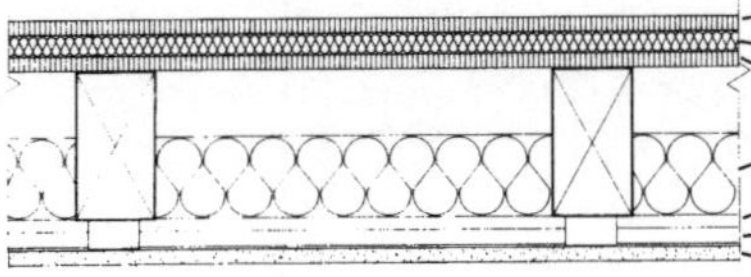

Teppich-belag	Trittschall-schutz TSM dB	Trittschall-schutz L'_{nw} dB	bewertete Luftschall-dämm-Maß R'_w im Holzbau
ohne	+12	51	57
mit	+19	44	

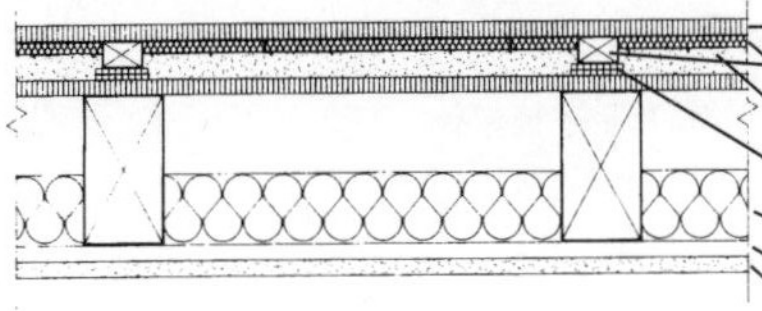

Teppich-belag	Trittschall-schutz TSM dB	Trittschall-schutz L'_{nw} dB	bewertete Luftschall-dämm-Maß R'_w im Holzbau
ohne	+13	50	59
mit	+19	44	

Sparren und Pfetten

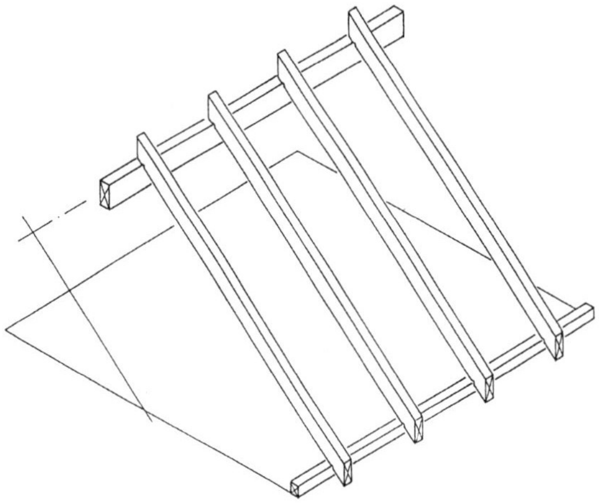

Achsabstand e = 0.7 - 1.50 m, Einfeldträger

Vollholz:

L < 6.00 m, h = l/25 - l/30

Brettschichtholz:

L = 5 - 15.00 m, h = l/20 - l/25

Deckenträger:

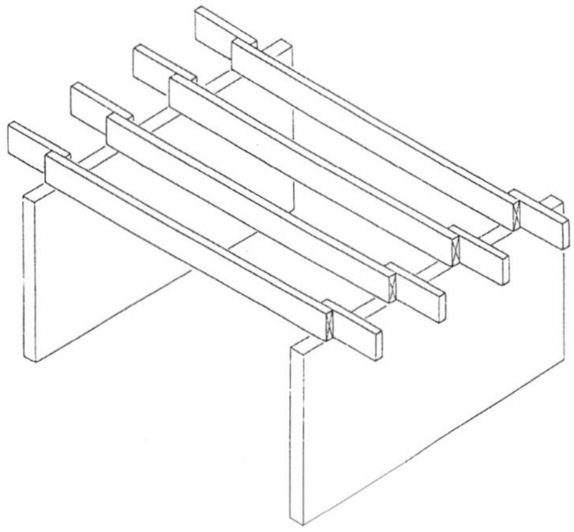

Achsabstand e = 0.7 - 1.00 m, Einfeldträger

Vollholz:

L < 6.00 m, h = l/20 - l/23

Brettschichtholz:

5 - 15.00 m, h = l/18 - l/22

Binder

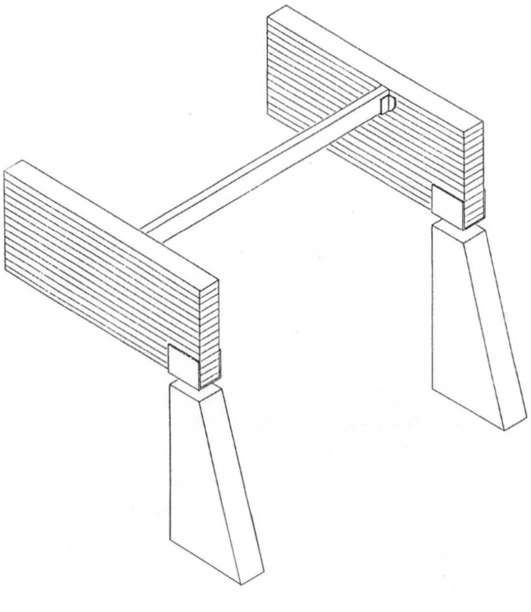

Achsabstand e = 4 - 10.00 m, Einfeldträger

Brettschichtholz:

L = 10 - 30.00 m, h ~ l/17

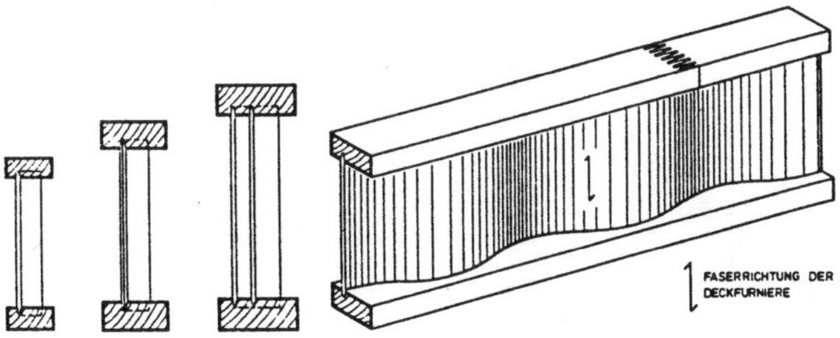

Wellstegträger

H = 50-80 cm
L = ca. 12.0 m Spannweite

(genuteter Kantholzgurt, eingeleimte Bau-Furnierplatten)

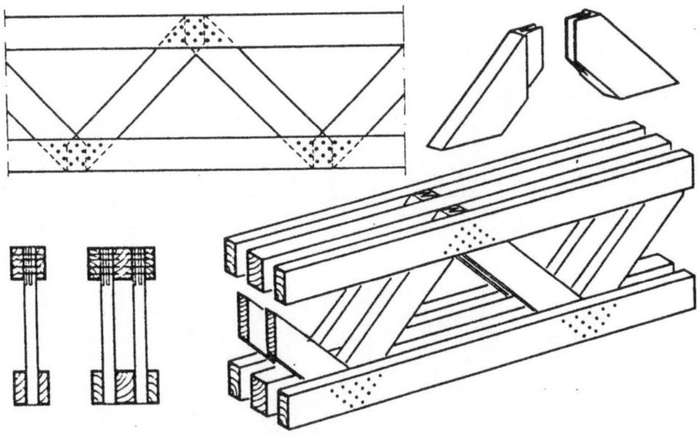

Fachwerkträger

H = max. 80 cm
L = max. 14.0 m Spannweite

(Trigonit-Träger: Streben durch Keilzinken verleimt, Gurte aufgenagelt)

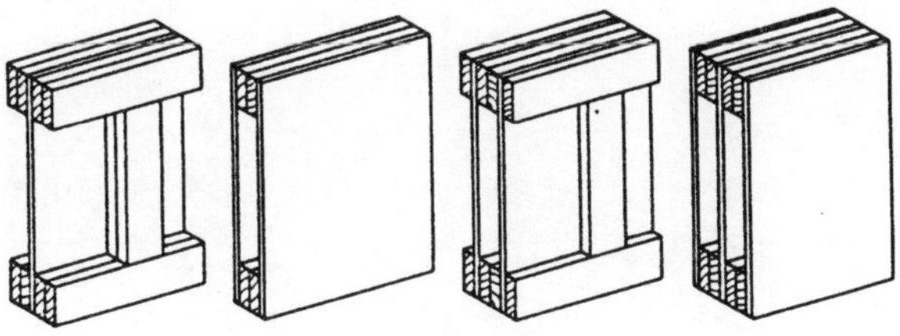

Kastenträger

H = ca. 180 cm
L = ca. 30.0 m Spannweite

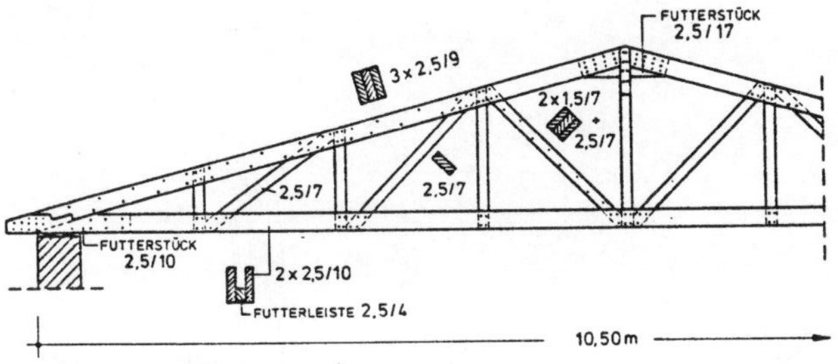

Genagelte Träger

Bei Nagelplattenbindern liegen die Hölzer in einer Ebene und werden durch Einpressen von Nagelplatten verbunden.

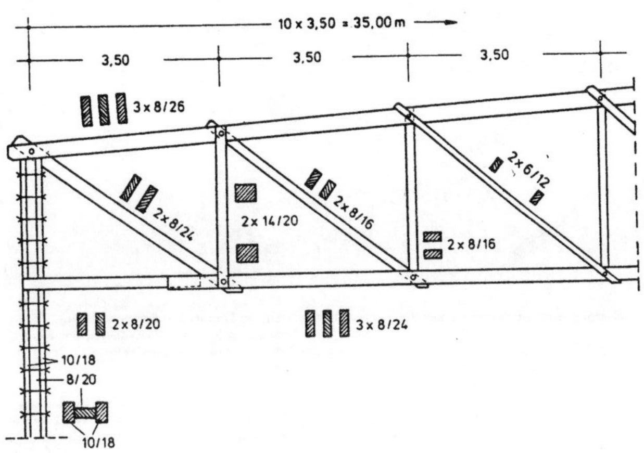

Gedübelte Träger

z.B. Einpreßdübel (s. Holzskelettbau Verbindungsmittel)

Brettschichtträger

Brettschichtträger im Schnitt

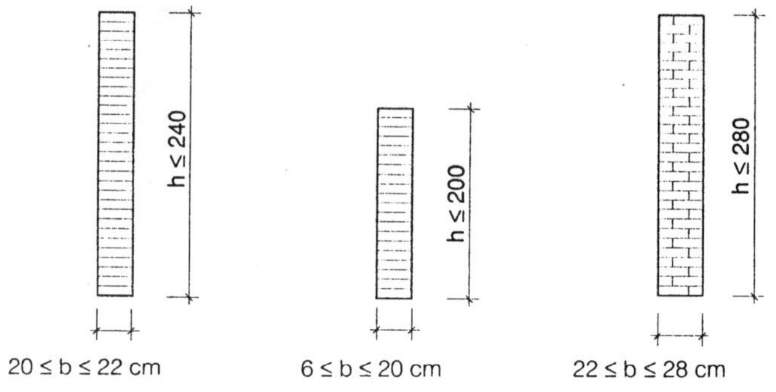

Zusammengesetzte Querschnitte

Verleimte Profilquerschnitte werden durch Aufleimung der Gurte mit Nagelpressung oder durch Verleimen im Leimbett hergestellt. Große Querschnitte sind mit besonderer Sorgfalt und Überwachung zu verleimen. Zusammengesetzte Querschnitte, insbesondere T-Träger sind unter Berücksichtigung besonderer Anforderungen wirtschaftlich. Weitere Kombinationsmöglichkeiten sind Träger mit BSH-Gurten und Holzwerkstoffstegen sowie mit BSH-Stegen und Holzwerkstoffplatten bis hin zu Plattenbalkengeometrien.

Zusammengesetzte Querschnitte

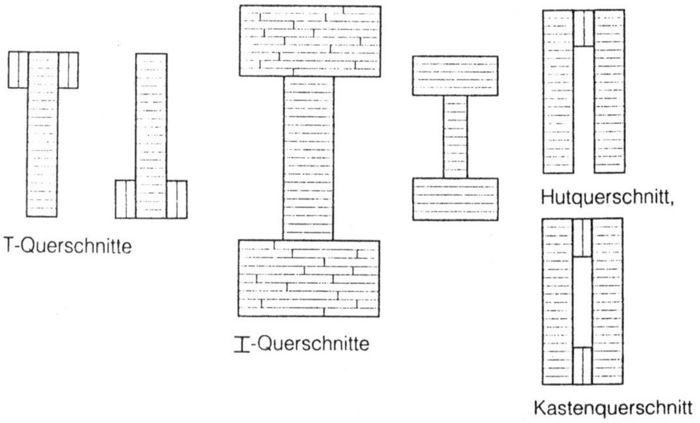

Trägerformen

Brettschichtträger lassen sich in der Längsform besonders gut an den Momentenverlauf anpassen. Sie sind somit gemäß den statischen Anforderungen gestaltbar. Bei gekrümmten Trägern sind die formbedingt auftretenden Querzugspannungen zu berücksichtigen. Der Krümmungsradius ist begrenzt, kann jedoch mit der Lamellendicke beeinflußt werden. Angeschnittene Ränder sollten mit aufgeleimten Decklamellen gegen Querzug gesichert werden. Die vielfältige Gestaltbarkeit der Längsformen und die Verbindung der Bauteile erlauben es, Tragsysteme als Rahmen, Gelenkzüge oder Hängeträger auszubilden.

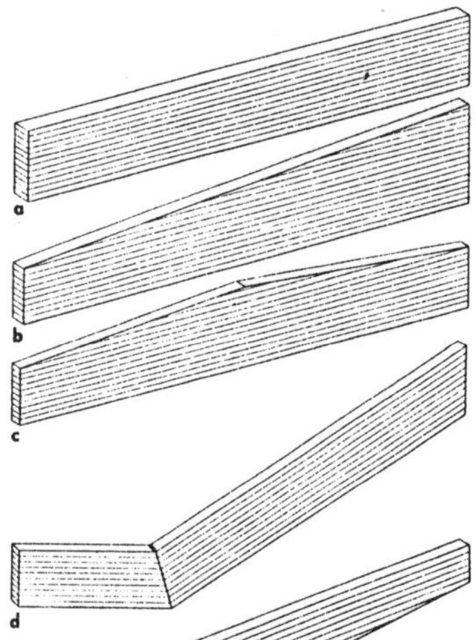

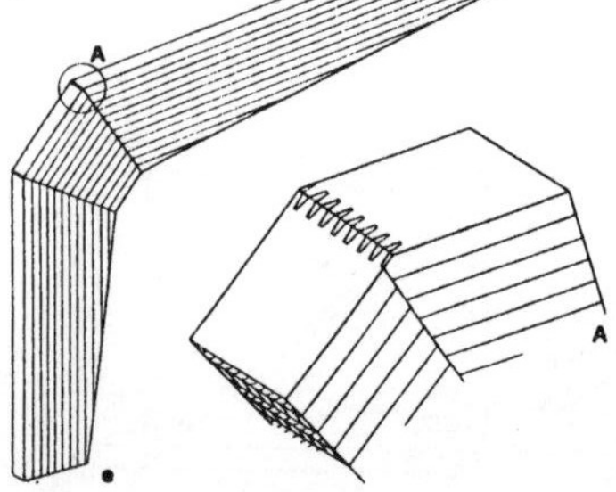

Brettschichtträger und -rahmen mit geraden Trägerkanten:
a Parallelträger,
b Pultdachträger mit veränderlicher Höhe,
c Satteldachträger mit geradem Untergurt,
d Geknickter Träger; die Querzugspannungen im Knick sind nachzuweisen (z. B. Tribünenträger),
e Rahmenhälfte.

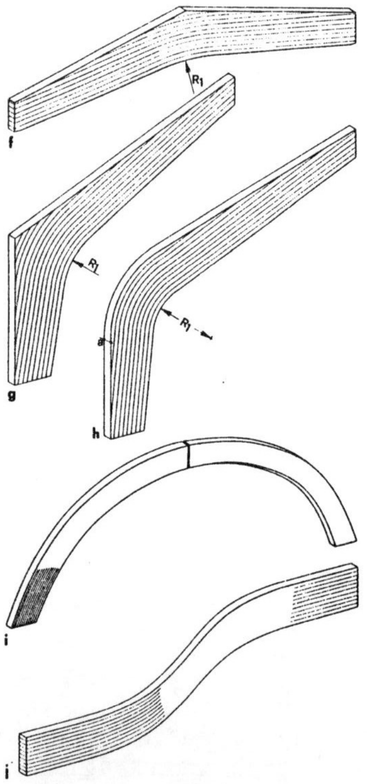

Gekrümmte Träger- und Rahmenformen:
f Satteldachträger mit gekrümmtem Untergurt,
g Rahmen mit ausspringender Ecke,
h Rahmen mit gekrümmter Ecke,
i Bogen,
j Träger mit in Längsrichtung wechselnder Krümmung.
Die Eckpunkte von d und e sind als Keilzinkenstoß über den gesamten Trägerquerschnitt ausgebildet.

nach BauO NW

Gebäude, bei denen die Verwendung von Holz für tragende Bauteile zulässig ist:

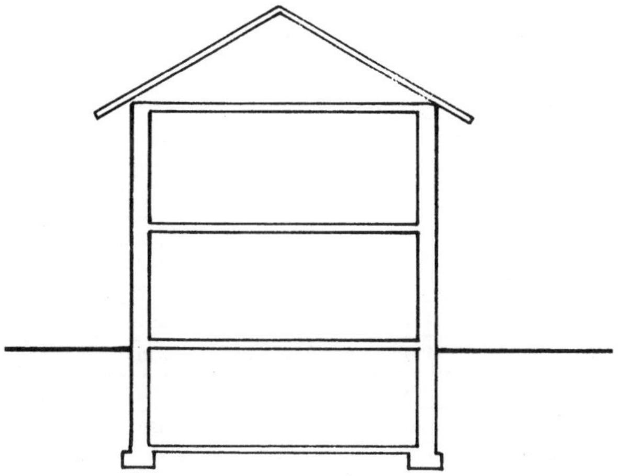

1. freistehende Wohngebäude

keine Anforderungen

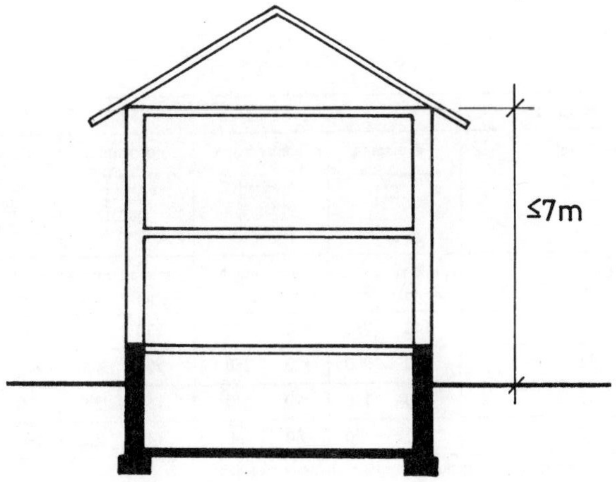

2. Wohngebäude geringer Höhe mit nicht mehr als zwei Wohnungen:

tragende und aussteifende Wände, Stützen sowie Decken in F 30;

tragende und aussteifende Wände des KG in F 30 AB;

Wohnungstrennwand in F 30 B

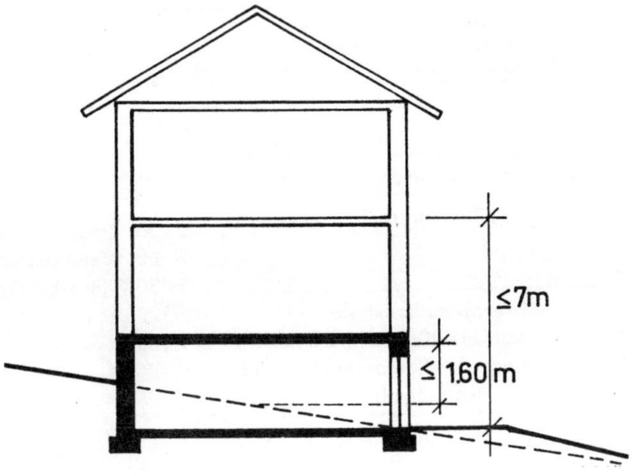

3. Gebäude geringer Höhe mit nicht mehr als zwei Geschossen über OK Gelände:

tragende und aussteifende Wände, Stützen sowie Decken in F 30 B;

Wohnungstrennwände in F 60 AB;

tragende und aussteifende Wände des KG sowie Decke über KG in F 90 AB;

Wohngebäude geringer Höhe sind nach BauO NRW § 2 (3) Gebäude, "bei denen der Fußboden keines Geschosses mit Aufenthaltsräumen mehr als 7 m über der Geländeoberfläche liegt".

Mindestabmessungen unbekleideter Balken aus Vollholz

Chemische Feuerschutzmittel

Chemische Feuerschutzmittel vermögen die Entzündung und die Brandausbreitung von Holzbauteilen zu verzögern, während die Feuerwiderstandsdauer nur geringfügig erhöht wird. In der Wirkungsweise unterscheiden sich

- schaumschichtbildende Feuerschutzmittel, die in der Regel als Anstrichfilm die Oberfläche umhüllen und
- Salze, die durch das Kesseldruckverfahren eingebracht werden.

Feuerwiderstandsklasse	F 30				F 60			
Brandbeanspruchung	dreiseitig 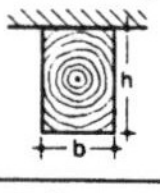		vierseitig 		dreiseitig 		vierseitig 	
Biegespannung (N/mm^2)	min b (mm)	min h (mm)	min b (mm)	min h (mm)	min b (mm)	min h (mm)	min b (mm)	min h (mm)
13	150	260	160	300	300	520	320	600
10	120	200	130	240	240	400	260	480
7	90	160	100	200	200	320	220	400
3	80	140	90	180	180	240	200	320

Für Zwischenwerte der Biegespannung darf geradlinig interpoliert werden.

Mindestabmessungen unbekleideter brettschichtverleimter Balken

Feuerwiderstandsklasse	F 30				F 60			
Brandbeanspruchung	dreiseitig 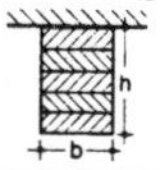		vierseitig 		dreiseitig 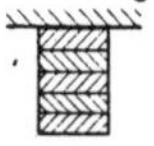		vierseitig 	
Biegespannung (N/mm^2)	min b (mm)	min h (mm)	min b (mm)	min h (mm)	min b (mm)	min h (mm)	min b (mm)	min h (mm)
14	140	260	150	310	280	520	300	620
11	110	200	120	250	220	400	240	500
7	80	150	90	190	160	300	180	380
3	80	120	80	160	140	220	160	300

Für Zwischenwerte der Biegespannung darf geradlinig interpoliert werden.

Mindestdicke d (mm) von unbekleideten Stützen aus Vollholz mit Rechteckquerschnitt

mit einer Stablänge
$s \leq 4{,}0$ m bei mittiger Druckbelastung

Konstruktionsmerkmale	Mindestdicke d (mm) für die Feuerwiderstandsklasse F 30-B	F 60-B
Stützen mit einer Druckspannung $\sigma \geq 11{,}0\ N/mm^2$	240	–
Stützen mit einer Druckspannung $\sigma = 8{,}5\ N/mm^2$	220	–
Stützen mit einer Druckspannung $\sigma \leq 5{,}0\ N/mm^2$	200	–

Baustoffklasse	Bauaufsichtliche Benennung
A	nichtbrennbare Baustoffe
A 1	
A 2	
B	brennbare Baustoffe
B 1	schwerentflammbare Baustoffe
B 2	normalentflammbare Baustoffe
B 3	leichtentflammbare Baustoffe

Feuerwiderstandsklassen

F 30 (feuerhemmend)
F 60 (feuerbeständig)
F 90 (feuerbeständig)
F 120
F 180

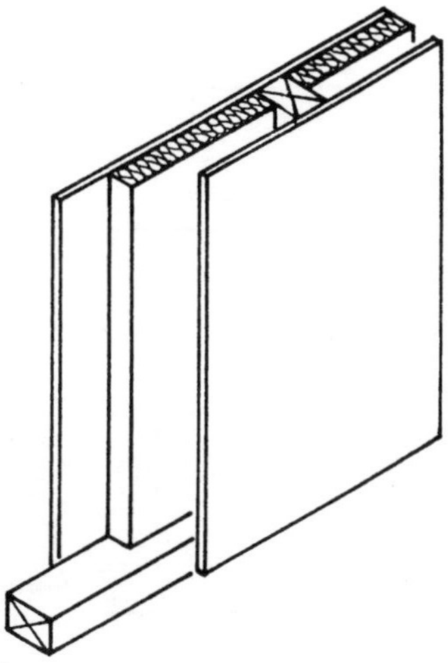

F 30 B:

Einfaches Holzständerwerk mit einlagiger Beplankung aus Gk Feuerschutzplatten ≥ 12,5 mm nach DIN 18180 und innenliegendem Mineralfaserdämmstoff (d = 40 mm / > 40 kg/m3) nach DIN 18165. Schmelzpunkt ≥ 1000 °C

F 30 A:

Wie oben, jedoch mit Metallständerwerk.

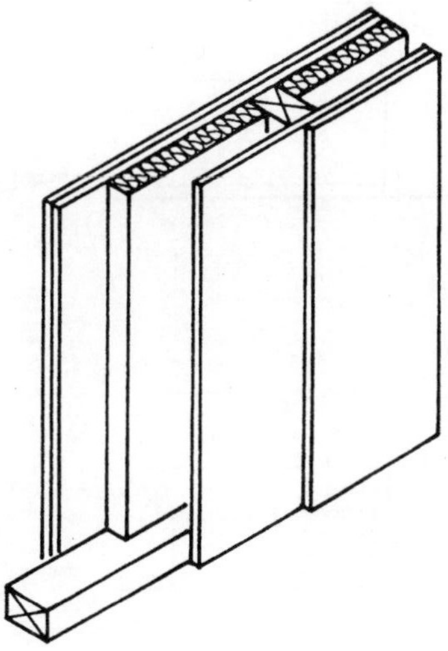

F 60 B:

Einfaches Holzständerwerk (Ständer 60/60 oder 80/60) mit doppellagiger Gk Feuerschutzbeplankung (2 x 12,5 mm) nach DIN 18180 und 18181 und innenliegendem Mineralfaserdämmstoff (d ≥ 40 mm / ≥ 40 kg/m3) nach DIN 18165. Schmelzpunkt ≥ 1000 °C

F 60 A:

Wie F 60 B, jedoch mit Metallständerwerk.

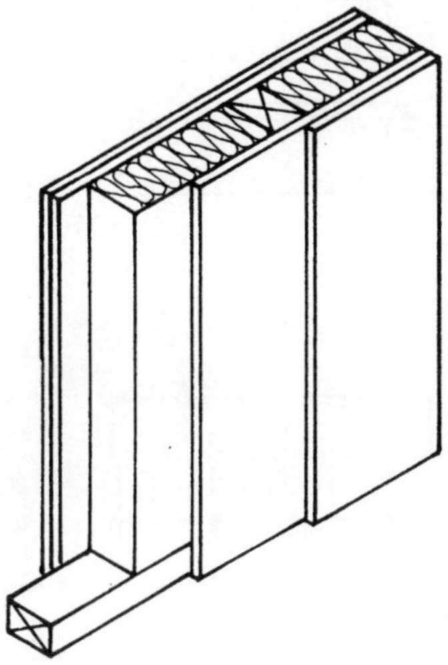

F 90 B:

Einfaches Holzständerwerk (Ständer 60/60 oder 80/60) mit doppellagiger Gk-Feuerschutzbeplankung (2 x 12,5 mm) nach DIN 18180 und DIN 18181 und innenliegendem Mineralfaserdämmstoff (d ≥ 80 mm / ≥ 100 kg/m3) nach DIN 18165. Schmelzpunkt ≥ 1000 °C

Holzbau

Der sogenannte konstruktive Holzschutz vermeidet ganz oder teilweise, daß Regenwasser an die Verschalung gelangt und beeinflußt die Gestaltung des Gebäudes.

Kein konstruktiver Holzschutz

Das Dach wird in der Erscheinung zurückgenommen und die Wandflächen dominieren. Die Traufe liegt hinter der Verschalung, deren Oberfläche häufiger imprägniert werden muß.

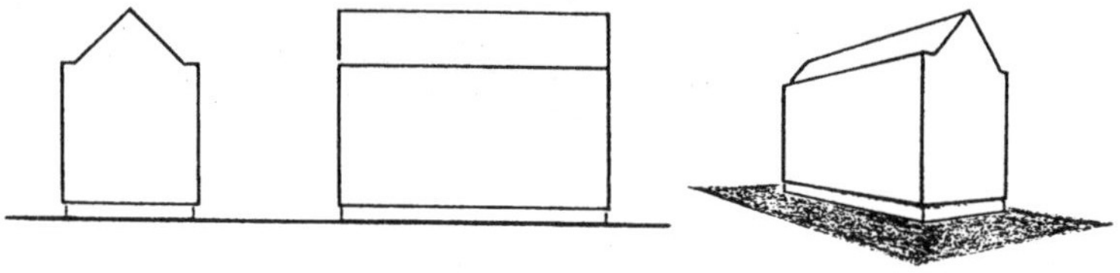

Kein konstruktiver Holzschutz

Dach und Wand gehen ineinander über. Die Traufe liegt vor der Verschalung, deren Oberfläche häufiger imprägniert werden muß.

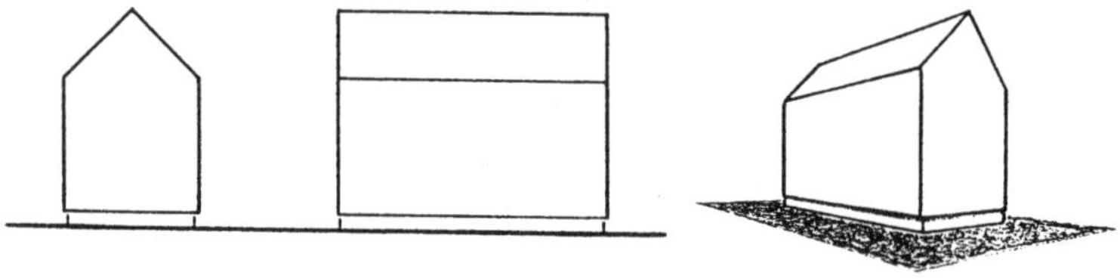

Einfacher Dachüberstand

Das Dach dominiert in der Erscheinung und schützt die obere Hälfte der der Längswände. Der Überstand richtet sich nach der Sparren- oder Binderauskragung und darf die Belichtung der Räume im Obergeschoß nicht beeinträchtigen.

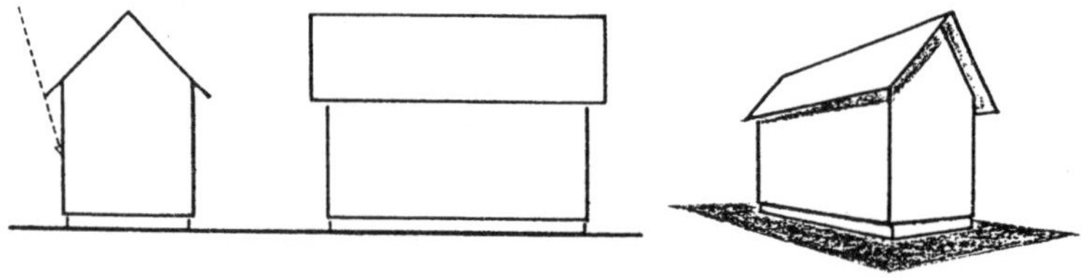

Dachüberstand und auskragendes Obergeschoß

Das Obergeschoß kragt aus und schützt die Wand des Erdgeschosses. Zusammen mit dem Dachüberstand ergibt sich, wie häufig im traditionellen Fachwerkbau ein vollflächiger Schutz.

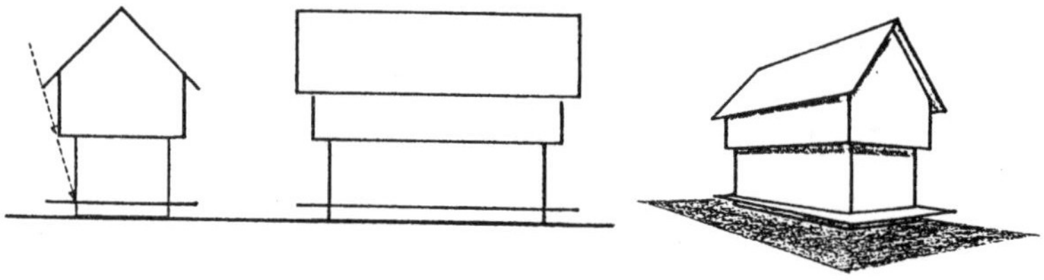

Geschoßweise umlaufende Schutzdächer

Vorwiegend im ostasiatischen Raum anzutreffen gliedern die Schutzdächer das Gebäude geschoßweise und schützen die gesamte Oberfläche der Außenwände.

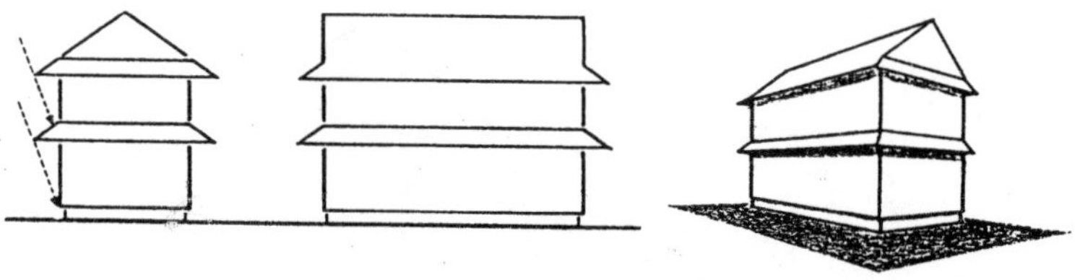

Großer Dachüberstand und Umgang

Das Skelett stützt den großen Dachüberstand und den Umgang. Es entsteht der Eindruck einer zweiten Haut um das Gebäude, das völlig geschützt darunter liegt. Die Belichtung der Räume wird beeinträchtigt und kann nur durch große Öffnungen kompensiert werden.

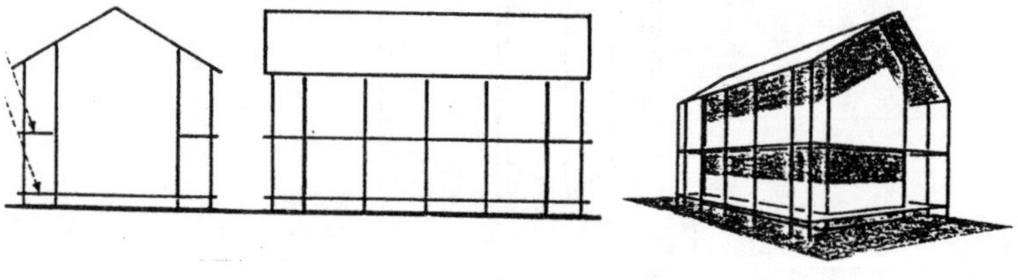

Aussteifung

1. Anordnung von drei Vertikalscheiben im Grundriß und einer Horizontalscheibe

2. Vertikalverband als einfache Diagonale

3. Vertikalverband als Halbrahmen

4. Horizontalscheibe aus versetzt angeordneten Span- oder Furnierplatten, geschraubt oder genagelt

5. Horizontalverband aus Flachstahldiagonalen

6. Horizontalscheibe durch Diagonalschalung

Aussteifungsverbände

- Windrispen
- Flachstahlverbände
- Sperrholzplatten
- Diagonalschalung
- Stahlkreuze
- Vollholzdiagonalen

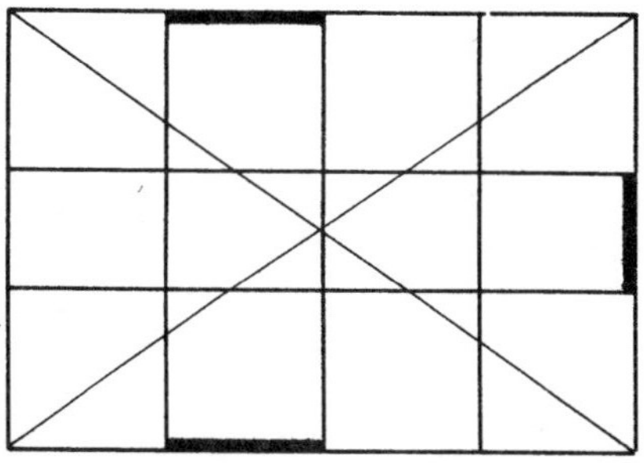

1

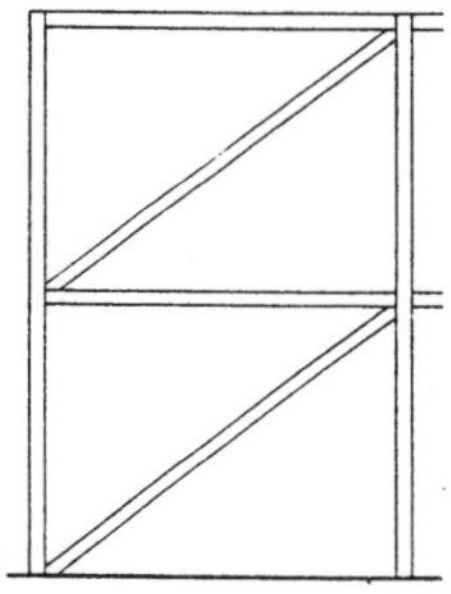

2

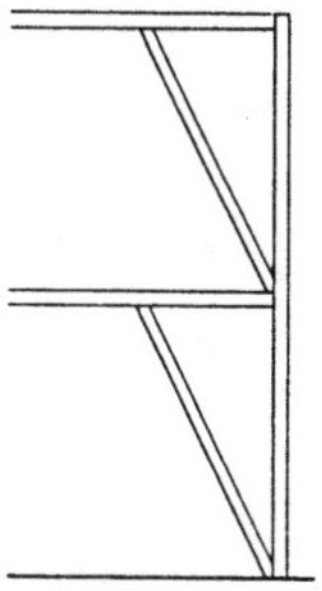

3

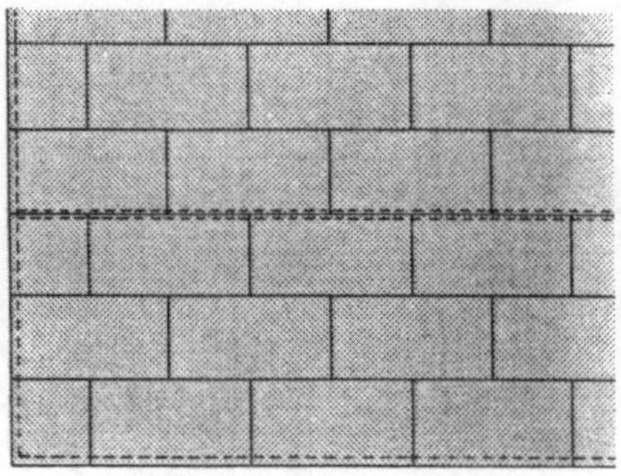

4

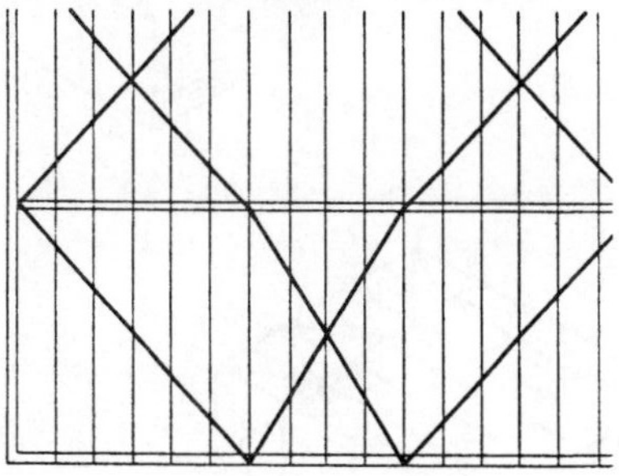

5

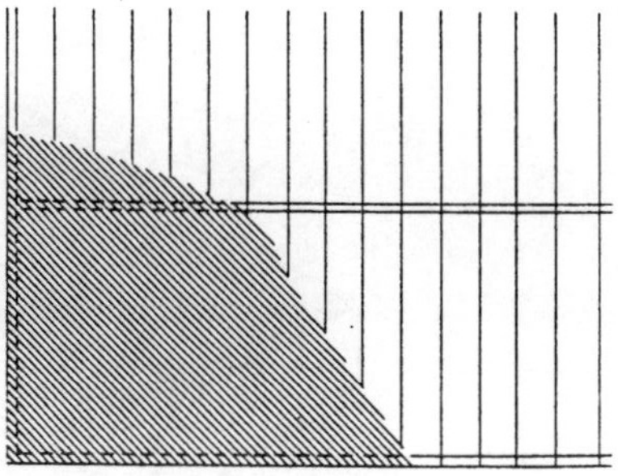

6

Eingespannte Stützen

Stützen können im Fundament eingespannt werden. In diesem Fall werden meist alle Stützen eingespannt, auf die einzelne Stütze entfällt ein dementsprechend kleiner Teil der Windlast.
Eingespannte Stützen können Wind in **Längs- und Querrichtung** aufnehmen. Sie wirken damit in beiden Richtungen wie Scheiben.

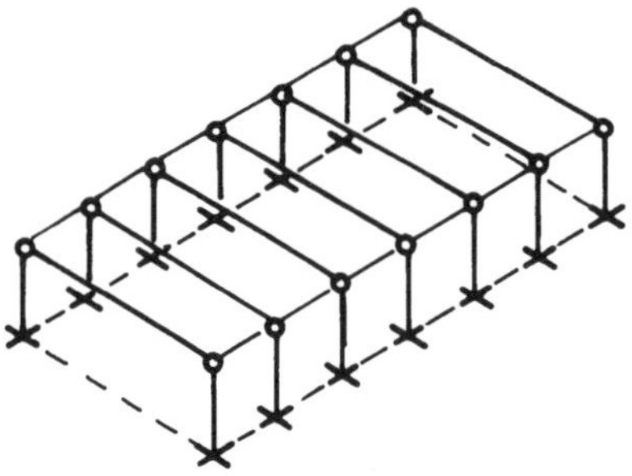

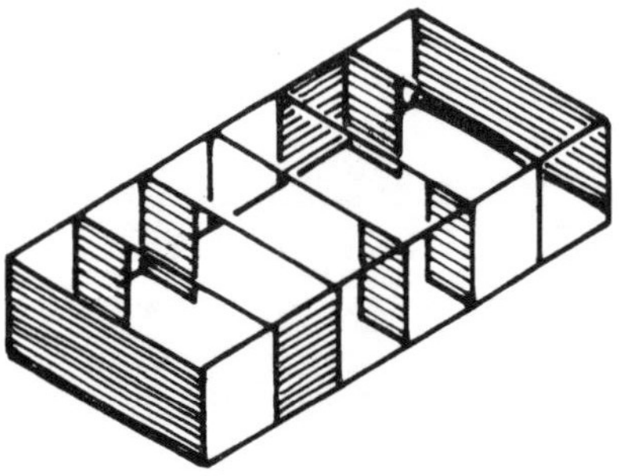

Mit/ohne steifer Dachscheibe

Hallen **ohne** steife Dachscheibe müssen
in jeder Rasterachse sowohl längs als auch quer durch vertikale Scheiben ausgesteift werden.

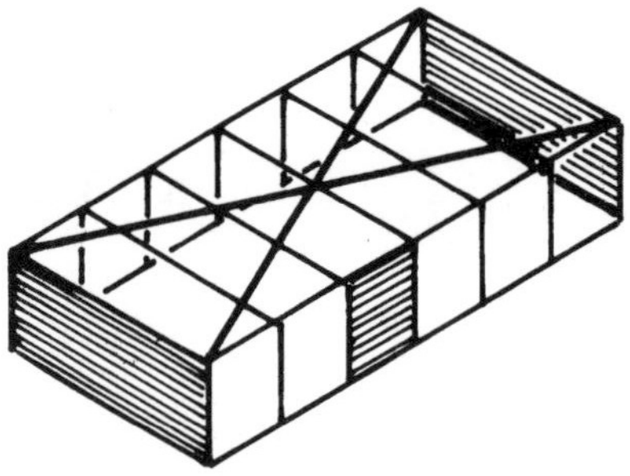

Eine Halle mit steifer Dachscheibe kann mit drei vertikalen Scheiben ausgesteift werden, wenn sie bzw. ihre Wirkungslinien sich nicht in einem Punkt schneiden.

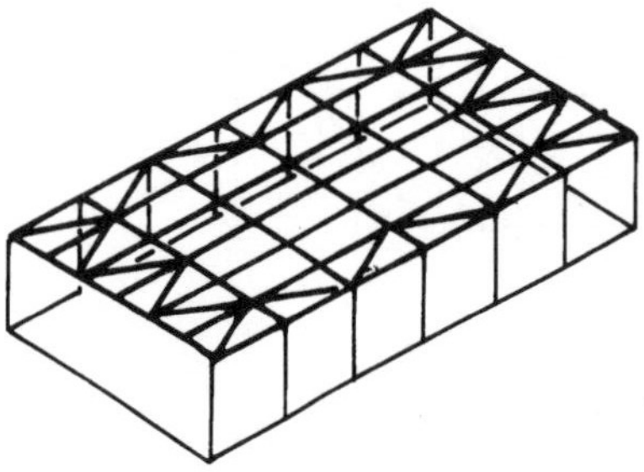

Dachscheiben

Die liegenden **Fachwerkträger** in dieser Dachfläche bilden zusammen einen biegesteifen liegenden Rahmen und wirken so als Scheibe.

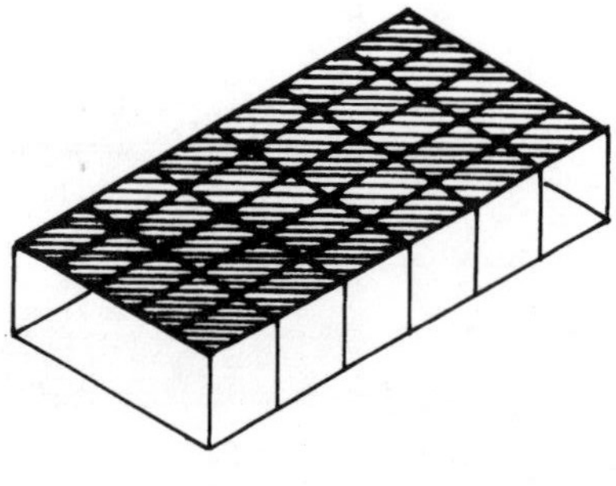

Eine **Holzdecke** wird durch eine diagonale Verbretterung oder durch Spanplatten (versetzte Stöße) zur Scheibe. Bei jeder Anordnung von Diagonalen ist wichtig, daß Dreiecke durch Elemente in drei Richtungen gebildet werden. Also z.B. Binder - Balken - Diagonalverbretterung.

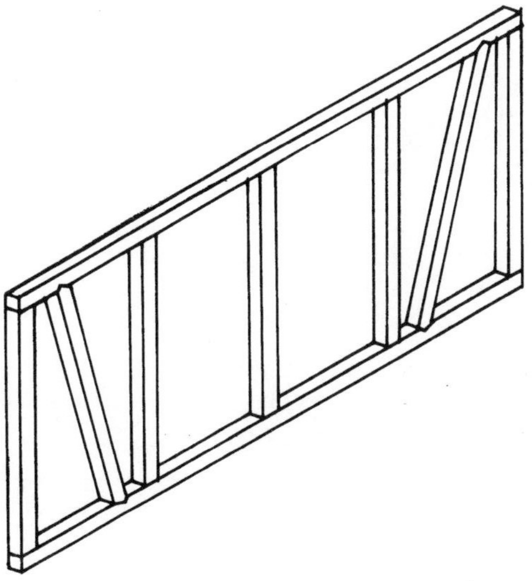

a) Fachwerkbau

Aussteifung über Büge von Rähm zu Schwelle.

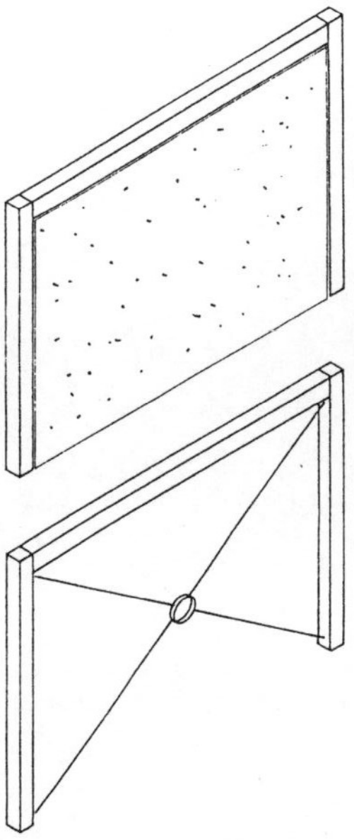

b) Pfosten-Riegel-Bau

Steife Scheiben oder Auskreuzungen mit Seilen bzw. Bändern sorgen für die Unverschieblichkeit des Skeletts.

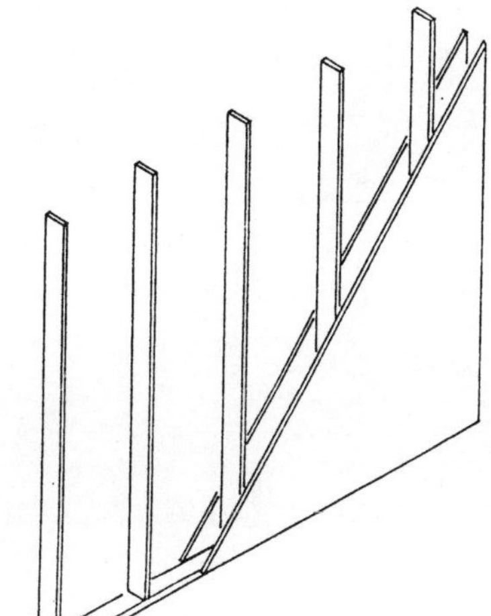

c) Rippenbau

Durch beidseitiges Beplanken mit Holzwerkstoffplatten oder Diagonalschalung entsteht eine steife Scheibe.

Gare TGV, Aeroport Roissy C.D.G., Paris 1994, Jean-Marie Duthilleul

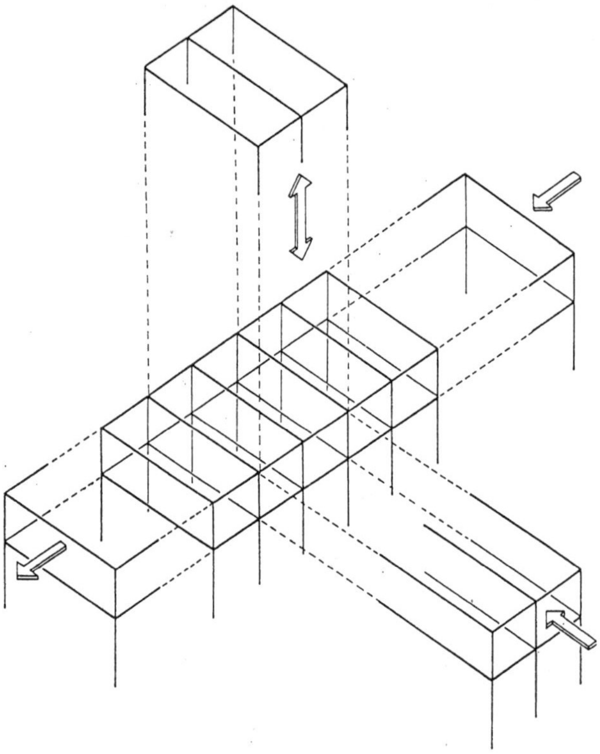

Die Vorzüge der Stahlskelettbauweise liegen in ihrer Vorfabrizierbarkeit, schnellen Montage und der guten Veränderbarkeit des Traggerüstes.
Addition oder Subtraktion von Gebäudeabschnitten sind leicht möglich. Aufgrund der immer kürzer werdenden Lebenserwartung von Gebäuden sind die problemlose Demontierbarkeit und Materialverwertung besonders wichtig.

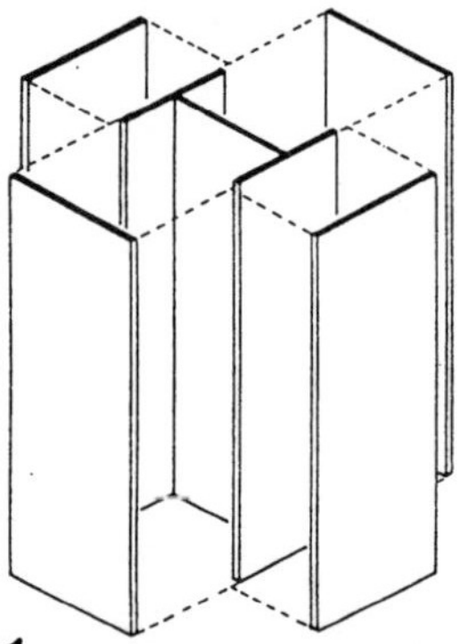

1

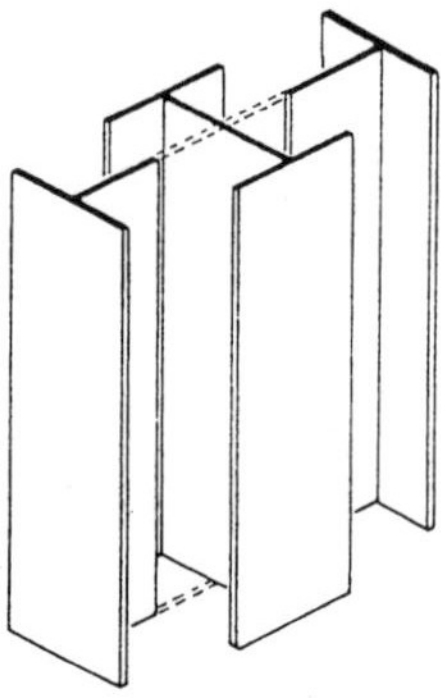

2

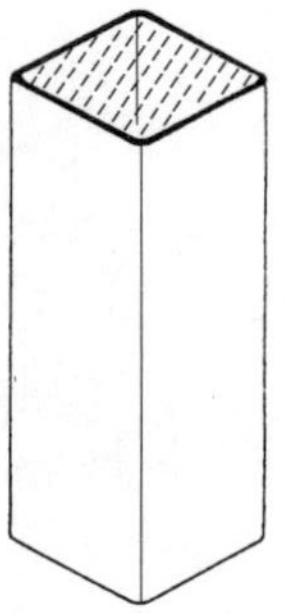

3

Notwendige Verstärkungen der Tragstruktur lassen sich mit relativ geringem Aufwand durchführen:

1) Verstärken der Stützenflansche und Vergrößerung der Knicksteifigkeit = Kastenstütze

2) Erweiterung eines HE-Profils zur Kreuzstütze

3) Ausbetonieren von Hohlprofilen

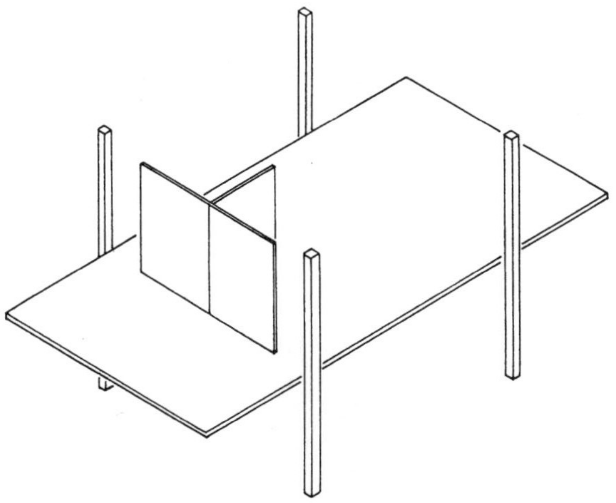

Großraum

Die Nutzung verlangt

1) offene Flächen ohne Abtrennungen oder Unterteilungen

2) Stellwände (als Sichtschutz) unterteilen den Raum; der Großraum bleibt weiterhin erfahrbar

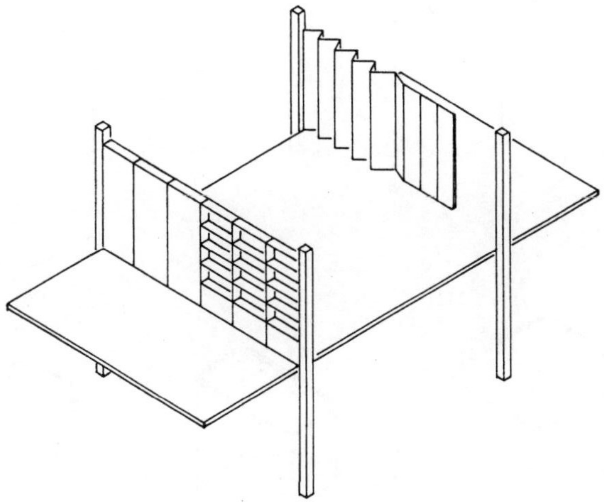

Kleinraum

Der Großraum wird durch

3) raumhohe flexible Falt- und Schiebewände oder

4) versetzbare, elementierte leichte Trennwände unterteilt.

Diese Unterteilung ist reversibel und ohne großen Arbeitsaufwand durchzuführen.

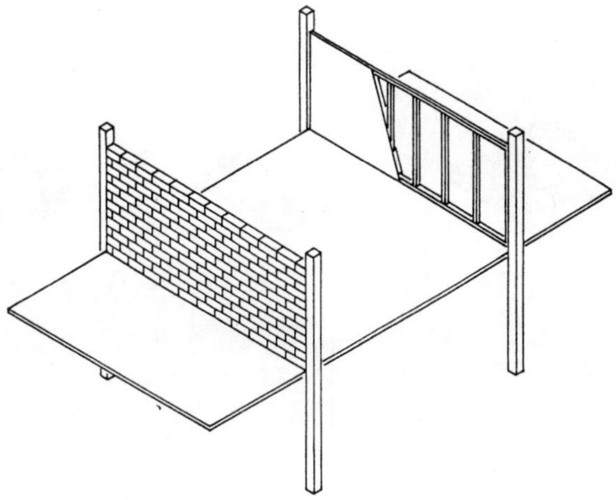

Nur noch mit größerem Aufwand veränderbar sind Unterteilungen durch

5) fest eingebaute Leichtbauwände auf Metallständergerüst

oder

6) massive Trennwände.

1) IPE-Profile

Eignen sich aufgrund ihres rechteckigen Querschnitts besonders zum Einsatz als Träger. Schmale Flansche ergeben eine geringe Knicksteifigkeit in diesen Achsen.

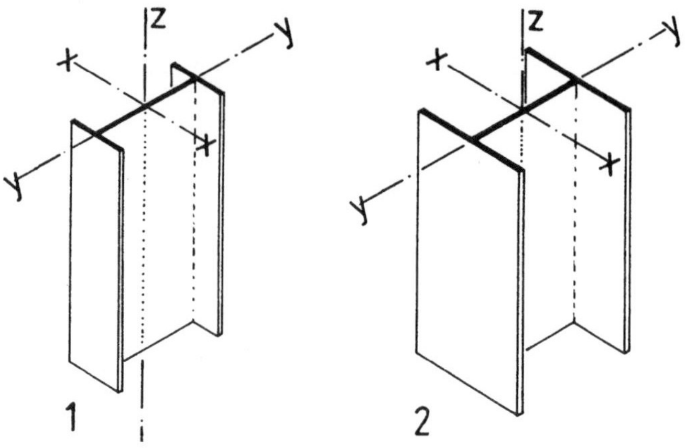

2) HE-Profile

HE-Profile sind wirtschaftliche Stützenprofile, da sie aufgrund ihrer breiten Flansche eine gute Knicksteifigkeit in beiden Richtungen besitzen. HE-Profile besitzen eine quadratische Projektionsfläche.

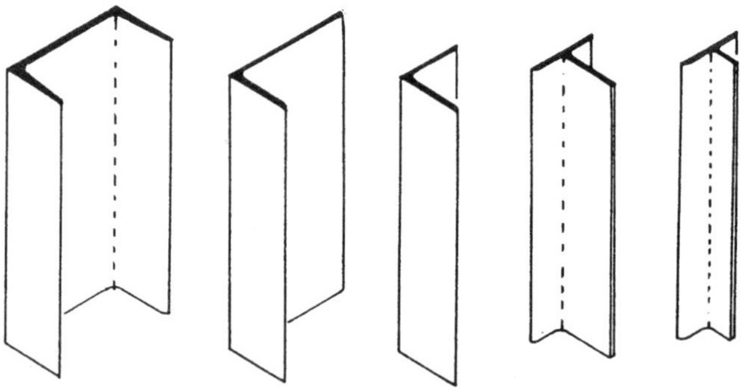

3) [- und Winkelprofile

Diese Profile eignen sich nur zum Zusammensetzen von Tragwerksgliedern.

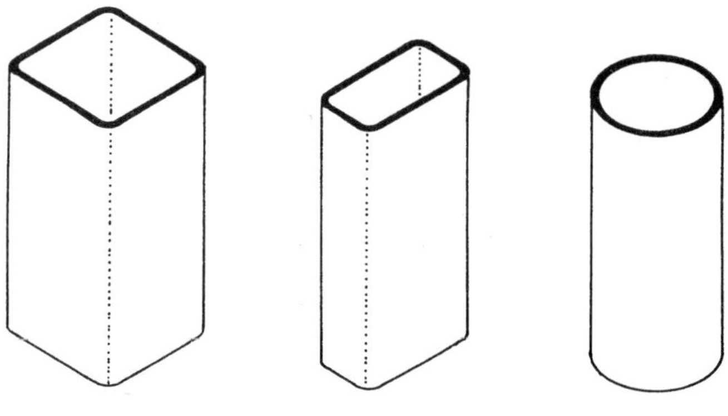

4) Hohlprofile

Hohlprofile zeichnen sich aufgrund ihrer Knicksteifigkeit aus. Ihre Tragfähigkeit ist jedoch begrenzt und der Materialpreis relativ hoch.
Rundrohrprofile werden meist in Bauten mit nicht rechtwinkligem Raster verwendet.
Alle Hohlprofile gibt es mit verschiedenen Wandstärken.

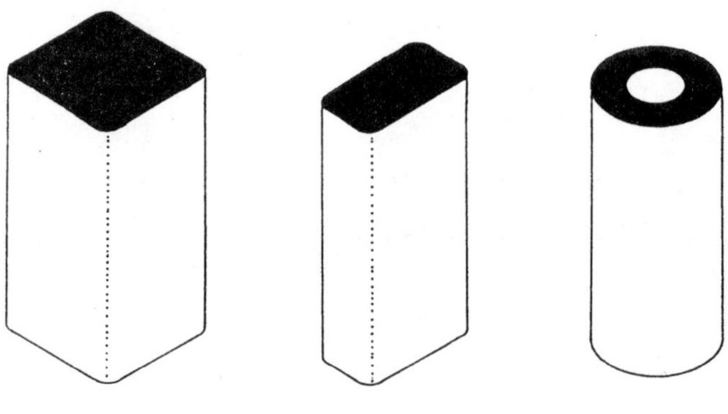

5) Vollprofile

Vollprofile eignen sich zum Abtragen großer Stützenlasten. Sie erreichen ohne oder mit nur geringem Brandschutz eine hohe Feuerwiderstandsklasse.

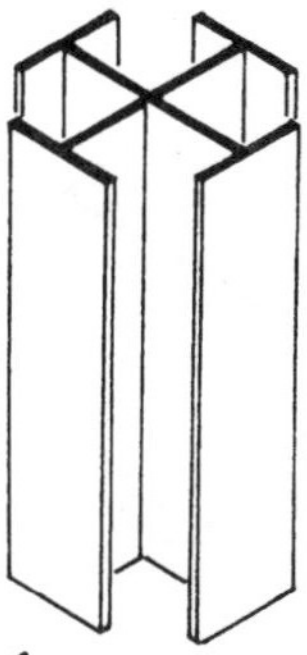

1

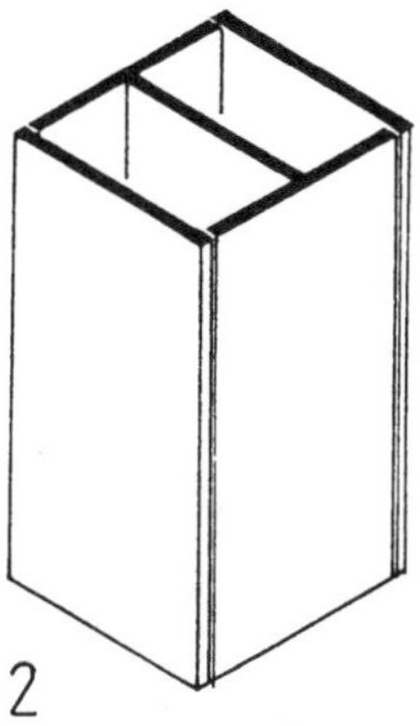

2

1) Leichte Kreuzstützen

Durch Aufschweißen eines halbierten IPE-Profile wird höhere Tragkraft und Knicksteifigkeit erreicht. Für schwere Kreuzstützen eignen sich HE-Profile.

2) HE-Profil mit aufgeschweißten Flachstählen

Dies hat zum einen eine Tragkraftvergrößerung zur Folge, zum anderen eine Verbesserung der Steifigkeit in der weichen Profilachse.
-> Schwere Kastenstützen

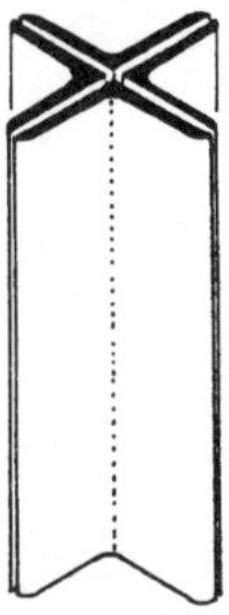

3

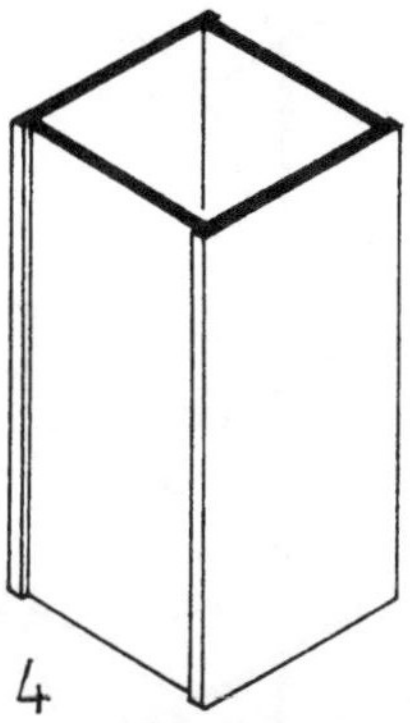

4

3) Aus 4 Winkelstählen zusammengesetzte Stützen

Diese Stützenform ist eher formalen Ursprungs und nicht sehr wirtschaftlich.

4) Kastenstützen aus 4 Flachstahltafeln

Sie sind besonders zum Abtragen schwerer Lasten geeignet. Gute Steifigkeit in beiden Achsen.

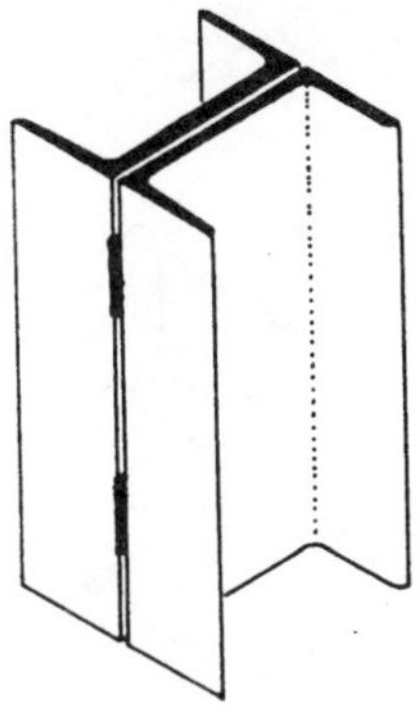

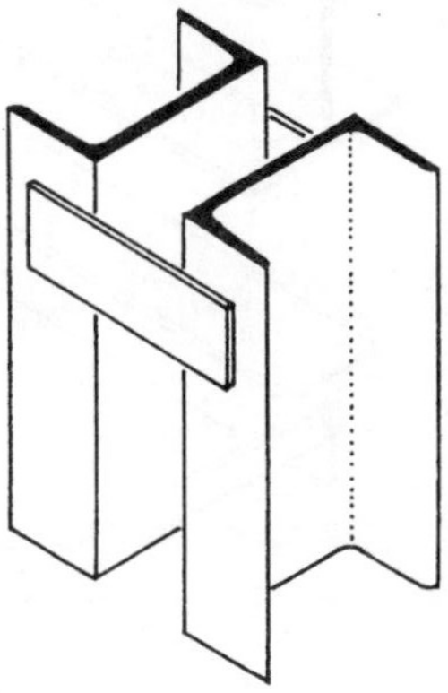

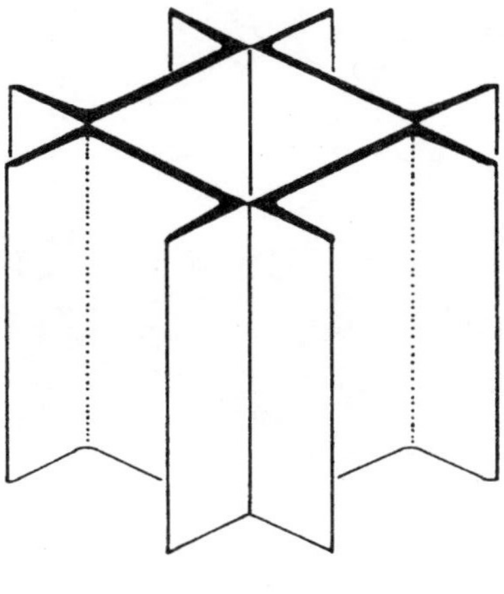

5) Zusammengesetzte Stützen aus [- Profilen

In der Regel liegen diesen Stützenformen formale Absichten zugrunde. Sie erscheinen filigrander als gewöhnliche Walzprofile.

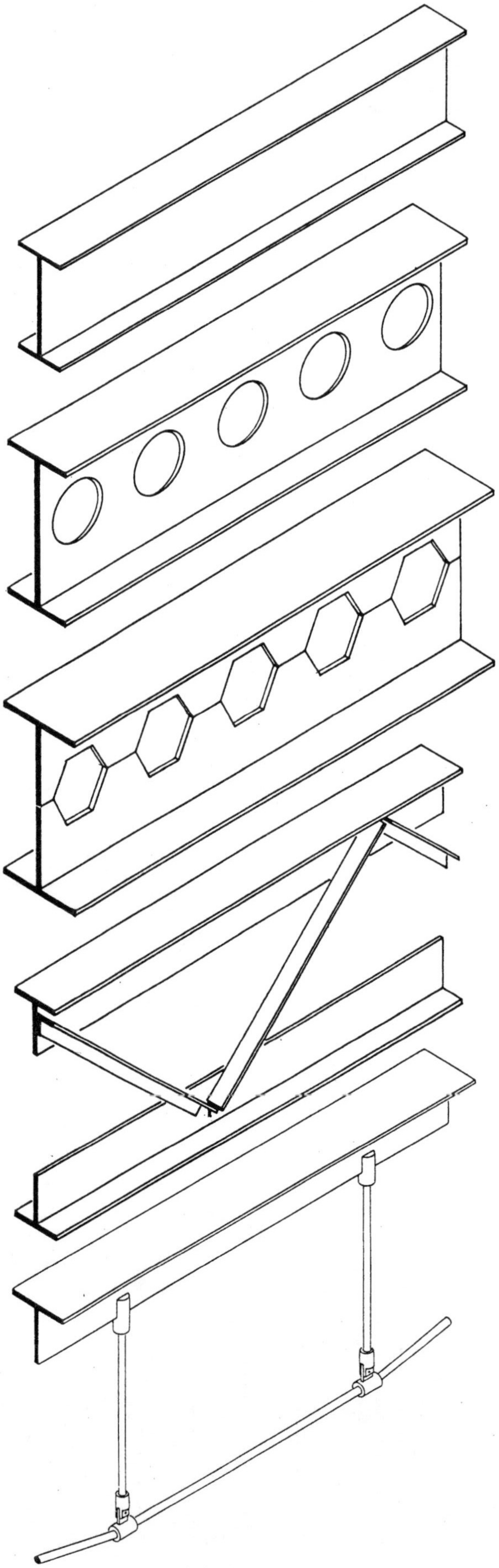

Vollwandträger

Sie bestehen aus Walzprofilen und werden im Geschoßbau am häufigsten verwendet.
Vorzugsweise sind es IPE-Profile mit Bauhöhen von 80 - 600 mm, seltener sind:

IPB - Breitflanschträger mit parallelen Flanschen, normale Ausführung
IPBv - verstärkte Ausführung
IPBl - leichte Ausführung

Lochstegträger

Bei großen Trägerhöhen wird der Steg in der neutralen Zone punktförmig ausgespart, um das Gewicht zu reduzieren und Installationsführungen in Trägerebene zu vereinfachen.

Wabenträger

Wabenträger entstehen aus trapezförmig aufgeschnittenen IPE- oder HE-Profilen.
Die beiden Trägerteile werden versetzt wieder zusammengeschweißt. Durch Einsetzen von Zwischenblechen läßt sich die Trägerhöhe noch vergrößern.

Fachwerkträger

Fachwerkträger eignen sich besonders für große Trägerhöhen und Spannweiten.
Vorteile sind geringer Materialbedarf und gute Leitungsführungsmöglichkeiten.
Als Nachteil ist der hohe Herstellungsaufwand anzusehen. Fachwerkträger können aus diversen Walz- oder Hohlprofilen hergestellt werden.

Unterspannte Träger

Unterspannte Träger eignen sich ebenso für große Spannweiten. Es lassen sich mit ihnen sehr zierliche Trägerkonstruktionen erreichen. Sie zeigen deutlich den Kräfteverlauf. Der Obergurt überträgt Druckkräfte, der Untergurt übernimmt Zugkräfte und kann als Seil ausgebildet werden.

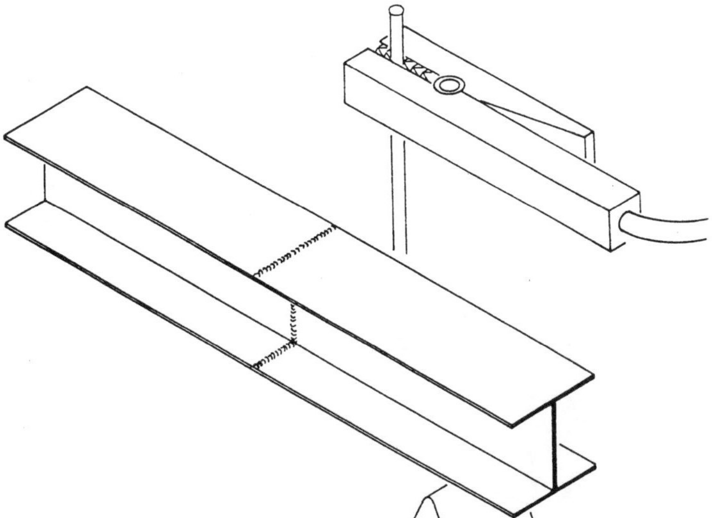

Schweißen

Nicht lösbare Stahlverbindung. Der Verbund wird durch Stahlschmelz erreicht. Darf nur von speziell geschulten Fachleuten durchgeführt werden.
Tragwerkanschlüsse dürfen in der Regel nicht auf der Baustelle geschweißt werden.

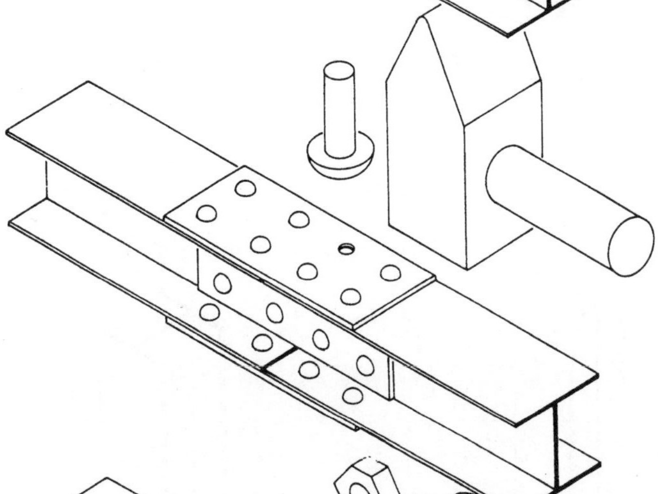

Nieten

ermöglichten die Herstellung von nicht lösbaren Stahlverbindungen und die Aufdickung der Flansche mittels Flachstählen. Die Nieten wurden in glühendem Zustand eingesetzt. Der herausstehende Schaft wurde mit dem Niethammer zum Nietkopf umgeformt. Nach Erkalten und Kontraktion der Nieten kam es zum Reibungsverbund.
Heute sind Nietverbindungen nicht mehr gebräuchlich.

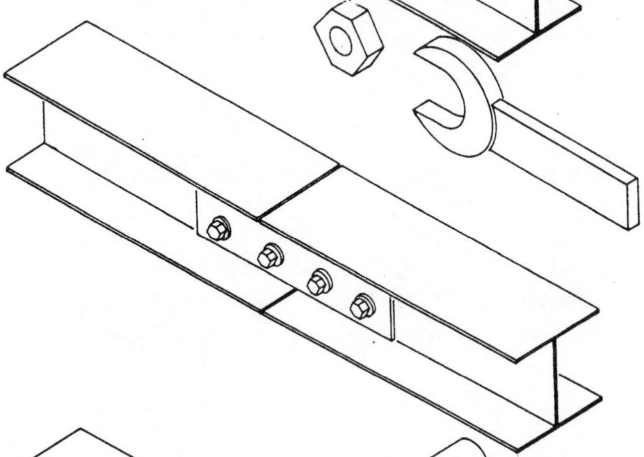

Schrauben

führen zu hochfesten, jedoch lösbaren Stahlverbindungen. Die Kraftübertragung erfolgt ähnlich dem Nieten durch Scher- und Reibungsverbund.
Schraubenverbindungen beschleunigen die Montage.

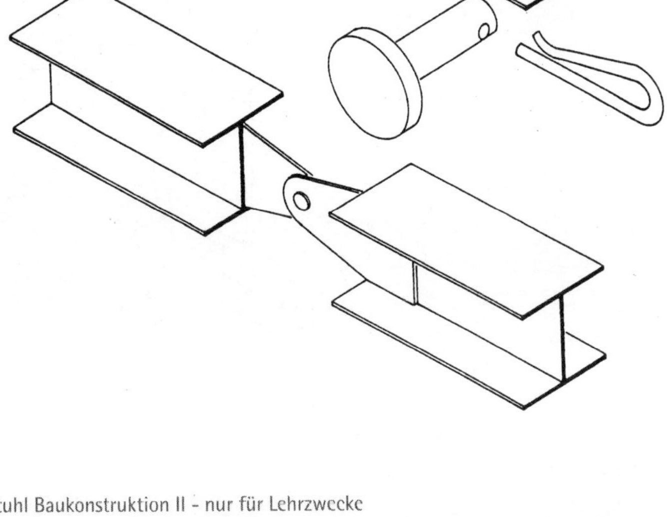

Bolzen und Splinte

ergeben lösbare Verbindungen. Sie eignen sich zur Ausbildung von Gelenken.

Stütze gelenkig gelagert

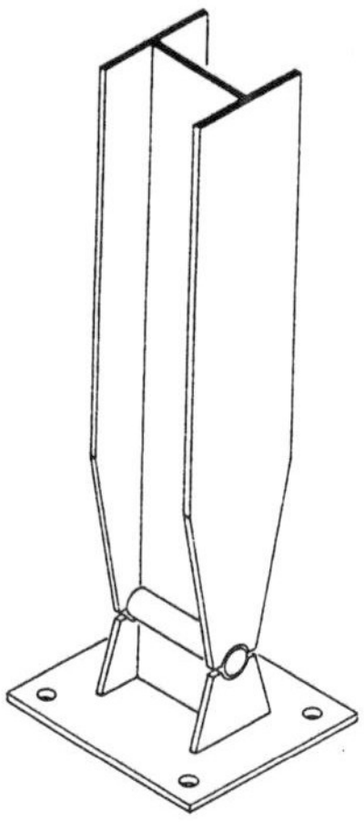

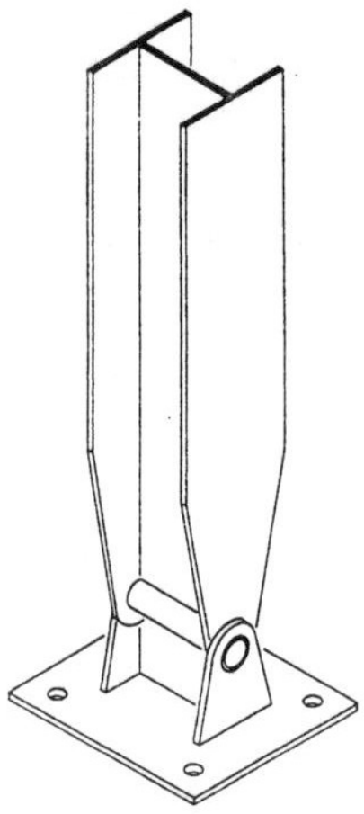

Stütze überträgt Druckkräfte und Horizontalkräfte. Zur Übertragung der Horizontalkräfte reicht die durch die aus Stützenlast erzeugte Reibungskraft aus.

Stütze kann Druck-, Horizontal- als auch Zugkräfte übertragen. Zur Übertragung von Zugkräften muß die Bodenplatte im Fundament verankert werden.

Stütze eingespannt

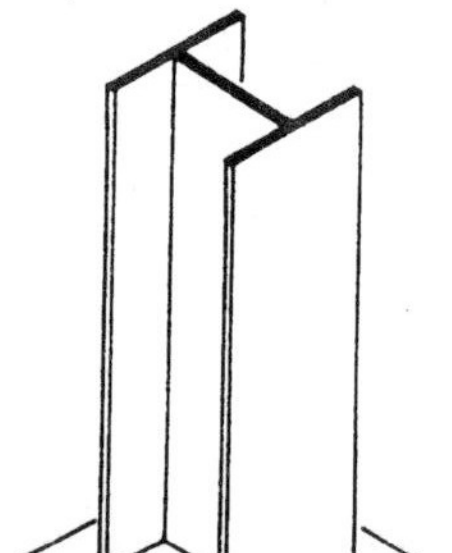

Dieser Stützenfuß gilt ebenfalls als einachsig gelenkig. Sehr wirtschaftlich!

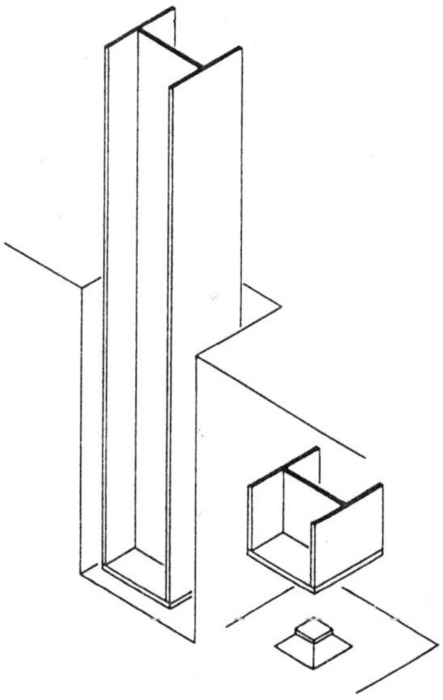

Einfache Art der Einspannung; die Stütze wird in Fundamentaussparungen eingesetzt und mit Beton vergossen; zur Justierung dient eine Nivellierplatte. Bei größeren Lochtiefen sind an den Stützenflanschen Setzwinkel anzuordnen. Die Kopfplatte dient der Justierung und der Aufnahme von Zugkräften.

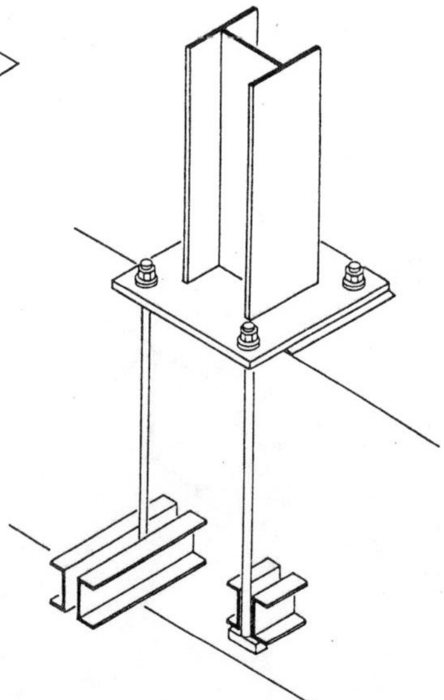

Einspannung mittels Ankerschrauben und Ankerbarren au [- Profilen; bei kleineren Stützenprofilen kann auf die Ankerbarren verzichtet werden.
Nachteil: Ankerschrauben müssen sehr genau versetzt werden!

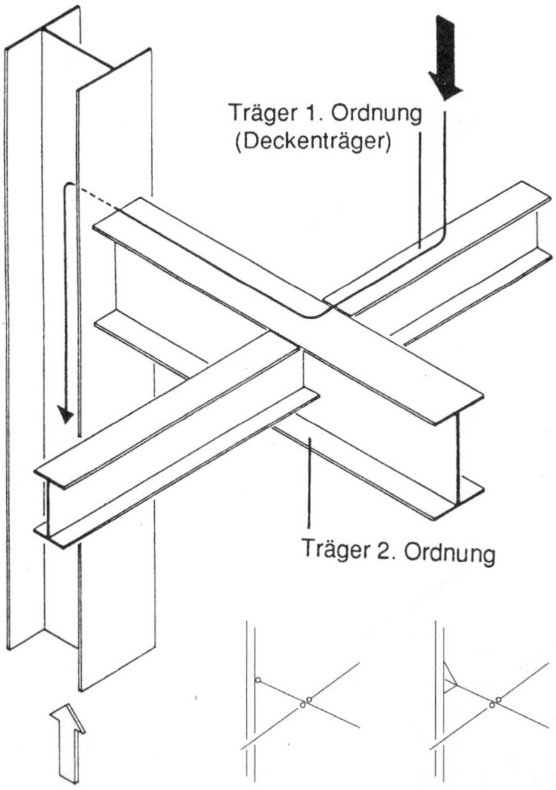

Im Stahlskelettbau übernimmt ein Trägersystem die Lastweiterleitung an die Stützen.
Flächen- oder Punktlasten werden von der Deckenplatte aufgenommen und auf die Deckenträger (Träger 1. Ordnung) verteilt.
Diese wiederum leiten die Last über den Hauptträger (Träger 2.Ordnung) an die Stütze. Hier wird die Last als Punktlast ins Fundament abgetragen.
Bei gelenkigem Trägeranschluß wird die Stütze nur durch Normalkräfte (Druck und Zug) belastet.
Im Falle einer Rahmenverbindung muß die Stütze zusätzlich auch Biegemomente aufnehmen können!

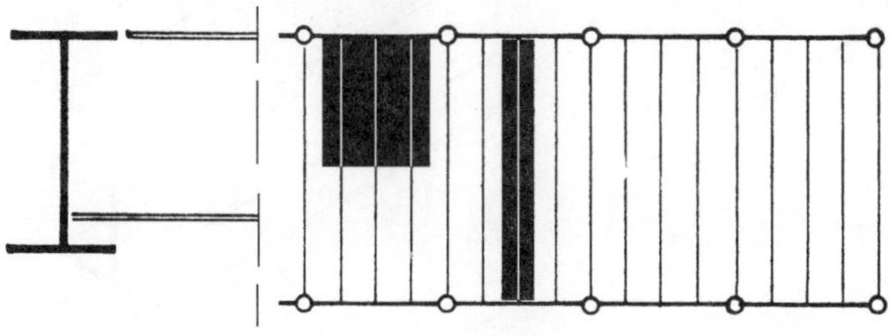

Rechteckraster

Großes Lasteinzugsfeld des Trägers 1.Ordnung und ein kleines Einzugsfeld des Träger 2. Ordnung ergeben eine günstige Bauhöhe.

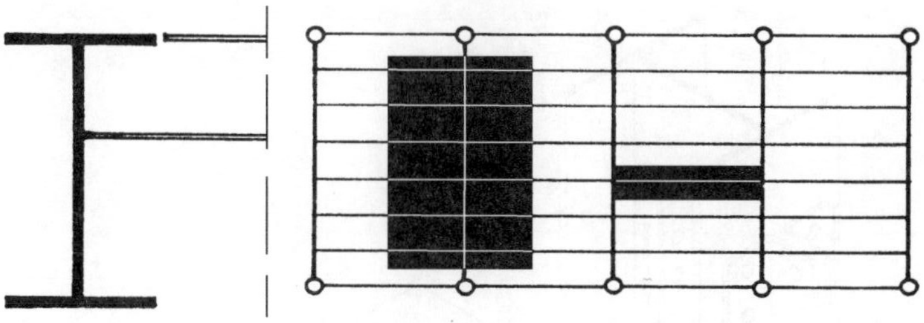

Rechteckraster

Kleines Lasteinzugsfeld des Trägers 1.Ordnung und ein großes Einzugsfeld des Trägers 2.Ordnung ergeben eine ungünstige Bauhöhe.

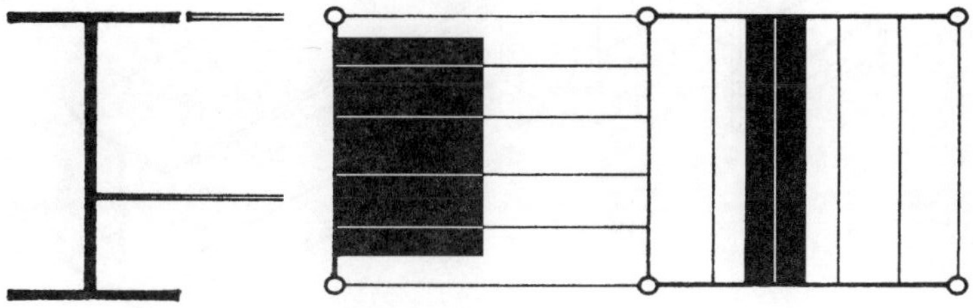

Quadratraster

Ein Quadratraster ist aufgrund des großen Lasteinzugsfeldes von Trägern 1. und 2. Ordnung sehr ungünstig.

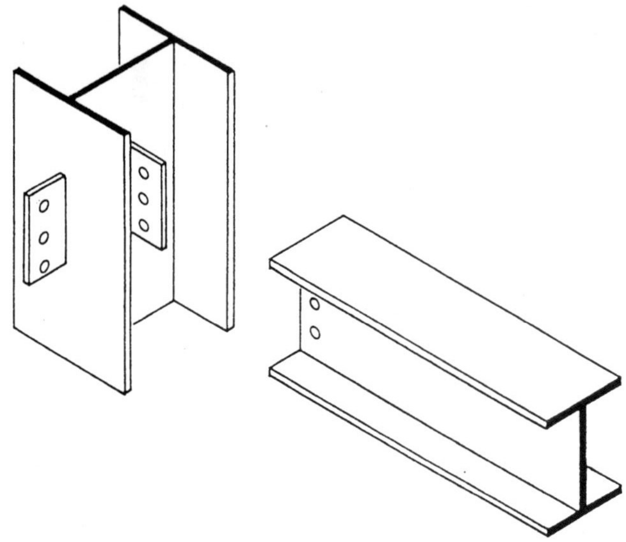

Steglaschenanschluß

Um Materialdicke zu den Profilachsen versetzt werden Flachstahlflansche auf die Stütze geschweißt, so daß die Profilachsen der Träger präzise auf die Profilachsen der Stütze reagieren.

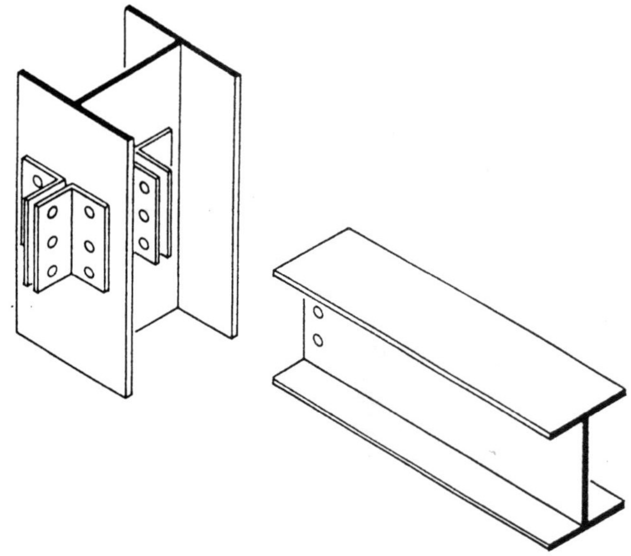

Schraubwinkelanschluß

Winkelprofile werden mit Abstand der Trägerstegdicke parallel zu den Achsen auf die Stütze geschraubt.

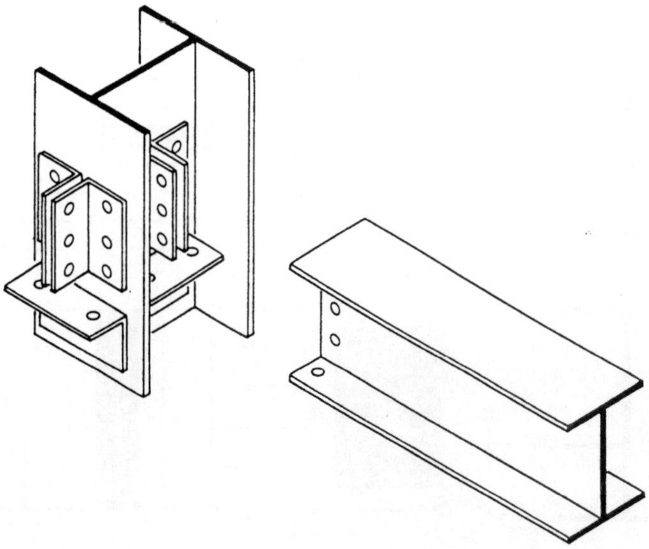

Schraubwinkelanschluß mit Konsole

Die Konsole ist in erster Linie als Montagehilfe für den Schraubwinkelanschluß gedacht.

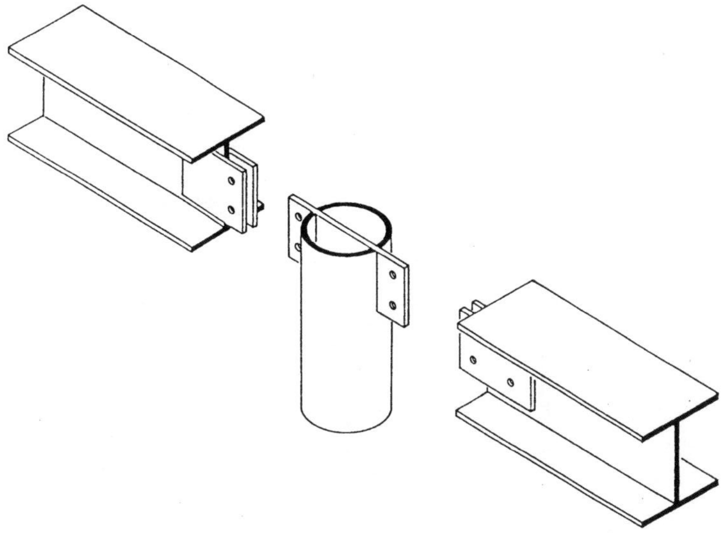

Trägeranschluß an Hohlprofil. Bei dickwandigen Hohlprofilen reichen aufgeschweißte Laschen.
Dünnwandige Profile werden geschlitzt, und die Laschen werden durchgeführt und verschweißt.

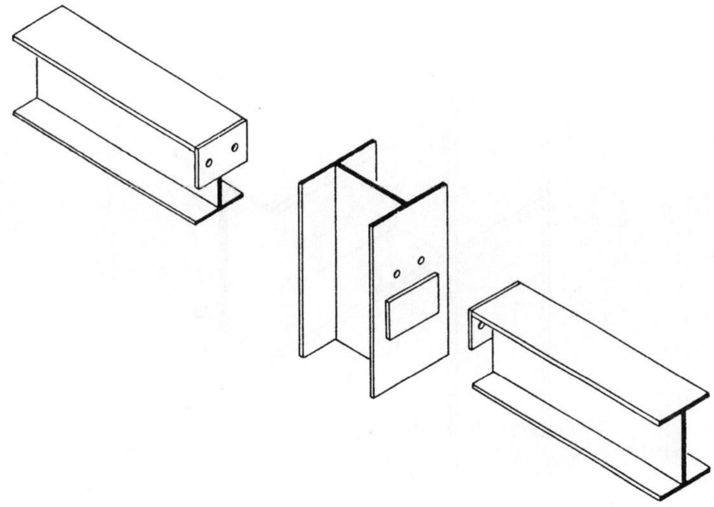

Trägeranschluß mit angeschweißter Knagge und Kopfplatte zur leichteren Montage.

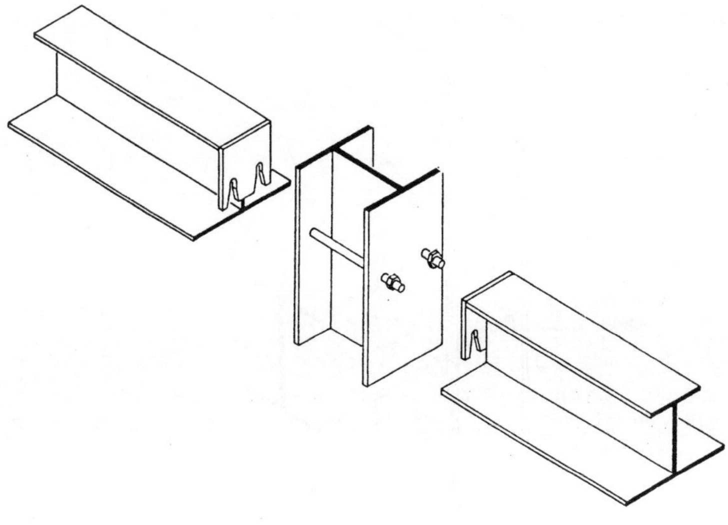

Bausystem der Firma ARBED

Die Träger werden mit einer Kopfplatte versehen und an die Stützen eingehängt. Auf die verbreiterten unteren Flansche werden vorgespannte Hohlplatten aufgelegt. Das z.Zt. wirtschaftlichste Stahlbausystem für Spannweiten von 8,40 m bis 12,00 m.

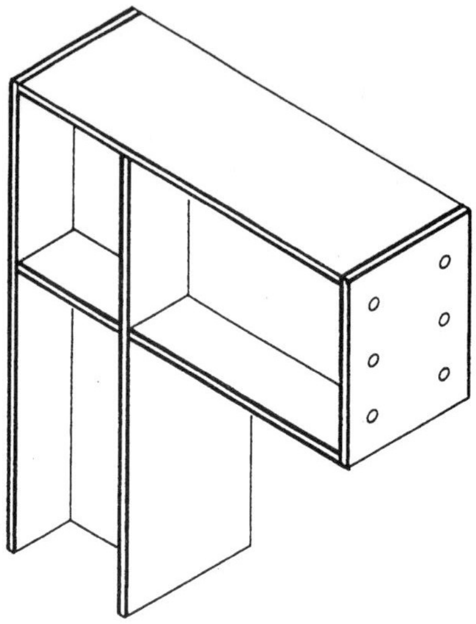

Voll geschweißte Rahmenecke mit Kopfplatte für Riegelanschluß

Rahmenecke wird werksmäßig hergestellt. Der Riegelanschluß erfolgt bauseits durch Verschraubung.

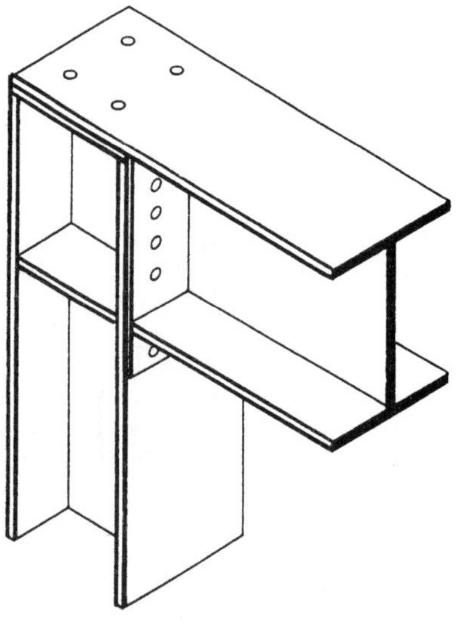

Geschraubte Rahmenecke

Stützen- und Riegelenden sind bauteilmäßig so ausgebildet, daß sie vor Ort verschraubt werden.

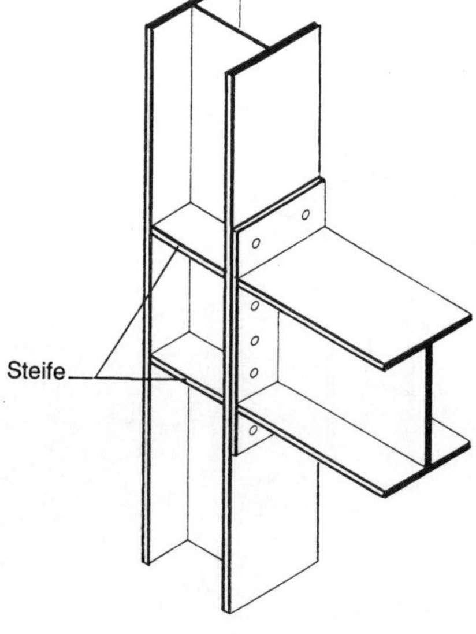

Kopfplattenanschluß bei Stockwerksrahmen

Bei dicken Stützenflanschen und geringen Momenten können die Steifen entfallen

Im allgemeinen gibt es 2 Träger-Träger- Anschlußmöglichkeiten :

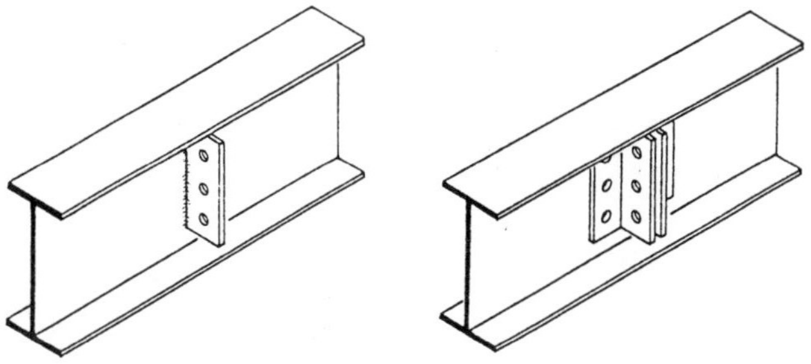

Steglaschenanschluß

Die Steglaschen werden an das Stegblech des Hauptträgers geschweißt.

Winkelanschluß

Trägeranschluß mittel paarweise angeordneter Winkel. Reine Schraubenverbindung.

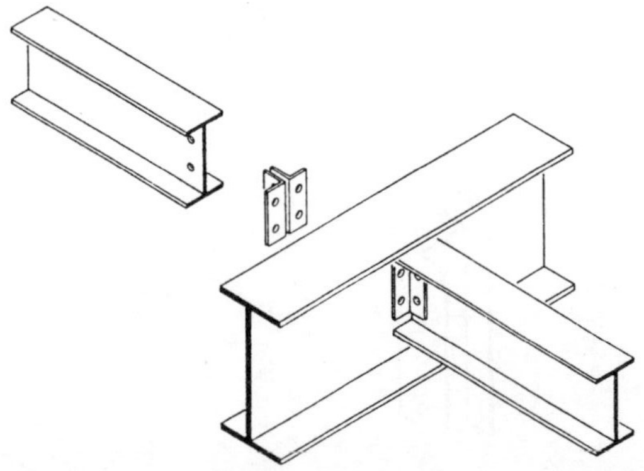

1) Kleiner Deckenträger wird mittig auf dem Unterzug angeschlossen. Beide Schwerpunktachsen liegen auf einer Ebene.

Nachteil: Höhendifferenz Hauptträger-Nebenträger

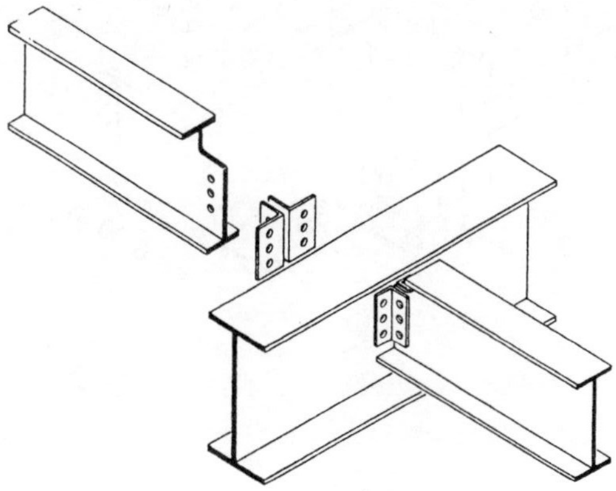

2) Kleiner Deckenträger wird höhengleich mit dem Obergurt an den Hauptträger angeschlossen.

Nachteil: Schwerpunktachsen liegen nicht auf einer Ebene

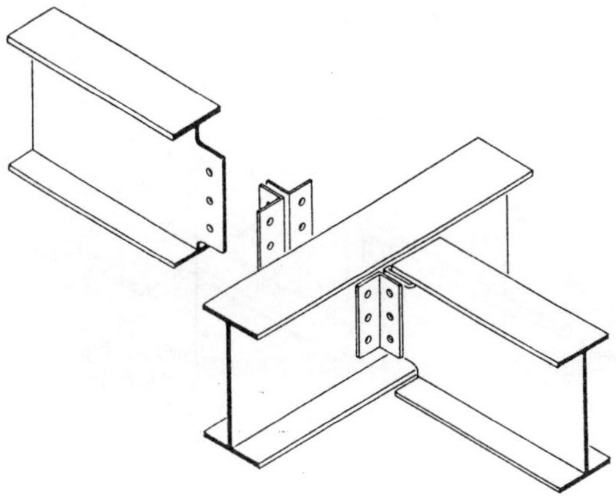

3) Deckenträger wird an gleichhohen Hauptträger angeschlossen.

Günstig, da kein Höhenversprung und beide Schwerpunktachsen auf einer Ebene.

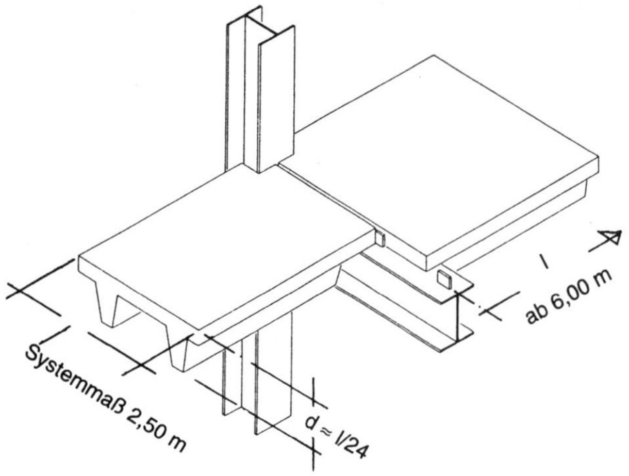

1) Betonfertigteildecken (ohne Verbundwirkung)

Vorgespannte Betonfertigteilplatten werden auf den Dekkenträger aufgelegt.
Zur besseren Positionierung der Deckenplatten, sind auf den Träger Distanzhalter geschweißt.

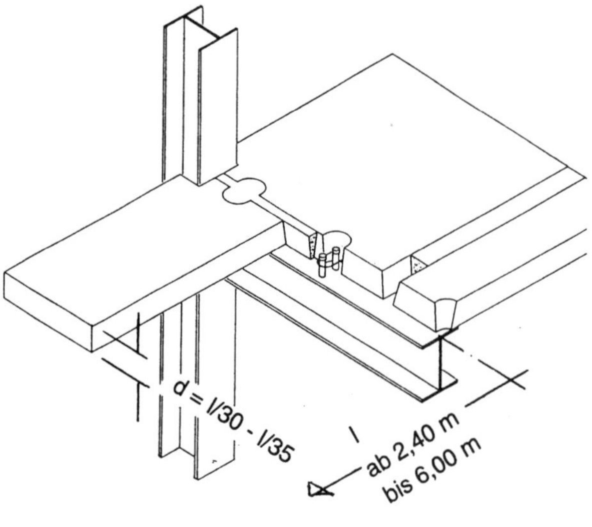

2) Betonfertigteildecken (mit Verbundwirkung)

Bauweise 'Krupp-Montex':
Auf dem Träger werden bewehrte Betonplatten aufgelegt. Um einen Decken-Träger Verbund zu erreichen, sind auf dem Träger Kopfbolzendübel aufgeschweißt, welche von vorstehenden Bewehrungsschlaufen umfaßt werden. Die Hohlräume werden anschliessend vergossen.

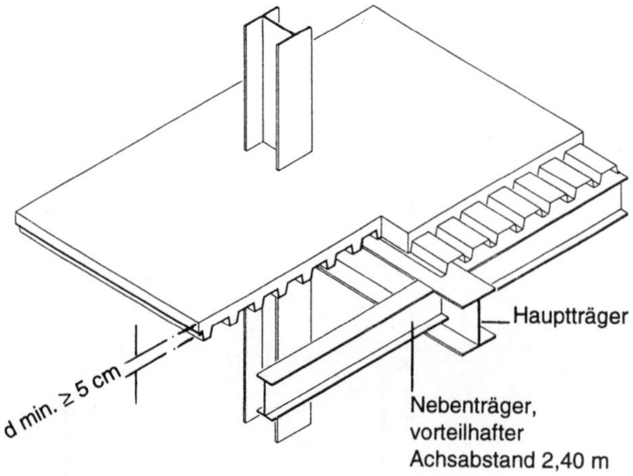

3) Stahlblechdecke

a) Decken mit tragendem Stahlblech Stahlblech allein tragend; Aufbeton oder Estrich dienen nur der Lastverteilung, Schall- oder Brandschutz.
b) Stahlblechdecken mit tragendem Aufbeton. Stahlblech dient nur als verlorene Schalung. Der bewehrte Aufbeton trägt allein.
c) Stahlblechverbunddecke Stahlblech wirkt als Bewehrung mit. Kraftübertragung erfolgt durch Sicken in den Stegen und unteren Flanschen oder durch Kopfbolzendübel (gleichzeitiger Verbund Träger - Decke)

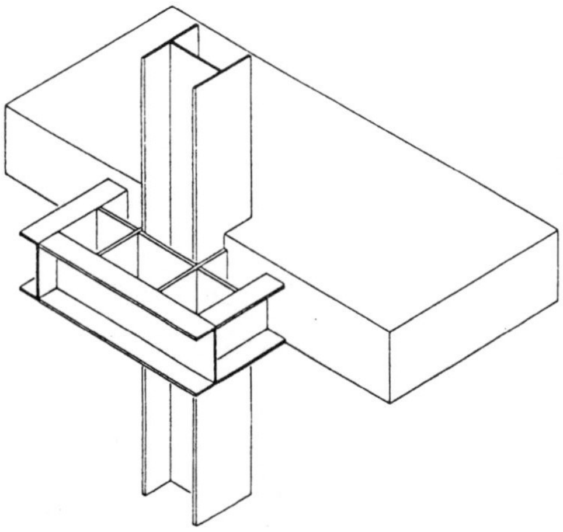

Flachdeckensystem mit Stahlpilz

Eignet sich für Geschoßbauten aller Art. Geringe Konstruktionshöhe, keine störenden Träger oder Unterzüge und günstige Leitungsführung im Stützenhohlraum zeichnen diese Deckenart aus.
Nachteil: Deckenausführung in Ortbeton!

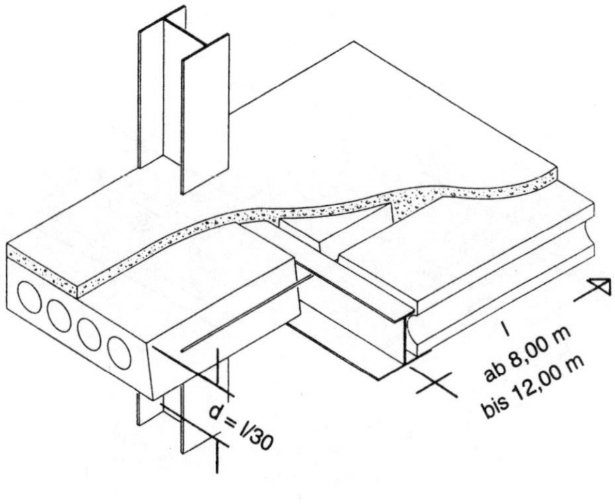

Deckensystem der Firma ARBED

Die Träger 2. Ordnung (Hauptträger) erhalten an der Unterseite verbreiterte Flansche, auf welche vorgespannte Hohlplatten aufgelegt werden. Die Hohlräume zwischen den Platten werden vergossen. Spannanker sorgen für die Scheibenwirkung der Decken.
Träger 1. Ordnung entfallen.

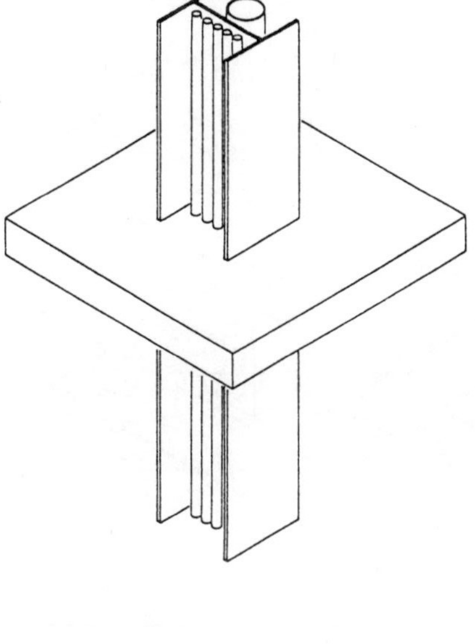

Installationsführung vertikal

Um seperate Installationsschächte zu vermeiden, sollten Leitungen, wenn möglich in den freien Stützenhohlräumen geführt werden.
Dabei ist sowohl die zunehmende Verjüngung des Stützenquerschnitts bei steigender Geschoßzahl zu beachten, als auch die Leitungsführung durch die Stützenstöße und, im Falle von Abwasserleitungen, durch die Bodenplatte. Wird die Stütze verkleidet, so ist auf gute Zugänglichkeit zu achten!

Quelle: Stahlbauatlas

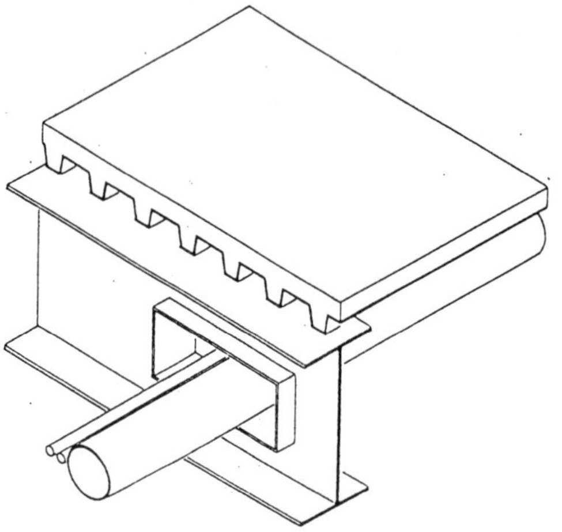

1) Installationsführung im Trägerbereich

Die Tragwerksdurchdringungen können Querschnittsvergrößerungen mit sich bringen, und sind daher von vornherein zu berücksichtigen.
Die einzonige Decke ergibt das schlankeste "Deckenpaket"! Die Leitungen bleiben sichtbar, wenn keine Brandschutzauflagen bestehen.

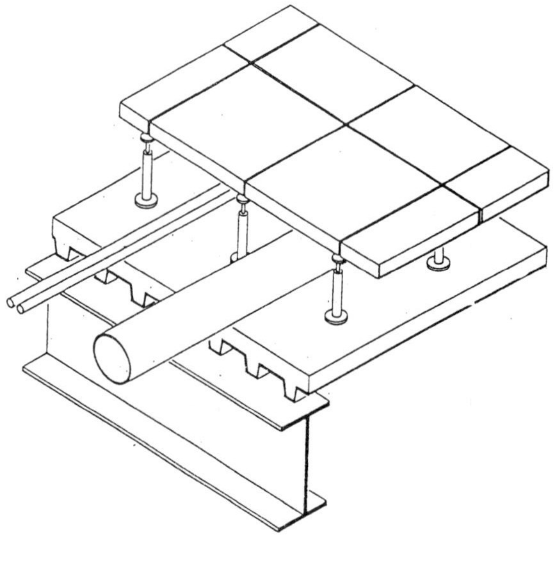

2) Installationsführung über Trägerbereich

Die Leitungen werden auf der fertigen Rohdecke verlegt.
Sie sind nicht sichtbar.
Leichte Erreichbarkeit durch herausnehmbare Elemente des Doppelbodens.

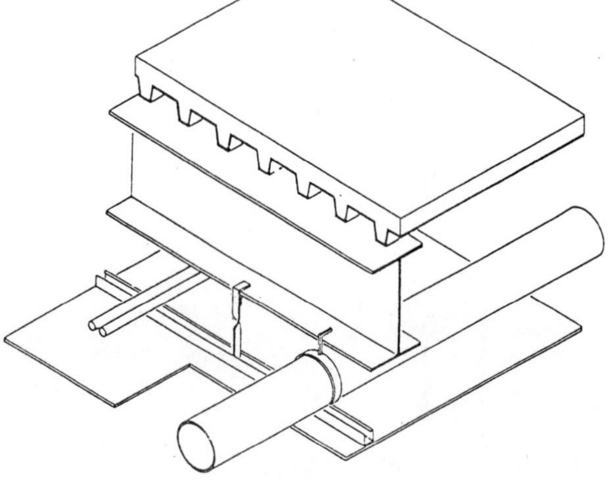

3) Installationsführung unter Trägerbereich

Abhängen der Installation mittels Klemmen und Schellen von den Deckenträgern. Im Falle einer untergehängten Deckenverkleidung ergibt sich ein sehr hohes "Deckenpaket".
Im Wartungsfalle muß 'über Kopf' gearbeitet werden!

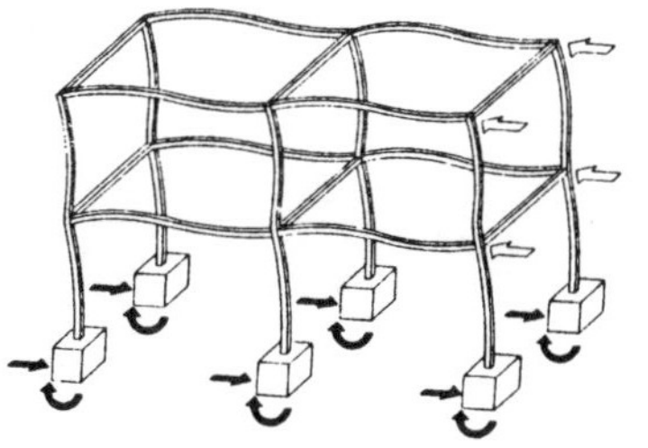

Rahmen

Statisch gesehen bestehen Rahmen aus Stäben, die an den Anschlüssen biegesteif miteinander verbunden sind. Die übrigen Eckverbindungen können gelenkig sein. Die Rahmenstäbe sind gerade, geknickt oder gekrümmt. Rahmen erhalten Biegung aus vertikalen und horizontalen Kräften. Bei hohen Gebäuden sind Rahmen zu weich, so daß sie durch andere Aussteifungsarten verstärkt oder ersetzt werden müssen.

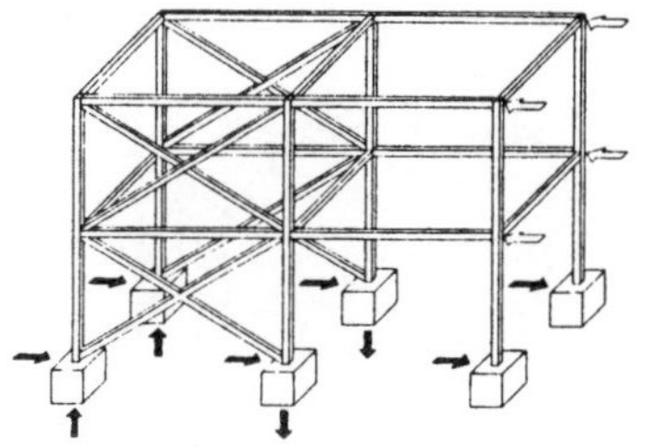

Fachwerke

Fachwerke bestehen aus stabförmigen Gliedern, die Dreiecke bilden. Die Achsen der an einem Knoten zusammenlaufenden Stäbe sollen sich in einem Punkt schneiden. Die Eckverbindungen gelten in der Regel als gelenkig. Fachwerkstäbe werden dann nur auf Druck oder Zug beansprucht.

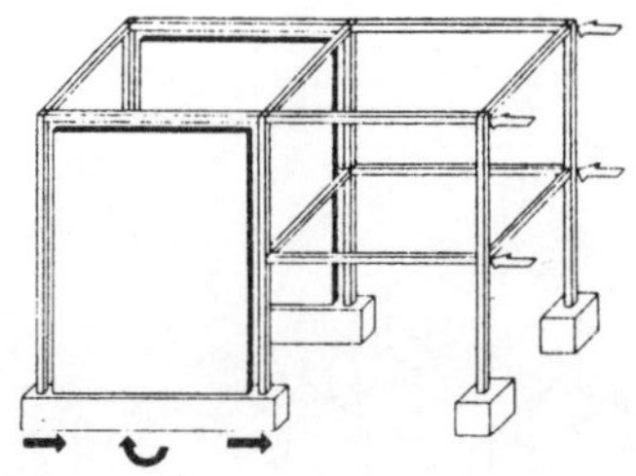

Scherwände

Scherwände sind schubsteife Wandscheiben, die zum Abtragen horizontaler Kräfte kraftschlüssig mit dem Stahlskelett verbunden sind. Scherwände sind steifer als die anderen Aussteifungssysteme des Stahlbaus. Wenn sie mit diesen gemeinsam wirken, ziehen sie daher einen großen Lastanteil an sich.

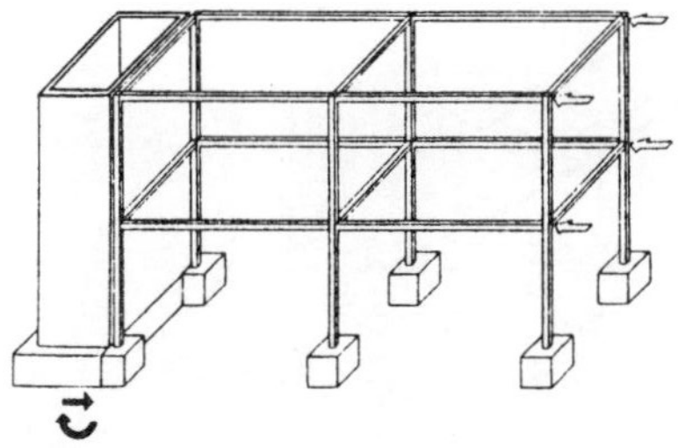

Kerne

Senkrechte Betonschächte steifen einen Skelettbau sehr wirkungsvoll aus. Sie können Schubkräfte, Biegemomente und - wichtig bei außermittigem Lastangriff - Torsionsmomente übertragen. Sie enthalten die Vertikalerschliessung - Treppen, Aufzüge, Leitungsschächte -, die ohnehin durch feuerbeständige Wände abgeteilt sein müssen.

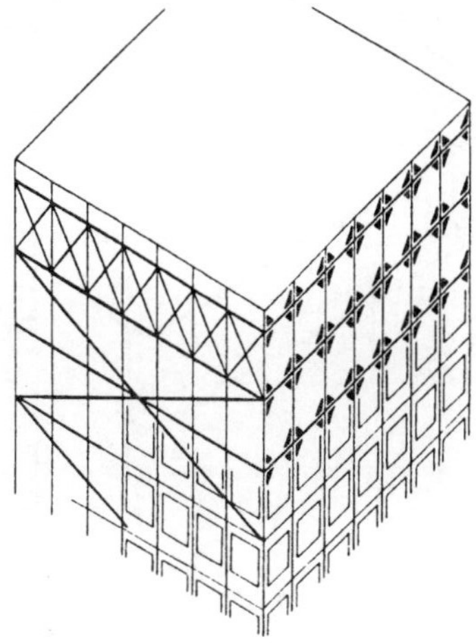

Röhren

Hochhäuser mit gedrungenem Grundriß können sehr wirkungsvoll dadurch ausgesteift werden, daß ihre Außenwände schubsteif ausgebildet und miteinander zu einer biegesteifen Röhre verbunden werden. Die in Windrichtung stehenden Wände wirken dabei als Scherwände, die beiden anderen Wände als Zug- und Druckglieder. Diese Bauweise wurde mehrfach zum Aussteifen der höchsten amerikanischen Hochhäuser angewendet.

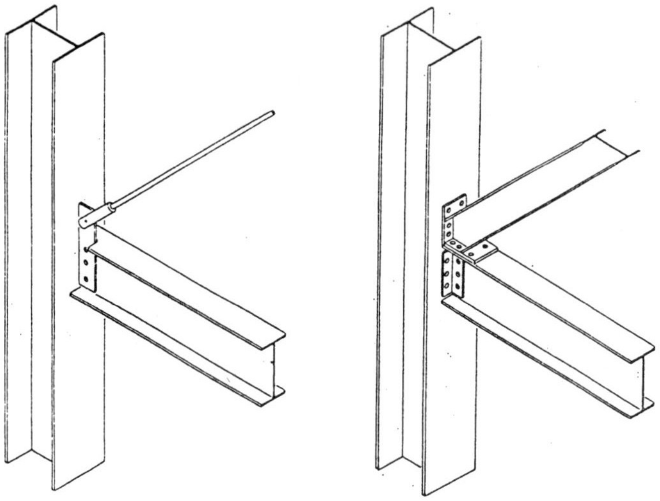

Auskreuzung

Leichte und schwere Ausführung.
Die Schwerpunktachsen aller Glieder müssen sich in einem Punkt treffen!

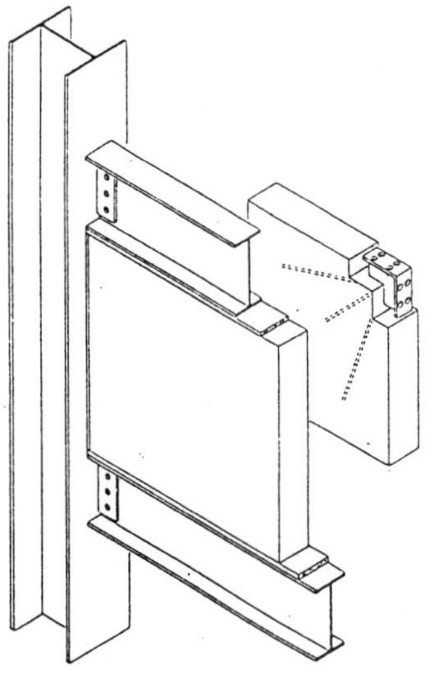

Scheiben

Die Scheiben werden in das Stahlskelett eingestellt. Mörtelpolster bewirken den genauen Anschluß an das Gerippe.
Zur Aufnahme größerer Horizontalkräfte, werden Knotenbleche in die Scheiben eingelassen.

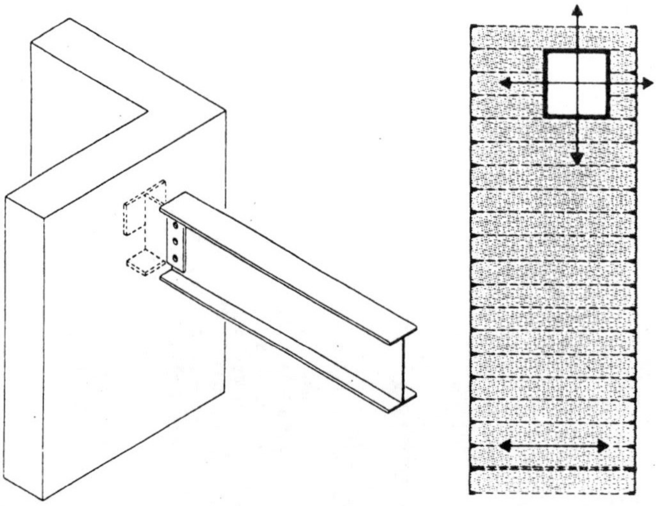

Kern

Anschluß der Deckenträger an einen Aussteifungskern. Der Kern dient nicht nur zur Aufnahme der Schubkräfte, sondern muß auch die Auflagerkräfte aufnehmen können.

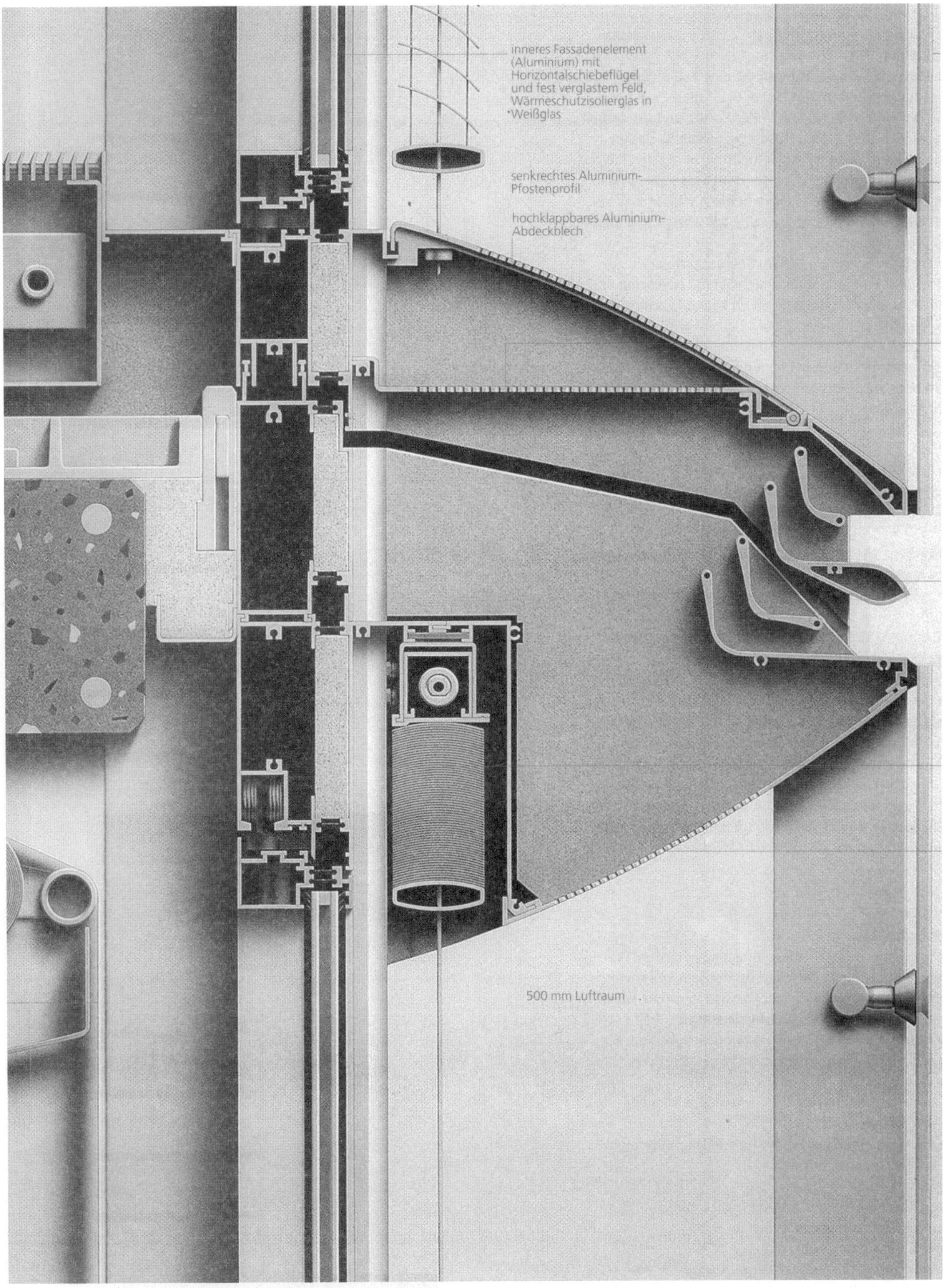

Hochhaus RWE AG, Essen, Ingenhoven Overdiek Kahlen und Partner, Düsseldorf

Schutz vor Witterung

Grundsätzlich unterscheidet man zwischen zwei Fassadensystemen.

1. Kaltfassade - Die Kaltfassade ist eine zweischalige Außenwandkonstruktion mit einem belüfteten Zwischenraum. Die äußere dient dem Wetterschutz und der architektonischen Gestaltung. Die innere Schale ist das tragende Element für die Fassadenplatten, bildet den Raumabschluß und übernimmt die thermische Isolation. Der Zwischenraum zwischen beiden Schalen muß immer belüftet werden, damit anfallende Feuchtigkeit zügig abgeführt werden kann.
2. Warmfassade - Hier können die Fassadenplatten zusammen mit einer dahinter angebrachten Isolierung und einer raumseitigen Dampfsperre zu einem Fassadenelement verarbeitet werden. Dieses Element wird dann als Ausfachung in die tragende Konstruktion eingebaut. Die Fassadenelemente übernehmen die Funktion des Raumabschlusses, des Witterungsschutzes sowie der thermischen Isolation.

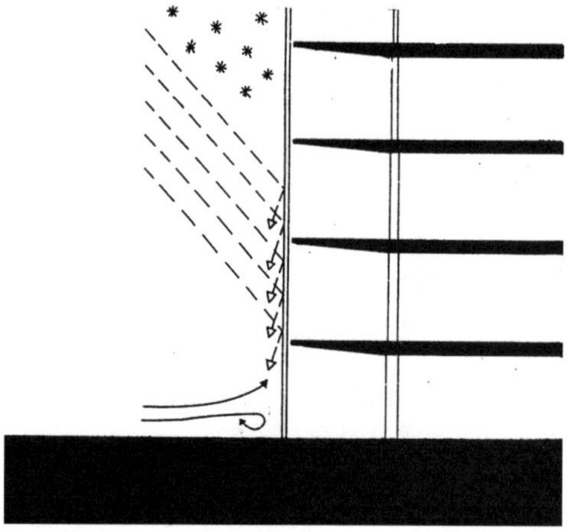

Wärmeschutz

Die Wärmeverluste einer einfachen Verglasung können mit dem Einsatz von Isoliergläsern mindestens halbiert werden.

Ein Isolierglas ist eine Verbundkonstruktion aus zwei oder mehreren Glasscheiben, die am äußeren Rand durch ein oder mehrere Abstandsprofile schubfest und gasdicht verbunden sind. Damit entsteht ein Scheibenzwischenraum von 8 - 20 mm Tiefe, der mit einer Füllung aus trockener Luft oder Edelgas als Wärmepuffer wirkt. Der Wärmetransport von der Warmseite zur Kaltseite erfolgt über vier Wege: durch Strahlungsaustausch zwischen den gegenüberliegenden Glasoberflächen, durch Wärmeleitung über die Füllung oder über den Randverbund.

Die Wärmeleitung über den üblichen Abstandhalter läßt sich nur begrenzt beeinflussen, weil dort Druck-, Zug- und Schubkräfte aufgenommen werden müssen. Eine Reduktion der Wärmeverluste kann durch die Veränderung der anderen drei Parameter erzielt werden.

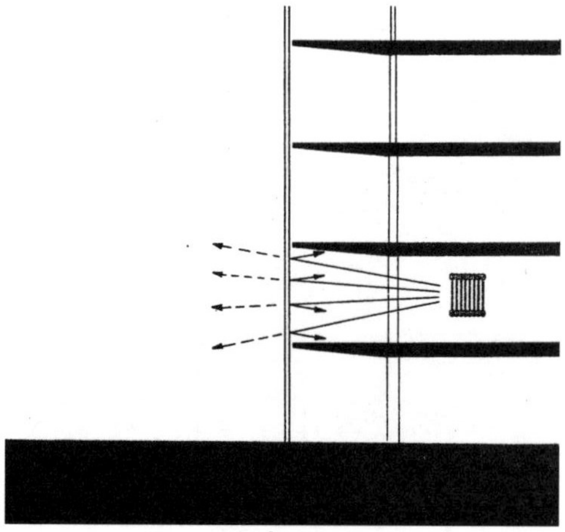

Schallschutz

Moderne Schallschutz-Isoliergläser sind nach dem Prinzip ungleicher Scheibendicken, elastischer Scheibenkombinationen und dämpfender Scheibenzwischenräume konzipiert. Wichtig ist, daß auch auf eine entsprechend gute Ausbildung des Fensterrahmens, der Dichtigkeit der Fugen und aller angrenzenden Bauteile geachtet wird.

Eine hohe Schalldämmwirkung wird durch folgende Maßnahmen erreicht :

- mindestens eine Scheibe mit hohem Flächengewicht (Glasdicke mindestens 6 mm)
- unterschiedlich dicke Scheiben
- vergrößerter Scheibenabstand (bis 24 mm)
- Verwendung von Spezialgasen im Scheibenzwischenraum
- Entkoppelung der Glasmasse und Dämpfung des Schwingverhaltens durch Verwendung von speziellem Verbundglas mit Gießharz

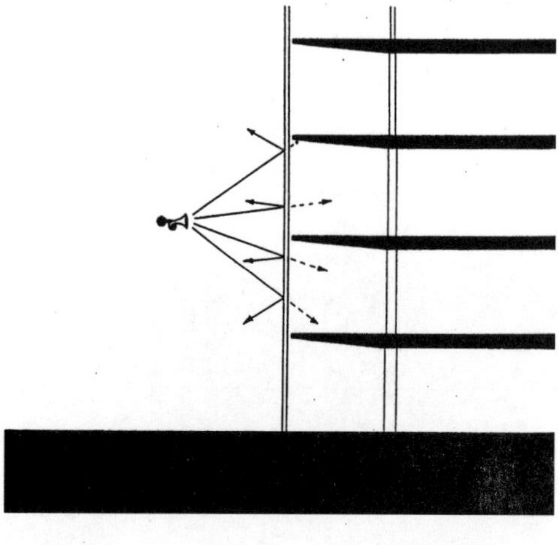

Sonnenschutz / Blendschutz

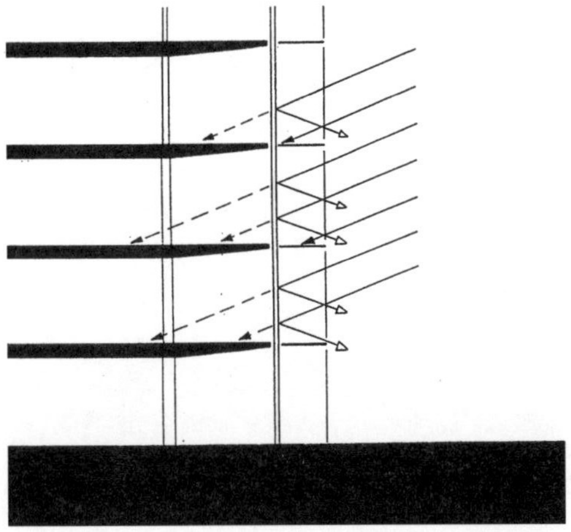

Es gibt einschalige Fassaden mit außenliegendem, innenliegendem oder im Luftzwischenraum der Verglasung integriertem Sonnenschutz. Bei den mehrschaligen Fassaden, z. B. Abluft oder „ Zweite Haut -Fassaden ", ist der Sonnenschutz meistens zwischen den Verglasungsebenen angeordnet.
Eine Glasfassade erhält einen gewissen Sonnenschutz durch IR-reflektierende oder auch im sichtbaren Bereich absorbierende und reflektierende Beschichtungen. Da deren Eigenschaften nicht veränderbar sind, werden sowohl die Energiegewinne in kälteren Jahreszeiten verhindert als auch der Tageslichteinfall herabgesetzt. Darum ist das Anbringen von zusätzlichen, variablen Sonnenschutzmaßnahmen bei Gebäuden mit großflächiger Verglasung und hohen Klimaanforderungen unerläßlich. Ein außenliegender Sonnenschutz erweist sich hier überaus vorteilhaft und verhilft zu einem hohen Wirkungsgrad, weil die durch direkte Sonneneinstrahlung auf dem Sonnenschutz entstehende sekundäre Wärmeabgabe außerhalb der Gebäudehülle bleibt.

Belichtung und Lichtlenkung

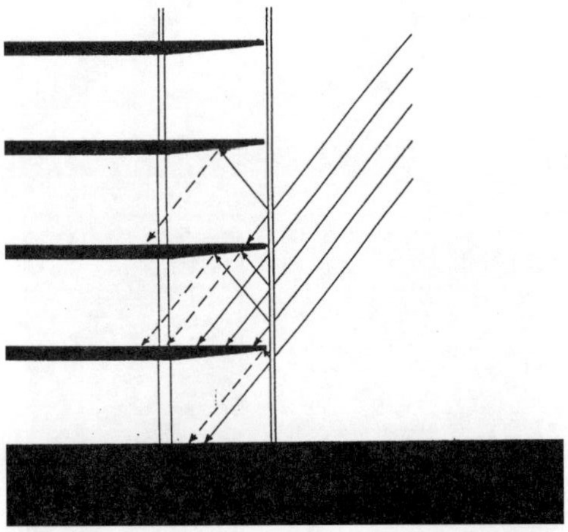

Die Umlenkung von diffuser Lichtstrahlung erfolgt durch Prismenplatten aus Acrylglas (PMMA). Diese lenken das diffuse Tageslicht an die Decke des Raumes, wo eine gleichmäßige Lichtverteilung durch eine reflektierende Ausgestaltung der Deckenuntersicht erzielt werden kann. Die Ausrichtung der Prismenplatten muß der Fassadenorientierung und der geographischen Lage des Gebäudes entsprechen und wird vom Computer errechnet.
Fest eingebaute Spiegelprofile im Scheibenzwischenraum von Isoliergläsern übernehmen zusätzlich die Funktion des Sonnenschutzes je nach dem Stand der Sonne. Das System besteht aus speziell geformten Spiegellamellen, deren Profil nach den verschiedenen Einfallswinkeln der Sonnenstrahlung ausgelegt ist. Damit wird die steil einfallende direkte Lichtstrahlung im Sommer nach außen reflektiert, während die tiefliegende Strahlung im Winter durchgelassen und in die Raumtiefe umgelenkt wird.

Sonnenenergienutzung

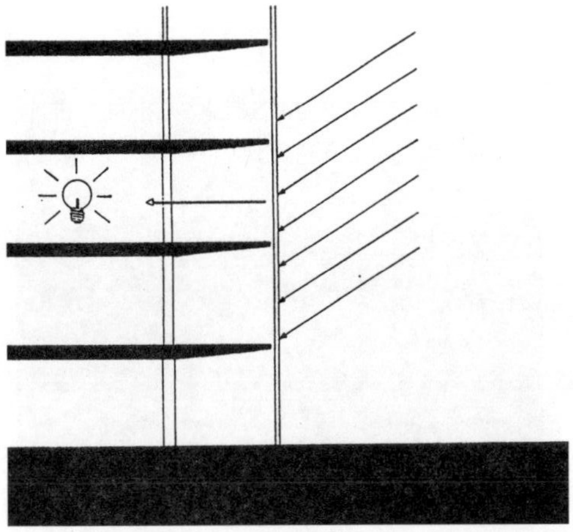

Licht aus diffuser oder direkter Solarstrahlung setzt in Solarzellen unter normalen Bedingungen elektrische Ladungen frei, die eine elektrische Spannung zur Folge haben. Als Rohstoff für die Solarzellen wird vorwiegend Silizium verwendet, neben Sauerstoff das häufigste Element auf der Erde. Eine typische 10 auf 10 cm große Solarzelle erbringt bei voller Strahlung 1,5 Watt (Spannung: 0,5 Volt; Strom: 3 Ampère).
Die ideal positionierte Solarzelle entspricht in der Neigung in etwa dem Breitengrad des Standortes und ist nach Süden orientiert. Aufgrund der Sonnenbahn sind große Neigungen, wie etwa an Fassaden, im Winter einträglicher als flache Installationen auf Dächern.
Die bauphysikalischen Eigenschaften von Solarmodulen entsprechen denjenigen einer dunklen Glasscheibe. Besonders zu beachten sind die temperaturbedingten Ausdehnungen, die Wasserdampfkondensation auf Außen- und Innenseiten von Modulen und der Korrosion von Verbindungsteilen.

Spiegelglas

Das Rohstoffgemenge aus Quarzsand, Kalkstein und Soda wird bei einer Temperatur von ca. 1.560 Grad Celsius erschmolzen. Dann fließt die Glasmasse auf ein flüssiges Metallbad in einer reduzierend eingestellten Schutzgasatmosphäre zu einem endlosen Glasband. Viskosität, Bandgeschwindigkeit und einlaufende Dicke bestimmen seine Dicke und Breite. Anschließend wird das endlose Glasband vom Metallbad abgehoben und in einen Kühlofen geführt. Hier durchläuft das Glasband seinen Erstarrungsbereich mit einer möglichst gleichmäßigen Temperaturabsenkung, damit sich das für die weitere Bearbeitung, wie z. B. Schneiden, Bohren und Schleifen, notwendige Spannungsgleichgewicht einstellt.
Die Dichte von Spiegelglas beträgt 2,5 g / cm^3. Eine Glasscheibe von 1 mm Dicke und 1 m^2 wiegt 2,5 kg.
Spiegelglas ist heute überwiegend das Basisprodukt für die Weiterverarbeitung zu Funktionsgläsern.
Die Maximalabmessungen von Spiegelglas betragen 321x600 cm

Gußglas

Gußglas wird aus Sand, Soda und Sulfat, Kalkstein und Kalkspat und mit geringen Anteilen anderer Rohstoffe hergestellt. Die Schmelze arbeitet nach dem Prinzip der überlaufenden Wanne. Die Formgebung (Struktur, Dicke, Breite) des flüssigen Glases erfolgt zwischen einem und mehreren Walzenparen. Je nach Oberflächenbeschaffenheit der Walzen und des Tisches kann Gußglas mit zwei glatten Oberflächen hergestellt werden. Soll das Glas eine Drahteinlage bekommen, wird diese in die flüssige Glasmasse eingewalzt.
Gußglas wird überall dort eingesetzt, wo die klare Durchsicht gemindert werden soll, ohne auf die Lichtdurchlässigkeit zu verzichten. Genau berechnete geometrische Abmessungen von Wellen, Rippen, Prismen und anderen Prägeformen der Gußglasoberfläche bewirken eine Lichtstreuung und Lichtlenkung.
Die Maximalabmessungen von Gußglas betragen 252x450 cm

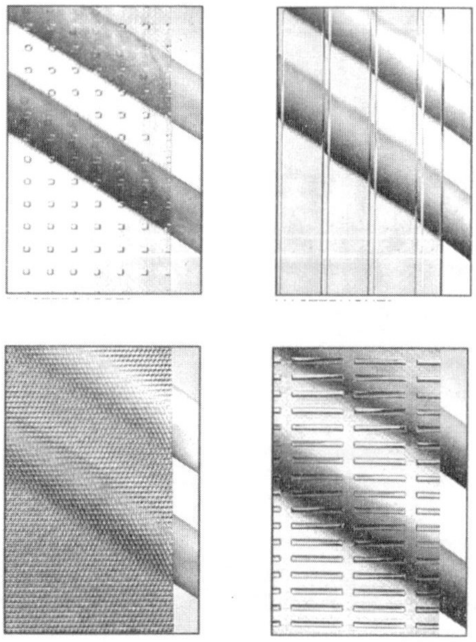

verschieden strukturierte Gußgläser

Einscheibensicherheitsglas ESG

Einscheibensicherheitsglas ist Float- oder Gußglas, das erhöhe Temperaturwechselbeständigkeit, erhöhte Schlag- und Stoßfestigkeit und erhöht Biegebruchfestigkeit aufweist. Aus diesem Grund kann es auch als Konstruktionselement verwendet werden. Bei Scheibenbruch löst sich die gesamte Scheibe in ein Netz von Bruchstücken auf, die überwiegend stumpfkantig sind und untereinander lose zusammenhängen. Dadurch werden ernsthafte Verletzungen weitgehend vermieden. Diese Eigenschaften des Glases beruhen auf seiner Vorspannung.
ESG wird nach dem Zuschneiden und der eventuell erforderlichen Bearbeitung, wie Kantenbearbeitung, Glasausschnitte, Bohrungen usw., gleichmäßig auf ca. 600 °C erhitzt und anschließend mit Kaltluft konvektiv abgeblasen. Beim Abkühlen bleibt die Kernzone im Glasquerschnitt warm, während die Oberflächen schnell erkalten. Dadurch entstehen dort Druckspannungen, während sich im Inneren eine hohe Zugspannung einstellt.
Die Maximalabmessungen von ESG betragen 240x450 cm

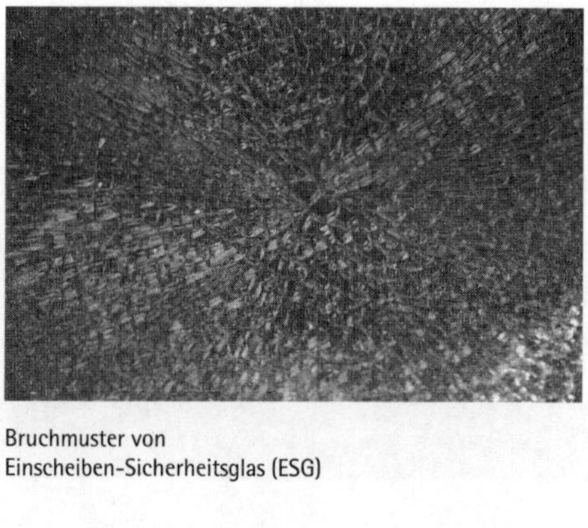

Bruchmuster von
Einscheiben-Sicherheitsglas (ESG)

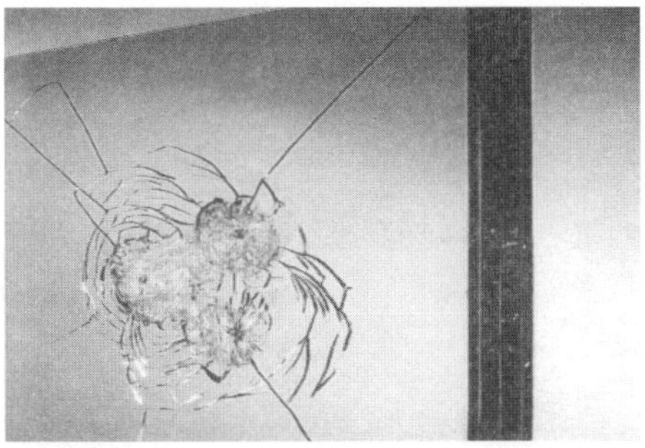

Bruchmuster von Verbund-Sicherheotsglas (VSG)

Autoklav zur Herstellung von Verbundglas

Verbund-Sicherheitsglas VSG

Verbundsicherheitsglas besteht aus zwei oder mehreren Floatglasscheiben, die durch zähelastische, hochreißfeste Polyvinyl-Butyral-Folien (PVB) fest zu einer Einheit verbunden sind. Die Sicherheitswirkung von VSG beruht auf der hohen Reißfestigkeit der PVB-Zwischenschicht und ihrer großen Haftung zu Glas. Bei mechanischer Überlastung durch Stoß oder Schlag bricht das Glas zwar an, aber die Bruchstücke haften an der unverletzten PVB-Schicht. Hierdurch wird die Verletzungsgefahr vermindert und die verglaste Öffnung bleibt geschlossen. Durch die Kombination unterschiedlicher dicker Glas- und Folienschichten lassen sich Sicherheitseigenschaften gegen Durchbruch, Beschuß und Explosion schaffen. Grundsätzlich können bei VSG statt Einzelscheiben auch Funktionsgläser wie Sonnenschutz- und Sichtschutzgläser eingesetzt werden. Grundsätzlich können sämtliche VSG-Einheiten als Isolierglas mit der Funktion für Sonnen- und Wärme-, Schall- sowie Brandschutz ausgestattet werden. Entsprechend der gewünschten Funktion und der sich daraus ergebenen Kombination werden zwischen die einzelnen Glasscheiben eine oder mehrere PVB-Zwischenschichten gelegt und in einem Walzverfahren mit dem Glas verbunden. Danach kommt die gepreßte Kombination in einen Autoklaven, wo Glas und Zwischenschichten unter Hitze und Druck fest miteinander zu einer Einheit von hoher Festigkeit und klarer, verzerrungsfreier Durchsicht verbunden werden.
Die Maximalabmessungen von VSG betragen 230x540 cm

Isolierglas

Bei Isolierglas handelt es sich um die Zusammenstellung von zwei oder mehreren Glasscheiben mit luft- oder gasgefüllten Zwischenräumen. Die Glasscheiben werden durch einen Abstandshalter getrennt, der gleichzeitig ein Trockenmittel enthält. Dieses Material absorbiert Feuchtigkeit und verhindert dadurch die Kondensatbildung im Inneren des Zwischenraums. Durch diesen Zwischenraum wird der Wärmewiderstand nahezu verdoppelt. Ungefähr 50% des gesamten Wärmewiderstands der Glaseinheit werden durch den Luftraum erzeugt. Dieser Wert bestimmt sich zu einem Drittel aus Konvektion und Leitung und zu zwei Dritteln aus der Strahlung. Durch Beeinflussung dieser drei physikalischen Erscheinungen läßt sich der Wärmewiderstand eines Glaselementes weiter erhöhen.

Füllen des Scheibenzwischenraums mit Argongas

1. Gasfüllung im Zwischenraum - Der K-Wert läßt sich verbessern, wenn man den Scheibenzwischenraum mit einem Gas füllt, das Wärme weniger gut leitet als Luft. Solche Gase sind z. B. Argon, Krypton und vielleicht auch Xenon. Auf Grund des Selbstkostenpreises verwendet man heute in erster Linie Argon.

2. Low-E-Beschichtung - Nach den Gesetzen der Physik emittiert ein Material genausoviel Wärme, wie es absorbieren kann. Indem man die Absorption des Materials reduziert, wird auch die Menge der emittierten Strahlung gesenkt. Auf diesem Prinzip baut die Low-E-Beschichtung auf. Glas absorbiert nur einen kleinen Teil der kurzwelligen Strahlung (Licht) und nahezu alle langwelligen Strahlen. Diese langwelligen Strahlen werden nach außen abgeleitet. Durch das Auftragen einer Low-E-Beschichtung auf Metallbasis reduziert sich die Wärmeabsorbtion. Die Beschichtung läßt kurzwellige Strahlung durch, langwellige Wärmestrahlen werden reflektiert. Der Strahlungsaustausch zwischen der wärmeren Innenseite und der kälteren Außenseite wird auf ein Minimum zurückgeführt und der Wärmewiderstand nahezu verdoppelt. Die Maximalabmessungen von Wärmeschutzisolierglas betragen 300x500 cm

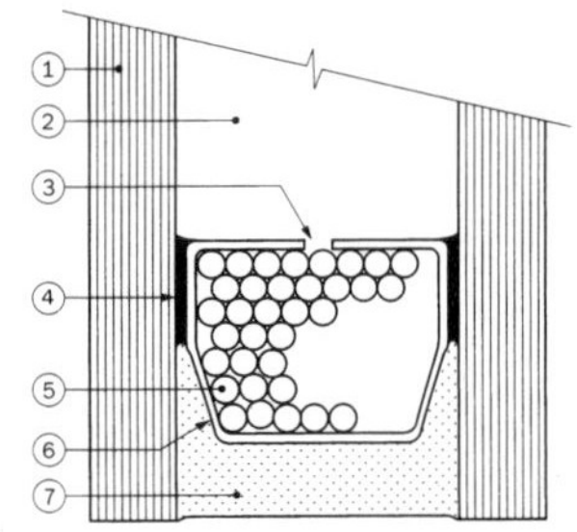

Prinzip des Aufbaus einer Isolierverlasung

1 Glasscheiben
2 Zwischenraum
3 Naht oder Öffnungen für den Feuchtigkeitsaustausch
4 Seitenfugendichtstoff (Hauptbarriere für Wasserdampf)
5 Trocknungsmittel
6 Abstandhalter
7 Außenfugendichtstoff (Verbindung der Glasscheiben und Barriere gegen äußere Einflüsse)

Sonnenschutzglas

Sonnenschutzgläser erhalten ihre Wirkung durch Einfärbung oder Beschichtung. Die Art der Einfärbung bzw. Beschichtung bestimmt den farblichen Eindruck, die Durchsicht, Reflexion und funktionellen Eigenschaften. Die Beschichtung kann sowohl auf der Außenseite als auch zum Scheibenzwischenraum hin verwendet werden.
Noch während des Glasproduktionsprozesses wird eine reflektierende Metalloxydschicht auf die heiße Glasoberfläche aufgebracht. Danach erfolgt eine spannungsfreie Abkühlung. Anschließend ist diese Schicht fest mit der Glasoberfläche verbunden. Die Maximalabmessungen von Sonnenschutzisolierglas betragen 260x500 cm

Schallschutzglas

Nach dem Gesetz der Masse ist die Dicke des Glases für den Schallschutz entscheidend. Dieses Gesetz besagt, daß theoretisch bei einer Verdoppelung der Masse eine Verbesserung von 6 dB auftritt.
Eine Möglichkeit der Verbesserung des Schalldämmaßes liegt in der Laminierung der Glasscheibe mit Zwischenschichten (VSG), die einen Teil der Schallenergie absorbieren. Bei der Verwendung von Isolierglas mit Glasscheiben von unterschiedlicher Dicke, gibt es Schalltechnische Vorteile, da die eine Scheibe räsoniert, während die andere nicht in Schwingung gerät und dadurch einen Puffer bildet. Hohe akustische Dämmung wird erreicht, indem man gleichzeitig Verbundglas und eine asymmetrische Konstruktion verwendet. Hierbei spielt es keine Rolle, wie die Glasscheiben hinsichtlich der Schallquelle angeordnet sind.
Eine andere Art den Schallschutz von Doppelglas zu verbessern, ist die Verwendung eines speziellen Gases im Zwischenraum. Ein solches Gas ist z. B. das schwere Schwefelhexaflourid.
Die effektivste Schalldämmung die möglich ist, läßt sich durch Vergrößerung des Scheibenzwischenraumes erreichen. In einer Doppelfassade mit Einfachglas an der Außenseite, einem sehr breiten Zwischenraum und Isolierglas an der Innenseite erreicht man die höchsten Schallschutzwerte.
Die Maximalabmessungen von Schallschutzisolierglas betragen 200x300 cm

Maßnahmen		**Gründe**
Verwendung dickerer Glasscheiben	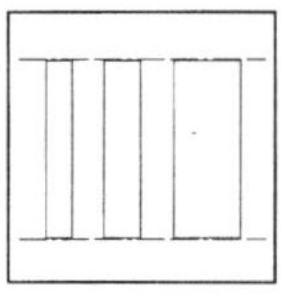	Mehr Masse führt zu größerer Trägheit und zu höherem Biegungswiderstand
Verbreiterung des Zwischenraums	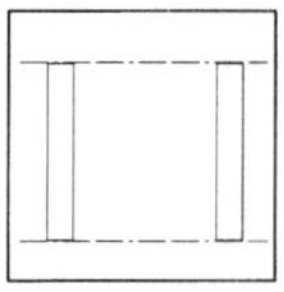	Ein dickeres 'Luftkissen' reduziert die Schallübertragung
Verwendung von Glasscheiben unterschiedlicher Dicke	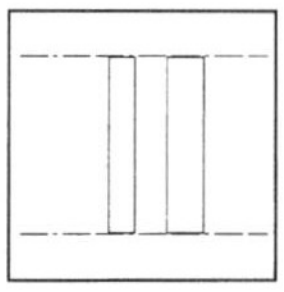	Unterschiedliche Frequenzresonanz
Füllen des Zwischenraums mit schwerem Gas	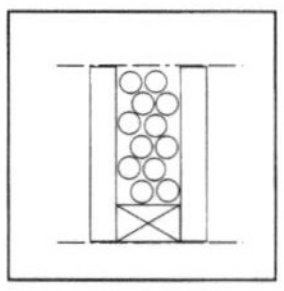	Mehr Masse reduziert die Schallübertragung
Verwendung von quadratischen Glasscheiben, wenn möglich	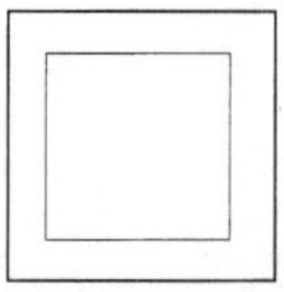	Reduktion der Schwingungsleistung
Elastische Befestigung der Verglasungselemente	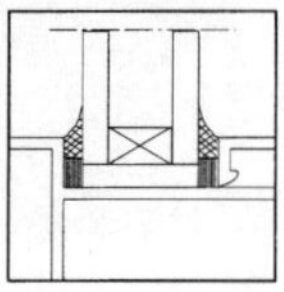	Reduktion der Schallübertragung

Maßnahmen zur Förderung der Schallschutzeigenschaften von Glas

Brandschutzglas

Normales Floatglas ist nicht feuerbeständig. Durch die hohen Temperaturen im Brandfall springt das Glas, fällt aus dem Glasfalz und läßt Flammen und Rauchgase durchtreten.
Nicht alle Gläser zeigen das gleiche Brandverhalten. Einige bilden lediglich einen Flammenschirm, andere wirken brandisolierend und werden auch Brandschutzglas genannt. Glas läßt Wärmestrahlung sehr gut durchtreten. Das führt nicht nur auf den Fluchtwegen zu einer unsicheren Situation, da Personen in ihrer Bewegung durch die hohen Temperaturen beeinträchtigt werden. Das Glas kann auch so viel Wärme durchlassen und abstrahlen, daß sich Materialien auf der dem Feuer abgewandten Seite entzünden können. Es ist wichtig, die Temperatur auf dieser Seite so niedrig wie möglich zu halten. Wenn wir von diesen Kriterien ausgehen, lassen sich zwei Arten von Brandschutzgläsern unterscheiden.
- wärmedurchlässiges Brandschutzglas der G-Klasse
- wärmedämmendes Brandschutzglas der F-Klasse

Brandschutzverglas der G-Klasse

Hierbei handelt es sich meist um Borsilikatglas, Glas mit einem sehr niedrigem Ausdehnungskoeffizienten (ca. 3 mal kleiner als bei üblichen Floatglas) und niedriger Viskosität. Durch diese Eigenschaften ist es in der Lage, der kritischen Erhitzungsphase bei Brand standzuhalten. Neben diesen Eigenschaften hat das Borsilikatglas eine hohe Schmelztemperatur. Es wird erst bei 1000 °C weich, während dieser Wert bei Floatglas 600 bis 700 °C beträgt. Bauaufsichtlich zugelassene Maximalabmessungen von Brandschutzglas der G-Klasse betragen 180 x 280 cm

Brandschutzglas der F-Klasse

Glas mit aufschäumenden Schichten - Dieses Glas besteht aus drei oder mehreren Glasschichten. Zwischen diesen Schichten befinden sich durchsichtige Schichten eines brandhemmenden Materials. Bei Erhitzung schäumen diese Zwischenschichten auf und bilden einen feuerfesten und isolierenden Schaum. Dieser Schaum ist undurchsichtig, so daß die flüchtenden Personen den Feuerherd nicht sehen können und Panikreaktionen vermieden werden. Bricht das Glas, wird es durch die Schaumschicht zusammengehalten. Die brandschützende Eigenschaft hängt von der Zahl der Schichten ab.

Glas mit Gel - Brandschutzglas mit Gel ist wie übliches Doppelglas aufgebaut. Zwischen zwei thermisch gehärteten Scheiben mit einem 18 mm breiten Zwischenraum wird ein klares gelartiges Material eingebracht. Dann wird der Zwischenraum mit einem rostfreien Randprofil aus Stahl abgeschlossen. Die Dicke der Gelschicht bestimmt dabei die Brandschutzleistung. Wird das Gel Hitze ausgesetzt, verdampft das Wasser aus dem Gel und absorbiert damit einen großen Teil der Wärme. Das Gel verwandelt sich in eine harte Schicht, die zu einem brandschützenden Schirm wird.
Bauaufsichtlich zugelassene Maximalabmessungen von Brandschutzglas der F-Klasse betragen 120 x 200 cm

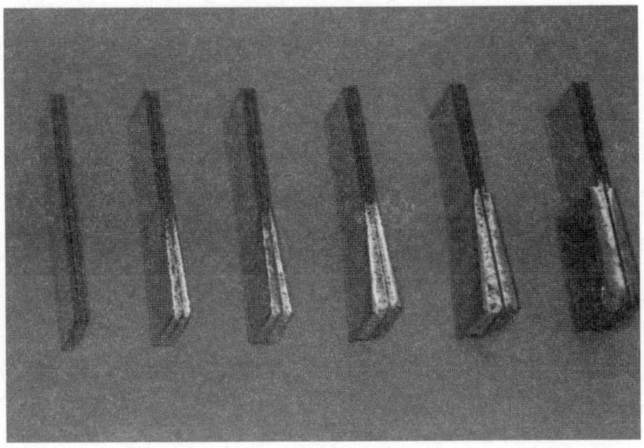

Brandschutzglas mit aufschäumenden Schichten

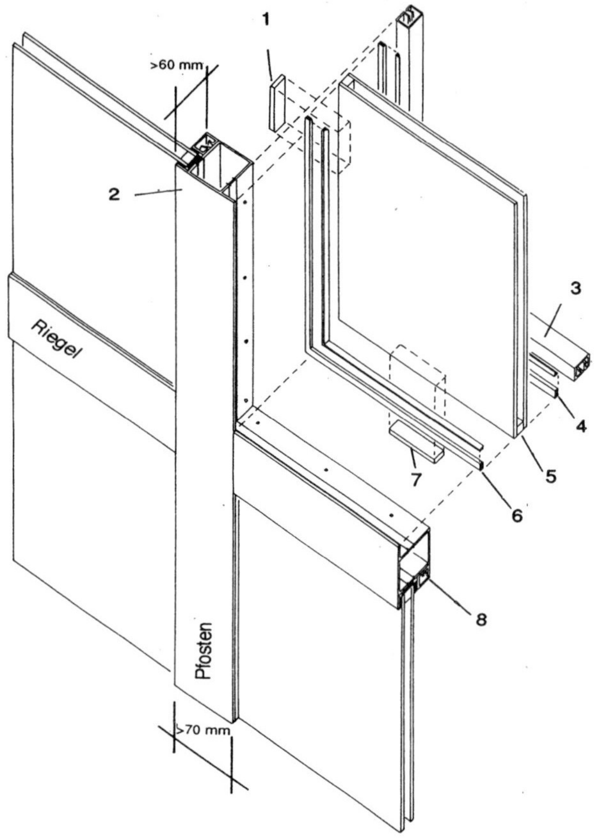

Traditionelle Fassade

Die Grundkonstruktion besteht in der Regel aus thermisch getrennten Aluminium- oder Stahlprofilen, die als Pfosten und Riegel zu geschoßhohen Ein- oder Mehrfeldelementen in der Werkstatt zusammengesetzt werden; Füllelemente wie Festverglasung, Flügel und Sandwich-Paneele können entweder bereits in der Werkstatt oder nach der Montage auf der Baustelle eingesetzt werden. Eine äußere und eine innere, in den Ecken vulkanisierte EPDM-Dichtung umschließen die Einstellränder der Füllelemente. Die Verklotzungen dienen als Abstandshalter für den Belüftungsraum rund um den Randverbund der Füllelemente. Die Halteprofile werden entweder auf die Pfosten und Riegel geschraubt oder geklipst. Bedingt durch die Mindesteinstelltiefe der Füllelemente von 20 mm inklusive Verklotzung und des statischen Profilwiderstandes gegen Winddruck und Eigengewicht der Füllelemente beträgt die Profilansichtsbreite der Pfosten und Riegel >70 mm und die konstruktiv erforderliche Profildicke >60 mm. Zum Oberflächenschutz und aus gestalterischer Erwägung werden die Profile zunehmend farbig thermo-lackiert oder die Stahlprofile können verzinkt und die Aluminiumprofile eloxiert werden.

Legende:

1) Seitliche Verklotzung
2) Thermisch getrenntes Pfostenprofil
3) Glashalteprofil
4) EPDM*-Dichtung
5) Isolierglas
6) EPDM*-Dichtung
7) Untere Verklotzung
8) Thermisch getrenntes Riegelprofil

*EPDM = Ethylen-Propylen-Dien-Monomer
= Synthetischer Kautschuk

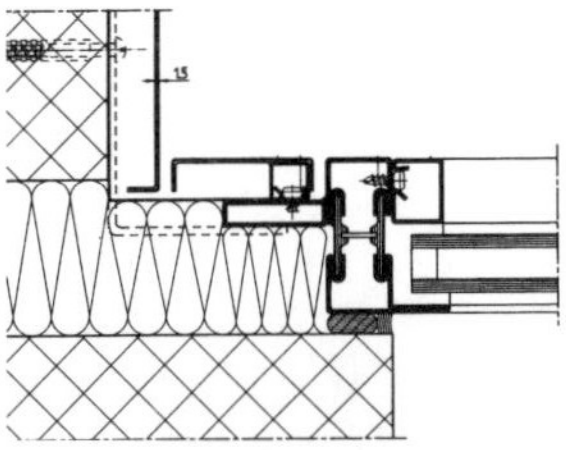

Anschluss-Detail seitlich mittels Innenausbildung an Zweischalen-Mauerwerk und innerer Blechverkleidung

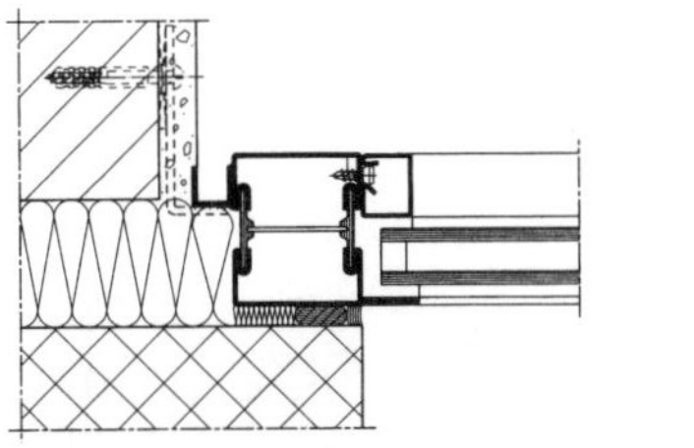

Anschluss-Detail seitlich mittels Innenanschlag an Zweischalen-Mauerwerk und Schattenfugen-Ausbildung innen

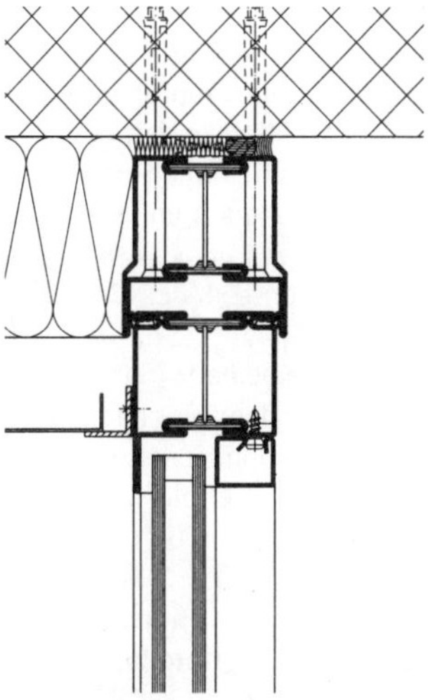

Detail Deckenanschluss mit Deckenisolation aussenseitig

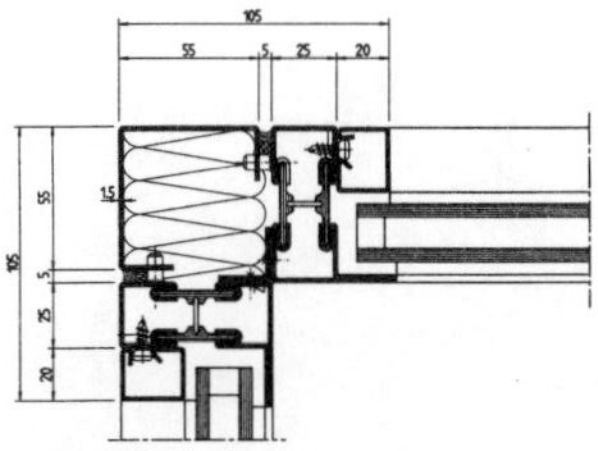

Detail Innenecke-Pfosten 90°

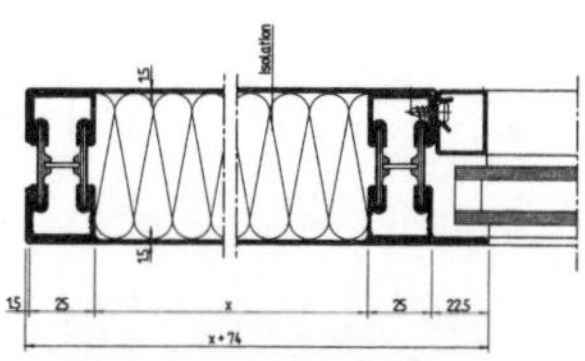

Rahmenverbreiterung mit Profil und Abkantblech

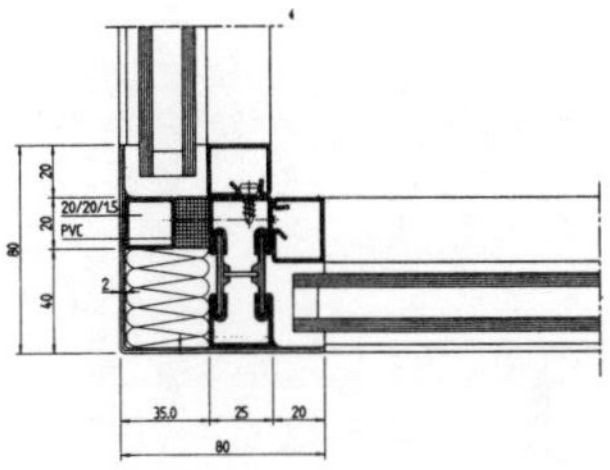

Detail Aussenecke-Pfosten 90°

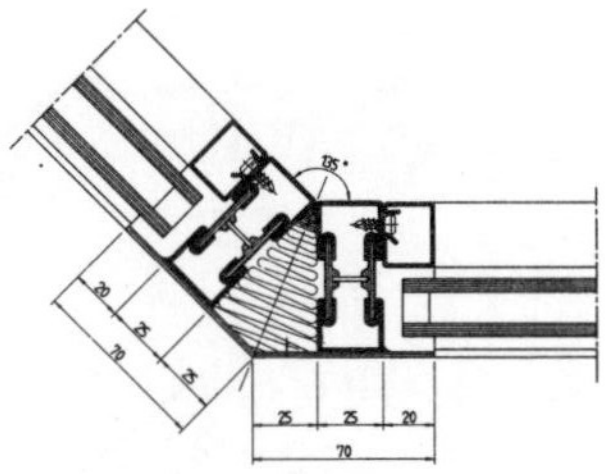

Detail Aussenecke-Pfosten 135°

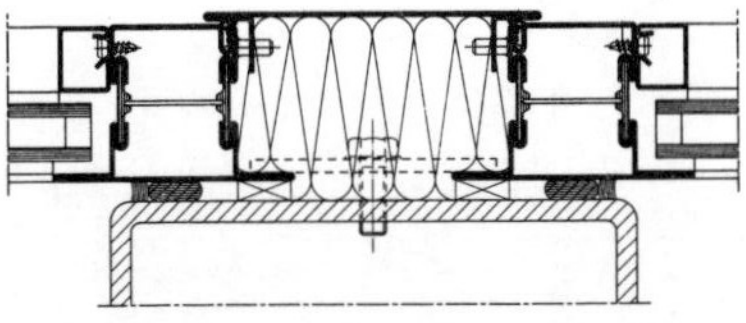

Detail Anschluss an RHS-Stütze mit innerer Blechverkleidung

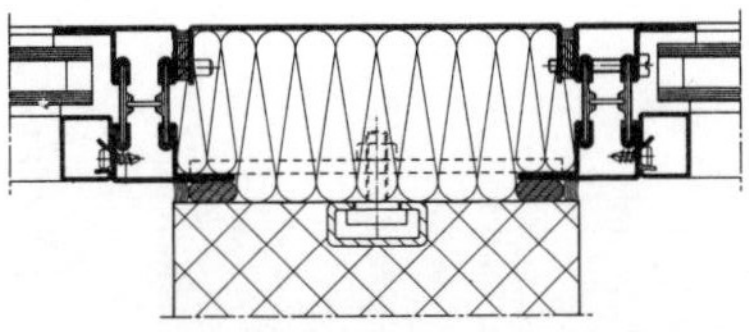

Detail Anschluss anBetontütze mit äusserer Blechverkleidung

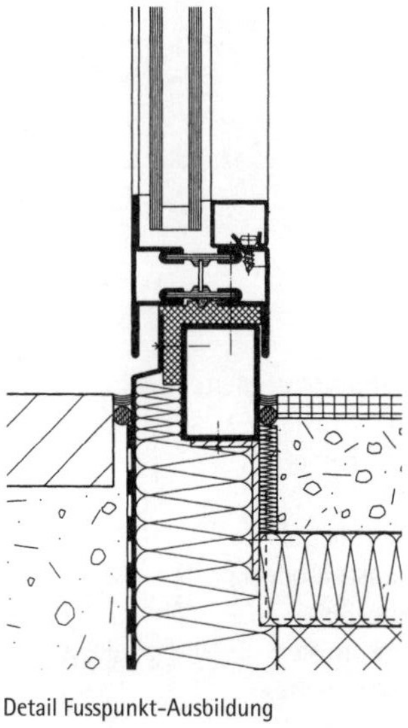

Detail Fusspunkt-Ausbildung

Klemmfassade

Die Verglasung wird auf einer Pfosten-Riegel-Unterkonstruktion festgeklemmt. Werkstattmäßig zu Großelementen aus Stahl oder Aluminiumprofilen zusammengesetzt, wird die Unterkonstruktion an den Geschoßdecken des Rohbaus befestigt. Das Neoprene-Bett nimmt den Anpreßdruck der Verglasung auf und stellt die innere Fassadendichtung dar. Sie wird punktweise von den Gewindehülsen und Auflagerkonsolen der Glasscheiben an den Riegeln durchstoßen.
Nachdem die Glasscheiben oder Sandwichelemente aufgestellt und justiert sind, erfolgt das Anschrauben der Anpreßprofile mit den Lippendichtungen zur äußeren Fassadendichtung. Entweder bleiben die Anpreßprofile sichtbar und die punktweisen Befestigungen treten im 20 cm-Abstand über das gesamte Fassadenraster in Erscheinung oder sie werden durch aufgeklipste Abdeckprofile kaschiert. Die konstruktiv erforderliche Profilansichtsbreite beträgt in horizontaler und vertikaler Richtung, >50mm.

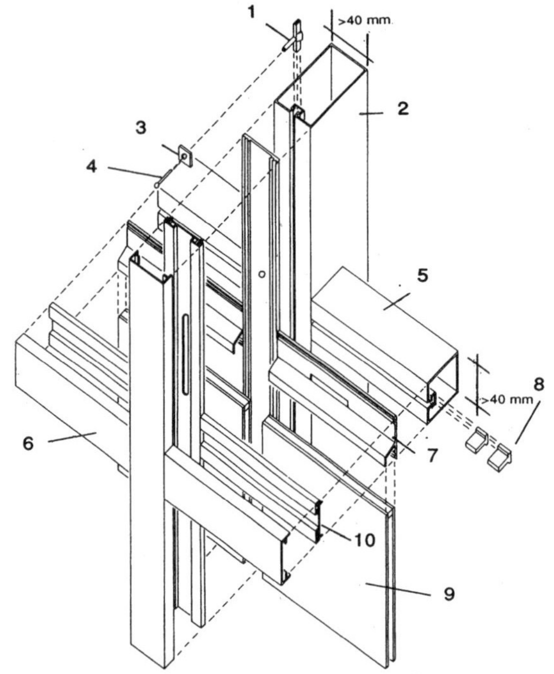

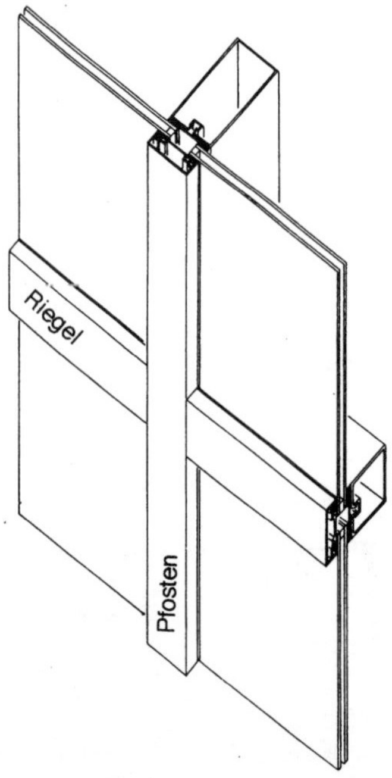

Legende:

1) Gewindehülse auf gleitendem Paßstück
2) Statischer Pfosten
3) Vierkantscheibe
4) Schraube
5) Statischer Riegel
6) Aufgeklipste Abdeckprofile
7) Neoprene-Bett
8) Auflagerkonsolen für Glasscheiben
9) Isolierglasscheiben
10) Anpressprofil

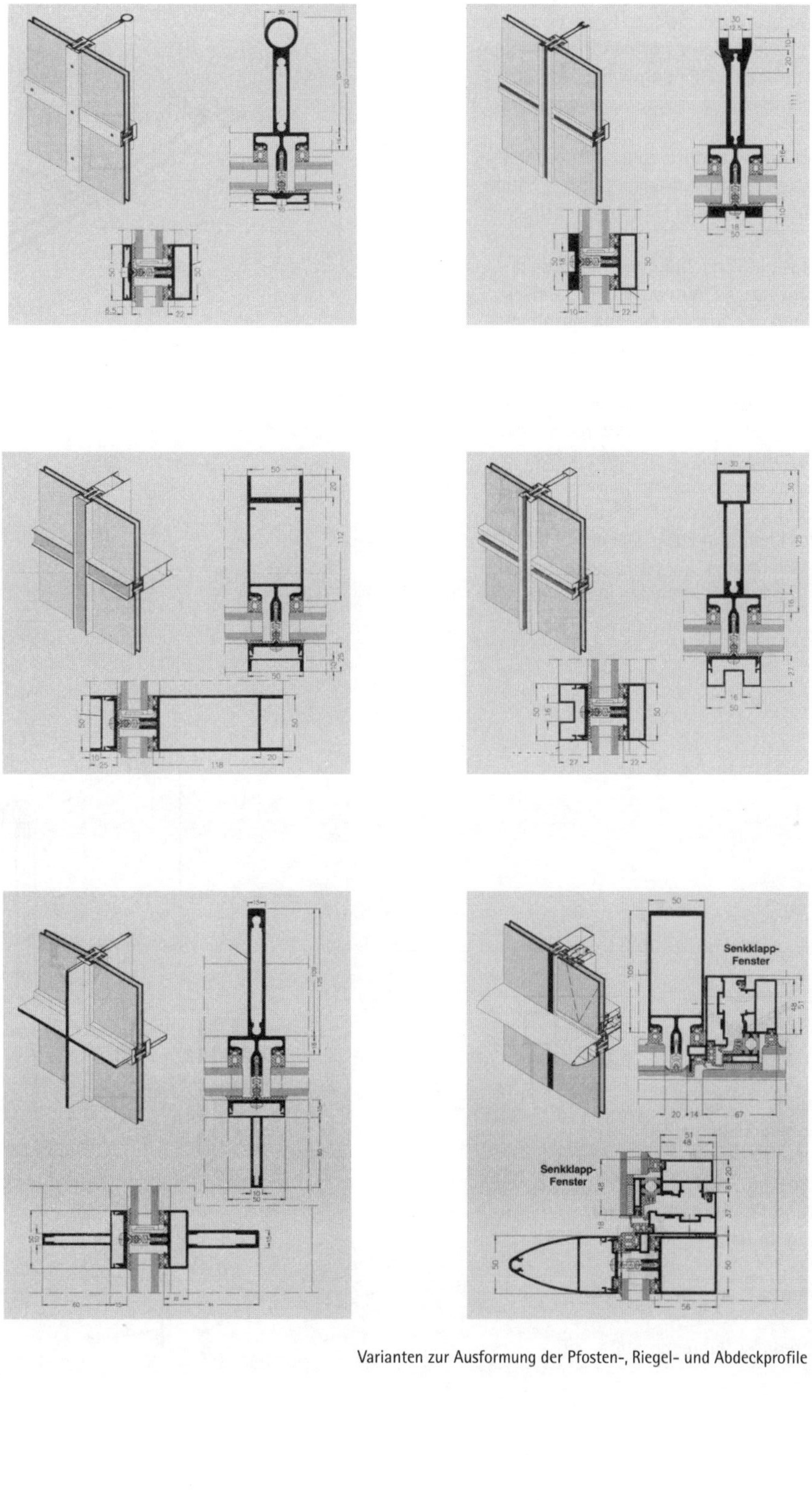

Varianten zur Ausformung der Pfosten-, Riegel- und Abdeckprofile

Geklebte Fassade

Sie wurde erstmals 1963 in den USA realisiert und wird seit 1985 zunehmend in Europa angewendet.
Isolier-, Verbund- und Einscheibensicherheitsgläser werden mittels Silikonkleber auf Rahmen aus thermisch getrennten Aluminiumprofilen mit anodisierter Einlage geklebt. Die verglasten Rahmen werden auf der statisch beanspruchten Pfosten-Riegel-Konstruktion befestigt. Mit entsprechenden Beschlägen ausgestattet funktionieren sie vornehmlich als nach außen zu öffnende Senk-Klapp-Flügel mit einem maximalen Öffnungswinkel von 30°.
Dieser Flügeltyp gestattet eine völlige visuelle Integration in den Fassadenspiegel.
Die Verklebung darf nur in amtlich zugelassenen, kontrollierten Werkstätten erfolgen. Nach intensiver Säuberung werden die zu verklebenden Flächen mit Primer konditioniert.
Bei Isolierglas erfolgt die Verklebung der Innenscheibe mit dem Rahmenprofil so, daß entweder der Randverbund allein den Schub der äußeren Scheibe aufnimmt oder diese punktweise von kleinen Konsolen am unteren Rand gestützt wird.
In Deutschland ist die Ausführung der geklebten Fassade bisher ohne Haltevorrichtung bis 8 m und mit Haltevorrichtung in den Eckpunkten bis 20 m Gebäudehöhe erlaubt.
Aufgrund der berechtigten Sorge um das alterungsbedingte Versagen des Klebers in zunehmender Gebäudehöhe, wie amerikanische Bauten belegen, lehnen die Aufsichtsbehörden diesen Konstruktionstyp über 20 m Höhe ab.

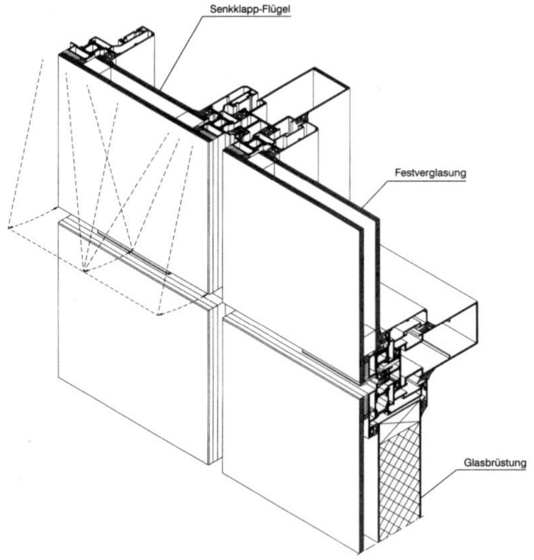

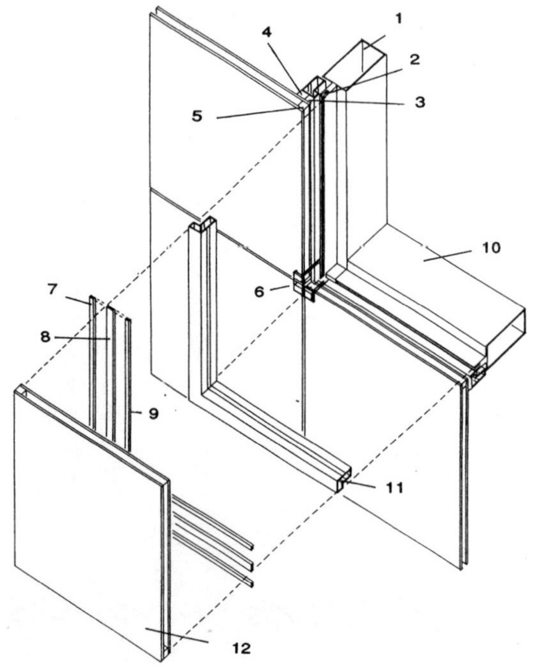

Legende:

1) Pfosten
2) Pfostendichtung
3) tragende Silikonverklebung
4) EPDM-Dichtung
5) Isolierscheiben-Randverbund
6) Haltevorrichtung für den Versagensfall
7) Lippendichtung im Rahmenprofil
8) Silikonkleber
9) EPDM-Dichtung
10) Riegel
11) thermisch getrenntes Rahmenprofil

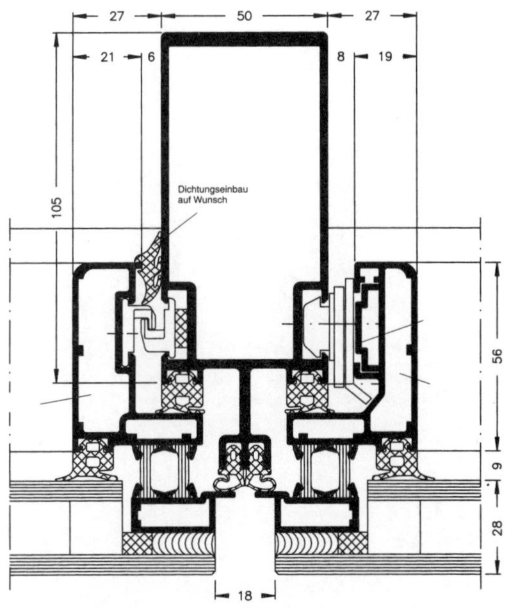

Horizontalschnitt Fassadenprofil

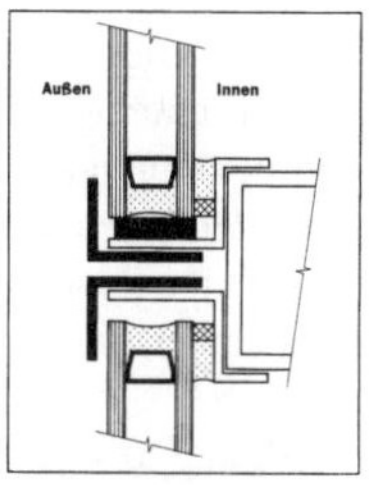

System mit Glastragklötzen und zusätzlicher Absturzsicherung

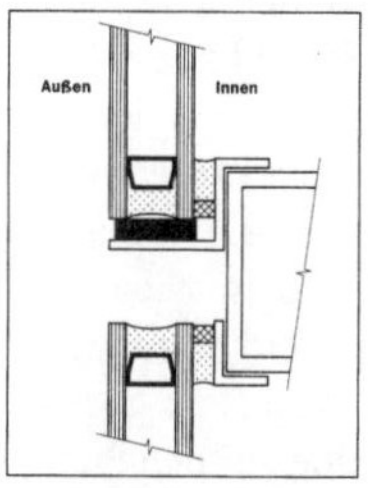

System mit Glastragklötzen

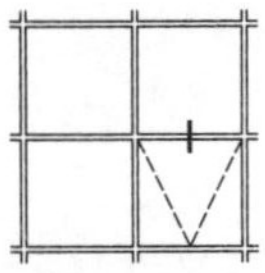

Beispiel, Glasstöße

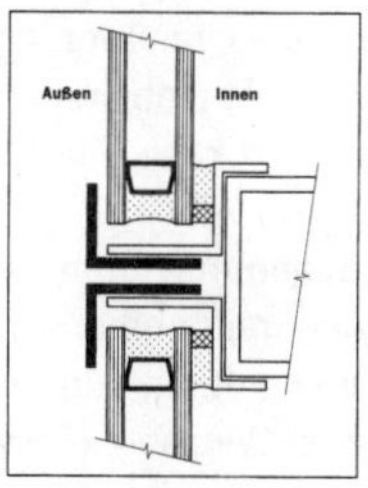

System mit nur einer zusätzlicher Absturzsicherung

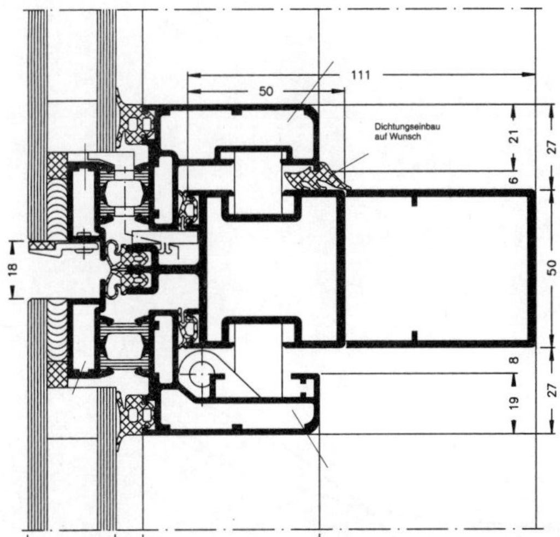

Horizontalschnitt Fassadenprofil

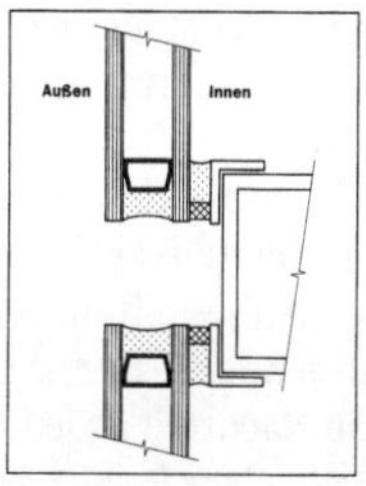

System ohne Glastragklötze und ohne zusätzlicher Absturzsicherung

Punktgehaltene Glasfassade

Die punktgehaltene Glasfassade besteht aus drei Elementen : den Glaspaneelen, den Punkthaltern und der stabilisierenden Unterkonstruktion.
Das Glaspaneel kann auf vielfältige Weise zusammengesetzt werden. Allerdings gibt es einige Restriktionen : Wenn Bohrungen nötig sind, muß das Glas vollständig vorgespannt sein und den Heißlagerungs -Test (heatsoak) bestanden haben. Falls die Punkthalter verklebt werden, gibt es Einschränkungen bei der Glasoberfläche wegen der Haftung.
Bei der mechanischen Verbindung wird das Glaspaneel mit durch das Glas führenden Stiftschrauben befestigt. Abhängig vom Typ der mechanischen Verbindung handelt es sich hier um gerade, zylindrische oder teilweise konische Bohrungen. Für die Festigkeit ist es wichtig, daß die Kanten der Bohrung sauber gearbeitet sind, Mikrobeschädigungen sind potentielle Bruchstellen. Sämtliche Bohrungen müssen vor dem Vorspannen ausgeführt werden. In den meisten Fällen hat ein Glaspaneel vier Bohrungen in kurzem Abstand von den Ecken. Der Mindestabstand zwischen der Glaskante und der Bohrung hängt von der Glasdicke ab; bei 8 mm Glasdicke beträgt er ca. 85 mm und bei 10 mm Glasdicke ca. 100 mm.
Bei der mechanischen Verbindung werden die Kräfte im Glas durch Preßdruck von einer gegen den Lochrand angedrehten Stiftschraube auf den Punkthalter übertragen. Dabei lassen sich die auf Reibung basierenden Systeme bezüglich auftretender Spannungen besser kontrollieren, weil die spannungsempfindlichen Glaskanten um die zylindrische Bohrung nicht durch Zugspannungen belastet werden.
Bei der chemischen Verbindung zwischen dem Glaspaneel und dem Punkthalter sind keine Bohrungen erforderlich. Diese Art der Befestigung ist jedoch nur bei Dachverglasungen möglich, da bei vertikalen Glasfassaden die Schubspannungen zu groß würden.
Das Auftreten hoher Spannungen um die Bohrungen bzw. der Glasverbindung muß immer vermieden werden. Diese Spannungen können durch Verklemmen, unter Einfluß von Winddruck oder Windsog, thermischer Dehnung, Eigengewicht, Anordnung der Unterkonstruktion und durch Schnee- und Stoßbelastungen entstehen. Durch eine flexible Verbindung zwischen dem Glas und dem Punkthalter kann dieses Verklemmen vermieden werden. Die flexible Verbindung kann mit Hilfe von Gelenken oder elastischem Material realisiert werden.
Die Unterkonstruktion hat, abhängig vom Glasfassadentyp, eine tragende und / oder stabilisierende Funktion. Massive Zugstäbe, Drahtseilkonstruktionen oder Glasstützen bieten sich hierbei an.
Der Vorteil einer Unterkonstruktion aus Glas besteht darin, daß unter Temperatureinfluß keine unterschiedlichen Ausdehnungen auftreten. Dies gilt nicht für Metallkonstruktionen, deren Ausdehnungskoeffizient immer höher ist als der von Glas. Ein Nachtteil ist jedoch, daß durch zahlreiche Glasstützen in einer Reihe eine grüne Farbe entsteht, wodurch die Transparenz in seitlicher Richtung stark abnimmt.

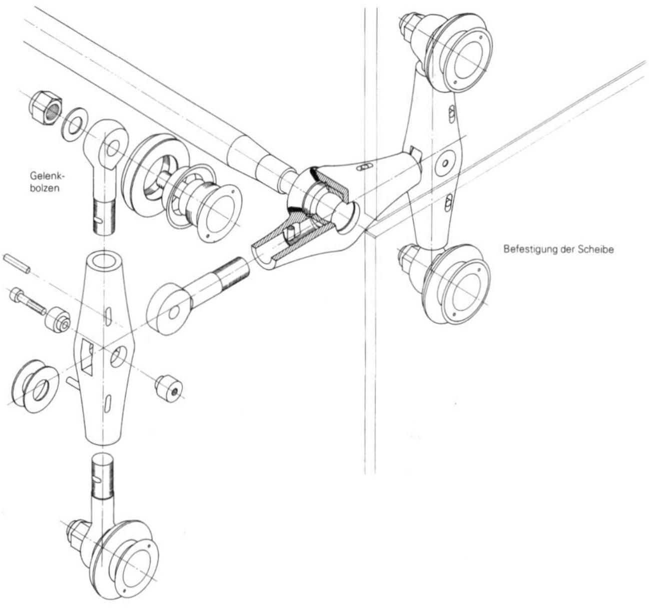

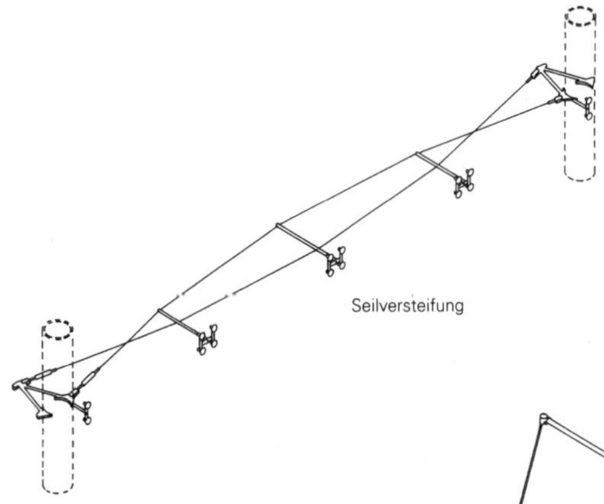

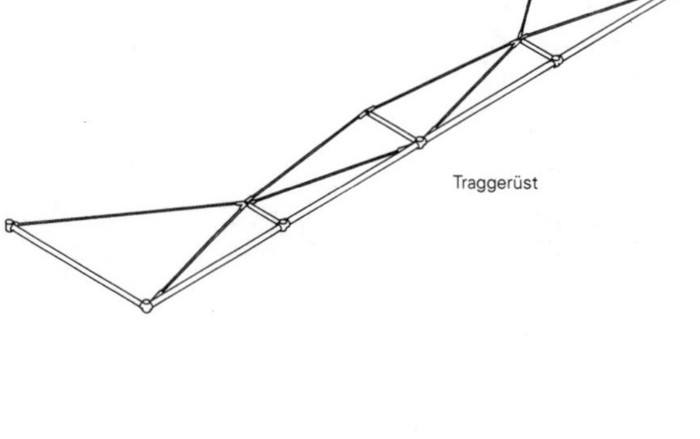

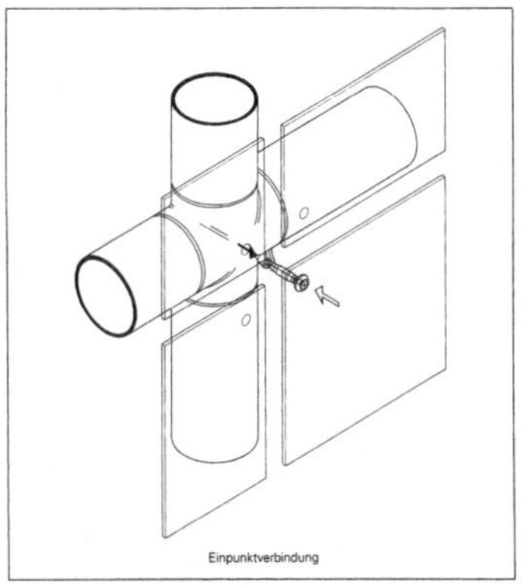

Einpunktverbindung

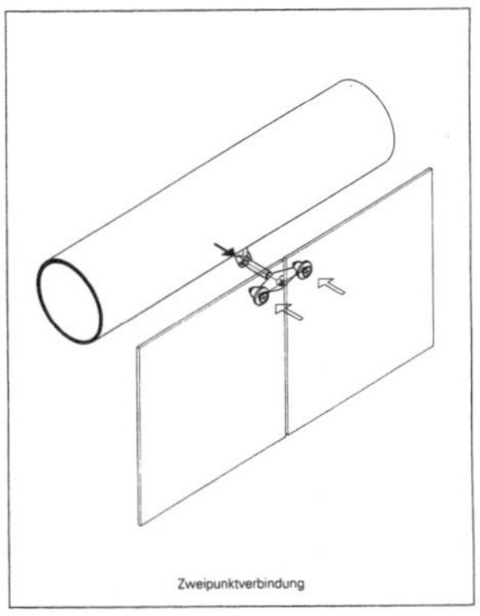

Zweipunktverbindung

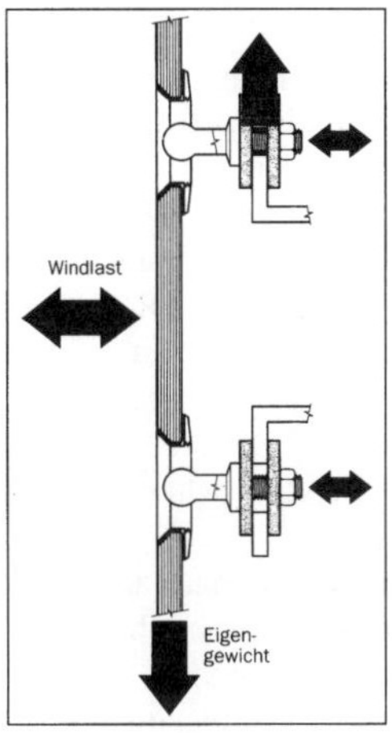

Belastung

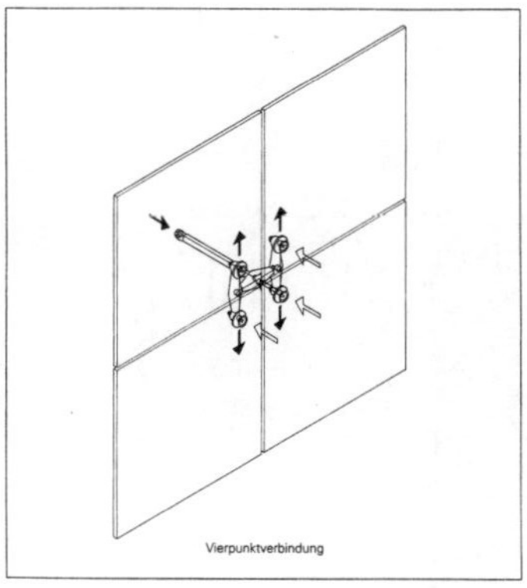

Vierpunktverbindung

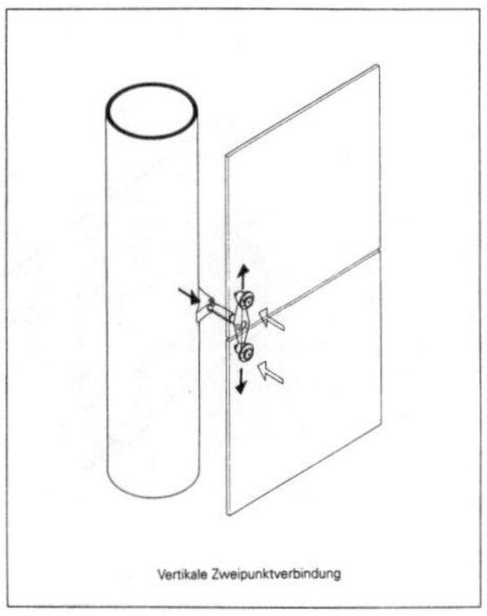

Vertikale Zweipunktverbindung

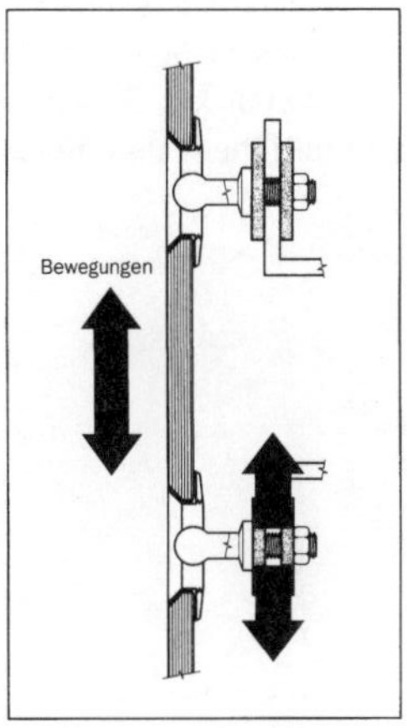

Bewegungen als Folge unterschiedlicher thermischer Dehnungen

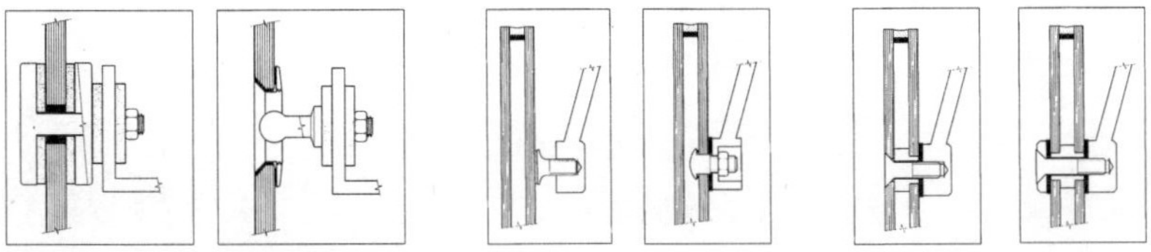

Beispiele für Glasbefestigungen

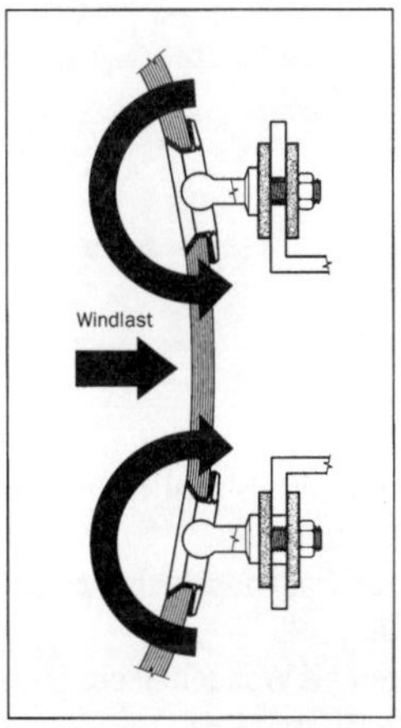

Rotierende Bewegungen unter Einsatz von Windlast

Hängende Verglasung

Es handelt sich um die entmaterialisierteste Lösung der Glasfassaden, die für mehrgeschossige Hallen oder Geschoßbauten mit zurücktretenden Decken in Frage kommt. Die Glasscheiben sind im oberen Randbereich an einen Waagebalken angehängt, der das Gewicht über eine justierbare Konsole an den Rohbau weitergibt. Für die gesamte Hängevorrichtung ist bei der Gestaltung eine Mindesthöhe von 30 cm anzusetzen. Im Gegensatz zur stehenden Verglasung beult die hängende Verglasung nicht aus. Das freie Auspendeln ermöglicht eine zwangfreie Lagerung.
Rippenartig hinter der Glashaut angeordnete Glasschwerter behindern die Durchbiegung bei Wind.
Ab 8 m Fassadenhöhe werden die Glasschwerter mit Metall-Profilen verstärkt. Sämtliche Stöße sind mit Silikon gedichtet. Die Scheiben bestehen bei kleinen Fassadenhöhen entweder aus einfachem, nicht vorgespanntem Floatglas oder aus Verbundscheiben-Sicherheitsglas, mit dem im Fall von 2 x 12 mm dicken Gläsern bereits hängende Fassaden bis 13 m Höhe realisiert wurden.

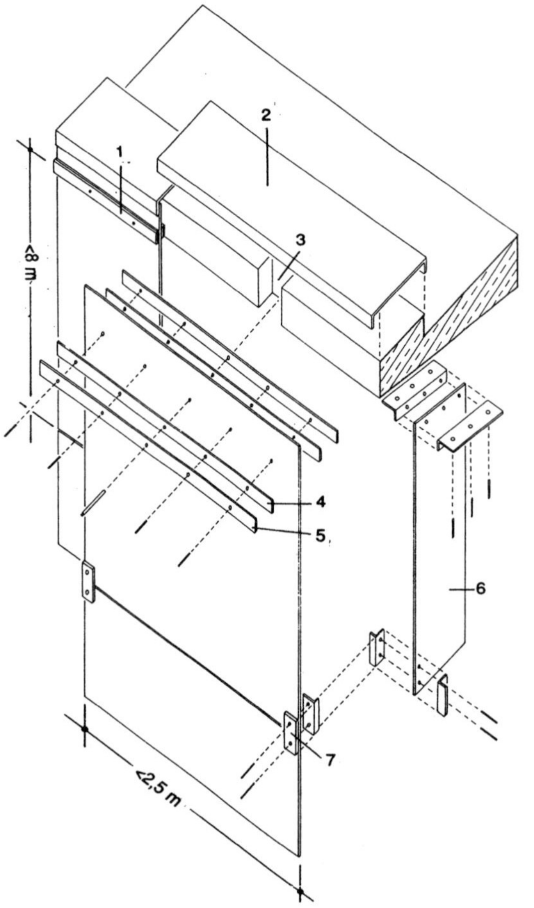

Legende:

1) Glasabhängung mittels zentriertem Waagebalken
2) Attika-Überdeckung
3) Aussparung für Tragkonsole des Waagebalkens
4) EPDM-Dichtung
5) Klammerleisten als Waagebalken
6) Aussteifendes Glasschwert

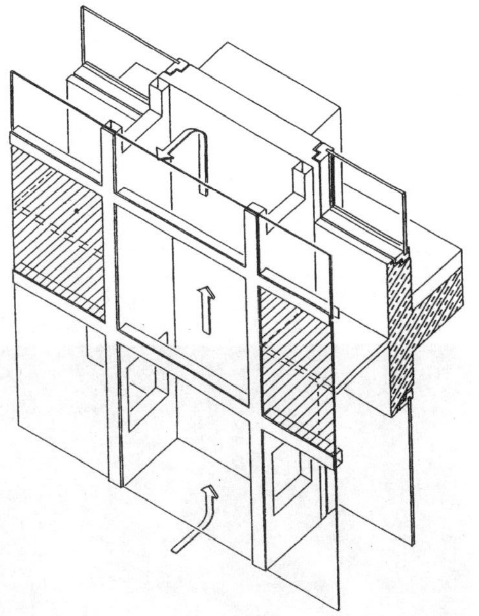

Atmende Fassade

Belüftung aus dem Gebäude

Bisher gibt es nur einige Prototypen dieser Bauart, wie z.B. die Fassade des ITN-Fernsehsenders in London. Die Fassade setzt sich aus zwei Glashäuten mit einem Hohlraum von ≥ 10 cm zusammen. Die inneren Glaselemente sind verschieblich oder drehbar, so daß die Sonnenschutzvorkehrungen und die Glasflächen zum Hohlraum gereinigt werden können. Über dem Fußboden strömt die Zuluft aus dem Büro in den Hohlraum, steigt auf und leitet je nach Witterung erwärmte bzw. gekühlte Luft aus dem Hohlraum ins Abluftsystem in der abgehängten Decke. So wird die Sonnenwärme im Sommer, bevor sie in den Büroraum gelangt, abgeführt und im Winter dem Zuluftsystem als Energieeinsparung zugeführt. Unter diesem Aspekt kann die Innenschale aus Ein- oder Verbundscheiben-Sicherheitsglas und die Außenschale aus Einfachglas hergestellt werden.

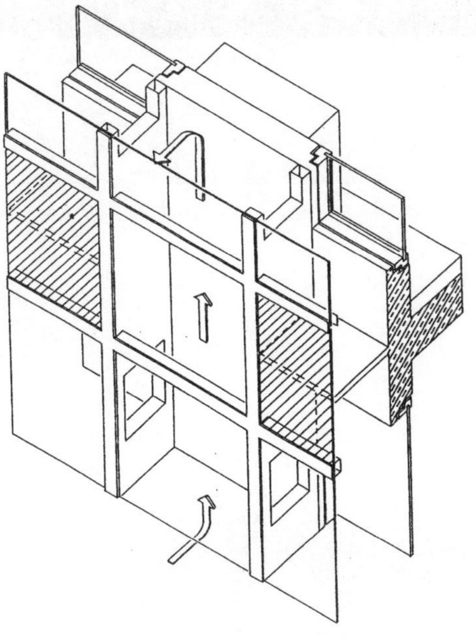

Zweite-Haut-Fassade

Belüftung von außen

Die innere und die äußere Fassade sind soweit voneinander entfernt, daß ein begehbarer Fassadenkorridor > 60 cm entsteht. Er nimmt die Sonnenschutzanlagen und begehbare Roste zu Wartungs- und Reinigungszwecken auf. Um die Kaminwirkung zu vermeiden, wird der Korridor abschnittsweise alle 2-3 Geschosse horizontal abgeschottet, von außen belüftet und nach außen entlüftet. Energetisch günstig ist die Verwendung einer Einfachverglasung außen und einer Isolierverglasung innen. Es besteht jedoch Tauwassergefahr auf der Innenseite der Außenschale bei < +5°C Außentemperatur. Nachteilig ist die dadurch bedingte temporäre Trübung der Durchsicht und die schnellere Verschmutzung. Insbesondere bei Hochhäusern ist diese Bauart von Vorteil, da Fenster der inneren Fassade auch in großen Höhen geöffnet werden können. Weder vom Winddruck noch vom Windsog beeinträchtigt gelangt dadurch wohltemperierte Außenluft aus dem Korridor ins Gebäudeinnere und erhöht den Nutzer-Komfort.

Fassadenverkleidungen aus Blechtafeln müssen gut hinterlüftet vorgehängt werden, damit infolge von Dampfdiffusion Feuchtestau nicht das Wärmedämmvermögen der hinteren Wand gemindert wird und Kondenswasser zu Schäden auf der Rückseite der Blechverkleidung oder ihrer Verankerung führen kann. Deshalb und wegen des besonderen Problems elektrolytisch bedingter Korrosion bei Berührungen verschiedener Metalle sollte für die Verankerungselemente einer Metallverkleidung möglichst nur gleiches Metall bzw. nur korrosionssicheres Material Verwendung finden.

Für Außenwandverkleidungen in Metall kommen folgende Materialen in Frage :

Zinkblech

An der Luft überzieht sich Zinkblech mit einer weißlichgrauen Schicht aus kohlensaurem Zinkoxyd, die wasserunlöslich ist und das Metall vor weiteren Oxydationen schützt. Dem Wetter ausgesetzt, verändert es mit der Zeit seine ganze Struktur und wird stark kristallin und brüchig. Während in ländlichen Gegenden das Zinkblech eine Lebensdauer von ca. 40 Jahren erreicht, sinkt diese in den Städten unter Einwirkung aggressiver Atmosphärilien auf 20 bis 30 Jahre.
Um eine elektrolytische Korrosion auszuschließen, darf Zinkblech nicht mit fremden Metallen zusammen verarbeitet und eingebaut werden. Ohne größere Probleme kann Zink z. B. mit Aluminium, Blei, Edelstahl und feuerverzinktem Stahl kombiniert werden, auf keinen Fall jedoch mit Kupfer oder ungeschütztem Stahl.
Die Wärmeausdehnungszahl von Zink liegt mit 0,00003 sehr hoch. Bei 50 °C Temperaturdifferenz wächst oder schwindet ein Blechstreifen von 1,00m Länge um 1,47mm
Handelsübliche Tafelgrößen sind 0,65 / 2,00 m; 0,80 / 2,00 m; 1,00 / 2,00 m; 1,00 / 2,50 m

Kupferblech

Kupferblech ist fast unbegrenzt haltbar. An der Luft oxydiert Kupfer allmählich und erhält einen Überzug, die sogenannte „Patina" (Grünspan) von zunächst brauner, später blaugrüner Färbung. Heutzutage jedoch oxydiert Kupfer ausschließlich braun, was durch die Luftverschmutzung (saurer Regen usw.) verursacht wird.
Die Berührung mit anderen Metallen, mit Ausnahme von Bronzeteilen und Kupferpanzerteilen, ist zu vermeiden.
Kupferbleche nach DIN 1752 werden durch Walzen in Dicken von 0,1mm bis 5 mm hergestellt. Sie sind in Breiten von 30 bis 100 cm und Längen von 100 bis 300 cm im Handel (vorzugsweise 100 x 200 cm).

Aluminiumblech

Bei der Berührung von Aluminium mit Mauerwerk greifen die alkalischen Abbindestoffe von Zement, Mörtel und Beton unter Einwirkung von Feuchtigkeit das Aluminium an. Auch Berührung mit unbehandeltem Stahl und Metallen auf Kupfergrundlage muß verhindert werden. Alle Berührungsstellen sind deshalb durch einen Anstrich mit Zinkchromat oder Asphaltbitumen (keine Bleimenninge) oder besser durch Unterlegen von Kunststoffolien oder ähnlichen Dichtungsstoffen abzusperren. Eine Berührung mit Aluminiumlegierungen und verzinkten oder cadmierten Stählen ist unbedenklich. Bei rostfreien und phosphatisierten Stählen empfiehlt sich ein einfacher Anstrich.
Feuchtigkeitsaufnahme aus Hölzern ist durch Anstrich des Aluminiums zu verhindern. Auch bei einer Verbindung mit Hölzern, die mit Imprägnierungen behandelt wurden, ist in jedem Falle ein Anstrich oder eine Zwischenlage zu empfehlen, wenn die direkte Verträglichkeit von Imprägnierung und Aluminium nicht gesichert ist.
Bleche kalt gewalzt aus Reinaluminium und Aluminium-Knetlegierungen werden in Dicken von 0,4 mm bis 15 mm hergestellt.

Stahlblech

Stahlblech in verzinktem, verkupferten oder verbleitem Zustand besitzt nur eine verhältnismäßig geringe Lebensdauer. Beim Falzen wird der Überzug oft beschädigt und dadurch die Rostgefahr vergrößert.
Beim Falzen wird an der Außenkante der Blechtafel die metallische Schutzschicht gedehnt und an der Innenkante gestaucht. Dadurch entstehen feine Haarrisse, von denen eine erhöhte Rostgefahr ausgeht. Durch Verwitterung der metallischen Schutzschicht wird diese auch nach und nach abgetragen und das Stahlblech freigelegt, welches ungehindert rostet. Aus diesen Gründen werden verzinkte Stahlbleche nur noch in Gehenden mit wenig aggressiver Atmosphäre verwendet.

möglicher Zusammenbau von Metallen am Bau

	AL	Pb	Cu	Zn	NRS	St
AL	+	+	–	+	+	+
Pb	+	+	+	+	+	+
Cu	–	+	+	–	+	–
Zn	+	+	–	+	+	+
NRS	+	+	+	+	+	+
St	+	+	–	+	+	+

Al	Aluminium
Pb	Blei
Cu	Kupfer, Kupferlegierung
Zn	Titanzink
NRS	nichtrostender Stahl
St	feuerverzinkter Stahl

Die Ausgestaltung der Details prägt die Fassade nachhaltig:
Für die meisten Ecken, Laibungen, An- und Abschlüsse werden Bauprofile benötigt. Diese müssen bei der Ausarbeitung des Detailkonzeptes aufeinander abgestimmt werden.

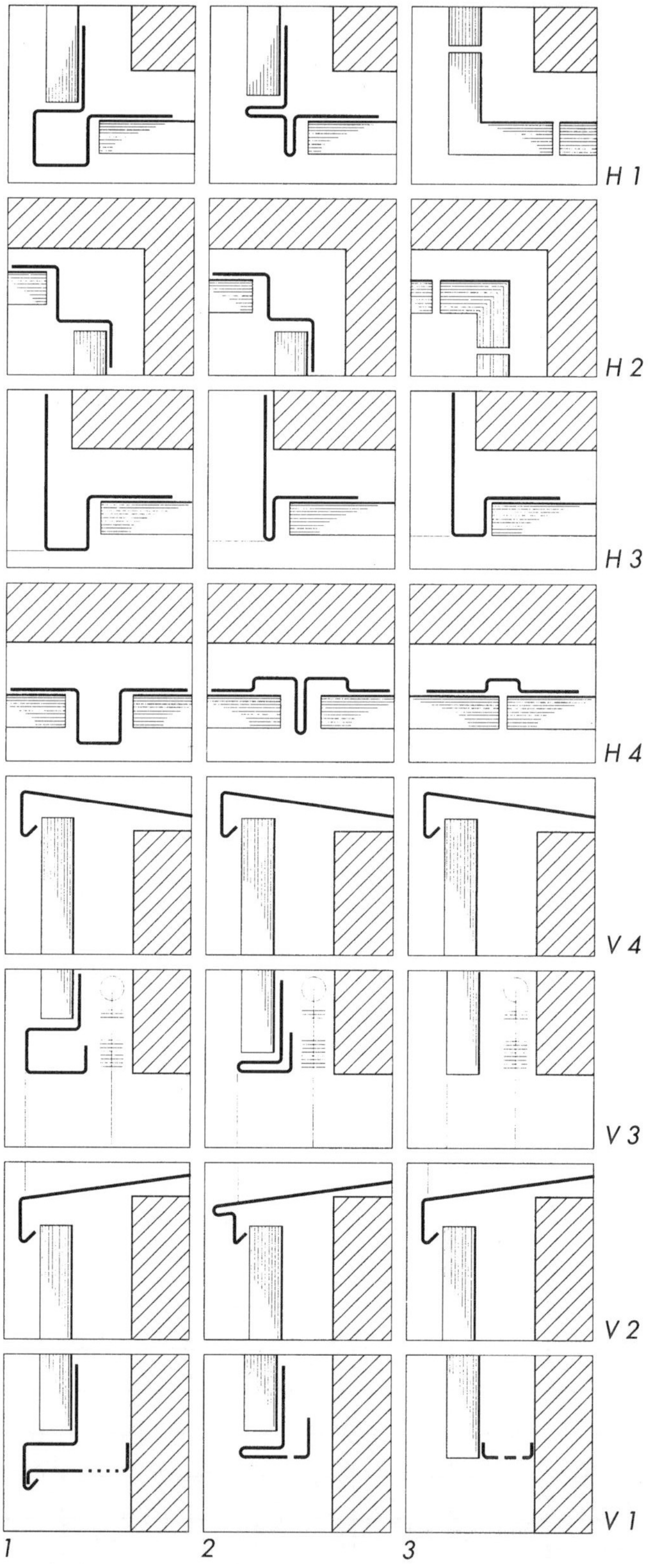

Ansichtsbreite der Bauprofile

Das Spektrum reicht von scharfkantigen bis zu mehreren Zentimeter breiten Profilen. Eine exakte Planung ermöglicht, die Breite aller Abschluß- und Rahmenprofile gleich zu gestalten oder in einem gewünschten Verhältnis zu variieren.

Ausladung der Bauprofile

Je nach Detailkonzept werden weit aus der Fassadenebene auskragende oder flächenbündige Profile ersetzt.

Die nebenstehende Übersicht stellt drei mögliche Prinzipien dar:

Kolonne 1:
Als Bauprofil wird ein relativ breites Rahmenprofil gewählt, das um ein bestimmtes Maß über die Fassadenebene auskragen kann.

Kolonne 2:
Ein schmales Profil wird, soweit wie möglich, fassadenbündig eingesetzt.

Kolonne 3:
Verschiedene Fassadensysteme wie z.B. Kassetten und Paneele können selbst die Gebäudeecke oder den unteren Abschluß bilden.

Ansicht Schnitt

A
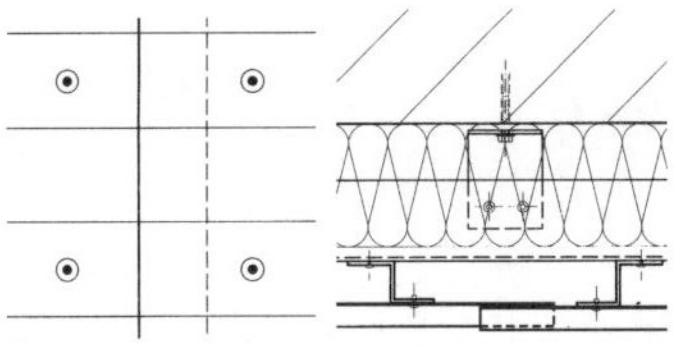

B
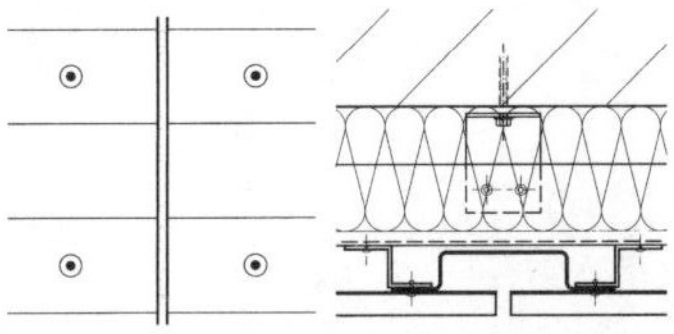

C
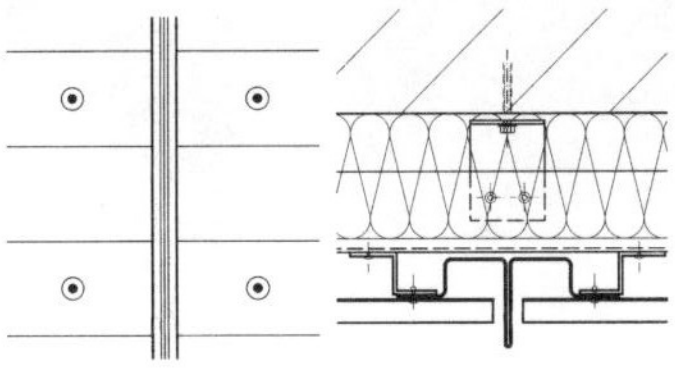

D
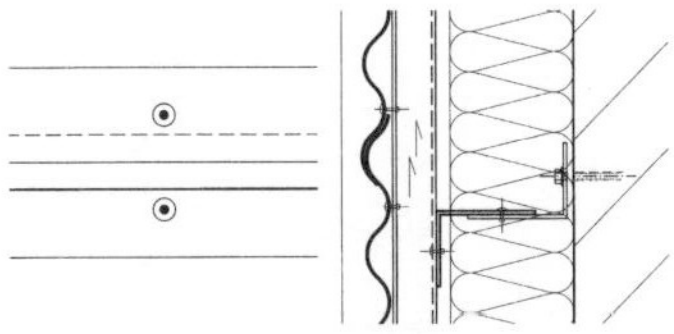

Fugenausbildung bei horizontaler Anwendung des Profils

Vertikalfuge

A: Überlappung
(in Profil-Längsrichtung)
Ästhetisch sehr zurückhaltende Fugenausbildung, je nach Lichteinfall ist der Stoß kaum sichtbar.

B: Offener Stoß
Sowohl Fugenbreite als auch Tiefe können variiert werden (Schattenwirkung)

C: Lisene
Mit einer aus der Fassadenfläche vorspringenden Lisene wird die Vertikalfuge betont.

Horizontalfuge

D: Überlappung
(in Profil-Querrichtung)
In der Regel werden die Profile um eine Welle überlappen.

E
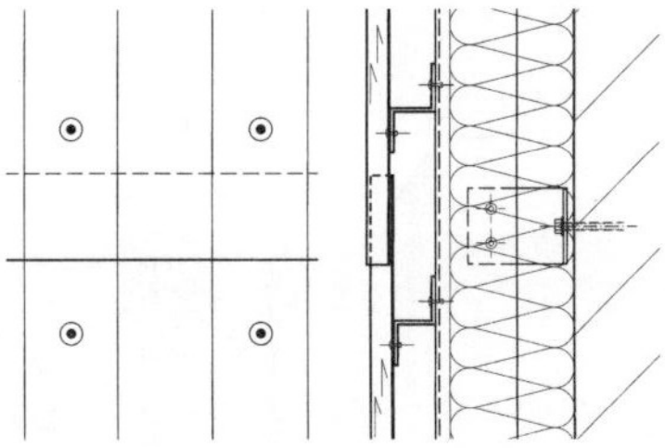

F
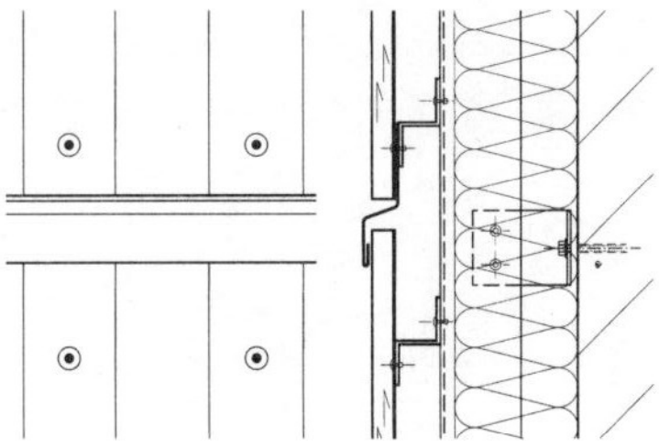

G
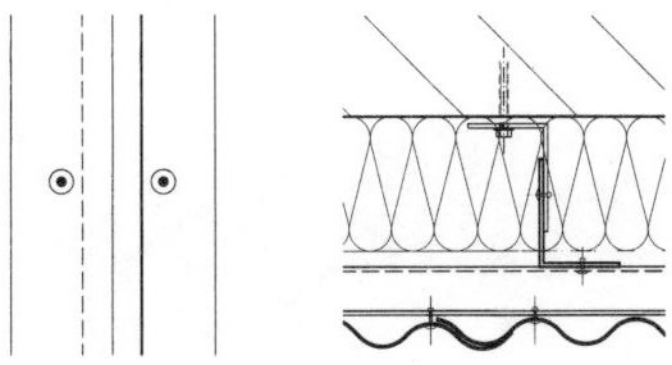

Fugenausbildung bei vertikaler Anwendung des Profils

Horizontalfuge

E: Überlappung
(in Profil-Längsrichtung)
Der fast nahtlose Übergang von einem Profilblech zum anderen betont die Vertikale der Fassade sehr stark.
Diese Art der Fugenbildung engt den Hinterlüftungsraum nicht ein.

F: Gesimsblech
Mit verschieden breiten Bauprofilen kann die Horizontale Fuge betont werden.
Es ist darauf zu achten, daß der Hinterlüftungsraum nicht unterbrochen oder geschlossen wird.

Vertikalfuge

G: Überlappung
(in Profil-Querrichtung)
Ästhetisch sehr zurückhaltende Fugenausbildung.
Bei sauberer Montage ist der Stoß kaum sichtbar.

Primäre Funktionen der Unterkonstruktion

- Tragen der Bekleidung
- Ableiten der auf die Fassade einwirkenden Kräfte in die Tragkonstruktion

Untergeordnete Aufgaben

- Ausgleichen von Rohbautoleranzen
- Bildung einer vertikalen, planen Null-Ebene

An die Unterkonstruktion werden verschiedene technische Anforderungen gestellt:

- Verstellbarkeit zur Anpassung der Schienenabstände bzw. Toleranzausgleich
- geringere Wärmebrückenbildung
- Langlebigkeit durch die Verwendung korrosionsfreier Profile und Befestigungsmittel

Werkstoffe für die Unterkonstruktion

Holz
Tanne und Fichte (luft- oder ofengetrocknet), mit oder ohne Imprägnierung, sind gebräuchliche Holzsorten.
Für anspruchsvolle Fassadenunterkonstruktionen hat Holz jedoch einige unerwünschte Eigenschaften:
Wird Holz mit einem zu hohen Feuchtigkeitsgehalt eingebaut, können später Verwerfungen auftreten. Unter Sonneneinwirkung trocknet Holz aus und schwindet.
Dieses im Vergleich zur Metallbekleidung gegensätzliche Verhalten kann zu Spannungswellen in der Fassadenbekleidung führen.
Für kleinflächige Anwendungen wie Gaupen, Blenden und Giebelwände ist eine getrocknete Holzunterkonstruktion durchaus geeignet. Eine Verwendung bei größeren Fassadenflächen wird nicht empfohlen.

Metall
Folgende Materialien werden in der Regel verwendet :
- aluverzinkte (z.B. Galvalume) Stahlprofile
- stranggepreßte oder gekantete Aluman-Profile
- gekantete Edelstahlprofile

Bei Metallfassaden werden ein-,zwei- oder mehrteilige Metallunterkonstruktionen verwendet.
Vorteile der Matall-Unterkonstruktion sind
- einfacher Ausgleich von Bautoleranzen
- problemlose Bildung einer vertikalen Null-Ebene
- Kontrolle und Steuerung des Schraubenbildes
- schnelle Montage, günstige Einstandskosten
- Erfüllung der Brandschutzvorschriften

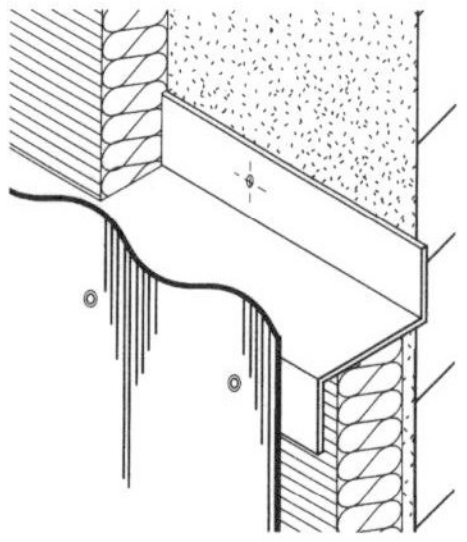

einteilige Metallunterkonstruktion

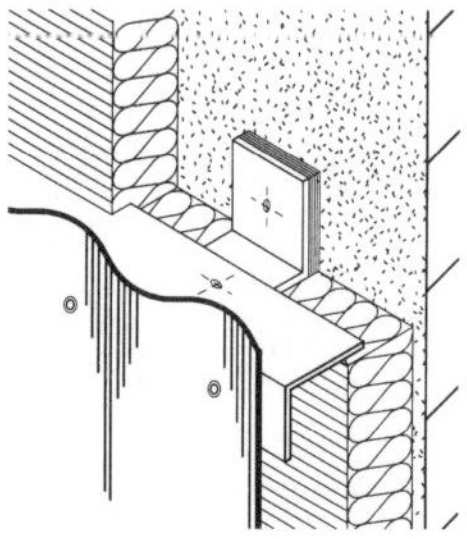

zweiteilige Metallunterkonstruktion

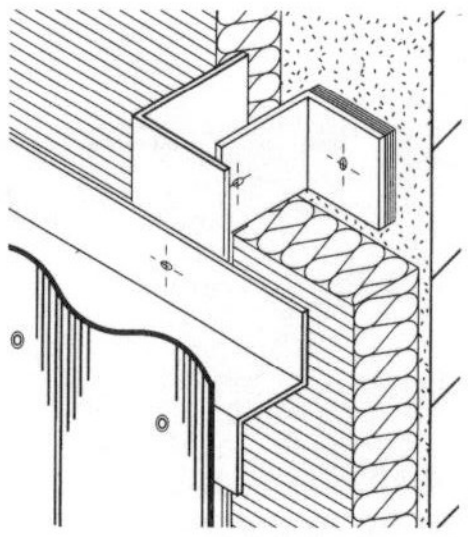

dreiteilige Metallunterkonstruktion

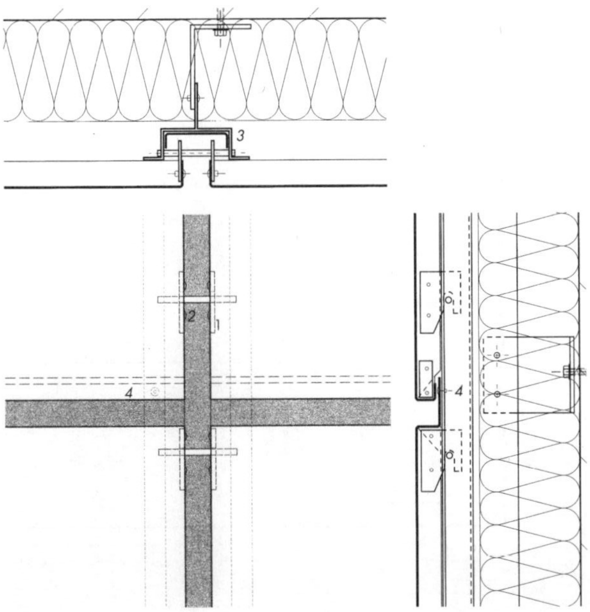

Sichtbare Befestigung

An den seitlichen Abkantungen der Kassetten werden Agraffen mit Ausfräsungen (1) angenietet.
Über diese Teile wird die Kassette auf die Balzen (2) der Unterkonstruktionsschiene (3) gehängt.
Jede Kassette ist mit einer Niete (4) direkt auf der Unterkonstruktionsschiene gegen Verschiebung durch Windbelastungen zu sichern.

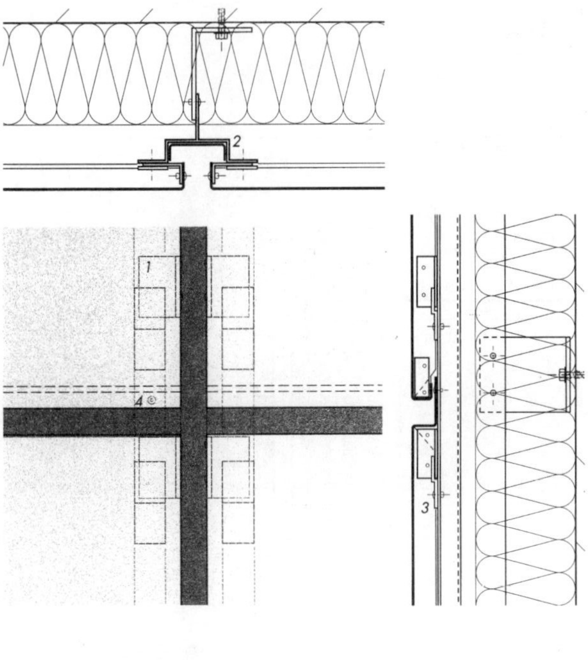

Unsichtbare Befestigung

Die Kassette ist am Befestigungswinkel aus Korrosionsfreiem Metall (1) aufgehängt. Dieser ist an die seitliche Abkantung genietet und dient gleichzeitig der Eckverstärkung der Kassette. Auf dem Tragprofil der Unterkonstruktion (2) sind Z-förmige Halter (3) angebracht. Darin werden die Kassetten eingehängt. Jede Kassette ist mit einer Niete (4) direkt auf der Unterkonstruktionsschiene gegen seitliche Verschiebung durch Windbelastungen zu sichern.

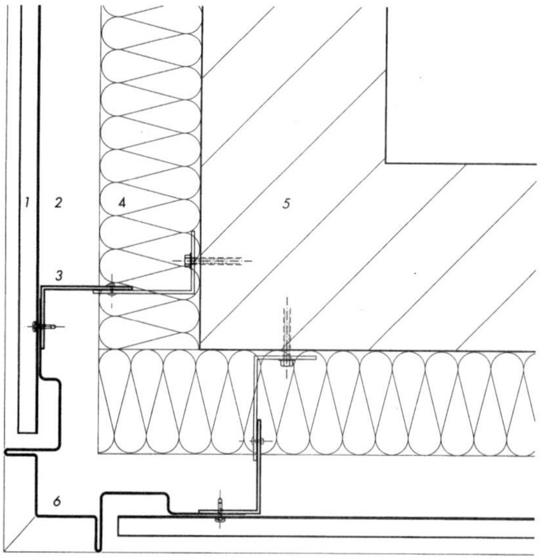

Außenecke

Konstruktion
1 Profilblech
2 Hinterlüftungsraum
3 2-teilige Unterkonstruktion
L-Profil vertikal
Wandkonsole mit Thermostop-Unterlage
4 Wärmedämmung
5 Tragende Wand
6 Eckprofil

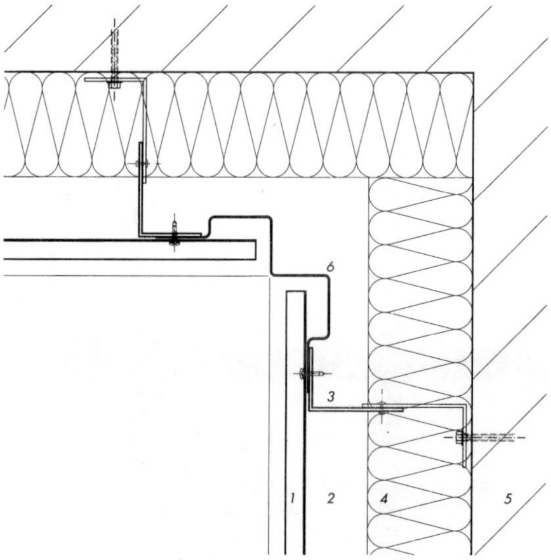

Innenecke

Konstruktion
1 Profilblech
2 Hinterlüftungsraum
3 2-teilige Unterkonstruktion
L-Profil vertikal
Wandkonsole mit Thermostop-Unterlage
4 Wärmedämmung
5 Tragende Wand
6 Eckprofil

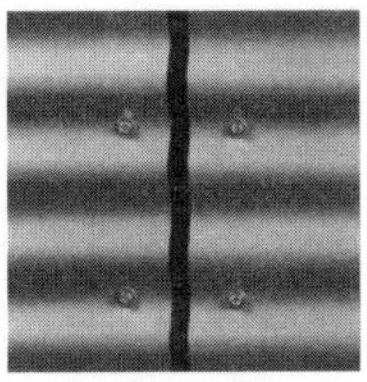

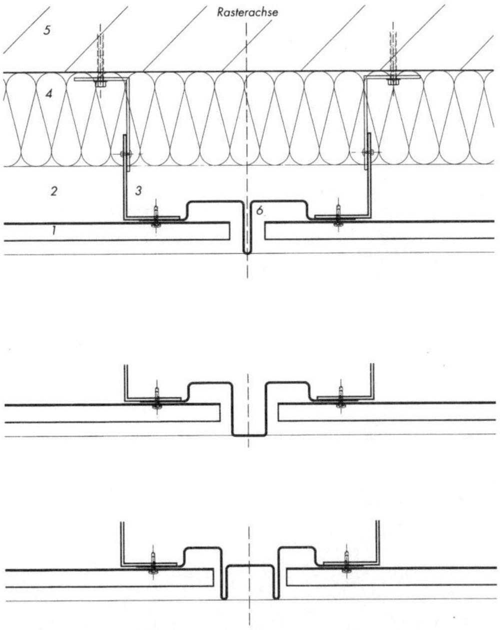

Vertikale Fugenprofile

Konstruktion
1 Profilblech
2 Hinterlüftungsraum
3 2-teilige Unterkonstruktion
  L-Profil vertikal
  Wandkonsole mit Thermostop-Unterlage
4 Wärmedämmung
5 Tragende Wand
6 Linsenprofil
7 Dehnungs-/ Ausgleichsfuge

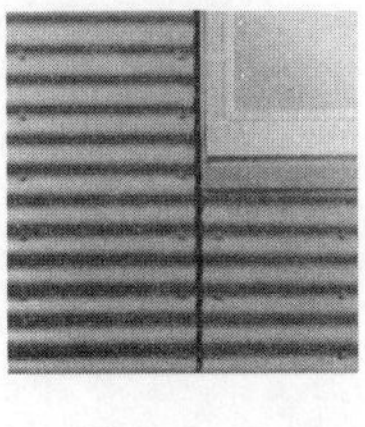

Fensterleibung

Konstruktion
1 Profilblech
2 Hinterlüftungsraum
3 2-teilige Unterkonstruktion
  L-Profil vertikal
  Wandkonsolen mit
  Thermostop-Unterlage
4 Wörmedömmung
5 Tragende Wand
6 Gekantetes Leibungsprofil
7 Taschenprofil
8 Winddichtung
9 Haltewinkel für Führungs-schiene des Sonnen-schutzes

Wird ein Sonnenschutz eingebaut, ist die Leibung für die Montage einer Führungsschiene mit einem verdeckt eingebauten Stützprofil zu verstärken.

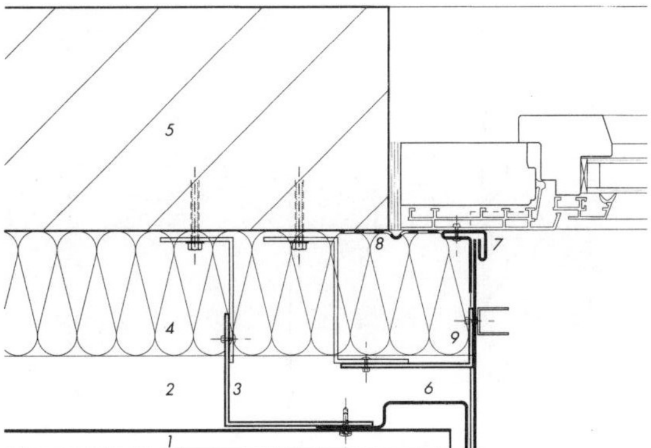

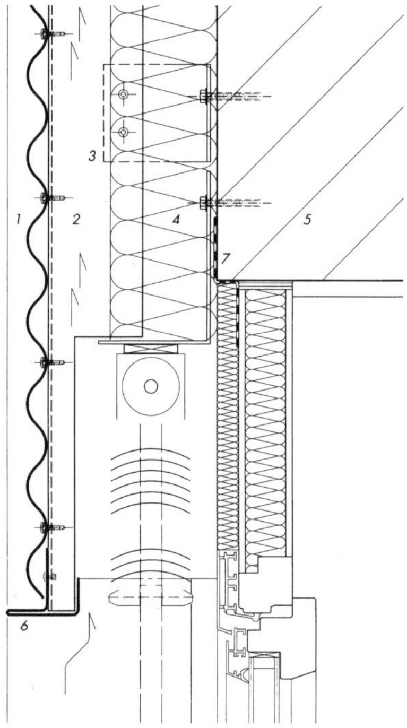

Fenstersturz

Konstruktion
1 Profilblech
2 Hinterlüftungsraum
3 2-teilige Unterkonstruktion
L-Profil vertikal
Wandkonsolen mit
Thermostop-U nterlage
4 Wärmedämmung
5 Tragende Wand
6 Sturzprofil

Je nach Leibungstiefe muß die Unterkonstruktion im Bereich des Sonnenschutzes ausgeklinkt werden.

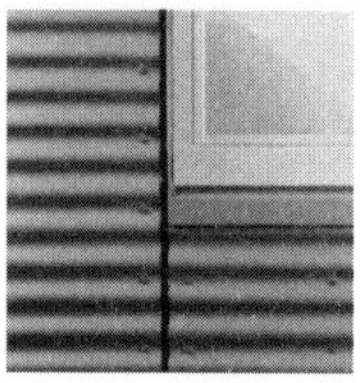

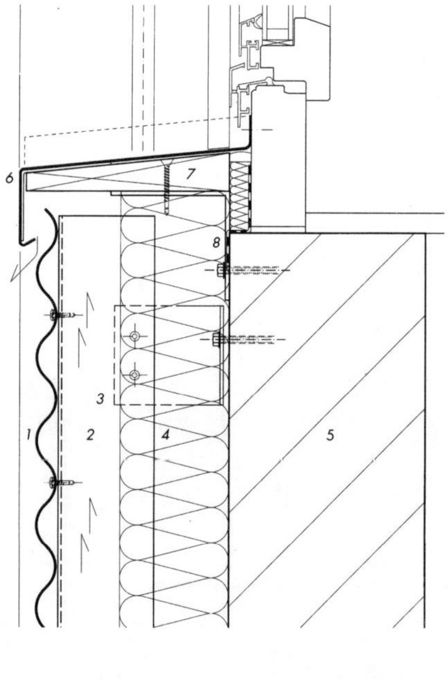

Fensterbrüstung

Konstruktion
1 Profilblech
2 Hinterlüftungsraum
3 2-teilige Unterkonstruktion
L-Profil vertikal
Wandkonsolen mit
Thermostop-Unterlage
4 Wärmedämmung
5 Tragende Wand
6 Fensterbank-Abdeckung
7 Holzunterlage
8 Winddichtung

Fensterbank
Die Befestigung der Fensterbank ist mittels Einhängestreifen möglich.
Als Alternative ist auch die vollflächige Verklebung der Fensterbank auf die Unterlage zu empfehlen.

Attika

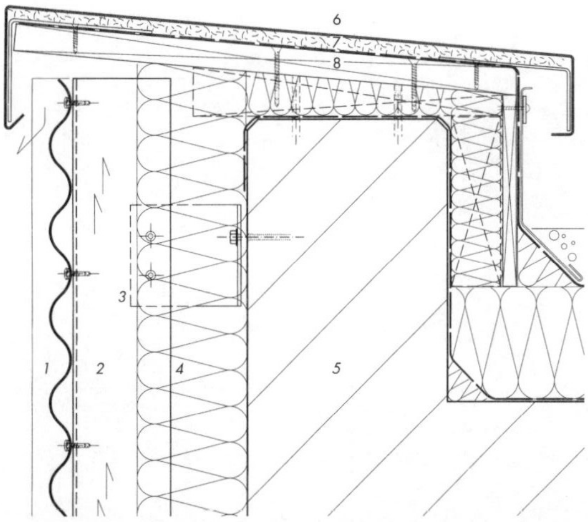

Konstruktion
1 Profilblech
2 Hinterlüftungsraum
3 2-teilige Unterkonstruktion , L-Profil vertikal
Wandkonsolen mit Thermostop-Unterlage
4 Wärmedämmung
5 Tragende Wand
6 Dachrandabdeckung
7 Trennlage
8 Holzunterlage auf Keil

Die Trennlage ermöglicht das Ablaufen von unter das Abdeckblech eingedrungener Feuchtigkeit. Als Alternative ist die vollflächige Verklebung des Abdeckblechs auf die Unterlage zu empfehlen.

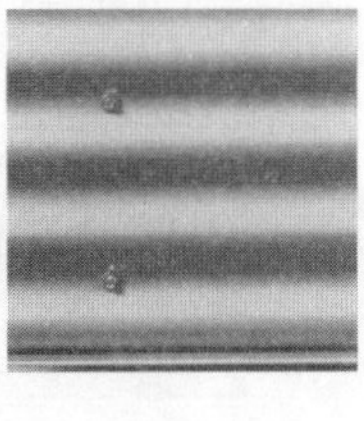

Sockel

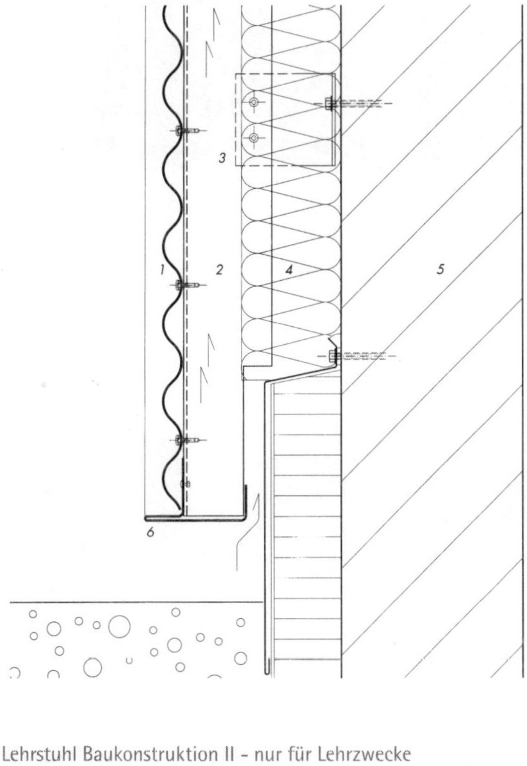

Konstruktion
1 Profilblech
2 Hinterlüftungsraum
3 2-teilige Unterkonstruktion
L-Profil vertikal
Wandkonsolen mit
Thermostop-Unterlage
4 Wärmedämmung
5 Tragende Wand
6 Gekantetes Sockelprofil

Das Sockelprofil ist so auszubilden, daß der Lufteintritt sichergestellt ist und das Eindringen von Kleintieren verhindert wird.
In der Regel wird zusätzlich ein Lochblech oder ein perforiertes Bauprofil verwendet.

Oberflächenbearbeitung

Die unterschiedlichen Bearbeitungsarten werden in der VOB DIN 18332 genannt. Üblich sind poliert, geschliffen, gesägt, beflammt, gestockt, spaltrauh. Mit Ausnahme der Politur und Beflammung sind diese bei nahezu allen Gesteinen möglich. Polierfähig sind nur die dichten und festen Gesteine, wie Granit, viele Kalksteine und Marmor.
Heute gängige Oberflächenbehandlungen sind :
- *Spaltrauh* : Einige Natursteine lassen sich mehr oder weniger ebenflächig spalten.
- *Gesägt* : Mitunter werden die Platten für das gewünschte Fassadenbild sägerauh belassen.
- Für den *Schliff* bis hin zur *Politur* kommen die Platten aus dem Zwischenlager auf eine Schleifstraße, auf der die verschiedenen Schleifgrade nacheinander durch Naßbearbeitung erzeugt werden.
- Zu den durch Stoßwerkzeuge entstehenden Oberflächen gehören z. B. *gestockte* Oberflächen (mit dem Stockhammer), *gespitzte* Oberflächen (mit dem Spitzeisen), *scharrierte* Oberflächen (mit dem Scharriereisen), *gezahnte* Oberflächen, Oberflächen *frei vom Hieb*, *gebeilte* Oberflächen, *geflächte* Oberflächen, *gekrönelte* Oberflächen, *geprellte* Oberflächen, *bosierte* Oberflächen. Diese Oberflächenbearbeitungen werden auch heute noch in der Regel steinmetzmäßig von Hand ausgeführt.
- Zu den durch Sonderbearbeitung entstehenden Oberflächen gehören *beflammte* Oberflächen (kurzzeitig mit einer heißen Flamme bestrichen), *sandgestrahlte* Oberflächen (in speziellen Kammern ausgeführt), *abgeriebene* Oberflächen und *gesandelte* Oberflächen.

Grundlage für das Ausführen von Naturwerkstein-Fassadenbekleidungen sind :
- DIN 18515 Fassadenbekleidungen aus Naturstein, Betonwerkstein und keramischen Baustoffen vom 1. Juli 1970
- DIN 18332 Naturwerksteinarbeiten ATV der VOB
- Richtlinien für das Versetzen und Verlegen von Naturwerksteinen, Ausgabe 1972. Herausgegeben vom Deutschen Naturwerksteinverband

Naturwerkstein-Fassadenbekleidungen sollen grundsätzlich nur als hinterlüftete Fassade ausgebildet werden. Besonders stoß- und schlaggefährdete Fassadenteile, Natursteinplatten in der Regel kleiner als 0,10 m², -Mosaiken und Riemchen werden am Untergrund angemörtelt.
Die unterschiedlichen Stoffeigenschaften von Bekleidung und Untergrund, sowie das in feuchtigkeitstechnischer und thermischer Hinsicht unterschiedliche Verhalten bekleideter Wände mit und ohne Hinterlüftung, müssen bei der Art der Anbringung entsprechend berücksichtigt werden.

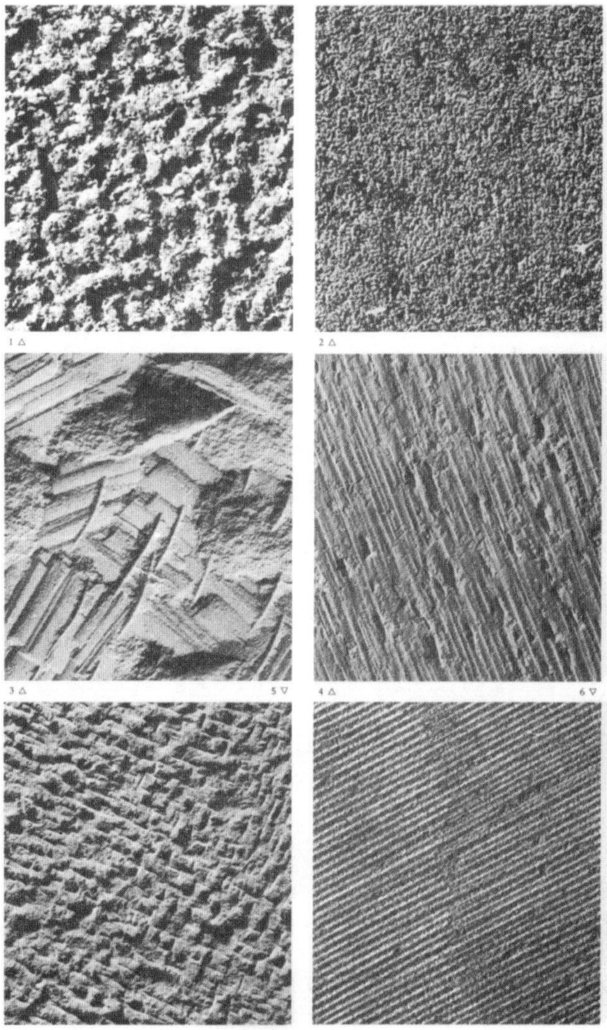

1 2
3 4
5 6

1 grob gestockt
2 fein gestockt
3 bossiert
4 glatt geflächt
5 gekrönelt
6 scharriert

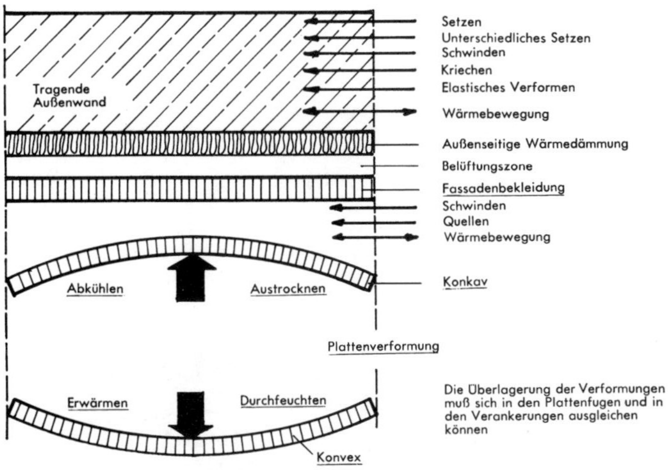

Fassadenbekleidungen unterliegen im Wechsel der Tages- und Jahreszeiten in der Regel stärkeren Temperatur- und Feuchtigkeitsschwankungen als die dahinterliegende Wand. Durch das hierdurch bedingte unterschiedliche Verformungsbestreben von Bekleidung und Unterkonstruktion entstehen Spannungen.
Infolge dieser Verformung der Natursteinplatten und Ausgleich dieser Bewegungen in den Fugen kann keine Fuge mehr vermörtelt werden. Sie säße sowieso hohl zwischen den Platten und würde zerbröckeln. Die Plattenfugen sind mit 4 mm Mindestdicke entweder hohl oder entsprechend der Steinmaterialdehnung und der Dauerbelastbarkeit des Fugenmaterials mit dauerelastischen Dichtungsmassen zu schließen (dann mindestens 5 mm breit)

1	2	3
Gesteinsgruppen	Quellung und Kontraktion	Thermische Dehnung bei 100°C Temperaturdifferenz
Dimension	mm/m	mm/m
A. Erstarrungsgesteine		
1. Granit, Syenit	0,06 bis 0,18	0,80
2. Diorit, Gabbro	0,12 bis 0,13	0,88
3. Quarzporphyr Keratophyr		0,53
Porphyrit Andesit	0,08 bis 0,10	1,00
Trachyt Phonolyth		1,25
4. Basalt, Melaphyr	—	—
Basaltlava	—	—
5. Diabas	0,10	0,75
B. Schichtgesteine		
6. Kieselige Geisteine a) Gangquarz, Quarzit, Grauwacke b) Quarzitische Sandsteine c) Sonstige Quarzsandsteine	0,30 bis 0,70	1,20
7. Kalksteine		
a) Dichte (Feste Kalke und Dolomite) (einschl. Marmore)	0,10	0,75
b) Sonstige Kalksteine (einschl. Kalkkonglomerate)	0,10 bis 0,16	0,70
c) Travertin	0,10 bis 0,12	0,68
8. Vulkanische Tuffsteine		—
C. Metamorphe Gesteine 9. a) Gneise, Granulit b) Amphibolit c) Serpentine d) Dachschiefer	0,10 bis 0,13	

Die Mindestdicke der Platten richtet sich nach der Plattengröße, der Bruchfestigkeit, insbesondere im Bereich der Ankerdornlöcher und den äußeren Lasten, wie Winddruck und Windsog. Die Dicke einer Natursteinplatte bis etwa ein Quadratmeter Fläche muß mindestens betragen
bei harten Gesteinen = 30 mm
bei weicheren Gesteinen = 40 - 50 mm

Verankerung

Die Platten werden bei hinterlüfteten Bekleidungen in der Regel durch im Untergrund befestigte Trage- bzw. Halteanker mit Ankerdornen, die in die Dornlöcher der Platten eingreifen, gehalten. Jede Platte soll an mindestens vier Punkten befestigt sein. Sie muß auf zwei Trageankern und von zwei Halteankern gegen die auftretenden Beanspruchungen gesichert sein.
Die Anker müssen aus geeignetem nicht rostenden Stahl bestehen.
Durch die vorhandenen Plattendehnungen dürfen die Anker nicht unzulässig beansprucht werden. Deshalb wurden für die hochgestellte und die langgestreckte Platte maximale Ankerabstände je nach Materialkonstante der Steingruppen festgelegt.

Verankerung in der Horizontalfuge

Diese Art der Verankerung kann besonders bei schmalen Wandscheiben, Pfeilern, Lisenen vorkommen. Das Plattengewicht wird hier jeweils auf zwei Trageanker abgelagert.
Diese müssen mit Haltedornen vorne in die Plattenfuge eingreifen, im Mauereinband aber das erforderliche Widerstandsmoment erbringen. Sie würden das nicht, wenn sie nicht unmittelbar hinter der Plattenrückkante gedreht wären. Bei schmaleren Ankerstegen sorgt eine angeschweißte Druckverteilplatte für die Krafteinleitung in den Versetzgrund.
Da hier nur mit Trageankern gearbeitet wird, werden diese durch die thermische Plattenbewegung horizontal beansprucht. Deshalb wurde je nach Steingruppen-Dehnwert der zulässige Maximalabstand Lh festgelegt. Dieser beträgt immer 3/5 der Plattenlänge, weil man infolge der Windbiegebeanspruchung über den Stützen als auch im Feld etwa gleiche Momente erzielen will. Die zulässigen Plattenlängen können dann jeweils leicht ermittelt werden.
Der Anker selbst benötigt eine Mindestbiegelänge von 60 mm. Bei Ankerausladungen unter diesem Maß wird hier der Anker mit gummielastischer Umklebung versehen.
Die Fugenabstandshalter garantieren nur den Ankerabstand, damit die darunter befindliche Platte Bewegungsmöglichkeit hat. Diese Abstandshalter werden nach dem Einmörteln der Anker wieder entfernt. Die Fugenabstände werden nach wie vor durch Versetzkeile hergestellt. Es darf keine kraftschlüssige Verbindung zu den Natursteinplatten mehr bestehen.

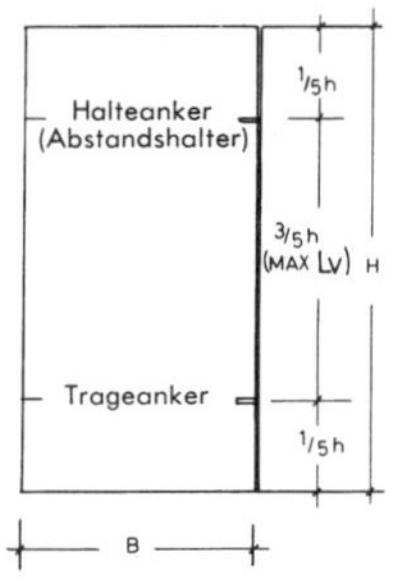

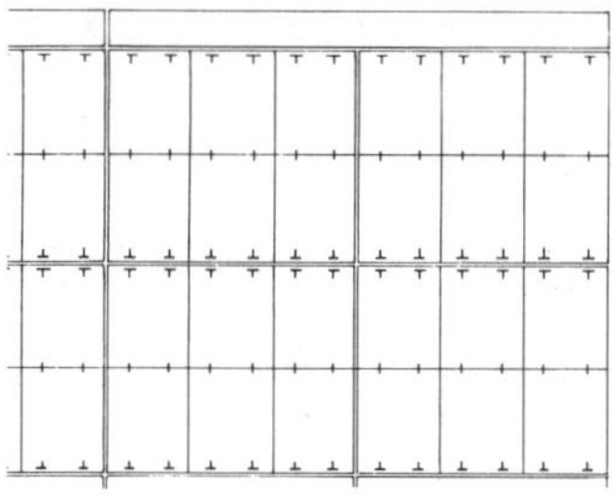

5a = Trageanker für die Verankerung im ausgesteiften Mauerwerk Mz-150 Mörtelgruppe II

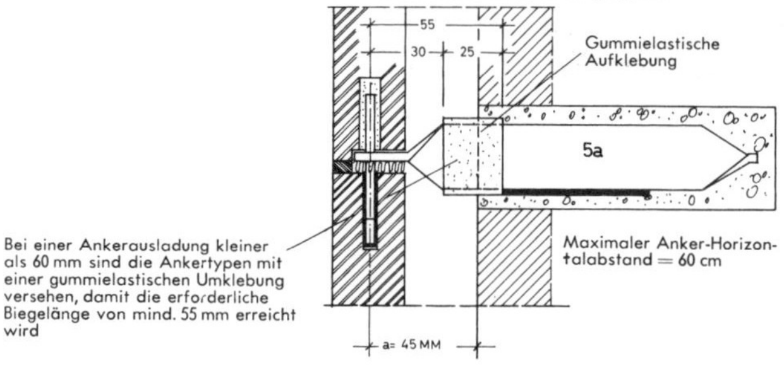

Versetzfolge:

Anker im Verankerungsgrund (Bohrloch) fixieren und untere Dornhälfte in das Gleitröhrchen einführen. Fugenabstandshalter unter Ankerkopf über Dorn schieben. Fugenabstandshalter hat Fugendicke
Anker im Verankerungsgrund kraftschlüssig einmörteln, abbinden und erhärten lassen. Bohrlöcher der nächstfolgenden Platte mit weichem, feinsandigen Mörtel füllen. Platte auf nun belastbare Anker versetzen. Fugenabstandshalter nach dem Versetzen entfernen.

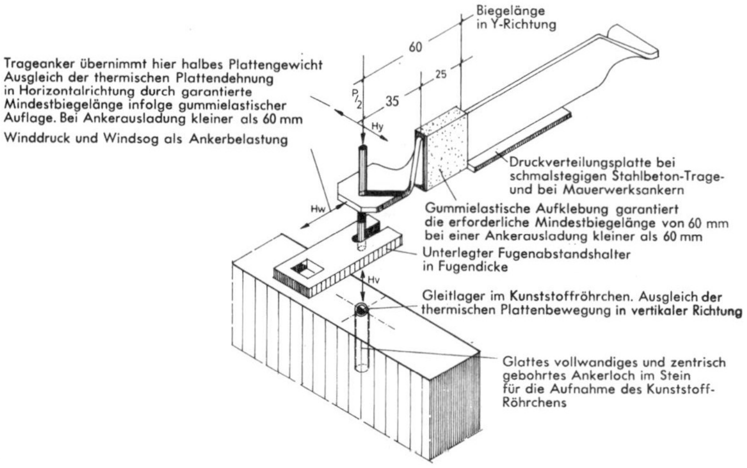

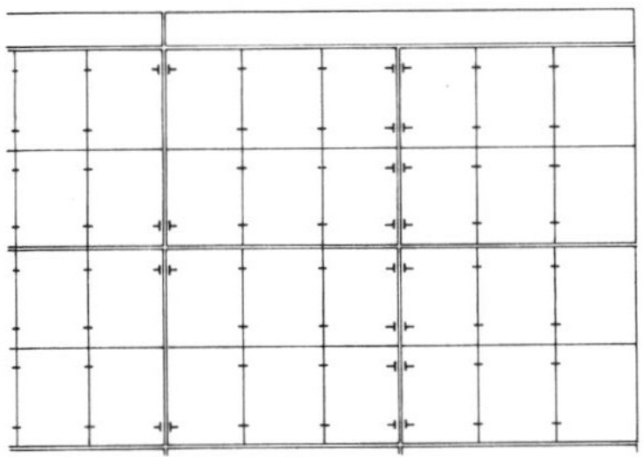

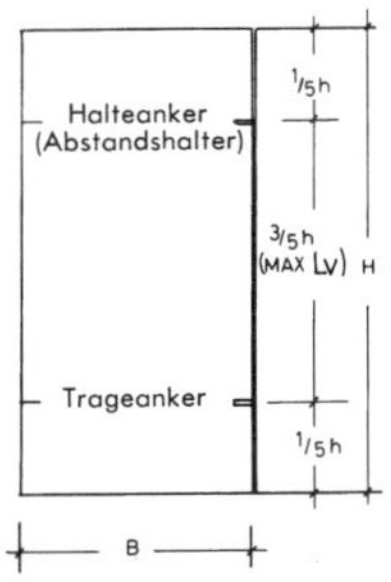

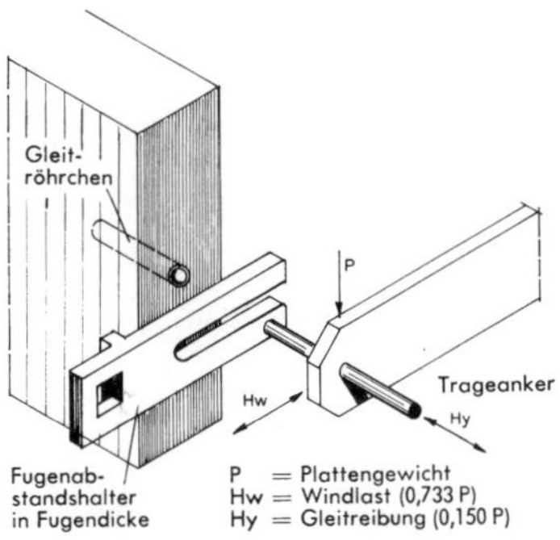

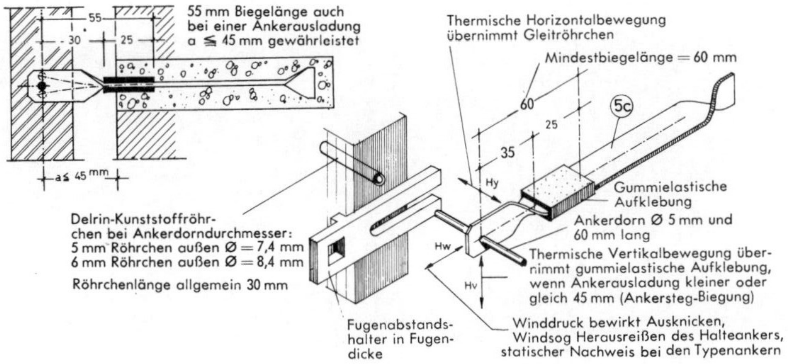

Verankerung in der Vertikalfuge

Für das Versetzen von Fassadenplatten in Wandscheiben und Brüstungen ist die Ankeranordnung hier die günstigste :

- Der Trageanker unten übernimmt die Last des Plattengewichtes, die Windlast und Gleitreibung.
- Der Halteanker wird aus Windlast und durch die thermische Vertikalbewegung der Platten beansprucht. Damit sein Widerstandsmoment gegenüber dieser Beanspruchung klein ist, wird er durch Drehung unmittelbar hinter der Steinplatte biegeweich gemacht. Der statisch festgelegte Maximalabstand „Lv" garantiert die zulässige Belastung.
  Damit dieser Anker auch seine statisch erforderliche Biegelänge behält, erhält er bei Ankerausladungen unter 60 mm eine gummielastische Umklebung.

Versetzfolge:

Trageanker in Bohrloch des Verankerungsgrundes einführen und Ankerdornende in Gleitröhrchen der versetzten Platte einführen. Zuvor Fugenabstandshalter über Dornende schieben. Anker im Verankerungsgrund kraftschlüssig einmörteln. Anschließende Platte mit mörtel-gefülltem Bohrloch heranschieben, Fugenabstandshalter entfernen.

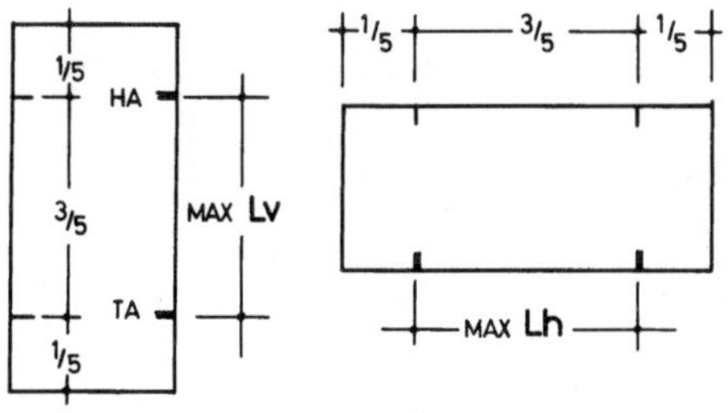

Steingruppe 1
mat. Dehnwert bis 0,75 mm/m
Lh= 80cm Lv = 160cm
Marmore, dichte Kalksteine, Dolomite und Diabase, sonstige Kalksteine, Travertine

Steingruppe 2
mat. Dehnwert bis 1,00 mm/m
Lh= 60cm Lv = 120cm
Trachyte (Stahlbeton nach DIN 1045, Zementmörtel)
Gabbros und Diorite, Granite und Syenite

Steingruppe 3
mat. Dehnwert bis 1,25 mm/m
Lh - 48 cm Lv - 96 cm
Quarzite, Porphyrite und Quarzporphyre, Sandsteine (Beton, BetonWerkstein)

Schloss Juval, Südtirol, Architekt: Robert Danz, 1996

Anforderungen + Funktionen

Schutz vor Niederschlägen
Sperren
Ableiten

Wärmeschutz
Wärmeschutzverordnung (WSVO)

Schallschutz
DIN 4109

Brandschutz
Bauordnung

Ableiten

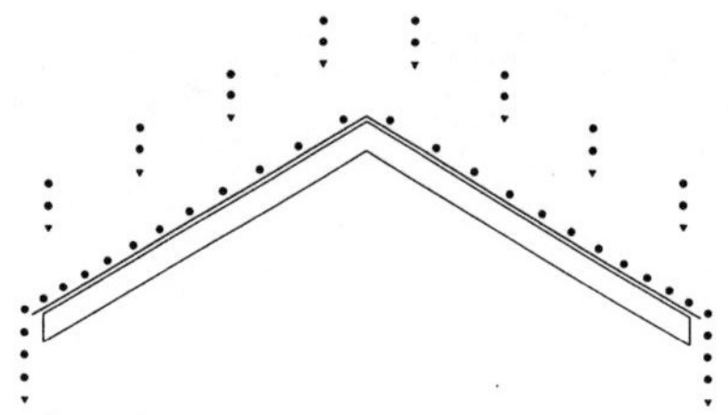

Sperren

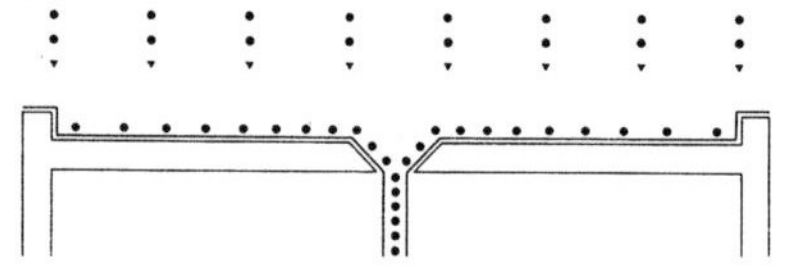

Steildach - Flachdach

Ist die Neigung eines Daches > 10°, so kann der Regen abfließen und die Dächer werden durch schuppenartige sich überlappende Materialien gedeckt (> Steildach). Ist die Neigung< 10°, so müssen die Dächer abgedichtet werden (> Flachdach).

Ingenieurholzbau

Leimholzträger

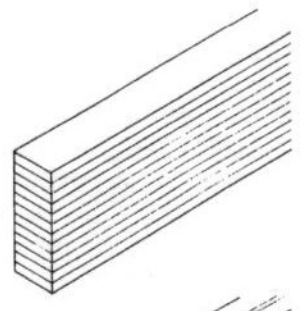

Kastenträger in Holz

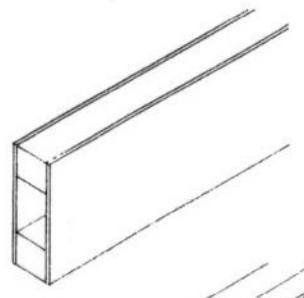

Profilierter Holzträger

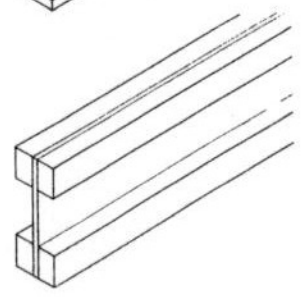

Fachwerkträger

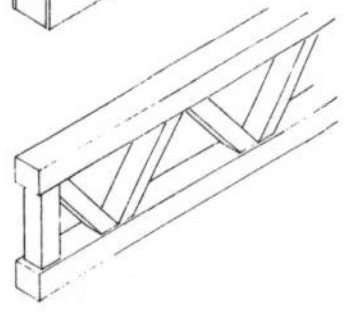

Stahlkonstruktionen

Walzträger

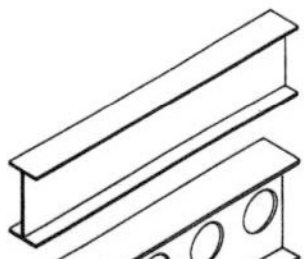

Lochträger

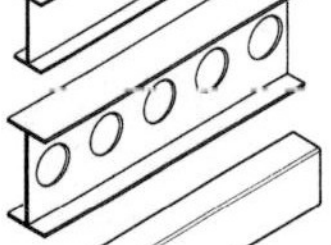

Hohlprofil

Wabenträger

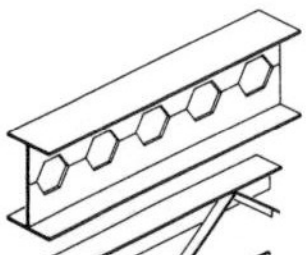

Fachwerkträger

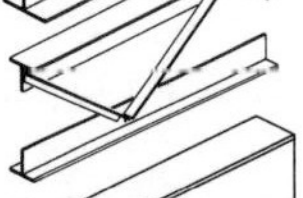

Kastenprofil

Betonkonstruktionen

Stahlbetonträger

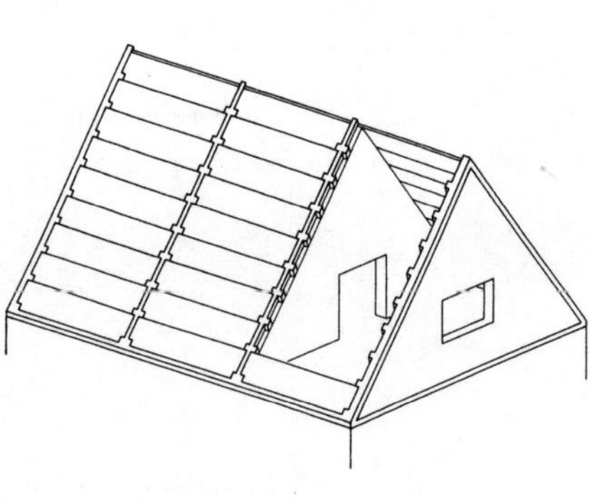

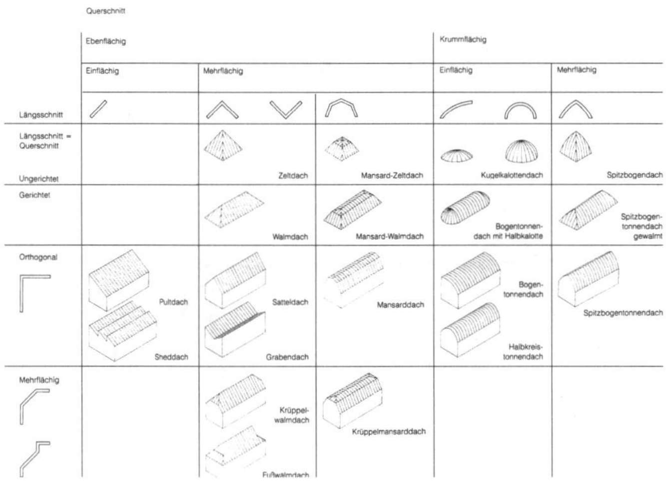

Form

Wandanschluß, Prinzipien

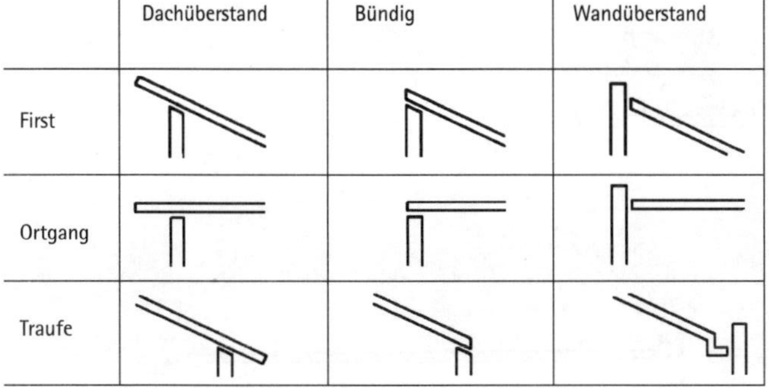

Dachüberstand

Die besten Voraussetzungen für eine gute Konstruktion bietet der Dachüberstand. Die Schutzfunktion für die darunterliegenden Bauteile sind in idealer Form gewährleistet. Die unabhängige Bewegung von Dach und Baukörper kann ebenso wie die Lüftung in konstruktiv sicherer Weise hergestellt werden.

Bündige Ausführung

Der Wunsch nach knappen und kantigen Baukörperformen drückt sich in bündigen Dachabschlüssen aus. Im Prinzip widersprechen diese Formen jedoch den konstruktiven Aufgaben, die an den wichtigsten Teilbereichen zu erfüllen sind. Mit Kastenrinnen und Ortgangrinnen können bei sorgfältiger Planung und Ausführung Schäden vermieden werden. Die Schutzfunktion des Daches für den Baukörper wird nur in geringem Umfang erreicht.

Außenwandüberstand

Die Aufgaben, die die Bewegungen an Dach und Baukörper stellen, lassen sich mit den hochgeführten Außenwänden gut erfüllen. Auch Be- und Entlüftungsprobleme sind zu lösen. Wenn die formale Absicht eines Außenwandüberstandes auch auf die Traufe übertragen wird, so entsteht eine Grabenrinne mit allen technischen Problemen. Eine Kombination von Außenwandüberstand an First und Ortgang mit Dachüberstand an der Traufe ist der geeignete Lösungsansatz.

Belastung

Das leere Sparrendach ist die einfache Form eines Dreigelenkrahmens.

Sparren: Druck und Biegung
Balken: Zug

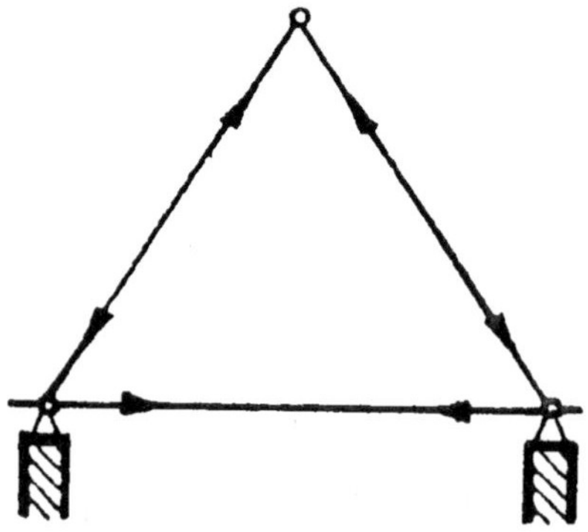

Tragsystem

Zwei Balken(Sparren), die in einer Ebene paarweise gegeneinander geneigt und am Firstpunkt gelenkig miteinander verbunden sind. Die Fußpunkte müssen für die Vertikal- und Horizontalkräfte frei drehbar, aber unverschieblich sein.
Sparrenlage paarweise, voneinander abhängig; "Gespärre".
Aussteifung:
- Windrispen nehmen die Längskräfte auf (alternativ: Aussteifende Verschalung)

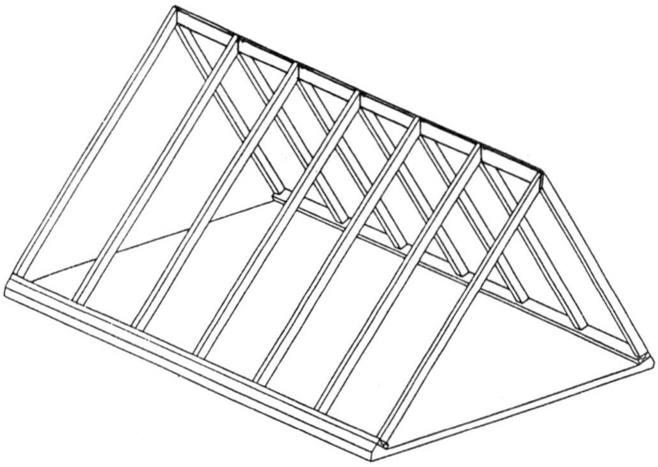

Systemschnitte

Sparrenabstand
a = 70 - 80 cm, max. 90 cm

Anwendungsbereiche:
- Gebäude mit geringer Breite
- bevorzugte Dachneigung 50°
- rechteckige Grundrisse

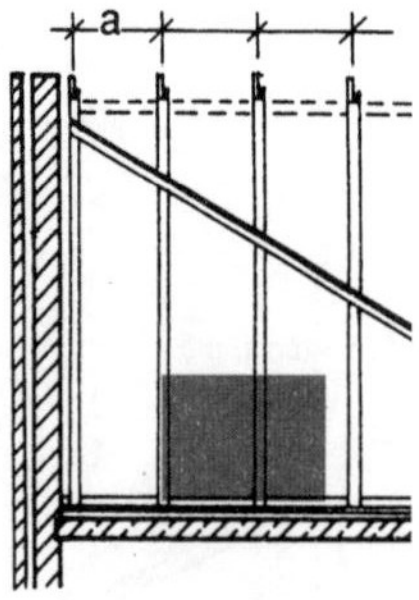

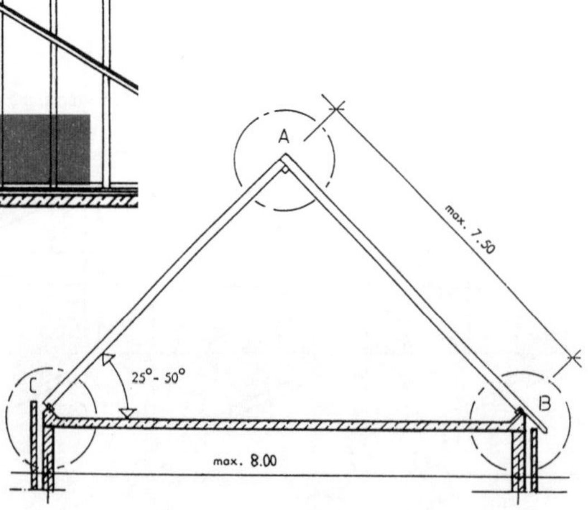

Detailpunkte
A, B, C, gelten für Sparren- und Kehlbalkendach

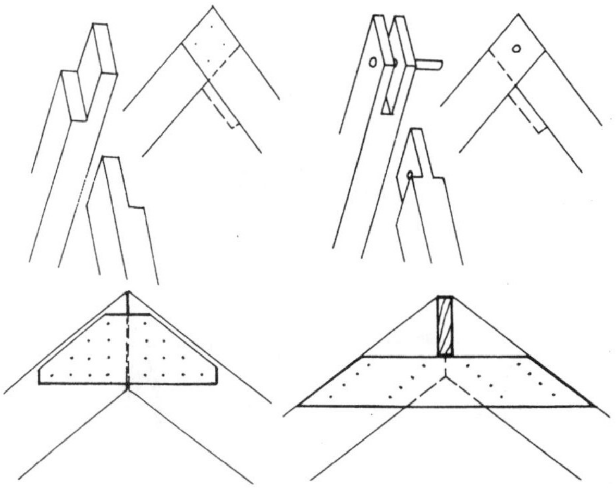

First (Detail A)

Zimmermannsmäßiger Knotenpunkt Überblattung der Sparren (Firstlatte)

Genagelter Knotenpunkt
Sparrenstoß am First. Mit den Nagelblechen werden die Querkräfte am Gelenk übertragen.

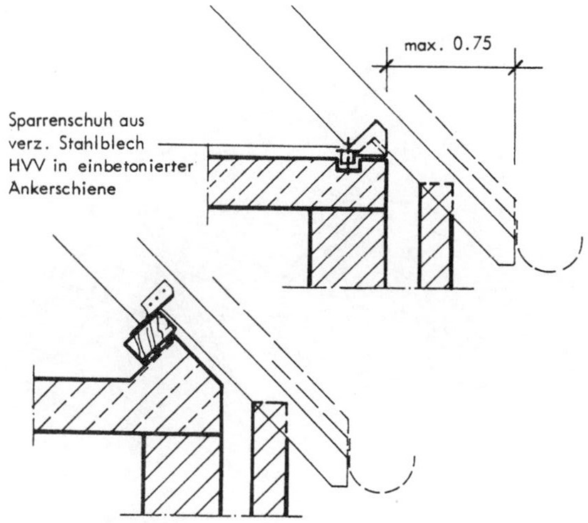

Fußpunkt mit Überstand (Detail B)

Fußdetail, bei dem der Sparren seine Normalkraft über direkten Kontakt weiterleitet.

- Sparrenanschluß aus Stahlblech

- Sparrenanschluß mit Blech an Schwellholz

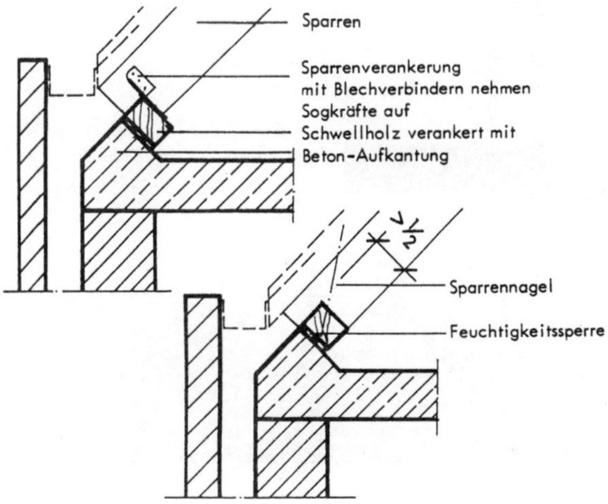

Fußpunkt ohne Überstand (Detail C)

Sparrenanschluß über Schwellholz verankert mit Beton-Aufkantung

Sparrenanschluß über Schwellholz gesichert durch Sparrennägel

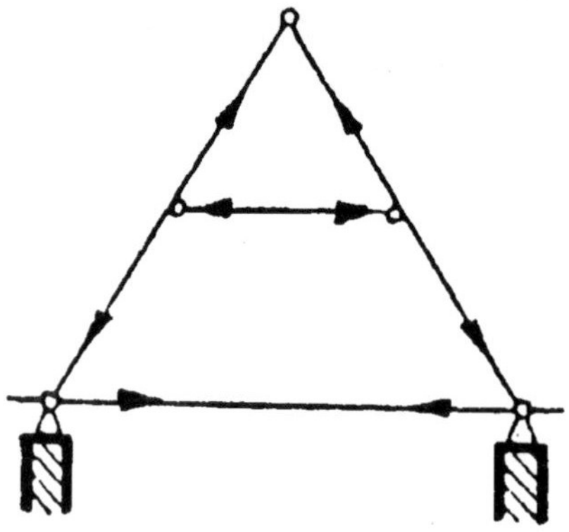

Belastung

Das Kehlbalkendach ist ebenfalls ein Dreigelenkrahmen, kann aber durch den Kehlbalken längere Sparren haben.

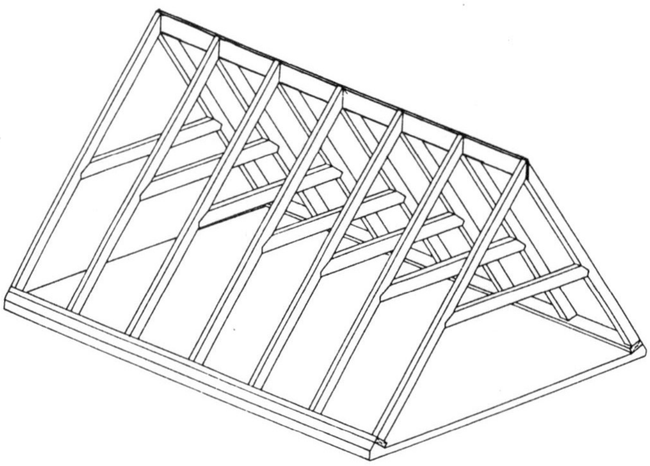

Tragsystem

Horizontaler Riegel, der zwei gegenüberliegende Sparren paarweise miteinander verbindet (gegenseitiges Auflager)

Systemschnitt

Reduzierung der Sparrendurchbiegung durch Kehlbalken

Sparrenabstand
a= 70-80 cm, max. 90 cm

Anwendungsbereiche:
günstig für große, freispannende Dächer

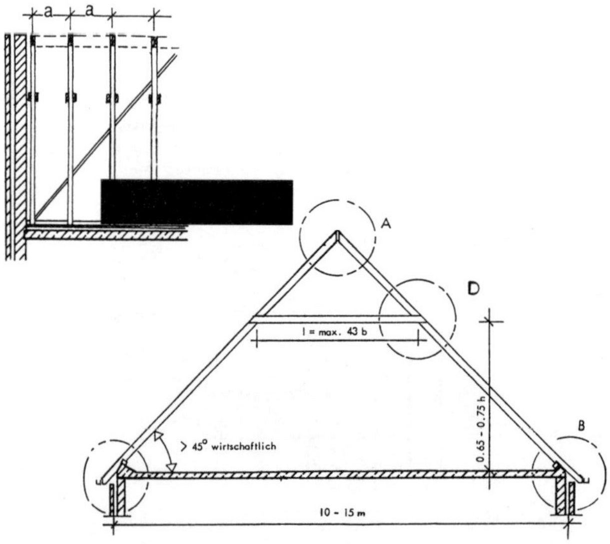

Detailpunkte
A,B,C
gelten für Sparren- und Kehlbalkendach
Detailpunkt
D gilt nur für Kehlbalkendach

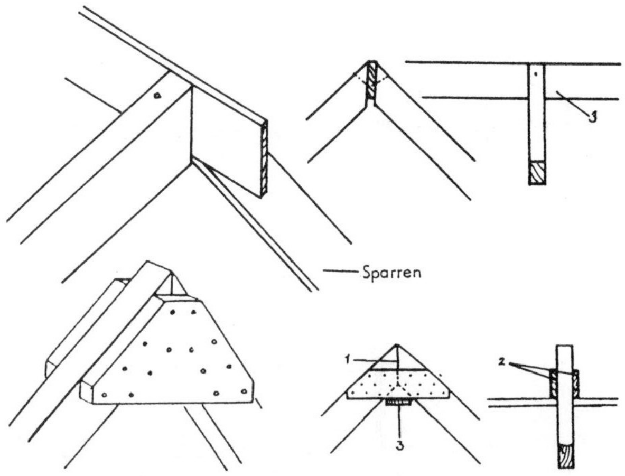

Firstpunkt (Detail A)

genagelte Knotenpunkte

1- stumpfer Stoß
2- 2 Laschen
3- Firstbohle

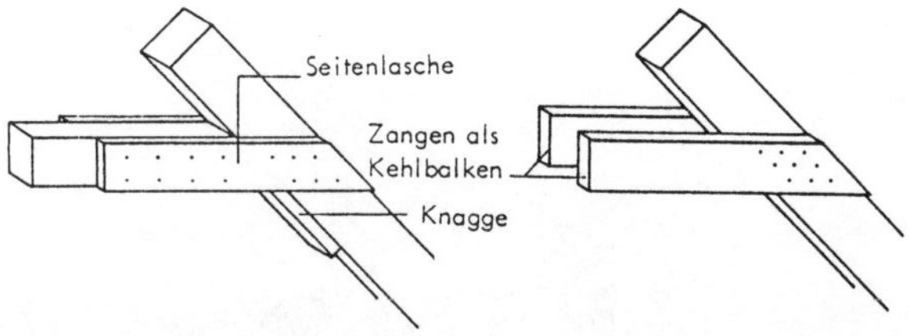

Anschlüsse (Detail D)

Kehlbalkenanschluß über Laschen und Knagge

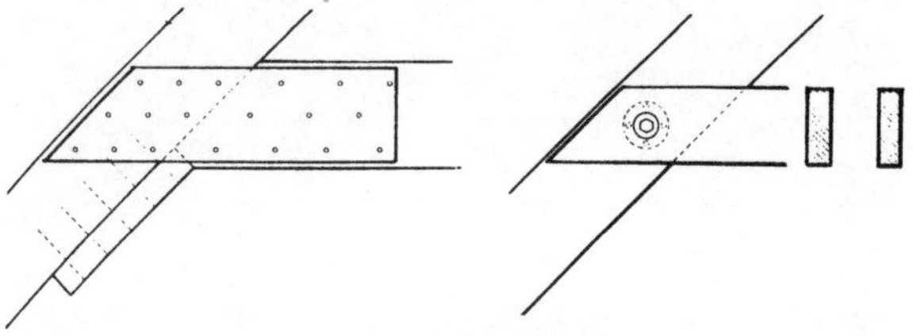

Anschluß der Kehlbalkenzangen über Dübel oder Nägel

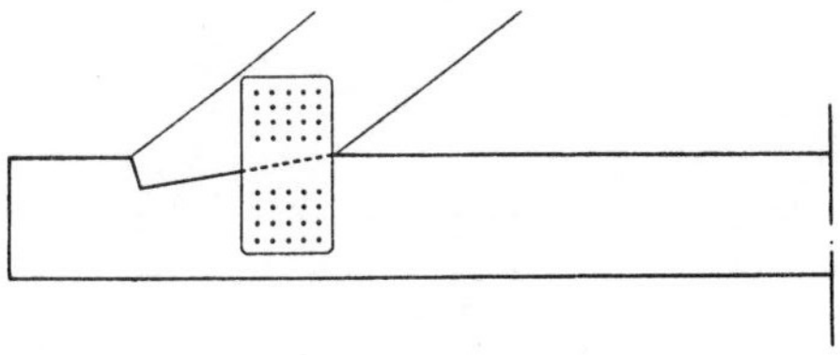

Fußpunkte ohne Überstand (Detail B)

Sparrenanschluß an Holzträger mit Sicherung durch Nagelblech

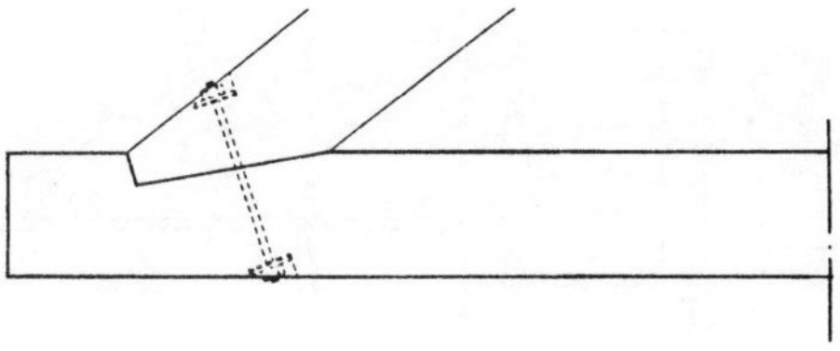

Sparrenanschluß an Holzträger mit Sicherung

Pfettendach

(1) Mit einfach stehendem Stuhl, teurer als Sparrendach, nur in Ausnahmefällen verwenden

(2) Mit zweifach stehendem Stuhl, ist die wirtschaftlichste Konstruktion

(3) Mit dreifach stehendem Stuhl, kommt nur bei sehr breiten Gebäuden in Betracht

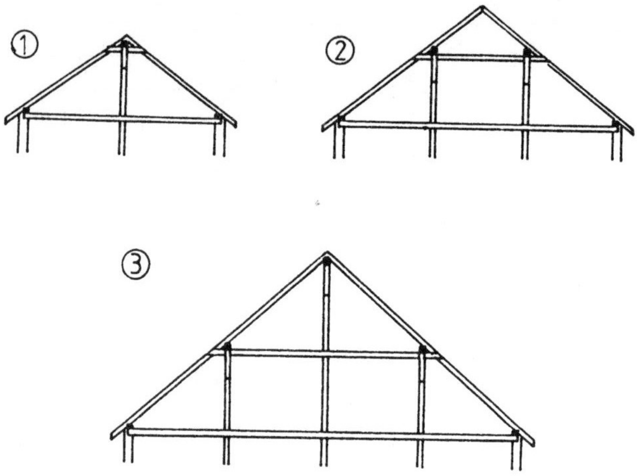

Tragsystem

Die geneigten Sparren werden durch horizontale Träger, die senkrecht zur Spannweite der Sparren verlaufen, unterstüzt.

- Sparren als freilaufliegende Balken, Windkräfte über Sparren auf Pfetten geleitet, daher Pfosten abstreben; „Gebinde",
- Sparren auf Biegung beansprucht,
- Sparrenlage voneinander unabhängig

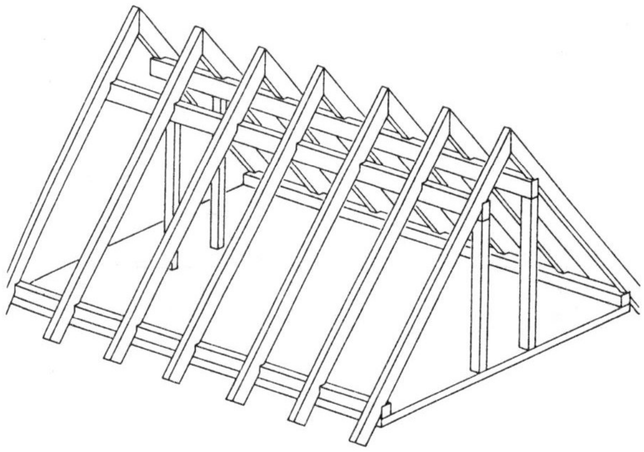

Systemschnitt

Anwendungsbereiche:
- vielfältige Dachformen möglich
- zusammengesetzte unreglmäßig hohe Grundrißformen
- beliebige Auswechslung
- steile Dachformen möglich
- Dachneigung >=35°

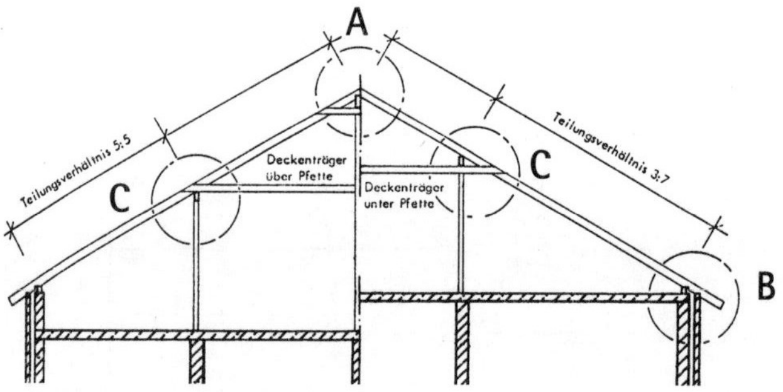

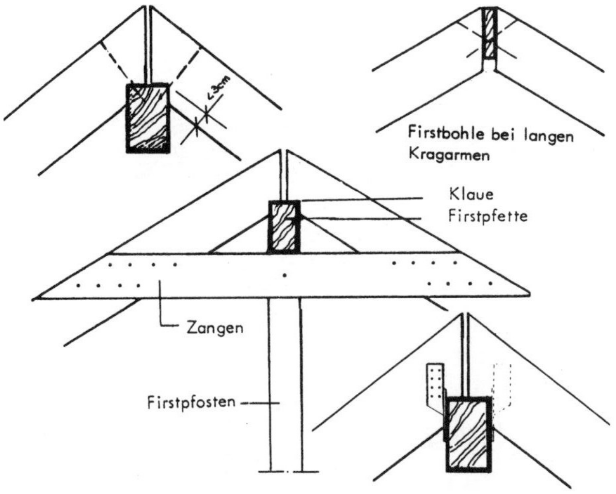

Sparrenauflager an Firstpfette
(Detail A)

mit Sicherung durch Sparrennägel

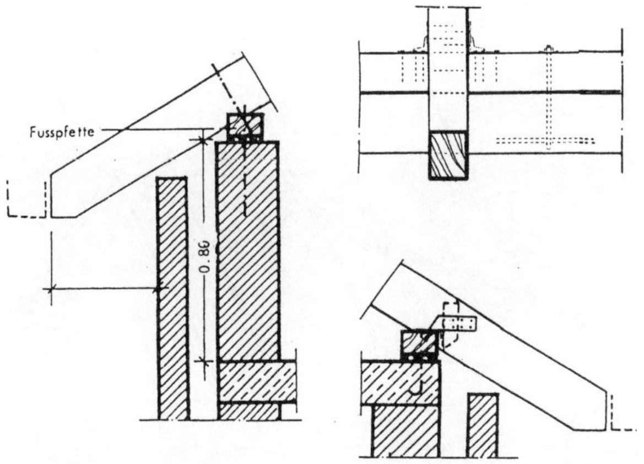

Sparrenauflager an Fußpfette
(Detail B)

Vertikal und horizontal wird die Verbindung mit Sparren-Pfetten-Ankern gesichert

Seitenansicht

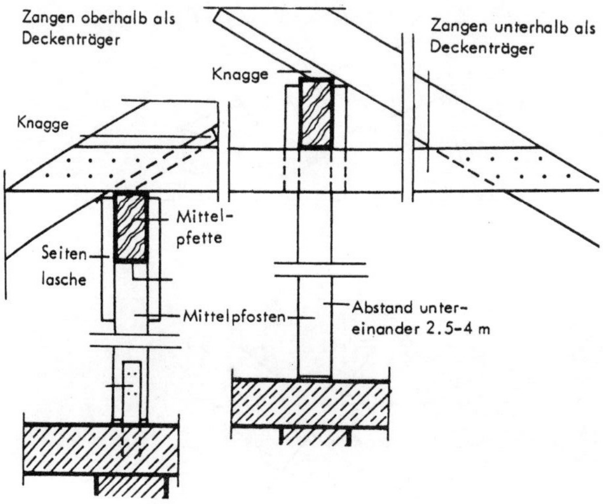

Sparrenauflager an Mittelpfette
(Detail C)

- Zangen oberhalb als Deckenträger
- Zangen unterhalb als Deckenträger

Aussteifung der Dachkonstruktion

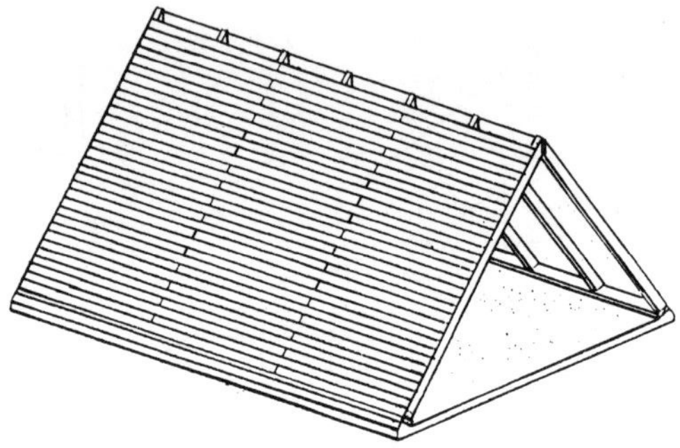

durch Bretterschalung

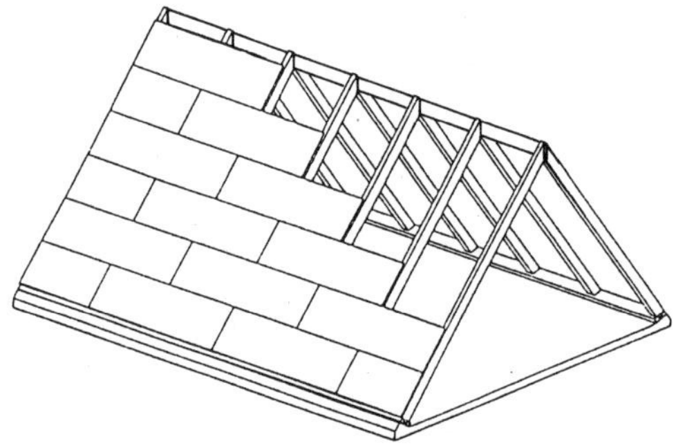

durch großformatige Scheiben

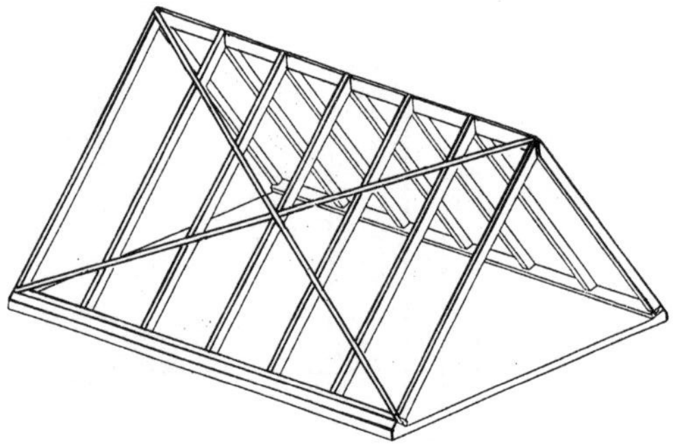

durch Windrispenbänder aus Flachstahl

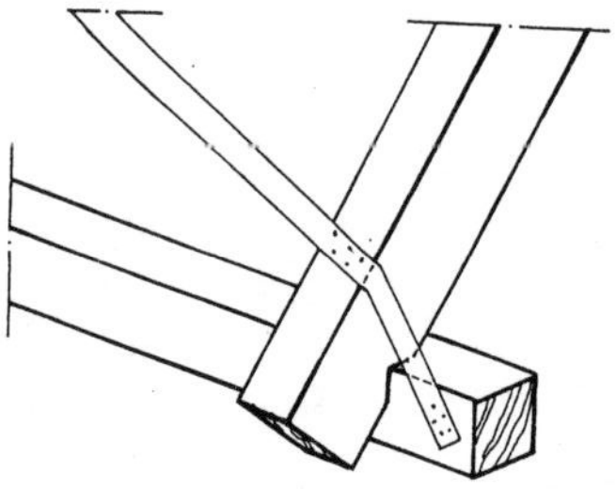

Verankerung des Windrispenbandes am Endauflager

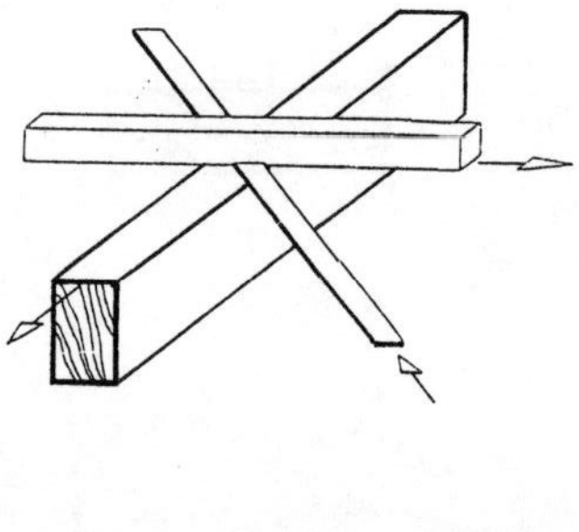

Lage des Windrispenbandes

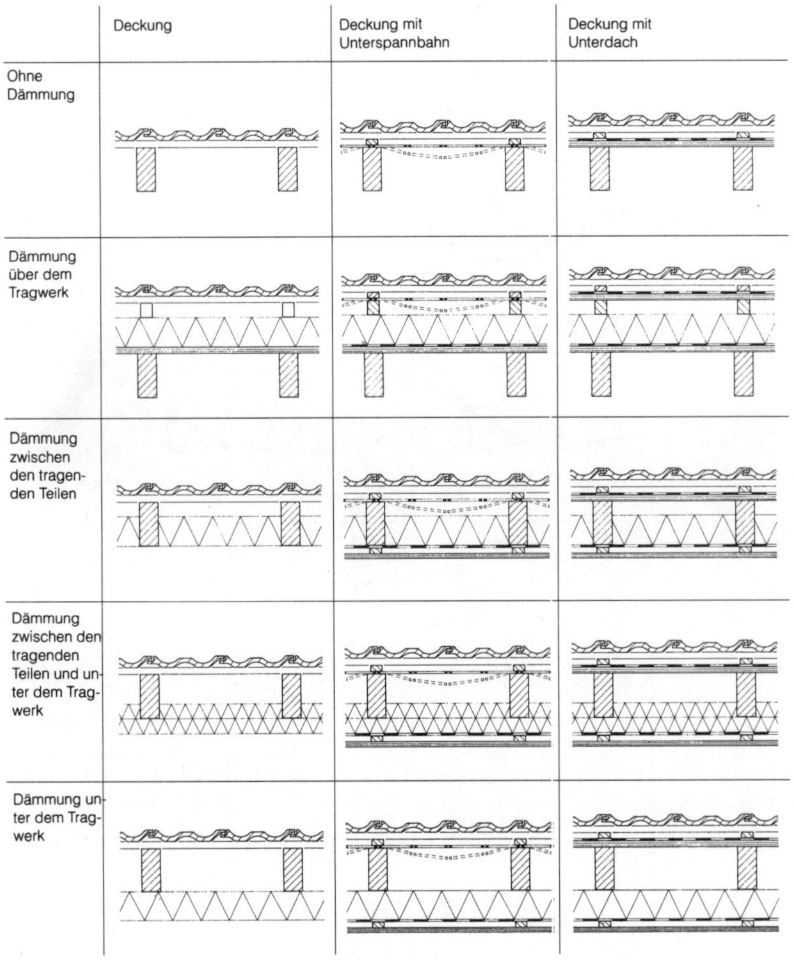

Funktion

Hauptfunktion	Nebenfunktion
Deckungs- und Dichtungsschicht:	
Regenwasser sperren	Treibregen sperren
Regenwasser ableiten	
Schneelast aufnehmen	Flugschnee sperren
Mannlast aufnehmen	
Strahlen sperren	
Schwebeteile sperren	
Schall dämmen	
Feuer sperren	Licht sperren
Tragschicht 1	
(Lattung, Schalung)	
Deckung halten/tragen	
Mannlast verteilen	
Schneelast verteilen	Tragwerk aussteifen
Luftschicht 1	
(Unterlüftung der Deckung)	
Wärme abführen	
Wasserdampf abführen	
Tauwasser ablüften	
Restwasser ablüften	
Dichtungs- und Deckungsschicht 2 (Unterdeckung, Unterdichtung)	
Fehlwasser abführen	Regenwasser während der Montage abführen
Tauwasser abführen	
Schwebeteile sperren	
Flugschnee sperren	Schalldämmung
Treibregen sperren	
Tragschicht 2 (Schalung)	
Schall dämmen	Mannlast während der Montage verteilen
Halten/ Tragen der Dichtungs- und Deckungsschicht 2	Schneelast während der Montage verteilen
Luftschicht 2	
(Überlüftung der Dämmung)	Tragwerk aussteifen
Wasserdampf abführen	
Wärme abführen	
Restgase abführen	
Dämmschicht	
Wärme dämmen	
Schall schlucken	
Dampfsperrschicht	
Wasserdampf sperren	
Wind sperren	
Staub sperren	
Schall dämmen	
Bekleidung	
Innerer Raumabschluß	Tragwerk aussteifen

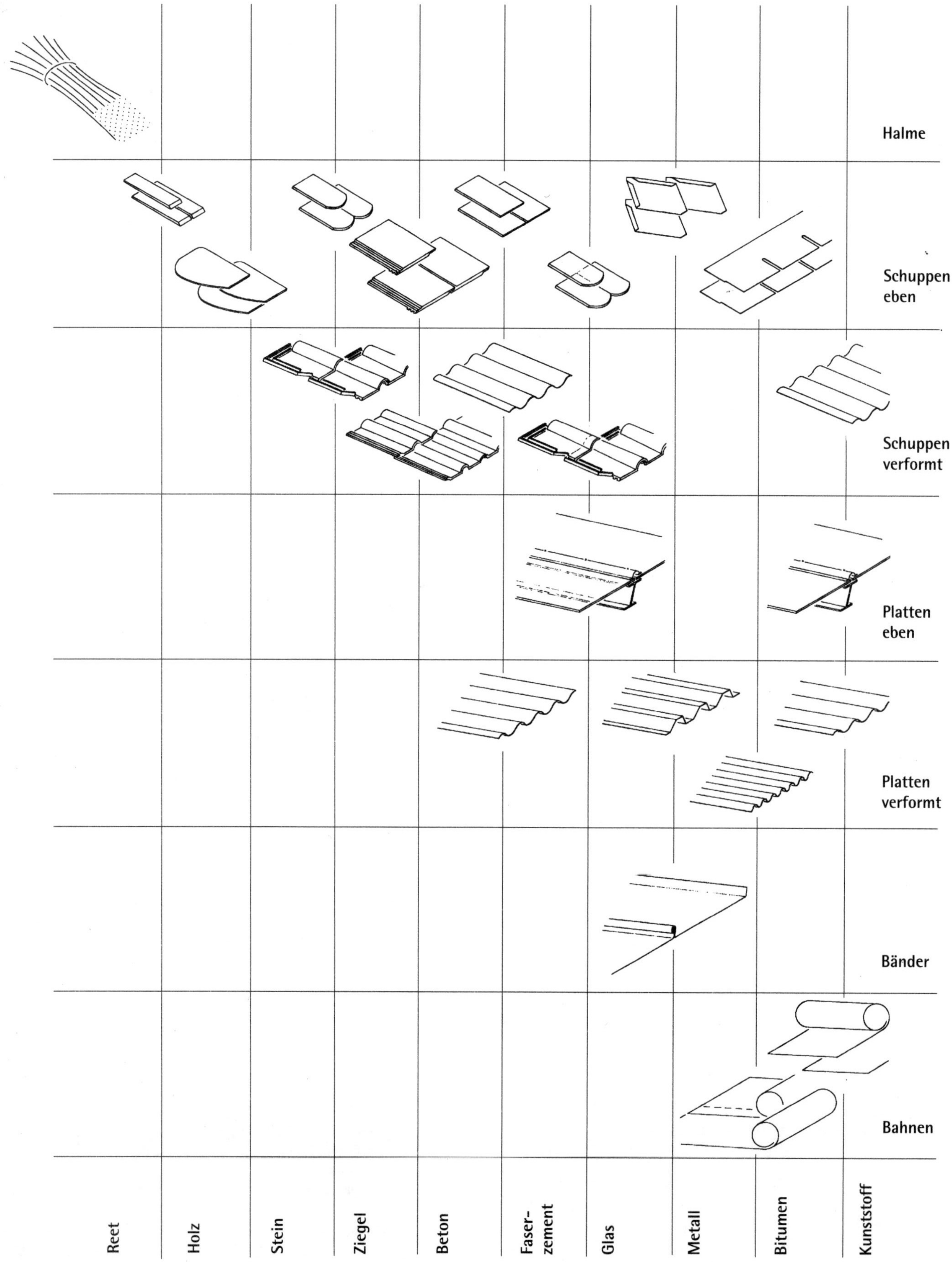
Halme
Schuppen
eben
Schuppen
verformt
Platten
eben
Platten
verformt
Bänder
Bahnen
Reet
Holz
Stein
Ziegel
Beton
Faser-
zement
Glas
Metall
Bitumen
Kunststoff

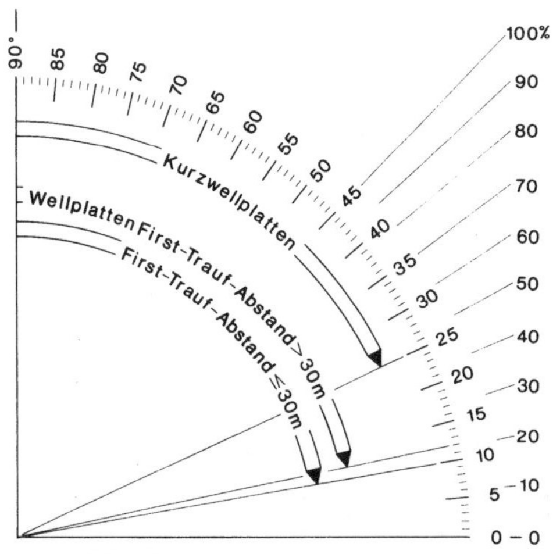

Regeldachneigung verformter Platten

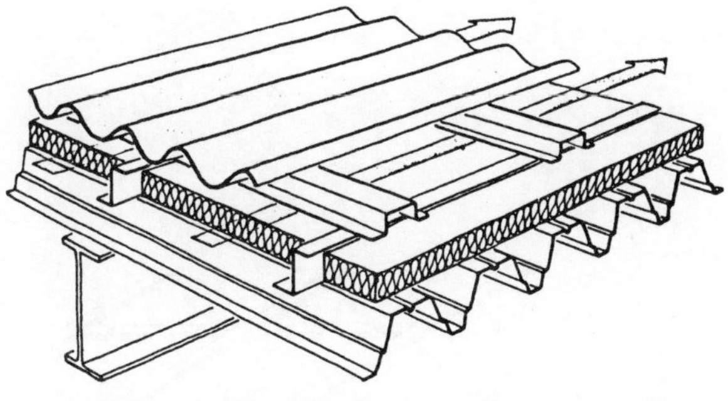

Konstruktion

Unterkonstruktion aus Stahl-Trapez-Profilen Lastabtragung über die Hallenbinder, Konterlattung und Distanzprofile für die Befestigung der Aluminium-Profil-Tafeln.

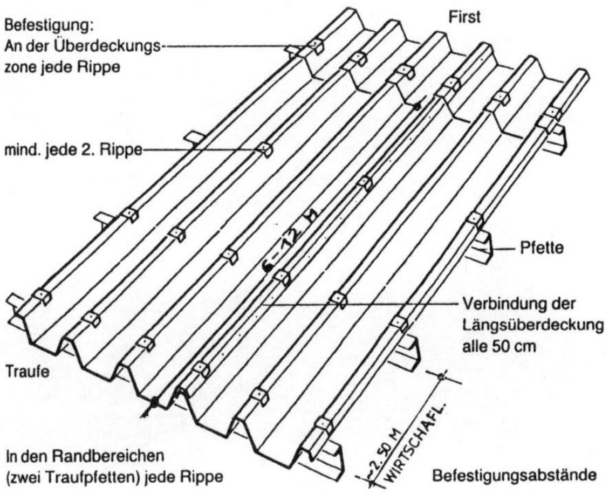

Befestigung

Regeldachneigung ebener Platten (Glas)

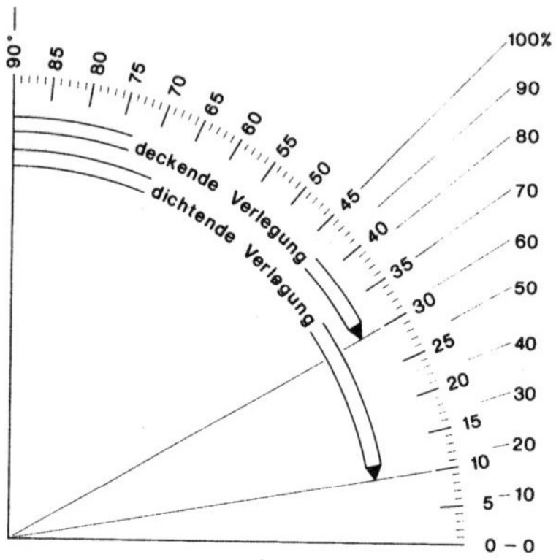

Zweiseitige linienförmige Befestigung mit Preßleisten

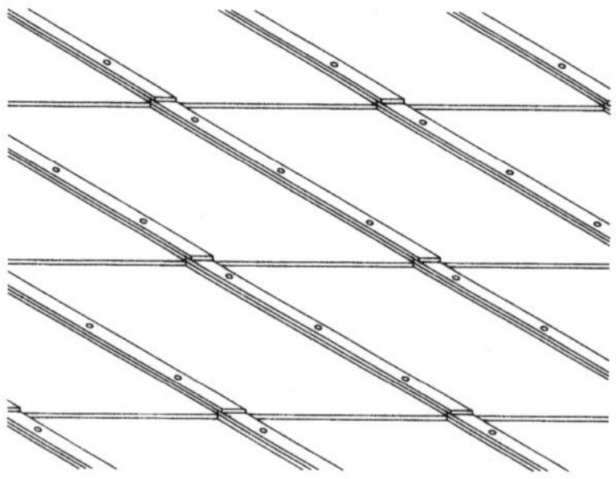

Vierseitige linienförmige Befestigung mit Preßleisten

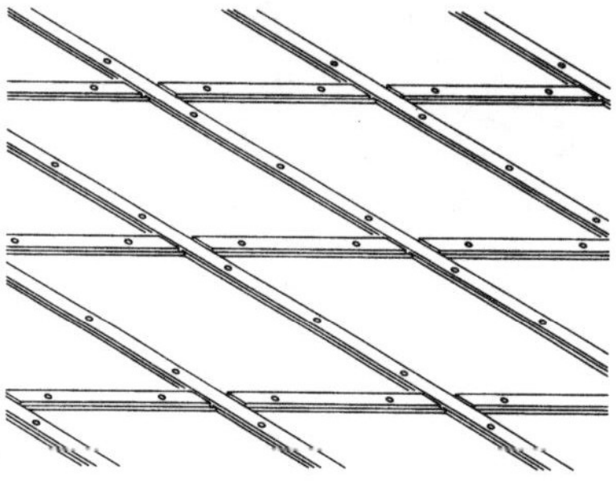

Punktweise Befestigung mit Schrauben

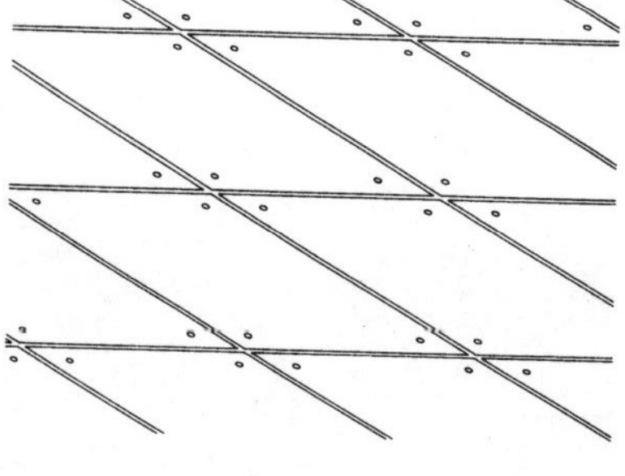

Glasbefestigung

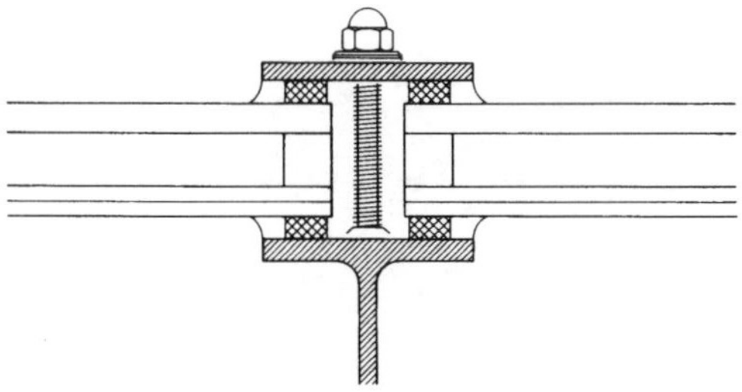

mit Auflegebändern und Versiegelung

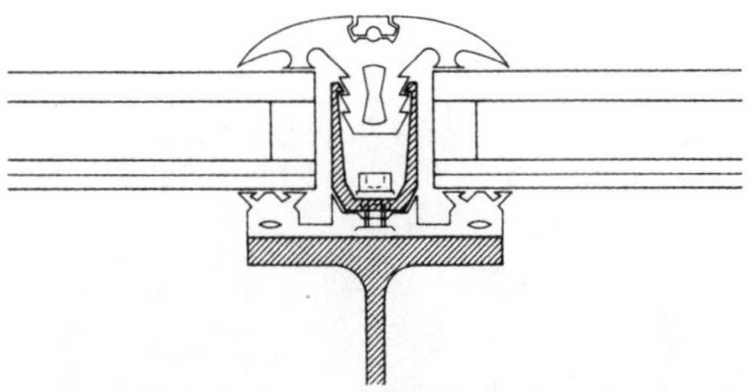

mit selbstklemmenden Dichtprofil

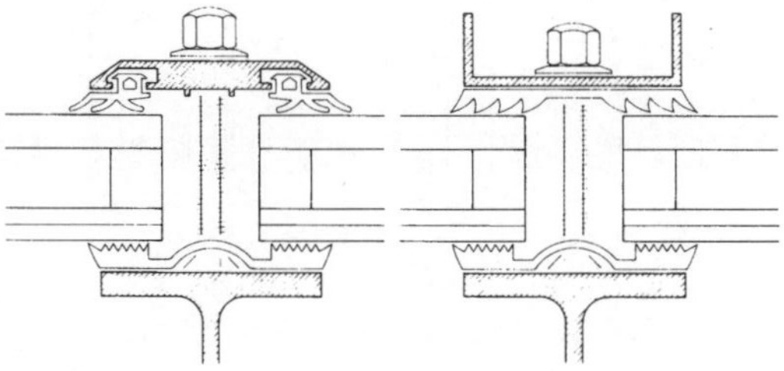

mit Preßleiste

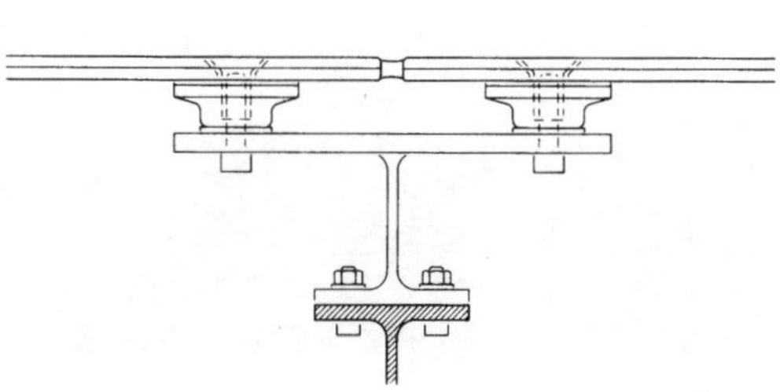

mit Schrauben

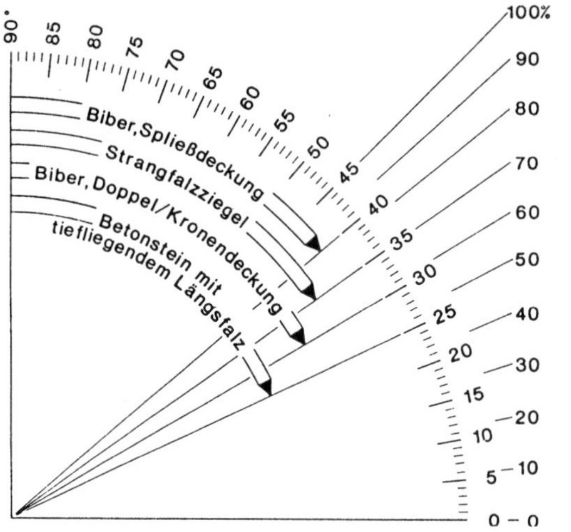

Regeldachneigung ebener Schuppen

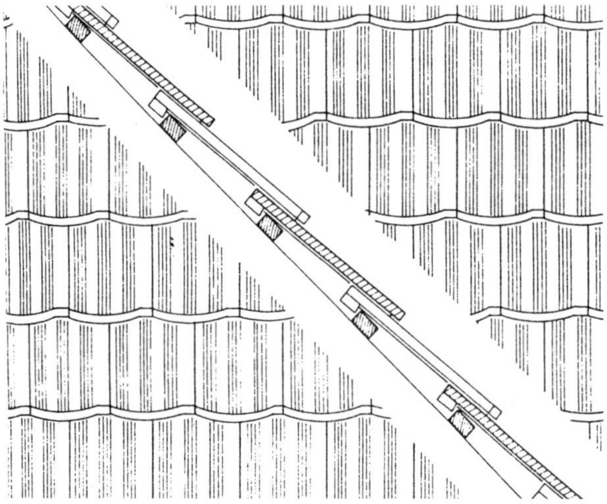

Deckung mit Strangfalzziegeln

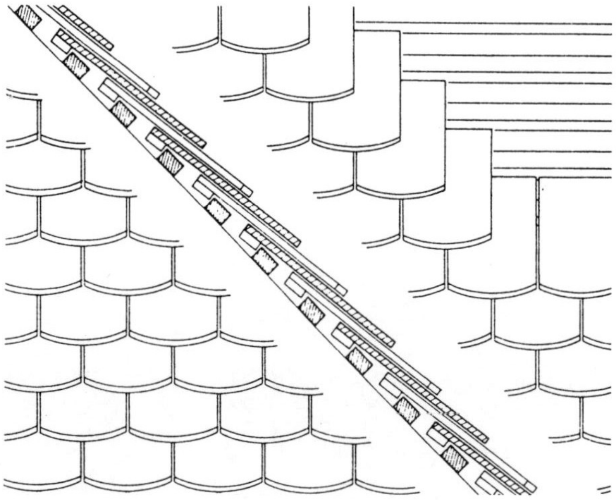

Deckungsarten Biberschwänze

Doppeldeckung

- Je Latte eine Ziegelreihe
- Als trockene Deckung oder mit Verstrich

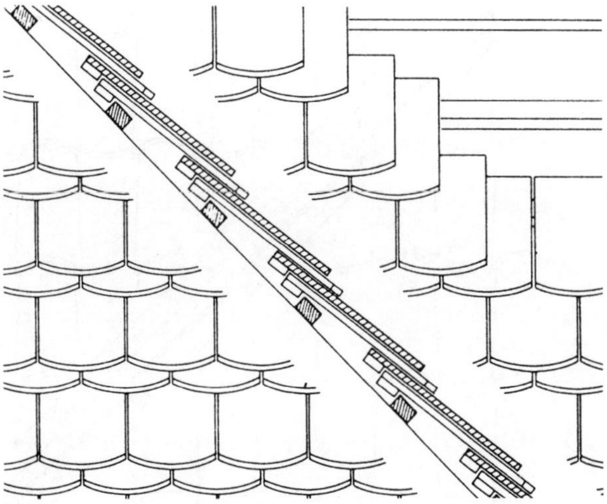

Kronendeckung

- Lattenweiten 18-20 cm
- Nur an Ortgang- und Oberkanten von Pultdächern werden die Ziegel genagelt

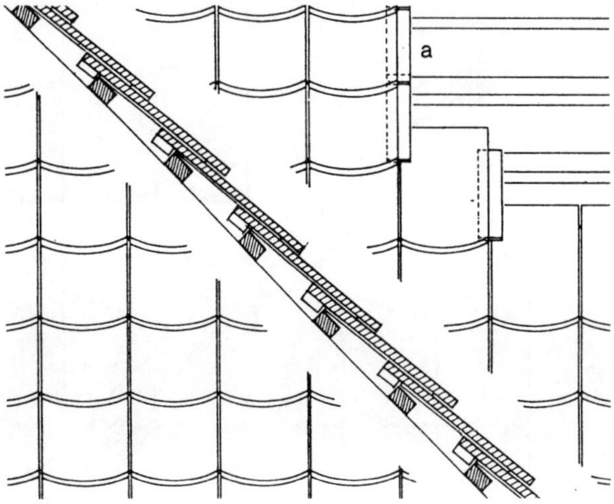

Einfachdeckung

Spliessdeckung

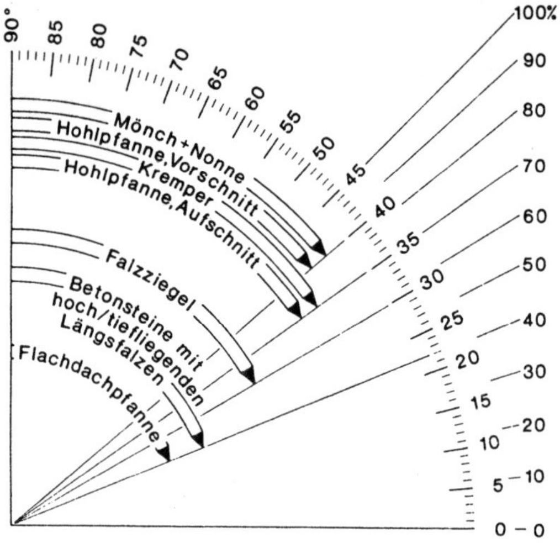

Regeldachneigungen verformter Schuppen

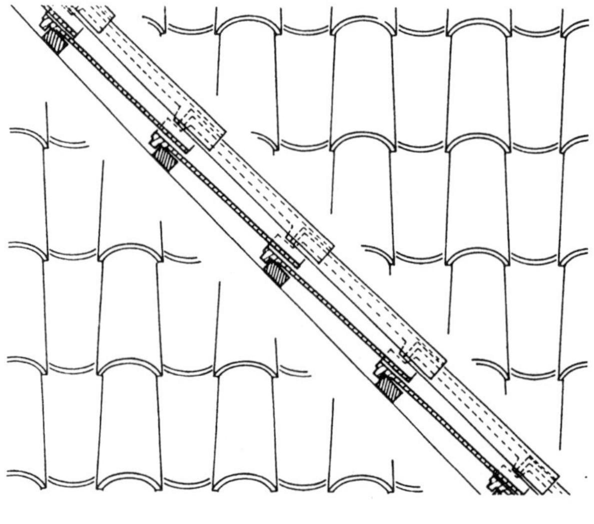

Mönch- und Nonnendeckung
- Mindestüberdeckung 8 cm
- Deckung trocken oder mit Mörtelbett

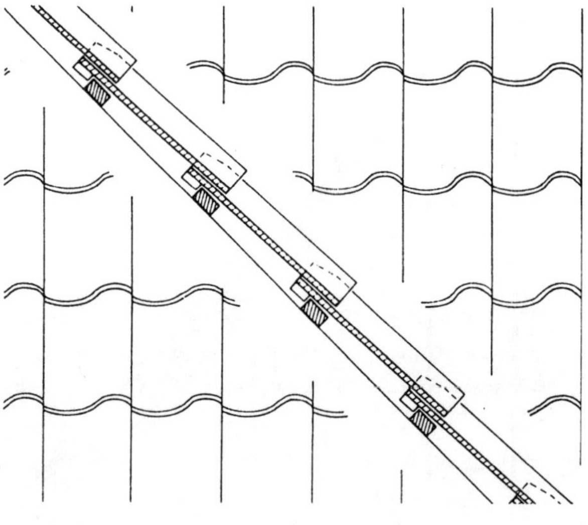

Hohlpfannen

Aufschnittdeckung
- Höhenüberdeckung 9 cm
- Bei großen Sparrenlängen und flach geneigte Dächern
- Lattung 31 cm

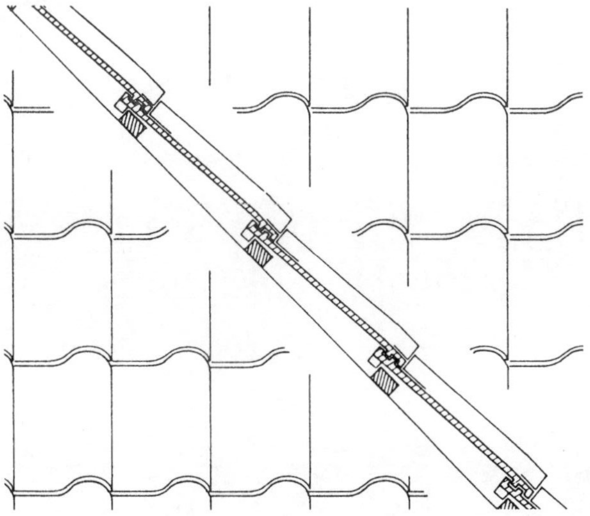

Muldenfalzziegel

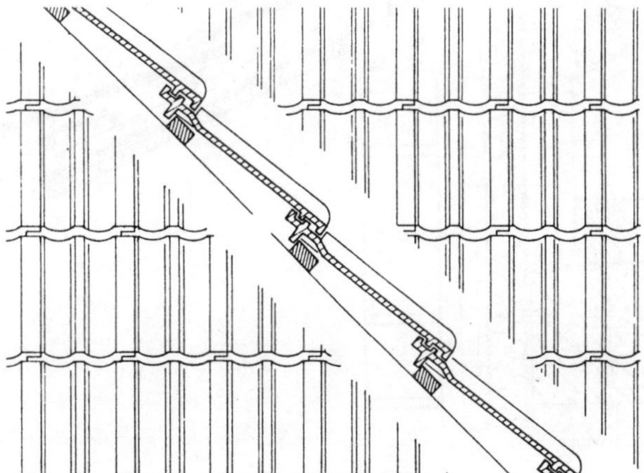

Doppelmuldenfalzziegel

Legende

1 Firstlattenhalter
2 Firstlatte
3 Lüfterziegel
4 Lüfterelement
5 Flazpfanne
6 Bitumendichtungsbahn
7 Lüftersparren
8 Abstandspfette
9 Wärmedämmung 2-lagig
10 Sparren
11 Rinne
12 Hafte
13 Tropfblech
14 Schneestopziegel
15 Lüfterlatte
16 Traglatte

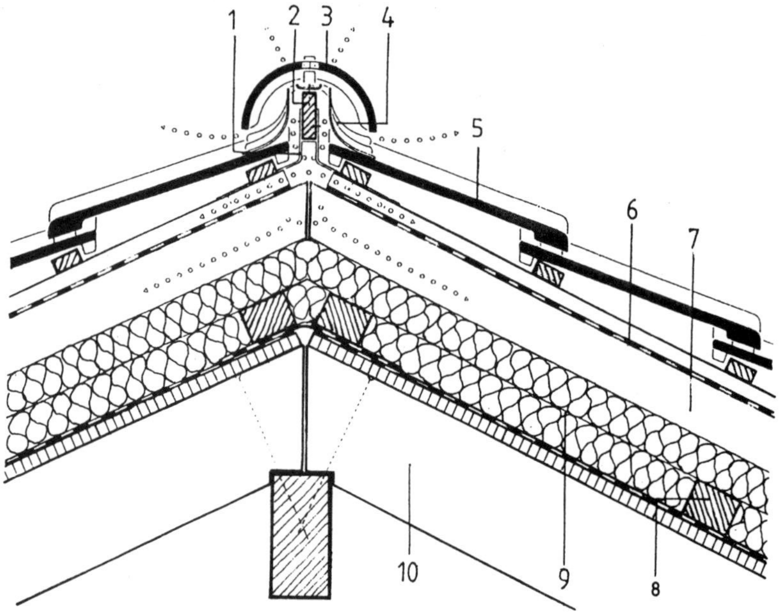

Firstpunkt

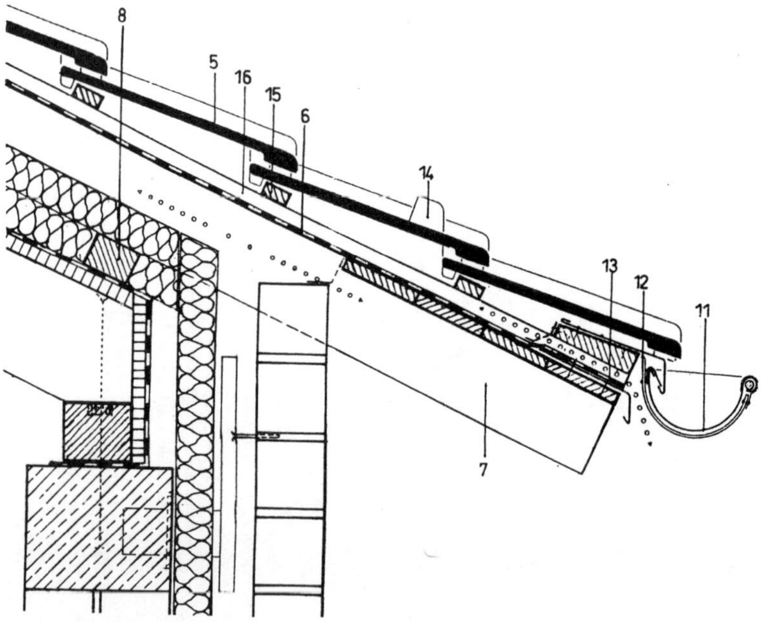

Traufe

Legende

1 Unterspannbahn
2 Wandanschlußziegel
3 Wandanschlußblech
4 Abdeckblech
5 Perimeterdämmung
6 Knagge an Sparren, dazwischen Perimeterdämmung
7 Lattung
8 wasserfest verleimtes Sperrholz
9 Stahlwinkel - Niro
10 Dampfsperre
11 Wärmedämmung
12 Sparren
13 Abdeckblech
14 Schiebehafte
15 Rinnenwandanschluß

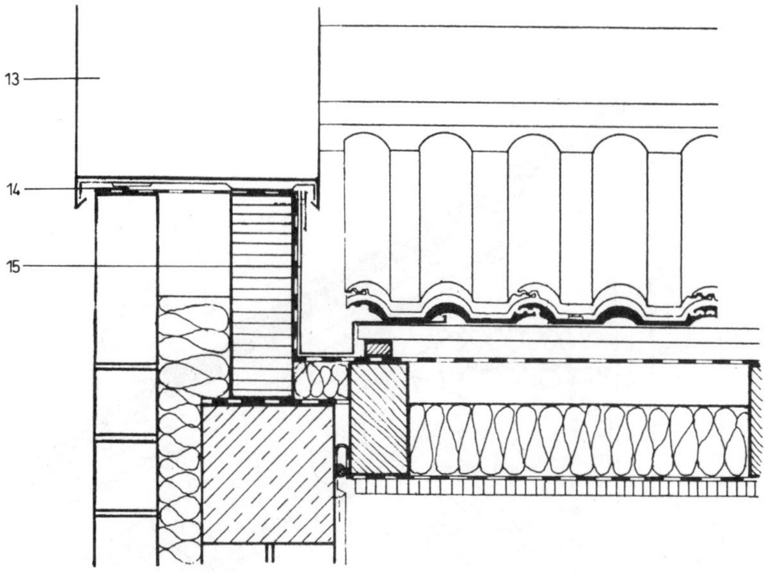

Ortgang

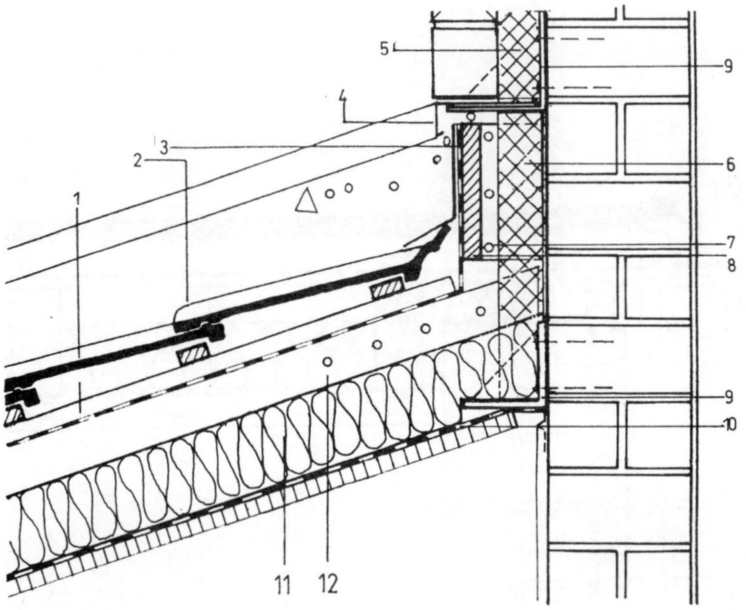

Wandanschluß

Legende

1 Futterbrett
2 Halter
3 Hafte
4 Ortgangblech
5 Rinne
6 Lagerholz
7 Biberschwanz
8 Leiterhaken
9 Pultfirstziegel

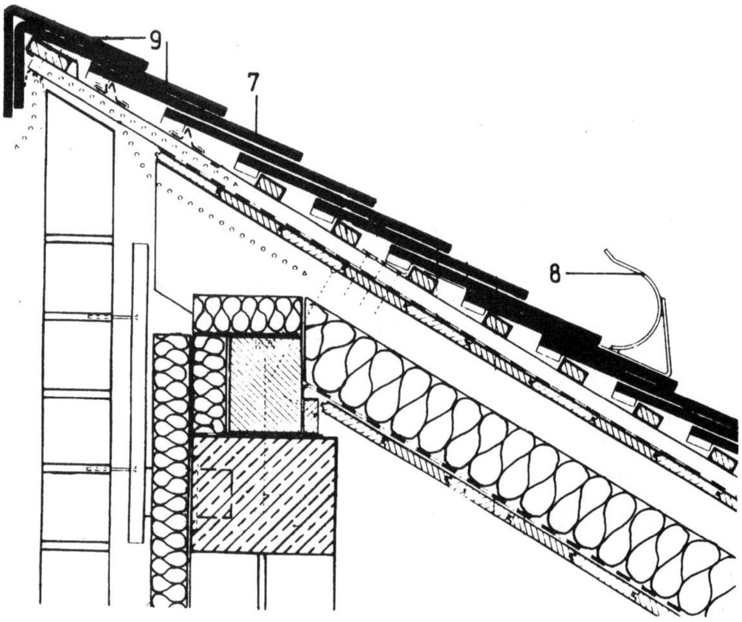

Pultfirst ohne Überstand mit Pultfirstformteil

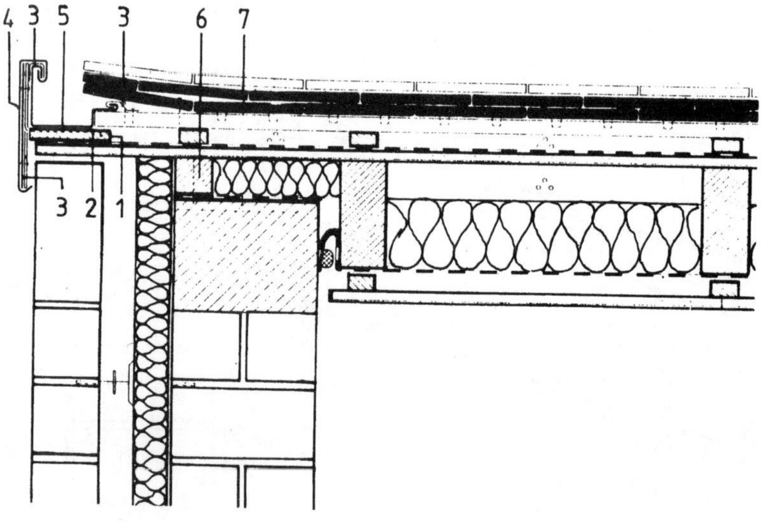

Ortgang ohne Überstand mit Rinne

Bandbreite und Metalldicke für Metallbedachung

Gebäudehöhe	Bandbreite	Metalldicke
0 - 100 m	600 mm	0,70 mm
0 - 20 m	700 mm	0,70 mm
0 - 8 m	800 mm	0,80 mm

Doppelstehfalz mit Ortgangausbildung
Für Dachneigung > 3°

- Zwischen Blech und Holzschalung immer Trennschicht anordnen

Bei Warmdach: Bitumendachbahn, wasserdampf durchlässig
Bei Kaltdach: auch Schweißbahn oder Kunststofffolie

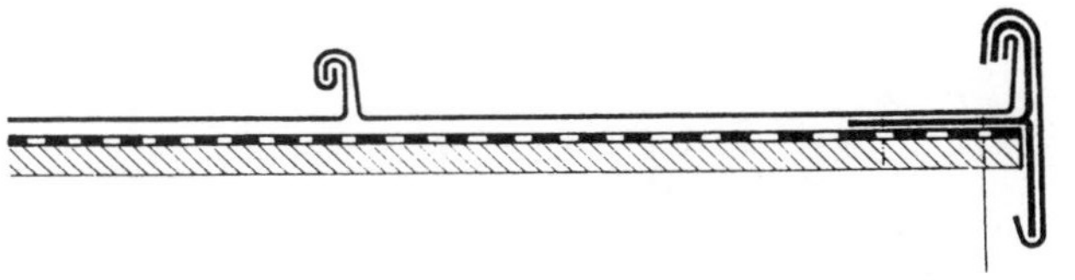

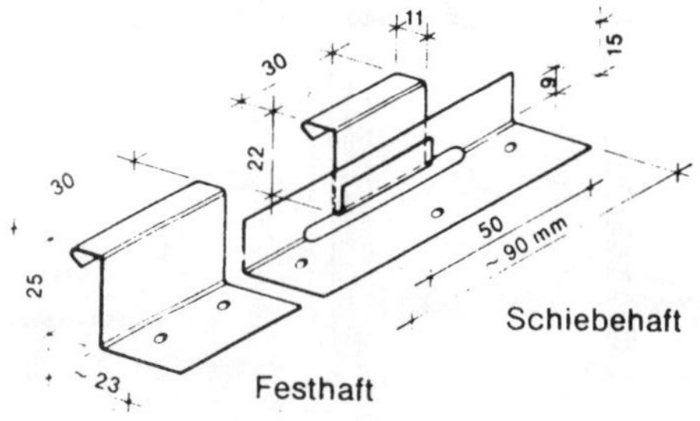

Blechbefestigung

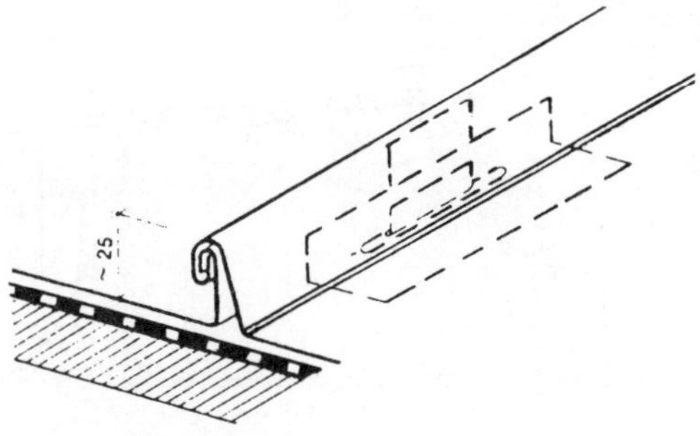

Hafte für Maschinenverlegung

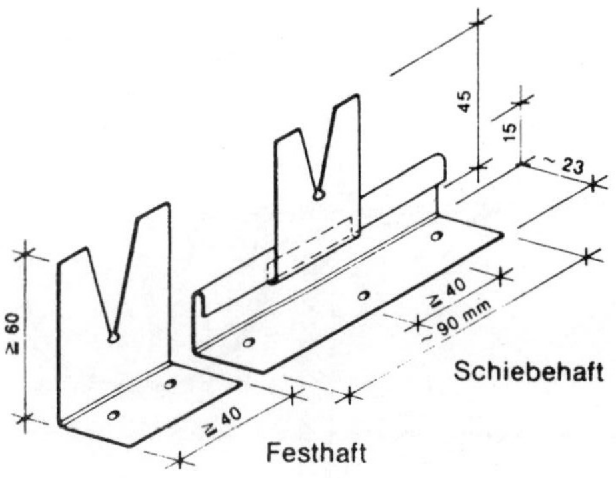

Hafte für Handverlegung

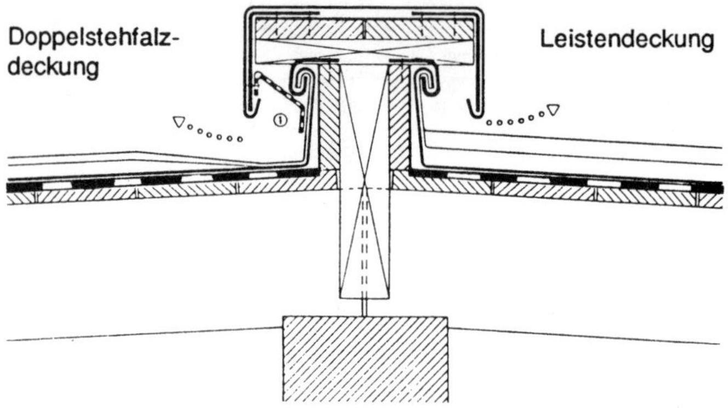

Firstausbildung

Satteldach mit Firstenlüftung und Flugschneesicherung

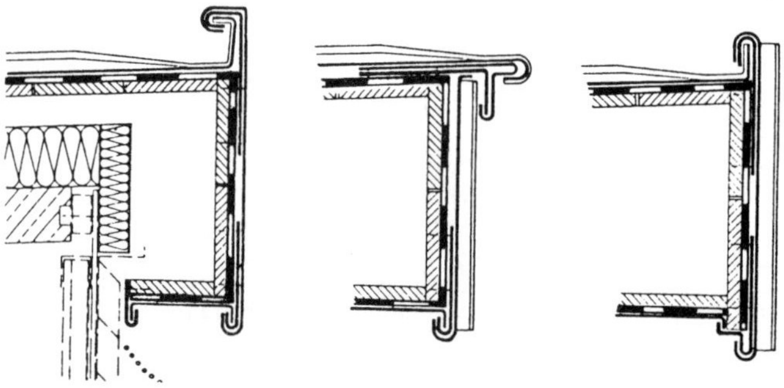

Dachrandabschlüsse

- z.B. Ortgang

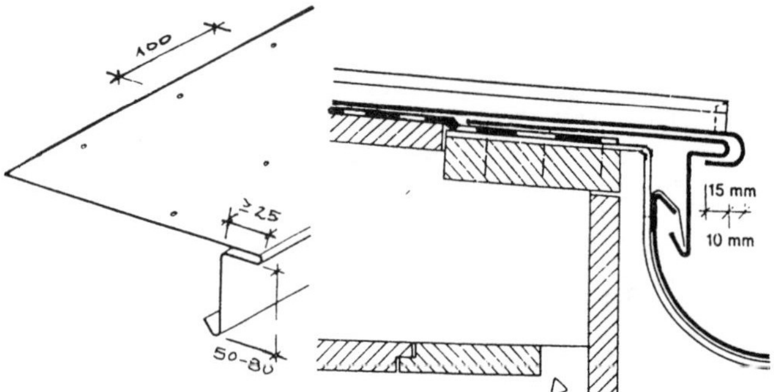

Traufe

Traufausbildung mit stehendem Falz.
Der Traufstreifen hat die Funktion eines durchgehenden Haftstreifens mit zusätzlicher Vorkantung (25 mm), in die die Metall-Dachhaut eingehängt wird.

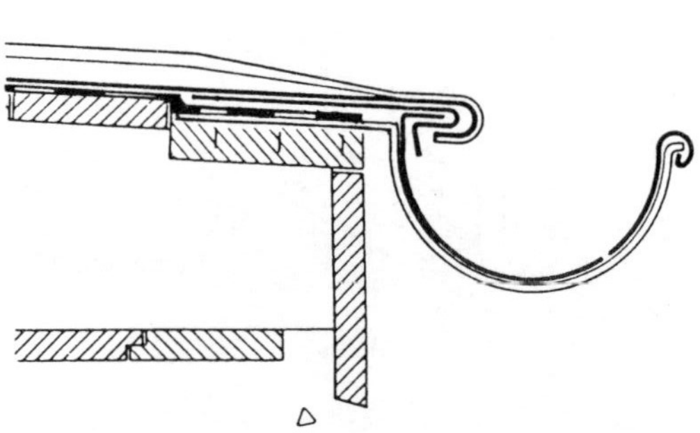

Traufe

Traufe mit vorgehängter Dachrinne.

Die Traufbohle ist 5 mm tiefer verlegt, um vor allem bei flachgeneigten Dächern eine Aufdickung des Traufstreifens auszugleichen. Die Scharen sind so um den Traufstreifen zu falzen, daß die temparaturbedingte Längenänderung ermöglicht wird.

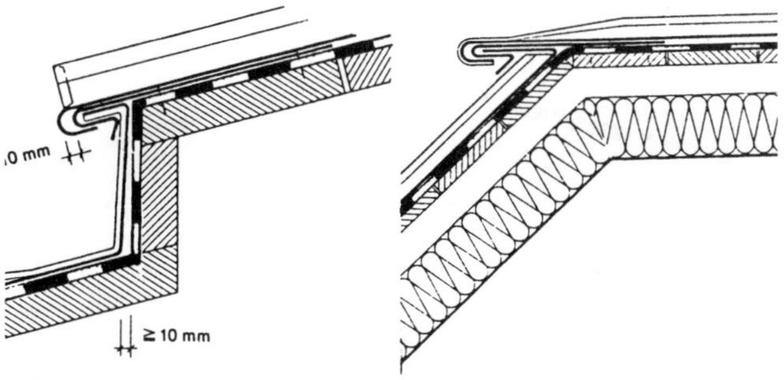

Gefällesprung

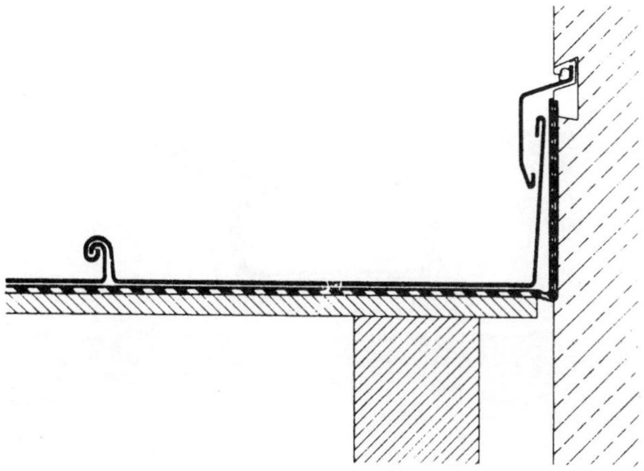

Wandanschluß

mit Kappleiste in Profilschiene

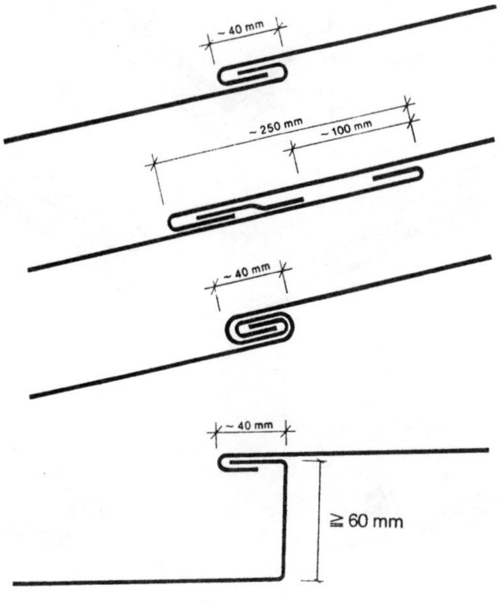

Quernähte bei Zinkeindeckung

Überlappung 100 mm
Dachneigung > 58% (30°)

Einfacher Querfalz
Dachneigung > 47% (25°)

Einfacher Querfalz mit Zusatzfalz
Dachneigung > 18% (10°)

Doppelter Querfalz
Dachneigung > 13% (7°)

Gefällesprung
Dachneigung > 5% (3°) <D

Grate und Kehlen

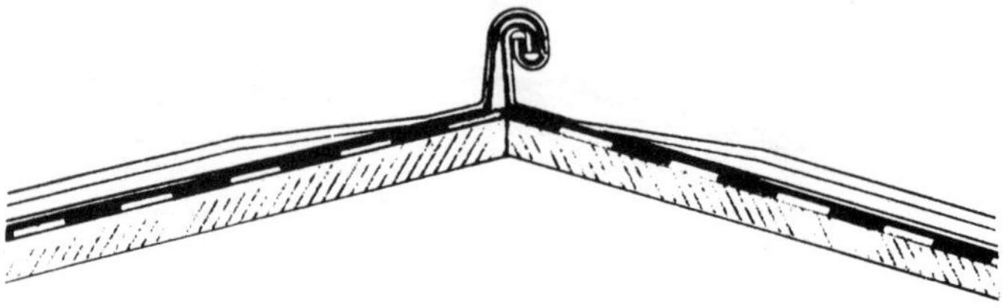

Gratausbildung mit Doppelstehfalz

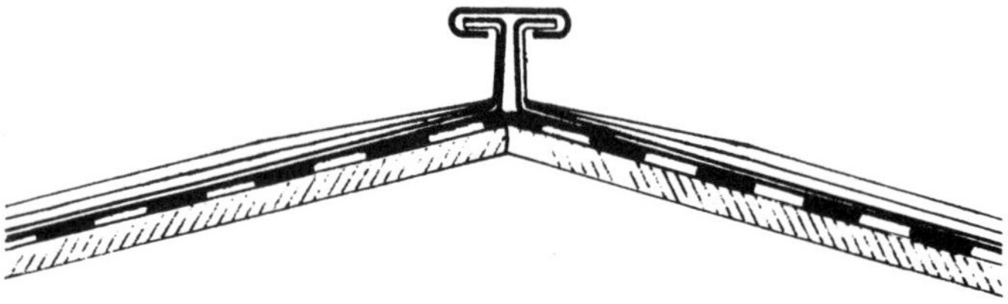

Gratausbildung mit Abdeckleiste

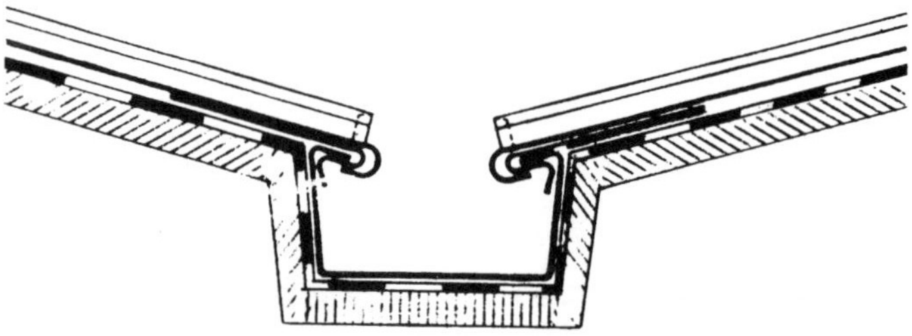

Kehlausbildung mit vertiefter Kehlrinne für Dachneigung ≤ 7° (12%)
- Querfälle ≥ 3%
- Lichte Rinnenbreite ≥ 500 mm, wg. Reinigung

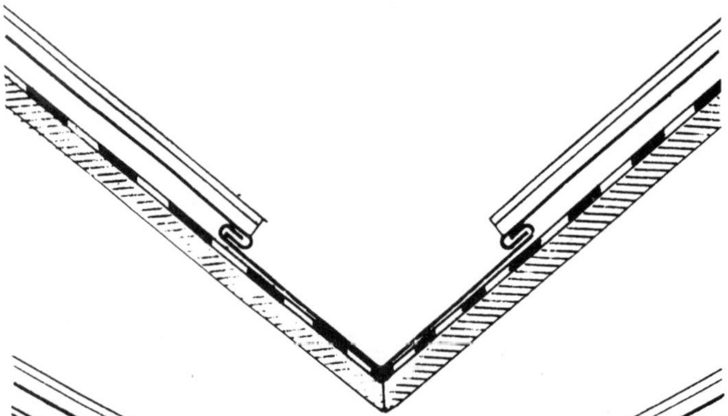

Kehlausbildung mit Kehlschar für Dachneigung ≤ 25° (47%)
- Quergefälle

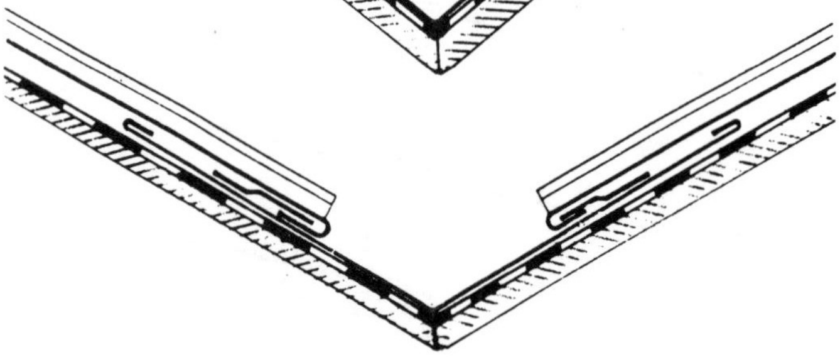

Kehlausbildung mit Kehlschar und Zusatzfalz für Dachneigung ≤ 10° (18%)
-Quergefälle ≥ 3%

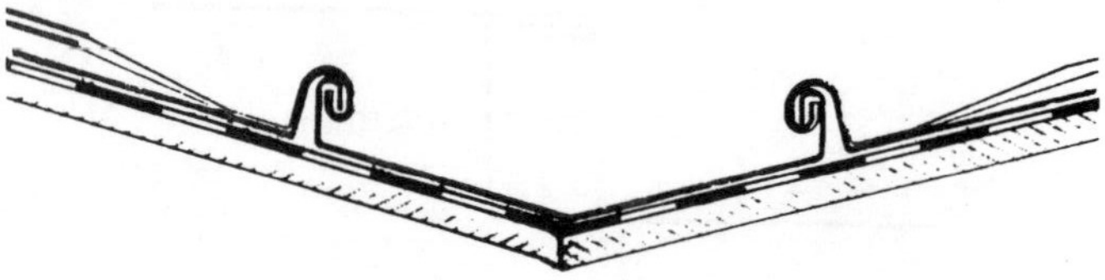

Kehlausbildung:
mit beidseitig eingefalzten Dachscharen
- Quergefälle ≥ 3%

Dachentwässerung

Beim geneigtem Dach fließt das Niederschlagswasser zur Traufe oder zu einer Kehle ab. Am Ortgang ist bei flach geneigten Dächern und bei bestimmten Dachdeckungsarten das Abtropfen von Regenwasser möglich.
In der Regel werden die Niederschläge an den Traufen und Kehlen in Dachrinnen gesammelt und durch Regenfallrohre in die Kanalisation abgeleitet. In offenen Lagen und bei größeren Dachüberständen wird gelegentlich auch auf eine Dachrinne verzichtet. Am Ortgang kann durch besondere Ortgangziegel oder durch Blechverwahrungen das Abtropfen von Niederschlagswasser verhindert werden.

Bemessung (nach DIN 18460)

Die Bemessung der Regenfallrohre und damit die Zuordnung der Dachrinnengröße ist abhängig von der örtlichen Regenspende, der Dachgrundfläche (Grundrißfläche) und dem Abflußbeiwert (Neigung, Oberflächenbeschaffenheit). Regenfallrohre werden für eine Regenspende von mindestens 300 l/(s ha) bemessen.

Regenspende:
Regensumme in der Zeiteinheit, bezogen auf die Fläche in l/(s ha).

Abflußbeiwert:
1,0 für Dächer > 15°
0,8 für Dächer < 15°
0,3 für Dachgärten
Bei innenliegenden Dachrinnen ist mit einem Zuschlag von 100% zu der ermittelten Größe zu rechnen und ein Sicherheitsüberlauf anzuordnen, wenn nur ein Ablauf vorgesehen ist.

Beispiel:
Regenspende = 300 l/(s ha)
Dachgrundfläche = 220 qm
Abflußbeiwert = 1,0

Regenwasserabfluß:

Qr= (300 * 220 * 1.0) / 1000
Qr = 6,6 l/s
gewähltes Rohr für Qr < 7,3 l/s:
1 Regenfallrohr mit Nennmaß 120 mm oder wahlweise 2 Regenfallrohre mit Nennmaß 100 mm.

Bemessungsgrundlagen sind die nachstehenden Tabellen aus DIN 18460 Abschn. 5 (Tabelle 1.217 und 1.218).

Tabelle 1.217 Bemessung der Regenfalleitung mit kreisförmigem Querschnitt und Zuordndung der halbrunden und kastenförmigen Dachrinnen aus Metall (siehe DIN 18461 Tabelle 1) (Auszug aus Tab. 12 von DIN 1986 T2, Ausgabe 1978)

anzuschließende Dachgrundfläche bei max. Regenspende $r = 300$ l/(s · ha)*)	Regenwasserabfluß²) Q_{rzul}	Regenfalleitung		zugeordnete Dachrinne			
				halbrund		kastenförmig	
		Durchmesser = Nennmaß	Querschnitt	Nennmaß = Abwicklung	Rinnenquerschnitt	Nennmaß = Abwicklung	Rinnenquerschnitt
in m²	in l/s	in mm	in cm²	in mm	in cm²	in mm	in cm²
37	1,1	60¹)	28	200	25	200	28
57	1,7	70	38	–	–	–	–
83	2,5	80¹)	50	250 285	43 63	250	42
150	4,5	100¹)	79	333	92	333	90
243³)	7,3	120¹)	113	400	145	400	135
270	8,1	125	122	–	–	–	–
443	13,3	150¹)	177	500	245	500	220

*) Ist die örtliche Regenspende größer als 300 l/(s · ha), muß mit den entsprechenden Werten gerechne werden (s. Beispiel)
¹) Für die Dachentwässerung übliche Nennmaße
²) Die angegebenen Werte resultieren aus trichterförmigen Einläufen
³) In DIN 1986 T2 nicht enthalten

Tabelle 1.218 Bemessung der Regenfalleitung mit rundem Querschnitt und Zuordnung der halbrunden und kastenförmigen Dachrinnen aus PVC hart (DIN 18461, Tabelle 2, s. auch DIN 8062)

anzuschließende Dachgrundfläche bei max. Regenspende $r = 300$ l/(s · ha)*)	Regenwasserabfluß²) Q_{rzul}	Regenfalleitung			zugeordnete Dachrinne		
					halbrund		kastenförmig
		Außendurchmesser	Nennmaß	Querschnitt	Richtgröße¹)	Rinnenquerschnitt	Rinnenquerschnitt
in m²	in l/s	in mm	in mm	in cm²		in cm²	in cm²
20	0,6	50	50	17	80	34	22
37	1,1	63	63	28	80	34	34
57	1,7	75	70	38	100	53	53
97	2,9	90	90	56	125	73	73
170	5,1	110	100	86	150	101	100
243	7,3	125	125	113	180	137	137
483	14,5	160	150	188	250	245	225

*) Ist die örtliche Regenspende größer als 300 l/(s · ha), muß mit den entsprechenden Werten gerechnet werden (s. Beispiel)
¹) Richtgröße entspricht der lichten Weite in mm
²) Die angegebenen Werte resultieren aus trichterförmigen Einläufen

Zur raschen Ermittlung der jeweils notwendigen Fallrohr- und Rinnengrößen dient diese Bemessungsgrafik:

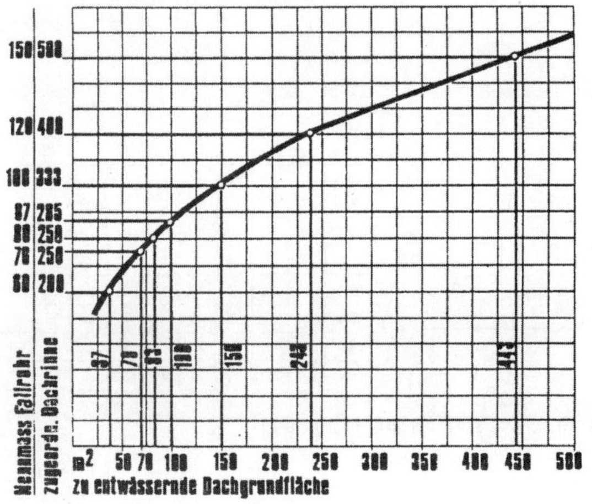

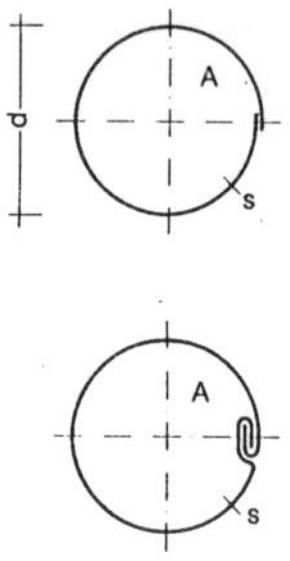

Nenn- größe Ng	d ± 1 mm	Werkstoffdicke s min. mm						A cm²
		Al	Cu	Zn	nrSt	vSt	PVC	
60	60	0,7	0,6	0,65	0,5	0,6	–	28
70	75	–	–	–	–	–	1,7	–
80	80	0,7	0,6	0,65	0,5	0,6	–	50
100	100	0,7	0,6	0,65	0,5	0,6	–	79
	110	–	–	–	–	–	1,9	–
120	120	0,7	0,7	0,7	0,6	0,7	–	113
125	125	–	–	–	–	–	2,1	–
150	150	0,7	0,7	0,7	0,6	0,7	–	177

Kreisförmige Regenfallrohre aus Dünnblech und Kunststoff

Werkstoffe:

Dachrinnen und Fallrohre werden hergestellt aus:

- Zinkblech
- feuerverzinktem Stahlblech
- nicht rostendem Stahlblech
- Kupferblech
- Kunststoff: PVC (hart)

Die Werkstoffe der Rinnenhalter und Rohrschellen etc. richten sich nach den Werkstoffen der Dachrinnen und Fallrohre. Bei Rinnen aus Zinkblech, feuerverzinktem Stahlblech und Aluminiumblech müssen die Rinnenhalter aus feuerverzinktem Bandstahl, bei Rinnen aus nicht rostendem Stahl müssen die Rinnenhalter aus artgleichem Werkstoff, bei Rinnen aus Kupferblech müssen die Rinnenhalter aus Kupferblech hergestellt sein.

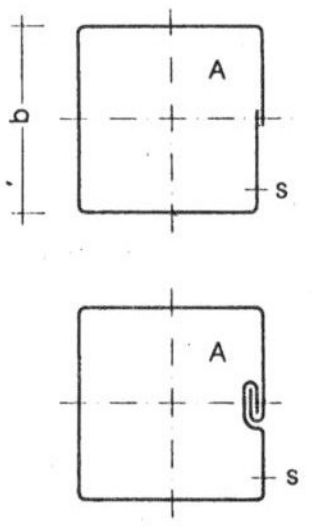

Nenn- größe Ng	b ± 1 mm	Werkstoffdicke s min. mm					A cm²
		Al	Cu	Zn	nrSt	vSt	
60	60	0,7	0,6	0,65	0,5	0,6	36
80	80	0,7	0,6	0,65	0,5	0,6	64
100	100	0,7	0,7	0,7	0,5	0,7	100
120	120	0,7	0,7	0,8	0,6	0,7	144

Quadratische Regenfallrohre aus Dünnblech

Dachrinnen:

Die Dachrinne ist ein offenes Profil, in der Regel mit vorderer und hinterer Versteifung in Form vo n Wulst und Wasserfalz. Nach Art der Befestigung unterscheidet man zwischen hängenden, stehenden und liegenden Dachrinnen, nach der Form zwischen halbrunden und kastenförmigen Rinnen sowie Sonderrinnen. Entsprechend der Lage zum Bauwerk gibt es außen- und innenliegende Dachrinnen. Bei außenliegenden Dachrinnen kann Überschußwasser bei außergewöhnlichen Wetterverhältnissen ungehindert über die Rinnenvorderkante abfließen. Bei innenliegenden Rinnen müssen besondere Maßnahmen getroffen werden.Dachrinnen sollen mit leichtem Gefälle von ca. 3mm/m verlegt werden, da dann durch schnelleren Abfluß des Regenwassers eine Abführung von Verunreinigungen und Staubablagerungen erreicht wird. Nach der Dachseite muß der Rinnenrand um mindestens 10 mm höher liegen als an der Außenseite, damit Überschußwasser ungehindert nach vorne ablaufen kann, ohne das Bauwerk zu durchnässen.

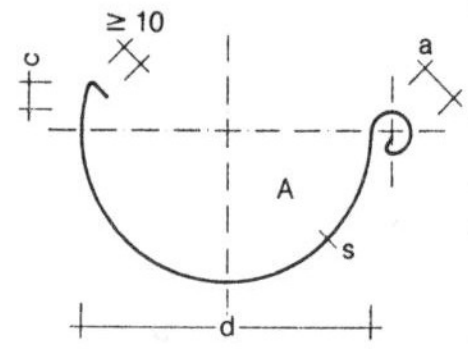

Nenn- größe Ng	d $^{+2}_{0}$ mm	a ± 1 mm	c min. mm	Werkstoffdicke s min. mm						A cm²
				Al	Cu	Zn	nrSt	vSt	PVC	
200	80	16	8	0,7	0,6	0,65	0,5	0,6	–	25
250	105	18	10	0,7	0,6	0,65	0,5	0,6	–	43
	104	–	–	–	–	–	–	–	1,4	–
285 1)	127	18	11	0,7	0,6	0,7	0,5	0,6	–	63
	129	–	–	–	–	–	–	–	1,5	–
333	153	20	11	0,7	0,6	0,7	0,5	0,6	–	92
	154	–	–	–	–	–	–	–	1,6	–
400	192	22	11	0,8	0,7	0,7	0,6	0,7	–	145
	184	–	–	–	–	–	–	–	1,7	–
500	250	22	21	0,8	0,7	0,8	0,6	0,7	–	245

Halbrunde Rinnen aus Dünnblech und Kunststoff

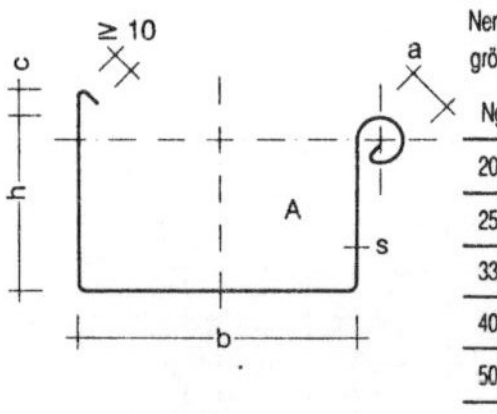

Nenn- größe Ng	b $^{0}_{-1}$ mm	h ± 1 mm	a ± 1 mm	c min. mm	Werkstoffdicke s min. mm					A cm²
					Al	Cu	Zn	nrSt	vSt	
200	70	42	16	8	0,8	0,6	0,65	0,5	0,6	29
250	85	55	18	10	0,8	0,6	0,65	0,5	0,6	47
333	120	75	20	10	0,8	0,6	0,7	0,5	0,6	90
400	150	90	22	10	0,9	0,7	0,7	0,6	0,7	135
500	200	110	22	20	0,9	0,7	0,8	0,6	0,7	220

Rechteckiqe Rinnen aus Dünnblech

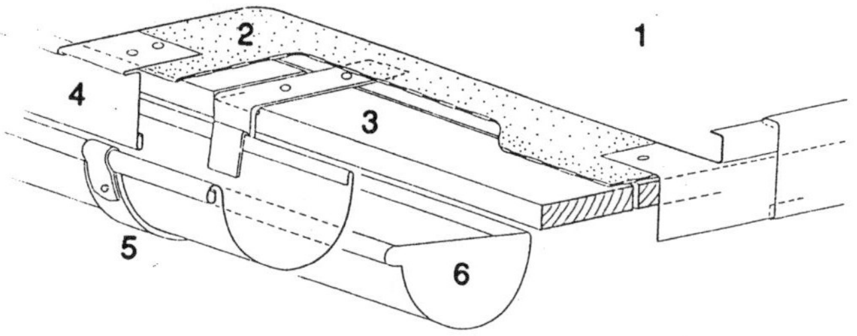

Rohrlage

1 Zink - Dach
2 Bitumenbahn
3 Traufbohle
4 Traufblech
5 Rinnenhalter
6 Regenrinne

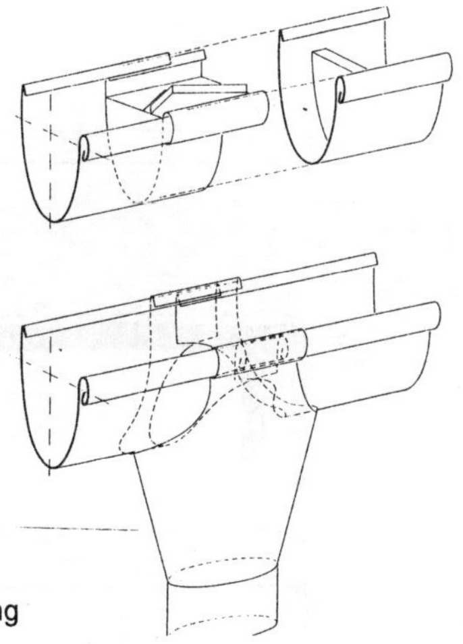

Schiebenaht

bewegliche Einführung

Regenfallrohre

Kreisförmige Regenfallrohre werden nach DIN 18461 mit den Durchmessern 60, 80, 100, 120 und 150 mm hergestellt. Rechteckige Regenfallrohre sind nicht genormt. Die kleinste Seite des rechteckigen Regenfallrohres muß mindestens so groß sein wie der Durchmesser des entsprechenden kreisförmigen Fallrohres. Die Nahtverbindung kann gelötet, geschweißt oder doppelt gefalzt sein.Regenfallrohre verfügen meist über unterschiedliche obere und untere Rohrweiten. Dadurch wird das Ineinanderstecken an den Stößen vereinfacht. Die Steckverbindungen müssen mindestens 50 mm ineinander greifen.

Ausführung - Regenfallrohre

Regenfallrohre sind so anzubringen, daß die Längsnaht sichtbar ist. Der Abstand der Regenfallrohre von der fertigen Wand muß mind. 20mm betragen. Soweit möglich sollen Regenfallrohre ohne Richtungsänderung senkrecht heruntergeführt werden. Die Rohrschellen dürfen bei einem Fallrohrdurchmesser bis 100mm nicht über 3m, bei größeren Durchmessern nicht über 2m Abstand haben. Über den Rohrschellen sind bei Regenfallrohren Wülste oder Nasen zur Auflage auf den Rohrschellen anzuordnen.

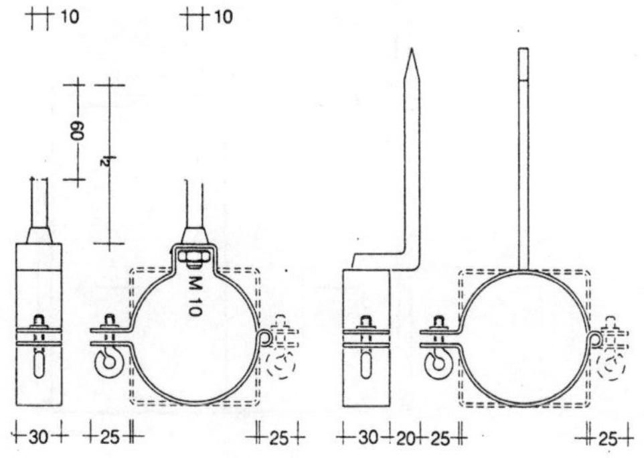

Rohrhalter

Zubehörteile - Regenfallrohre

Rohrschellen dienen zur Befestigung der Fallrohre am Bauwerk. Sie bestehen aus feuerverzinktem Bandstahl, bei Kupferrohren aus massivem Kupfer, bei nicht rostendem Stahl aus artgleichem Werkstoff. Sie müssen so hergestellt sein, daß die Regenfallrohre herausgenommen und wieder angebracht werden können, ohne die Rohrschellenstifte in der Mauer zu lösen.

Flachdächer können unterschieden werden nach:

- der Nutzung der Fläche in
  - nicht genutzte
  - begehbare (Dachterrassen)
  - befahrbare
  - extensiv oder intensiv begrünte

- ihrer tragenden Unterkonstruktion
  - Stahlbetondecke
  - Profilblech (Länge um 4 m) auf Trägern
  - Holzbretter (Länge um 0.6 m) auf Holzbalken

- der Lage der Wärmedämmung
  - Warmdach
  - Umkehrdach (Dämmung über Dichtung)
  - Kaltdach (mit Hinterlüftung)

- dem Material der Abichtung
  - Bitumenbahnen
  - Kunststofffolien

- der Art der Entwässerung
  - Innenentwässerung
  - Außenentwässerung

- der Ausbildung des Dachrandes
  - Attika (fassadenbündige Aufkantung)
  - Überstand

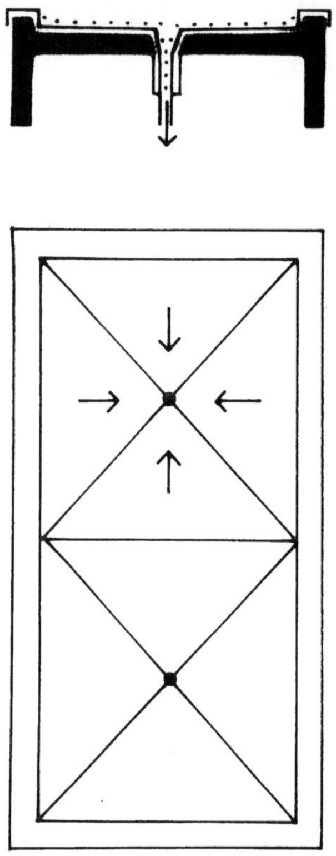

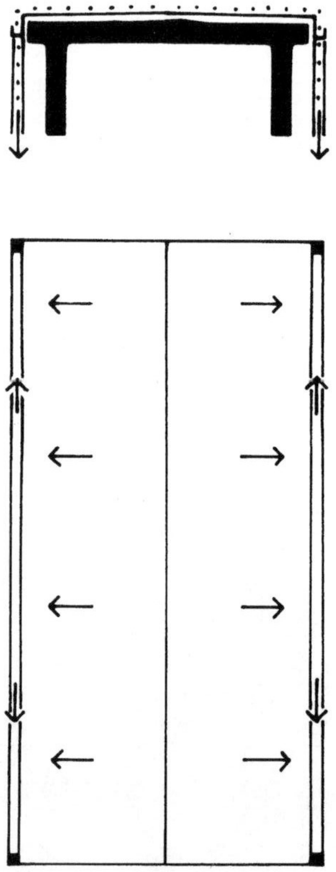

Attika mit Innenentwässerung

- Gefälle in zwei Richtungen
- mindestens zwei Einläufe
  oder,
  besonders bei kleinen Flächen, ein Einlauf und ein Überlauf
- Fallrohr
  innen mindestens 1 m dämmen

Dachüberstand mit Außenentwässerung

- Gefälle nach außen
- am besten mit Überstand
- Regenrinne im Gefälle zum Fallrohr

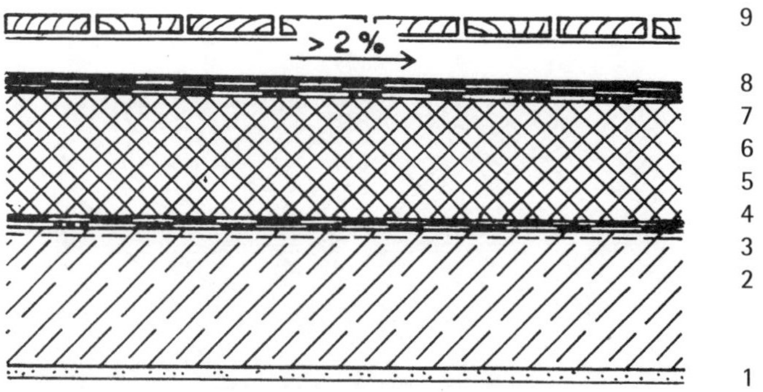

Warmdach

1. Stahlbetondecke (Gem. Statik)
   oder Holz- oder Stahlkonstruktion
2. Voranstrich
3. Ausgleichsschicht
4. Dampfsperre
5. Gefälle-Dämmplatten, trittfest
   (nach DIN 4108 und erf. Wärmeschutz)
6. Dampfdruckausgleichsschicht
7. Dichtungsschichten, 1-3-lagig,
   mindestens 2 %, besser 3 % Gefälle
8. Oberflächenschutz s.u.

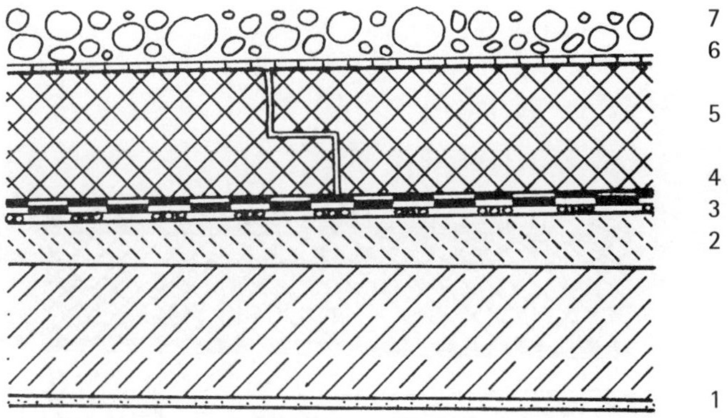

Umkehrdach

1. Stahlbetondecke (Gem. Statik), oder
   Holz-, oder
   Stahlkonstruktion
2. Gefälleestrich
3. Ausgleichsschicht
4. Dichtungsschichten, 1-3-lagig,
   mindestens 2 %, besser 3 % Gefälle
5. Wärmedämmung, trittfest und wasserabweisend
   (nach DIN 4108)
6. Filterschicht
7. Oberflächenschutz:
   - Kies, mind. 5 cm, Korn 16-32 oder
   - Besplittung oder Bekiesung oder
   - Platten bei windbelasteten Flächen

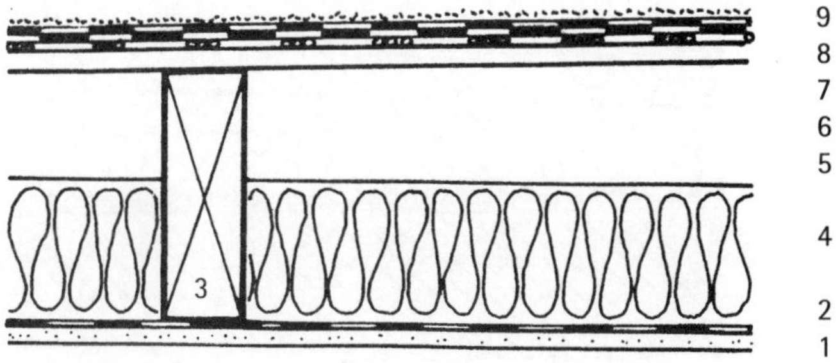

Kaltdach (hinterlüftet)

1. Unterkonstruktion, z.B Gipskarton oder Spanplatte
2. Dampfsperre
3. Sparren
4. Wärmedämmung, einfach
5. Luftschicht, mindestens 15 cm
6. Unterkonstruktion
   - Holzschalung 24 mm
   - Spanplatten
7. Ausgleichsschicht
8. Dichtungsschichten, 1-3-lagig,
   mindestens 2 %, besser 3 % Gefälle
9. Oberflächenschutz s.o.

1. Tragschicht
   Die Oberfläche aus Beton muß gereinigt und trocken sein.
2. Voranstrich
   Der Voranstrich bindet den Staub auf der Unterlage, wirkt wasserabweisend und verbessert die Haftfähigkeit der Klebemittel.
3. Ausgleichsschicht
   Die Ausgleichsschicht überbrückt geringe Schwind- und Spannungsriße und gleicht die Rauhigkeit der Oberfläche aus.
4. Dampfsperrre
   Die Dampfsperre verhindert das Eindringen von Wasserdampf in die darüberliegende Wärmedämmung und schützt sie vor Wasserschäden.
5. Wärmedämmung
   Die Wärmedämmung bremst den Wärmefluß - im Winter von innen nach außen, im Sommer von aussen nach innen. Dadurch werden Energieverluste gemindert und temperaturbedingte Dehnungen, Spannungen und Risse in der Decken- und Dachkonstruktion verringert.
6. Dampfdruckausgleichsschicht
   Restfeuchtigkeit in der Wärmedämmung, die durch Verdunstung im Sommer (Sonneneinstrahlung) zu Blasenbildung in der Dachdichtung führen kann, wird großflächig verteilt und ausgeglichen.
7. Dichtungsschicht
   Die Dichtungsschicht schützt die darunterliegenden Bauteile und das Gebäude vor Niederschlägen (Wasser). Sie kann aus Bitumen- oder Kunststoffbahnen ausgeführt werden. Die Lagenzahl ist abhängig von der Dachneigung.
8. Oberflächenschutz
   Der Oberflächenschutz schützt die Dichtungsschicht vor Temperaturschwankungen und mechanischen Beschädigungen. Er besteht aus einer Besplittung oder Kiespreßschicht, oder aus einer 5 cm dicken Kiesschüttung (Korn 16-32 mm).
9. Gefälle
   Das Gefälle soll 2% , besser 3% betragen. Es kann auf zwei Arten erreicht werden:

a. Gefälleestrich: Der Gefälleestrich wird auf der Betondecke aufgebracht. Er soll an der dünnsten Stelle mindestens 3 cm dick sein.

b. Gefälledämmplatten: Dämmplatten mit Gefälle an der Oberseite werden nach einem Plan verlegt.

- Für die Ermittlung des Wärmedurchlaßwiderstandes sind nur die Schichten bis zur Dichtung anzurechnen.
- Begehbare Dächer (Terrassen) und Gründächer sind bis zur OK Dichtungsschicht mit dem Aufbau identisch.

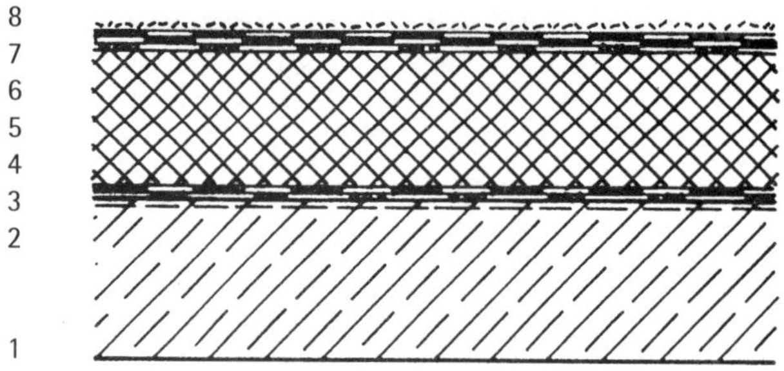

9a

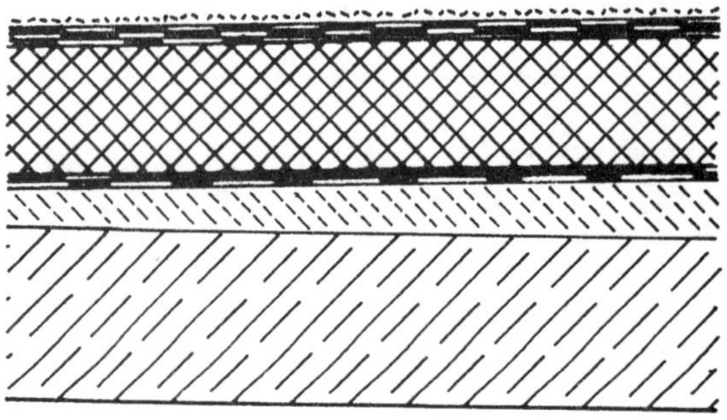

9b

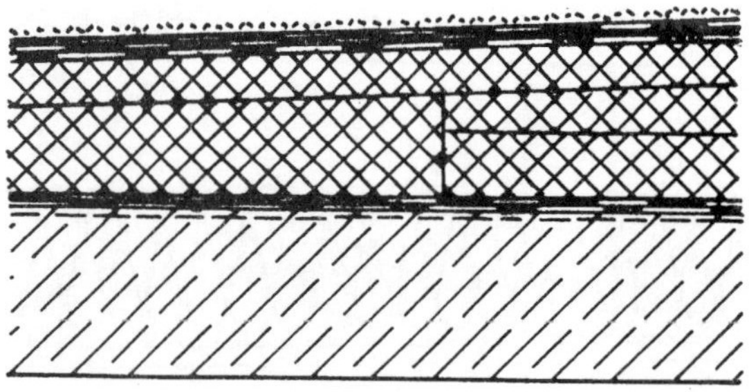

Extensive Begrünung

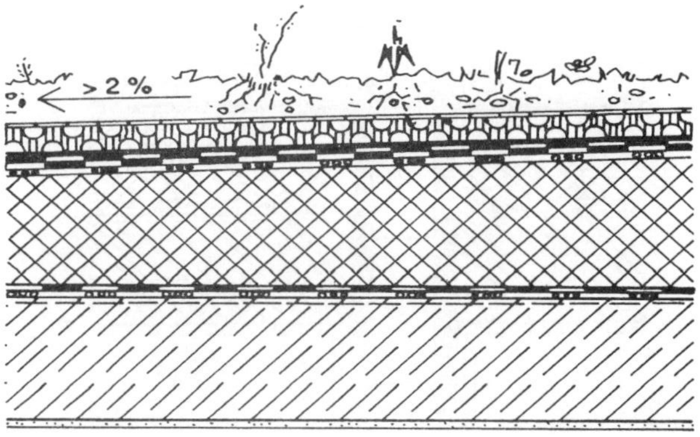

1-7 Schichten wie Warmdach
8. Wurzelschutzschicht
9. Dränschicht
   - Dränschüttung, Kies 16-32 mm
   - Dränplatten- oder matten, 5-8 cm
10. Filterschicht
11. Substratschicht, 4-12 cm
12. Pflanzebene:
   Artenreiche Pflanzengemeinschaft mit geringem Pflegeaufwand. Die Pflanzen sollten unempfindlich sein gegen Trockenheit, zeitweilige Nässe, starke UV-Strahlung, Wind, Frost, Rauch und Abgase.

Befahrbares Flachdach

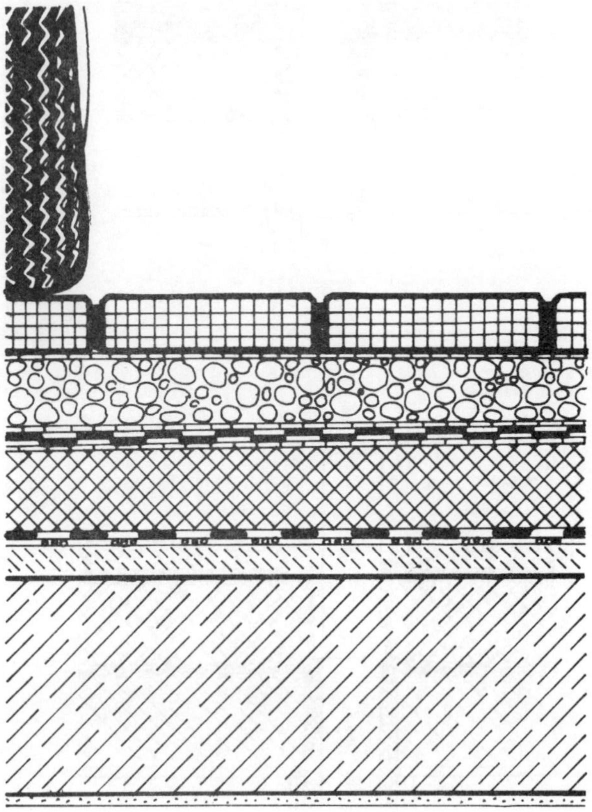

1 Verputzte Stahlbetondecke
2 Gefällebeton
3 Druckausgleichsschicht
4 Dampfsperre
5 Druckfeste Wärmedämmung WD oder WDS
6 Trennlage
7 Bitumen- oder Kunststoffabdichtung
8 doppellagige Trenn- bzw. Gleitschicht
9 Kies- bzw. Splittschüttung
10 Filtervlies
11 Stahlbetonplatten (8-10 cm)
12 Trenn- und Dehnungsfuge mit Dichtung

Dachablauf, Kiesdach

- Bei Dächern mit geringer Neigung wird eine Innenentwässerung empfohlen
- Die Abläufe liegen an den Tiefpunkten der Dachfläche
- Je Dachfläche mindestens zwei Abläufe oder ein Ablauf und ein Sicherheitsüberlauf

1. Kiesfang
2. Aufstockelement, mit Anschluß für die Dichtungsbahnen
3. Untere Rohrhülse, einbetoniert, mit Anschluß für die Dampfsperre

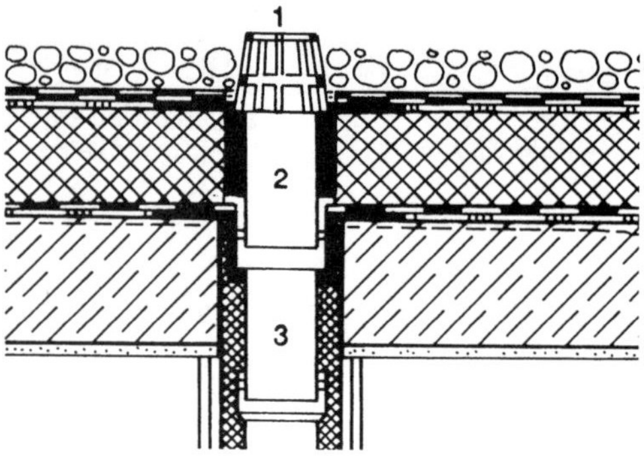

Innenentwässerung mit Kontrollschacht

- Schichten wie intensive Begrünung

1. Wärmegedämmter Kontrollschacht mit abnehmbarem Deckel
2. Abstand zur Bepflanzung: 50cm
3. Höhenverstellbarer Rohrstutzen zur Regulierung des Wasserstandes mit Anschluß an die Dachdichtung
4. Dachablauf, einbetoniert, mit Anschluß an die Dampfsperre
5. Fallrohr
6. Wasserstand

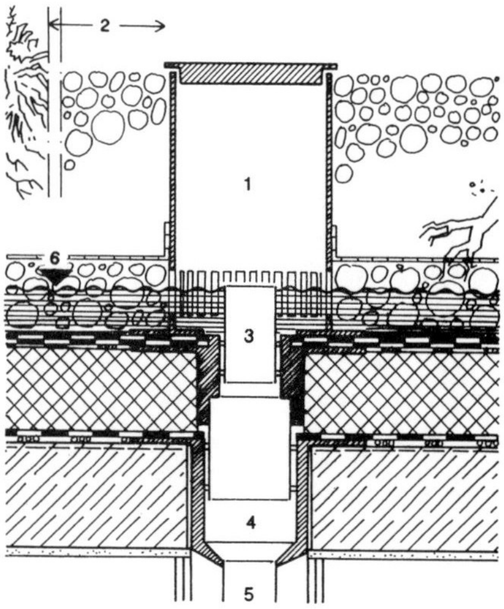

Dunstrohr

- Abstand von anderen Dachaufbauten, Dachabläufen, Fugen oder anderen Durchdringungen: mindestens 50 cm

1. Aufstockelement mit Anschluß für Dichtungsbahnen
2. Untere Rohrhülse, einbetoniert, mit Anschluß für die Dampfsperre
3. Lüftungsrohr
4. Befestigung mit Klebeflansch oder Losflansch oder integrierten Anschlußbahnen
5. Die Wärmedämmung muß mindestens 1m heruntergeführt werden

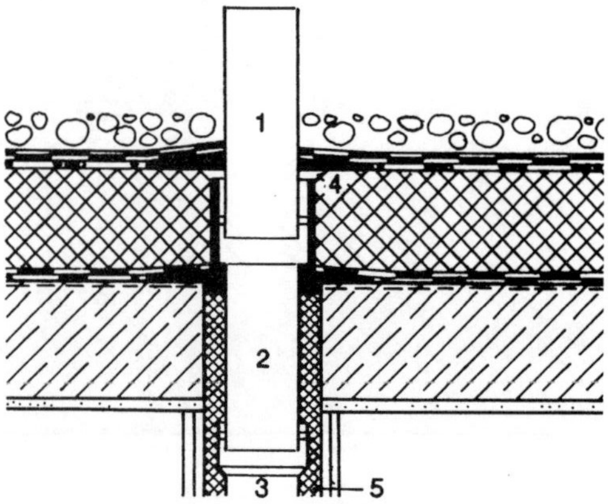

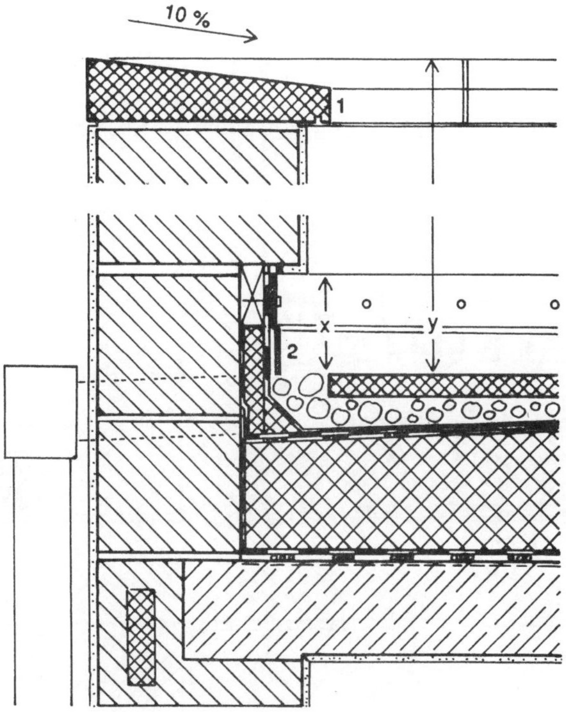

Terrassenbrüstung

Anschlußhöhe:
x. bei Dachneigungen bis 5°: 15 cm
bei Dachneigungen über 5°: 10 cm

Brüstungshöhe
y. Bis zum 4. Obergeschoß: 90 cm
Ab dem 5. Obergeschoß: 110 cm

Terrassenbelag, z.B.
1. Betonfertigteil (oder Naturstein) im Mörtelbett
2. Schutzblech

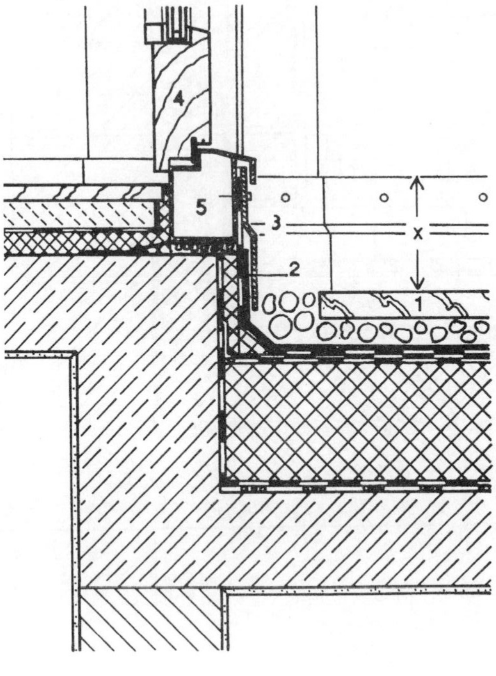

Terrassentür

Anschlußhöhe :
x. bei Dachneigungen bis 5°: 15 cm
bei Dachneigungen über 5°: 10 cm
wenn der Wasserablauf jederzeit sichergestellt ist: 5 cm

1. Terrassenbelag, z.B.
Natursteinplatten 50x50x5 cm, im Kiesbett
2. Schutzmatte
3. Schutzblech
4. Terrassentür
5. Rohrschwelle

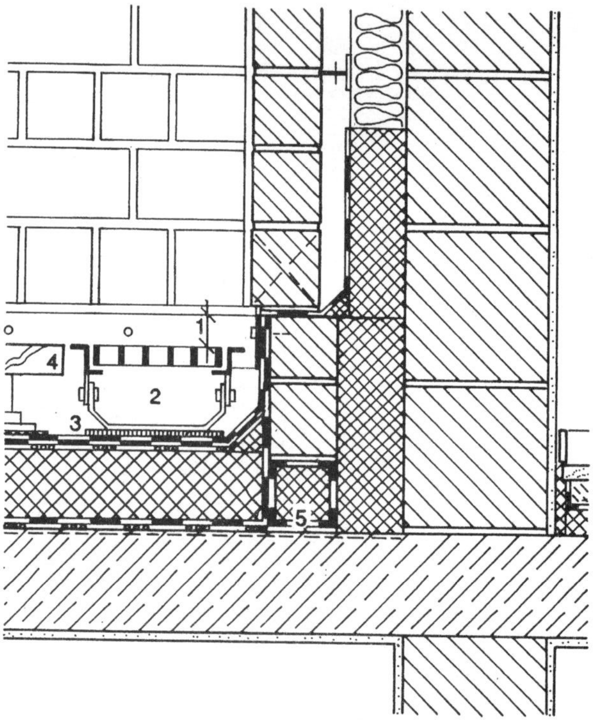

Anschluß an zweischaliges Mauerwerk mit Luftschicht Variante 1

1. Anschlußhöhe: 5 cm, wenn zu jeder Zeit ein einwandfreier Wasserablauf sichergestellt ist
2. Höhenverstellbarer Klemmrost
3. Schutzmatte
4. Terrassenplatten , z.B. Naturstein
5. Wärmedämmelement, druckbelastbar

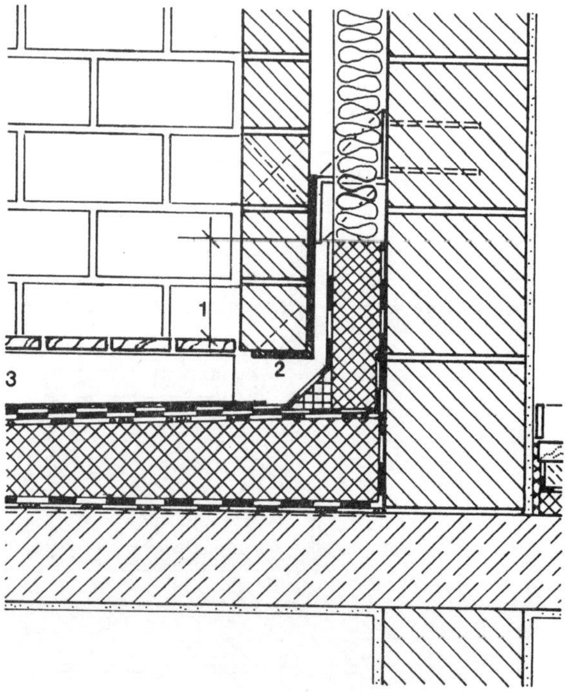

Anschluß an zweischaliges Mauerwerk mit Luftschicht Variante 2

1. Bei Dachneigung bis 5°: 15 cm
   Bei Dachneigung über 5°: 10 cm
2. Wandabfangung
3. Holzrost auf Schutzmatte

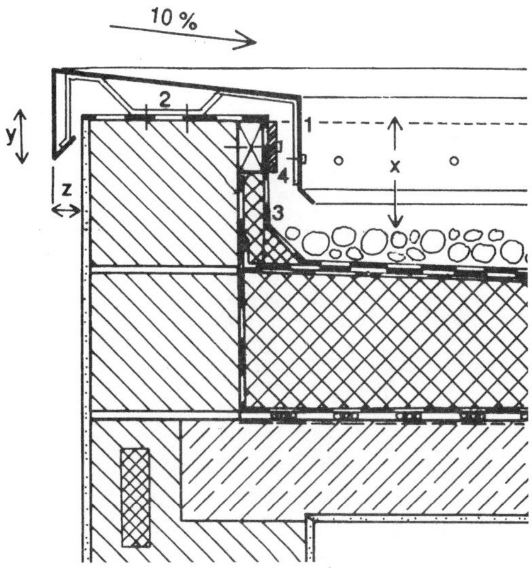

Attika

1. Abgekantetes Blech :
   Die Stöße müssen so ausgebildet sein, daß temperaturbedingte Längenänderungen möglich sind:

Aluminium:	1,2 mm
Titanzink:	0,8 mm
Kupfer:	0,8 mm

2. Haltebügel
3. Dämmstoffkeil , 6 x 6 cm
4. Klemmschiene , biegesteif

x. bei Dachneigungen bis 5°: 15 cm
   bei Dachneigungen über 5°: 10 cm

y. Gebäudehöhe bis	8 m:	> 5 cm
	8 bis 20 m:	> 8 cm
	über 20 m :	> 10 cm

z. Überstand vor zu schützendem Bauteil: mindestens 2 cm

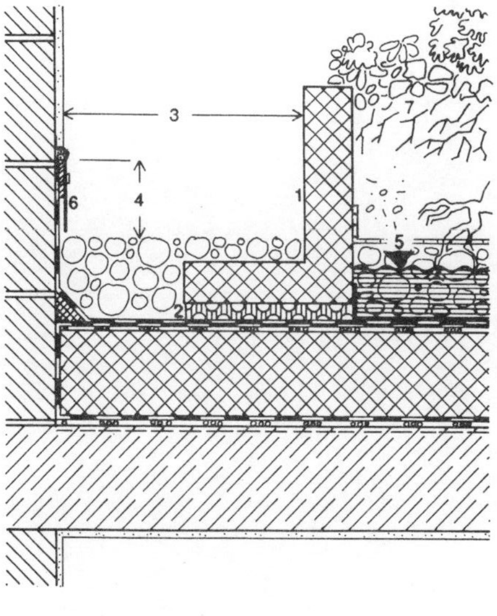

Wandanschluß

- Schichten wie intensive Begrünung

1. Stahlbeton-Fertigteil
2. Dränplatte
3. Abstand zur Bepflanzung: 50 cm
4. Bei Dachneigung bis 5°: 15 cm
   Bei Dachneigung über 5°: 10 cm
5. Wasserstand
6. Schutzblech
7. Intensive Begrünung

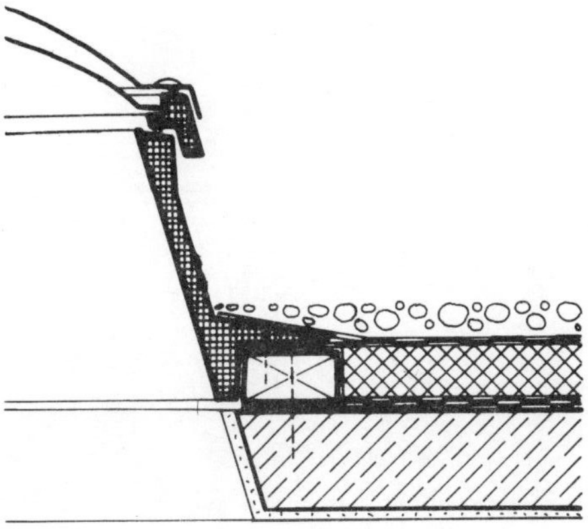

Lichtkuppel

1. zweischalige Acrylglaskuppel
2. Sicherungsklemme
3. wärmegedämmter Aufsetzkranz
4. Randbohle
5. Fixierung und Randabdichtung
6. Dachabdichtung

Luis Barragán, 1947

Begriffe und Bezeichnungen

Steigungsverhältnis

Schrittmaßregel:	A + 2S = 59-65 cm
Sicherheitsregel:	A + S = 46 cm
Bequemlichkeitsregel:	A - S = 12 cm

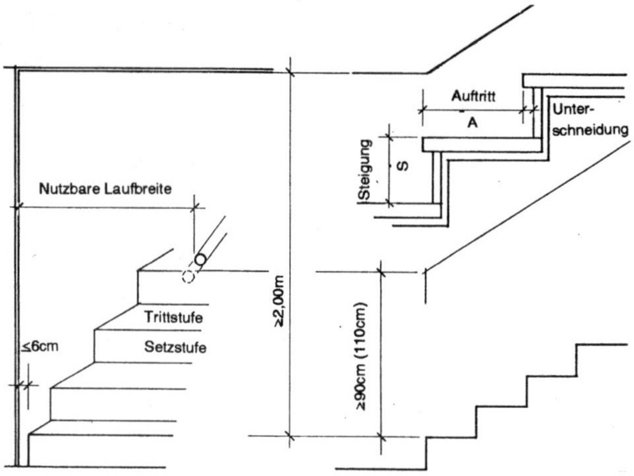

Anforderungen

nach
- BauO NW §32ff
- VVBauO NW
- DIN 18064 Treppen; Begriffe
- DIN 18065 Gebäudetreppen

Die nutzbare Breite von Treppen und Treppenabsätzen notwendiger Treppen muß min. 1,0 m betragen; in Wohngebäuden mit nicht mehr als zwei Wohnungen genügt eine Breite von 0,80 m.
Die nutzbare Podesttiefe muß mindestens der nutzbaren Treppenlaufbreite entsprechen.
Nach max. 18 Stufen soll ein Zwischenpodest angeordnet werden.
Die lichte Treppendurchgangshöhe muß min. 2,0 m betragen.
Der Abstand auf der Wandseite der Treppenläufe und -podeste sowie auf der Seite der Umwehrung darf nicht mehr als 6 cm betragen.

Treppen ohne Setzstufen sowie Treppen mit Auftritten ≤ 26 cm sind min. 3 cm zu unter schneiden.
Eine Treppe darf nicht unmittelbar hinter einer Tür beginnen, die in Richtung der Tür aufschlägt.

Die freien Seiten der Treppen, Treppenabsätze und Treppenöffnungen müssen durch Geländer gesichert werden.
Geländer müssen min. 90 cm, bei Absturzhöhen von mehr als 12 m min. 110 cm hoch sein, gemessen über Stufenvorderkante.
Handläufe sollen nicht tiefer als 75 cm und dürfen nicht höher als 110 cm angebracht werden.
Der lichte Abstand des Handlaufs von benachbarten Bauteilen muß min. 4 cm betragen.

Bei Wohngebäuden mit mehr als zwei Wohnungen und sonstigen Gebäuden sind §33 BauO NW und die entsprechenden Sonderbauvorschriften zu beachten.

Wohnungsbau: (DIN 18065)	A = 28 cm (+9/-5)	S = 17 cm (+3)
Versammlungsstätten: (VStättVO)	A ≥ 30 cm	S ≤ 16 cm
Geschäftshäuser: (GhVO)	A ≥ 28 cm	S ≤ 17 cm
Gaststätten: (GastBauVO)	A ≥ 28 cm	S ≤ 17 cm

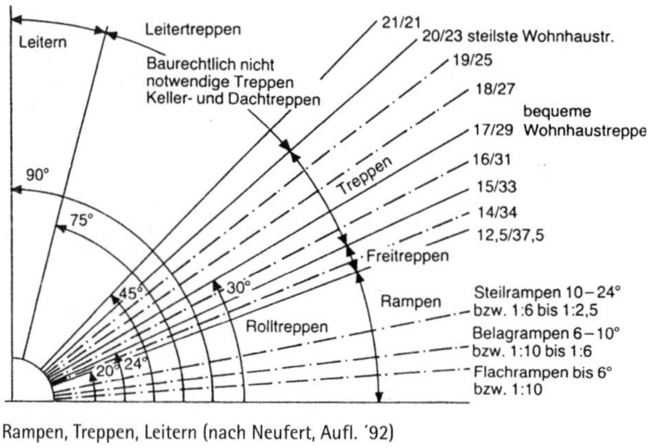

Neigung für Rampen, Treppen, Leitern (nach Neufert, Aufl. ´92)

	1	2	3	4	5	6
	Gebäudeart	Treppenart		Nutzbare Treppenlaufbreite mindest.	Steigung s [2])	Auftritt a [3])
1	Wohngebäude mit nicht mehr als zwei Wohnungen [1])	Baurechtlich notwendige Treppen	Treppen, die zu Aufenthaltsräumen führen	80	17 ± 3	28^{+9}_{-5}
2			Kellertreppen und Bodentreppen, die nicht zu Aufenthaltsräumen führen	80	≤ 21	≥ 21
3		Baurechtlich nicht notwendige (zusätzliche) Treppen, siehe DIN 18 064/11.79, Abschnitt 2.5		50	≤ 21	≥ 21
4	Baurechtlich nicht notwendige (zusätzliche) Treppen innerhalb geschlossener Wohnungen			50	keine Festlegung	
5	Sonstige Gebäude	Baurechtlich notwendige Treppen		100	17^{+2}_{-3}	28^{+9}_{-2}
6		Baurechtlich notwendige (zusätzliche) Treppen, siehe DIN 18064/11.79, Abschnitt 2.5		50	≤ 21	≥ 21

[1]) schließt auch Maisonnette-Wohnungen in Gebäuden mit mehr als zwei Wohnungen ein.
[2]) aber nicht < 14 cm
[3]) aber nicht > 37 cm
(zu [2] und [3]:) Festlegung des Steigungsverhältnisses s/a siehe Abschnitt 3.2.

Anforderungen nach DIN 18065

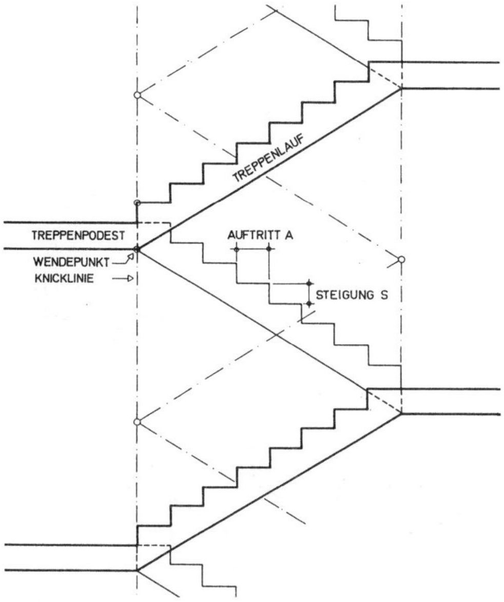

Knicklinie - Podestplattenstärke

Detail Podest

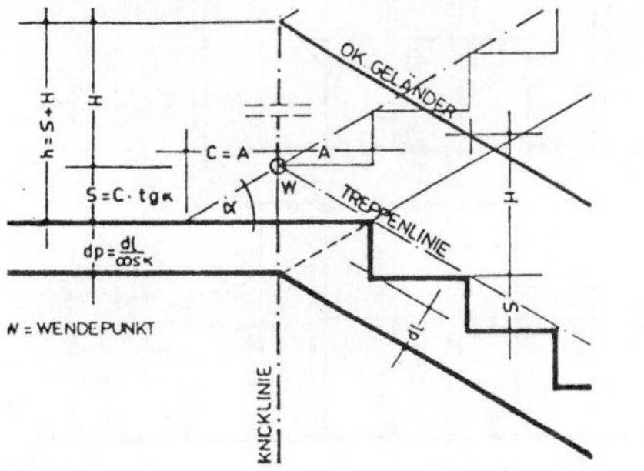

Schnitt-Grundriss

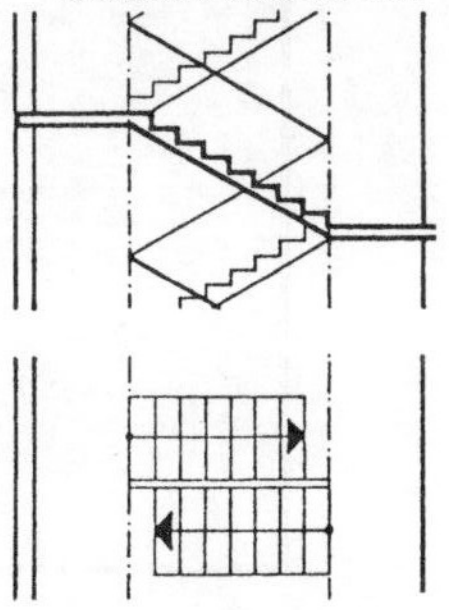

Fall 1:

Liegt die Vorderkante der Stufe des aufsteigenden Laufs über der Knicklinie, so liegt die Oberkante des Handlaufes 90 cm (Geländerhöhe) + 1 Stufenhöhe hoch.
Das Geländer ist damit am Treppenauge sehr hoch, aber die Stärke der Podestplatte ist aus dem gleichen Grunde am geringsten.

Detail Podest

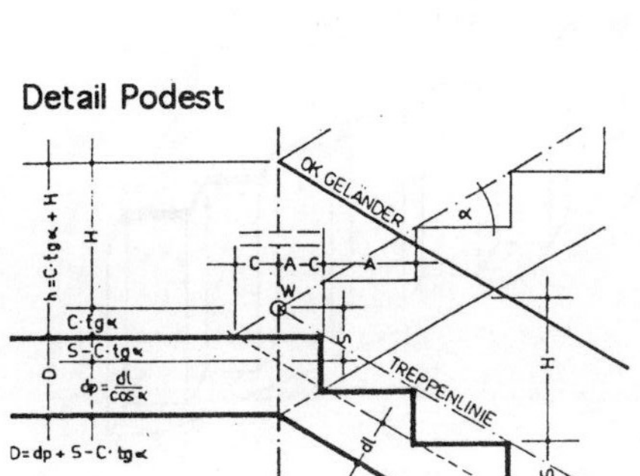

Schnitt-Grundriss

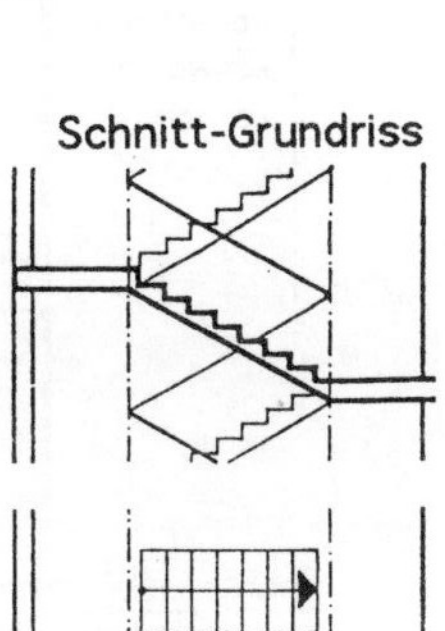

Fall 2:

Liegen die Vorderkanten der beiden Läufe übereinander, so beträgt die Geländerhöhe in der Knicklinie + 1/2 Stufenhöhe.
Die Podestplatte ist um 1/2 Stufenhöhe stärker als bei Fall 1.

Knicklinie und Konstruktion

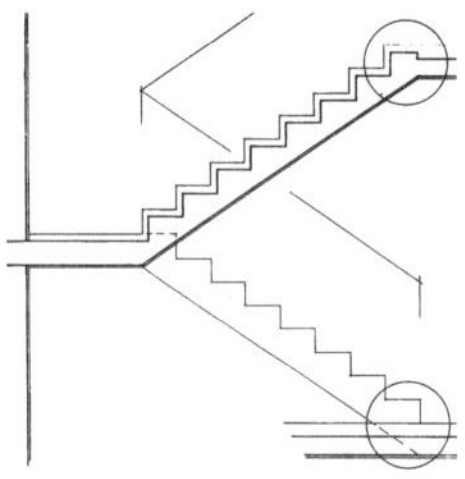

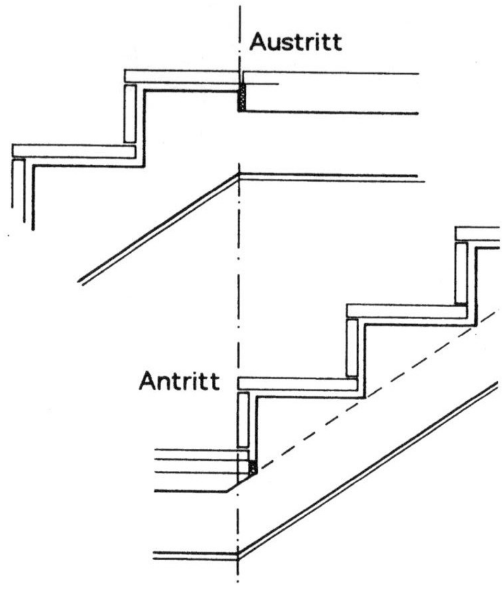

Trittschallschutz

Durch günstige Grundrisskonzeption - keine Aufenthaltsräume an der Treppenhauswand - läßt sich mit geringem baulichen Aufwand ein guter Schallschutz erzielen.
Soll ein erhöhter Trittschallschutz erreicht werden, sind die Treppenläufe und -podeste weitestgehend von der Treppenhauswand zu trennen und/oder schalldämmende Beläge zu wählen.

- Podeste mit schwimmendem Estrich versehen
- Treppenläufe von der Treppenhauswand absetzen, diese Fuge muß sich am Podestauflager fortsetzen
- Auflagerung des gesamten Treppenlaufs auf elastischen Lagern.

DIN 4109 nennt weitere mögliche Maßnahmen:

- Trennung der Podeste und Läufe von der Treppenhauswand, Lagerung der Podeste auf Einzelkonsolen (Kragarme, Nocken)
- Trennung der Läufe von der Treppenhauswand, Podestplatte auf umlaufenden Konsolen und elastomeren Lagern aufgelegt.

Bei allen Maßnahmen zur Verbesserung des Trittschalschutzmaßes ist zu beachten, daß die Trennung der Bauteile auch im Oberbelag erfolgen muß.

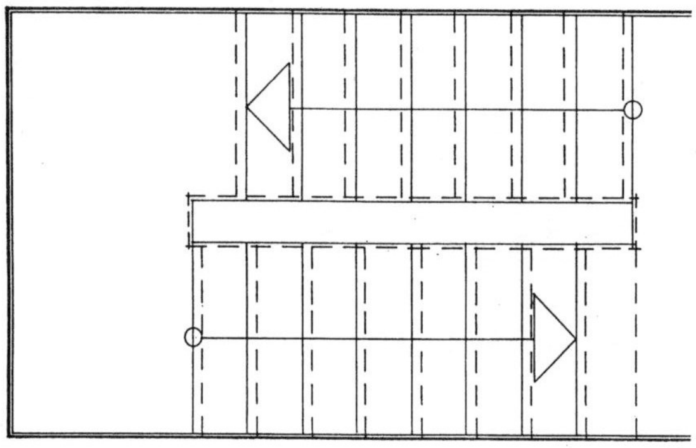

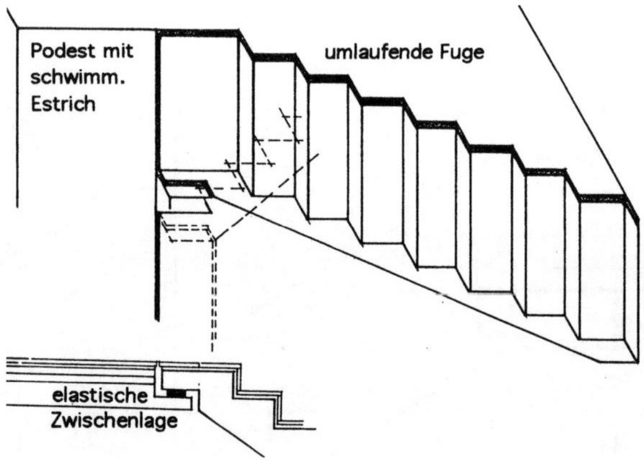

Jede Nutzungseinheit mit Aufenthaltsräumen muß in jedem Geschoß über min. zwei voneinander unabhängige Rettungswege erreichbar sein (§17(3) BauO NW).

1. Rettungsweg: Notwendige Treppe
2. Rettungsweg: mit Rettungsgeräten erreichbares Fenster oder eine weitere notwendige Treppe

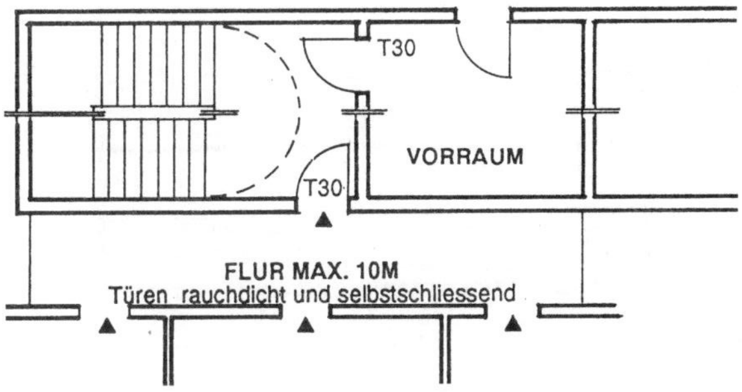

Gebäude mit nicht mehr als fünf Geschossen

Notwendige Treppe

Jede notwendige Treppe muß in einem eigenen, durchgehenden Trepenraum liegen. Der Treppenraum muß an der Aussenwand angeordnet werden. Dies gilt nicht für Wohngebäude geringer Höhe mit nicht mehr als zwei Wohnungen (§33 BauO NW).

Innenliegende Treppenräume

Bei Gebäuden mit nicht mehr als 5 Geschossen oberhalb der Geländeoberfläche darf der Treppenraum aus den geschossen nur über einen Vorraum oder über einen höchstens 10 m langen Flur oder Flurabschnitt zugänglich sein.
Bei Gebäuden mit mehr als 5 Geschossen oberhalb der Geländeoberfläche darf der Treppenraum nur über einen Vorraum zugänglich sein.

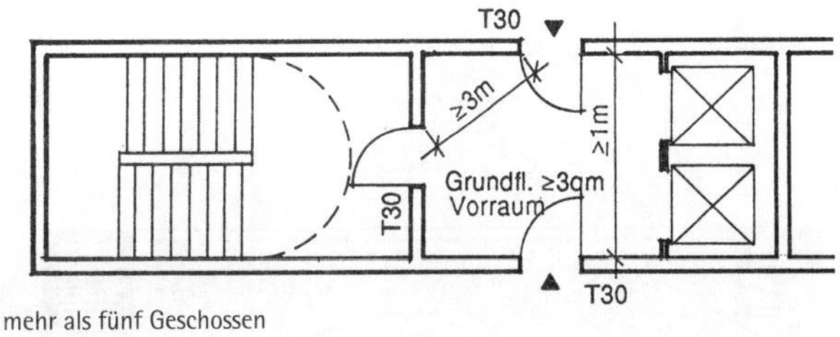

Gebäude mit mehr als fünf Geschossen

Ein zweiter Rettungsweg ist nicht erforderlich, wenn die Rettung über einen Treppenraum möglich ist, in den Feuer und Rauch nicht eindringen können (Sicherheitstreppenraum). (§17(3) BauO NW)

Sicherheitstreppenraum

mit einem im freien Windstrom angeordneten offenen Gang

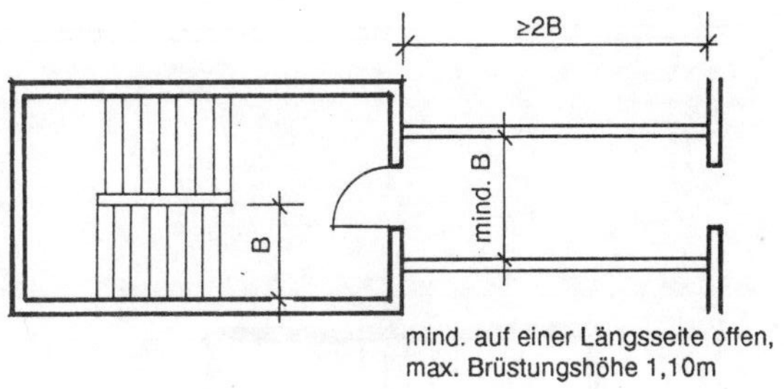

Offener Gang

oder

Sicherheitstreppenraum mit einer Sicherheitsschleuse

- nur über Schleuse erreichbar
- Öffnungen in Schleuse zu Aufzügen o.ä. nicht zulässig
- Entfernung der Türen - Schleuse und Treppenhaus - min. 3,0 m
- eigene Lüftungsanlage für Treppenraum mit den zugehörigen Sicherheitsschleusen

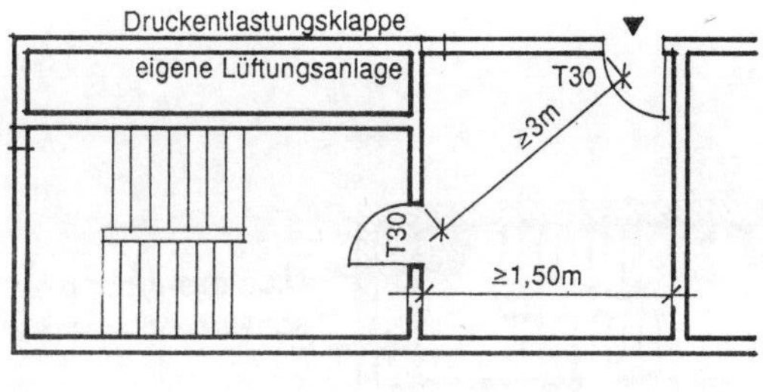

Sicherheitsschleuse

Für die innere Verbindung von höchstens zwei Geschossen derselben Nutzungseinheit sind innenliegende Treppen ohne eigenen Treppenraum zulässig, wenn in jedem Geschoß ein anderer Rettungsweg erreicht werden kann.

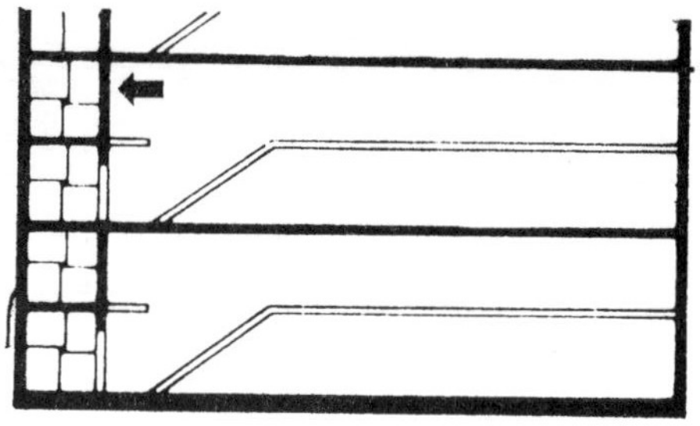

Von jeder Stelle eines Aufenthaltsraumes sowie eines Kellergeschosses muß der Treppenraum mindestens einer notwendigen Treppe oder ein Ausgang in höchstens 35 m Entfernung erreichbar sein.

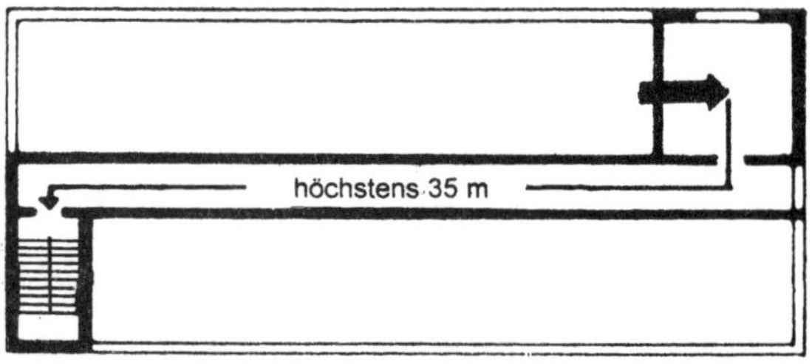

Sind mehrere Treppen erforderlich, so sind sie so zu verteilen, daß die Rettungswege möglichst kurz sind. Die nutzbare Breite zugänglicher Treppenhäuser muß für den größten zu erwartenden Verkehr ausreichen: Auf 1 m Flurbahn werden 60-70 Menschen angenommen. Flure von mehr als 30 m Länge sollen durch rauchdichte und selbstschließende Türen unterteilt werden. In den Fluren ist eine Folge von weniger als drei Stufen zulässig.

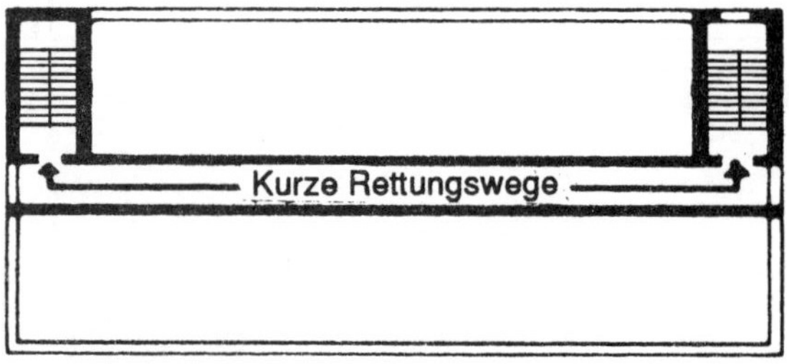

Jeder Treppenraum muß auf möglichst kurzem Wege einen sicheren Ausgang ins Freie haben. Der Ausgang muß mindestens so breit sein wie die notwendigen Treppen und darf nicht eingeengt werden.

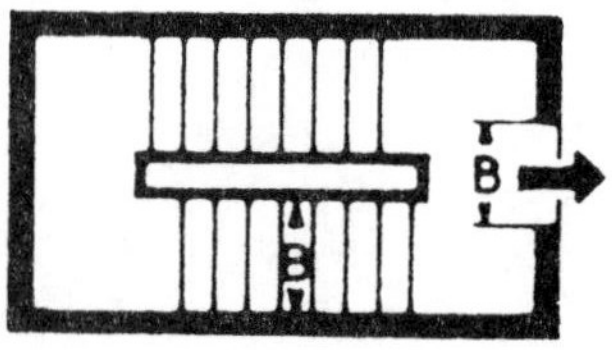

Bekleidungen, Dämmstoffe und Einbauten müssen in Treppenräumen und ihren Ausgängen ins Freie aus nichtbrennbaren Baustoffen bestehen; Fußbodenbeläge müssen mindestens schwer entflammbar (B1) sein.

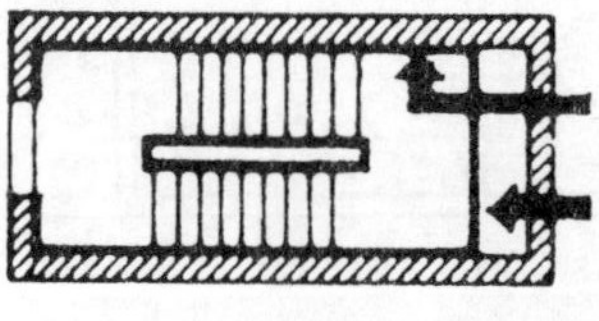

Lift einer U-Bahn-Station in Salzburg, Joachim Schürmann und Partner, Köln/Salzburg

Aufzüge

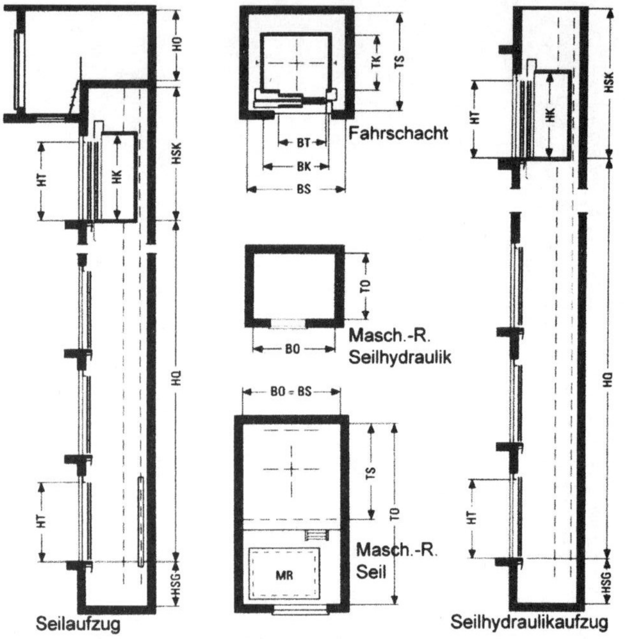

Tragfähigkeit	Kabine (HK = 225)		Schacht (HSG = 120)			Masch-R. Hydr.		Masch-R. Seil	
	BK	TK	BS	TS	HSK	BO	TO	BO	TO
320 kg	100	85	140	140	(Hydr.)	170	140	140	290
500 kg	110	123	160	160	350	170	160	160	310
630 kg	110	140	170	180	(Seil)	170	180	170	330
1000 kg	110	210	170	265	380	180	250	170	165

Seilaufzug und seilhydraulischer Aufzug

Bei der Aufzugplanung ist u.a. § 35 der Bauordung zu beachten, insbesondere:

- Schachtwände F90 AB
- Bei Gebäuden mit max. 5 Geschossen: Aufzug im Treppenhaus ohne eigenen Schacht zulässig
- Sondervorschriften für Gebäude mit mehr als 5 Geschossen (s. § 35.6)
- Rauchabzugsöffnungen des Schachtes: 2,5% der Schachtgrundfläche, mindestens aber 0,1 m ^{2}
- Rollstuhlgerechte Aufzüge (Türenbreite, Kabineninnenmaße) beginnen üblicherweise ab einer Tragkraft von 630 kg

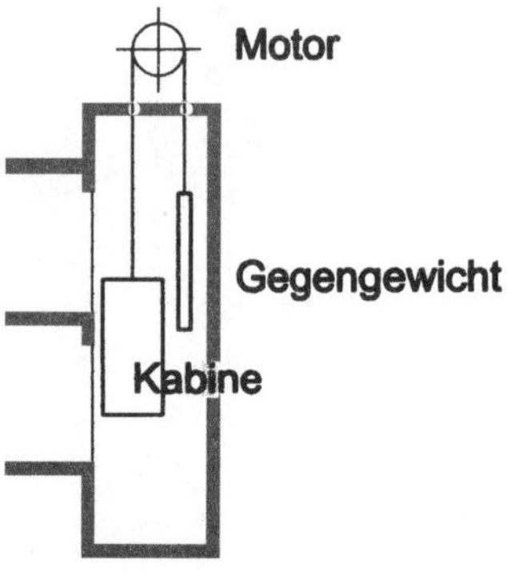

1)

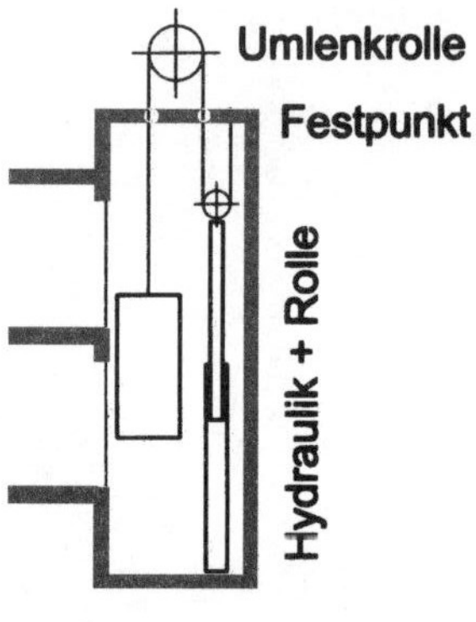

2)

Antriebslösungen

1) Seilaufzug:
. Optimale Ausführung mit Maschinenanordnung über dem Schacht
2) Seilhydraulikaufzug (indirekt):
Geschwindigkeit ca. 0,6 m/s;
Lage des Maschinenraums variabel, meist im Untergeschoß, max. 10 m vom Aufzugschacht entfernt;
größere Bertriebskosten als Seilaufzüge
3) Sonderlösung:
Seilaufzug, Maschinenraum auch unten, direkt neben oder hinter dem Aufzugschacht
4) Sonderlösung Hydraulikaufzug:
Hubhöhe max. 12.0 m; Erdbohrung für den Kolben ist unzulässig

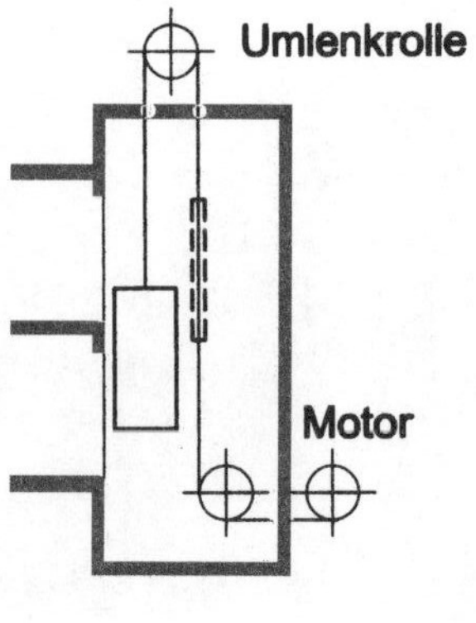

3)

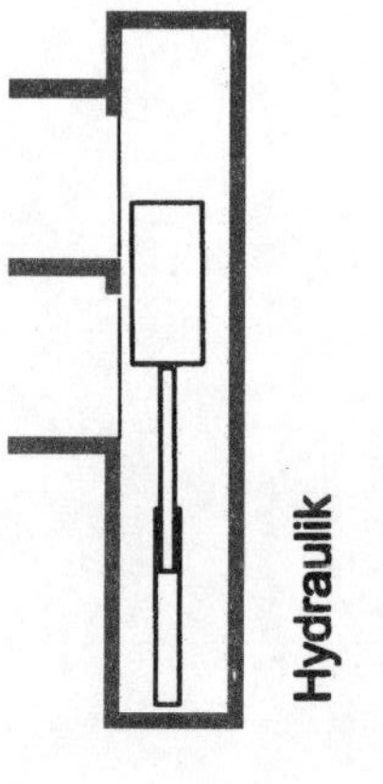

4)

Neue Aufzugskonzeptionen

Einige Hersteller bieten neuartige Aufzüge an, die sich in zwei Konzeptionen unterscheiden lassen:

1) Seilaufzug mit Antriebseinheit an der Schachtinnenwand
2) Direkt angetriebene Aufzugskabine

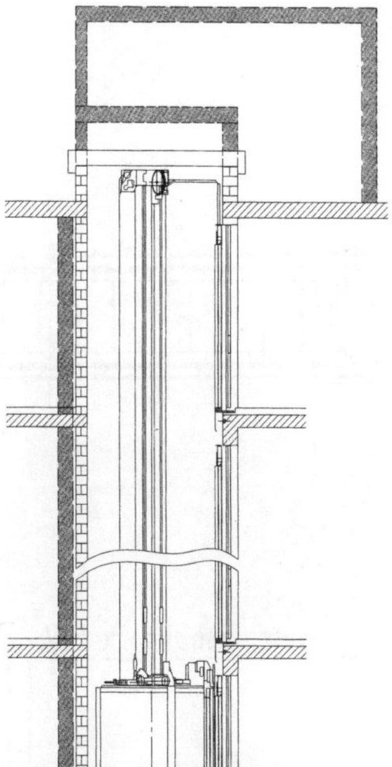

Vertikalschnitt durch den Schacht. (grau: konventionelle Aufzugsanlage)

Gemeinsame Vorteile:

- Der Maschinenraum entfällt.
- Die Nachteile der bisher meistens verwendeten Hydraulikantriebe (hohe Betriebskosten, öldichte Wannen, geringer Fahrkomfort) entfallen.

Spezielle Vorteile des Direktantriebes:

- Durch die Konzentration aller notwendigen Teile (Bremse, Gegengewicht) in die selbsttragende Fahrbahn wird das Schachtinnenmaß minimiert.
- Die statischen Lasten werden über selbsttragende Fahrbahnen auf die Bodenplatte des Schachtes abgetragen, so daß die Schachtwände vom Aufzug unbelastet bleiben. Das vereinfacht die Herstellung des Schachtes (keine Einlegeteile in der Stahlbetonwand) und erhöht die Freiheit der Gestaltung (nur noch Brandschutzanforderungen).
- Der Aufzug wird als vorgefertigte Komplettlösung geliefert, wodurch die Montagezeit minimiert wird.
- Da die Aufzugsteile nicht in Kontakt mit den Schachtwänden stehen, erfolgt keine Schallübertragung in angrenzende Räume.

Schindler Mobile 630	
Tragfähigkeit	630 kg / 8 Personen
Förderhöhe	max. 19,28 m
Haltestellen	max. 7 einseitig angeordnet
Kabinenabmessung	1,10 m (B) x 1,40 m (T) x 2.20 m (H)
Schachtinnenmaß	1,60 m (B) x 1,80 m (T) nach ISO
Schachtgrubentiefe	1,10 m
Schachtkopfhöhe	3,12 m

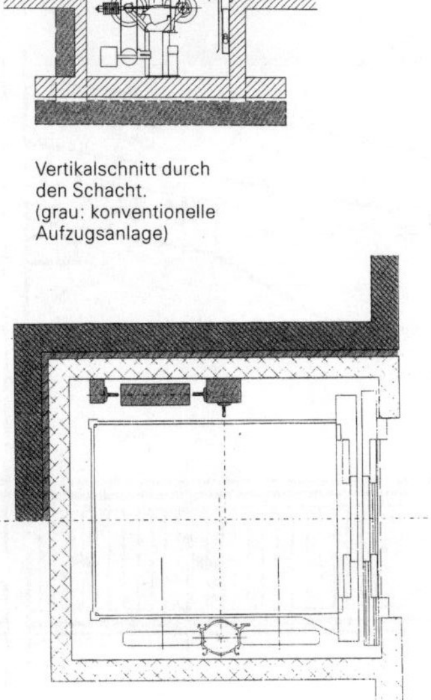

Horizontalschnitt durch den Schacht: (grau: konventionelle Aufzugsanlage)

Behindertengerechter, direkt angetriebener Aufzug (Schindler Mobile 630)

Förderhöhe:	max. 19 m
Haltestellen:	max. 7
Kabinenmaße:	1,10 x 1,80 x 2,20 m (BTH)
Schachtinnenmaß:	1,60 x 1,80 m (BT)

Fahrtreppen

Fahrtreppen sind als "notwendige Treppen" nicht zulässig (§32 Bauordnung).

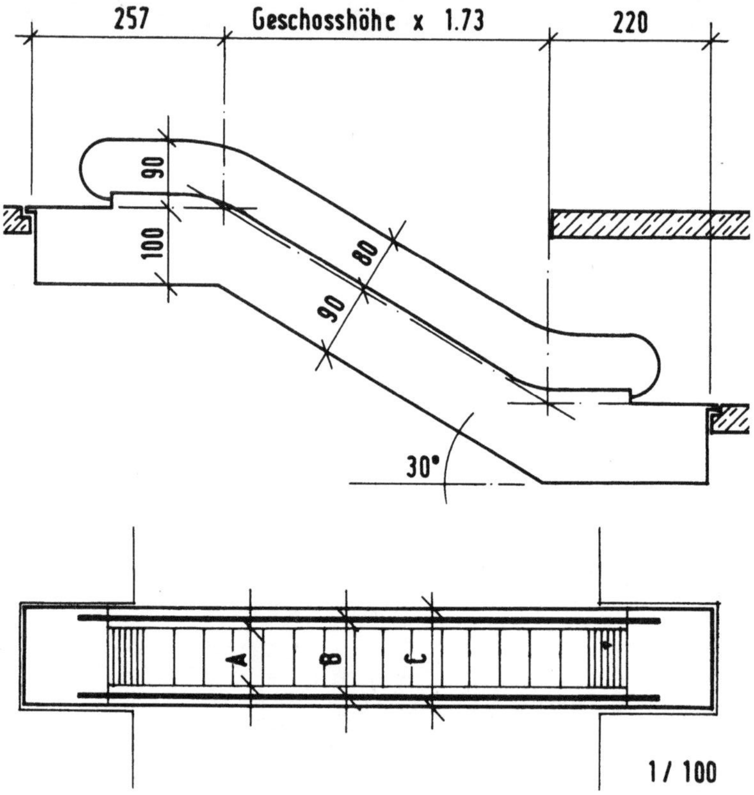

A=60, 80 oder 100 cm
B=A+30 cm
C=A+60 cm

Geschwindigkeit:	0,45 - 0,65 m/s
Neigungswinkel:	30° oder 35°
max. Hubhöhe:	6,0 m
Förderleistung:	4050 -11700 Pers./Std.

(je nach Breite und Geschwindigkeit)

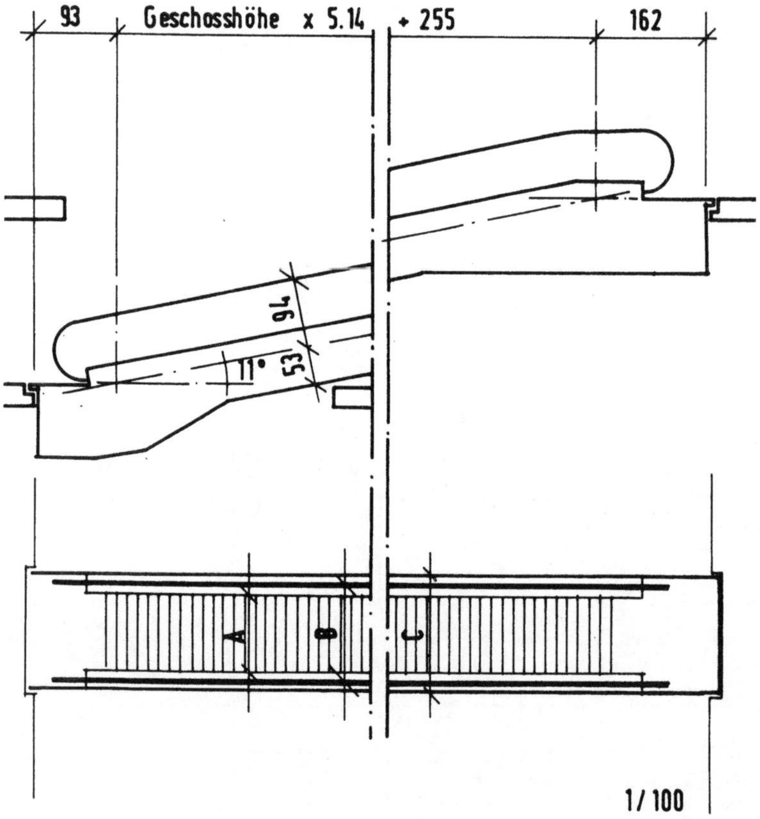

Fahrsteig

A=80 oder 100 cm
B=A+30 cm
C=A+60 cm

Geschwindigkeit:	0,45 - 0,65 m/s (schräger Fahrsteig; horizontale bis 0,75 m/s)
Neigungswinkel:	10°, 11°, 12°
Förderleistung:	4050-11700 Pers./Std.

(je nach Breite und Geschwindigkeit)

Sea Trade Center Zeebrugge, 1989, OMA Rem Koolhaas

Stellplatzanordnung

Flächenbedarf von Stellplätzen incl. Erschließungsflächen

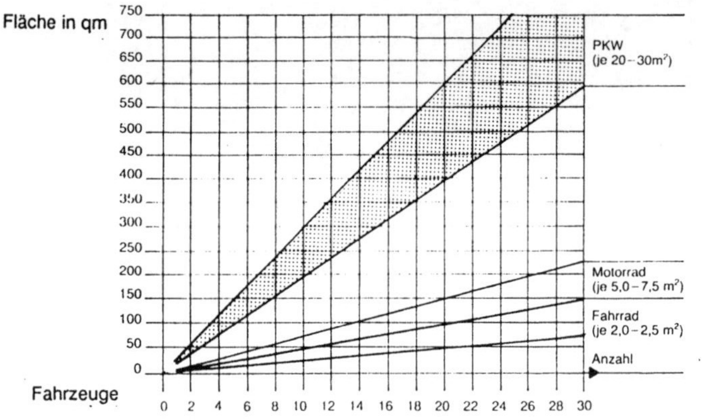

1) Parken parallel zur Fahrbahn in einer Fahrtrichtung

2) Parken im 45°-Winkel zur Fahrbahn in einer Fahrtrichtung

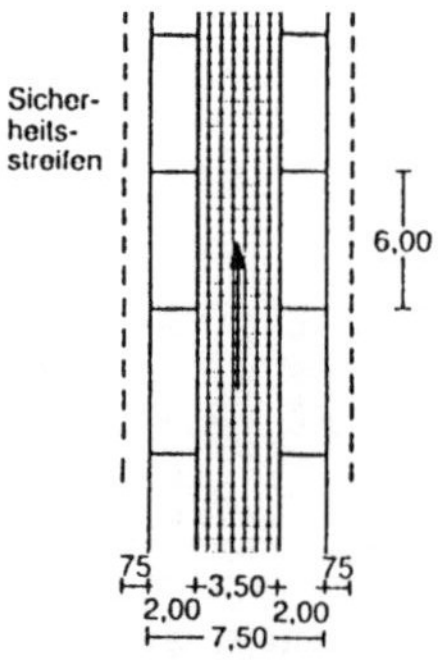

1)

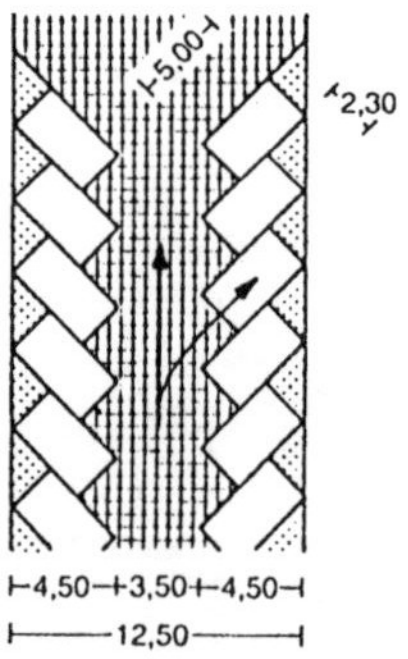

2)

3) Parken im 90°-Winkel zur Fahrbahn, Ein- und Ausparken aus beiden Richtungen möglich, Stellplatzbreite größer, dafür engere Fahrbahn.

4) Parken im 90°-Winkel zur Fahrbahn, durch breitere Fahrbahn ist eine schmalere Parkplatzbreite möglich.

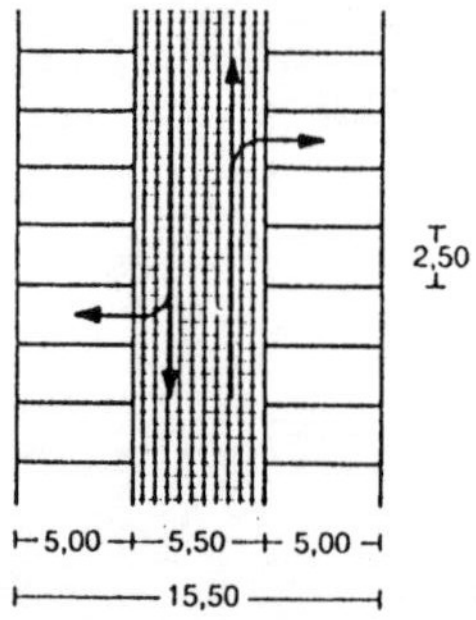

3)

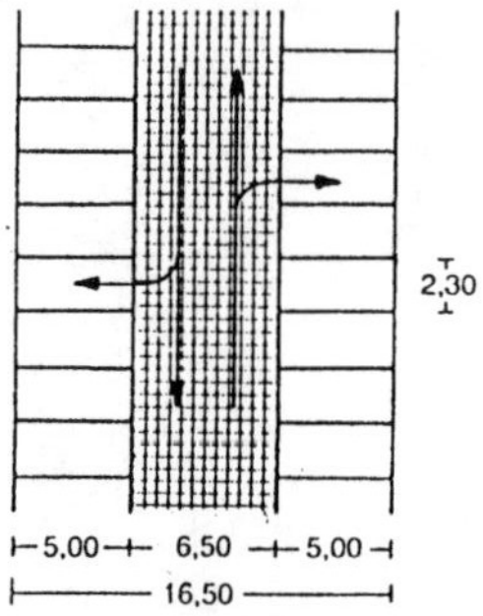

4)

Beispiele für Anordnungen von Stellplätzen in Tiefgaragen oder auf Parkflächen

5) 90°-Fahrstraße

6) Schrägaufstellung

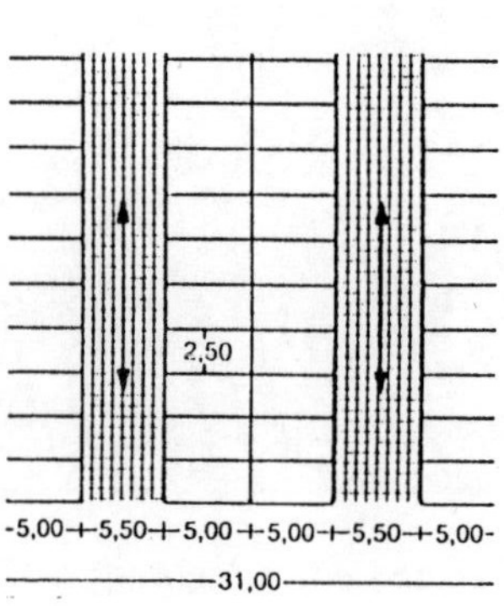

5)

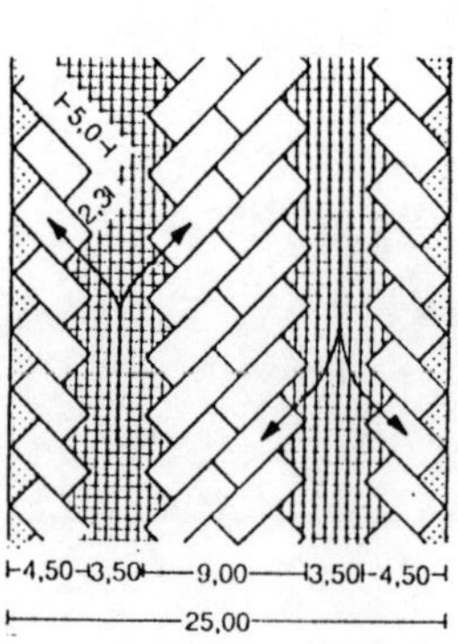

6)

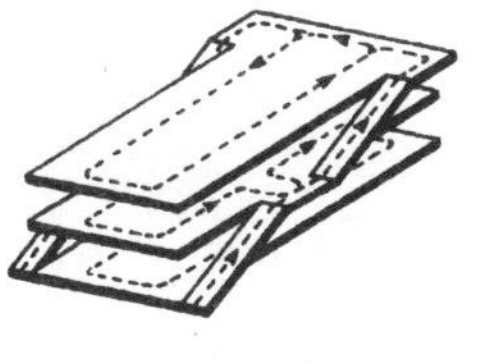

Geschoßvollrampenanlage

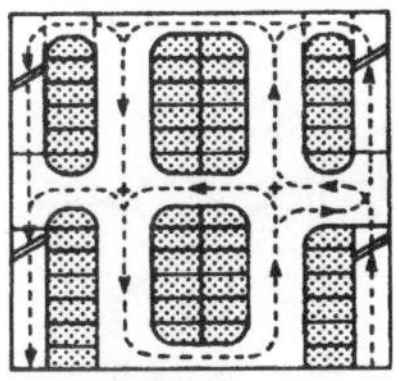

Schemagrundriß

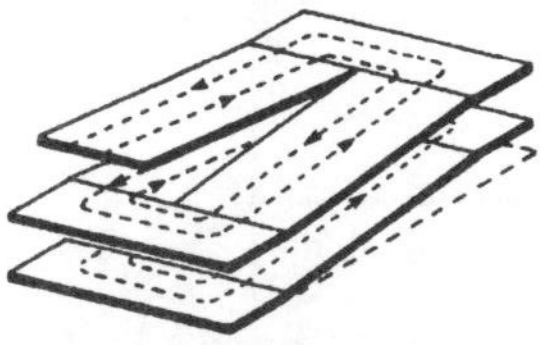

verlustlose Vollrampenanlage
Neigung ≤ 6%

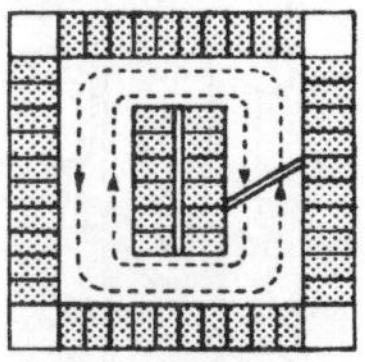

Schemagrundriß

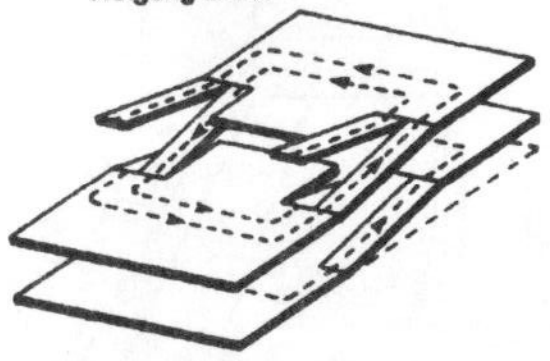

Halbgeschoßrampenanlage
(D'Humy-System)

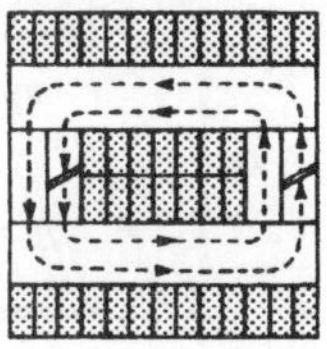

Schemagrundriß

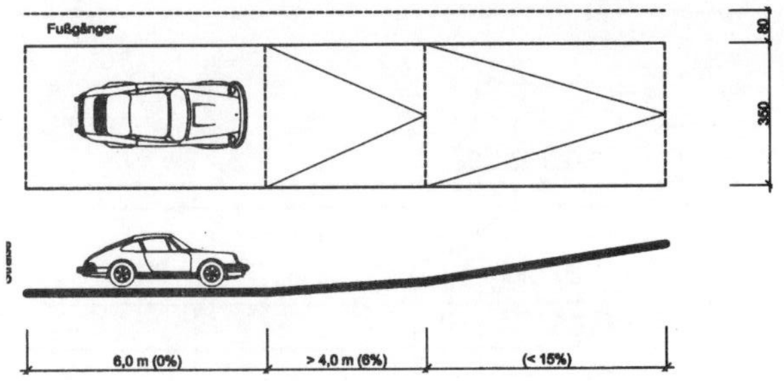

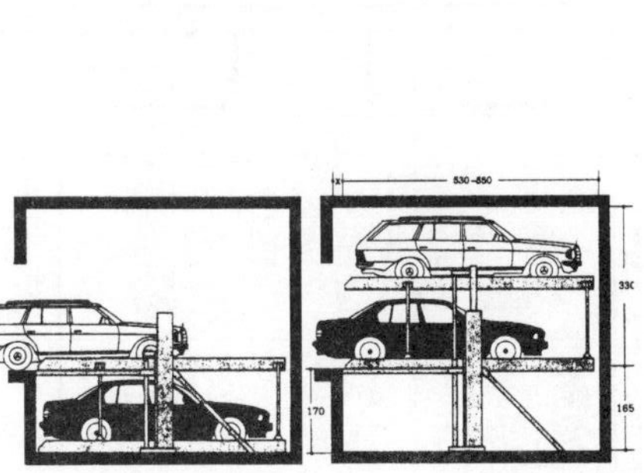

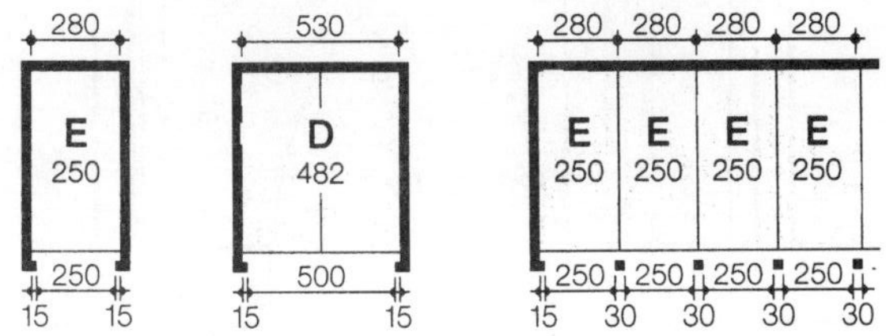

Erschließung von Tiefgaragen und Parkhäusern

Einteilung laut Garagenverordnung (Landesrecht):

Kleingarage: <100 m²
Mittelgarage: 100-1.000 m²
Großgarage: >1.000 m²

Alle Tragwerksteile von Garagen müssen feuerbeständig (F 90 AB) sein, daher ist die Ausführung in Stahlbeton sinnvoll.

1) Personen:
Von jeder Stelle müssen mindestens 2 Rettungswege erreichbar sein; bei offenen Garagen in max. 50 m, sonst in max. 30 m Entfernung.
Der Rettungsweg "Treppenhaus" ist ebenso wie Aufzüge durch Sicherheitsschleusen (s. Treppenhäuser) von der Garage getrennt.
Die Rettungswege über Rampen müssen mindestens 80 cm breit und als Gehsteig ausgebildet sein.
Die lichte Höhe darf 2,00 m nicht unterschreiten.

2) Pkw:
Die empfohlene lichte Durchfahrtshöhe ist 2,20 m, durch einen Zuschlag für Beschilderung etc. ergibt sich eine lichte Höhe von 2,50 m, die Geschoßhöhe beträgt je nach Ausführung 2,75 m bis 3,50 m.
Ein- und Ausfahrten sind mindestens 3,50 m breit; Großgaragen benötigen getrennte Ein- und Ausfahrten.

Rampen

Rampen haben eine maximale Neigung von 15 %, bei Kleingaragen bis 20 % und sind von öffentlichen Straßen mindestens 5,0 m entfernt.
Sie werden an den Übergängen zu horizontalen Flächen gerundet.

Liftgaragen

In Einzelgaragen können, durch eine elektrohydraulisch verschiebbare Plattform bis zu drei Autos übereinander parken.
Die Parklifte können nebeneinander beliebig gereiht werden.

Neben diesen einfachen Parkliften gibt es noch, in Ergänzung zu herkömmlichen Tiefgaragen, folgende Sonderlösungen:

- Flurparker: die Fahrzeuge werden auf horizontal und vertikal verschiebbaren "Paletten" geparkt und im Parkhaus automatisch "sortiert"
- Paternoster: turmartiger Fahrzeuglift

Beide Systeme verringern das notwendige Gebäudevolumen je Abstellplatz (geringere Geschoßhöhe, keine Fluchtwege, ...)

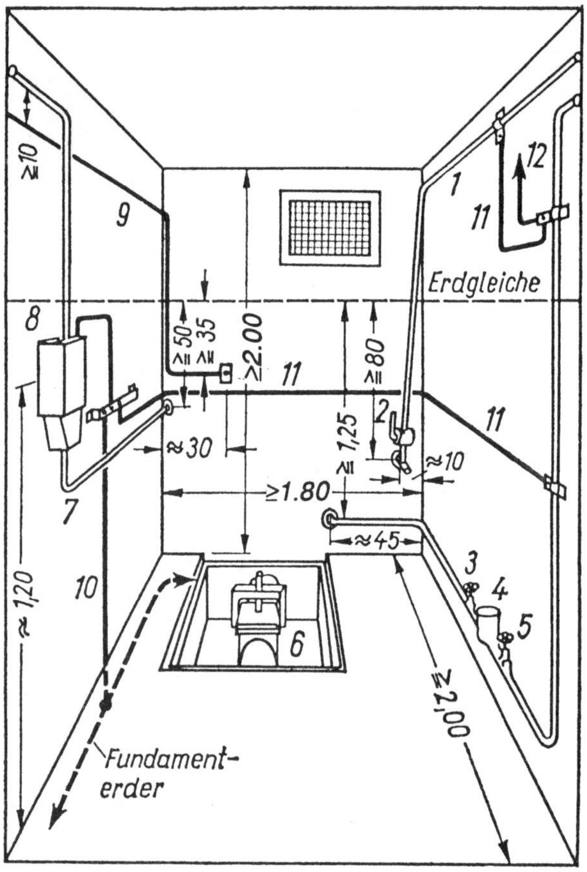

Ausstattung

1) Gasleitung
2) Gas-Hauptabsperr-Einrichtung
3) Wasser-Hauptabsperrventil
4) Hauswasserzähler
5) Privatabsperrventil der Wasserleitung
6) Abwasserleitung mit Reinigungschacht
7) Starkstromkabel
8) Starkstrom-Hausanschlußkasten
9) Fernsprechkabel
10) Anschluß von 8) an Fundamenterder
11) Potentialausgleichsleitung mit Anschluß an Gas- und Wasserleitung und an Sammelheizung

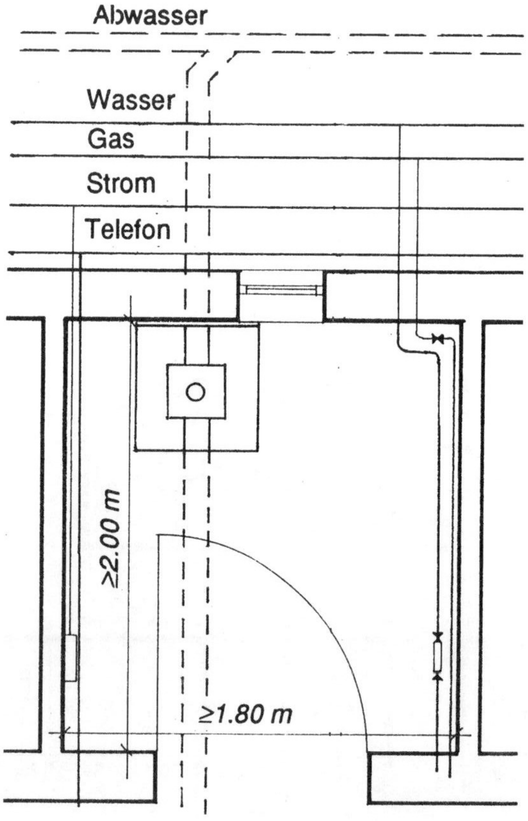

In allen Mehrwohnungshäusern und sonstigen größeren Gebäuden, möglichst auch in Eigenheimen, ist im Kellergeschoß ein Hausanschlußraum nach DIN 18012 vorzusehen, in dem die Hausanschlüsse mit ihren Absperrvorrichtungen für die Anschlußleitungen für Wasser, Gas, Starkstrom und Fernmenldeanlagen sowie möglichst auch der Abwasserreinigungsschacht untergebracht werden.
Dieser Raum soll mindestens 1,80 m breit, 2 m lang und 2 m hoch sein.
Er ist an der straßenseitigen Außenwand vorzusehen und muß trocken, begehbar und verschließbar sein.
Alle Anschlüsse mit ihren Absperreinrichtungen sind möglichst nah an der Außenwand leicht erreichbar anzubringen, dabei dürfen die Wasser- und die Gasleitungen nie an derselben Wand liegen wie die elektrischen Zuleitungen, die Wasserleitung nicht oberhalb der Gasleitung.
Der Hausanschlußraum ist bereits in den Entwurfszeichnungen vorzusehen.

Universitätsbibliothek in Aveiro, Portugal, Alvaro Siza, 1994

Blendrahmen

Ein Blendrahmen ist ein mit dem Bauwerk fest verbundener Rahmen, an dem die Flügelrahmen beweglich angebracht sind oder in den die Verglasung eingebaut wird; seine Teile werden wie folgt benannt:

1) aufrechtes Blendrahmenholz, senkrechter Teil des Blendrahmens
2) oberes Blendrahmenholz, oberer Querteil des Blendrahmens
3) unteres Blendrahmenholz, unterer Querteil des Blendrahmens
4) Pfosten (Setzholz), aufrechter Teil zur Unterteilung des Blendrahmens in der Breite
5) Riegel (Kämpfer), Querteil zur Unterteilung des Blendrahmens in der Höhe

Flügelrahmen

Ein Flügelrahmen ist ein mit dem Blend- oder Flügelrahmen beweglich verbundener Teil eines Fensters; die Teile des Flügelrahmens werden wie folgt benannt:

6) aufrechtes Flügelholz, senkrechter Teil des Flügelrahmens
7) oberes Flügelholz, oberer Querteil des Flügelrahmens
8) unteres Flügelholz, unterer Querteil des Flügelrahmens (z.B. Wetterschenkel)

Sprossen

9) Fenstersprosse, Profilleiste zum Unterteilen des Fensters zum Einsetzen einzelner Scheiben

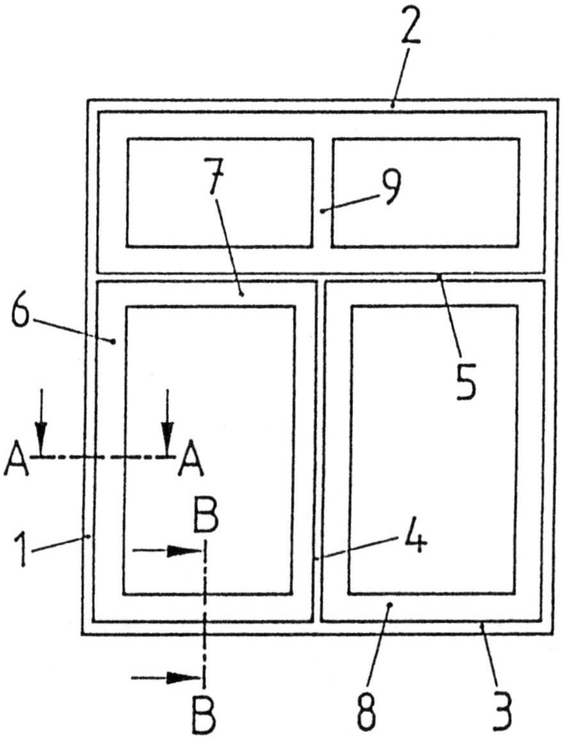

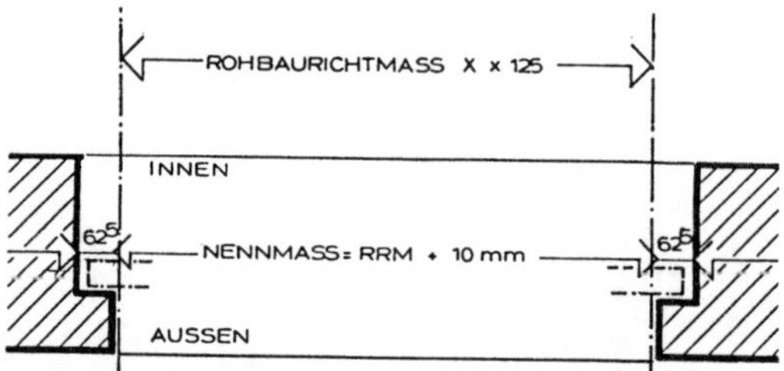

1. Innenanschlag

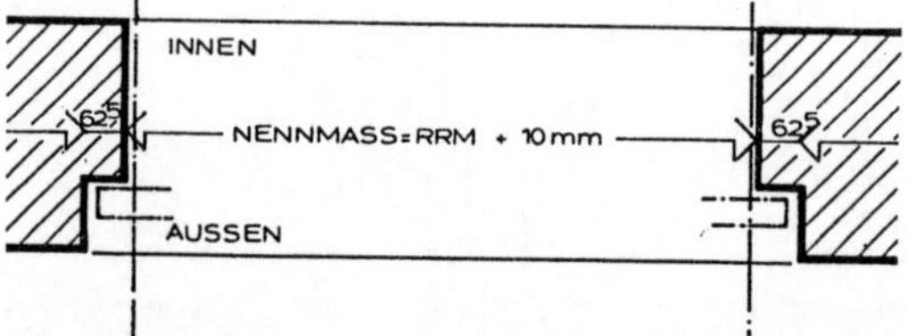

2. Außenanschlag

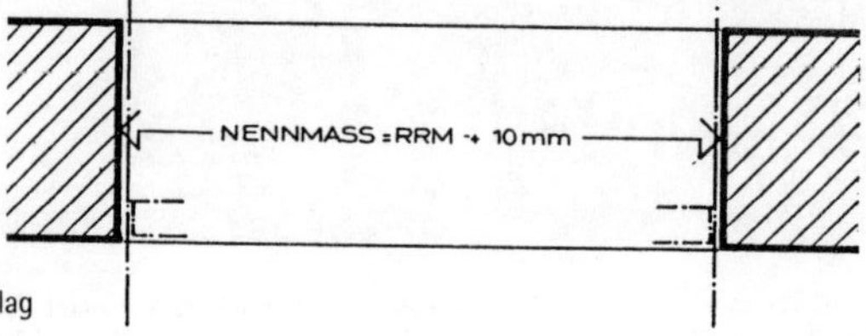

3. Ohne bzw. Stumpfer Anschlag

Anschlagsarten

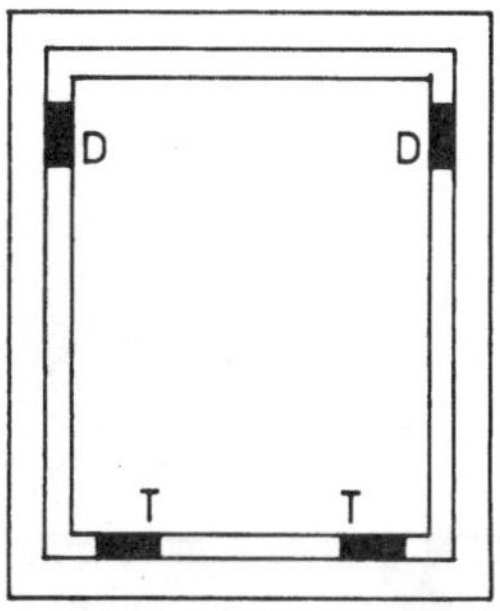

Festverglasung

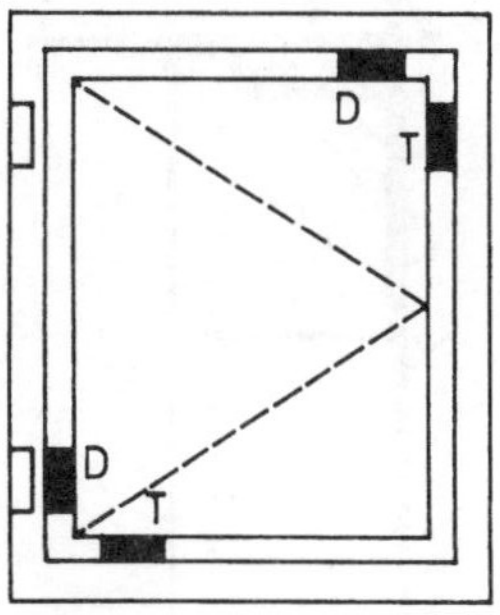

Drehflügel

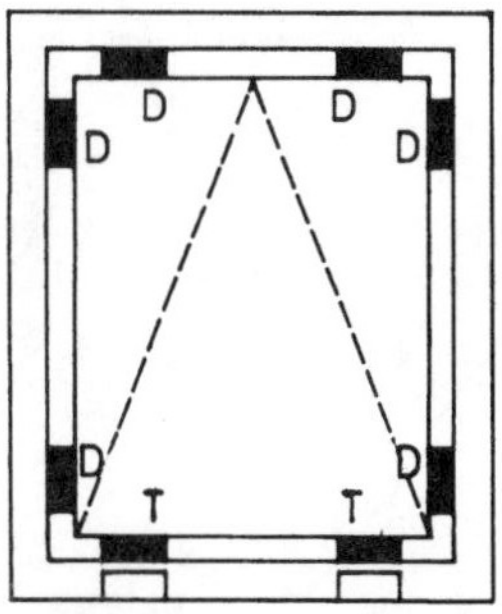

Kippflügel

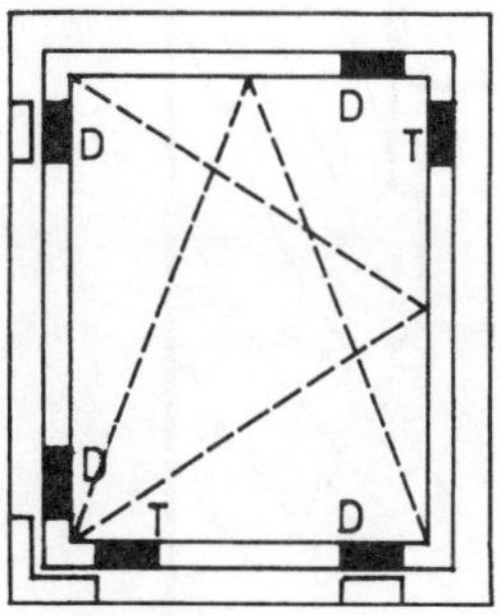

Dreh-Kipp-Flügel

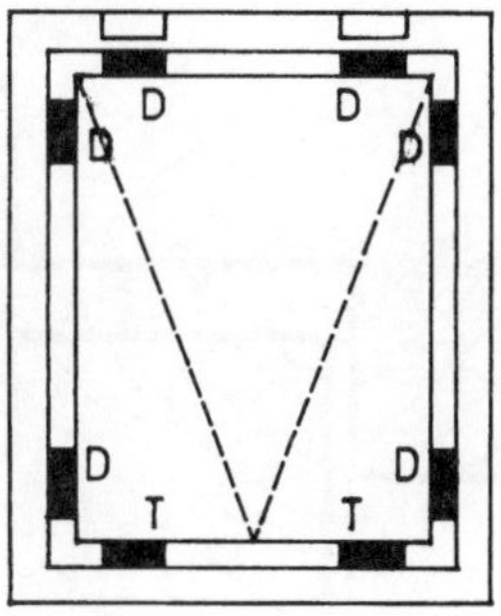

Klappflügel

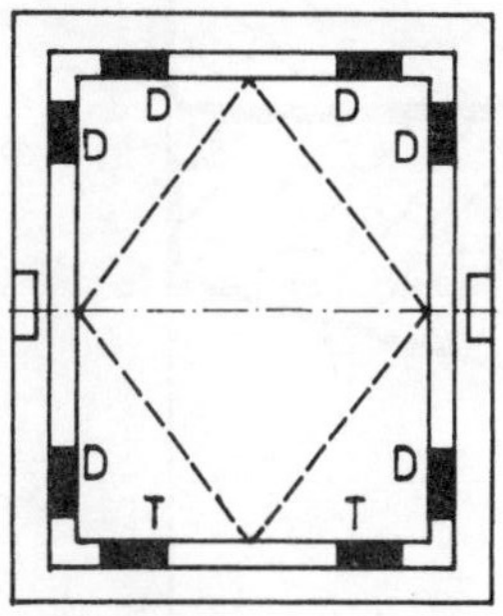

Schwingflügel

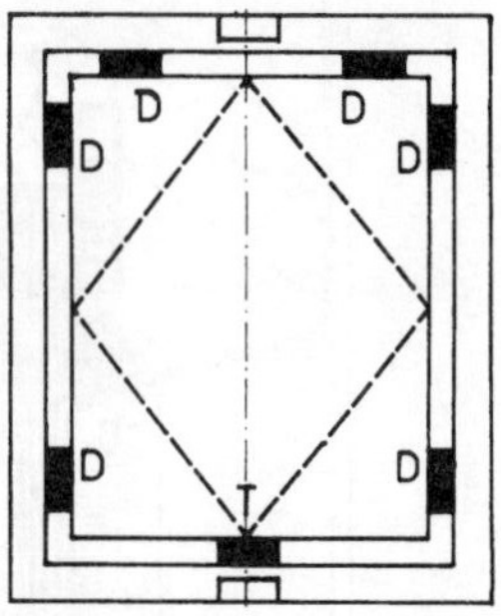

Wendeflügel

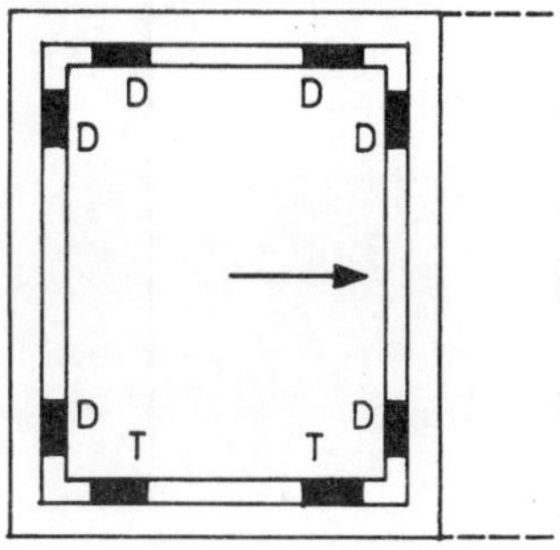

Schiebeflügel (horizontal)

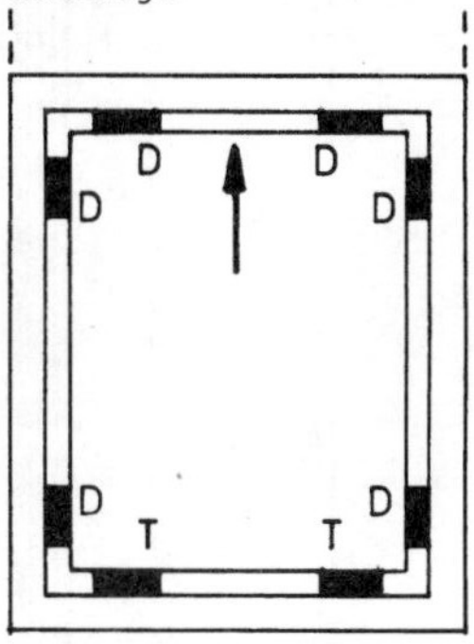

Schiebeflügel (vertikal)

Das Verklotzen hat die Aufgabe, die Lage der Isolierglas-Einheiten im Rahmen so zu fixieren, daß die Lastabtragung:

- bei Festverglasung über den (Blend-) Rahmen und dessen Verankerung im Rohbau,
- beim zu öffnenden Fenster über den Flügelrahmen und dessen Aufhängungspunkte (Bänder, Rollen etc.) erfolgt.

Dabei muß vor allen Dingen dauerhaft gewährleistet sein,

- daß sich Rahmen und Flügel nicht verwinkeln, verkanten oder verwinden und die Gangbarkeit des Flügels sichergestellt bleibt;
- daß die Scheibe den Rahmen an keiner Stelle berührt und der Spielraum zwischen Falzgrund und Scheibenkante möglichst gleichmäßig verteilt bleibt.

Die erforderlichen Klötze einer Verglasung unterscheiden sich entsprechend ihrer Funktion in:

T = Tragklötze:
Diese tragen die Scheibe im Rahmen.

D = Distanzklötze:
Diese sichern den Abstand zwischen Glaskante und Rahmen.

Distanzklötze können bei bestimmten Öffnungsarten auch die Funktion von Tragklötzen übernehmen.
Siehe hierzu DIN 18545.

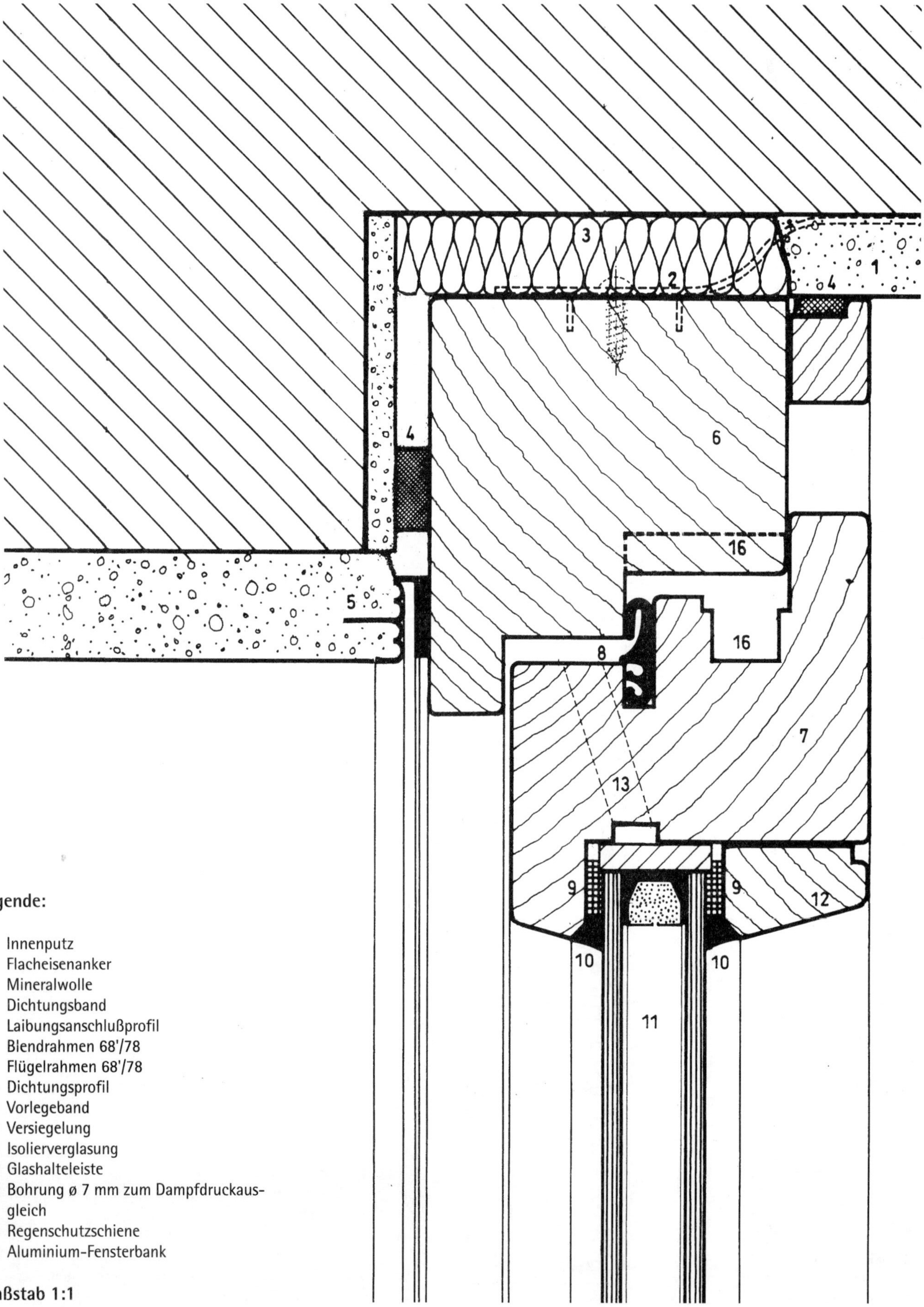

Legende:

1) Innenputz
2) Flacheisenanker
3) Mineralwolle
4) Dichtungsband
5) Laibungsanschlußprofil
6) Blendrahmen 68'/78
7) Flügelrahmen 68'/78
8) Dichtungsprofil
9) Vorlegeband
10) Versiegelung
11) Isolierverglasung
12) Glashalteleiste
13) Bohrung ø 7 mm zum Dampfdruckausgleich
14) Regenschutzschiene
15) Aluminium-Fensterbank

Maßstab 1:1

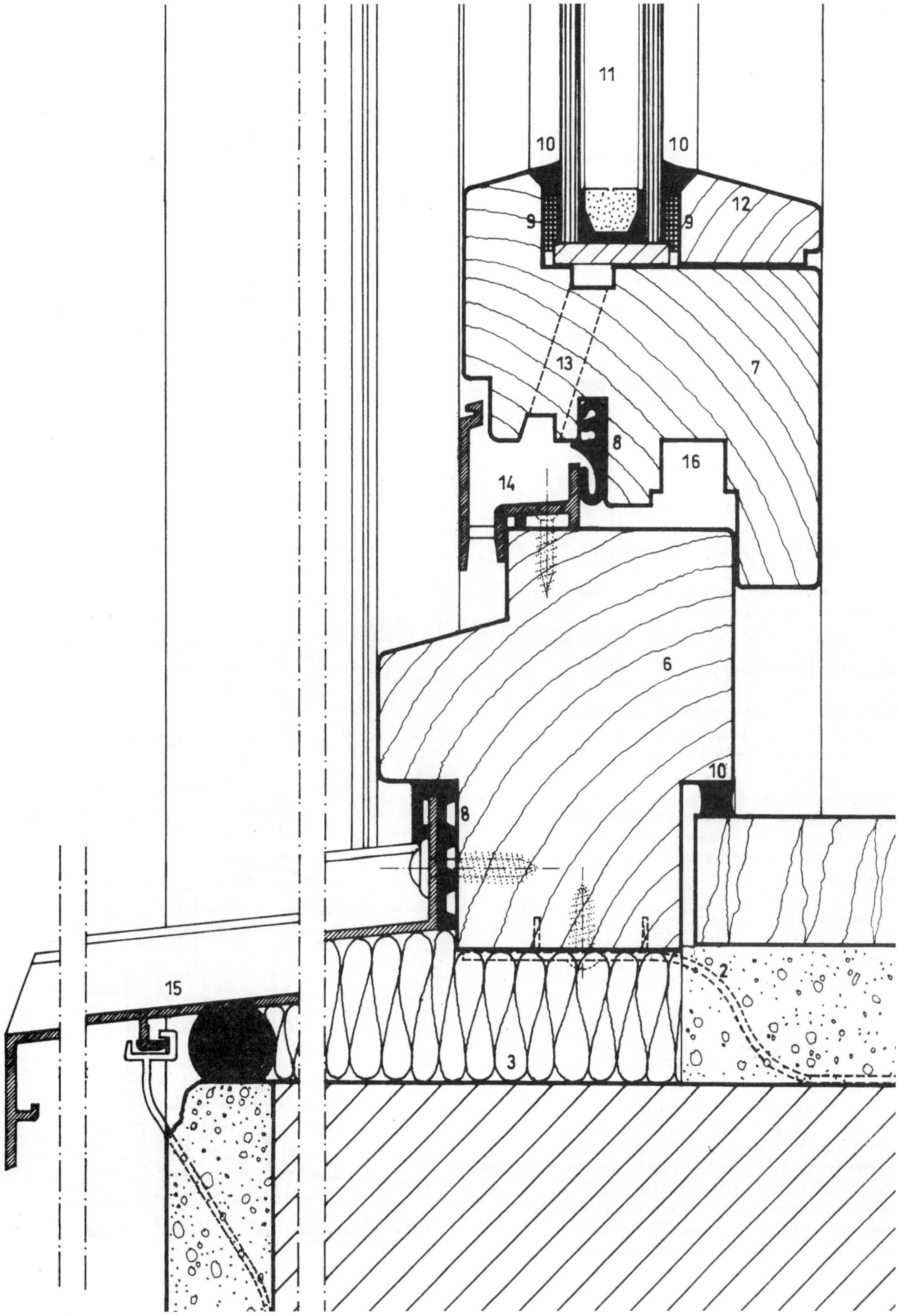
11
10
10
9
9
12
13
7
8
16
14
6
10
8
15
2
3

Holz-Aluminium-Fenster

Konstruktionsmerkmale:
- Einbauzarge (Putz vor Fenstereinbau)
- Flächenversetzte Konstruktion, Flügel zu Blendrahmen 15mm versetzt, Blendrahmen und Flügel wahlweise nach DIN 68121
- Gleiche Holzstärke für Flügel und Blendrahmen Glasscheibe liegt im Holzfalz
- Profilkanten gerundet (R=2 mm)
- Mit zwei Dichtungsebenen
  a) herkömmliche Flügeldichtung im Holzteil
  b) Blendrahmendichtung APTK (Äthylen Propylen Dien Kautschuk) zwischen Aluschale und Holzteil
- Beschläge: handelübliche Holzfensterbeschläge für sämtliche Öffnungsarten
- Alu-Rahmen in geschweißter und mechanischer Ausführung
- Verdeckt liegende unsichtbare Entwässerung der Blendrahmen und Kämpferprofile. Profile werden in gelochter Ausführung geliefert
- Die Befestigung der Aluminium-Systemprofile auf dem Holzteil erfolgt durch Drehhalter, die eine spannungsfreie Dehnung in alle Richtungen erlaubt. Damit ist gleichzeitig eine optimale Dampfdiffusion gewährleistet.
- Die Aluminiumprofile haben einschließlich Drehhalter eine Bautiefe von 18 mm
- Ausgezeichnete Schlagregensicherheit durch großvolumige umlaufende Wasserkammern

Aluminium-Holzfenstersysteme

Aluminium-Holzfenster sind Verbund-Konstruktionen, bei denen in der Regel raumseitig ein Holzrahmen und witterungsseitig ein Aluminiumrahmen angeordnet sind. Dieser Verbund nutzt die Vorteile beider Werkstoffe, die wärmetechnischen und optischen des Holzes und die Witterungsbeständigkeit des Aluminums. Die spezifischen Eigenschaften beider Werkstoffe müssen jedoch bei der Konstruktion berücksichtigt werden. Insbesondere muß sichergestellt sein, daß

- die Unterschiede in der Wärmedehnung ohne Beeinträchtigung der Funktion und der Nutzungsdauer ausgeglichen werden,
- zwischen Holz und Aluminium kein Feuchtigkeitsstau auftritt.

So muß der Aluminiumrahmen mit dem Holzrahmen derart verbunden werden, daß eine thermische Ausdehnung des Aluminiums möglich ist. Ist dies nicht der Fall , kommt es zu Verformungen des Rahmens oder zu Spannungen im Verbund. Dabei können unter Umständen die Verbundelemente zerstört werden. Zwischen Holz- und Aluminiumrahmen muß zur Vermeidung von Schäden aus der Dampfdiffusion oder aus dem Feuchtigkeitseintritt aufgrund anderer Einflüsse ein Abstand vorhanden sein. Der dadurch entstehende Luftraum muß durch Öffnungen zum Dampfdruckausgleich mit der äußeren Umgebungsluft in Verbindung stehen. Der notwendige Abstand wird von einer Vielzahl von Einflüssen bestimmt, so z.B.

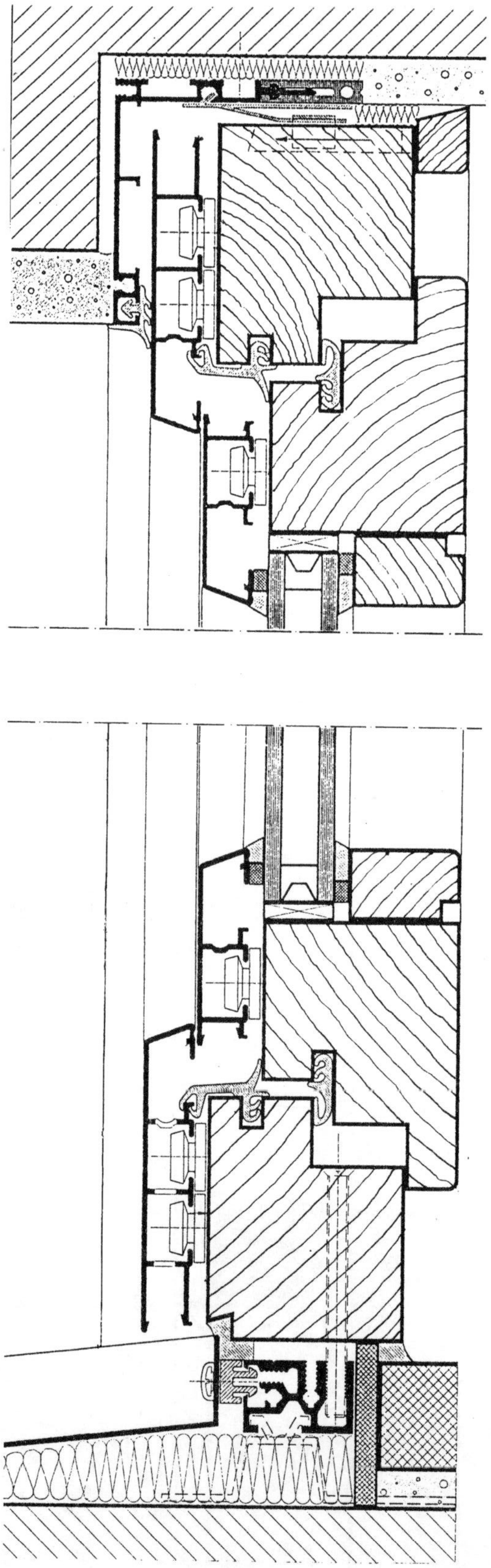

Vertikalschnitt M 1:2

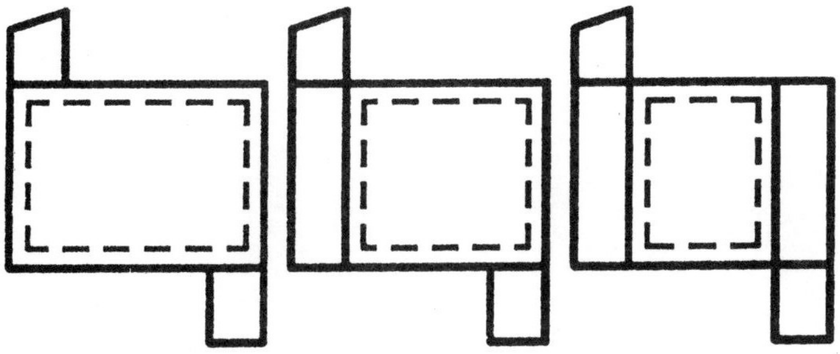

1-Kammerprofil 2-Kammerprofil 3-Kammerprofil

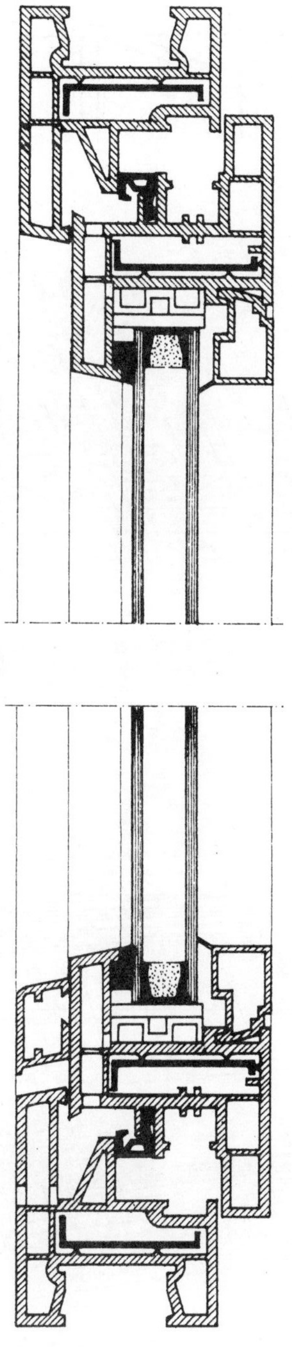

Vertikalschnitt

- vom Anteil der am Holz anliegenden Stegflächen zur freiliegenden Holzfläche,
- von der Breite der freien Holzflächen im Verhältnis zur Elementhöhe,
- von der Dichtheit der Fugen zwischen Holz und den am Holz anliegen den Aluminiumstegen.

Verglasung, Falzabdichtung und Anschluß zum Baukörper müssen eine durchgehende Winddichtung bilden, so daß warme und feuchte Raumluft nicht direkt in den Bereich zwischen Holz und Aluminium gelangen kann.

Kunststoffenstersysteme

Extrudierte Hohlkammerprofile aus PVC hart werden als Einkammersysteme oder Mehrkammersysteme hergestellt. Im Einkammerprofil können Metallrohre und Versteifungen mit größeren Dimensionen eingebracht werden. Beim Mehrkammerprofil ist die Wärmedämmung besser und die Wasserabführung sowie der Feuchtigkeitsausgleich zur Außenseite über die vordere Kammer einfacher. Die bessere Wärmedämmung sollte jedoch wegen des geringen Rahmenanteils am Fenster nicht überbewertet werden. Die Öffnung des Falzraumes zum Dampfdruckausgleich und die Wasserableitung aus der Wassersammelkammer darf beim Einkammersystem nicht unkontrolliert durch das Profil geführt werden.

Der größte Teil der PVC-Kunststoffenster wird im weißen Farbton hergestellt. Mit weißen Profilen liegen bisher die umfangreichsten Erfahrungen vor. Insbesondere für Profile aus PVC hart gilt die Empfehlung, sich über mögliche Probleme bei der Verwendung farbiger Profile zu informieren.

Solche Probleme sind insbesondere :

- höhere Erwärmung bei Sonneneinstrahlung mit den daraus folgenden Veränderungen der mechanischen Eigenschaften.
- Veränderungen des Farbtones durch Lichteinwirkung und der daraus folgenden Notwendigkeit einer nachträglichen Beschichtung.

Bei Hohlkammerprofilen aus PVC erfolgt die Aussteifung durch das Einschieben von Metallprofilen. Vom Systemhersteller ist dabei angegeben, ab welcher Flügelbreite weiße Profile ausgesteift werden müssen. Bei farbigen Profilen ist eine Aussteifung grundsätzlich erforderlich. Die Aussteifungsprofile sind in der Regel in den Ecken nicht verbunden. Gegen Verschieben sind sie durch Verschraubung mit dem Kunststoffprofil gesichert. Diese Verschraubung ist keine Dehnungsbehinderung für das Kunststoffprofil. Damit die Aussteifung bei Belastung sofort wirksam wird, darf das Metallprofil in der Hohlkammer nur ein geringes Spiel haben.
Rahmen- und Eckverbindungen werden bei PVC-Hohlkammerprofilen durch Verschweißung ausgeführt. Die dabei entstehende Schweißraupe wird entweder abgestochen oder abgefräßt und die Fuge damit betont. Das früher übliche Beiputzen und Polieren der verschweißten Profile ist heute die Ausnahme, da sich die Veränderungen an der Oberfläche durch Witterungseinwirkungen zeigen.

Dachflächenfenster

- freie Fensterfläche = 6-10 % Fußbodenfläche
- je flacher die Dachneigung, um so höher das Dachflächenfenster

Beachte:
- Kopffreiheit
- freier Zugang
- freier Ausblick
- niedriger Durchblickspunkt im Sitzen

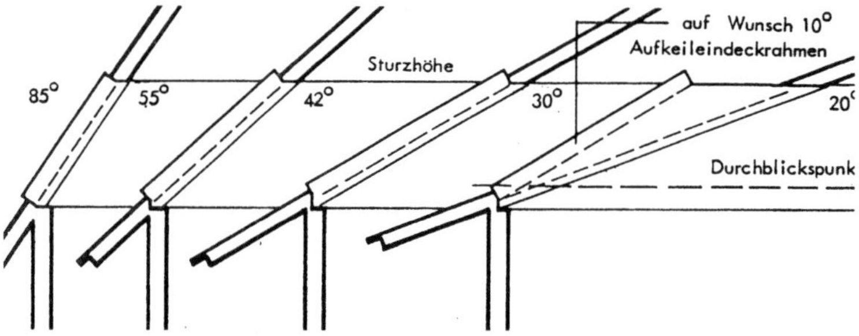

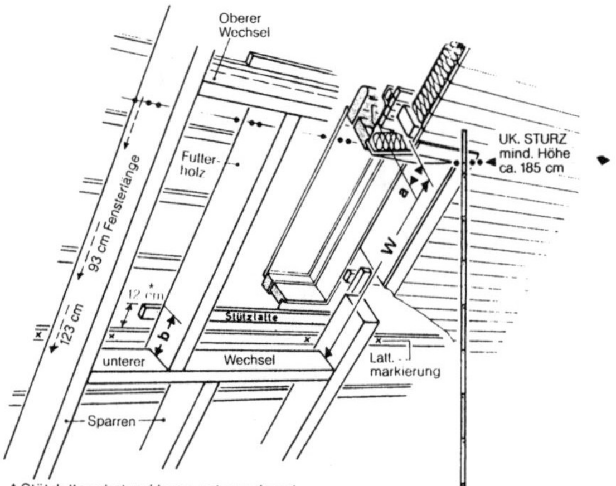

* Stützlattenabstand kann entsprechend Bedachungsart variiert werden.

Ansicht von innen

Einbaubeispiel:

Angenommene Mindesthöhe von ca. 185 cm (Kopffreiheit)

Fensterlänge: 93-123 cm

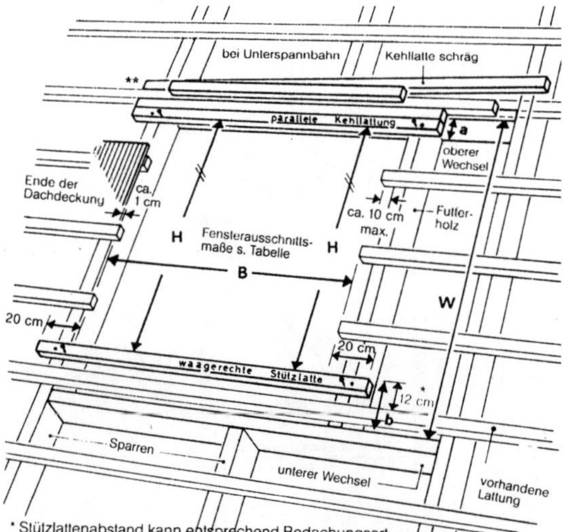

* Stützlattenabstand kann entsprechend Bedachungsart variiert werden.

Ansicht von außen

Fensterausschnitt nach Maßgaben der Tabelle (s.u.) sowie der Abbildung mit den erforderlichen Wechseln unter Beachtung besonderer Anschlußdetails herstellen.

Waagerechte Kehl- und Stützlatte werden mit zwei gegeneinander versetzten Nägeln an der Unterkonstruktion befestigt.

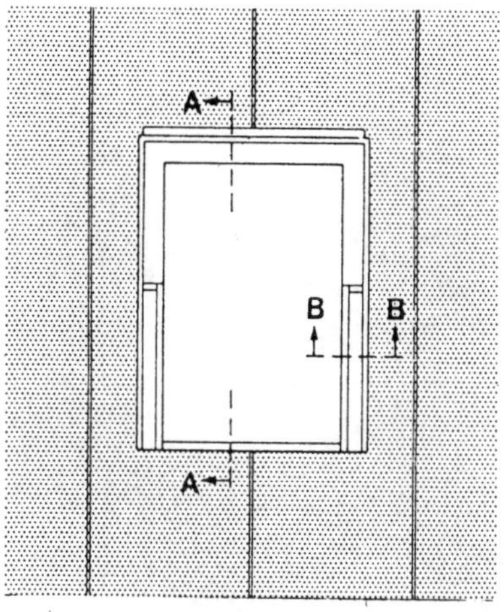

Außenansicht

Maßstab M. 1:5

Schnitt A-A

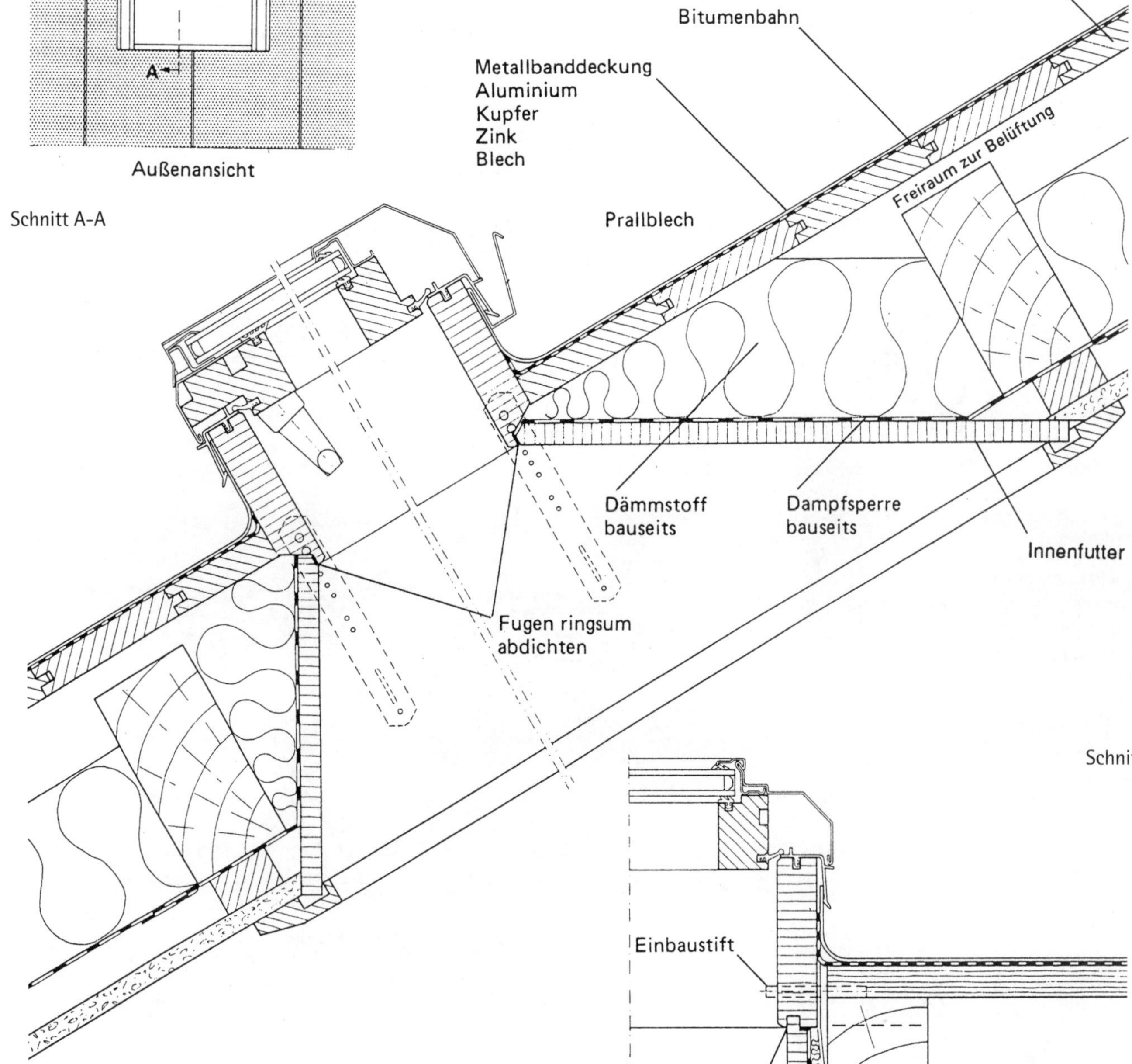

Schnitt B-B

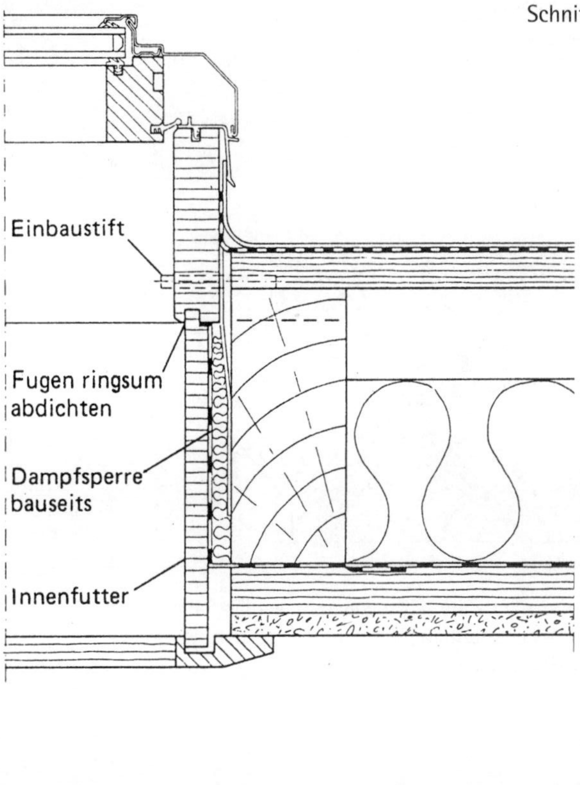

Maßstab M. 1:5

Oberlichter aus Aluminium/Stahl: Überblick

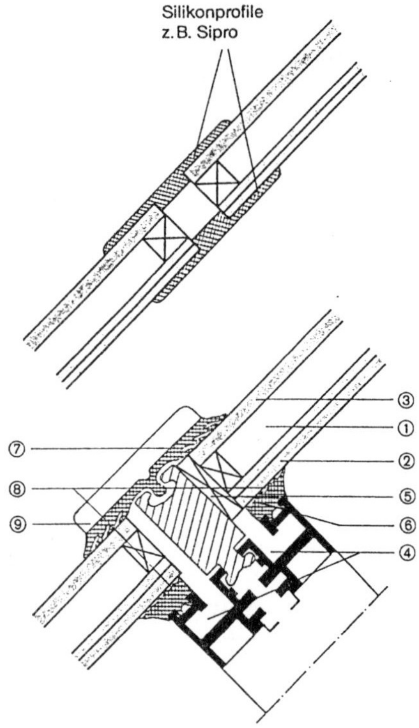

Detail Glasanschlüsse

1) Scheibenzwischenraum
2) Scheibe zum Innenraum, Überkopfverglasung
3) Außenscheibe
4) Falzraum, wasserführende Ebene
5) Verglasungsklotz
6) inneres Dichtprofil, Auflageprofil
7) äußeres Dichtprofil
8) innere Dichtebene
9) Glashalteleiste

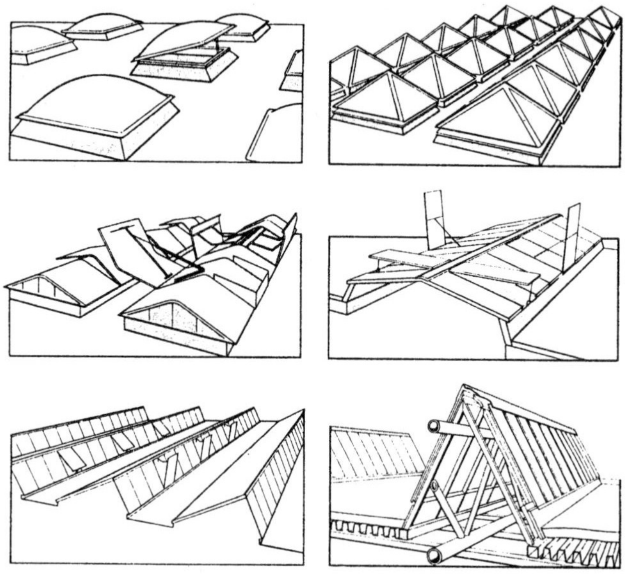

Überblick Pyramiden, Oberlichter

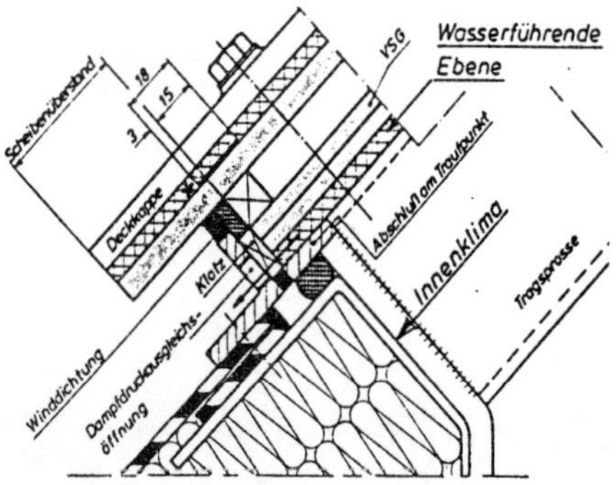

Detail Fußpunkt

Streifen zum Schutz des feiliegenden Isolierglas-Randverbundes gegen Strahlungseinflüsse. Metallisierung 18 mm br eit nach dem Schalker-Verfahren.

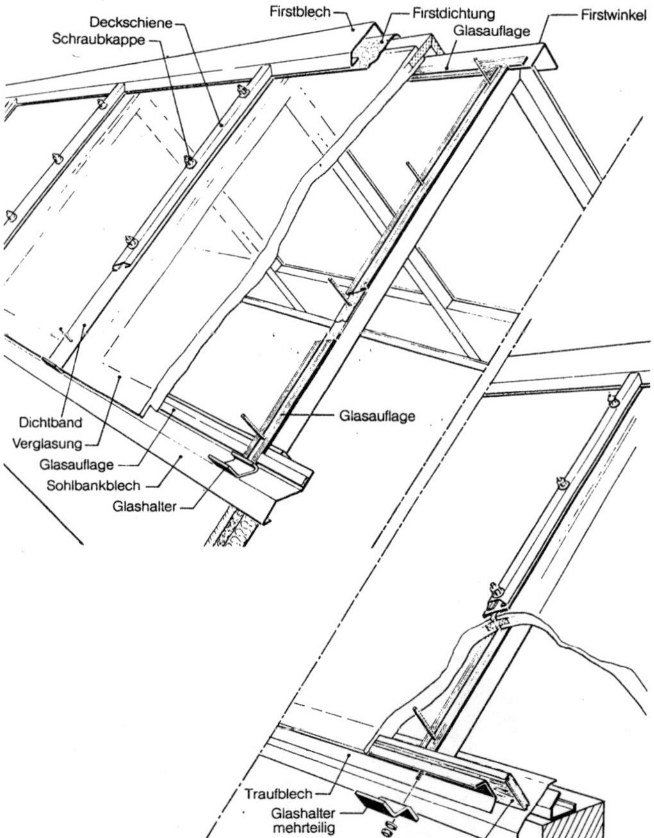

Glashaus aus Aluminium/Stahl

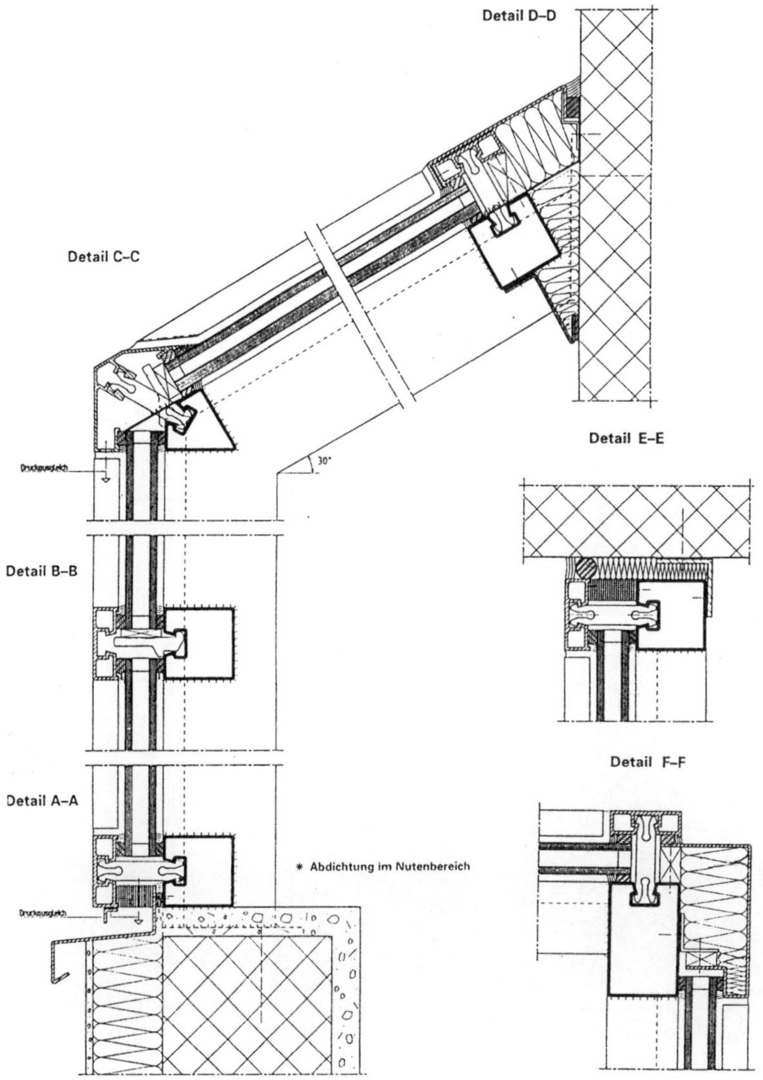

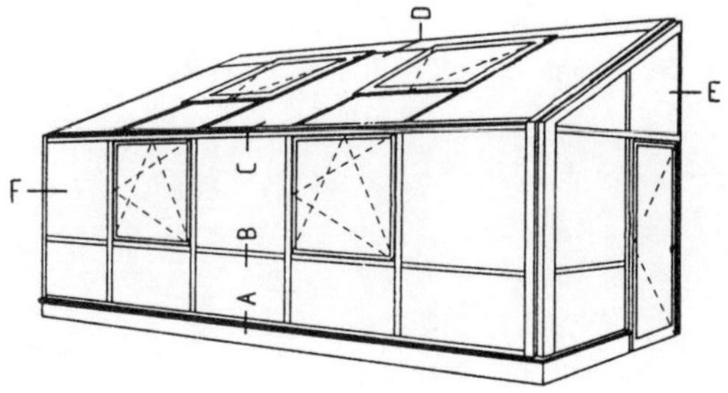

Übersicht

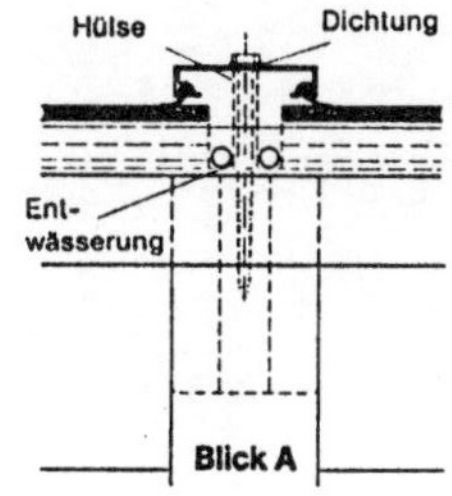

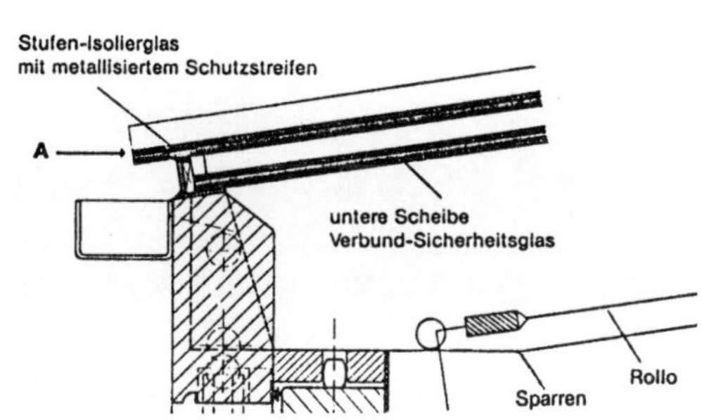

Detail Traufpunkt überstehender Glasdächer

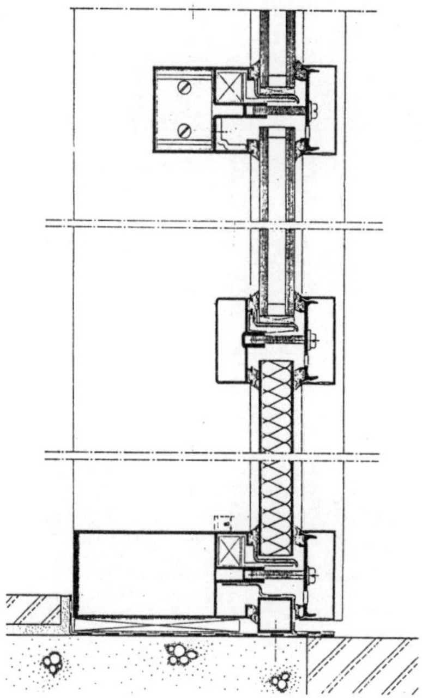
Detail Verglasung und Sandwich-Element

Fondazione Querini - Stampania, Carlo Scarpa, Venedig, 1961-63

Öffnungsseite und Bänder

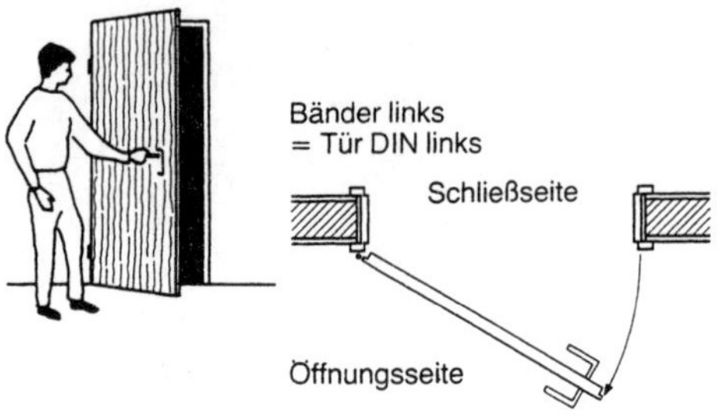

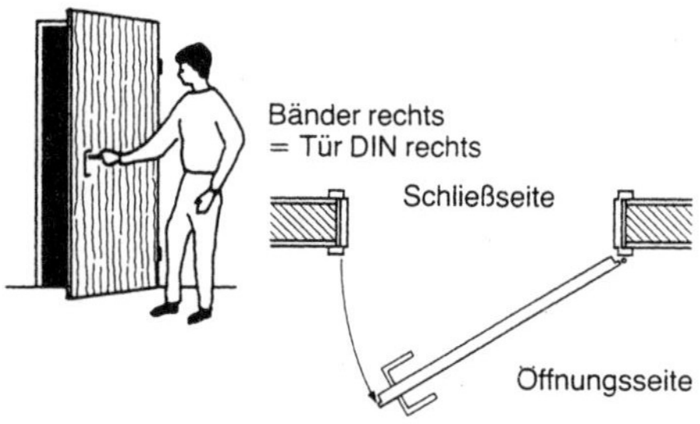

Die Lage der Bänder wird von der Öffnungsseite aus definiert.

Baurichtmaß:

zur Bauplanung erforderliches Maß (nach DIN 18100)

Maueröffnungsmaß:

Nennmaß der Wandöffnung nach DIN 18100

DIN 18100 (Ausgabe Oktober 1983) regelt die Wandöffnungsmaße für Türen.
In Verbindung mit der Norm "Maßordnung im Hochbau", DIN 4172, wird unterschieden zwischen:

a) Wandbauarten mit Fugen (z.B. Mauerwerk) und

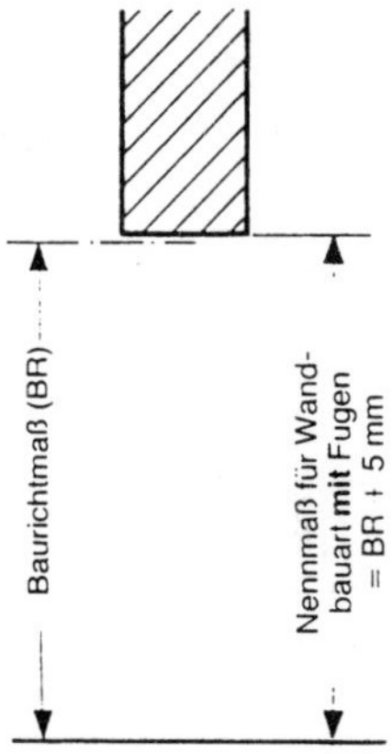

Vertikalschnitt

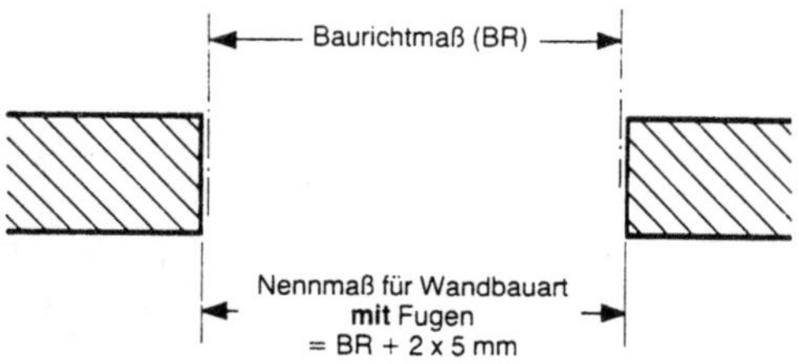

Horizontalschnitt

b) Wandbauarten ohne Fugen (z.B. Gasbetonwände, Gipsdielen- oder Ständerwerkwände, Fertigbetonwände)

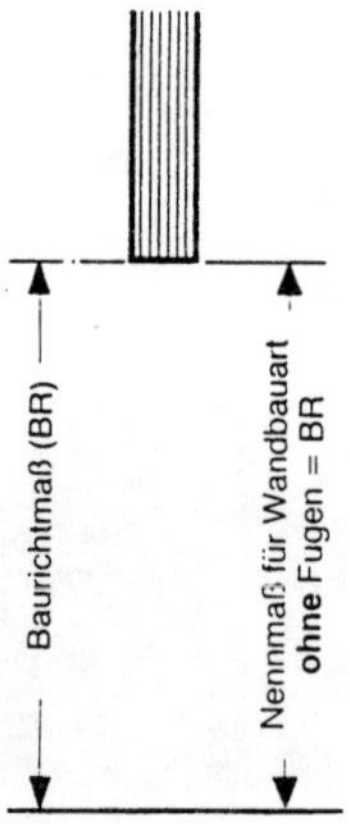

Vertikalschnitt

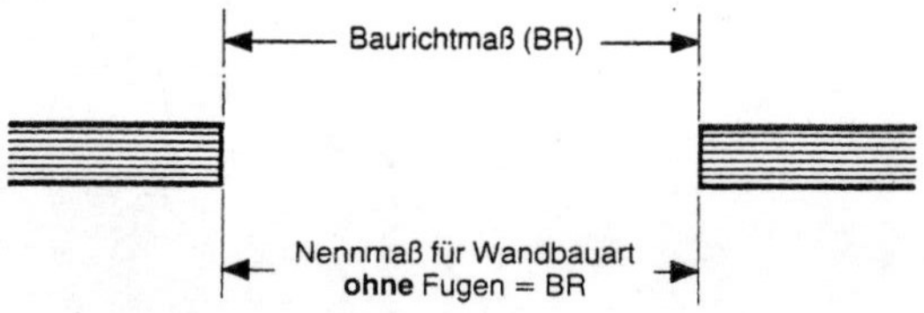

Horizontalschnitt

Zargenhersteller haben sich seit langem praktisch geeinigt, von einem Nennmaß der Wandöffnungsbreite auszugehen, welches um 10 mm größer ist als das Baurichtmaß.

Kleinstmaße in Höhe und Breite	= BR
Größtmaße in der Breite	= BR + 20 mm
Größtmaße in der Höhe	= BR + 15 mm

Innentüren nach DIN 18101

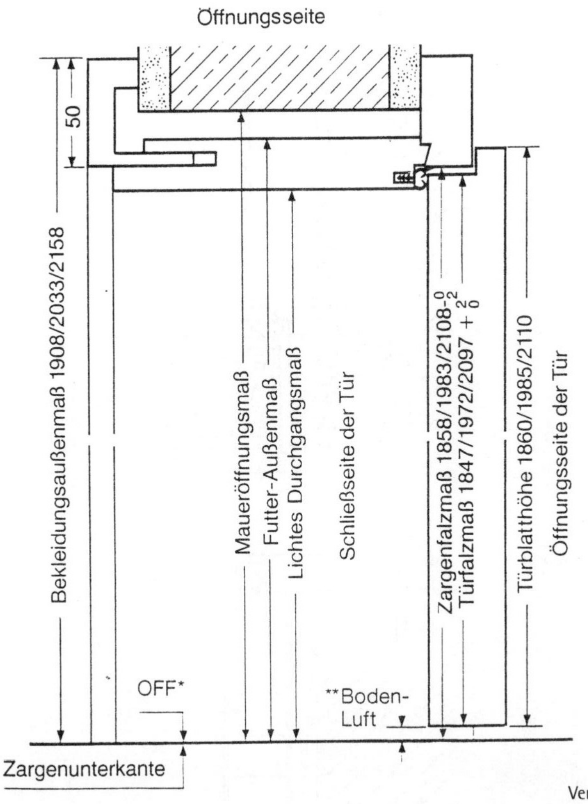

Vertikalschnitt

Bei Wandbauarten ohne Fugen muß bauseits Platz geschaffen werden für die rückseitig überstehenden Bandstecktaschen.

Wanddicke:

Gesamtdicke von Mauer mit Putz, Fliesen etc. (Bestellangabe für Zargen).
Türblatt Breite (B): Maße nach DIN 18101
Türblatt Höhe (H): (Bestellangabe für Zargen und Türen)

Lichtes Durchgangsmaß:

Verbleibende lichte Öffnung nach dem Einbau der Zarge.

DIN 18101 regelt das maßliche Zusammenspiel zwischen Türblatt und Zarge und legt die zur Funktion notwedigen Luftspalte fest. Der untere Luftspalt (Bodenluft) ist nicht festgelegt, da er aus der rechnerischen Addition bzw. Subtraktion der anderen Maße hervorgeht. Rein rechnerisch beträgt die Bodenluft** 7 mm, kann aber unter Einfluß der zulässigen Toleranzen an Türblatt und Zarge davon abweichen.

Äußere Abmessungen:

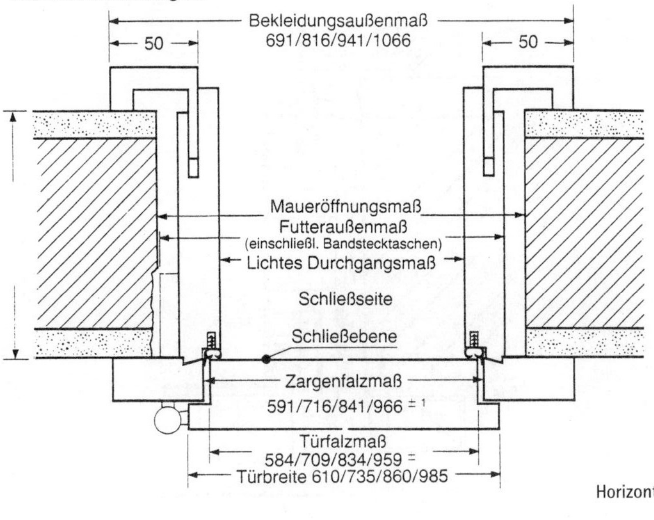

Horizontalschnitt

*) OFF = Nennlage (Sollage) der Oberfläche des fertigen Fußbodens (s. DIN 18 101)
**) Wird ein geringerer Luftspalt gewünscht, so ist die Zarge bauseits zu kürzen oder es sind höhnverstellbare Bänder zu verwenden (z.B. verstellbare Bandoberteile = passend zu V 3400)

Holztür

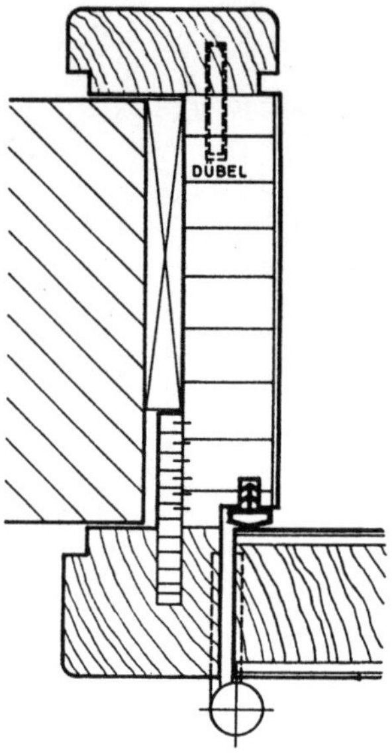

a) Futter und Bekleidung bei Sichtmauerwerk/Stumpfer Anschlag

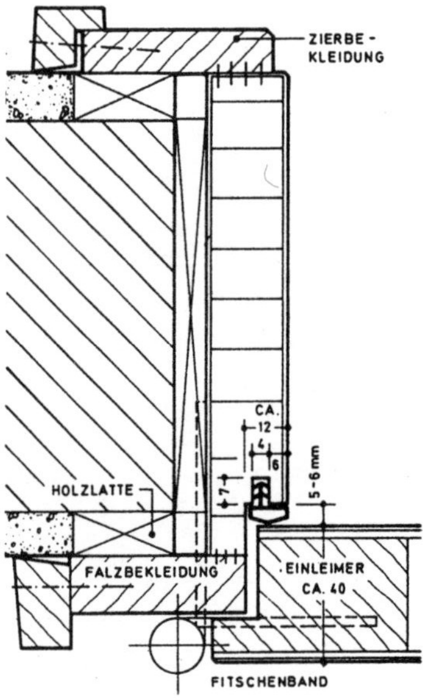

b) Futter und Bekleidung mit Falzanschlag

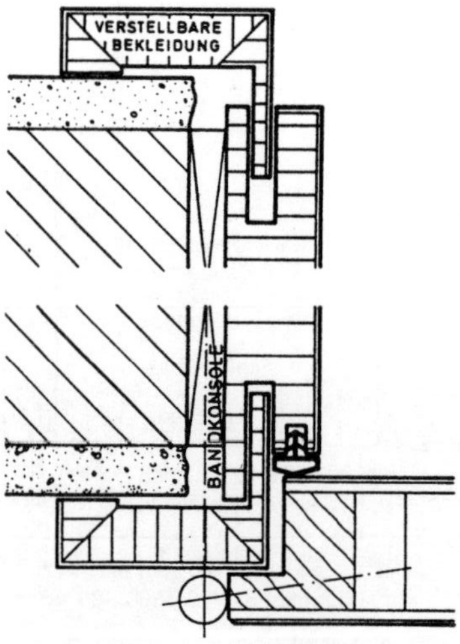

c) Futter und Bekleidung für verschiedene Wanddicken/ Falzanschlag

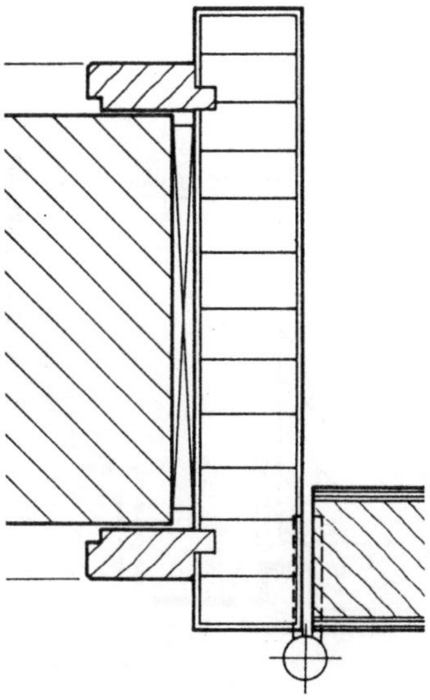

Holz-Zargentür

a) Zarge in Sichtmauerwerk/Sichtbeton

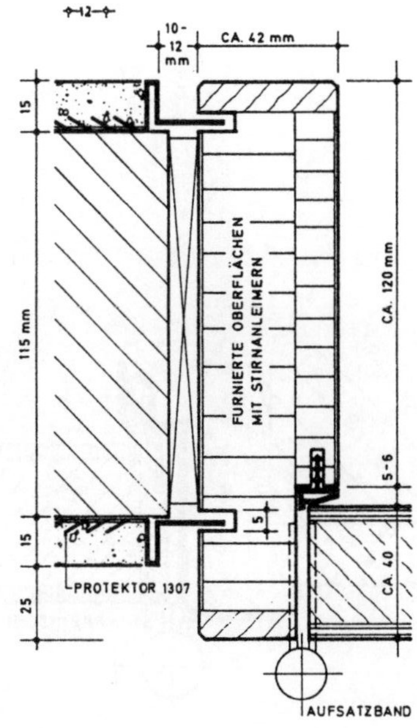

b) Zarge mit eingenuteter Putzabschluss-Schiene

c) Zarge mit Blindfutter/(Blindzarge)

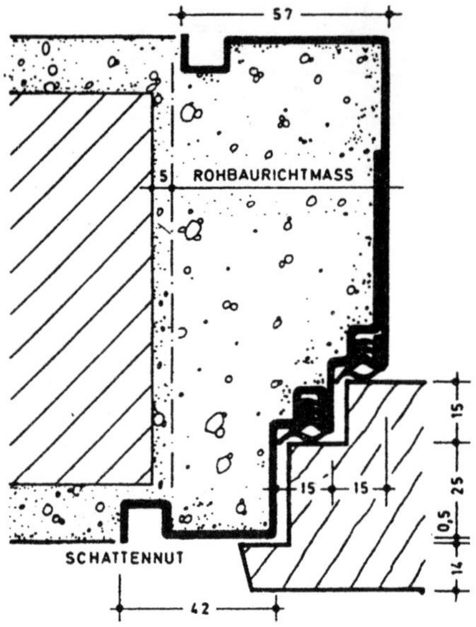

Stahlzargentüren

a) Zargenprofil mit angewalzter Schattennut und doppelter Türblattdichtung als zweiteilige Umfassungszarge

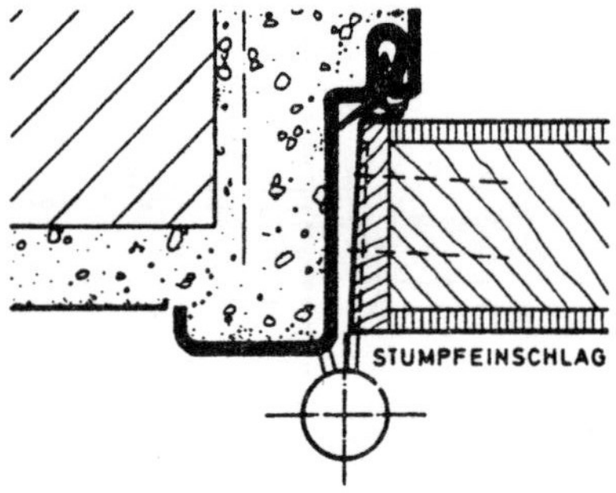

b) Umfassungszarge (Ausschnitt) für gefalztes Türblatt

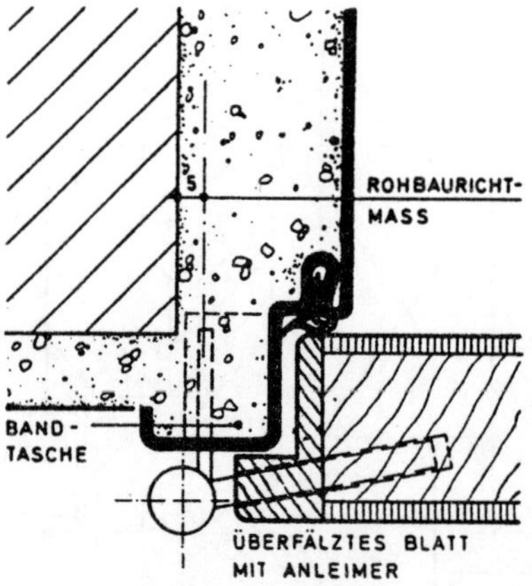

c) Umfassungszarge (Ausschnitt) für stumpf eingeschlagenes Türblatt

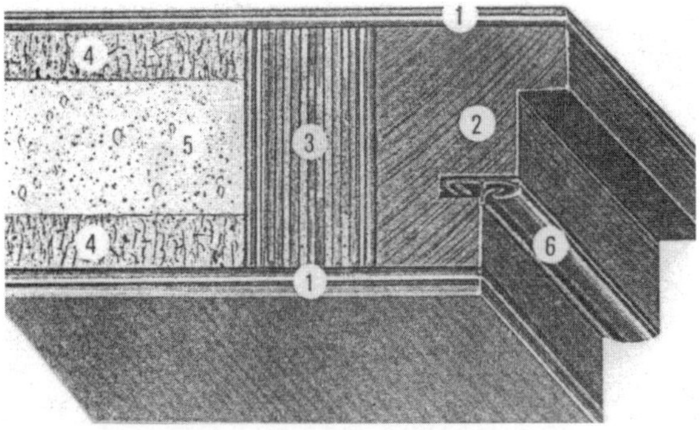

Türblatt 72 mm

Aufbau

1. Zwei fünffach verleimte Sperrholzdeckenplatten mit ganzflächiger Alu-Einlage dienen der Standfestigkeit und als Dampfsperre.
2. Ein umlaufend gefälzter Massivholzrahmen 50/60 mm stark in der entsprechenden Holzart der Deckenplatten dient zur Aufnahme der Dichtung und der Beschläge.
3. Zwei Stabilisatoren an beiden Längskanten aus 17-fach verleimten Furnieren mit jeweils zwei Aluminiumeinlagen erhöhen die Ausrißfestigkeit der Beschläge und gewährleisten Verzugsfreiheit.
4. Die Aufnahme der diagonal wirkenden Kräfte und die Erhöhung der Schalldämmwerte auf Rw-39 dBA erfolgen durch zwei Spanplatten vo je 12 mm Stärke, welche in den umlaufenden Rahmen eingepaßt werden.
5. 35 mm straker Hartschaum als Mittellage zur Verbesserung der Wärmedämmung auf einen k-Wert von 0,75 W/m^{2}K.
6. Umlaufende Dichtung aus alterungsbeständigem TPE-Material bietet Dichtigkeit.

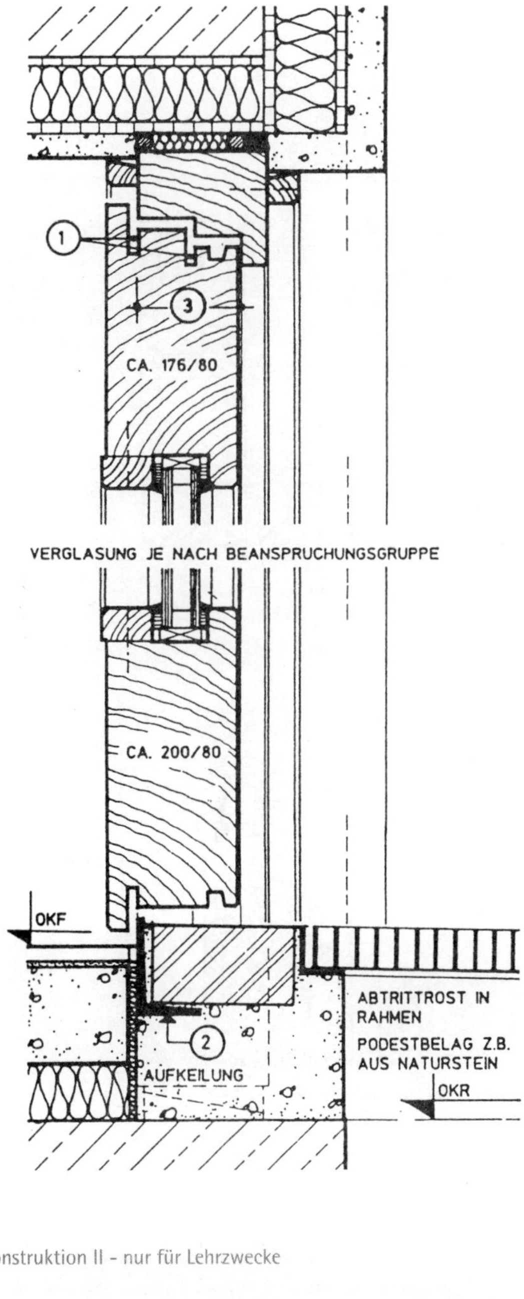

Verglastes Haustürelement

1) Nuten für Dichtungsprofile (Doppel T)
2) Walzstahlprofil, verzinkt, 60/40/5 mm, verbindet die unteren Rahmenenden als Aussteifung
3) Abstand Regensperre/Windsperre möglichst groß

Anschlüsse vertikal

Der Anschlagwinkel im Schwellenbereicht muß so angeordnet werden, daß in die Vertikalfalz eingedrungenes Wasser nicht zur Gebäudeinnenseite abfließen kann.
Das Eindringen von Niederschlagswasser im Schwellenbereich ist alternativ durch folgende Maßnahmen zu verhindern:

a) Starkes Gefälle des Bodenbelags
b) Gitterroste mit tiefliegender Entwässerungsebene (Rinne, Abklebung)

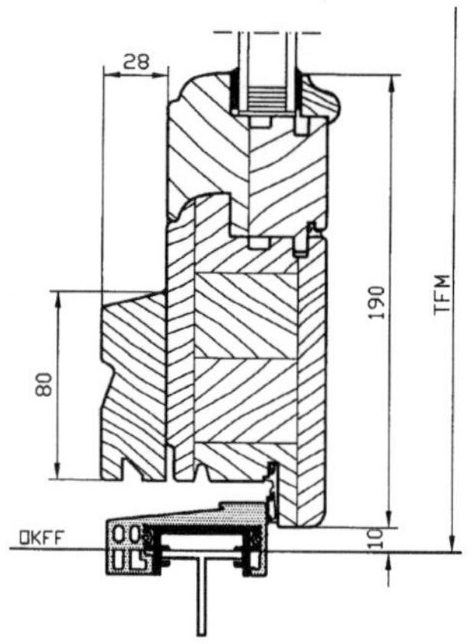

a) Bodenanschluß mit 10 mm Bodeneinstand

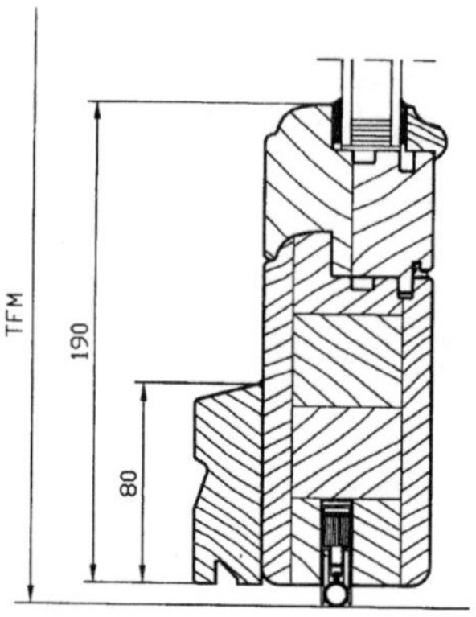

b) Bodenanschluß ohne Schwelle, mit absenkbarer Dichtung

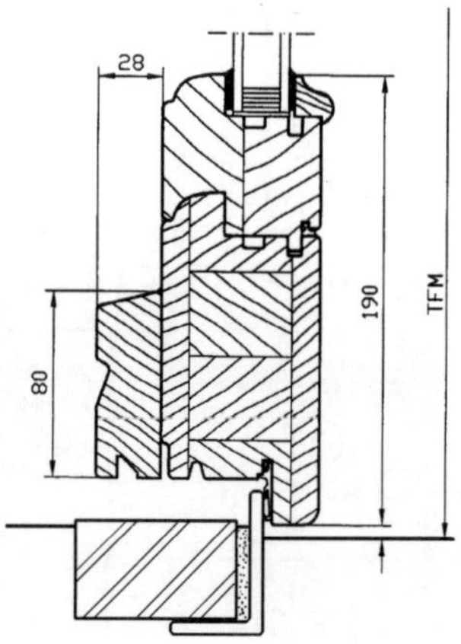

c) Bodenanschluß mit Anschlagwinkel

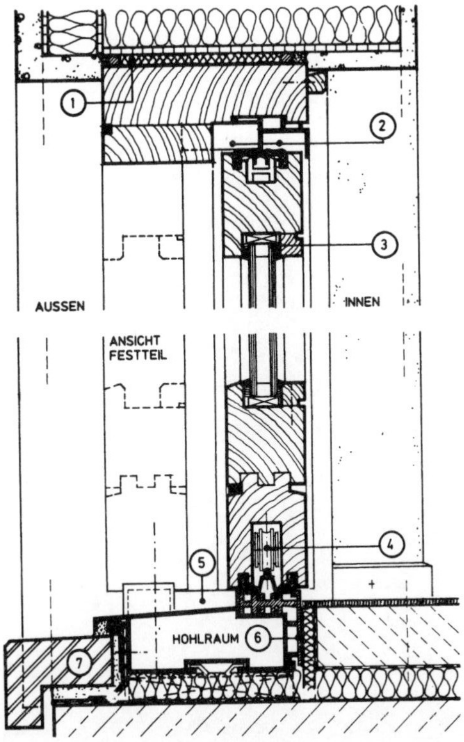

Vertikalschnitt

Verglaste Holzschiebetür

1) Ausbildung der Anschlußfuge nach Beanspruchungsgruppe
2) Obere Führungsschiene und davorliegende Dichtungsbrücke
3) Verglasung nach Beanspruchungsgruppe
4) Laufrolle auf thermisch abgetrennter Laufschiene
5) Dichtungsprofil oder Dichtungsplatte
6) Kunststoffprofil als Dämmung
7) Naturstein-Winkelstufe; eine breitere Trittfläche ist wünschenswert

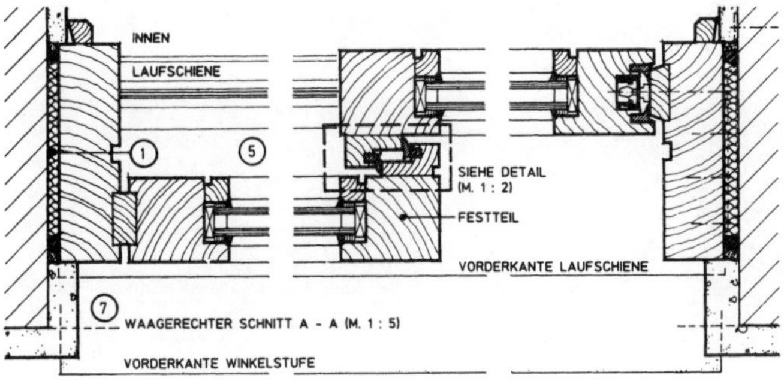

Horizontalschnitt

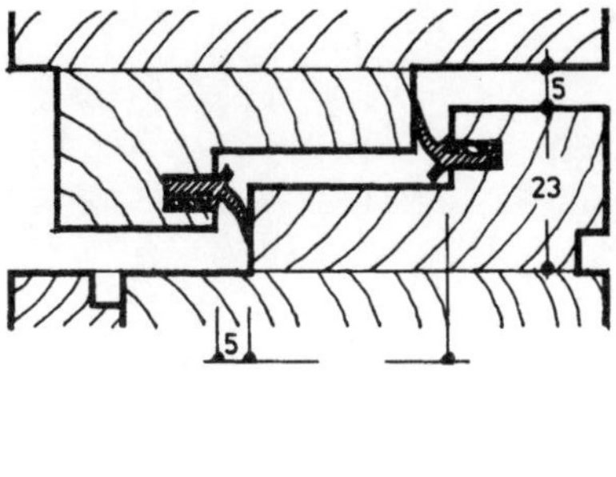

Detail Mitteldichtung

Thermenbad in Vals, Peter Zumthor, Graubünden

Verbundestrich

wird direkt auf der Massivdecke verlegt. Verwendet für hohe Druckbeanspruchung ohne Verbesserung von Wärme- und Schallschutz: Industrieböden, Nebenräume (K eller).

Zement-, Anhydrid- oder Gußasphaltestrich (s.u.)
Verbundestriche können fugenlos über große Flächen verlegt werden.
Max. Stärke (Zementestrich): 50 mm
Belag: bei Industrieböden wird der Estrich oft mit Kunststoffbeschichtungen gegen Abnutzung, Wasser u.ä. geschützt (Schichtdicke 1-5 mm)

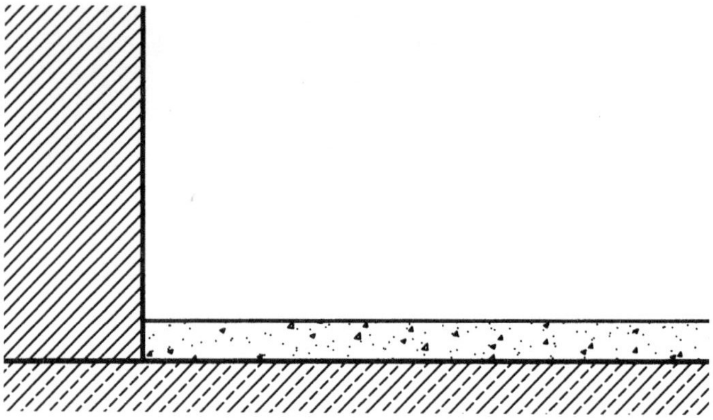

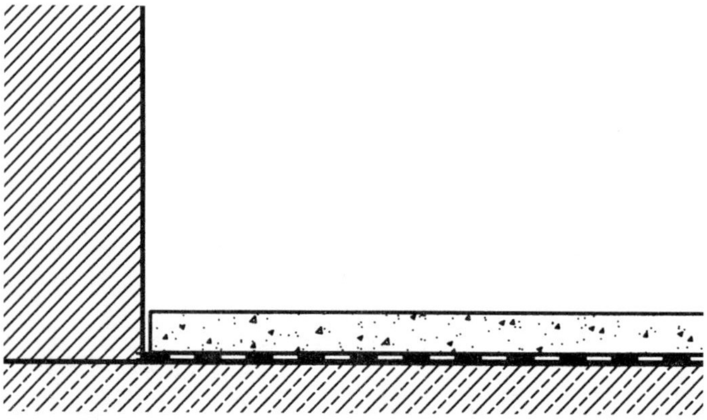

Gleitender Estrich (Estrich auf Trennlage)

wird nur durch eine Zwischenlage (PE- Folie, Baupapier, ...) von der Decke getr ennt. Verwendet auf Massivdecken mit zu erwartender starker thermischer Ausdehnung.

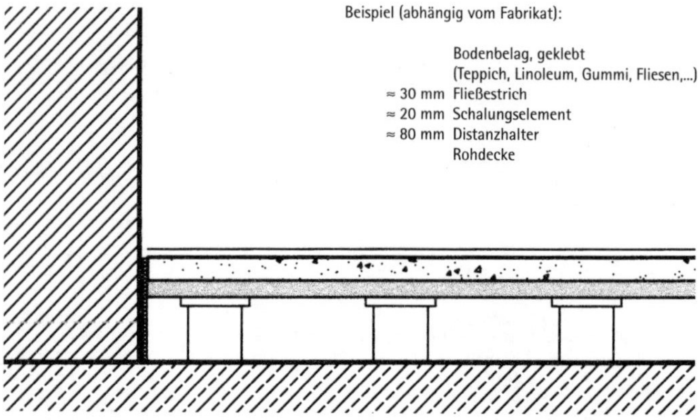

Doppelböden

werden in Gebäuden mit hohem Installationsanteil eingesetzt. Insbesondere Stark- und Schwachstromkabel werden im Hohlraum über der Rohdecke bis zu den Bodenauslässen verlegt und bleiben auch für spätere Adaptionen zugänglich.

Konstruktion und Aufbau von Installations- oder Doppelböden variieren je nach Fabrikat und Anforderung.

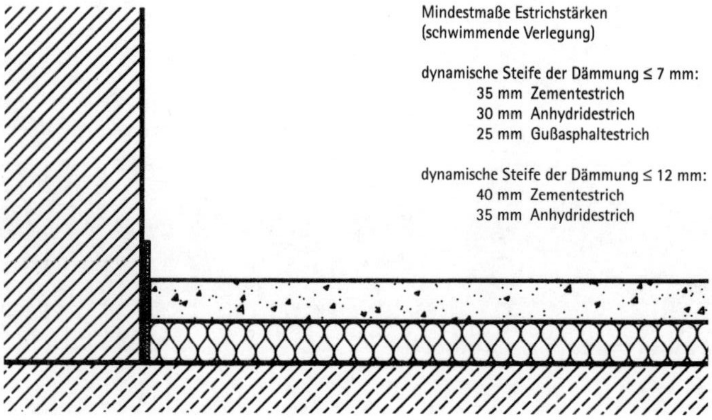

Schwimmender Estrich

wird auf einer elastischen Dämmschicht verlegt. Verwendet für Räume mit Anforderungen an Schall- und Wärmeschutz.

Schwimmender Estrich

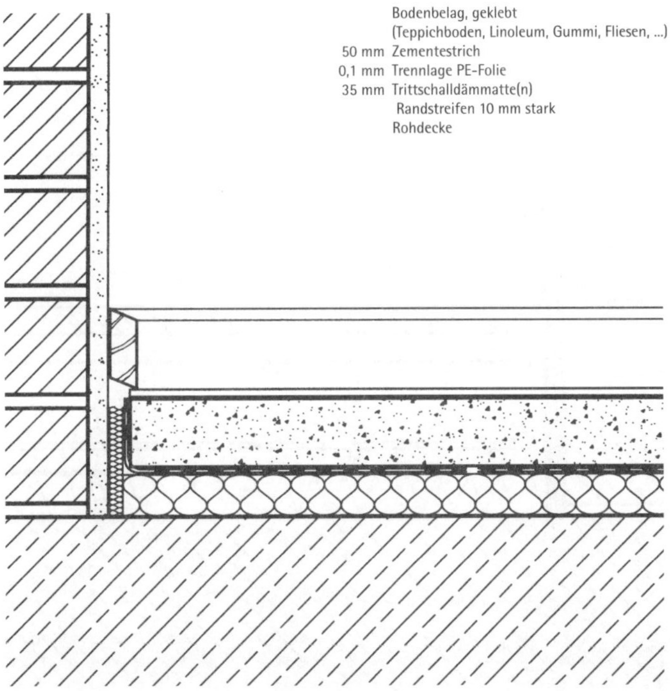

a) Zementestrich

ist der meistverlegte Estrich.
Mindeststärke (abhängig von der Steifigkeit der Dämmschicht): 40 mm. Ab 50 mm muß eine Armierung (Stahlmatten) eingelegt werden.

Vorteil:
- billig

Nachteile:
- lange Trockenzeiten (4 Wochen)
- Rißbildung (max. 40 m² ohne Fuge)

b) Anhydridestrich

wie Zementestrich, aber:

Vorteile:
- keine Fugen notwendig
- kürzere Trockenzeit (2 Wochen)
- Sonderform Fließestrich: ist selbstnivilierend; d.h.: Abziehen der Oberfläche entfällt

Nachteile:
- nicht Wasserbeständig
- agressiv gegen Metalle
- teurer als Zementestrich

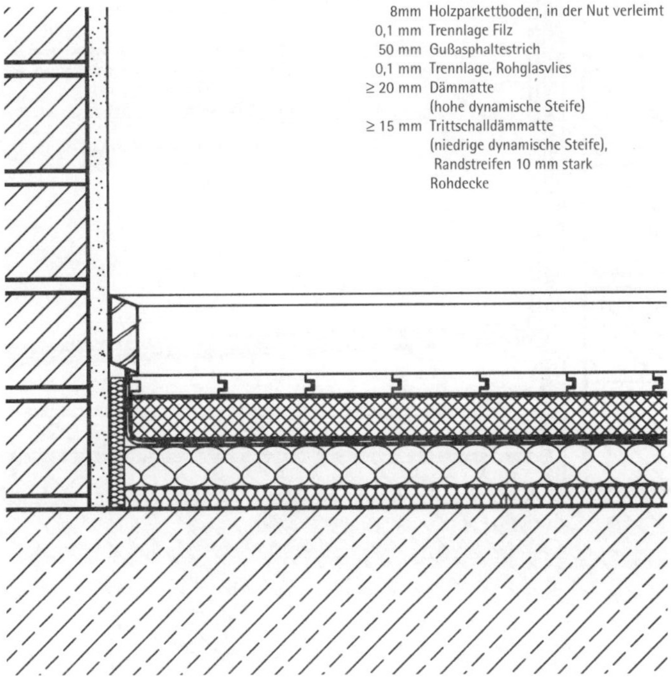

c) Gußasphaltestrich

wird in heißem, flüssigem Zustand aufgebracht (250 °C): Dämmaterialien und Trennlagen müssen temperaturbeständig sein. Mindeststärke: 20 mm; nur mit Dämmatten hoher Steifigkeit.

Vorteile:
- keine Fugen notwendig
- sofort benutzbar
- keine Baufeuchte
- Wasser- und Dampfdicht; beständig gegen Säuren und Laugen
- geringe Aufbauhöhe (muß im Bereich hoher Einzellasten verstärkt werden)
- hohe elektrische Isolierfähigkeit

Nachteile:
- teuer

Schwimmender Estrich
Fußbodenheizung

Man unterscheidet zwischen Warmwasser- und elektrischer Fußbodenheizung. Bei der (gebräuchlicheren) Warmwasserheizung wird der Estrich (meist Zementestrich) durch eingebettete Kunststoffrohre aufgeheizt.
Oberflächentemperatur: 26 - 28° C;
in Bädern, etc. : 32 - 35 ° C.
Die Vorlauftemperatur ist niedriger als bei Radiatorenheizungen; dies bedingt getrennte Regelkreise.
Auf Heizestrichen sollten gut wärmeleitende Bodenbeläge (Stein, Fliesen, ...) verlegt werden; Holzböden sind ungeeignet.
Heizestriche sind grundsätzlich bewehrt; Mindeststärke: 65 mm (Rohrüberdeckung mind. 40 mm); nur Dämmatten mit hoher Steifigkeit verwenden (Zusammendrückbarkeit max. 5mm)

Vorteile:
- gleichmäßige, angenehme Wärme in großflächigen Räumen

Nachteile:
- s. Zementestrich
- Wärme schlecht regulierbar; träge
- teuer

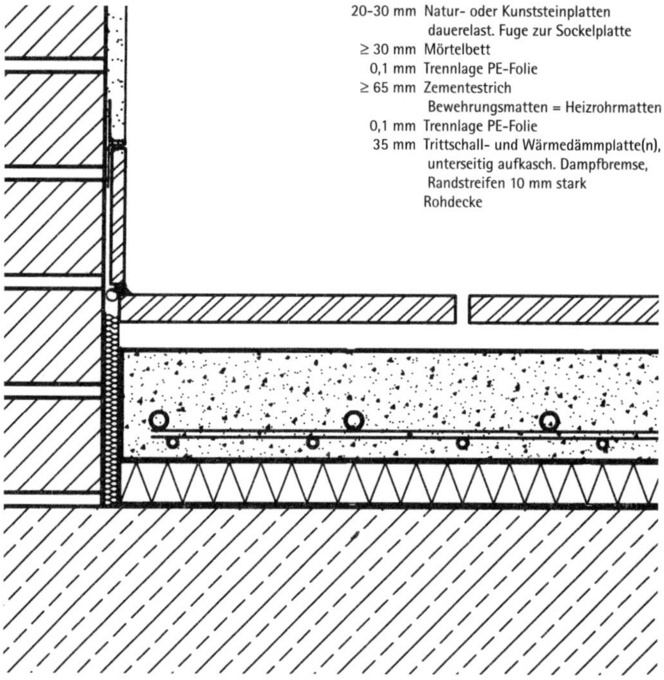

Schwimmender Estrich
Naßräume

Naßräume sind in jedem Fall innerhalb der Fußbodenkonstruktion abzudichten.
Die Abdichtung ist mit einem Wandhochzug von mind. 15 cm ü. OKFFB zu verbinden (Ecke beweglich ausbilden); die Wandfläche hinter Duschen ist bis auf 2,0 m über OK Dusche abzudichten. Bodeneinläufe sind in die Abdichtung einzubinden.
Das Mindestgefälle zum Bodeneinlauf beträgt 1,5 %. Zu angrenzenden Wohnräumen ist ein Höhenunterschied oder eine Schwelle von 5 cm vorzusehen; dies ist nicht ausführbar bei rollstuhlgerechten Bädern.
Die verwendeten Dämmmatten sollen wasserfest sein.
Die meistverwendete Abdichtung ist eine 2-Komponenten Spachtelmasse auf Epoxidharzbasis o.ä. die ca. 1mm stark auf den Estrich aufgetr agen wird. Die Fliesen werden geklebt (Dünnbett).

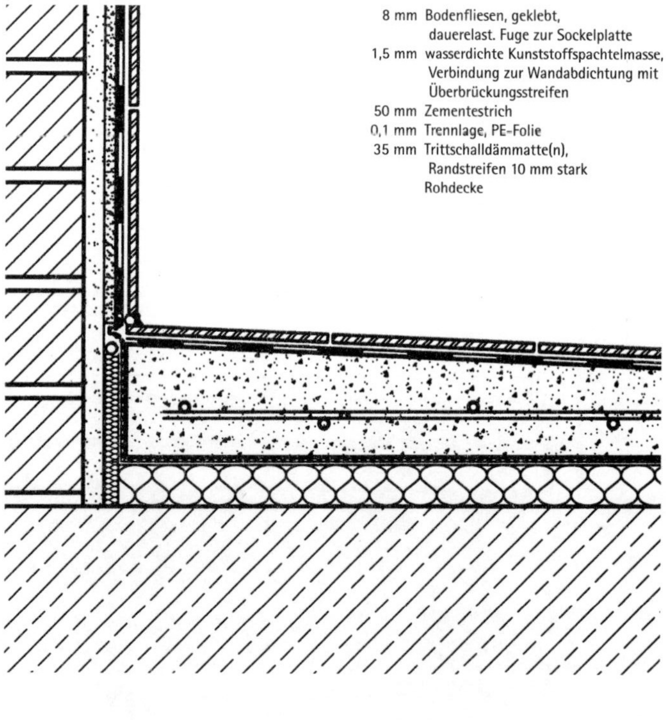

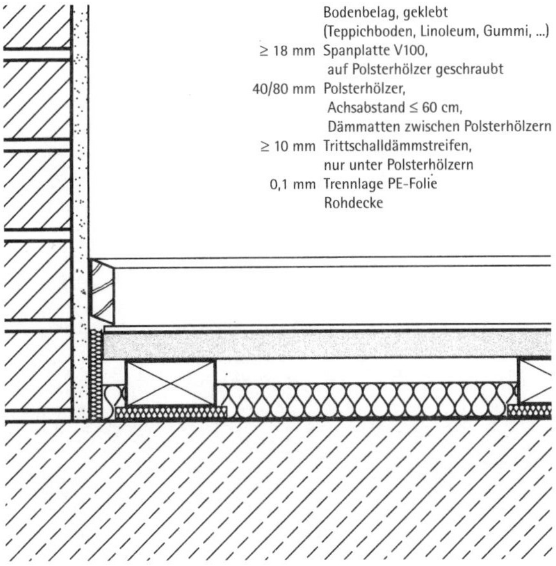

Schwimmender Estrich

d) Trockenunterböden

sind Bodenkonstruktionen aus Fertigplatten

d1) Holzwerkstoffplatten

meist Spanplatten V100 oder zementgebunde Spanplatten (Naßbereiche) mit Nut und Feder, verlegt auf Lagerhölzern,
Stärke meist 28 mm.

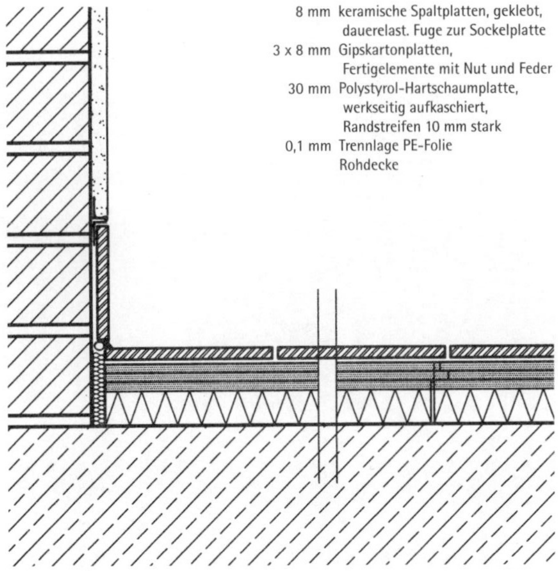

d2) Fertigestrich

aus Gipsplatten mit Nut und Feder; mit oder ohne aufkaschierter Dämmplatte.

Vorteile:
- schnelle Verlegung
- sofort benutzbar
- guter Brandschutz (F90 für Holzbalkendecke)

Nachteile:
- s. Anhydridestrich
- hohe Anforderung an Ebenheit der Decke
- Rohrverlegung in der Dämmschicht bei aufkaschierter Dämmplatte erschwert

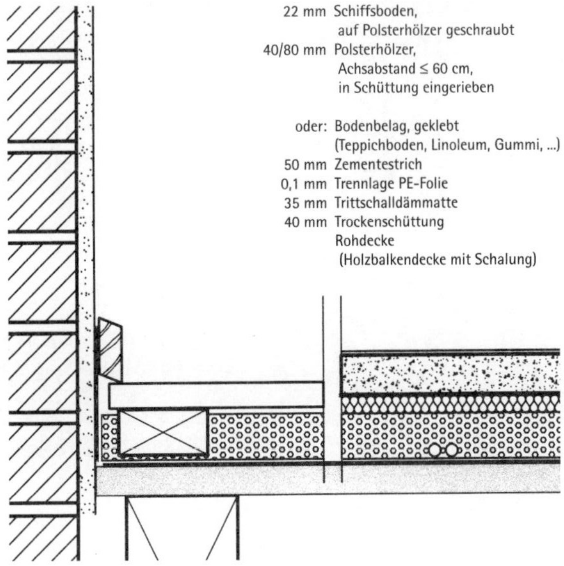

d3) Trockenschüttung

aus druckfesten, bituminierten Dämmstoffperlen (z.B. Perlite). Ergänzt die Trittschalldämmschicht zur Verbesserung der Schalldämmung sowie als Ausgleichs- und Rohrführungsschicht unter den Dämmatten.
Ab 60 mm muß die Schüttung mechanisch verdichtet und/oder gebunden werden.

Vorteile:
- Unebenheiten werden ausgeglichen: keine Vorbereitung der Massivdecke (speziell bei Altbausanierung)
- problemlose Verlegung von Rohrleitungen
- Herstellen von Gefälle möglich

Nachteile:
- manche Schüttungsmaterialien (z.B. Blähton) sind bei der Verlegung nicht begehbar und/oder wassersaugend

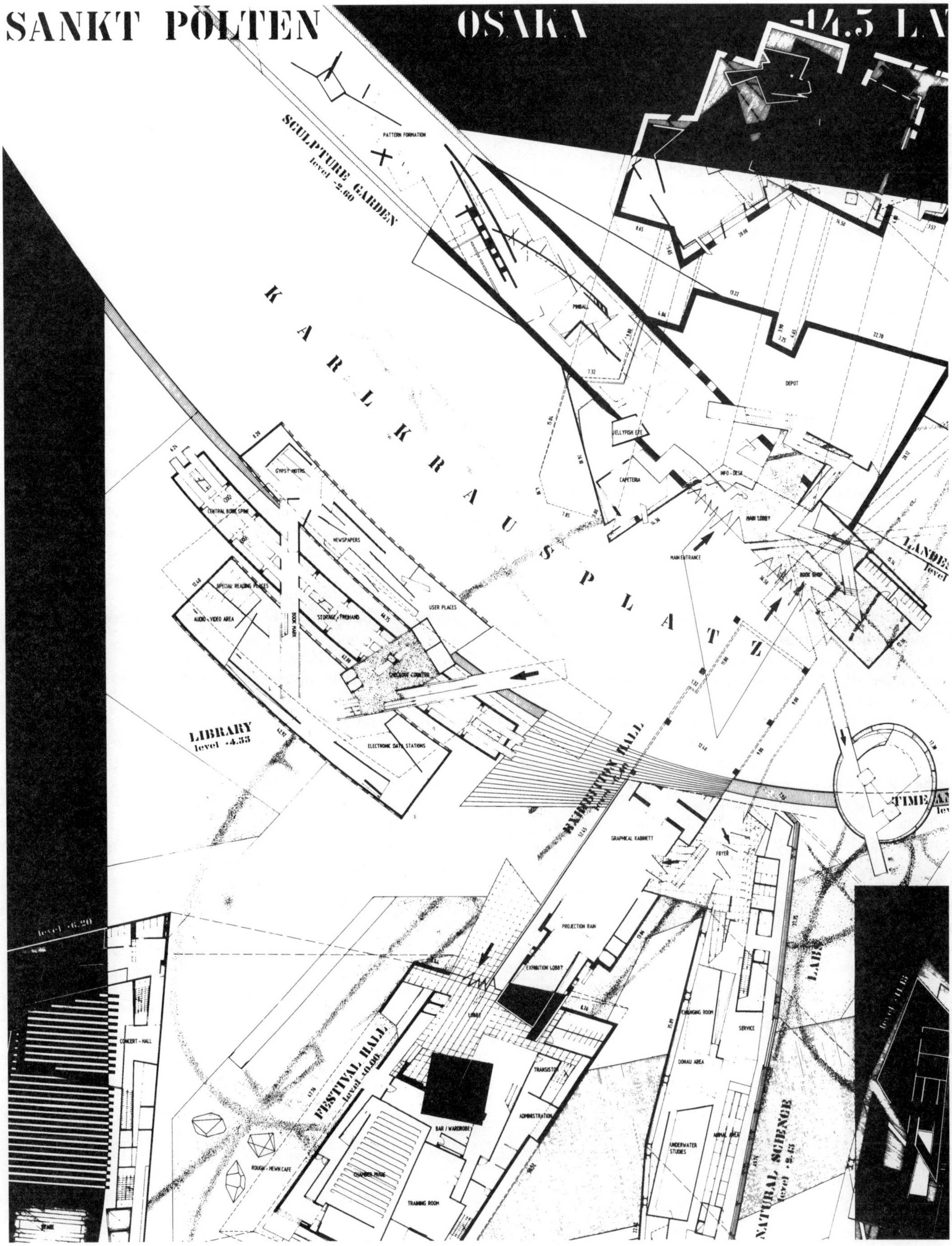

Kulturzentrum St. Pölten, Österreich, Architekt: Daniel Libeskind, 1992

DIN 1356-1 Bauzeichnungen: Teil1: Arten, Inhalte und Grundregeln der Darstellung

Inhalt

1 Anwendungsbereich und Zweck

Diese Norm legt Arten und Inhalte von Bauzeichnungen für die Objekt- und Tragwerksplanung sowie Grundregeln für die Darstellung in Bauzeichnungen fest. Bauzeichnungen im Sinne dieser Norm sind Zeichnungen für die Objektplanung und die Tragwerksplanung für Entwurf, Genehmigung, Ausführung und Aufnahme von baulichen Anlagen.
Sie gilt für Bauzeichnungen, die manuell und computer-gestützt hergestellt werden.

2 Arten und Inhalte von Bauzeichnungen für die Objektplanung

2.1 Vorentwurfszeichnungen

Vorentwurfszeichnungen sind Bauzeichnungen mit zeichnerischen Darstellungen eines Planungskonzeptes für eine geplante bauliche Anlage.
Vorentwurfszeichnungen dienen im Rahmen der Vorplanung der Erläuterung des Planungskonzeptes unter Berücksichtigung der Leistungen anderer an der Planung fachlich Beteiligter; soweit notwendig. Sie können auch als Grundlage zur Beurteilung der baurechtlichen Genehmigungsfähigkeit dienen.
Maßstäbe sind nach Art und Umfang der Bauaufgabe zu wählen, im Regelfall 1 : 500 bzw. 1: 200.

2.2 Entwurfszeichnungen

Entwurfszeichnungen sind Bauzeichnungen mit zeichnerischen Darstellungen des durchgearbeiteten Planungskonzeptes der geplanten baulichen Anlage.
Entwurfszeichnungen berücksichtigen die Beiträge anderer, an der Planung fachlich Beteiligter und lassen die Gestaltung und Konstruktion erkennen.
Maßstäbe sind nach Art und Umfang der Bauaufgabe zu wählen, im Regelfall 1:100, gegebenenfalls 1: 200.

2.3 Bauvorlagezeichnungen[1)]

Bauvorlagezeichnungen sind Entwurfszeichnungen, die durch alle Angaben ergänzt sind, die nach den jeweiligen Bauvorlagenverordnungen der Länder oder nach den Vorschriften für andere öffentlich-rechtliche Verfahren gefordert werden.
Die Rechtsverordnungen der Länder enthalten konkrete Anforderungen hinsichtlich der Maßstäbe, der Mindestinhalte sowie der zu verwendenen Zeichen und gegebenenfalls Farben.
Zeichnungen für andere öffentlich-rechtliche Verfahren haben sich nach den entsprechenden Vorschriften zu richten.

2.4 Ausführungszeichnungen

Ausführungszeichnungen sind Bauzeichnungen mit zeichnerischen Darstellungen des geplanten Objektes mit allen für die Ausführung notwendigen Einzelangaben.
Ausführungszeichnungen enthalten unter Berücksichtigung der Beiträge anderer an der Planung fachlich Beteiligter alle für die Ausführung bestimmten Einzelangaben in Detailzeichnungen und dienen als Grundlage der Leistungsbeschreibung und Ausführung der baulichen Leistungen.

2.4.1 Werkzeichnungen („Werkpläne")

Als Maßstab ist im Regelfall 1: 50 zu wählen, gegebenen-falls 1: 20.

2.4.2 Detail- und/oder Teilzeichnungen

Als Maßstab sind die Maßstäbe 1 : 20,1:10,1: 5 und 1:1 zu wählen.

2.5 Baubestandszeichnungen

Baubestandszeichnungen enthalten alle für den jeweiligen Zweck notwendigen Angaben über die fertiggestellte bauliche Anlage; im Regelfall Maßstab 1:100,1: 50.

2.6 Bauaufnahmezeichnungen

Bauaufnahmezeichnungen sind Maßaufnahmen bestehender Objekte im erforderlichen Umfang und Maßstab.

2.7 Benutzungspläne

Benutzungspläne sind Baubestandszeichnungen oder Bauaufnahmen, die durch zusätzliche Angaben für bestimmte, baurechtlich, konstruktiv oder funktionell zulässige Nutzungen ergänzt sind (z.B. zulässige Verkehrslasten, Rettungswege).

[1)] Entspricht den „Bauzeichnungen" der Bauvorlagenverordnungen.

3 Arten und Inhalte von Bauzeichnungen für die Tragwerksplanung (Genehmigungs- und Ausführungsplanung)

3.1 Positionspläne

Positionspläne sind Zeichnungen des Tragwerks - gegebenenfalls in skizzenhafter Darstellung - zur Erläuterung der statischen Berechnung mit Angabe der einzelnen Positionen.
Sie werden auf der Grundlage der Entwurfszeichnungen des Objektplaners erstellt.

3.2 Schalpläne

Schalpläne sind Bauzeichnungen des Beton-, Stahlbeton-und Spannbetonbaus mit Darstellung der einzuschalenden Bauteile. Bei der Ausführung sind gegebenenfalls ergänzende Angaben den Ausführungszeichnungen des Objektplaners zu entnehmen.
Schalpläne werden auf der Grundlage der Ausführungszeichnungen des Objektplaners als Grundrisse und Schnitte unter Berücksichtigung der Ergebnisse der statischen Berechnung angefertigt.
Geschoßgrundrisse werden im Regelfall als Grundrisse Typ B, Fundamente im Regelfall als Grundrisse Typ A nach Abschnitt 4.3 dargestellt.
Im Regelfall gilt der Maßstab 1: 50, Maßstäbe für Detail-und/oder Teilzeichnungen sind nach Art und Größe der darzustellenden Einzelheiten festzulegen.

3.3 Rohbauzeichnungen

Rohbauzeichnungen sind Bauzeichnungen mit allen für die Ausführung des Rohbaus erforderlichen Angaben (erweiterte Schalpläne).
Sie werden auf der Grundlage der Ausführungszeichnungen des Objektplaners angefertigt.
Als Darstellungsregeln und als Maßstäbe gelten die Festlegungen in Abschnitt 3.2.

3.4 Bewehrungszeichnungen

Bewehrungszeichnungen sind Bauzeichnungen des Stahlbeton- und Spannbetonbaus mit allen zum Biegen und Verlegen der Bewehrung erforderlichen Angaben.
Sie werden nach DIN 1356-10 angefertigt. Die Bewehrung wird gegenüber den Bauteilbegrenzungen durch breitere Linien hervorgehoben.
Der Maßstab ist nach Art und Schwierigkeit des Tragwerks festzulegen, im Regelfall gelten die Maßstäbe 1: 50,1: 25 oder 1: 20.

3.5 Fertigteilzeichnungen

Fertigteilzeichnungen sind Bauzeichnungen zur Herstellung von Fertigteilen aus Beton, Stahlbeton, Spannbeton oder Mauerwerk im Fertigteilwerk oder auf der Baustelle. Im Regelfall werden Rohbau- und Bewehrungszeichnung für Fertigteile auf einem Blatt zusammengefaßt.
Fertigteilzeichnungen sind gegebenenfalls durch Stücklisten zu ergänzen.
Im Regelfall gelten die Maßstäbe 1: 25 und 1: 20.

3.6 Verlegezeichnungen

Verlegezeichnungen sind Bauzeichnungen für die Verwendung von Fertigteilen. Sie enthalten alle für Einbau und Anschluß der Fertigteile erforderlichen Angaben, gegebenenfalls in skizzenhafter Darstellung. Diese richtet sich nach der Art der Fertigteilkonstruktion.
Die Grundrisse werden als Typ A bzw. Typ B dargestellt; als Maßstäbe gelten die Festlegungen in Abschnitt 3.2.

4 Projektionsarten für Bauzeichnungen

4.1 Draufsicht

Die Draufsicht eines Bauobjektes ist die maßstäbliche Abbildung auf einer horizontalen Bildtafel in orthogonaler Parallelprojektion. Die Bildtafel wird unterhalb des Darzustellenden gewählt, die Projektionsrichtung ist von oben nach unten. Dabei werden die von oben sichtbaren Begrenzungen und knickkanten der Bauteiloberseiten als sichtbare Kanten durch Vollinien dargestellt (siehe Bild 1).

4.2 Ansicht

Die Ansicht ist die maßstäbliche Abbildung eines Bauobjektes auf einer vertikalen Bildtafel in orthogonaler Parallelprojektion. Die Bildtafel wird hinter dem Darzustellenden gewählt, die Projektionsrichtung verläuft von vorne (d.h. von der darzustellenden Seite des Objektes) nach hinten. Dabei werden die von vorne sichtbaren Begrenzungen und Knickkanten der Bauteilvorderseiten als sichtbare Kanten durch Vollinien dargestellt (siehe Bild 1). Ansichten sind entsprechend der Lage zu kennzeichnen.

ANMERKUNG: "Ansicht Nord" ist die Ansicht der Nordseite des Gebäudes; "Ansicht Beethovenstraße" stellt die der Beethovenstraße zugewandte Gebäudeseite dar.

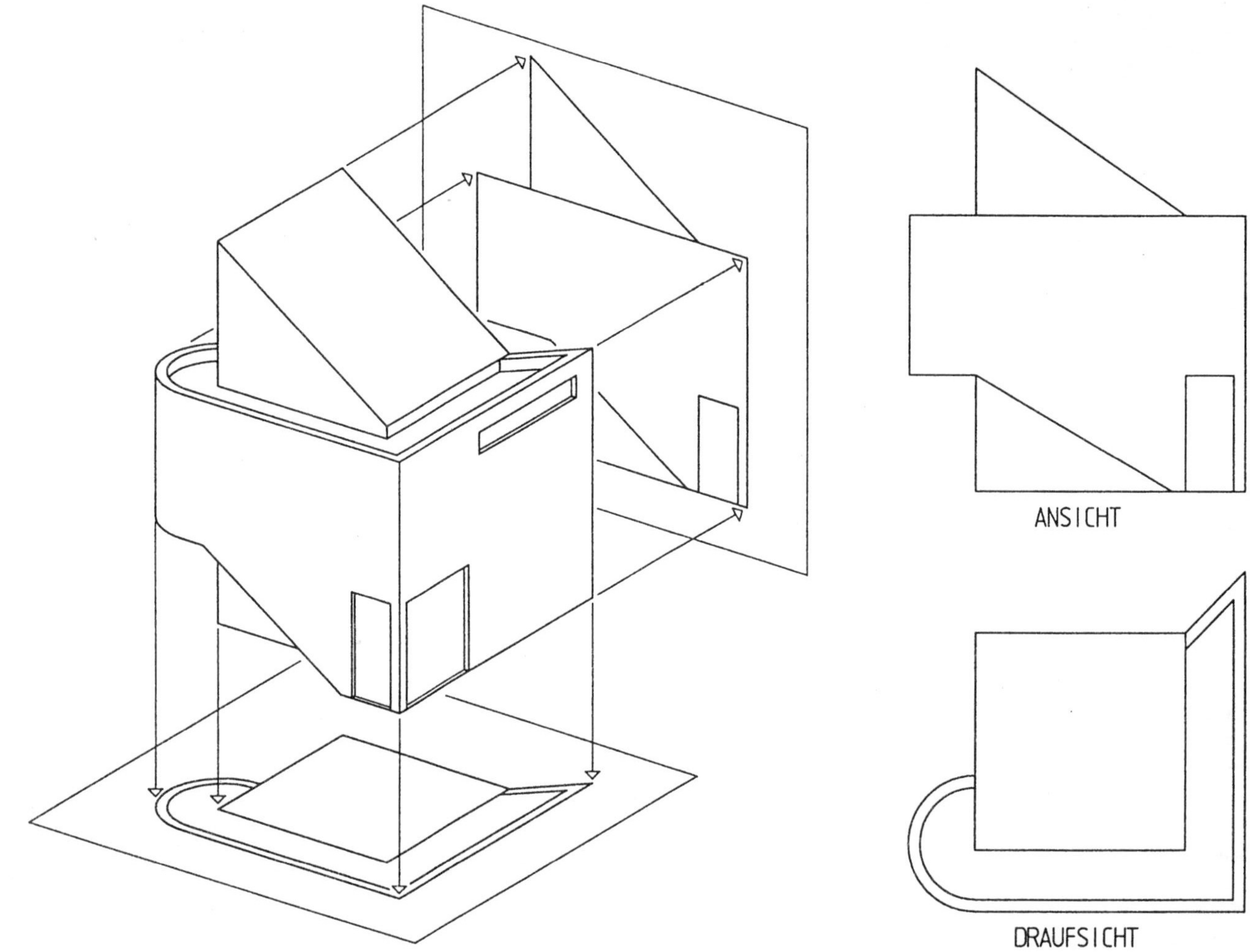

Bild 1: Draufsicht, Ansicht (Abbildungsprinzip)

4.3 Grundriß

4.3.1 Grundriß Typ A

Der Grundriß ist die Draufsicht auf den unteren Teil eines horizontal geschnittenen Bauobjektes (siehe Bild 2). Dabei werden von oben sichtbare Begrenzungen und Knickkanten der Bauteiloberseiten als sichtbare Kanten durch Vollinien dargestellt. Unter dieser Oberfläche liegende Kanten werden gegebenenfalls als verdeckte Kanten durch Strichlinien dargestellt. Die Kanten von Bauteilen, die oberhalb der Schnittebene liegen (Unterzuge, Deckenöffnungen, Vorsprünge usw.), werden gegebenenfalls durch Punktlinien dargestellt (siehe Bild 2). Geschnittene Flächen werden in der Zeichnung hervorgehoben (siehe Abschnitt 10). Bei Grundrissen liegt die horizontale Schnittebene - auch verspringend - so im Bauwerk oder Bauteil, daß die wesentlichen Einzelheiten, z.B. Wände oder andere Tragglieder; Treppen, Öffnungen für Fenster und Türen, geschnitten werden.

4.3.2 Grundriß Typ B

Der Grundriß kann auch nach ISO 2594 :1972, Abschnitt 3, die gespiegelte Untersicht unter den oberen Teil eines horizontal geschnittenen Bauobjektes sein (siehe Bild 3). Diese Darstellungsart ist typisch für die Tragwerksplanung.

Dabei werden alle tragenden Bauteile im jeweiligen Geschoß zusammen mit der Spiegelung der Decke über diesem Geschoß dargestellt („Blick in die leere Schalung"). Begrenzungen und Kanten der Bauteiluntersichten werden als sichtbare Kanten durch Vollinien dargestellt. Über diesen Unterseiten liegende Bauteile (Überzüge, Schlitze, Aufkantungen, Brüstungen usw.) werden als verdeckte Kanten durch Strichlinien dargestellt. Die Schnitte sind so geführt, daß die Gliederung und der konstruktive Aufbau des Tragwerks deutlich werden.

4.4 Schnitt

Der Schnitt ist die Ansicht des hinteren Teils eines vertikal geschnittenen Bauobjektes (siehe Bild 4). Dabei werden die von vorn sichtbaren Begrenzungen und Kanten durch Vollinien dargestellt. Hinter diesen Vorderseiten liegende Kanten werden gegebenenfalls als verdeckte Kanten durch Strichlinien dargestellt. Die Kanten der Bauteile, die vor der Schnittebene liegen (z.B. Treppenläufe), werden gegebenenfalls durch Punktlinien dargestellt. Geschnittene Flächen werden in der Zeichnung hervorgehoben (siehe Abschnitt 10).

Die Schnittebene liegt - auch verspringend - so im Bauwerk oder Bauteil, daß die wesentlichen Einzelheiten,
z. B. Wände, Decken, Treppen, Offnungen wie Fenster und -Türen geschnitten werden. Schnittebenen werden im
Regelfall rechtwinklig oder parallel zu den Außenflächen des Bauwerks oder Bauteils gelegt. Die Lage der vertikalen Schnittebene ist im Grundriß anzugeben (Darstellung siehe Abschnitt 9).

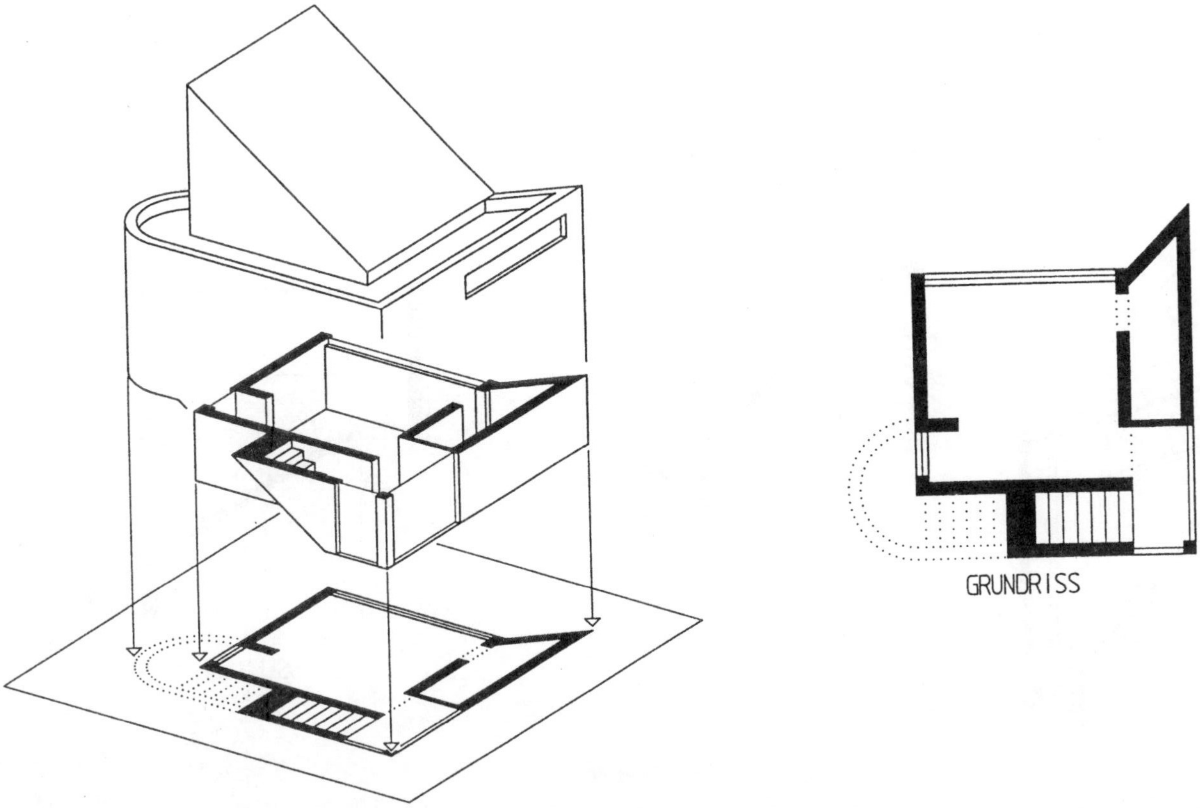

Bild 2: Grundriß Typ A (Abbildungsprinzip)

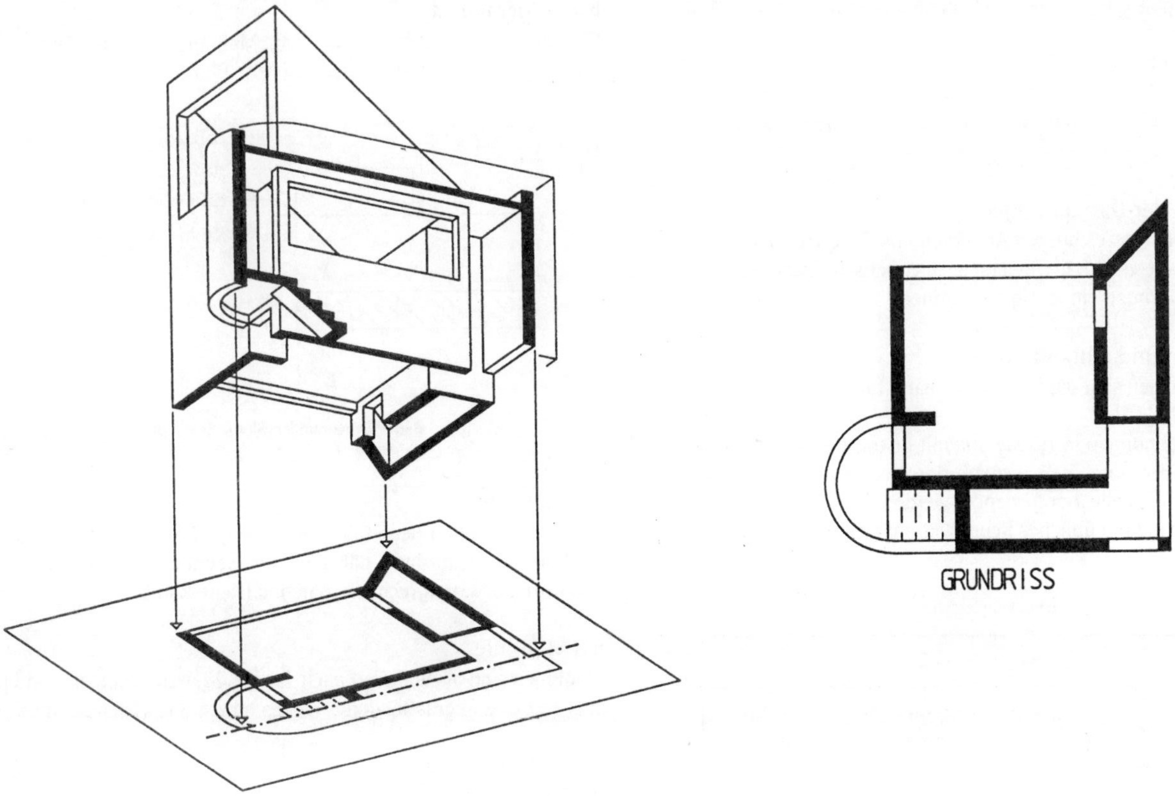

Bild 3: Grundriß Typ B (Abbildungsprinzip)

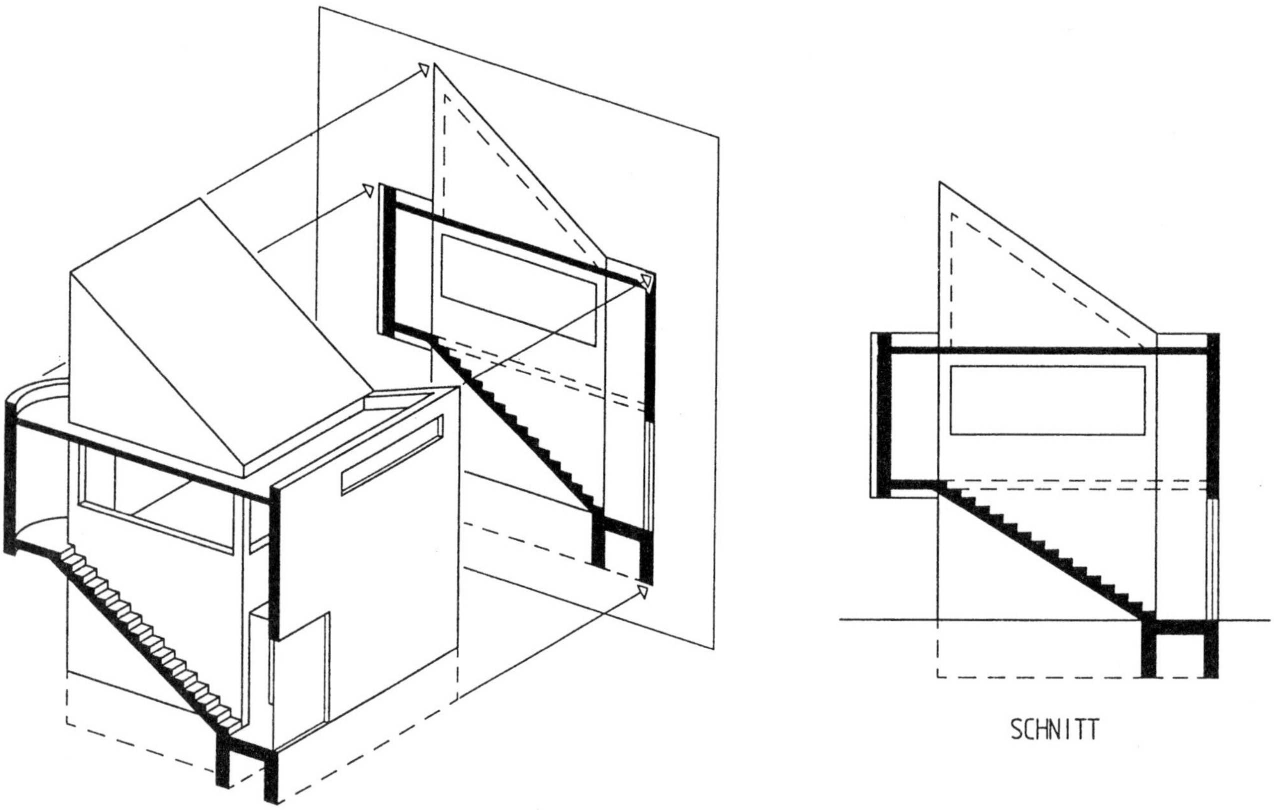

Bild 4: Schnitt (Abbildungsprinzip)

5 Blattgrößen, Faltungen, Maßstäbe

Blattgrößen und Zeichenflächen sind vorzugsweise nach DIN 6771-6 zu wählen.

Für Faltungen gilt DIN 824.

Maßstäbe nach DIN 150 5455 sind 1: 500, 1: 200, 1:100, 1: 50, 1: 20, 1:10, 1: 5, 1:1. Außerdem darf der Maßstab 1: 25 angewendet werden.

6 Anordnung der Darstellungen

Bei nebeneinander gezeichneten Ansichten und Schnitten soll die gleiche Höhenlage eingehalten werden. Zeichnerische Darstellungen sind den Benennungen eindeutig zuzuordnen.

7 Linienarten und Linienbreiten

Für Bauzeichnungen sind die Linienarten nach Tabelle 1 anzuwenden (siehe auch DIN 15-1).

Werden Bauzeichnungen in Tusche und mit genormten Zeichengeräten von Hand oder maschinell ausgeführt, so sollen vorzugsweise die Linienbreiten der Tabelle 2 angewendet werden. Ihre Angaben dienen der sinnvollen Nutzung üblicher Reproduktionstechniken.

Tabelle 1: Linienarten

1	2	3	4
Volllinie	Strichlinie	Strichpunktlinie	Punktlinie
———	— — —	—·—·—	··········

8. Bemaßung

8.1 Allgemeines

Die Bemaßung besteht aus Maßzahl, Maßlinie, Maßlinienbegrenzung und gegebenenfalls Maßhilfslinie (siehe Bild 5).

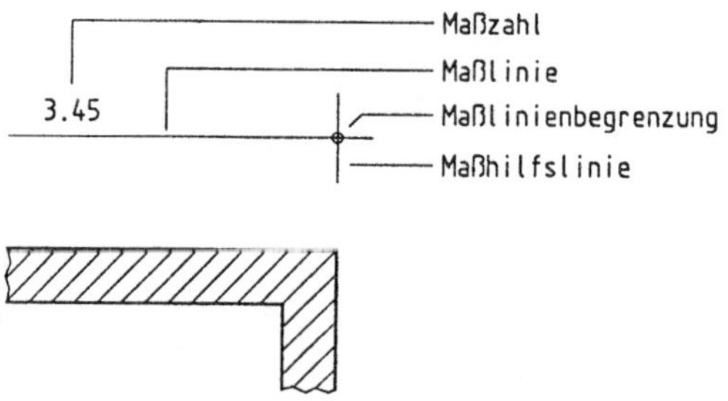

Bild 5: Benennungen für die Bemaßung

8.2 Maßzahl

Maßzahlen sind im Regelfall über der zugehörigen, durchgezogenen Maßlinie so anzuordnen, daß sie in der Gebrauchslage der Zeichnung von unten bzw. von rechts lesbar sind (siehe Bild 9).

8.3 Maßlinie

Maßlinien sind als Vollinien nach Tabelle 2 darzustellen. Sie sind parallel zu den zu bemaßenden Strecken anzuordnen (siehe Bild 9).

8.4 Maßlinienbegrenzung

Die Maßlinienbegrenzung ist nach DIN 406-11:1992-12, Abschnitt 3.4, wahlweise nach Bild 6 darzustellen.

Tabelle 2: Linienbreiten

Maße in Millimeter

Spalte	1	2	3	4	5	6
Zeile	Linienart	Anwendungsbereich	Liniengruppe			
			I	II	III[1])	IV[2])
			Zuordnung zu Maßstab			
			≤ 1:100		≥ 1:50	
			Linienbreite			
1	Vollinie	Begrenzung von Schnittflächen	0,5	**0,5**	**1,0**	1,0
2	Vollinie	Sichtbare Kanten und sichtbare Umrisse von Bauteilen, Begrenzung von Schnittflächen von schmalen oder kleinen Bauteilen	0,25	**0,35**	**0,5**	0,7
3	Vollinie	Maßlinien, Maßhilfslinien, Hinweislinien Lauflinien, Begrenzung von Ausschnittdarstellungen, vereinfachte Darstellungen	0,18	**0,25**	**0,35**	0,5
4	Strichlinie	Verdeckte Kanten und verdeckte Umrisse von Bauteilen	0,25	**0,35**	**0,5**	0,7
5	Strichpunktlinie	Kennzeichnung der Lage der Schnittebenen	0,5	**0,5**	**1,0**	1,0
6	Strichpunktlinie	Achsen	0,18	**0,25**	**0,35**	0,5
7	Punktlinie	Bauteile vor bzw. über der Schnittebene	0,25	**0,35**	**0,5**	0,7
8	Maßzahlen	Schriftgröße	2,5	**3,5**	**5,0**	7,0

[1]) Die Liniengruppe I ist nur dann anzuwenden, wenn eine Zeichnung mit der Liniengruppe III angefertigt, im Verhältnis 2:1 verkleinert wurde und die Verkleinerung weiterbearbeitet werden soll. In der Zeichnung mit der Liniengruppe III ist dann die Schriftgröße 5,0 mm zu wählen. Die Liniengruppe I erfüllt nicht die Anforderungen der Mikroverfilmung.

[2]) Die Liniengruppe IV ist für Ausführungszeichnungen anzuwenden, wenn eine Verkleinerung z. B. vom Maßstab 1 : 50 in den Maßstab 1 : 100 vorgesehen ist und die Verkleinerung den Anforderungen der Mikroverfilmung zu entsprechen hat. Die Verkleinerung kann dann gegebenenfalls mit den Breiten der Liniengruppe II weiterbearbeitet werden.

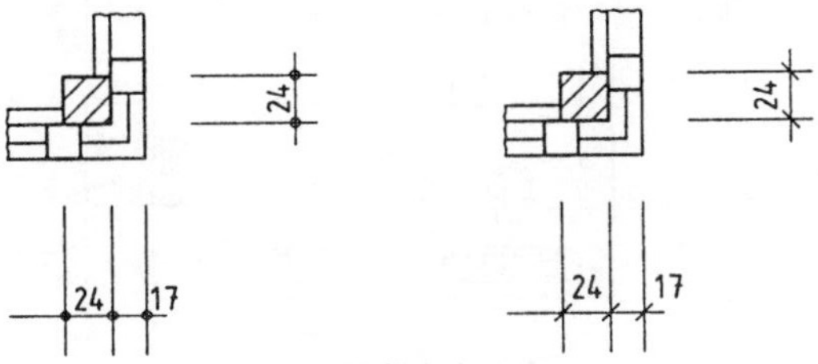

Bild 6: Maßlinienbegrenzung

8.5 Maßhilfslinie

Maße, die nicht zwischen den Begrenzungslinien der Flächen eingetragen werden, sind mittels Maßhilfslinien herauszuziehen. Sie stehen im allgemeinen rechtwinklig zur Maßlinie und gehen etwas über diese hinaus. Sie sind von den zugehörigen Körperkanten abzusetzen (siehe Bild 9).

8.6 Maßanordnung[2])

Bemaßt wird im allgemeinen unter bzw. rechts der Darstellung. Bei mehreren parallelen Maßketten sind die Maßketten entsprechend der Lage der zu bemaßenden Bauteile von innen nach außen anzuordnen (siehe Bild 9). Die zusammenfassenden Maße stehen außen. Maßketten innerhalb der Darstellung sind so anzuordnen, daß die Flächen in Raummitte möglichst frei bleiben.

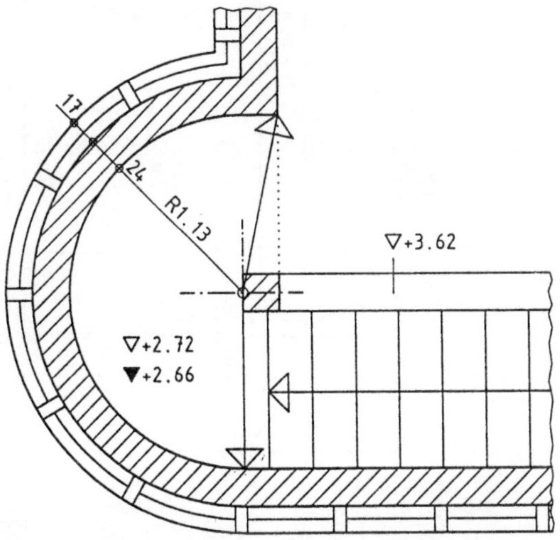

Bild 7: Anordnung von Höhenangaben und Bemaßung von Radien in Grundrissen

[2]) siehe auch DIN 406-11

8.7 Maßeintragung

8.7.1 Höhenangaben sind nach Bild 8 in Schnitten und nach Bild 7 in Grundrissen bzw. Draufsichten einzutragen. Das Vorzeichen + oder - der Maßzahlen bezieht sich auf die Höhenlage ± 0,00 (im Regelfall die planmäßige Höhenlage der Oberfläche der Fertigkonstruktion des Fußbodens im Eingangsbereich, bezogen auf NN). Bei Brüstungen darf zusätzlich die Rohbauhöhe über Oberfläche Rohfußboden angegeben werden (siehe Bilder 7 und 9).

8.7.2 Wird in Grundrissen bei der Bemaßung von Wandöffnungen, insbesondere für Türen und Fenster, zusätzlich zur Angabe der Breite auch die Höhe angegeben, so ist die Maßzahl für die Breite über der Maßlinie und die Maßzahl für die Höhe direkt darunter unter der Maßlinie anzuordnen (siehe Bild 9).

8.7.3 Rechteckquerschnitte dürfen zur Vereinfachung auch durch Angabe ihrer Seitenlängen in Bruchform bemaßt werden, z. B. 12/16 (im Schnitt: Breite/Höhe).

8.7.4 Runde Querschnitte erhalten vor der Maßzahl das Durchmesserzeichen ø z. B. ø 12. Weitere Querschnitte siehe DIN 1353-2.

8.7.5 Radien sind vor der Maßzahl mit dem Großbuchstaben R zu kennzeichnen (siehe Bild 7).

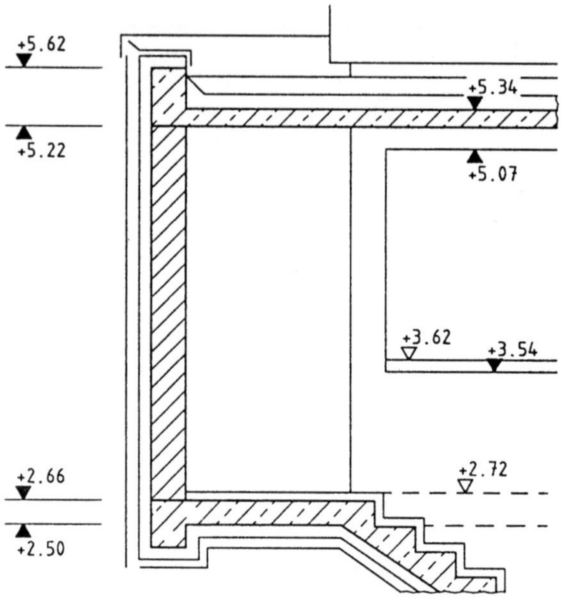

Bild 8: Anordnung der Höhenangaben in Schnitten

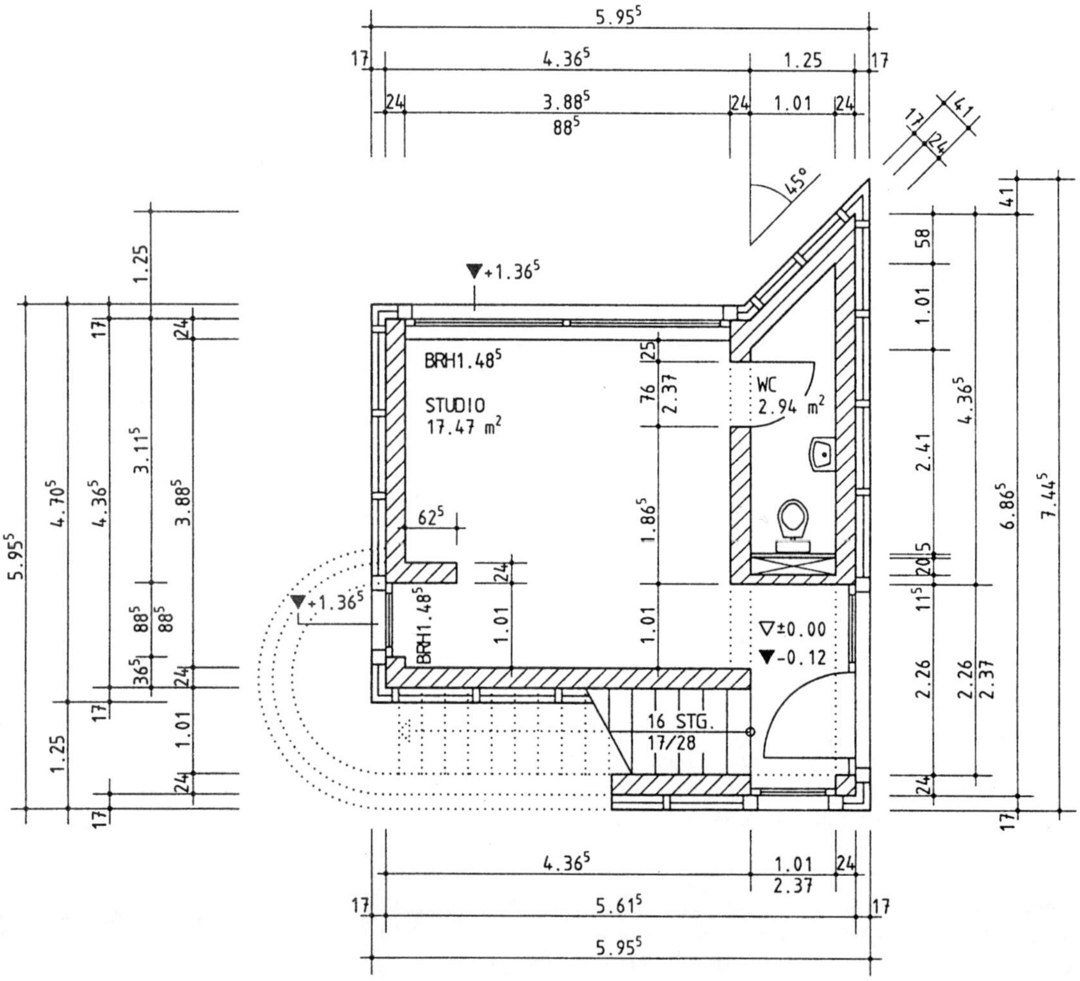

Bild 9: Beispiel für Maßanordnung und Höhenangaben im Grundriß [3]

[3] Die im Beispiel verwendeten Abkürzungen bedeuten:
BRH = Brüstungshöhe; EG = Erdgeschoß; OG = Obergeschoß; STG = Steigungen.

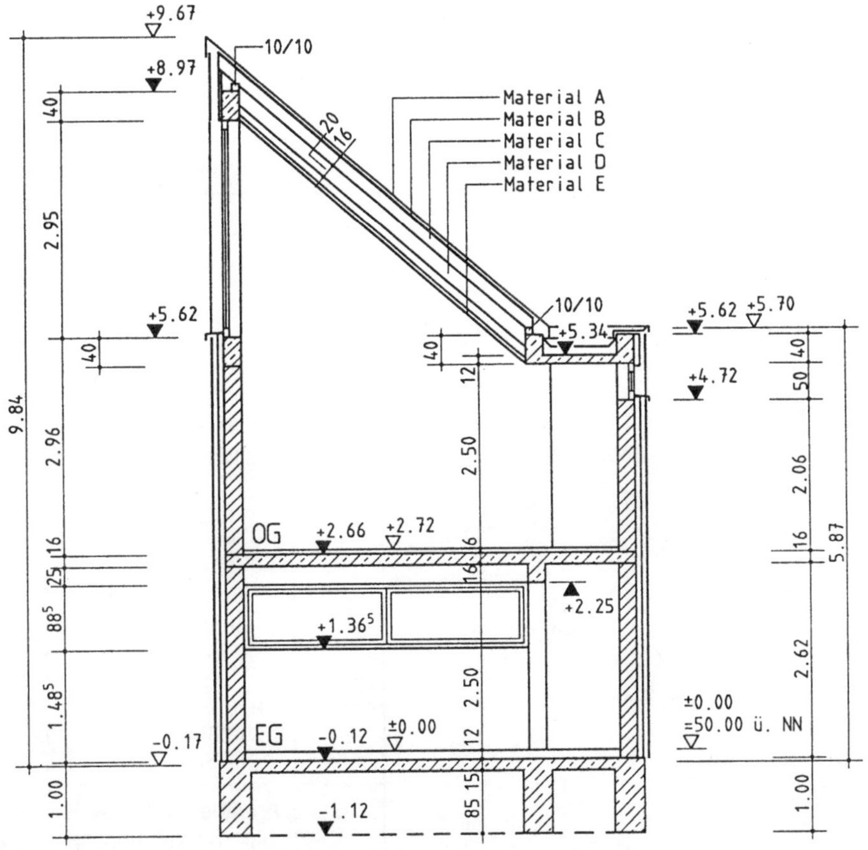

Bild 10: Beispiel für Maßanordnung und Höhenangaben im Schnitt [3]

[3] siehe vorherige Seite

8.8 Maßeinheiten

Tabelle 3: Maßeinheiten

Spalte	1	2	3	4
Zeile	Maßeinheit, Bemaßung in	Maße unter 1 m z. B.		Maße über 1 m z. B.
1	cm	24	88.5¹)	388.5¹)
2	m und cm	24	88^5	$3.88^5$¹)
3	mm	240	885	3 885

¹) Anstelle des Punktes darf auch ein Komma gesetzt werden.

Die Wahl der Maßeinheiten richtet sich nach der Bauart oder der Art des Bauwerks.
Die angewendeten Maßeinheiten sind in Verbindung mit dem Maßstab zweckmäßigerweise im Schriftfeld anzugeben (z. B. 1: 50 - m, cm).

8.9 Hinweise, Hinweislinien

8.9.1 Hinweise sind nach Bild 11 in Blockform anzuordnen.

8.9.2 In Bauzeichnungen sind Hinweislinien nach Bild 11 aus der Darstellung herauszuziehen. Sie dürfen bei Platzmangel auch für Maße angewendet werden. Hinweislinien dürfen nach DIN 406-11 auch mit einem Pfeil enden. Hinweislinien sind rechtwinklig anzuordnen und sollen höchstens einmal abgewinkelt werden. Das schräge Herausziehen unter 45° sollte nur verwendet werden, wenn es der Verdeutlichung dient.

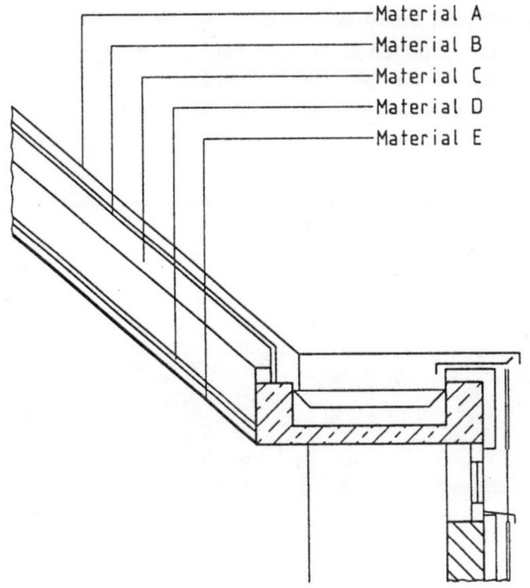

Bild 11: Hinweise, Hinweislinien

9 Angabe des Schnittverlaufs im Grundriß

Im Grundriß ist die Lage der vertikalen Schnittebene(n) für einen oder mehrere Schnitte mit Strichpunktlinien nach Tabelle 2, Zeile 5, und Blickrichtung anzugeben. Der Schnittverlauf braucht nicht durchgehend durch die Strichpunktlinie markiert zu werden. Verspringt der Schnitt, so ist die Stelle des Versprunges anzugeben. Bei mehr als einem Schnitt ist jeder Schnitt eindeutig zu kennzeichnen (siehe Bild 12).

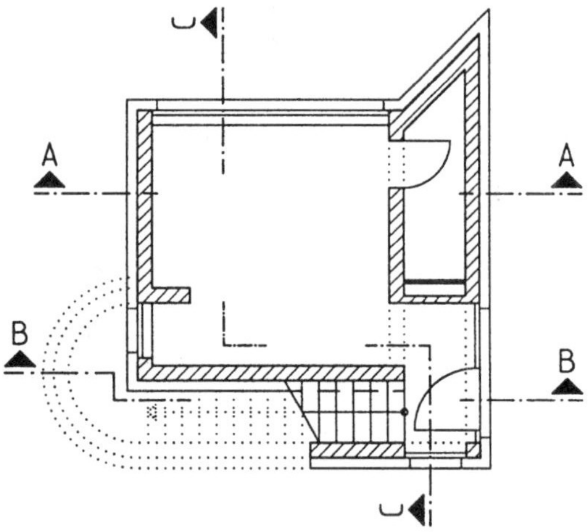

Bild 12: Kennzeichnung des Schnittverlaufs im Grundriß

10 Kennzeichnung von Schnittflächen

Vorzugsweise sind die Begrenzungslinien der Schnittflächen mit Vollinien nach Tabelle 2, Zeilen 1 und 2, hervorzuheben. Schraffur der Schnittflächen darf zur Verdeutlichung zusätzlich oder anstelle der o.a. Hervorhebung der Schnittflächen angewendet werden (siehe Bild 13). Schnittflächen können außerdem entsprechend dem verwendeten Baustoff gekennzeichnet werden, wenn dies zweckmäßig erscheint (siehe Abschnitt 12.5). Wenn der Maßstab es erfordert, dürfen Schnittflächen auch geschwärzt werden.

11 Begrenzung der Ausschnittdarstellung

Ausschnittdarstellungen sollen mit einer Vollinie abgegrenzt werden (siehe Bild 13). Bei Kennzeichnung nach Abschnitt 12.5 kann auf Begrenzungslinien auch verzichtet werden (siehe Bild 13).

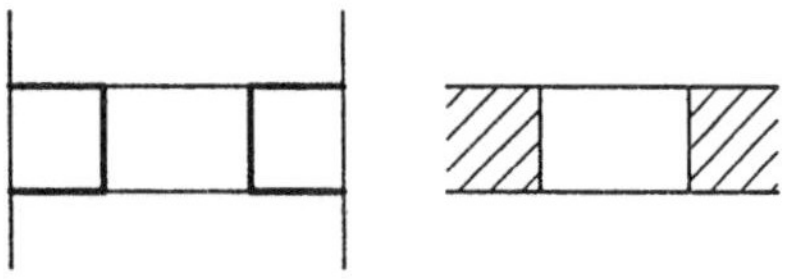

Bild 13: Kennzeichnung von Schnittflächen, Begrenzung der Ausschnittdarstellungen

12 Vereinfachte Darstellungen

12.1 Allgemeine Zeichen

Tabelle 4: Allgemeine Zeichen

Spalte	1	2
Zeile	Anwendungsbereich	Allgemeine Zeichen
1	Richtung	
2	Höhenangabe Oberfläche — Fertigkonstruktion — Rohkonstruktion	
3	Höhenangabe Unterfläche — Fertigkonstruktion — Rohkonstruktion	
4	Angabe der Schnittführung in Blickrichtung	
5	Angabe der horizontalen Schnittführung für den Grundriß Typ B	
6	Radius	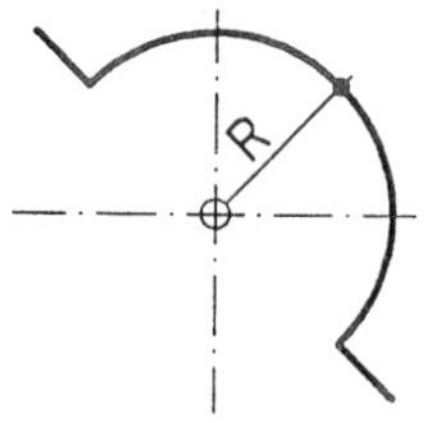

12.2 Steigungsrichtung bei Treppen und Rampen im Grundriß

(siehe auch DIN 18064)

Tabelle 5: Steigungsrichtung

Spalte	1	2
Zeile	Anwendungsbereich	Steigungsrichtung
1	Einläufige Treppe	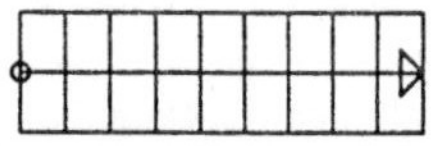
2	Zweiläufige Treppe	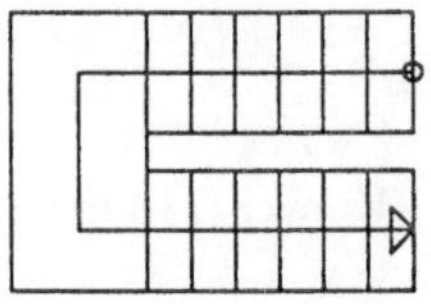

Tabelle 5: Steigungsrichtung (Fortsetzung)

Spalte	1	2
Zeile	Anwendungsbereich	Steigungsrichtung
3	Spindeltreppe	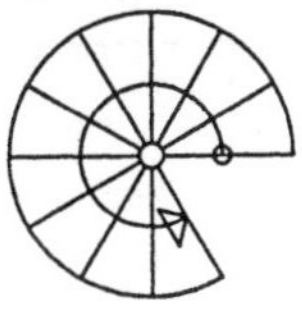
4	Treppenlauf, horizontal geschnitten, mit darunterliegendem Lauf	
5	Treppenlauf, horizontal geschnitten, mit Darstellung des Laufes oberhalb der Schnittebene (Grundriß Typ A)	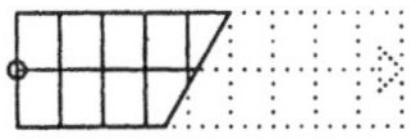
6	Rampe, die Darstellung von geschnittenen Rampen erfolgt sinngemäß der Darstellung von geschnittenen Treppen	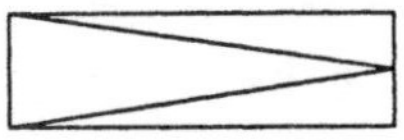

12.3 Öffnungsarten von Türen im Grundriß und von Türen und Fenstern in der Ansicht

Tabelle 6: Öffnungsarten

Spalte	1	2
Zeile	Anwendungsbereich	Öffnungsarten
1	Drehflügel, einflügelig	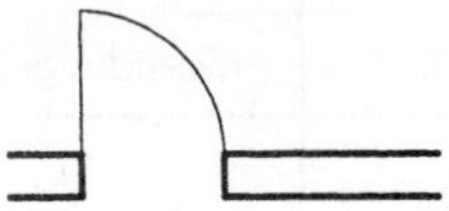
2	Drehflügel, zweiflügelig	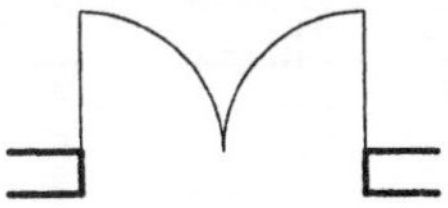
3	Drehflügel, zweiflügelig gegeneinanderschlagend	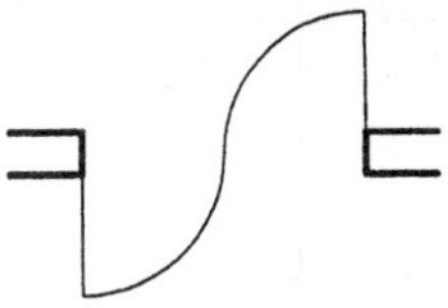
4	Pendelflügel, einflügelig	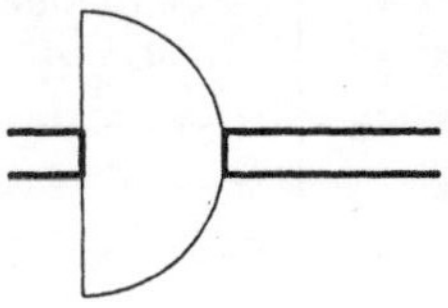

Tabelle 6: Öffnungsarten (Fortsetzung)

Spalte	1	2
Zeile	Anwendungsbereich	Öffnungsarten
5	Pendelflügel, zweiflügelig	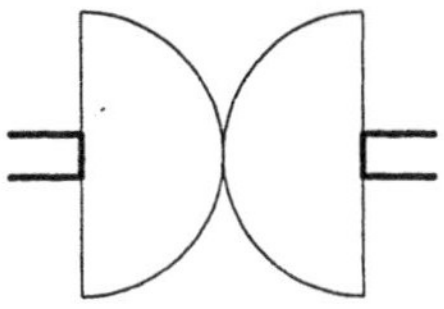
6	Hebe-Drehflügel	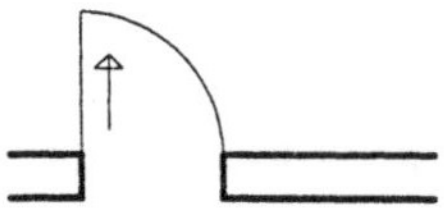
7	Drehtür	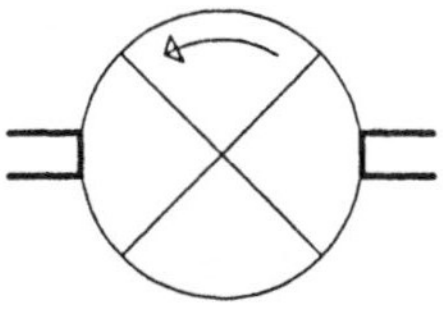
8	Schiebeflügel	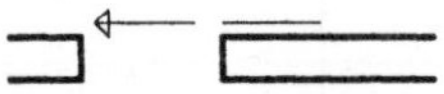
9	Hebe-Schiebeflügel	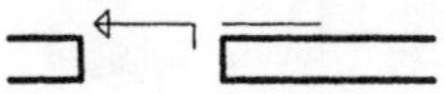
10	Falttür, Faltwand	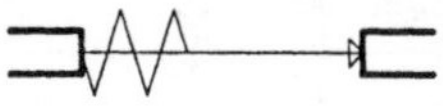
11	Schwingflügel	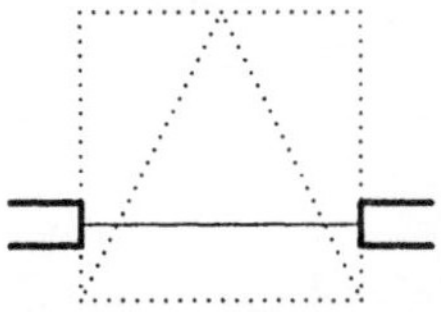
12	Drehflügel	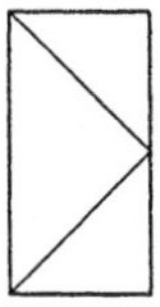
13	Kippflügel	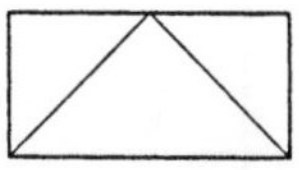
14	Klappflügel	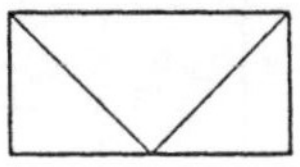

Tabelle 6: Öffnungsarten (Fortsetzung)

Spalte	1	2
Zeile	Anwendungsbereich	Öffnungsarten
15	Dreh-Kippflügel	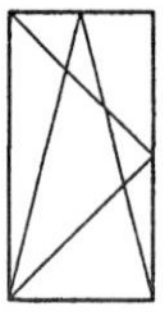
16	Hebe-Drehflügel	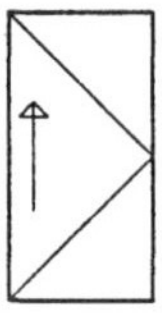
17	Schwingflügel	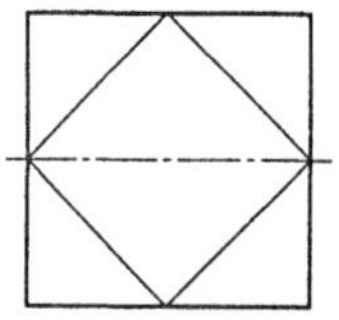
18	Wendeflügel	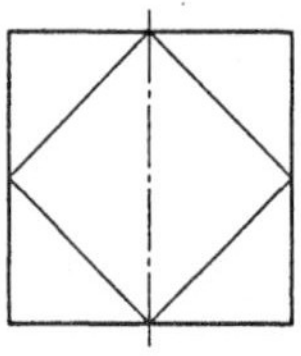
19	Schiebeflügel, vertikal	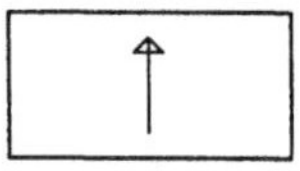
20	Schiebeflügel, horizontal	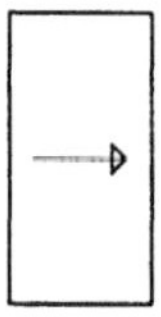
21	Hebe-Schiebeflügel	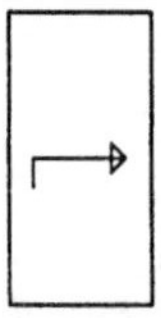
22	Festverglasung	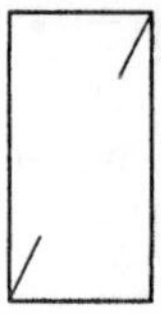

12.4 Tragrichtung von Platten

Tabelle 7: Tragrichtung

Spalte	1	2
Zeile	Anwendungsbereich	Tragrichtung
1	Zweiseitig gelagert	
2	Dreiseitig gelagert	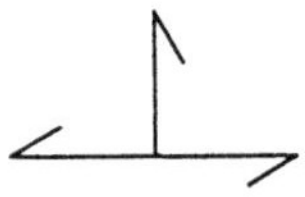
3	Vierseitig gelagert	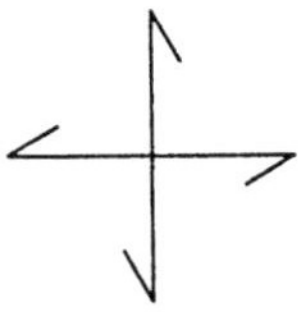
4	Auskragend	

12.5 Kennzeichnung der Schnittflächen von geschnittenen Stoffen in Bauzeichnungen

(siehe auch DIN 201)

Tabelle 8: Kennzeichnung von Schnittflächen

Spalte	1	2
Zeile	Anwendungsbereich	Kennzeichnung
1	Boden	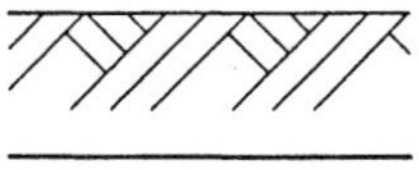
2	Kies	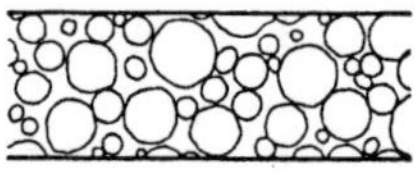
3	Sand	
4	Beton (unbewehrt)	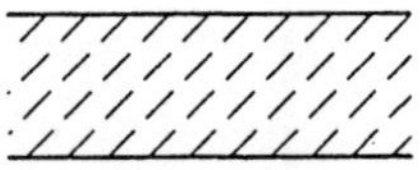
5	Beton (bewehrt)	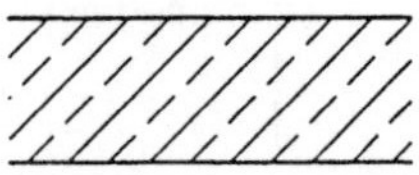

Tabelle 8 (Fortsetzung)

Spalte	1	2
Zeile	Anwendungsbereich	Öffnungsarten
6	Mauerwerk	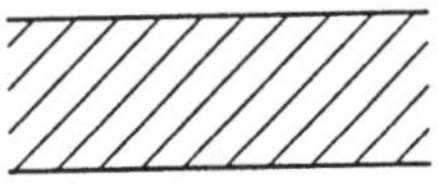
7	Holz, quer zur Faser geschnitten	
8	Holz, längs zur Faser geschnitten	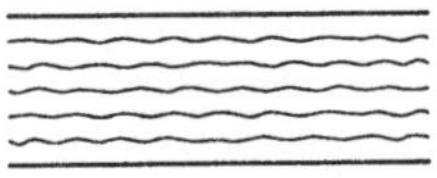
9	Metall	
10	Mörtel, Putz	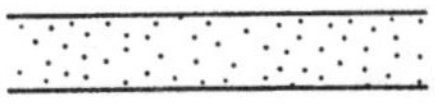
11	Dämmstoffe	
12	Abdichtungen	
13	Dichtstoffe	

12.6 Abgehängte Decken

Abgehängte Decken werden im Grundriß mit einer Strichlinie gekennzeichnet, welche die Deckenfläche diagonal durchquert. Diese Linie bekommt die Kennzeichnung "abgeh. Decke", sowie die Höhenangabe für die Unterfläche Decke.

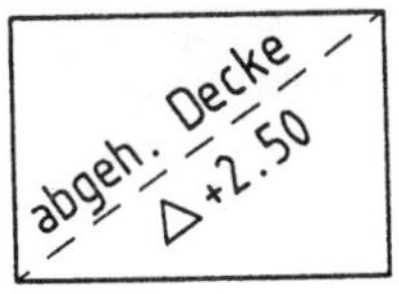

Bild 14: Abgehängte Decken

12.7 Aussparungen

12.7.1 Aussparungen, deren Tiefe kleiner als die Bauteiltiefe ist

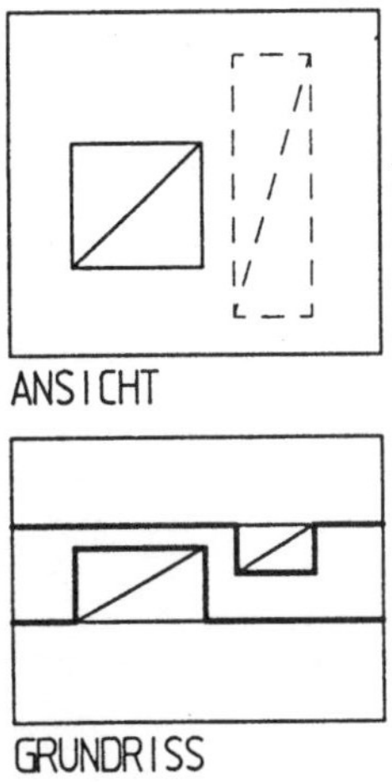

Bild 15: Aussparungen, deren Tiefe kleiner als die Bauteiltiefe ist

12.7.2 Aussparungen, deren Tiefe gleich der Bauteiltiefe ist

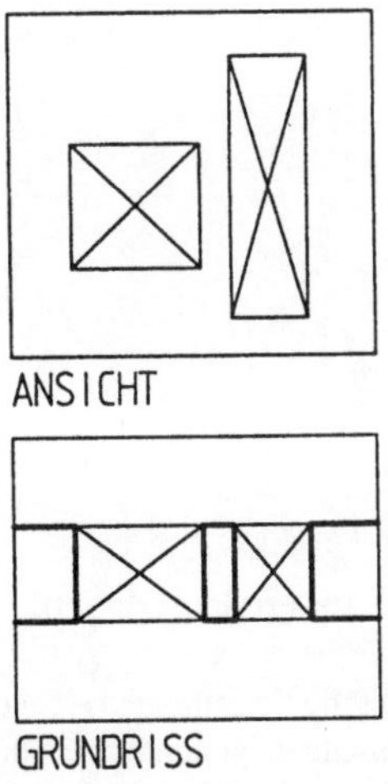

Bild 16: Aussparungen, deren Tiefe gleich der Bauteiltiefe ist

13 Änderungen bestehender baulicher Anlagen

Für die Darstellung der Änderungen bestehender baulicher Anlagen gilt DIN ISO 7518.

Für Bauvorlagezeichnungen sind die entsprechenden Verordnungen der Länder zu beachten.

Zitierte Normen und andere Unterlagen

DIN15-1	Technische Zeichnungen - Linien - Grundlagen
DIN201	Technische Zeichnungen - Schraffuren - Darstellung von Schnittflächen und Stoffen
DIN406-11	Technische Zeichnungen - Maßeintragung - Grundlagen der Anwendung
DIN824	Technische Zeichnungen - Faltung auf Ablageformat
DIN1353-2	Abkürzungen für Benennung von Halbzeug
DIN 1356 - 10	Bauzeichnungen - Bewehrungszeichnungen
DIN 6771-6	Vordrucke für technische Unterlagen
DIN 18064	Treppen - Begriffe
DIN ISO 5455	Technische Zeichnungen - Maßstäbe
DIN ISO 7518	Zeichnungen für das Bauwesen - Vereinfachte Darstellung von Abriß und Wiederaufbau; Identisch mit ISO 7518, Ausgabe 1983
ISO 2594 : 1972	Building drawings projection methods

Musterentwurf zur Bauvorlagenverordnung der Fachkommission Bauaufsicht der ARGEBAU (Fassung 1974)
Rechtsverordnungen der Länder
Bauvorlagenverordnung der Länder

DIN 1356-2 Bauzeichnungen: Teil 2: Zeichnungen für die Objektplanung

1 Anwendungsbereich und Zweck

Diese Norm trifft Festlegungen für Zeichnungen der Objektplanung im Sinne von Leistungen nach der "Honorarordnung für Architekten und Ingenieure (HOAI), Teil II" mit Ausnahme der Freianlagen.

Sie legt Begriffe fest und regelt Anforderungen, Darstellung und Maßstäbe für die verschiedenen Zeichnungsarten.

Diese Norm gilt auch für ingenieurmäßig bearbeitete Vorentwurfs- und Entwurfszeichnungen von Gebäuden und sonstigen baulichen Anlagen.

2 Begriffe

2.1 Vorentwurfszeichnungen

Vorentwurfszeichnungen sind Bauzeichnungen mit zeichnerischen Darstellungen eines Entwurfskonzeptes für eine geplante bauliche Anlage. Vorentwurfszeichnungen dürfen in skizzenhafter Form dargestellt werden.

2.2 Entwurfszeichnungen

Entwurfszeichnungen sind Bauzeichnungen mit zeichnerischen Darstellungen des durchgearbeiteten Enwurfskonzeptes der geplanten baulichen Anlage

2.3 Bauvorlagezeichnungen

Bauvorlagezeichnungen sind Entwurfszeichnungen, die durch alle Angaben ergänzt sind, die gemäß den jeweiligen Bauvorlagenverordnungen der Länder oder nach den Vorschriften für andere öffentlichrechtliche Verfahren gefordert werden.

2.4 Auführungszeichnungen

Ausführungszeichnungen sind Bauzeichnungen mit zeichnerischen Darstellungen des geplanten Objekts mit allen für die Ausführung notwendigen Einzelangaben.

2.5 Abrechnungszeichnungen

Abrechnungszeichnungen sind Bauzeichnungen mit zeichnerischen Darstellungen baulich aufgeführter Leistungen für bestimmte Gewerke.

2.6 Baubestandszeichnungen, Bauaufnahmen, Benutzungspläne

Baubestandszeichnungen, Bauaufnahmen und Benutzungspläne sind zeichnerische Darstellungen eines bestimmten Objektes.

3 Zweck, Anforderungen, Darstellungsregeln, Maßstäbe

3.1 Vorentwurfszeichnungen

3.1.1 Zweck

Vorentwurfszeichnungen dienen im Rahmen der Vorplanung der Erläuterung des Entwurfskonzeptes unter Berücksichtigung der Leistungen anderer, an der Planung fachlich Beteiligter, soweit notwendig. Sie sind auch Grundlage zur Beurteilung der baurechtlichen Genehmigungsfähigkeit.

3.1.2 Anforderungen an Vorentwurfszeichnungen

Vorentwurfszeichnungen müssen enthalten:

a) die Einbindung der baulichen Anlagen in ihrer Umgebung, z.B. Darstellung des Bauwerks auf dem Baugrundstück mit Angabe der Haupterschließung und der Nordrichtung,
b) die Zuordnung der im Raumprogramm genannten Räume zueinander,
c) die angenäherten Maße der Baukörper und Räume, auch als Grundlage für die Berechnung nach DIN 276 und DIN 277,
d) konstruktive Angaben, soweit notwendig,
e) Darstellung der Baumassen, Gebäudeformen und Bauteile in Grundrissen, Schnitten und wesentlichen Ansichten mit Verdeutlichung der räumlichen Wirkung, soweit notwendig.

3.1.3 Maßstäbe

Maßstäbe sind nach Art und Umfang der Bauaufgabe zu wählen, im Regelfall 1 : 500 bzw. 1 : 200.

3.2 Entwurfszeichnungen

3.2.1 Zweck

Entwurfszeichnungen müssen die Beiträge anderer, an der Planung fachlich Beteiligter, berücksichtigen sowie Gestaltung und Konstruktion erkennen lassen. Sie dienen der abschließenden Beurteilung durch den Bauherrn und sind Grundlage für die Genehmigungsplanung sowie für die Ausführungsplanung des Objekt- und Tragwerkplaners.

3.2.2 Anforderungen an Entwurfszeichnungen

Entwurfszeichnungen müssen enthalten:

3.2.2.1 in den Grundrissen

a) die Bemaßung der Lage des Bauwerks im Baugrundstück, Hinweise auf die Erschließung, Angabe der Nordrichtung,
b) die Bemaßung der Baukörper und Bauteile

c) die lichten Raummaße des Rohbaues und Höhenlage des Bauwerks über NN,
d) Raumfläche in m²,
e) Angabe der Bauart und der wesentlichen Baustoffe,
f) Fugen,
g) Türöffnungen mit Bewegungsrichtung der Türen, Fensteröffnungen und besondere Kennzeichnung der Gebäudezugänge und gegebenenfalls Wohnungszugänge o.ä.,
h) Treppen und Rampen mit Angabe der Steigungsrichtung (Lauflinie), Anzahl der Steigungen (nur bei Treppen) und Steigungsverhältnisse,
i) Schornsteine, Kanäle und Schächte,
k) Einrichtungen des technischen Ausbaus,
l) betriebliche Einbauten und Möblierungen,
m) Bezeichnung der Raumnutzung und gegebenenfalls die Raumnummern,
n) bei Änderung baulicher Anlagen die zu erhaltenden, zu beseitigenden und die neuen Bauteile,
o) den zu erhaltenden Baumbestand und die geplante Gestaltung der Freiflächen auf dem Baugrundstück (Verkehrsflächen, Grünflächen),
p) die bestehenden und zu berücksichtigenden baulichen Anlagen, soweit notwendig,
q) Lage der vertikalen Schnittebenen.

3.2.2.2 in den Schnitten

a) Geschoßhöhen, gegebenenfalls auch lichte Raumhöhen,
b) Höhenlage der baulichen Anlage über NN,
c) konstruktive Angaben zur Gründung und zum Dachaufbau,
d) Treppen mit Angabe der Anzahl der Steigungen und Steigungsverhältnisse, bei Rampen Steigungsverhältnis,
e) den vorhandenen und den geplanten Geländeverlauf (Geländeanschnitt),
f) weitere Angaben entsprechend Abs. 3.2.2.1, soweit erforderlich

3.2.2.3 in den Ansichten

a) die Gliederung der Fassade,
b) die Fenster- und Türteilungen,
c) die Dachrinnen und Regenfalleitungen,
d) die Schornsteine und sonstige technische Aufbauten,
e) die Dachüberstände,
f) den vorhandenen und den geplanten Geländeverlauf,
g) die ggfs. zu berücksichtigende anschließende Bebauung,
h) weitere Angaben entsprechend Abschnitt 3.2.2.1, soweit erforderlich

3.2.3 Maßstäbe

Maßstäbe sind nach Art und Umfang der Bauaufgabe zu wählen, im Regelfall 1 : 100, gegebenenfall 1 : 200.

3.3 Bauvorlagezeichnungen

Bauvorlagezeichnungen sind im Rahmen der Genehmigungsplanung nach den jeweiligen Bauvorlagenverordnungen anzufertigen. Die Rechtsverordnungen der Länder enthalten konkrete Forderungen hinsichtlich der Maßstäbe, der Mindestinhalte sowie der zu verwendenden Zeichen und gegebenenfalls Farben. Zeichnungen für andere öffentlich-rechtliche Verfahren haben sich nach den entsprechenden Vorschriften zu richten. Die Maßstäbe sind in Übereinstimmung mit den Entwurfszeichnungen nach Art und Umfang der Bauaufgabe zu wählen, im Regelfall 1 : 100, gegebenenfalls 1 : 200.

3.4 Ausführungszeichnungen

3.4.1 Zweck

Ausführungszeichnungen enthalten - unter Berücksichtigung der Beiträge anderer, an der Planung fachlich Beteiligter - alle für die Ausführung bestimmten Einzelangaben in Werk-, Teil- und Sonderzeichnungen und dienen als Grundlage der Leistungsbeschreibung und Ausführung der baulichen Leistungen.

3.4.2 Werkzeichnungen ("Werkpläne")

3.4.2.1 Inhalte

Werkzeichnungen müssen in jeweils einer Zeichnung oder - aus Gründen der Übersicht entsprechend der geplanten Baudurchführung - in schrittweise aufeinander abgestimmten und sich ergänzenden Zeichnungen enthalten:

a) alle Maße zum Nachweis der Raumflächen und des Rauminhaltes (lichte Raummaße des Rohbaues),
b) Quadratmeterangaben für die Raumflächen, bezogen auf den Rohbau,
c) Höhenangaben, Lage des Bauwerkes über NN,
d) Maße aller Bauteile,
e) Türöffnungen mit Bewegungsrichtungen der Türen, Fensteröffnungen
f) Treppen und Rampen mit Angabe der Steigungsrichtung (Lauflinie), Anzahl der Steigungen und Steigungsverhältnisse, bei Rampen nur Steigungsverhältnis,
g) Angaben der Bauart und der Baustoffe, soweit diese nicht den Tragwerksausführungszeichnungen zu entnehmen sind,
h) Lage und Verlauf der Abdichtungen,
i) Fugen,
k) die Anordnung der betriebstechnischen Anlagen mit Querschnitten der Kanäle, Schächte und Schornsteine,
l) alle Angaben über Aussparungen und Einbauteile, die Geländeanschnitte, welche die vorhandenen und künftigen Höhen erkennen lassen,

n) bei Änderung baulicher Anlagen:
alle Angaben über zu erhaltende, zu beseitigende und neu zu errichtende Bauteile,
o) Hinweise auf weitere Zeichnungen,
p) die Raumnummern und die Bezeichnung der Raumnutzung,
q) Angaben über die Oberflächenbeschaffenheit verwendeter Baustoffe bei besonderen Anforderungen an die Oberfläche,
r) die Anordnung der Einrichtungen des technischen Ausbaus,
s) die Anordnung der betrieblichen Einbauten, gegebenenfalls in schematischer Darstellung,
t) Einbauschränke und Kücheneinrichtungen,
u) Verlauf der Grundleitung,
v) Angaben über die Dränung.

3.4.2.1.2 in den Schnitten

a) Geschoßhöhen, gegebenenfalls auch lichte Raumhöhen,
b) Höhenangaben für Decken und Fußböden (Rohbau- und Fertigmaß), Podeste, Brüstungen, Unterzüge,
c) Maße aller Bauteile,
d) Angaben der Bauart und Baustoffe, soweit diese nicht den Tragwerksausführungszeichnungen zu entnehmen sind,
e) Angaben über die Oberflächenbeschaffenheit der verwendeten Baustoffe, bei besonderen Anforderungen an die Oberfläche,
f) Treppen mit Angabe der Anzahl der Steigungen und Steigungsverhältnisse, bei Rampen nur Steigungsverhältnis,
g) Lage und Verlauf der Abdichtungen,
h) Angaben über Aussparungen und Einbauteile, soweit notwendig,
i) die Geländeanschnitte, welche die vorhandenen und künftigen Höhen erkennen lassen,
k) Angaben über die Dränung,
l) bei Änderung bestehender Anlagen Angaben über zu beseitigende und neu zu errichtende Bauteile,
m) Einbauschränke und Kücheneinrichtungen,
n) Hinweise auf weitere Zeichnungen.

3.4.2.1.3 in den Ansichten

a) Gliederung der Fassade,
b) Bemaßung und Höhenangaben, soweit nicht aus Grundriß und Schnitt ersichtlich,
c) hinter der Fassade liegende, verdeckte Geschoßdecken und verdeckte Fundamente,
d) die Geländeanschnitte, welche die vorhandenen und die künftigen Höhen erkennen lassen,
e) Fenster und Türen mit Angabe der Teilung und Öffnungsart,
f) Dachrinnen und Regenfalleitungen,
g) Schornsteine und sonstige technische Aufbauten,
h) die ggfs. zu berücksichtigende anschließende Bebauung,
i) weitere Angaben entsprechend den Abschnitten 3.4.2.1.1 und 3.4.2.1.2, soweit erforderlich.

3.4.2.2 Maßstäbe

Als Maßstab ist vorzugsweise 1 : 50, gegebenenfalls 1 : 20 zu wählen.

3.4.3 Detailzeichnungen (Einzelheiten)

3.4.3.1 Inhalte

Detailzeichnungen ergänzen die Werkzeichnungen in bestimmten Ausschnitten in jeweils notwendigem Umfang durch zusätzliche Angaben.

3.4.3.2 Maßstäbe

Maßstab 1 : 20, 1 : 10, 1 : 5 und 1 : 1.

3.4.4 Sonderzeichnungen

3.4.4.1 Inhalte

Sonderzeichnungen enthalten zusätzliche Angaben über die Ausführung bestimmter Gewerke.

3.4.42 Maßstäbe

Der Maßstab ist nach DIN 1356 Teil 1/Entwurf 10.88, Tabelle 2, nach Erfordernis zu wählen.

3.5 Abrechnungszeichnungen

Abrechnungszeichnungen dienen als Grundlage für die Abrechnung und Rechnungsprüfung. Hierfür werden in der Regel die während der Objektplanung fortgeschriebenen Ausführungszeichnungen angewendet. Jedoch ist auch eine unmaßstäblich skizzenhafte Darstellung möglich.

3.6 Baubestandszeichnungen, Bauaufnahmen, Benutzungspläne

3.6.1 Baubestandszeichnungen

Baubestandszeichnungen enthalten als fortgeschriebene Entwurfs- bzw. Ausführungszeichnungen alle für den jeweiligen Zweck notwendigen Angaben über die fertiggestellte baulich Anlage. Maßstab 1 : 100, 1 : 50.

3.6.2 Bauaufnahmen

Bauaufnahmen sind nachträgliche Maßaufnahmen bestehender Objekte im erforderlichen Umfang und Maßstab.

3.6.3 Benutzungspläne

Benutzungspläne sind Baubestandszeichnungen oder Bauaufnahmen, die durch zusätzlich Angaben für bestimmte, baurechtlich, konstruktiv oder funktionell zulässige Nutzungen ergänzt sind (z.B. zulässige Verkehrslasten, Rettungswege).

Anordnung von Maßlinien

M 1:100

Maße sind Grundlage für Berechnungend der:

- Rauminhalte
- Flächen (Nutzflächen, Verkehrsflächen etc.)
- etc.

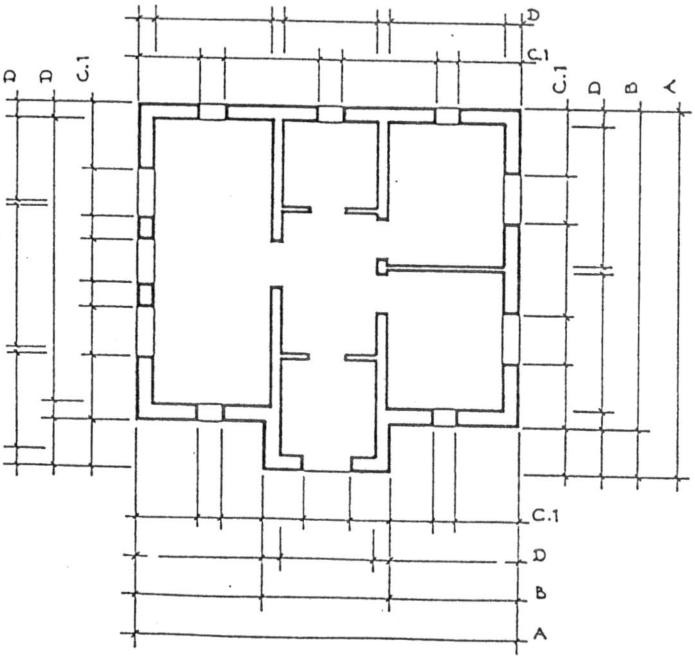

A : Gesamtaußenmaß
B : Vor- und Rücksprünge der Baukörper
C1: Außenwände
(Wandabwicklung von außen)
(Breite/ Höhe der Fensteröffnungen von außen)
D : Rauminnenmaße

M 1:50

Maße sind Grundlage für:

- Ausschreibungen aller Gewerke
- Haustechnikpläne
- Schal- und Bewehrungspläne
- etc.

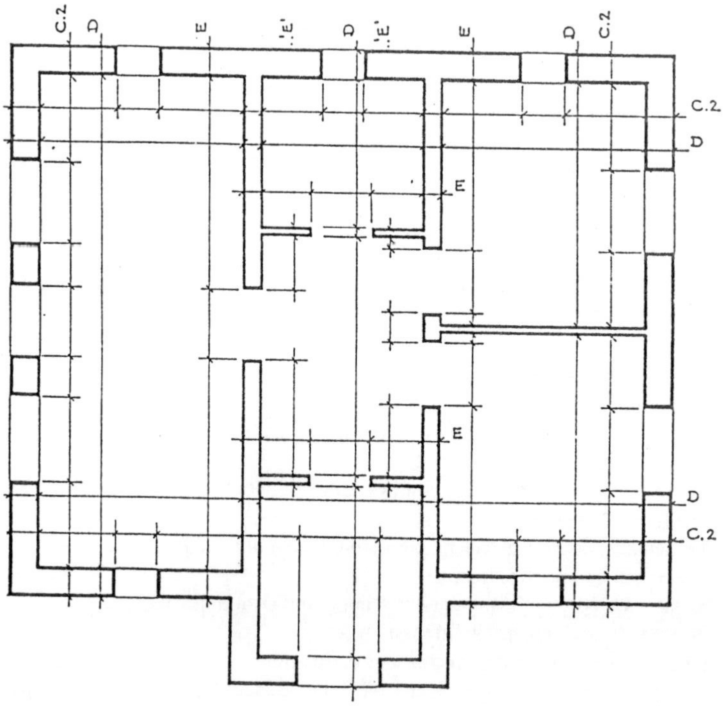

Die außenliegenden Maßketten (A, B, C1) sind identisch mit denjenigen bei M 1:100; die Rauminnenmaße werden hingegen innerhalb des Grundrisses eingetragen.

C2: Außenwände
(Wandabwicklung von innen)
(Breite/ Höhe der Fensteröffnungen von innen, Brüstungshöhen)
E : Innenwände (Wandabwicklung)
(Höhe der Innentüröffnungen)
'E': Wandvorsprünge

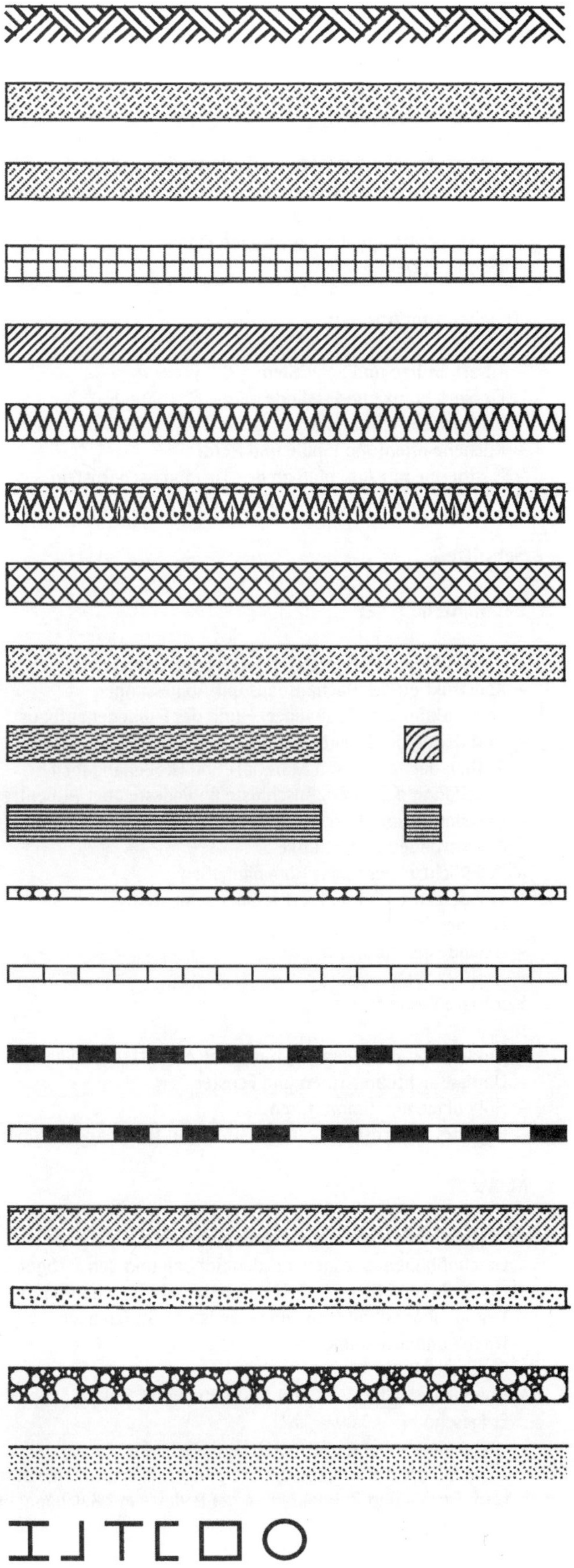

Gewachsenes Erdreich

Beton (unbewehrt)

Beton (bewehrt)

Stahlbeton-Fertigteil

Mauerwerk

Dämmstoffe, weich

Dränplatte

Dämmstoffe, druckfest

Estrich (Schraffur wie Beton)

Vollholz, längs zur Faser Vollholz, quer zur Faser

Brettschichtholz

Ausgleichsschicht

Trennschicht / Trennlage

Abdichtungen
Bitumenbahnen, Dampfsperren. Folien, etc.
(muß beschriftet werden)

Voranstrich

Putz

Kies

Sand

Metall

"Checkliste" mit den wichtigsten Angaben und Maßen:

Grundrisse

Geschnittene Teile:

- Begrenzung der Flächen geschnittener Wände und Stützen
- Signatur der Baustoffe
- Schornsteine und Lüftungen mit Angabe der Querschnitte oder des Fertigteiltyps
- Lichtschächte
- Revisionsschächte, Reinigungsschächte
- Wandschlitze mit Angabe von Abmessungen und Lage
- Geschoßtreppen mit Angabe des Steigungsverhältnisses, der Zahl der Stufen, der Lauflinie und des Richtungspfeiles mit An- und Austrittsstufe

Sichtbare Kanten:

- Sichtbare Bauteile bei Türöffnungen, Fensterbrüstungen und Aussparungen
- Heizkörpernischen mit Heizkörpern
- Aufsicht auf die darunterliegende Treppe
- Fußboden- und Deckendurchbrüche
- Bodenabläufe mit evtl. Gefällelinien
- Dach-, Balkon- und Terrassenaufsichten der darunterliegenden Geschosse

Unsichtbare Kanten:

- Zum Verständnis des Planes notwendige Angaben über darüber- bzw. darunterliegende Bauteile (Fundamente, Unterzüge, etc.)
- Lage aller Ausbauteile, die bereits im Rohbau eingebaut werden (Gardinenschiene im Deckenbeton, Leerrohre, etc.)

Maße:

- Gesamtmaße von Gebäudeteilen und Gebäude
- Lichte Rohbaumaße der Räume
- Maße und Angabe der Aussparungen
- Abstände der Türöffnungen und Wandvorsprünge von den Innenwänden
- Außenwandöffnungen, Wandlängen, Pfeilermaße und Türöffnungen mit Aufschlagsrichtung; Fenster und Türen mit Angabe der lichten Höhe
- Brüstungshöhen (Rohbau)
- Wandstärken
- Treppen: Angabe der Podestbreite und -länge, der Laufbreite und -länge

Sonstige Angaben:

- Planbezeichnung, Maßstab, Nordpfeil
- Angabe der Schnittebenen
- Angabe evtl. vorhandener Konstruktionsachsen
- Raumbezeichnungen und Raumgrößen, ggfs. Raumnummer
- Roh- und Fertigbodenhöhe mit Bezugshöhe
- Verbale Angabe des Bodenaufbaus, beginnend mit dem Belag
- Montageanweisungen
- Kanalisation und Drainage
- Hinweise auf Angaben in anderen Plänen (Schnitte, Details, etc.)

Angaben zum Ausbau:

- Türart, Stürze und Schwellen
- Einbauschränke und -wände
- Sanitäre Einrichtungen
- Kücheneinrichtung (Spüle und Herd)
- Gastherme mit Anschluß an den Luftabgasschornstein
- Angabe der 2-Meter-Linie bei geneigten Dächern

Schnitte

Geschnittene Teile:

- Konstruktion des Daches mit Querschnittsangaben
- Konstruktion des Dachausbaus mit Abmessungen
- Konstruktion der Rohbaudecke und des Fußbodenaufbaus
- Ausbildung der Fenster mit Brüstung und Rolladenkasten
- Aufbau der Wände mit Material- und Größenangaben
- Ausbildung der Türen, Anschlüsse an Podeste oder Außentreppen
- Ausbildung von Balkonen oder Terrassen
- Aussparungen und Schlitze
- Kellerlichtschächte mit Höhenangaben
- Waagerechte und senkrechte Sperrschichten
- Fundamente
- Geländeanschluß

Sichtbare Kanten:

- Ansicht von Bauteilen, die hinter der Schnittebene liegen
- Umrisse sichtbarer Türen und Fenster
- Höhenlage der Zimmertüren
- Lage des Schornsteins zum Dachfirst mit Höhenangabe über First

Maße:

- Trauf- und Firsthöhe über Terrainoberkante
- Geschoßhöhen, bezogen auf den Rohbau und den fertigen Zustand
- Lichte Raumhöhen mit Deckenstärken und Bodenaufbauten
- Fassadenhöhen mit Brüstungs-, Fenster-, Sturzmaßen
- Türen- und Sturzhöhen
- Fundamenthöhen
- Höhenkoten aller Roh- und Ausbauteile; OK FFB im Erdgeschoß = ±0.00 = ...NN
- Vorhandener und geplanter Geländeverlauf
- Treppenläufe mit Angabe der Steigungszahl und - abmessung je Lauf, Fertig- und Rohbauhöhen der Podeste mit Belagangabe
- Dachneigung

Sonstige Angaben:

- Planbezeichnung, Maßstab
- Verbale Bezeichnung des Boden-, Decken- und Wandaufbaus
- Angabe von Konstruktionsachsen
- Anschluß und Vermaßung baulicher Anlagen im Außenbereich
- Geschoßbezeichnungen (EG, 1.OG, etc.)
- Hinweis auf Detailpläne

Ansichten

Sichtbare Kanten:

- Darstellung aller sichtbaren Fassadenbestandteile (unter OK Terrain gestrichelt)
- Darstellung der an die Fassade anschließenden Decken und Wände, sowie Fundamente mit gestrichelten Linien
- Fenster mit Darstellung von Blend- und Flügelrahmen, bzw. Festverglasung, mit Fensterbänken
- Aufschlagrichtung der Fenster und Türen, ggfs. mit Positionsnummer
- Darstellung sichtbarer Leitungsführung (z.B. Regenfallrohre, Dachrinnen)
- Kaminköpfe
- Vorgelagerte Stufen, Sockelausbildungen, anschliessende Außenanlagen und Geländeoberflächen
- Bei Putzbauten Kennzeichnungen unterschiedlicher Putzarten und -sorten
- Bei Sichtmauerwerk Angabe der Lagerfugen (Schichten), Rollschichten und des Verbandes

Maße:

- Höhenmaße aller sichtbaren Außenteile
- Traufhöhe und Firsthöhe
- Höhe der anschließenden Bauteile
- Höhe des Erdgeschoßfertigbodens

Sonstige Angaben:

- Planbezeichnung und Maßstab
- Ansichtsbezeichnung nach Himmelsrichtung bzw. Straßen
- Hinweis auf Detailpläne

Abkürzungen:

UZ	Unterzug
BRH	Brüstungshöhe ab Rohfußboden
UK	Unterkante
OK	Oberkante
FFB	Fertigfußboden
RFB	Rohfußboden
DD	Deckendurchbruch
FD	Fußbodendurchbruch
WD	Wanddurchbruch
WS	Wandschlitz
VK	Vorderkante
RR	Regenrohr

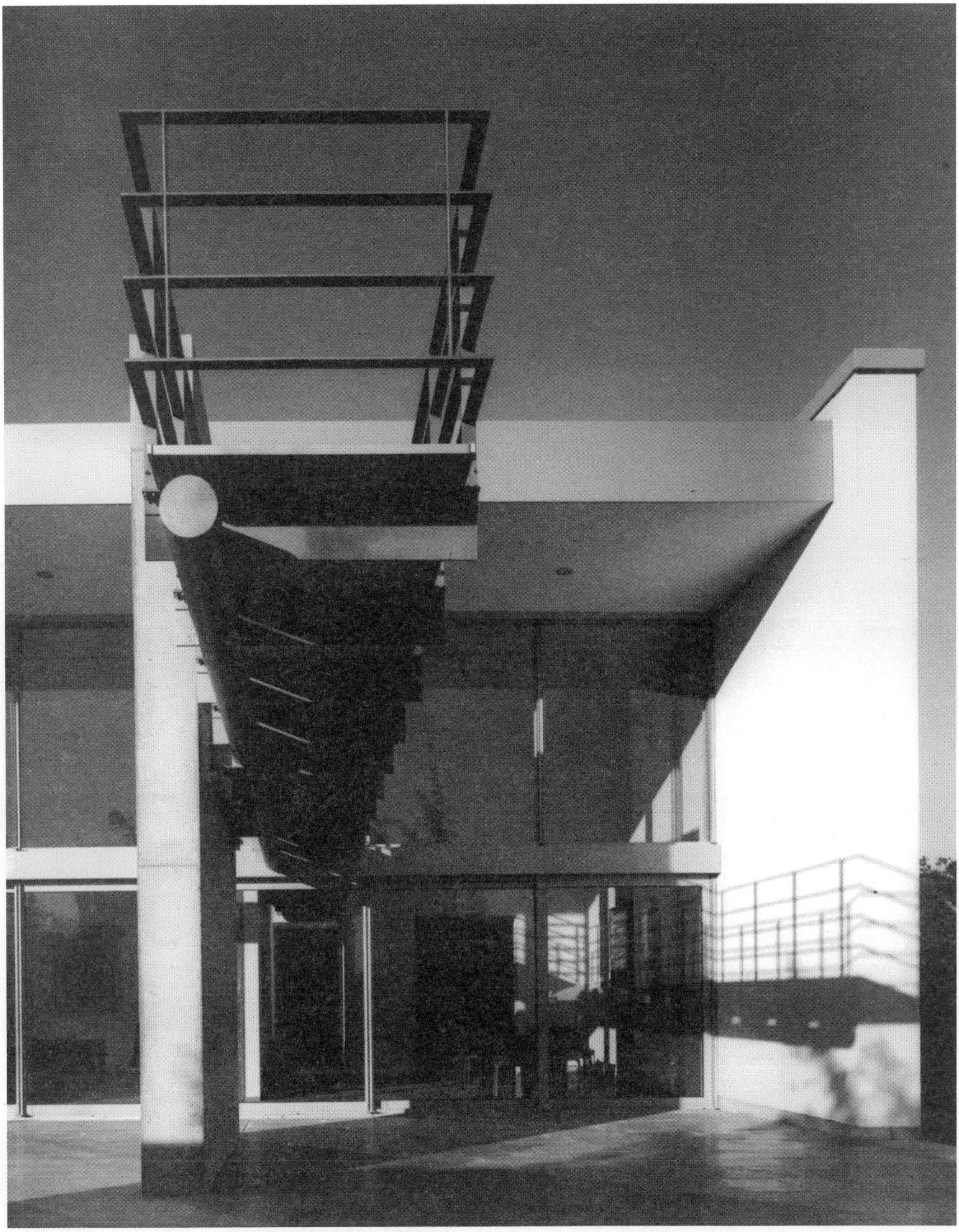

Wohnhaus, Meerbusch, Döring + Partner, 1997
Foto: Manos Meisen, Düsseldorf

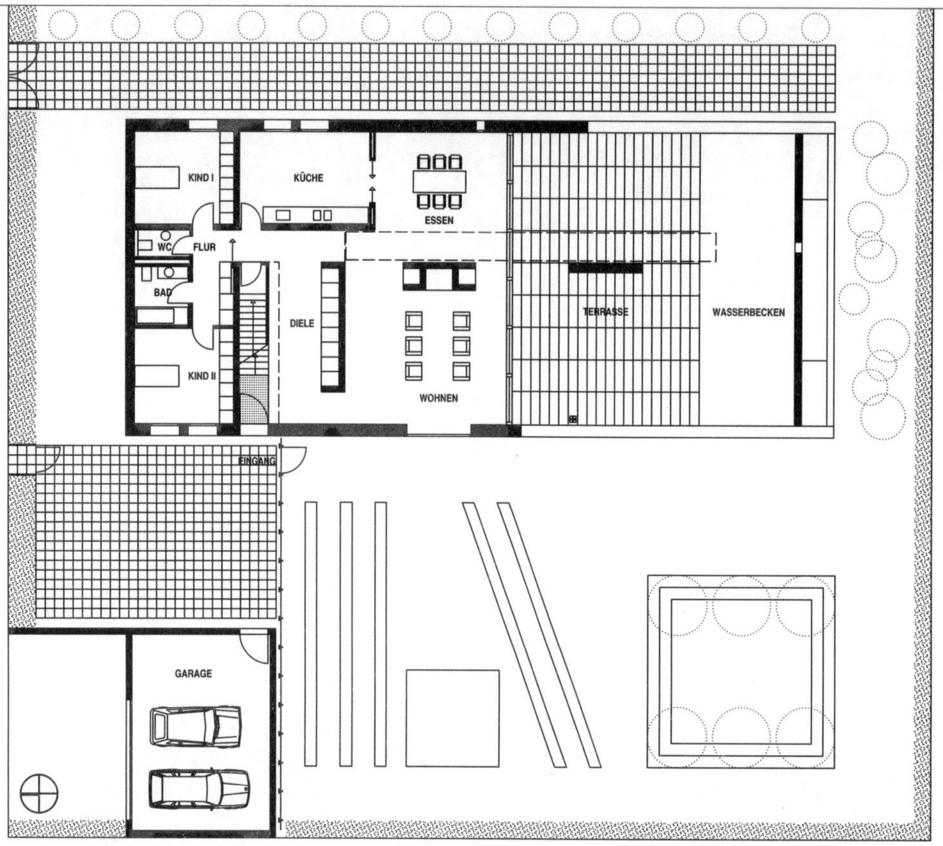

ERDGESCHOSS

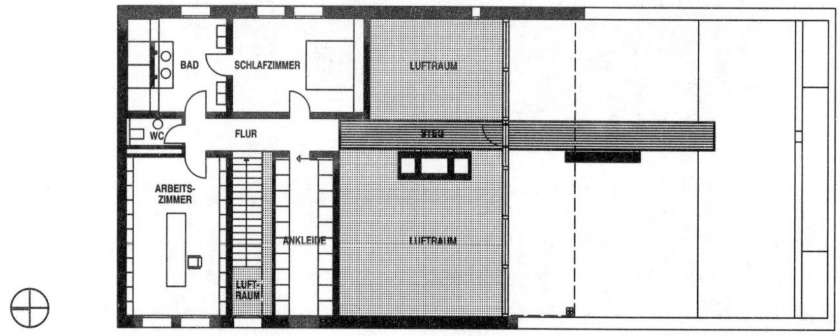

GRUNDRISS OBERGESCHOSS

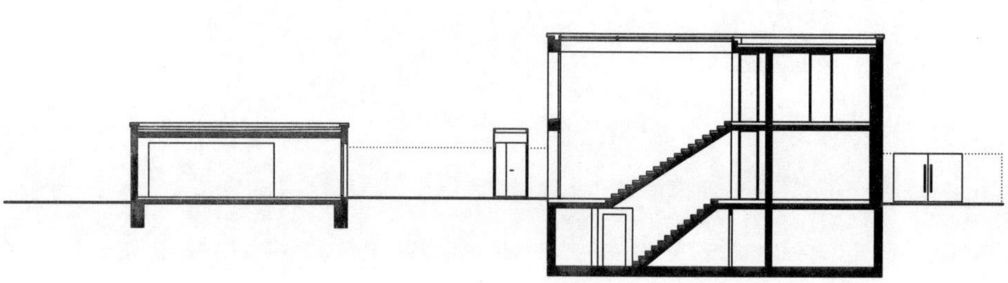

QUERSCHNITT

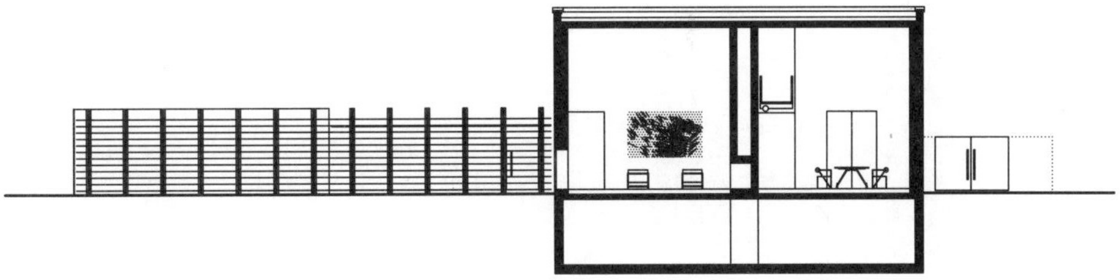

QUERSCHNITT

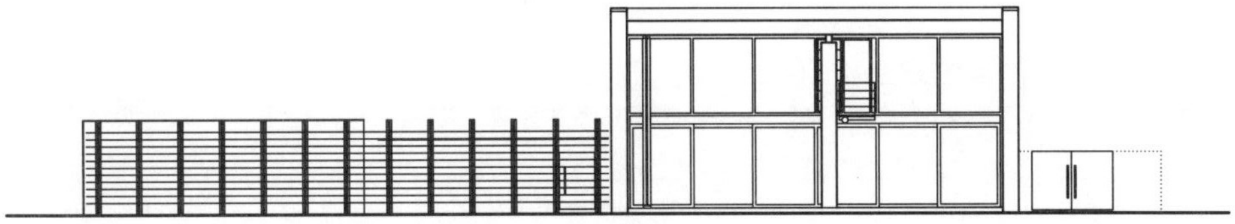

ANSICHT SÜD

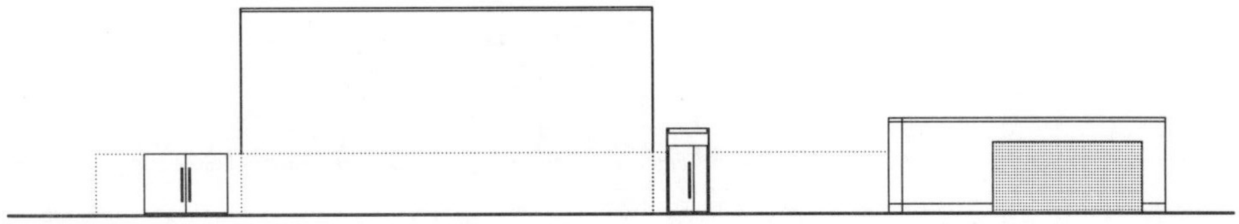

ANSICHT NORD

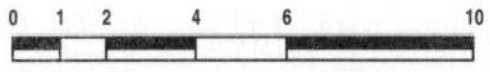

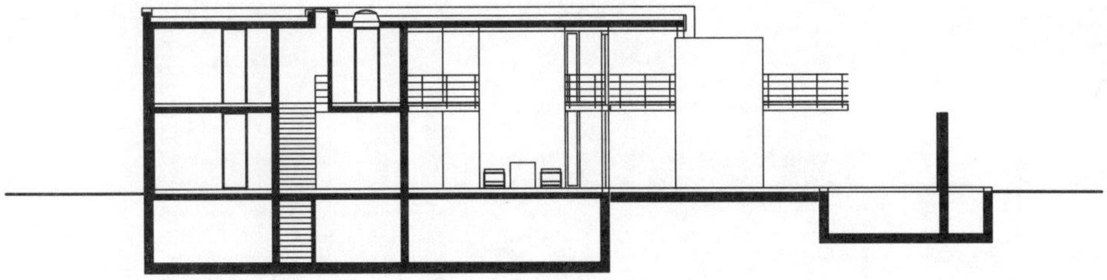

LÄNGSSCHNITT

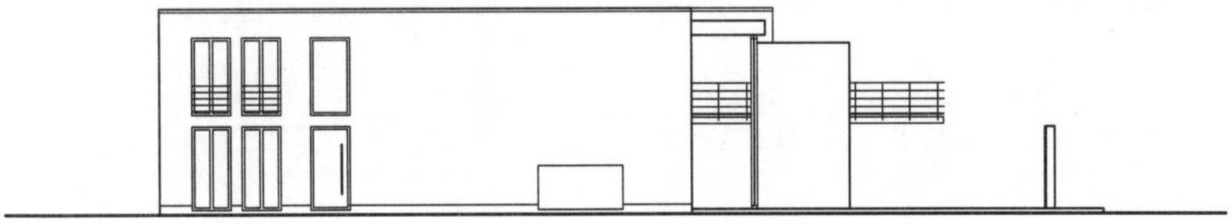

ANSICHT WEST

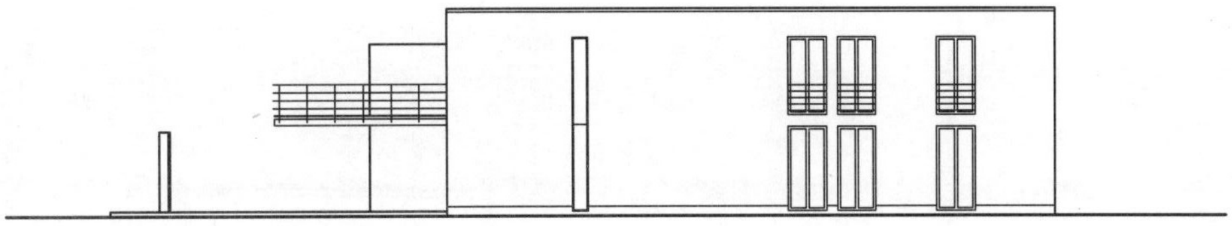

ANSICHT OST

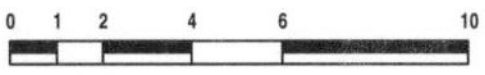

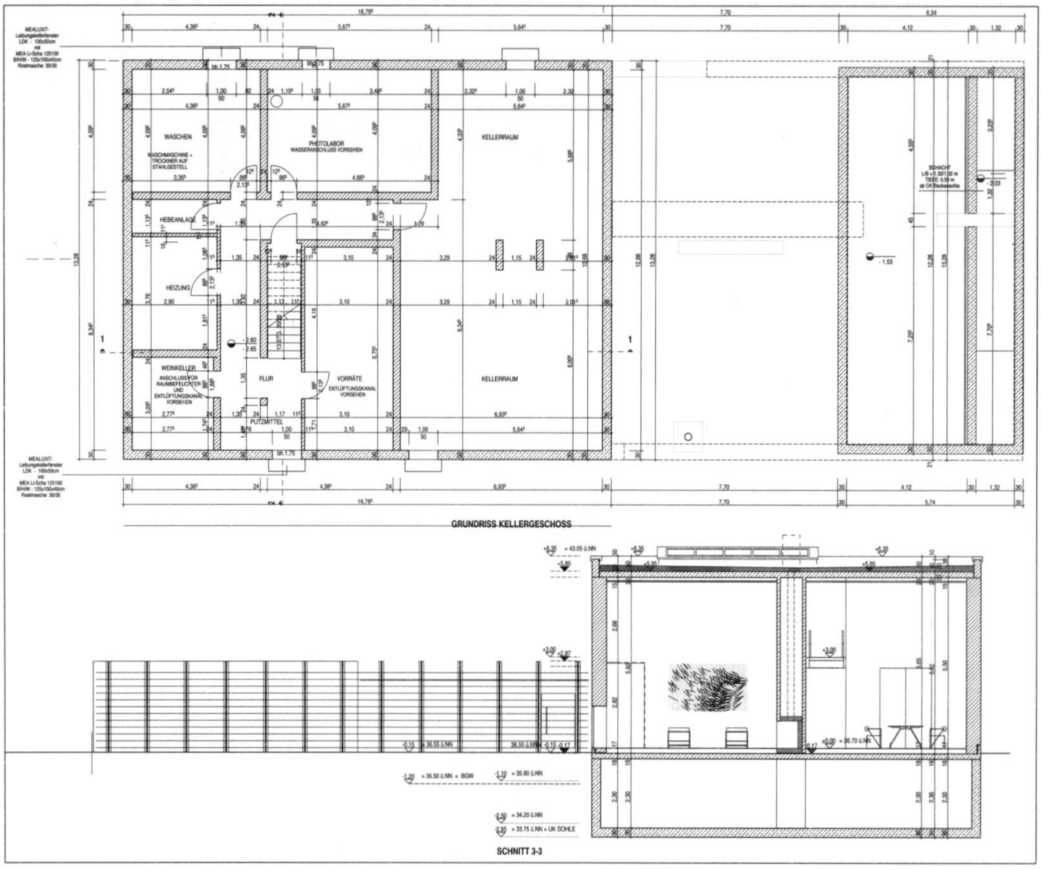

GRUNDRISS KELLERGESCHOSS
SCHNITT 3-3

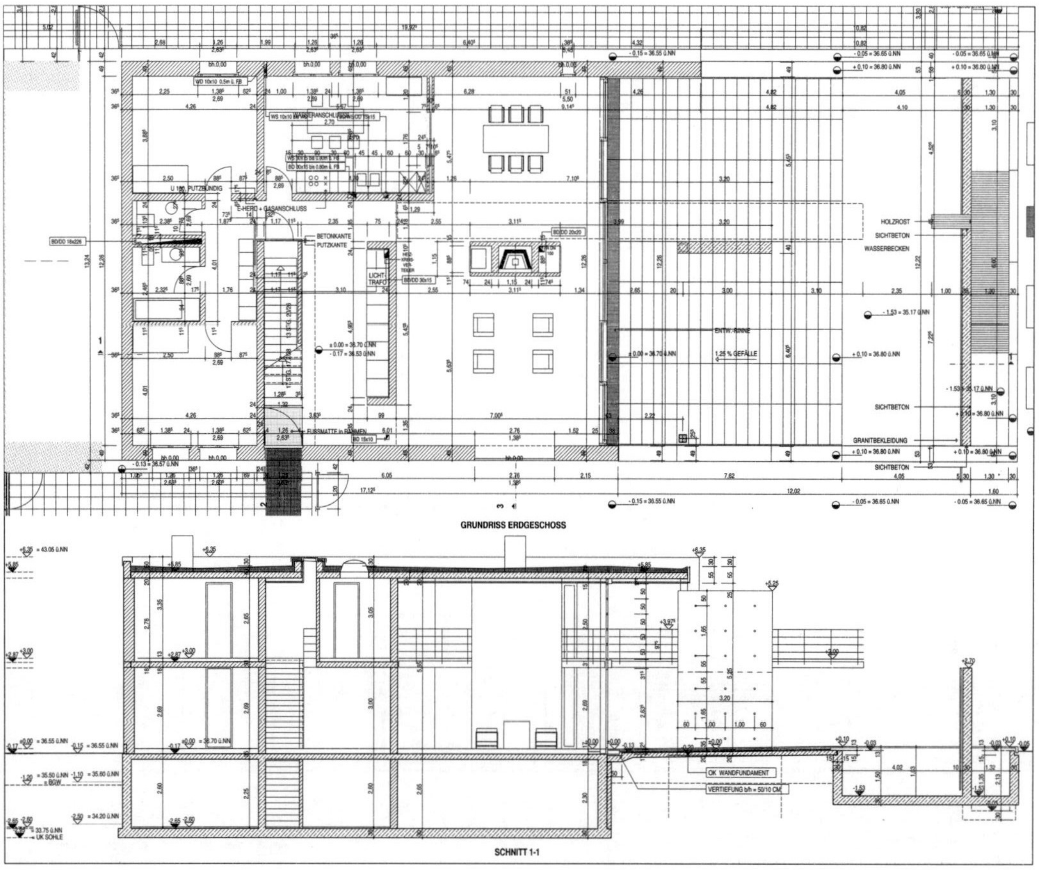

GRUNDRISS ERDGESCHOSS
SCHNITT 1-1

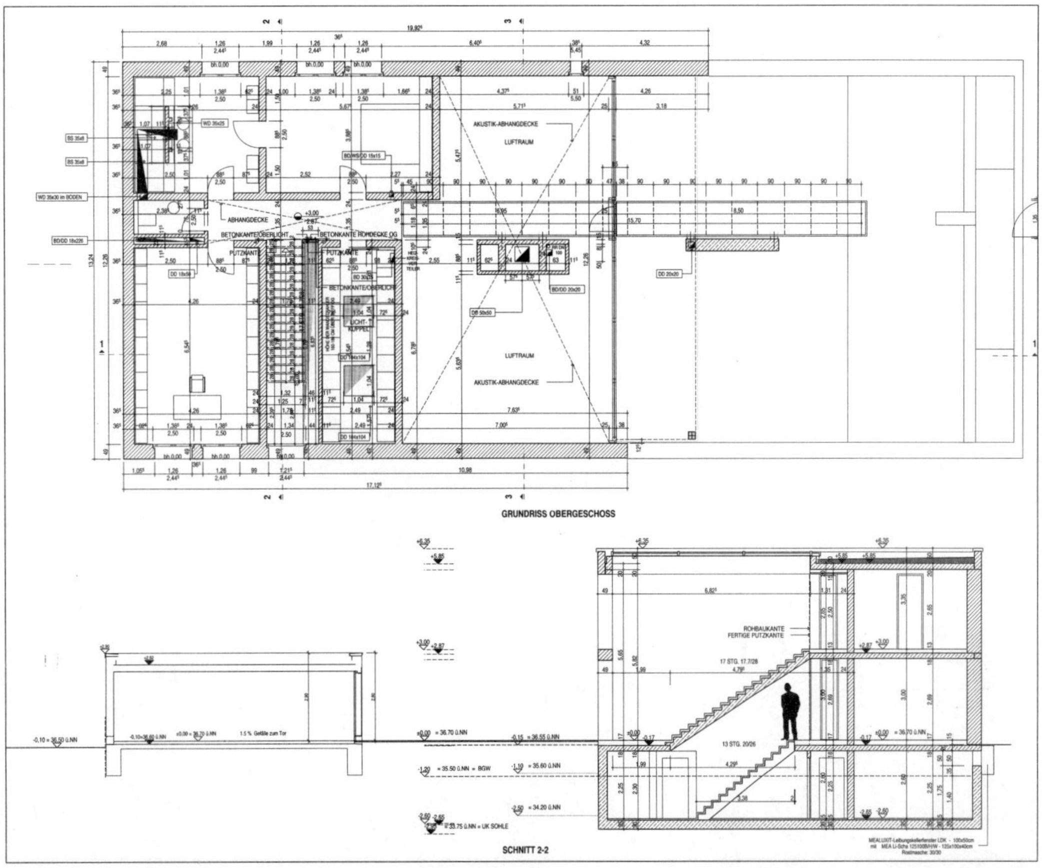
GRUNDRISS OBERGESCHOSS
AKUSTIK-ABHANGDECKE
LUFTRAUM
ABHANGDECKE
BETONKANTE OBERLICHT
BETONKANTE ROHDECKE OG
PUTZKANTE
LICHT-KUPPEL
ROHBAUKANTE
FERTIGE PUTZKANTE
17 STG. 17.7/28
13 STG. 20/26
SCHNITT 2-2

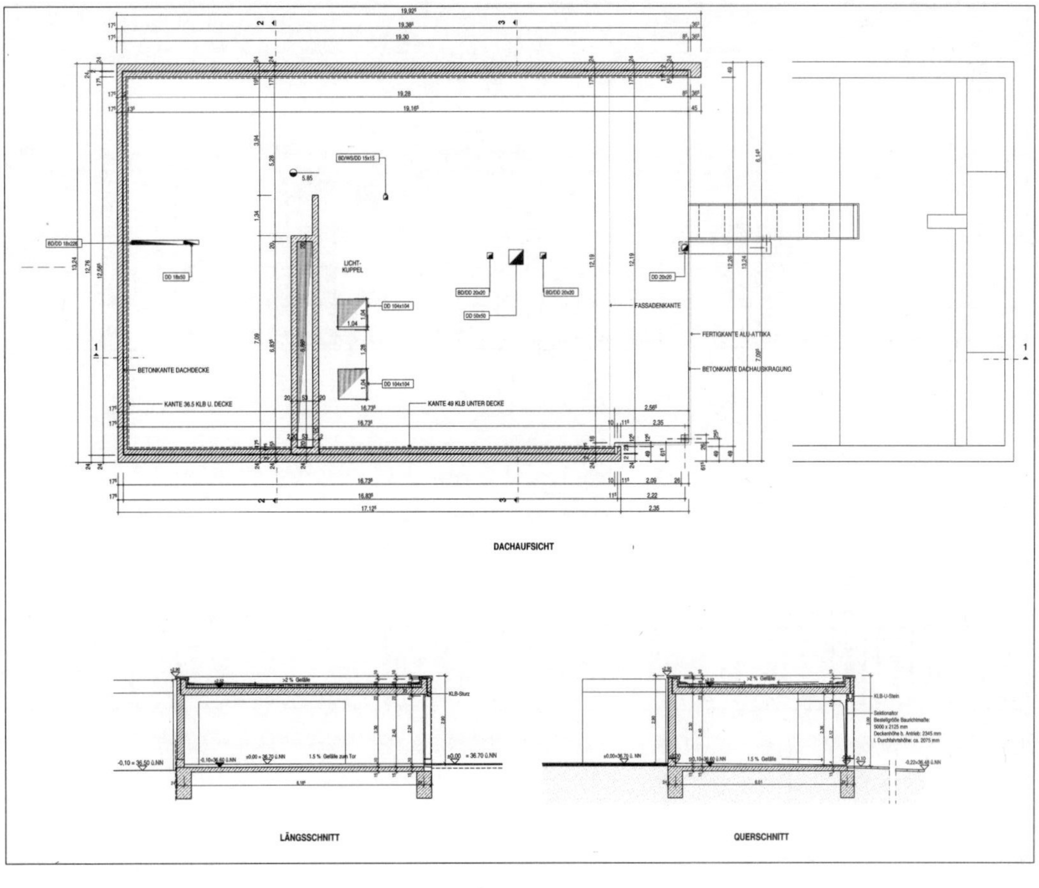
LICHT-KUPPEL
FASSADENKANTE
FERTIGKANTE ALU-ATTIKA
BETONKANTE DACHAUSKRAGUNG
BETONKANTE DACHDECKE
KANTE 36.5 KLB U. DECKE
KANTE 49 KLB UNTER DECKE
DACHAUFSICHT
LÄNGSSCHNITT
QUERSCHNITT

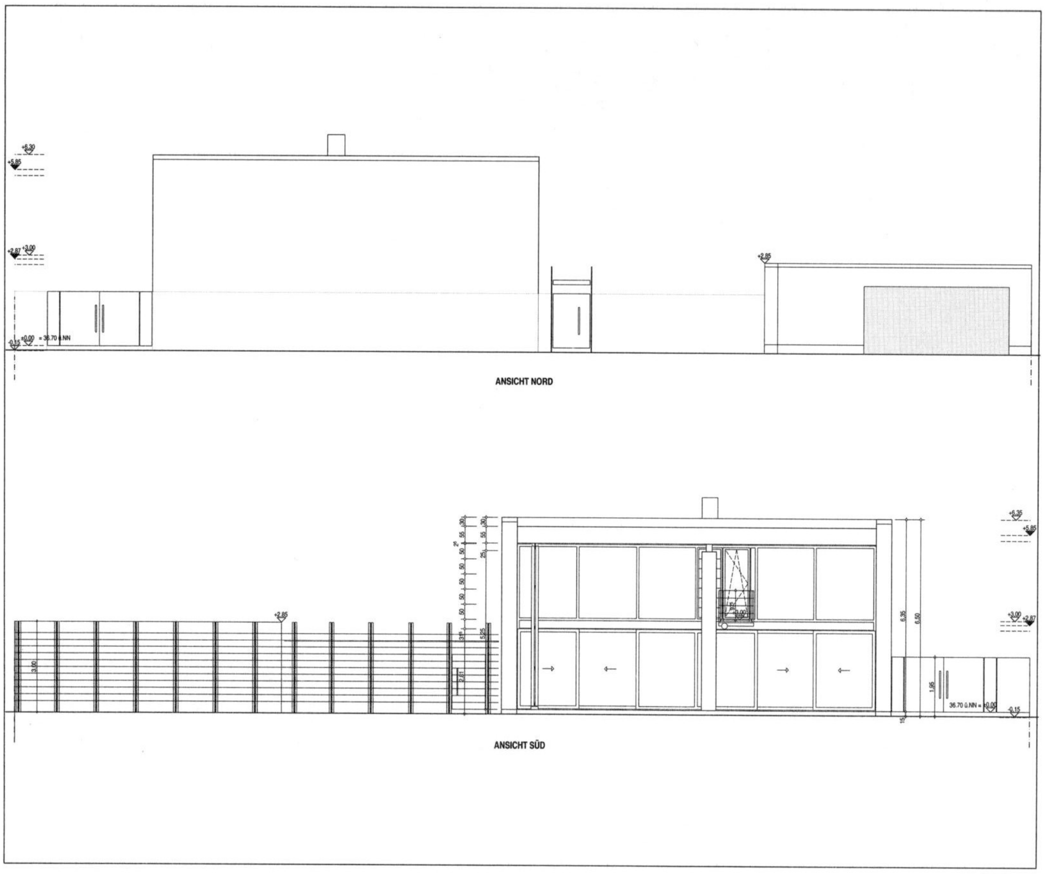
ANSICHT NORD
ANSICHT SÜD

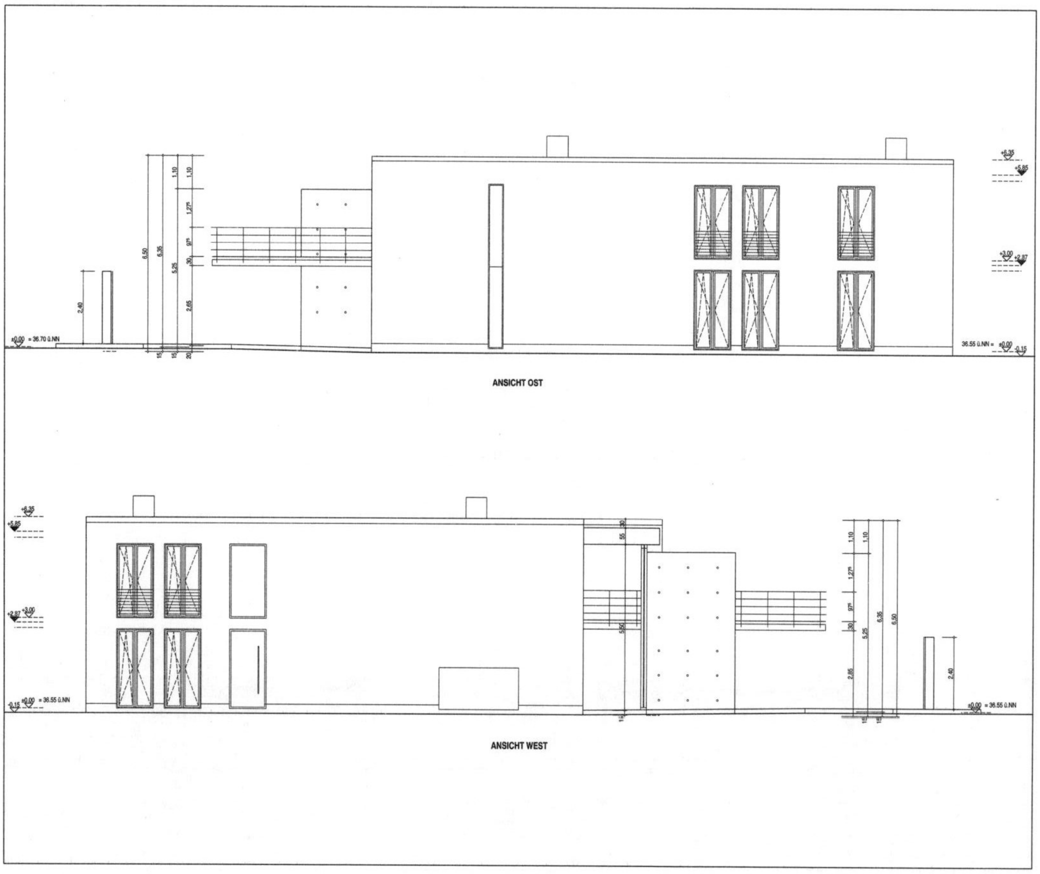
ANSICHT OST
ANSICHT WEST

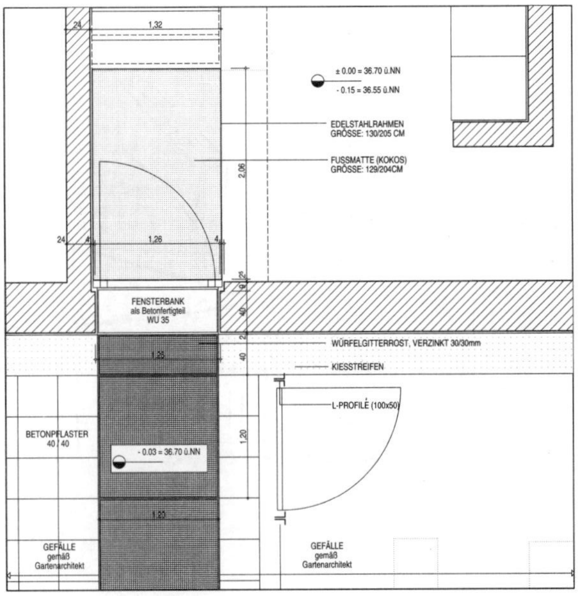
± 0.00 = 36.70 ü.NN
- 0.15 = 36.55 ü.NN
EDELSTAHLRAHMEN
GRÖSSE: 130/205 CM
FUSSMATTE (KOKOS)
GRÖSSE: 129/204CM
FENSTERBANK
als Betonfertigteil
WU 35
WÜRFELGITTERROST, VERZINKT 30/30mm
KIESSTREIFEN
L-PROFILE (100x50)
BETONPFLASTER
40 / 40
- 0.03 = 36.70 ü.NN
GEFÄLLE
gemäß
Gartenarchitekt
GEFÄLLE
gemäß
Gartenarchitekt

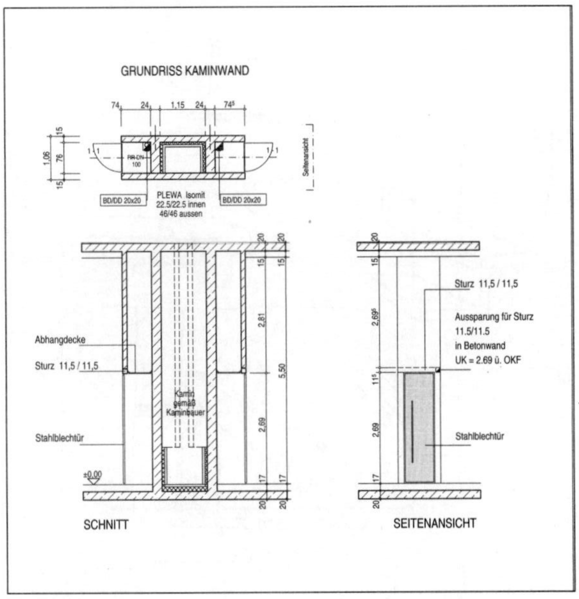
GRUNDRISS KAMINWAND
PLEWA Isomit
22.5/22.5 innen
46/46 aussen
BD/DD 20x20
BD/DD 20x20
Abhangdecke
Sturz 11,5 / 11,5
Kamin
gemäß
Kaminbauer
Stahlblechtür
±0.00
SCHNITT
Sturz 11,5 / 11,5
Aussparung für Sturz
11.5/11.5
in Betonwand
UK = 2.69 ü. OKF
Stahlblechtür
SEITENANSICHT

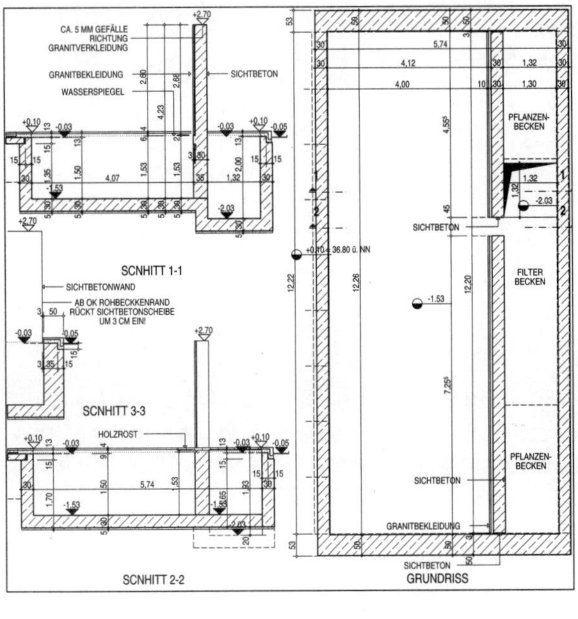
CA. 5 MM GEFÄLLE
RICHTUNG
GRANITVERKLEIDUNG
GRANITBEKLEIDUNG
WASSERSPIEGEL
SICHTBETON
SCNHITT 1-1
SICHTBETONWAND
AB OK ROHBECKKENRAND
RÜCKT SICHTBETONSCHEIBE
UM 3 CM EIN!
SCNHITT 3-3
HOLZROST
SCNHITT 2-2
PFLANZEN-
BECKEN
SICHTBETON
+0.10 = 36.80 ü. NN
FILTER
BECKEN
PFLANZEN-
BECKEN
SICHTBETON
GRANITBEKLEIDUNG
SICHTBETON
GRUNDRISS

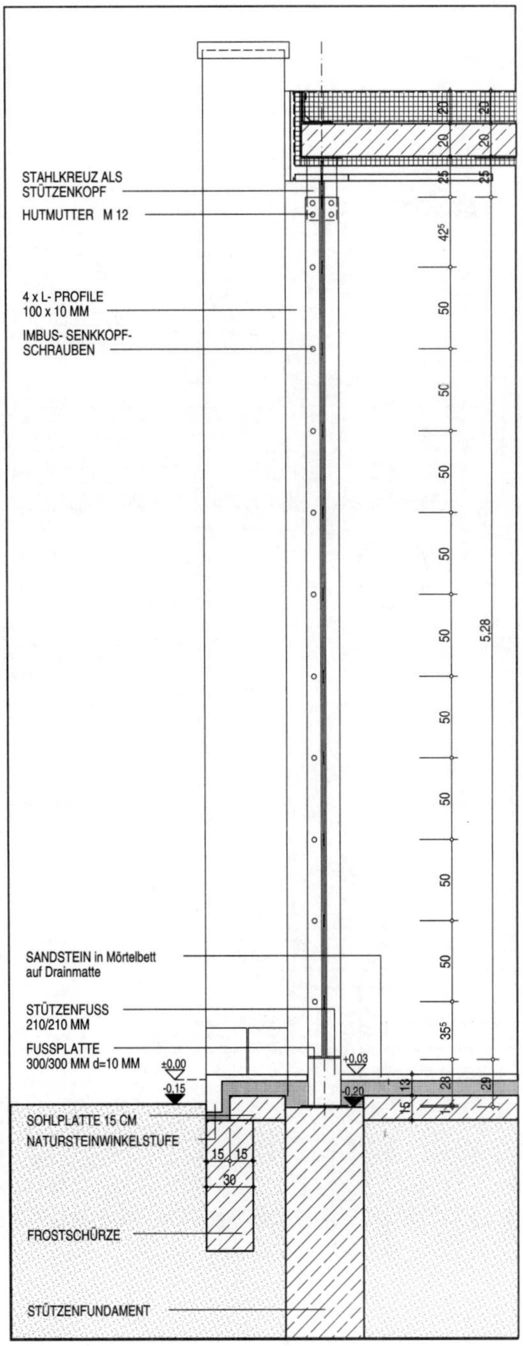
STAHLKREUZ ALS
STÜTZENKOPF
HUTMUTTER M 12
4 x L- PROFILE
100 x 10 MM
IMBUS- SENKKOPF-
SCHRAUBEN
SANDSTEIN in Mörtelbett
auf Drainmatte
STÜTZENFUSS
210/210 MM
FUSSPLATTE
300/300 MM d=10 MM
SOHLPLATTE 15 CM
NATURSTEINWINKELSTUFE
FROSTSCHÜRZE
STÜTZENFUNDAMENT

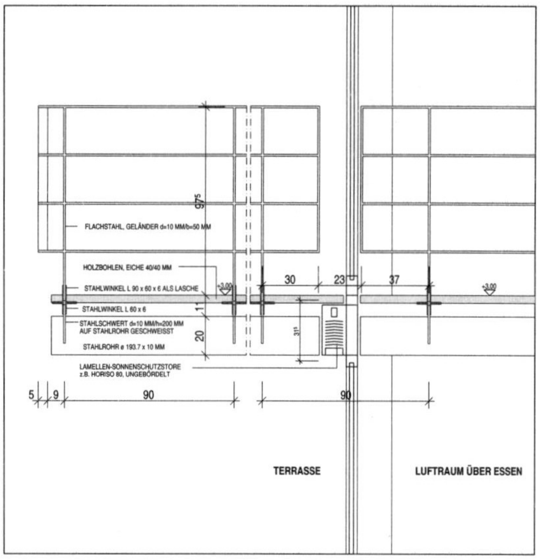
FLACHSTAHL, GELÄNDER d=10 MM/b=50 MM
HOLZBOHLEN, EICHE 40/40 MM
STAHLWINKEL L 90 x 60 x 6 ALS LASCHE
STAHLWINKEL L 60 x 6
STAHLSCHWERT d=10 MM/h=200 MM
AUF STAHLROHR GESCHWEISST
STAHLROHR ø 193.7 x 10 MM
LAMELLEN-SONNENSCHUTZSTORE
TERRASSE
LUFTRAUM ÜBER ESSEN

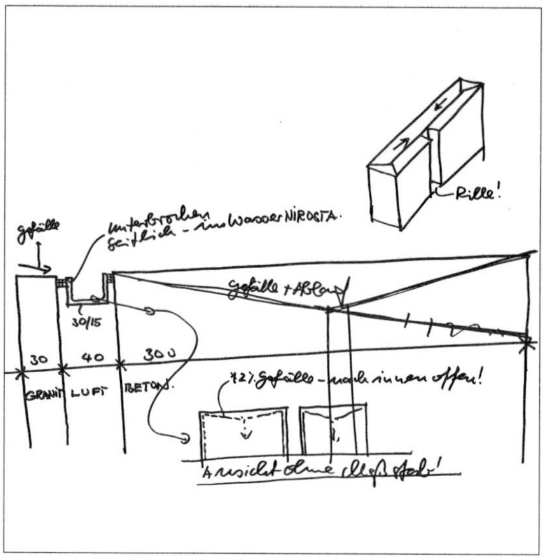
Rille!
30/15
30
40
300
GRANIT
LUFT
BETON

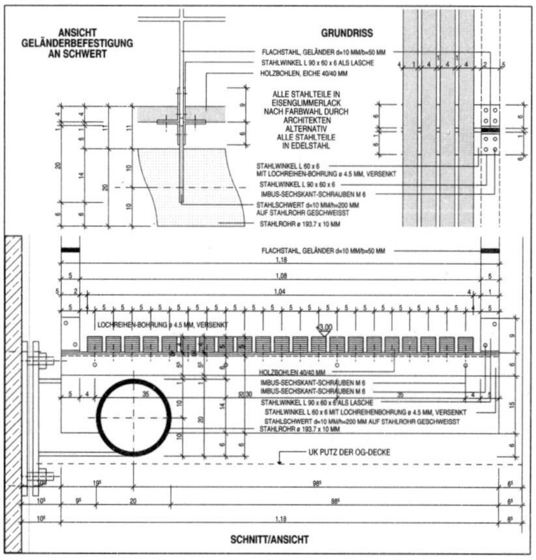
ANSICHT
GELÄNDERBEFESTIGUNG
AN SCHWERT
GRUNDRISS
ALLE STAHLTEILE IN
EISENGLIMMERLACK
NACH FARBWAHL DURCH
ARCHITEKTEN
ALTERNATIV
ALLE STAHLTEILE
IN EDELSTAHL
FLACHSTAHL, GELÄNDER d=10 MM/b=50 MM
HOLZBOHLEN 40/40 MM
UK PUTZ DER OG-DECKE
SCHNITT/ANSICHT

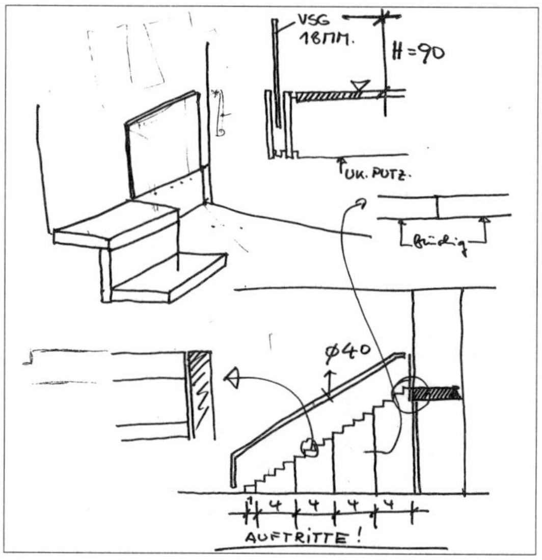
VSG
H=90
UK. PUTZ
ø40
AUFTRITTE!

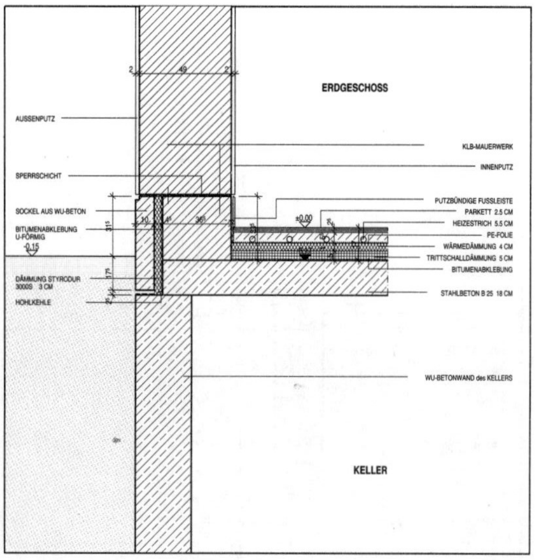
ERDGESCHOSS
AUSSENPUTZ
SPERRSCHICHT
SOCKEL AUS WU-BETON
BITUMENABKLEBUNG U-FÖRMIG
DÄMMUNG STYRODUR 3000S 3 CM
HOHLKEHLE
KLB-MAUERWERK
INNENPUTZ
PUTZBÜNDIGE FUSSLEISTE
PARKETT 2.5 CM
HEIZESTRICH 5.5 CM
PE-FOLIE
WÄRMEDÄMMUNG 4 CM
TRITTSCHALLDÄMMUNG 5 CM
BITUMENABKLEBUNG
STAHLBETON B 25 18 CM
WU-BETONWAND des KELLERS
KELLER

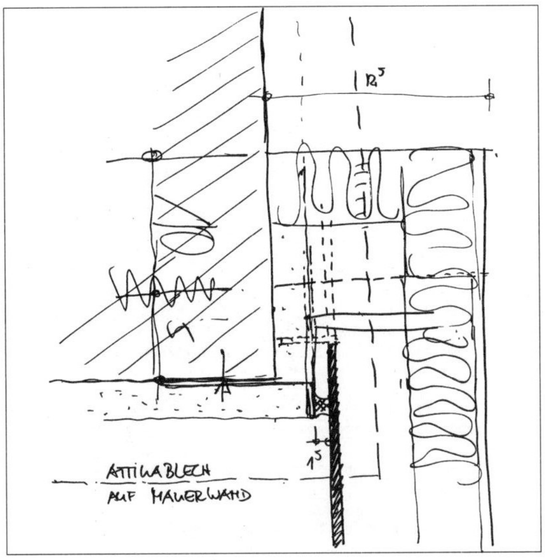
ATTIKABLECH
AUF MAUERWAND

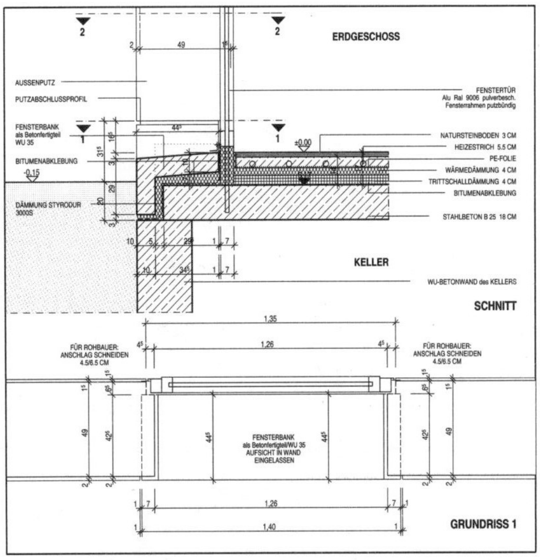
ERDGESCHOSS
AUSSENPUTZ
PUTZABSCHLUSSPROFIL
FENSTERBANK
als Betonfertigteil
WU 35
BITUMENABKLEBUNG
DÄMMUNG STYRODUR
3000S
FENSTERTÜR
Alu Ral 9006 pulverbesch.
Fensterrahmen putzbündig
NATURSTEINBODEN 3 CM
HEIZESTRICH 5.5 CM
PE-FOLIE
WÄRMEDÄMMUNG 4 CM
TRITTSCHALLDÄMMUNG 4 CM
BITUMENABKLEBUNG
STAHLBETON B 25 18 CM
KELLER
WU-BETONWAND des KELLERS
SCHNITT
FÜR ROHBAUER:
ANSCHLAG SCHNEIDEN
4.5/6.5 CM
FÜR ROHBAUER:
ANSCHLAG SCHNEIDEN
4.5/6.5 CM
FENSTERBANK
als Betonfertigteil/WU 35
AUFSICHT IN WAND
EINGELASSEN
GRUNDRISS 1

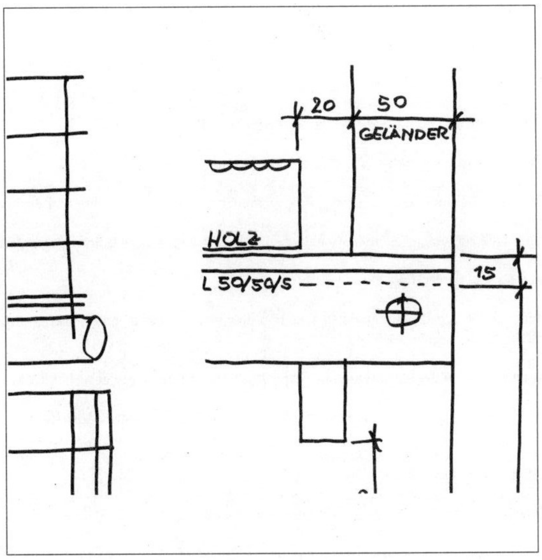
20
50
GELÄNDER
HOLZ
L 50/50/5
15

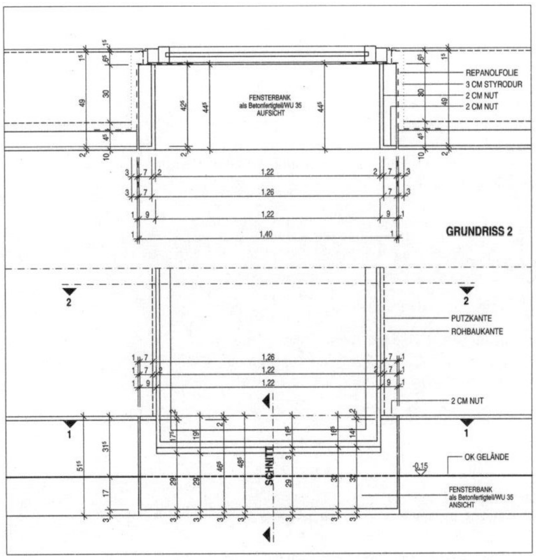
FENSTERBANK
als Betonfertigteil/WU 35
AUFSICHT
REPANOLFOLIE
3 CM STYRODUR
2 CM NUT
2 CM NUT
GRUNDRISS 2
PUTZKANTE
ROHBAUKANTE
2 CM NUT
SCHNITT
OK GELÄNDE
FENSTERBANK
als Betonfertigteil/WU 35
ANSICHT

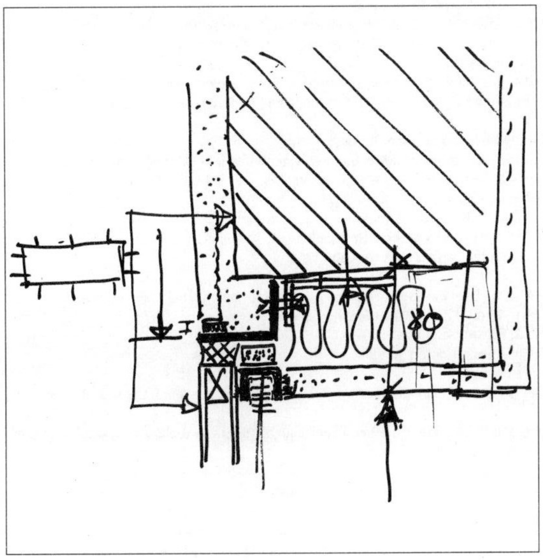

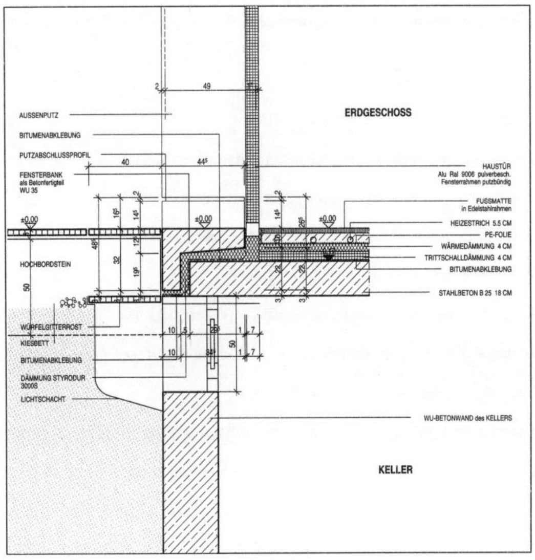
ERDGESCHOSS
AUSSENPUTZ
BITUMENABKLEBUNG
PUTZABSCHLUSSPROFIL
FENSTERBANK
als Betonfertigteil
WU 35
HAUSTÜR
Alu Ral 9006 pulverbesch.
Fensterrahmen putzbündig
FUSSMATTE
in Edelstahlrahmen
HEIZESTRICH 5.5 CM
PE-FOLIE
WÄRMEDÄMMUNG 4 CM
TRITTSCHALLDÄMMUNG 4 CM
BITUMENABKLEBUNG
STAHLBETON B 25 18 CM
HOCHBORDSTEIN
WÜRFELGITTERROST
KIESBETT
BITUMENABKLEBUNG
DÄMMUNG STYRODUR
3000S
LICHTSCHACHT
WU-BETONWAND des KELLERS
KELLER

Quellen

Ordungssysteme, Bauwerksgefüge

Kontext 78; Materialien zur Baukonstruktion, Architekturabteilung ETH Zürich, Baukonstruktion III + IV, Prof. H. Ronner, 1988

Die Kunst der Architekturgestaltung, Francis D. Ching, Bauverlag, Wiesbaden, Berlin, 1983

Das große Buch der Baustile, Herbert Pothorn, Südwest Verlag, München, 1979

Architektur in Deutschland, Bofinger, Klotz, Paul, Kohlhammer Verlag, Stuttgart, Berlin, Köln, Mainz, 1979

Der Modulor, Le Corbusier, Deutsche Verlagsanstalt, Stutgart 1980 (Faksimile Auflage der 2. Auflage, 1956)

Arch+, Zeitschrift für Architektur und Städtebau, Arch+ Verlag, Aachen

Elementare Gestaltungsprinzipien in der Architektur, Franco Fonatti, Buch und Kunstverlag, Wien, 1987

Der architektonische Raum, Philippe Boudon, Birkhäuser Verlag, Basel, Berlin, Boston, 1991

Die Enstehung der Architektur, Siegried Giedeon, Du Mon Verlag, Köln, 1965

Mauerwerk

Normen:
DIN 1053 Mauerwerk

DIN 4102 Brandschutz

Literatur:
Mauerwerkatlas, Belz, Gösele, Jenisch, Pohl, Reichert, Institut für internationale Architekturdokumentation, München

Kalksandstein Handbuch, Cordes, Diestelmeier, Linde, Martin, Meyer, Raab

Kalksandstein- Mauerfibel, Wessig

KS- Information, Hannover

Mauewerk - Kommentar zur DIN 1053, Beuth, Ernst + Sohn

DIN Deutsches Institut für Normung e.V.

Beton

Literatur
Bücher und Aufsätze
Belz, Walter: Materialgerecht, werkgerecht - eine skizzenhafte Betrachtung. DB 9/1987

Betonfassaden. Arbeitskreis Fassaden der Fachvereinigung Deutscher Betonfertigteilbau, Bonn und Dyckerhoff Weiss Marketing und Vertriebsgesellschaft, Wiesbaden 1993

Brandt, Jörg; Heene, Gerd Volker; Kind-Barkauskas, Friedbert; Kuschel, Elmar; Schwerm, Dieter; Werner, Jürgen: Fassaden-Konstruktion und Gestaltung mit Betonfertigteilen, Beton-Verlag GmbH, D´dorf 1988

Durability of Appearance of Concrete Facades, Hrsg.: Cembureau -The European Cement Association, Brüssel 1993

Gestalten mit Farbe, Hrsg.: Bayer AG, Lev. 1993

Grube, Horst: Oberflächenschutz von Stahlbeton. Beton 10/1981

Grube, Horst; Kind-Barkauskas, Friedbert: Beschichtungen auf Beton. Beton 12/1991

Huberty, J. M.: Fassaden in der Witterung, Beton-Verlag GmbH, Düsseldorf 1983

Kind-Barkauskas, Friedbert: Bauen mit Beton-Fertigteilen. Der Architekt 3/1993

Kind-Barkauskas, Friedbert: Gestalten mit Beton. Beton 12/1986

Kind-Barkauskas, Friedbert: Gestalterische Aspekte der Behaglichkeit. Beton 12/1983

Kind-Barkauskas, Friedbert: Gestaltung von Betonfassaden - Entwicklungen und Tendenzen.

Fertigteilbau + Industrialisiertes Bauen 3/1983

Kind-Barkauskas, Friedbert; Wolf, Heinrich: Bauen mit Leichtbeton. Der Architekt 1/1992

Klose, Norbert: Alterung von Betonbauteilen. Betonwerk + Fertigteil-Technik 9/1986

Lamprecht, Heinz-Otto; Kind-Barkauskas, Friedbert; Pickel, Ulrich, Otto, Horst; Schmincke, Peter; Schwara,

Herbert: Betonoberflächen - Gestaltung und Herstellung. Expert-Verlag GmbH, Grafenau 1984

Luley, Hanspeter; Kampen, Rolf; Kind-Barkauskas, Friedbert; Klose, Norbert; Tegelaar, Rudolf: Instandsetzen von Stahlbetonoberflächen. Beton-Verlag GmbH, Düsseldorf 1994

Pickel, Ulrich: Architekturbeton - mehr als Beton. In: Beton + Fertigteil-Jahrbuch 1993, Bauverlag, Wiesbaden und Berlin 1993

Pickel, Ulrich: Hinweise für die Ausschreibung bei Beton Werksteinarbeiten, In: Beton + FertigteilJahrbuch 1994, Bauverlag GmbH, Wiesbaden und Berlin 1994

Pickel, Ulrich: Oberflächenbearbeitung, In: Betonfassaden, Arbeitskreis Fassaden der Fachvereinigung Deutscher Betonfertigteilbau, Bonn 1993

Plenker, Heinz-Herbert: Dosierung und Verteilung von Pigmenten in Beton. Concrete Precasting Plant and Technology 9/1991

Schmincke, Peter: Sichtbeton - gewußt wie. Beton 7/1990

Trüb, Ulrich: Die Betonoberfläche, Bauverlag GmbH, Wiesbaden und Berlin 1993

Zimmermann, Thomas: Künstliche Oberflächen. Der Architekt 12/1990

Normen und Richtlinien
DIN 1045 Beton und Stahlbeton. Bemessung und Ausführung, Ausgabe 1988

DIN 4226 Zuschlag für Beton
Teil 1: Zuschlag mit dichtem Gefüge; Begriffe, Bezeichnungen, Anforderungen, Ausgabe 1983
Teil 2: Zuschlag mit porigem Gefüge (Leichtzuschlag); Begriffe, Bezeichnungen, Anforderungen, 1983
Teil 3: Prüfung von Zuschlag mit dichtem oder porigem Gefüge, Ausgabe 1983
Teil 4: Überwachung (Güteüberwachung), Ausgabe 1983

DIN 18216 Schalungsanker für Betonschalungen, Ausgabe 1986

DIN 18500 Betonwerkstein. Begriffe, Anforderungen, Prüfung, Überwachung. Ausgabe April 1991

DIN V ENV 206 Beton; Eigenschaften, Herstellung, Verarbeitung und Gütenachweis, Ausgabe 1990

Merkblatt Betondeckung, Ausgabe 1991

Merkblatt für Ausschreibung, Herstellung und Abnahme von Beton mit gestalteten Ansichtsflächen (Sichtbeton), Ausgabe 1989

Merkblatt (II und III) Leichtbeton und Stahlleichtbeton mit geschlossenem Gefüge, Ausgabe 1974

Merkblatt über die Reduzierung von Ausblühungen bei Betonwerkstein, Ausgabe 1991

Richtlinien für die Lieferung, Anwendung und Prüfung von Trennmitteln für Betonschalungen und Betonformen, Ausgabe 1977

Richtlinie zur Nachbehandlung von Beton, Ausgabe 1984

Zement-Merkblatt Schalung für Beton, Ausgabe 1988

Ausführung und Anwendung
DIN 1045 Beton und Stahlbeton. Bemessung und Ausführung, Ausgabe 1978

DIN 1048 Prüfverfahren für Beton
Teil 1: Frischbeton, Festbeton gesondert hergestellter Probekörper, Ausgabe 1978
Teil 2: Bestimmung der Druckfestigkeit von Festbeton in Bauwerken und Bauteilen, Allgemeines Verfahren, Ausgabe 1976
Teil 4: Bestimmung der Druckfestigkeit von Festbeton in Bauwerken und Bauteilen, Anwendung von Bezugsgeraden und Auswertung besonderen Verfahren, Ausgabe 1978

DIN 1055 Lastannahmen für Bauten
Teil 1: Lagerstoffe, Baustoffe, Bauteile, Eigenlasten und Reibungswinkel, Ausgabe 1978
Teil 2: Bodenkenngrößen; Wichte, Reibungswinkel, Kohäsion, Wandreibungswinkel, Ausgabe 1976
Teil 3: Verkehrslasten, Ausgabe 1971
Teil 4: Verkehrslasten; Windlasten nicht schwingungsanfälliger Bauwerke, Ausgabe 1977
Teil 5: Verkehrslasten; Schneelast und Eislast, Ausgabe 1975
Teil 6: Lasten in Silozellen, Ausgabe 1964

DIN 1084 Überwachung (Güteüberwachung) im Beton- und Stahlbetonbau
Teil 1: Beton B II auf Baustellen, Ausgabe 1978
Teil 2: Fertigteile, Ausgabe 1978
Teil 3: Transportbeton, Ausgabe 1978

DIN 4030 Beurteilung betonangreifender Wässer, Böden und Gase, Ausgabe 1969

DIN 4149 Bauten in deutschen Erdbebengebieten; Lastannahmen, Bemessung und Ausfüh-rung üblicher Hochbauten, Ausgabe 1981

DIN 4172Maßordnung im Hochbau, Ausgabe 1955

DIN 4219 Leichtbeton und Stahlleichtbeton mit geschlossenem Gefüge
Teil 1: Anforderungen an den Beton, Herstellung und Überwachung, Ausgabe 1979

Teil 2: Bemessung und Ausführung,Ausgabe1979 DIN4235 Verdichten von Beton durch Rütteln
Teil 1: Rüttelgeräte Rüttelmechanik, Ausgabe 1978
Teil 2: Verdichten mit Innenrüttlern, Ausgabe 1978
Teil 3: Verdichten bei der Herstellung von Fertigteilen mit Außenrüttlern, Ausgabe 1978
Teil 4: Verdichten von Ortbeton mit schalungsrüttlern, Ausgabe 1978
Teil 5: Verdichte mit Oberflächenrüttlern, Ausgabe 1978

DIN 18000 Modulordnung im Bauwesen, Ergänzung 1981
Teil 1: Grundlagen, Ausgabe 1979
Teil 2: Begriffe, Ausgabe 1976
Teil 3: Anwendungsregeln, Ausgabe 1976

DIN 18195 Bauwerksabdichtungen, Ausgabe 1983

DIN 18202 Maßtoleranzen im Hochbau,Ausgabe 1982

DIN 18216 Schalungsanker für Betonschalungen, Ausgabe 1976

DIN 18217 Betonflächen und Schalungshaut, Ausgabe 1981

DIN 18218 Frischbetondruck auf lotrechte Schalungen, Ausgabe 1980

DIN 18331 VOB Verdingungsordnung für Bauleistungen, Teil C: Allgemeine Technische Vor-schriften für Bauleistungen, Beton- und Stahlbetonarbeiten, Ausgabe 1979

Empfehlungen zur Nachbehandlung von Beton, Ausgabe 1984

Merkblatt Betondeckung, Ausgabe 1982

Merkblatt für Ausschreibung, Herstellung und Abnahme von Beton mit gestalteten Ansichtsflächen (Sichtbeton), Ausgabe 1982

Merkblatt Instandsetzen von Betonbauteilen, Ausgabe 1982

Merkblatt (II und III) Leichtbeton und Stahlleichtbeton mit geschlossenem Gefüge, Ausgabe 1974

Merkblatt Schutzüberzüge auf Beton bei sehr starken Angriffen nach DIN 4030, Ausgabe 1973

Richtlinien für die Herstellung und Verarbeitung von Fließbeton, Ausgabe 1974

Richtlinien für die Lieferung, Anwendung und Prüfung von Trennmitteln für Betonschalungen und Betonformen, Ausgabe1977

Richtlinie zur Verbesserung der Dauerhaftigkeit von Außenbauteilen aus Stahlbeton, Ausgabe 1983, Ergänzende Bestimmung zu DIN 1045

Vorläufige Richtlinie für Beton mit verlängerter Verarbeitungszeit (Verzögerter Beton), Ausgabe 1983

Ausgangsstoffe
DIN 1164 Portland-, Eisenportland-, Hochofen- und Traßzement, Ausgabe 1978

DIN 4211 Putz- und Mauerbinder, Ausgabe 1976

DIN 4226 Zuschlag für Beton
Teil 1: Zuschlag mit dichtem Gefüge; Begriffe, Bezeichnungen, Anforderungen, Ausgabe 1983
Teil 2: Zuschlag mit porigem Gefüge (Leichtzuschlag); Begriffe, Bezeichnungen, Anforderungen, 1983
Teil 3: Prüfung von Zuschlag mit dichtem oder porigem Gefüge, Ausgabe 1983
Teil 4: Überwachung (Güteüberwachung), Ausgabe 1983

Stahlbau

Bauen und gestalten mit Stahl, K. Schmiedel, Ehningen, 1993

Stahlbauatlas, Hart, Henn, Sontag, München, 1992

Stahlbau im Detail, Friedrich Grimm, Augsburg, 1995

Sammlung aller seit 20 Jahren erschienenen Publikationen über Material und Bauwerke, Stahl Informationszentrum

Zur Geschichte des Konstruierens, Rainer Graefe, Stuttgart 1989

Fassaden und Architektur, Just Renckens, Delft 1997

Transparente Architektur, Peter Rice, Dutton Hugh, Basel-Berlin Boston 1995

Buildings and Projekts, Norman Foster, Basel 1996

Werkbericht Rossmann + Partner 1952-1991, Rossmann + Partner, Stuttgart 1991

Jean Pruvé, Complete Works 1917-1933, Peter Sulzer, Berlin 1995

Mies van der Rohe, Philip Johnson, New York 1947

Holzbau

Der neue Holzbau, Pfeifer, Liebers, Reiners, München, 1998
Holzrahmenbau-Praxis, Klaus Fritzen, Karlsruhe, 1995

Holzrahmenbau, Bund Deutscher Zimmermeister, Karlsruhe, 1996

Wohnungen in Holzbauweise, Dittmann + Dittmann, Stuttgart, 1997
Neue Holzarchitektur in Skandinavien, Christoh Affentranger, Basel, 1997

Sperrholzarchitektur, Christian Cerliani, Dietikon, 1997

Neuer Holzbau im Bild, Charles Büren, Zürich, 1997

Das Holz und seine Verbindungen, Klaus Zwerger, Leipzig, 1997

Holzarchitektur; Der Holzbaupreis, Karin Ahlgren, Malmö, 1996

Gebäudehüllen aus Glas und Holz, Th. Herzog, J. Natterer, Lausanne, 1984

Holzbausiedlungen; Entwurfsgrundlagen für den Wohnungsbau, Paulina Agarzun Fueutes, Stuttgart, 1992

Holz- Glas Architektur; Planen und Bauen mit natürlichen Baustoffen, W. Graubner, Kissing, 1989

Holzverbindungen/ Gegenüberstellung japanischer und europäischer Lösungen, W. Graubner, Stuttgart

Holzbau, DIN Taschenbuch 34, Berlin, 1988

Architecture in Wood, Architektur Förlag AB, Stockholm, 1992

Beispiele moderner Holzarchitektur, Informationsdienst Holz, Düsseldorf, 1990

Holzrahmenbau; individuelles, kostensparendes Bausystem, Bund deutscher Zimmermeister, Bonn, 1995

Holzhaus, W. Blaser, Basel, 1980

Holzskelettbau, W. Ruske, Mönchengladbach, 1980

Wohnhäuser aus Holz; die kostengünstige Alternative, W. Lewitzki, München, 1987

Neuer Holzbau in der Schweiz, Ch. von Büren, Zürich, 1985

Der Holzbau; Material, Konstuktion, Detail, Scheer, Muzala, Kolberg, Leinfelden-Echterdingen, 1984

Holzbau- Atlas Zwei, Natterer, Herzog, Volz, München, 1991

Fassaden

Literaturverzeichnis Glasfassaden
Technisches Handbuch Glas am Bau, Vereinigte Glaswerke GmbH,Aachen 1998

Das Glas Handbuch, Flachglas AG, Gelsenkirchen 1998

Fassadenarchitektur, Just Renckens, NL-Delft 1997

Transparente Architektur - Glasfassaden mit Structural Glazing, Peter Rice, Hugh Dutton, Basel 1995

Informationsschrift der Firma Jansen, Oberriet 1993

Informationsschrift der Firma Schüco Bielefeld 1998

Literaturverzeichnis Metallfassaden
Fassadendokumentation,Rheinzink GmbH, Baden-Dättwil/Datteln 1998

Hochbau Konstruktion, Heinrich Schmitt, Andreas Heene, Wiesbaden 1996

Literaturverzeichnis Natursteinfassaden
Naturstein und Architektur, Margret und Horst Wanetschek, München 1992

Bauen mit Naturwerkstein, Informationsstelle Naturwerkstein, Würzburg 1972

Dach

DIN 18339 "Klempnerarbeiten (VOB)"

DIN 18460 "Regenfalleitungen außerhalb von Gebäuden und Dachrinnen"

DIN 18461 "Hängedachrinnen, Regenfallrohre außerhalb von Gebäuden und Zubehörteile aus Metall"

Titanzink Dachrinnen und Regenfallrohre, Arbeitsblätter Bauwesen, Herausgeber: Zinkberatung e.V.

Brennecke/Folkerts/Haferland/Hart: Dachatlas, geneigte Dächer, München 1980